# 水环境质量预测预警方法技术指南

SHUIHUANJING ZHILIANG
YUCE YUJING FANGFA
JISHU ZHINAN

中国环境监测总站 ◎ 编著



中国环境出版集团 · 北京

**图书在版编目（CIP）数据**

水环境质量预测预警方法技术指南 / 中国环境监测总站编著.
—北京：中国环境出版集团，2020.12
ISBN 978-7-5111-4178-1

Ⅰ.①水…　Ⅱ.①中…　Ⅲ.①水环境—水质监测—预警系统—中国—指南　Ⅳ.① X832-62

中国版本图书馆 CIP 数据核字（2019）第 274434 号

出 版 人　武德凯
责任编辑　曲　婷
责任校对　任　丽
封面设计　彭　杉

---

出版发行　中国环境出版集团
（100062　北京市东城区广渠门内大街 16 号）
网　　址：http: //www.cesp.com.cn.
电子邮箱：bjgl@cesp.com.cn.
联系电话：010-67112765（编辑管理部）
010-67112736（第五分社）
发行热线：010-67125803，010-67113405（传真）
印　　刷　北京中科印刷有限公司
经　　销　各地新华书店
版　　次　2020 年 12 月第 1 版
印　　次　2020 年 12 月第 1 次印刷
开　　本　787×1092　1/16
印　　张　31
字　　数　560 千字
定　　价　170.00 元

---

# 前言

随着中国水生态环境改善需求和长江大保护、黄河大保护等水流域规划管理的推进，生态环境部门正在筹备现代化的多领域融合的集污染源排放、水文气象条件、水环境数值模拟、预警应急支持、水生态环境评价等最新资源和科学应用于一体的业务化技术支撑能力建设。为了及时提供关联的科学技术基础参照，更加科学地指导协调全国环境监测成员相关的能力建设，支持建立更为系统全面的全国水质预测预报业务体系，按照生态环境部部署，中国环境监测总站组织相关大学院所和环境监测成员单位专家，根据先行研发探索经验、问题分析和环境管理及业务化发展需求，集中研究讨论编写了这本《水环境质量预测预警方法技术指南》，以期为环境监测系统技术人员提供现有可供利用技术基础上较为全面的技术指南和参考资料。这本指南是一个新业务化工作技术规范和应用技术研究的开始，希望随着未来环境管理和社会服务支撑能力拓展和交叉科学技术的发展，持续进行更新完善。因涉及的技术内容较多，很多经验是从研发实践中总结而来，同时受我们的学识水平和实际经验限制，本书定会有不全面之处，甚至也存在不妥或错误的地方，望同行不吝赐教。

编 者

# 目 录

## 业务体系篇

第一章 全国业务体系构架 / 3

第一节 三级水质预测预警业务体系构架 / 3

第二节 国家（流域）机构 / 4

第三节 省级机构 / 4

第四节 市级机构 / 5

第二章 全国预测预警业务机制 / 6

第一节 水质预测预警工作内容 / 6

第二节 水质预测预警工作流程 / 7

## 技术方法篇

第三章 水环境模型概述 / 13

第一节 水环境模型功能 / 13

第二节 水环境模型发展历程 / 14

第三节 水环境模型分类 / 17

第四章 物理机制模型 / 21

第一节 流域模型 / 21

第二节 水体环境质量模型 / 28

第三节 流域—水体集成模型 / 43

第四节 模型比较和适用性分析 / 44

第五章 数据驱动模型 / 48

第一节 模糊数学模型 / 48

第二节　单元回归和多元回归模型　/　50
第三节　人工神经网络模型　/　51
第四节　支持向量机模型　/　54
第五节　遗传算法模型　/　57

第六章　模型率定与不确定性分析　/　60
第一节　模型评估指标　/　60
第二节　模型参数敏感性分析　/　64
第三节　模型参数优化　/　65
第四节　模型不确定性分析　/　69

第七章　数据模型融合与多模型集合预测　/　73
第一节　数据同化　/　73
第二节　模型优选　/　75
第三节　多模型集合预测　/　76

## 基础资料篇

第八章　数字高程模型数据资料　/　81
第一节　数据资料概述　/　81
第二节　数据资料类型与精度　/　82
第三节　数据资料来源与获取方式　/　86

第九章　土地利用数据资料　/　90
第一节　数据资料概述　/　90
第二节　数据资料类型与精度　/　91
第三节　数据资料来源与获取方式　/　100

第十章　土壤类型数据资料　/　103
第一节　数据资料概述　/　103
第二节　数据资料类型与精度　/　106
第三节　数据资料来源与获取方式　/　110

第十一章　流域水系与水工建筑物数据资料　/　114
第一节　数据资料概述　/　114

第二节　数据资料类型与精度　/　115
第三节　数据资料来源与获取方式　/　120
第十二章　水环境质量监测数据　/　124
第一节　水环境质量监测数据概述　/　124
第二节　不同类型水质监测数据的监测因子及频次　/　126
第三节　数据获取方式　/　127
第十三章　水文数据资料　/　128
第一节　数据资料概述　/　128
第二节　数据资料类型与精度　/　129
第三节　数据资料来源与获取方式　/　130
第十四章　气象数据资料　/　136
第一节　数据资料概述　/　136
第二节　数据资料类型与精度　/　136
第三节　数据资料来源与获取方式　/　138
第十五章　污染源数据资料　/　144
第一节　污染源数据资料类型　/　144
第二节　污染源数据获取　/　146
第三节　污染源数据的应用　/　148

## 预测系统构建篇

第十六章　总体设计　/　153
第一节　指导思想　/　153
第二节　总体目标　/　153
第三节　设计原则　/　153
第四节　总体架构　/　154
第十七章　软硬件设计　/　158
第一节　高性能计算软件环境　/　158
第二节　高性能计算集群硬件　/　161

第三节　可视化会商系统　/　163

第十八章　模型集成设计与实现　/　164

第一节　模型集成思路　/　164

第二节　模型集成架构举例　/　165

第三节　数据接口设计　/　169

第四节　模型集成开发与运行监控　/　172

第十九章　数据库构建设计与实现　/　177

第一节　数据库构建技术　/　177

第二节　技术方法的选用　/　177

第三节　PostgreSQL 数据库构建实例　/　179

第二十章　预测预警功能设计与实现　/　247

第一节　预测预警技术的发展　/　247

第二节　技术方法的选用　/　249

第三节　预测预警功能的实现　/　254

第二十一章　水环境质量风险评估功能设计与实现　/　258

第一节　水环境质量风险评估的发展　/　258

第二节　技术方法的选用　/　260

第三节　源排放风险评估功能的实现　/　266

第二十二章　水污染追因溯源功能设计与实现　/　273

第一节　水污染追因溯源技术发展　/　273

第二节　技术方法的选用　/　275

第三节　水污染追因溯源功能的实现　/　276

第二十三章　突发水污染应急决策支持功能设计与实现　/　279

第一节　突发水污染事件的危害　/　279

第二节　技术方法的选用　/　280

第三节　突发水污染应急决策支持功能的实现　/　288

第二十四章　情景模拟功能设计与实现　/　293

第一节　情景模拟的迫切需求　/　293

第二节　技术方法的选用　/　293
第三节　情景模拟功能的实现　/　295

第二十五章　水环境容量评估功能设计与实现　/　309
第一节　水环境容量评估发展现状　/　309
第二节　技术方法的选用　/　311
第三节　以总体达标算法实现水环境容量评估功能　/　313

第二十六章　环境健康风险评估功能设计与实现　/　316
第一节　水环境健康风险评估概述　/　316
第二节　水环境健康风险评估方法　/　319
第三节　水环境健康风险评估算法及应用　/　321

第二十七章　数据共享与信息服务功能设计与实现　/　325
第一节　数据共享与信息服务的重要性　/　325
第二节　功能设计和关键技术　/　326
第三节　实现方式　/　328
第四节　应用案例——滇池流域水环境综合管理技术支撑平台介绍　/　329

## 省级预测业务实践篇

第二十八章　北京市水环境质量预测预警发展　/　335
第一节　北京市背景概况　/　335
第二节　北京市水环境质量状况　/　337
第三节　北京市水环境质量预测预警业务实践　/　338
第四节　未来工作规划或展望　/　342

第二十九章　云南省水环境质量预测预警发展　/　344
第一节　云南省背景概况　/　344
第二节　云南省水环境质量状况　/　349
第三节　澜沧江流域的水环境质量监测预警案例分析　/　350
第四节　未来工作规划或展望　/　352

第三十章　四川省水环境质量预测预警技术发展　/　354
第一节　四川省背景概况　/　354
第二节　四川省水环境质量状态　/　362
第三节　四川省水环境质量监测预警案例分析　/　366
第四节　未来工作规划或展望　/　370
第三十一章　江苏省水环境质量预测预警技术发展　/　371
第一节　江苏省背景概况　/　371
第二节　江苏省水环境质量状况　/　375
第三节　太湖流域的水环境质量监测预警案例分析　/　376
第四节　未来工作规划或展望　/　393
第三十二章　广东省水环境预测预警技术发展　/　395
第一节　广东省背景概况　/　395
第二节　广东省水环境质量状况　/　398
第三节　广东省水环境质量预测预警案例分析　/　400
第四节　未来工作规划或展望　/　404
第三十三章　上海市水环境质量监测预警技术发展　/　407
第一节　上海市背景概况　/　407
第二节　上海市水环境质量状况　/　411
第三节　典型水系 / 湖库的水环境质量监测预警案例分析　/　413
第四节　未来工作规划或展望　/　417
第三十四章　湖北省水环境质量预测预警技术发展　/　419
第一节　湖北省背景概况　/　419
第二节　湖北省水环境质量状况　/　424
第三节　典型水系 / 湖库的水环境质量监测预警案例分析　/　425
第四节　未来工作规划或展望　/　429
第三十五章　安徽省水环境质量监测预警技术发展　/　431
第一节　安徽省背景概况　/　431
第二节　安徽省水环境质量状况　/　433
第三节　巢湖湖区的水环境质量监测预警案例分析　/　438

第四节　未来工作规划或展望　/　441

第三十六章　重庆市水环境质量监测预警技术发展　/　443

第一节　重庆市背景概况　/　443

第二节　重庆市水环境质量状况　/　445

第三节　三峡库区典型水环境预警案例分析　/　449

第四节　未来工作规划或展望　/　466

**参考文献　/　468**

# 业务体系篇

# 第一章
# 全国业务体系构架

## 第一节　三级水质预测预警业务体系构架

根据生态环境部对水环境质量预测预警发展规划，在未来几年内，规划构建“国家（流域）—省级—城市”三级水环境质量预测预警体系，建立基于水质模型的预测预警技术方法及工作流程，确立信息交换与发布、可视化预测会商、预测评估等相关技术方法。逐步建立和完善水环境质量风险评估、水环境管理决策支撑、突发水污染事故应急模拟等应用技术体系。着力提升专业人员业务能力和技术储备，培训水质预测预警专业技术队伍，规范三级工作制度。逐步建立的三级水环境质量预测预警体系，将为流域水环境综合管理提供科学决策依据，为水污染防治、水环境质量达标管理、突发水污染事件应急响应提供技术保障，为“山水林田湖草”综合治理提供重要抓手，切实提升水污染防治的系统化、科学化、精细化和信息化水平。

国家水环境质量预测预警专业部门为全国水环境质量预测预警技术中心、信息中心和培训中心，负责全国水环境质量预测预警的技术指导，负责构建水环境质量预测预警业务体系和技术体系。各省（自治区、直辖市）、有需求的地级以上城市组织建立辖区水环境质量预测预警专业部门，负责辖区内水环境质量预测预警业务工作和能力建设。通过全国水环境质量预测预警业务体系实现信息交换和共享，确保全国水环境质量预测预警业务在统一的业务管理制度和技术规定框架内开展工作。国家层面定方向、搭框架、理思路、建标准，地方层面抓落实、重实效、上能力、交产品，完成业务协同、资源共享的体系建设，在提供水环境质量未来变化趋势预测的同时，还可提出科学、合理、有针对性的水环境管理建议，为水环境管理决策提供有效的支撑。

根据生态环境部对重点流域水环境质量预测预警工作的部署，在目前的建设起步阶段，由国家水环境质量预测预警专业部门进行典型流域水环境质量预测预警示范建设，加快建立省—市水质预测预警联动机制，指导省级及地级城市组建各自的水环境质量预测预警专业部门，开展水质模拟及预测预警能力建设，逐步建立完整的三级水质预测预警体系。

## 第二节　国家（流域）机构

国家水环境质量预测预警专业部门为全国水环境质量预测预警技术中心、信息中心和培训中心，主要负责一级河流及重要二级支流的水质预测预警工作，建立较大尺度预测预警能力，预测一级河流整体水质变化趋势，识别一级河流主要污染物及贡献源，找准一级河流环境管理的发力点，推进水质预测预警工作技术方法体系及业务体系建设，为省级、市级预测数据接入留好接口。

其主要工作任务有：组织全国典型流域、湖库的水环境质量预测预警示范建设及水质预测联合会商，负责组织范围较大、影响特别严重的跨省市污染事故应急预警联合会商，负责给生态环境部提供水环境质量污染防治技术支持。负责构建全国水环境质量预测预警技术方法体系、水环境质量预测预警业务体系，规范工作流程和专业人员制度规范，确保三级水环境质量预测预警模型模拟和决策支撑应用能够协同运转、互联互通，确保三级水环境质量预测预警业务能够流程规范、口径一致。负责组织跨流域和跨区域水环境质量预测预警联合会商。负责构建全国水环境质量预测预警信息网络和信息在线联合发布，向全国省（自治区、直辖市）成员单位提供预测预警指导产品，实现国家（流域）、省级和城市的数据信息交换与共享。负责对全国三级水环境质量预测预警专业队伍的技术培训工作。

## 第三节　省级机构

省（自治区、直辖市）建立省级水环境质量预测预警专业部门，作为省级水环境质量预测预警的数据中心、业务中心。主要负责省域内三级及以上河流，建立中小尺度预测预警能力，预测省域内三级以上河流水质整体变化趋势，结合省级环境管理要求，提供有针对性的水环境管理决策支撑，指导市级层面开展预测预警业务，并为市级预测数据接入留好接口。

其主要工作任务有：负责辖区内水质预测预警、跨市污染事故联动预警与联合会商、水环境质量污染防治技术支持等业务；负责省级水环境质量预测预警能力建设；负责给省级生态环境主管部门提供水环境质量污染防治技术支持；负责省级水环境质量预测预警信息发布；负责辖区内市级水环境质量预测预警业务协调、数据信息共享，确保省—市间水环境质量预测预警模型模拟和决策支撑应用能够协同运转、互联互通，确保省—市间水环境质量预测预警业务能够流程规范、口径一致；负责辖区内市级水环境质量预测预警技术指导等工作。

## 第四节　市级机构

有需求的地级以上城市建立市级水环境质量预测预警专业部门，主要负责市域内三级以下河流，建立小尺度精细化预测预警能力，说清市域内三级以下河流水质整体变化趋势，提供风险分析、达标规划、污染物追因溯源等精细化的管理决策支持功能。

其主要工作任务有：负责辖区内水环境质量预测预警业务、污染事故预警、水环境质量污染防治技术支持等业务工作；负责辖区内水环境质量预测预警能力建设；负责给市级生态环境主管部门提供水环境质量污染防治技术支持；负责辖区内水环境质量预测预警信息发布。

由于目前处于三级水质预测预警体系建设的初期阶段，根据生态环境部的部署，当地级以上城市水环境质量预测预警能力不足时，可由省级水环境质量预测预警专业部门协助承担该城市的水质预测预警业务，完成预测预警信息发布、流域预测预警联合会商等职责。省级水环境质量预测预警专业部门可根据具体需求直接开展城市水环境质量预测预警的能力建设和业务工作，并向城市提供预测预警指导产品与技术支持。

（李健军　李茜　张鹏　彭福利）

# 第二章
# 全国预测预警业务机制

## 第一节　水质预测预警工作内容

根据生态环境部工作部署，各省（自治区、直辖市）负责辖区水环境质量预测预警组织构建、业务管理和能力建设，规范管理各地水环境质量预测预警结果。通过全国业务预测预警体系实现信息交换和共享，确保全国水环境质量预测预警工作在统一的业务管理制度和技术规定框架内开展。

水环境质量预测预警服务内容包括为各级政府和有关部门提供辖区内短期水质预测和超标预警、中长期水质变化趋势分析、水污染防治政策效果模拟和突发水污染事件水质变化模拟等指导信息，为有关部门评估判断水环境污染形势、及时采取应急措施提供技术参考，为公众提供健康指引，为水环境污染治理提供技术支持。

各地根据自身情况，建立适合的预测预警方法，培养业务能力过硬的技术人员队伍，建立例行工作制度，对辖区水环境质量变化趋势开展例行分析预测，对突发水污染事故开展模拟追踪，对水污染防控政策效果开展情景模拟，组织上下游或流域联合会商，发布及向有关部门报送辖区预测和预警信息。

各地根据实况监测对水环境质量预测预警结果进行检验与评估，持续改进和完善水环境质量预测预警技术方法，逐步提高水环境质量预测准确率和预警有效率。检验内容主要包括污染物浓度的偏差、水环境质量类别的预测准确率、预警的有效率等。

水质预测工作主要包括数据的获取、现状和趋势分析、水质预测、风险评估、情景模拟、预测会商、信息发布和效果评估等步骤。

水环境质量预测预警工作是一项高度复杂的工作，其开展需要大量的实测数据，这些数据的获取及分析需要一支数量庞大并且遍布全国的专业化队伍。

## 第二节 水质预测预警工作流程

通常情况下，开展业务化预测预警工作流程包括水环境质量监测实况分析、气象及水文条件分析与预测、模式预测结果分析、历史相似案例对比、预测客观订正和预测会商等。

### 一、水环境质量监测实况分析

水环境质量现状是判断水环境质量未来变化趋势的基础，一般包括辖区内断面过去一段时间的污染物浓度、水质类别和主要污染物等，也可利用 GIS 等空间分析技术分析各污染物浓度的空间分布特征。同时，对于多年水质监测数据可采用季节性时间序列分析方法，分析污染物浓度变化趋势及特征。

### 二、气象及水文条件分析与预测

分析辖区内主要气象及水文要素的观测和预测资料，掌握区域降水量、太阳辐射、云量、最高 / 最低气温等气象要素的变化趋势，了解河段径流量及湖库水深、水工设施的调度规则等水文要素的情况，深入了解水中污染物的迁移转化规律以及气象及水文条件对水环境质量的影响，有助于对未来污染变化情况做出准确判断。相关资料的获取，可以通过行政或项目合作的方式与当地水文和气象部门开展数据共享，获得相关的历史和实时的水文与气象数据，也可以通过网络工具在互联网上实时收集水利部门发布的水情信息（水文站的水位、流量等），气象部门发布的气象站观测数据等。

### 三、模式预测结果分析

模型计算方法主要包括物理模型和数据驱动模型两类，其中物理模型是以水循环过程理论为基础，基于对流域产汇流过程和化学过程的理解，建立污染物在水体中的输送扩散模型，借助计算机来预测水体中污染物浓度的动态分布。数据驱动模型主要基于描述输入 / 输出数据间的联系为基础，忽略中间过程。常用的建模方法包括神经网络、线性回归等。

因为存在水环境管理决策支撑需求，在开展水环境预测模拟时，通常采用以物理模型系统预测为主，数据驱动模型系统预测为补充的方式。在计算时，对于河面较宽的河流主干道以及湖泊水库等水量较大且基础水文地理资料系统完整的水体，一般采用以水动力计算为基础的河道或湖泊模型进行模拟计算；对于水面较窄或者面积较大且缺乏系统性水文地理资料的水体，一般采用流域模型进行模拟计算，所得计算结果可以视为干流和湖库模型的输入。国家层面建立的重点流域水环境质量预测预警（一期）系统，集成了13个数值模型，构建了一套数值模型系统用于水环境质量模拟及预测预警，通过不同的功能模块，为管理提供技术支撑。数值模式的预测结果包括悬浮物、溶解氧（DO）、高锰酸盐指数（$COD_{Mn}$）、氨氮（$NH_3$-N）、总磷（TP）、总氮（TN）、五日生化需氧量（$BOD_5$）、化学需氧量（$COD_{Cr}$）和重金属等主要污染物浓度，湖库模式还能输出叶绿素 a，蓝藻、绿藻和硅藻的浓度，同时能够提供与水质预测同步的可供参考的水位、流速、流量、水温等指标的预测值。基于数值模型的预测结果，可从区域水环境质量空间分布、污染能达到的最大等级、污染物质的运移规律及特点等方面开展分析。

## 四、历史相似案例对比

开展流域水环境质量业务化预测，回顾分析历史水环境质量变化特征、污染来源与成因，掌握水环境质量显著变化过程的典型气象及水文因素，这些对预测和判断该地区的水环境质量变化趋势至关重要。以历史典型水环境质量变化过程作为案例数据库，从主导降水及蒸散发的主要气象要素、主导径流量的主要水文要素、水工设施的调取及区域取用水情况等方面对比，分析相似主导因素下区域整体水环境质量变化趋势特征，为水环境质量模拟及预测提供参考。

## 五、预测客观订正

在模式预测结果的基础上，通过水环境质量实况分析和气象及水文条件分析预判、参考历史相似过程案例、结合污染源排放情况，在未来水环境质量变化趋势、不同指标的最高水质类别、水中污染物质的扩散条件等角度对该预测结果的准确性与合理性做出判断和必要的人工客观订正，如为多模式预测，应在考虑上述各方面的同时，结合不同模式的历史表现，统筹考虑后再进行判断和必要的人工客观订正。

## 六、预测会商

预测会商通常包括内部会商及不同部门间会商等。内部会商可根据三级水质预测预警体系分为流域会商、省内会商和市县会商。不同部门间会商主要为同气象部门会商和同水利部门会商，与不同部门的会商一般遵循“独立预测、共同会商、联合发布”的原则，可与不同部门建立常态化的合作机制，根据区域的特色及会商的目的，选定不同的会商形式。

## 七、预测值班日志

值班预测员应该做好记录，便于后续预测员分析参考，同时也可跟踪与回顾预测工作成效，预测员完成预测工作后需要填写相关工作表格。主要包括近期水环境质量状况和气象、水文条件，当日的气象预测，模式预测结果，与不同部门的会商意见，最终预测结果的审核与发布等信息。

（张鹏　李健军　李茜　彭福利）

# 技术方法篇

# 第三章
# 水环境模型概述

水环境数学模型是联合气象、水文、生物、地理信息、社会经济等多种影响因素之间的数学关系及其相应的控制条件所建立的对水环境污染问题的数学描述。它通过模拟污染物在水体中的混合、迁移、转化来了解水环境系统内部因子变化规律，进而对水环境内部系统变化进行定性定量描述，从而起到支持规划、管理、决策的作用。由于影响因素多样，水环境污染问题常常很难解决，使用水环境数学模型可以简化其复杂性，给出具有指导意义的解答。

国内外学者经过多年研究，不断改进完善已有水环境模型，并尝试开发通用、全面的新型模型。随着数学方法在环境科学中应用的不断加强和水环境科学研究的不断深入，水环境数学模型的理论由最初只应用基本的质量守恒、能量守恒、动量守恒原理发展到加入了随机方法、灰色系统理论、模糊理论等；而水环境数学模型的实际应用也更加广泛，由最初的城市排水工程设计到耦合 GIS、联合人工智能神经网络进行水质预测预警、水体综合评价等。

## 第一节　水环境模型功能

### 一、水动力模型

水动力模型是用来探寻水体运动物理过程的重要工具。理想的水动力模型可以描述、重复，甚至预测河流、湖泊、海洋等自然水体详细的运动过程。输入精确的地形、气象等数据，再经过参数率定，就可以较为精准地模拟出某个时刻某个地理位置的淹没过程、流速、水面高度等信息。在水动力模型的基础上耦合与水体环境影响因素相关的模块，如泥沙输移、污染物追踪等，就可以对研究对象水体的环境变化进行监测或风险评估。

20 世纪 50 年代，美国麻省理工学院 Isaacson 和 Twesch 教授在马里兰河和密西西比河的部分河段建立了区域模型并进行了洪水模拟。1960 年以后，水动力模型受到计算机技术迅猛发展的影响，不断增加、完善功能，并被越来越多地运用于水利工程中，对整个流域或整个水利工程进行系统模拟。

### 二、水质模型

地表水水质模型一般被用来评价水体水质情况并找出污染源，预测地表水将如何随着流域及环境的改变（如气候变化）而改变。其最基本的功能是通过简化污染物在水中迁移转化的复杂过程，模拟和预测污染物在水环境中的行为。当水质模型与系统工程结合时，管理决策者可参考模拟结果了解到河流的自净能力，再根据水质要求决定计划排污量，或决定如何在最低成本下改善河流水质。将动态水质模型与水动力模型结合时，可建立排放量与断面水质之间的动态响应，以此确定水环境容量，制定污染物排放的约束性指标，并定量预测新的水质保护政策能够带来的收益。

水质模型耦合 GIS，可充分利用 GIS 平台的数据管理与数据信息可视化功能，对某一地区某一时期的水质进行分析评价，在考虑环境状态与人类活动影响的条件下，对未来发展状况进行预测预警并给出相应的解决方法，便于管理者进行决策分析。

## 第二节　水环境模型发展历程

从 1925 年第一个水环境模型被提出至今几十年时间，水环境模型经历了四个阶段的发展：简单的氧平衡模型阶段、形态模型阶段、多介质环境综合生态模型阶段，以及最近的平台应用阶段。

### 一、氧平衡模型阶段

简单的氧平衡模型是最早发展出的水环境数学模型，以 Streeter-Phelps 水质模型为代表。Streeter-Phelps 模型（以下简称“S-P 模型”）的概念最早是在 1925 年由美国工程师 Streeter 和 Phelps 基于俄亥俄河的野外数据提出的。该模型描述了一定距离的河流等自然水体中溶解氧和生物需氧量的关系，最初只被运用于分析城市污水排放对河流中溶解氧的影响。Streeter 和 Phelps 认为，在水体自净过程中，水中的溶解氧因有机污染物的生物氧化反应而消耗，又因大气中的氧气溶解而补全，耗氧速率与污染物浓度成正比而增氧速率与水中氧亏值成正比，这两个相反的过程使水中的溶解氧达到一个平衡的状态。

然而，简单氧平衡模型是建立在单一生物耗氧量输入且生物耗氧量在水体横截面平均分布、像推流一样移动不与河水混合的假设条件下的，且只考虑了碳质BOD作为溶解氧消耗、复氧作用作为溶解氧来源。S-P模型假定了所有的降解作用只发生在水相中且在水相中完全反应，而忽略了沉积物中会发生的等效过程。这样的简化方式，忽略了沉积和溶解对BOD的去除作用，忽略了底泥需氧量以及光合作用和呼吸作用对氧平衡的影响，增大了氧平衡模型的误差。

20世纪60年代，计算机技术的发展给学者们提供了深入研究溶解氧在水中反应的机会，由此，S-P模型发展出了一批以O'Connor（1960）和Thomann（1963）提出的模型为首的更复杂、更完善的版本。O'Connor在模型中加入了光合作用、呼吸作用、底泥耗氧量的影响；Thomann则把S-P模型扩展成了可模拟多河段系统的模型，采用有限差分法离散求解模型方程。美国国家环保局（US EPA）基于这些模型开发出了QUAL-2水质模型，考虑了有机物质分解、藻类生长与呼吸、硝化作用、有机氮磷的水解作用、藻类沉降、底泥耗氧等诸多影响因素。QUAL-2水质模型现已成为水质预测评价、水环境管理规划的重要工具，也是各河流水质建模的标准。然而在S-P模型中，状态变量不是整个菌群，模型只考虑了浮游细菌的生长而非整体的代谢，这导致菌群状态与质量的变化被一起忽略了。这个缺陷也存在于QUAL-2模型及其后续模型中。而底泥耗氧量的引入也只是将其作为水相的边界条件，并未完全解决S-P模型低估降解作用耗氧量的问题。

## 二、形态模型阶段

形态模型是表征污染物在不同状态和不同形态下水环境行为的模型。在简单氧平衡模型阶段，水分析的着重点在于关注水环境政策法规中给出的水质参数，而水中物质的不同形态被广泛忽视。这可能是由于难以识别污染物形态，尤其是在其浓度较低的情况下。然而，水质模拟工作旨在提供对流域条件的理解，以支持管理工作，包括控制点源和非点源排放。确定水中物质的形态与状态是了解水生生态系统及利用技术保护水环境的关键。因为同一污染物在水中的不同存在状态与化学形态会产生不同的生态效应。比如，水体中氮（N）和磷（P）的形态，无论是在废水处理中的生物降解性还是在水环境中的生物利用度方面，都是水质富营养化研究的重要领域。

20世纪80年代初，人们开始重视形态模型的研究，并进行了大量的尝试，如将有机物看作两性电介质、细分重金属在水中存在的形态等。这些模型的模拟结果显现出的与实验数据间的一致性，让人们看到了形态模型在水环境模拟、水质评价中光明的应用前景。到了 20 世纪 90 年代，Frimmel 和 Gremm 讨论了物理、化学和生物的形态形成过程，包括金属和非金属元素，并给出了能够测定水生系统污染物形态的方法。2004 年，Niyogi 和 Wood 提出利用生物配体模型（BLM）来确定水中金属含量约束性指标。该模型基于不同金属和环境阳离子的自由离子的结合亲和力在生物配体上发生反应将金属离子分为三类进行模拟。经过实验证实，BLM 方法可靠、结论坚实，对水质规范的改进能起到不可忽视的作用。从 IWA（国际水协会）2016 年出版的书籍来看，来自处理设施点源出流中的 N 和 P 减少了排放的养分总量，且改变了 N 和 P 的形态并降低了其生物利用度。水环境研究基金会（WERF）对营养物去除处理技术的研究和应用也揭示了有关 N 和 P 形态的新信息，并降低了处理后剩余的 N 和 P 的生物利用度。许多更复杂的水环境机理模型已具有模拟 N 和 P 形态的能力，并在一定程度上反映了难降解的有机养分输入及其随后的降解。可见形态模型的研究自 20 世纪以来已有了长足的发展，选择具有模拟养分种类能力的水质模型，并收集监测数据以表征养分种类和难降解化合物，可以完善现有的水质建模。

## 三、多介质模型阶段

想要有效地治理环境问题、管控环境质量，就要考虑整个环境中包括的所有媒介：空气、水体、土壤、沉淀物、地下水，以及可能以分散形式存在于这些相中的颗粒和生物相。在多介质环境中，物理、化学、生物反应及其联合作用比单一介质要复杂得多，且需要考虑到污染物在整个环境系统中发生的跨介质迁移、转化、重新分配。1985 年，Cohen 提出了多介质环境模型，考虑大气、水体、土壤、生物等组成的综合生态环境体系。多介质环境模型以水体作为核心媒介，以求全面深刻地研究污染物在环境系统中的行为和生态效应，对整个生态环境进行观察、量化和规范。

多介质质量平衡模型可以在提高我们对环境中污染物行为的理解方面发挥重要作用。通过将排放率与当前环境浓度联系起来并确定诸如生物积累趋势、持续过度时间以及进行跨媒体运输的可能性等问题，多介质环境模型可以深入研究污染物在各介质中的迁移转化和降解，为管理环境体系中的化学物质建立合理的基础。

加拿大环境建模中心（CEMC）开发出了以逸度代替浓度的多介质环境模型。其中，质量守恒是多介质环境模型的基础，在确定了相体积的条件下，根据质量守恒对入流和出流建立质量平衡方程。Mackay 等将质量平衡方程分为封闭系统的稳态方程、开放系统的稳态方程和非稳态方程。逸度代替浓度的假定可以简化化学物质在环境相之间迁移和分配的数学表达式，且逸度以热力学为基础，很多参数可以免去实验测定，改为使用热力学计算获得。

Mackay 和 Macleod 为了展示多介质环境模型的原理，应用了各种模型来评估六氯苯在水环境中的归趋和运输。这个案例表明，多介质环境模型可以全面、定量地描述化学物质在环境中的行为，从而有助于管理决策者创造条件，使化学物质对人类活动与环境保护的益处具有可持续性，并且不会对人类或生态系统产生不利影响。

### 四、平台应用阶段

自水环境模型开发伊始至今，虽然研究人员们尝试过开发、推广很多创新的研究型水环境模型，但缺乏用户界面、数据管理、结果报告和可视化能力的水管理模型难以被广泛使用，也因此难以对研究、保护真实世界的水系统产生大的影响。而模型平台的应用提供了一种很好的解决方法。它允许研究人员和模型开发人员以使用界面和数据库的软件为核心，利用通用函数或外接程序将外部模型代码链接到通用用户界面和数据管理系统，以满足真实世界水环境模拟对数据大量使用、对时间维度有所限制的需求。而模型平台灵活高效地创造、管理以及可视化模型输入数据、模型模拟情境、模型输出结果的能力也为管理决策者提供了强有力的支撑。

现有的构建高效灵活的模型平台的方法包括为特定模型创建定制接口，或者使用已有用户界面的模型系统。还有一种解决方案是使用地理信息系统（GIS）来存储和可视化数据，然后将数据传递给特定的模型。

根据模型与界面的耦合需求，外接程序可以使用决策支持系统（DSS）实现紧密无缝集成，即用户使用软件时不会发现后台运行的诸多程序，极大地提高了用户体验流畅性和友好度；也可以使用开源平台松耦合，将软件模块化，允许模型与数据库使用不同许可，降低开发成本，方便分别开发与项目管理。

## 第三节　水环境模型分类

水环境模型分类方法众多，且由于水环境问题的复杂性，模型常常需要联合多种方法、情景处理解决问题，很多简单的分类并不适合。故此处仅讨论部分较为普遍的地表水环境模型分类方法。

## 一、按水体分类

根据水体的流动性及一些其他特性，可将模型分为湖泊水库模型、河流模型、河口模型和海洋模型。

湖泊水库模型是用来描述其中水质在空间的变化的模型。最初的模型是湖库完全混合箱式模型，后来发展到分层水质模型。而专注于模拟富营养化的模型又分为经验模型和生态动力学模型。经验模型可用来模拟单一营养物质负荷或藻类生物量与营养物质负荷量之间的关系；生态动力学模型则是模拟营养盐循环过程以及藻类的生长机理，以求定量描述影响因子。常用的湖泊水库环境模拟软件有 WQRRS、DRONIC、CE QUALW2、EFDC、MIKE 系列等。

河流模型可用来描述河流中污染物迁移、转化运动，还要考虑耗氧复氧的过程。S-P 模型就是最早的河流水质模型，采用 BOD/DO 双线性一维模拟。后来河流模型发展到六线性系统，模拟也从一维发展到二维，此时河流模型也可用作湖泊、海湾的模拟。如今河流模型偏重于开发综合应用与评价能力，如 QUAL- Ⅰ和 QUAL- Ⅱ模型。

河口模型的特殊之处在于河口水域的运动不仅像一般河流一样受重力影响，还受到海潮涌入带来污染物、改变河水密度、潮水顶托使污水上溯、有机物降解耗氧等影响。有些河口的特殊形貌也增加了污染物混合输移的复杂程度，包括冲蚀、再悬浮、沉淀、底泥释放等。比较著名的河口水质模型有 MIKE、Delft3D。

海洋生态环境的模拟涉及海水及海洋中污染物的运动规律，包括潮流、风生流、热盐环流、海洋环流、污染物转化迁移、生物富集等。可靠的海洋环境模型可以起到支持决策、政策规划的作用，协助管理决策者制定可持续海岸发展和保护海洋环境的战略。比较著名的海洋模型有 ERSEM（欧洲区域海洋生态模型）、NEMURO（北太平洋生态系统模型）、RMOS（区域海洋模型系统）等。

## 二、按模型系统时间稳定性分类

根据水文情况和排污条件是否随时间变化，模型可分为稳态模型和非稳态模型。当水流运动要素和排污的输入都不随时间变化时，模型称为稳态模型；而当水流为非恒定流时，模型称为非稳态模型，因为无论排污输入是否随时间改变，系统内的物质量在时间维度上都是变化的；当水流是恒定流时，输入随时间变化，模型称为准动态模型。为了简化问题，一般河流河口会采用临界状态（即水质最不利状态）下的稳态条件模拟水质。非稳态模型对数据的要求较高，适用于短期水质模拟，由于此种模型常常忽略部分污染源，所以可靠性较稳态模型更低。O’Connor基于S-P模型开发的港湾BOD/DO模型就是稳态模型，而美国国家环保局的QUAL-Ⅱ模型既可用作稳态模型，又可用作时变的动态模型。

## 三、按空间变化分类

根据模型表达式对应的空间结构，可按维度给模型分类。虽然真实世界的河流都呈三维形态，但是恰当的简化可以在大量减少计算量和复杂性的条件下依然获得有参考价值的结果，选取简化维度的模型的标准取决于水中污染物的混合情况。零维模型不含空间变量，代表水体处于完全混合状态，所有方向上的水动力、水质要素都均匀分布。一维模型描述 $x$、$y$、$z$ 三个方向上只有一个方向的水动力、水质要素呈梯度存在，其他方向均匀分布，其中垂向一维模型适用于温度垂向分层的湖泊，而纵向一维模型适用于模拟河流。二维模型是系统内的质点水动力、水质要素在两个方向上呈梯形分布，一个方向上均匀分布，分为沿水深平均或沿宽度平均。

## 四、按数学方法分类

确定性模型是目前使用较广泛的模型，以数学物理方程为基础，输入确定值可得确定解。而随机模型或称为概率模型的结构与确定性模型相同，只是在对待输入参数与条件时，将其处理为随机变量或随机过程。随着数学手段的发展，研究学者们还开发出了以运筹学为主要工具的规划模型；基于灰色系统理论的灰色模型；基于模糊理论的模糊模型等。学科之间的交叉运用也发展出了一些新的模型类型，例如将人工智能与水环境模型相结合，发展出基于神经网络、遗传算法的模型；基于GIS平台开发出结果可视化的模型等。

### （一）按污染物的运动特性分类

污染物在水中的迁移过程一般都会受到平流、对流、扩散作用的影响。当模型描述的污染物运动中对流作用主导，扩散作用忽略不计时，称为对流模型，反之则称为扩散模型。当对流与扩散的作用不分伯仲时，模型称为对流—扩散模型。描述污染物在水中已经混合均匀的模型称为完全混合模型。

### （二）按反应动力学性质分类

按污染物在水中的反应动力学类型可分为纯输移模型、纯反应模型、输移—反应模型以及生态模型。当系统内物质为保守物质，不随时间衰减，不发生降解或转化，只做机械转移运动，这种模型称为纯输移模型，或称为保守物质模型。系统只考虑生物化学反应的模型称为纯反应模型。输移—反应模型又叫作非保守物质模型，是指系统内的物质为非保守物质，会发生化学反应或生物化学反应，同时也会随水流进行输移。生态模型是只描述生态过程如生物生长的模型，原则上不涉及输移的作用，然而综合性的生态模型也要考虑其他因素导致的水质变化。

（黄静水　王淑莹　杨欢）

# 第四章
# 物理机制模型

## 第一节　流域模型

### 一、集总式和半分布式模型

集总式模型（Lumped Model）是一种不考虑水环境要素和过程空间分布特征、将研究流域作为一个整体进行研究的水环境模型。在集总式模型中，其变量和参数通常使用平均值，并将整个流域划为单一对象进行处理。由于此类模型各种参数均取流域平均值，不能针对单个位置进行水环境过程模拟计算，所以在模型的整个计算过程中，模型的精度会受到影响。主要代表性集总式水文模型有 Tank 模型、新安江模型及萨克拉门托模型等。

半分布式模型介于集总式模型与以子流域或网格为计算单元的分布式模型之间，是将整个流域划分为多个子流域并在每个子流域上应用概念性集总式模型进行计算的水环境模型。其优点主要在于将整块流域分为若干个子流域进行模拟计算，考虑了流域的空间异质性；而较于分布式模型，克服了对高精度资料需求的制约。主要代表性半分布式水文模型有 HSPF、SWAT、HEQM 和 AQUASYS 等模型。

#### （一）Tank 模型

Tank 模型（又称黑箱模型或水箱模型）是一种概念性模型，由日本学者菅原正巳提出。它主要通过简单的形式来模拟整个径流形成的过程，简化了降雨形成径流的复杂过程。其基本原理为：假定流域内的降雨入渗和产流量是流域蓄水深度的函数，用多个串联或者并联且侧向和底部有出口的模拟水箱来模拟整个产流、汇流及入渗过程。Tank 模型的优点在于其计算简便、操作方便、实用性强等。

#### （二）新安江模型

新安江模型是赵人俊教授及其团队于 20 世纪六七十年代创立的水文模型，是中国水文学领域原创性的学术成果。模型的基本原理是将整个流域分为多块单元流域，计算每个单元流域的产汇流量，求得流域出口流量过程，最后通过汇总各个单元流域的出流过程，得到整个流域出口的总出流过程，主要适用于湿润地区与半湿润地区的水文预测和水文设计。

模型结构主要分为四个部分：蒸散发计算、产流计算、水源划分计算及汇流计算。蒸散发计算模块使用三层蒸散发模型，按照蓄满产流模型计算降雨产生的径流总量，并采用流域蓄水曲线考虑下垫面不均匀对产流面积的影响，水源划分计算将径流分为地表径流、壤中流及地下径流，汇流计算则分为坡面汇流和河网汇流两个部分，主要通过马斯京根法和滞后演算法来计算，见图 4-1。

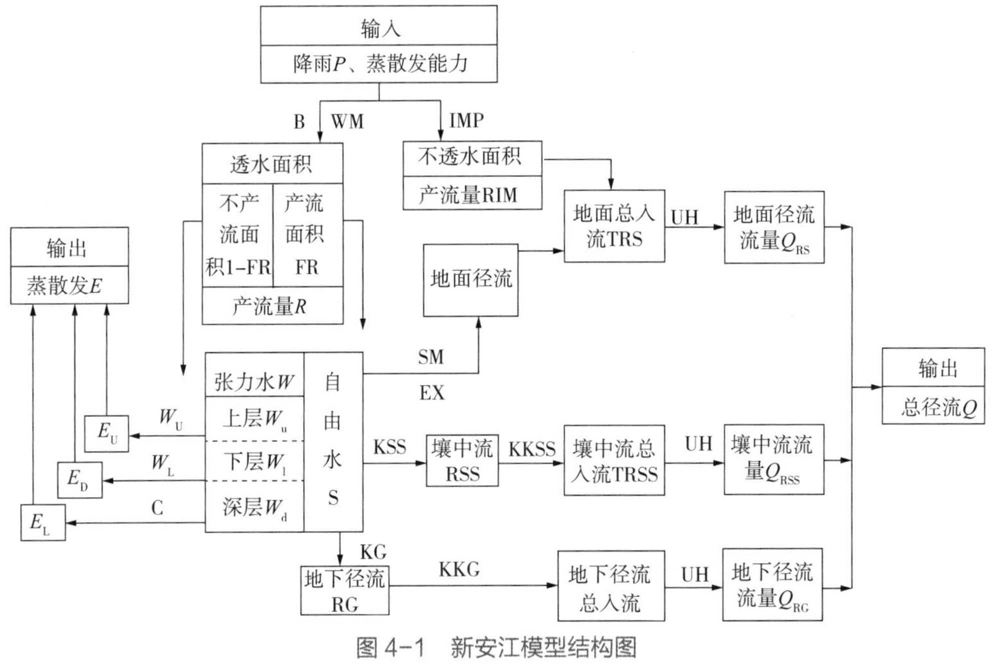


图 4-1 新安江模型结构图

（三）萨克拉门托模型

萨克拉门托模型是美国气象局水文办公室萨克拉门托预报中心，在第Ⅳ号斯坦福模型基础上改进和发展的。其主要物理机制在一定程度上符合自然界径流的形成过程，并且该模型克服了部分成因方法计算和资料要求苛刻等问题，应用起来较为方便可行。

模型主要结构分为土壤水分配、下渗过程、径流计算、流域蒸散发及汇流等过程，它将流域划分为不透水面和透水面两部分，土壤层则分为上下两层，每一层的土壤水均由自由水和张力水组成。而在不同的土壤层面上会产生不同的径流成分，分为地表径流、壤中流及地下径流。通常情况下，三种径流成分的量级和时间分配差异性较大，各种成分的不同组合就形成了流域出口断面水文过程线的不同形态。由于萨克拉门托模型的物理意义表达比较明确，所以模型中的大多数参数和取值范围均可通过相关资料查询分析获得，另外少量参数只能通过优化分析得出，见图 4-2。

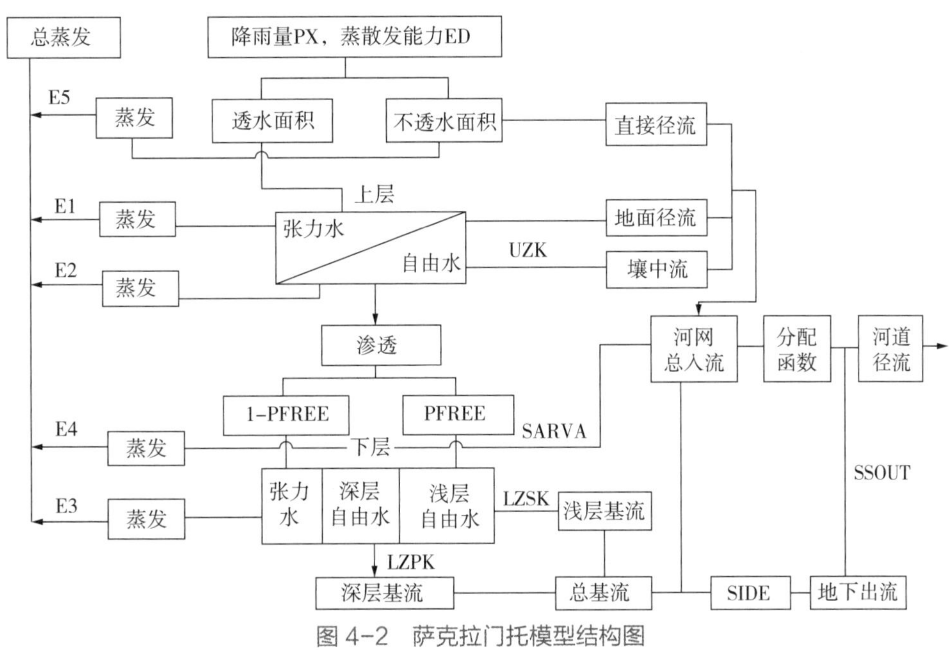

图 4-2 萨克拉门托模型结构图

（四）HSPF 模型

HSPF（Hydrological Simulation Program-Fortran）模型是美国国家环保局于 20 世纪 70 年代末基于 Fortran 语言编写的一套水文模型，属于半分布式水文模型，主要是应用于模拟城市、森林及农村等地比较大型的流域内水文水质过程。HSPF 模型内嵌于 BASINS（Better Assessment Science Integrating Point and Non-point Sources）系统平台，该系统由美国国家环保局（US EPA）于 1988 年开发完成。

HSPF 模型模块主要包括透水地段水文水质模拟模块（PERLND）、不透水地段水文水质模拟模块（IMPLND）及地表水体水文水质模拟模块（RCHRES）。这三大模块又可按照功能分为多个子模块，各个模块之间相互协调，可以实现对大型流域内径流、泥沙、BOD、N、P、农药等污染物的迁移转化和负荷的连续模拟。模型的主要优点是可以连续地模拟透水地面、不透水地面及河流湖泊的水文水质过程，在模型构建过程中，还可设置多种情景，能够很好地模拟气候变化与土地利用变化引起的水文水质过程变化，见图 4-3。

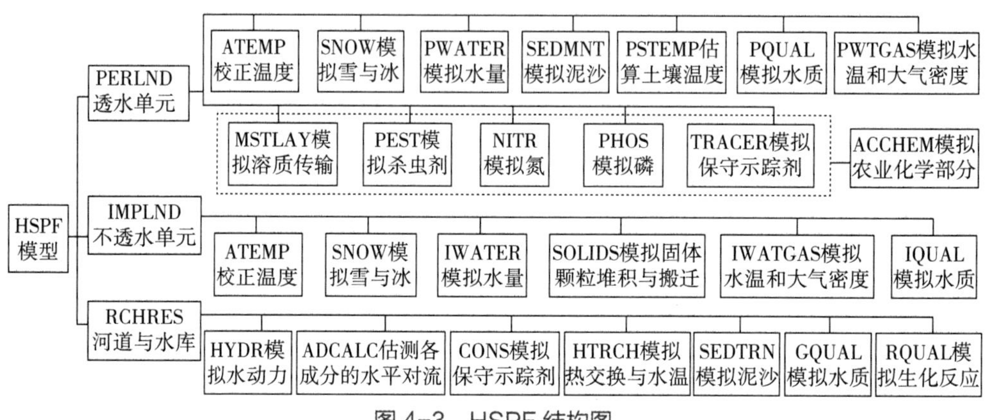

图 4-3　HSPF 结构图

### （五）SWAT 模型

SWAT（Soil and Water Assessment Tool）模型是由美国农业部 Jeff Arnold 博士在 20 世纪 90 年代研制开发的水文模型，模型的建立能够长时间连续模拟流域内的水文序列，也能模拟流域面源污染过程等。SWAT 模型具有较强的物理机制，能够在资料缺少的地区建立模型，适用于不同土地利用方式、土壤类型和管理条件下的复杂大流域。模型可以预测气候变化、土地管理措施等对水量、泥沙、农业化学物和作物产量等的长久影响，但是不能模拟详细的基于时间的洪水和泥沙。在 SWAT 模型的发展过程中，结合了 MODFLOW 等模型，演化生成了多种模型形式，如 SWIM、SWATMOD 和 E-SWAT 等，并得到了广泛应用。

SWAT 模型根据 DEM 和河网将整个流域划分为若干个子流域，并根据土地利用类型、土壤类型、坡度和土地管理措施等将每个子流域定义为若干个水文响应单元（Hydrologic Response Unit），每一个水文响应单元只包含一种土地利用类型、土壤类型和坡度。模型主要结构分为三大模块：水文模块、非点源污染模块和河道水质模块。

SWAT 模型对数据的提取过程较为简便，使得它能够对大型流域进行模拟；模型的物理机制强，可以对无资料流域进行精确的模拟；将整个流域分为若干子流域进行模拟提高了模拟的精度。模型的缺点和不足之处在于不能模拟单一的洪水事件，且日模拟存在系统误差；对土壤氮磷循环过程的描述也不是很精细，另外，模型在设定土地利用过程中会忽略面积较小但是产沙量较大的土地，见图 4-4。

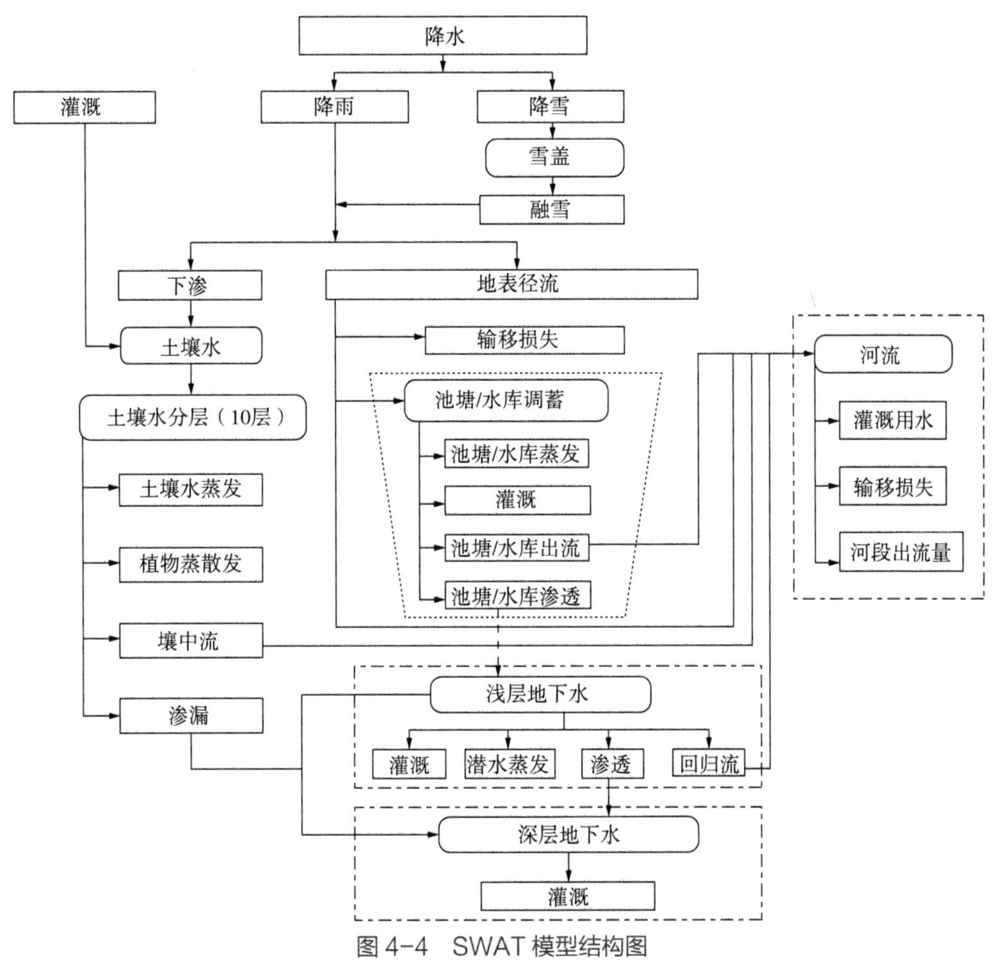


图 4-4　SWAT 模型结构图

### （六）HEQM 模型

HEQM（Hydrological，Ecological and Water Quality Model）模型是张永勇博士等于 2012—2015 年自主研发的流域水循环系统模型。该模型将水和营养物（碳、氮和磷）循环作为联系流域内水循环相关过程的纽带，分析水与营养物在地表、植被、土壤和水体中的相互作用关系及闸坝调控等人类活动的影响，能准确模拟在气候变化和人类活动（土地利用、水利工程以及农业管理措施等）影响下地块、河道断面、子流域（流域）等多种尺度径流、水—土及营养源流失、水体水质浓度或负荷、作物产量等要素的时空特征。目前该模型已在淮河流域、潮白河流域、白洋淀流域、永定河流域、新安江流域、河西走廊内陆河流域得到实际应用，用于开展水质模拟与面源污染估算，并入选 2019 年度水利先进实用技术重点推广指导目录。

HEQM 模型结构主要由水文循环模块（HCM）、土壤生化模块（SBM）、作物生长模块（CGM）、土壤侵蚀模块（SEM）、陆地水质模块（OQM）、水体水质模块（WQM）、闸坝调控模块（DRM）及参数分析工具（PAT）八大模块组成。模型结构见图 4-5。

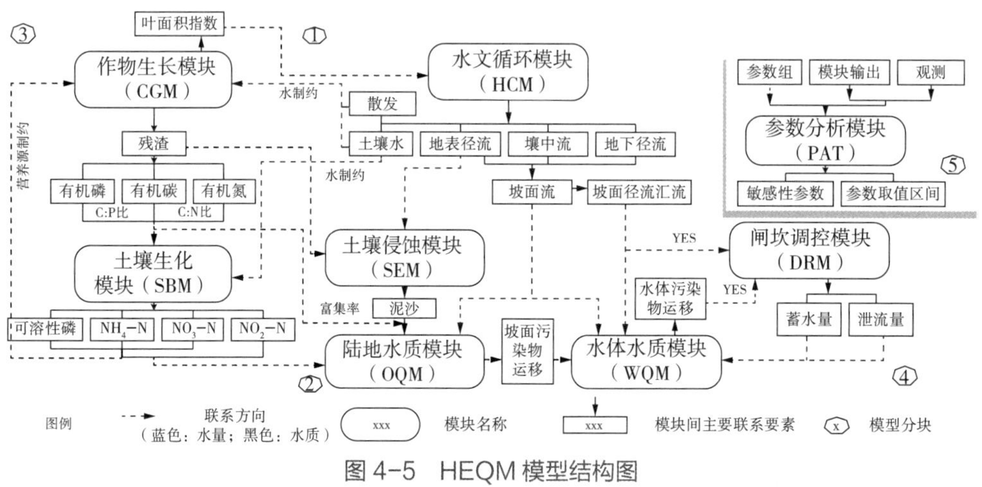


图 4-5　HEQM 模型结构图

与同类模型相比，HEQM 具有如下优点：①过程间耦合机制更合理：考虑水和营养源在循环过程中同时发生、相互制约的机制和纽带功能；②水文循环模块机理性更强：拓展夏军院士理论推导的降水—径流非线性方程（TVGM），阐明营养源循环和作物生长影响下产流特征，完善径流过程的形成机理；③土壤营养物转化过程更精细：考虑土壤 10 种氮库、6 种磷库和 6 种碳库之间的降解、还原、矿化等生物地球化学过程；④闸坝调度模块更适用：耦合闸坝调度规则，取代了实测或目标泄流控制方法。模拟结果表明：淮河流域径流和水质浓度模拟精度分别提高 53% 和 43%，其中调控径流的模拟精度提高 24%；新安江和密云水库流域 56% 的站点径流、泥沙、总氮和总磷负荷模拟结果均优于使用广泛的 SWAT 模式。

## 二、分布式模型

分布式模型（Distributed Model）能够全面考虑流域降水、下垫面、社会经济、排污等空间不均匀分布，并且能够反映出各要素空间的变化对水环境过程的影响。该模型认为流域表面上各个点的水力学特征都是非均匀分布的，且地表径流的分布也不均匀，应将流域分为若干个小单元，在考虑径流在每个小单元内纵向流动的同时，也需要考虑各个小单元之间横向的水量交换。分布式水环境模型的优点是其物理机制极强，能够准确地描述水环境过程的机理，对整个水文循环和水环境过程中每一个小部分的模拟都较为精确，模型的使用通常会有效地利用 GIS 和遥感信息提供的大量空间信息，这使得它能够有效地模拟出水环境的具体过程。到目前为止，分布式模型已经在气候变化、土地利用变化、生态水文学及水资源管理等领域的研究中起到了重要的作用。代表性分布式水文模型有 MIKESHE、SOBEK 和 VIC 等。

（一）MIKESHE 模型

MIKESHE 模型是 20 世纪 90 年代初期由丹麦水工实验所开发的一种基于物理过程的、确定性的、综合性的分布式水文系统模型。该模型综合考虑了水文循环中的各种过程，如降水、径流、蒸散发、河网汇流等，可以模拟地表和地下水的运动过程及其相互之间的关系，并且能够模拟沉积物、营养物质、农药等物质的运移过程。MIKESHE 模型有着较为广泛的适用范围，无论是大流域还是小型剖面均能够应用该模型，且能够得到较好的结果。相比于集总式水文模型，MIKESHE 能够基于空间结构和参数数据计算点或表面的水文响应过程。

MIKESHE 模型主要有五大模块，分别为水流运动模块（MIKESHE WM）、溶解质平移扩散模块（MIKESHE AD）、土壤侵蚀模块（MIKESHE SE）、灌溉研究模块（MIKESHE IR）及作物生长氮运移模块（MIKESHE CN）。其中水流运动模块是整个模型中最基本的模块，该模块又分为 6 个子模块，各模块协同合作来描述整个流域的水文循环过程。

（二）SOBEK 软件

SOBEK 软件由荷兰 Delft 水利研究所开发制作完成，具有基于 GIS 的用户界面，拥有一维流、二维坡面流和降水径流等模块。其主要功能是根据研究区的水文地形地貌特征、水资源时空分布特征及开发利用现状等条件，确定模型模拟的区域范围和划分计算网格，输入基本数据，然后进行水文模拟率定与验证，直到模型拟合达到要求的精度为止。

SOBEK 软件主要包括河流（Sobek-River）、城市（Sobek-Urban）、乡村（Sobek-Rural）三个子系统。每一个子系统都是由模拟水循环中特定方面的模块组成，可以独立地或者综合地对这些模块进行管理。SOBEK 软件应用非常广泛，在洪水预测、水库运作、地下水位控制和水质管理等方面有着重要的应用。Sobek-River 可以进行单一或者复杂河流和河口的设计，能够模拟水质、水流和河流形态变化等具体情形；Sobek-Urban 可以提供城市排水通道堵塞、排水管道溢出污水和街道漫流等问题的有效解决措施；Sobek-Rural 是专门应用于水域问题管理的工具，在水库运作、作物经济灌溉定额确定、沟渠自动控制等方面有重要的应用。

（三）VIC 模型

VIC（Variable Infiltration Capacity）模型是由华盛顿大学、加利福尼亚州大学伯克利分校及普林斯顿大学的研究人员基于 Wood 等的思想共同研制出的大尺度分布式水文模型。VIC 模型可同时对水循环过程中的能量平衡和水量平衡进行模拟，克服了传统水文模型对能量过程描述不足的缺陷。

作为分布式水文模型，VIC 模型在水文循环过程中，考虑了水分收支和能量平衡；积雪融雪及土壤冻融过程；冠层蒸发、叶丛蒸腾和裸土蒸发；地表径流和基流两种径流成分的参数化过程；基流退水的非线性问题。对于次网格，分别考虑了地表植被类型的不均匀性、土壤蓄水容量的空间分布不均匀性和降水的空间分布不均匀性。VIC 模型的基本原理主要是考虑了大气—植被—土壤之间的物理交换过程。模型最初仅包括一层土壤，Liang 等（1994）在原模型基础上发展为两层土壤的 VIC-2L 模型，后经改进在模式中又增加了一个薄土层（通常取 100 mm），在一个计算网格内分别考虑裸土及不同的植被覆盖类型，并同时考虑陆—气间水分收支和能量收支过程，称为 VIC-3L。Liang 和 Xie（2003）同时考虑了蓄满产流和超渗产流机制以及土壤性质的次网格非均匀性对产流的影响，并用于 VIC-3L。在此基础上，建立了气候变化对中国径流影响评估模型，将地下水位的动态表示问题归结为运动边界问题，并利用有限元集中质量法数值计算方案，建立了地下水动态表示方法。

## 第二节　水体环境质量模型

### 一、河流模型

（一）MIKE 11 模型

MIKE 11 模型是由丹麦水动力研究所（DHI）研发的河渠水流、水质、泥沙的一维模拟系统，模型是由水动力（HD）、对流扩散（AD）、水质生态（ECOLab）、降雨径流（RR）、非黏性泥沙输运（ST）等模块组成。模型在分析河口、河流、灌溉、渠道和其他水体的流量、水质和泥沙输送等领域有广泛的应用，模型可分析的参数分别为水动力、DO、BOD、氮、磷、叶绿素 a、温度、细菌、藻类、水生动物、底泥等。MIKE 11 模型在我国水环境治理中已经被广泛应用，莫祖澜（2014）采用水动力和水质模型，计算了闸泵调控下嘉兴河网示范区的水质，为人工神经网络模型的训练提供基础数据；王帅（2011）在确定功能区污染控制方案的基础上，采用 MIKE 11 水质模型完成了山美小流域污染控制后流域的水质改善效果评估。

水动力模块（HD）是 MIKE 11 建模系统的核心，是大多数模块的基础，包括洪水预测、对流扩散、水质和非黏性泥沙输运模块。水动力模块的控制方程组为一维流圣维南方程组，连续性方程、动量方程分别为式（4-1）、式（4-2）：

连续性方程

$$\frac{\partial Q}{\partial x}+\frac{\partial A}{\partial t}=q \tag{4-1}$$

动量方程

$$\frac{\partial Q}{\partial t}+\frac{\partial}{\partial x}\left(\alpha\frac{Q^2}{\partial x}\right)+gA\frac{\partial h}{\partial x}+\frac{gQ|Q|}{C^2AR}=0 \tag{4-2}$$

式中，$Q$ 为流量，$m_3/s$；$t$ 为时间，s；$q$ 为侧向入流，$m^3/s$；$A$ 为过水面积，$m^2$；$h$ 为水位，m；$R$ 为水力半径，m；$C$ 为谢才系数；$\alpha$ 为动量修正系数。

由于圣维南方程组属于二元一阶双曲拟线性方程组，目前无法直接求出其解析解，因此通常采用有限差分法进行求解。MIKE 11 采用 6 点 Abbott-Ionescu 有限差分格式对圣维南方程组进行离散，离散后的网格点由水位点和流量点组成，其中两个流量点之间采用连续性方程求解，两个水位点之间采用动量方程进行求解，具体差分格式图见图 4-6。

采用该有限差分格式差分后的连续性方程见式（4-3），动量方程见式（4-4）：

连续性方程

$$\alpha_j Q_{j-1}^{n+1}+\beta_j h_j^{n+1}+\gamma_j Q_{j+1}^{n+1}=\delta_j \tag{4-3}$$

式中，$\alpha$、$\beta$、$\gamma$ 为 $b$ 和 $\delta$ 的函数，取决于 $h$ 点在时间 $n$ 及 $Q$ 点在时间 $n$+1/2 处的值。

动量方程

$$\alpha_j h_{j-1}^{n+1}+\beta_j Q_j^{n+1}+\gamma_j h_{j+1}^{n+1}=\delta_j \tag{4-4}$$

式中，$\alpha$、$\gamma$ 为面积 $A$ 的函数。

$$\beta_j = f(Q_j^n, \Delta t, \Delta x, C, A, R) \tag{4-5}$$

$$\delta_j = f(A, \Delta x, \Delta t, \alpha, q, v, \theta, h_{j-1}^n, Q_{j-1}^{n+1/2}, Q_j^n, h_{j+1}^n, Q_{j+1}^{n+1/2}) \tag{4-6}$$

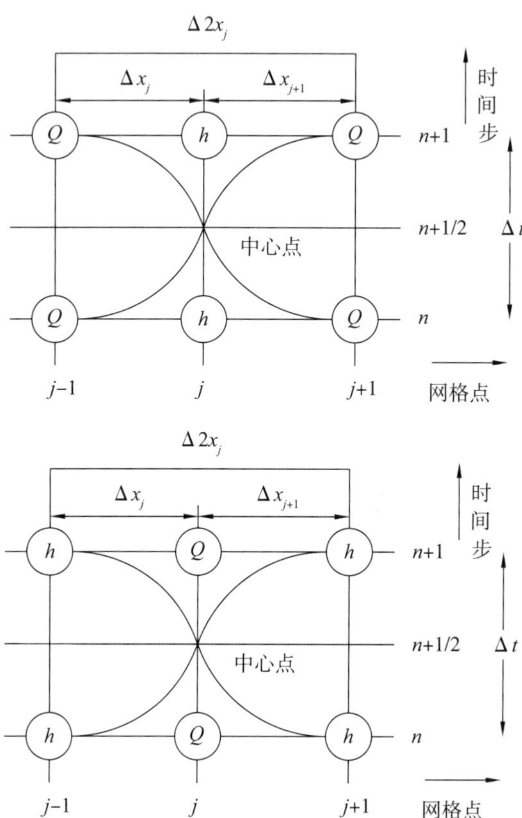


图 4-6　6 点 Abbott-Ionescu 有限差分格式图

MIKE 11 对流扩散（AD）模块可以用于模拟溶解性或悬浮性物质在水体中的对流和扩散过程。AD 模块的计算是在水动力模块计算结果的基础上，采用隐式有限差分格式求解对流扩散方程。一维对流扩散方程形式见式（4-7）：

$$\frac{\partial AC}{\partial t} + \frac{\partial QC}{\partial x} - \frac{\partial}{\partial x}\left(AD\frac{\partial C}{\partial x}\right) = -AKC + C_2 q \tag{4-7}$$

式中，$C$ 为污染物浓度，mg/L；$D$ 为纵向扩散系数，$m^2/s$；$A$ 为过水断面面积，$m^2$；$K$ 为线性衰减系数，$d^{-1}$；$C_2$ 为源汇项浓度，mg/L；$q$ 为侧向入流，$m^3/s$；$x$ 为空间坐标，m；$t$ 为时间坐标，s。

该方程反映了两种输运机制：基于平均流量下的平流（或对流）输运和基于浓度梯度的弥散输运。

对流扩散方程的基本假设为：所考虑的物质在过水断面上充分混合，即认为源/汇项在横截面上瞬间混合；该物质是保守的或服从一阶反映（线性衰减）；满足菲克扩散定律，即弥散输运与浓度梯度成正比。

（二）SOBEK 模型

SOBEK 模型以古埃及鳄鱼河神命名，因为鳄鱼的卵会在即将到来的尼罗河洪水水位之上，所以人们认为鳄鱼具有预测洪水的能力。SOBEK 模型由荷兰 Deltares 研究所开发。目前，SOBEK 模型包括乡村（Sobek-Rural）、城市（Sobek-Urban）、河流（Sobek-River）三个部分。

乡村（Sobek-Rural）部分为区域水资源管理提供了一个高质量的工具，可用于模拟灌溉系统、排水系统、低地和丘陵地区的天然溪流。应用通常与优化农业生产防洪、灌溉、渠道自动化、水库运行和水质控制等目标相关，还可用于回答城市化进程推进带来污染负荷增加的相关问题。该部分由四个模块组成，分别是水动力模块、水文模块、水质模块和实时控制模块。

城市（Sobek-Urban）部分为简单或复杂的城市排水系统提供全面的建模工具，包括下水道和明渠。通过设计城市新区或分析和改进现有城区管道，提出防止排水管堵塞、街道洪水泛滥和下水道溢流造成的水污染问题。该部分由三个模块组成，分别是水动力模块、水文模块和实时控制模块。

河流（Sobek-River）部分专为简单或复杂的河网系统和河口设计，可用于模拟河网、河口和其他类型冲积河网的流量、水质和形态变化。河流（Sobek-River）部分可以对各种复杂的过水断面进行计算。该部分由三个模块组成，分别是水动力模块、形态模块和水质模块。

SOBEK 模型水动力模块的基本方程为连续性方程和动量方程组成的圣维南方程组，具体见式（4-8）、式（4-9）：

连续性方程

$$\frac{\partial Q}{\partial x}+\frac{\partial A_{\mathrm{f}}}{\partial t}=q_{\mathrm{lat}} \tag{4-8}$$

动量方程

$$\frac{\partial Q}{\partial t}+\frac{\partial}{\partial x}\left(\alpha_{\mathrm{B}}\frac{Q^2}{A_{\mathrm{f}}}\right)+gA_{\mathrm{f}}\frac{\partial h}{\partial x}+\frac{gQ|Q|}{C^2A_{\mathrm{f}}R}-w_{\mathrm{f}}\frac{\tau_{\mathrm{wind}}}{\rho_{\mathrm{w}}}=0 \tag{4-9}$$

式中，$Q$ 为流量，$\mathrm{m^3/s}$；$t$ 为时间，s；$q_{\mathrm{lat}}$ 为侧向入流，$\mathrm{m^3/s}$；$\alpha_{\mathrm{B}}$ 为修正系数；$A_{\mathrm{f}}$ 为过水面积，$\mathrm{m^2}$；$h$ 为水位，m；$R$ 为水力半径，m；$C$ 为谢才系数；$\tau_{\mathrm{wind}}$ 为风切

应力，$N/m^2$；$w_f$ 为水面宽度，m；$\rho_w$ 为水的密度，$kg/m^3$。

修正系数方程为：

$$\alpha_B = \frac{A_f}{Q^2}\int_0^{w_f}\frac{q(y)^2}{d(y)}dy \tag{4-10}$$

方程组采用 Delft 格式，通过交错网格的方式求解，得到水位和流量，交错网格形式见图 4-7。

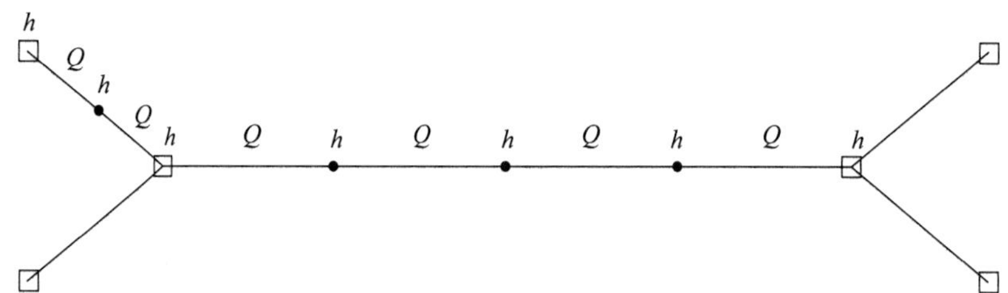


图 4-7 交错网格形式

水质模块含一维水质模型，控制方程为一维对流扩散方程［式（4-11）］：

$$\frac{\partial AC}{\partial t} + \frac{\partial QC}{\partial x} - \frac{\partial}{\partial x}\left(AD\frac{\partial C}{\partial x}\right) = SA \tag{4-11}$$

式中，$C$ 为污染物浓度，mg/L；$D$ 为纵向离散系数，$m^2/s$；$A$ 为过水断面面积，$m^2$；$S$ 为源汇项，mg/（$m^3 \cdot s$）。

（三）QUAL 模型

QUAL 模型由美国国家环保局于 1979 年推出，至今已发展至 QUAL2K。该模型是一维水质综合模型，假定河流中物质的主要迁移方式是平移和弥散，且认为这种迁移只发生在河道或水道的纵轴方向上，同时考虑了水质组分间的相互作用以及组分外部源和汇对组分浓度的影响。可模拟的污染物类型包括常规污染物（如 DO、氮、磷、藻类等），也包括特殊污染物如水生生物、非生物有机颗粒物质、介质热平衡等。该模型对稳态、动态水环境情形以及点源、面源污染负荷均适用。

QUAL 系列模型的基本方程见式（4-12）：

$$\frac{\partial M}{\partial t} = \frac{\partial\left(A_x D_L \frac{\partial C}{\partial x}\right)}{\partial x}dx - \frac{\partial A_x uC}{\partial x} + (A_x dx)\frac{dC}{dt} + s \tag{4-12}$$

式中，$M$ 为物质质量，g；$C$ 为组分浓度，$g/m^3$；$x$ 为考察距离，m；$t$ 为时间步长，s；$A_x$ 为距离 $x$ 处的河流横截面积，$m^2$；$D_L$ 为纵向弥散系数，$m^2/s$；$u$ 为平均流速，m/s；$s$ 为组分的外部源和汇，g/s。

## 二、湖库模型

### （一）SALMO 模型

湖泊水质模型（Simulation by means of an Analytical Lake Model，SALMO）是 Benndorf 和 Rechnagel 于 1979 年开发的。该模型利用常微分方程描述湖泊生态系统中的营养盐、水温、光照、浮游动物等环境因子对藻类生长的影响，能够对三类浮游植物功能群（蓝藻、绿藻和硅藻）之间的生长关系进行模拟。SALMO 模型包含 8 个状态变量：$PO_4$-P 浓度、$NO_3$-N 浓度、碎屑浓度、溶解氧浓度、浮游动物生物量浓度，以及 3 种藻类（蓝藻、绿藻和硅藻）生物量浓度。

它利用常微分方程描述整个湖泊生态系统的营养物质循环和食物链动态，其中，营养物质循环包括磷酸盐、硝酸盐、溶解氧和碎屑循环，食物链由硅藻、绿藻、蓝藻和浮游动物组成。鱼类对浮游动物的影响通过浮游动物的死亡率间接控制。

SALMO 模型的输入和输出如图 4-8 所示。

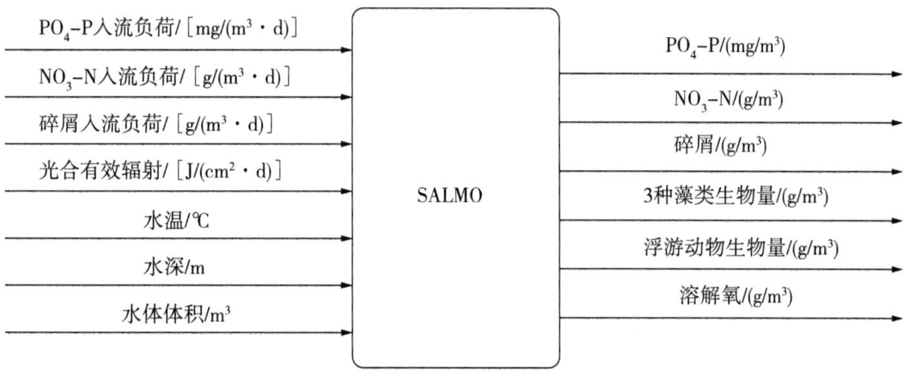


图 4-8 SALMO 模型的输入和输出

虽然包含的状态变量不多，但 SALMO 基本能够模拟湖泊生态系统的营养物质循环和食物链动态，并详细考虑了所模拟状态变量的内部机制。

SALMO 能较好地模拟水质参数的季节和年变化格局，并能通过情景分析来评估不同治理措施的效果，从而指导湖库水质的治理。在过去的 30 多年里，SALMO 已被成功地应用于世界多地湖泊和水库的水质模拟。

（二）MIKE 21 模型

MIKE 21 可用于模拟河流、河口、湖泊及海洋的水流、波浪、泥沙及水质，同时还可以开展环境模拟及评价。MIKE21 为流域水环境模拟、海岸管理及规划提供了有效的计算工具。MIKE21 包含的模型有二维水动力模型、水质输运模型、富营养模型、泥沙运移模型、波浪模型。

水动力学模块（HD）是模拟各种水体内水位及流量的变化情况。HD 模块是 MIKE 21 软件包中的基本模块，为其他模块的计算提供水动力学基础。平面二维水流的基本运动方程如下：

连续性方程

$$\frac{\partial \xi}{\partial t}+\frac{\partial p}{\partial x}+\frac{\partial q}{\partial y}=\frac{\partial d}{\partial t} \tag{4-13}$$

$X$ 方向动量方程

$$\begin{aligned}&\frac{\partial p}{\partial t}+\frac{\partial}{\partial x}\left(\frac{p^2}{h}\right)+\frac{\partial}{\partial y}\left(\frac{pq}{h}\right)+gh\frac{\partial \xi}{\partial x}+\frac{gp\sqrt{p^2+q^2}}{C^2h^2}-\frac{1}{\rho_w}\left[\frac{\partial}{\partial x}\left(h\tau_{xx}\right)+\frac{\partial}{\partial y}\left(h\tau_{xy}\right)\right]\\&-\Omega_q-fVV_x+\frac{h}{\rho_{\mathrm{w}}}\frac{\partial}{\partial x}\left(p_{\mathrm{a}}\right)=0\end{aligned} \tag{4-14}$$

$Y$ 方向动量方程

$$\begin{aligned}&\frac{\partial p}{\partial t}+\frac{\partial}{\partial y}\left(\frac{q^2}{h}\right)+\frac{\partial}{\partial x}\left(\frac{pq}{h}\right)+gh\frac{\partial \xi}{\partial y}+\frac{gp\sqrt{p^2+q^2}}{C^2h^2}-\frac{1}{\rho_w}\left[\frac{\partial}{\partial y}\left(h\tau_{yy}\right)+\frac{\partial}{\partial x}\left(h\tau_{xy}\right)\right]\\&-\Omega_q-fVV_y+\frac{h}{\rho_{\mathrm{w}}}\frac{\partial}{\partial y}\left(p_{\mathrm{a}}\right)=0\end{aligned} \tag{4-15}$$

式中，$h$（$x$，$y$，$t$）为水深；$d$（$x$，$y$，$t$）为时间变化水深；$\zeta$（$x$，$y$，$t$）为自由水面水位；$p$、$q$（$x$，$y$，$t$）为 $x$、$y$ 方向的单宽流量，$m^2/s$；$g$ 为重力加速度，$m/s^2$；$C$（$x$，$y$）为谢才系数，$m^{1/2}/s$；$f$（$V$）为风摩擦系数；$V$、$V_x$、$V_y$（$x$，$y$，$t$）为风速及 $x$、$y$ 方向上的风速分量，m/s；$\rho_{\mathrm{w}}$ 为水的密度，$kg/m^3$；$P_{\mathrm{a}}$（$x$，$y$，$t$）为大气压强，$kg/(m^2 \cdot s)$；$x$、$y$ 为空间坐标，m；$\tau_{xx}$、$\tau_{xy}$、$\tau_{yy}$ 为切应力，$N/m^2$。

模型采用 ADI（Alternating Direction Implic）二阶精度的有限差分法求解连续性方程和动量守恒方程，并用追赶法（Doubel Sweep）对每个方向及每个单独网格线所构成的方程矩阵进行求解。交错网格中在 $x$、$y$ 方向上的各个差分项分布情况见图 4-9。

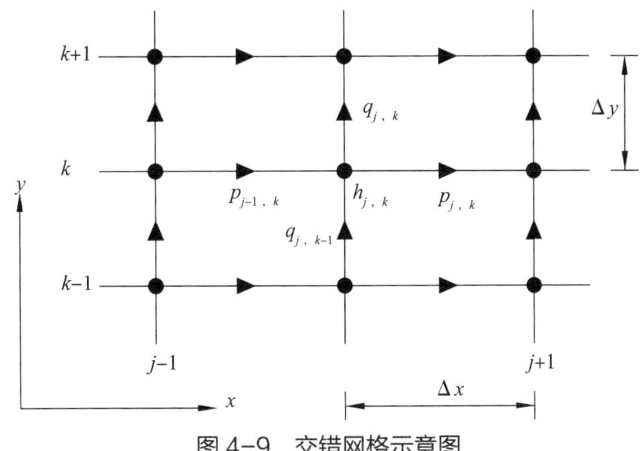


图 4-9　交错网格示意图

在水动力学 HD 模块的基础上加上对流扩散 AD 模块，可以模拟污染物在对流扩散作用下的输运过程。模型采用的平面二维对流扩散方程见式（4-16）。

$$\frac{\partial(hC)}{\partial t}+\frac{\partial(uhC)}{\partial x}+\frac{\partial(vhC)}{\partial y}=\frac{\partial}{\partial y}\left(E_x h\frac{\partial C}{\partial x}\right)+\frac{\partial}{\partial y}\left(E_y h\frac{\partial C}{\partial y}\right)+S+F(C) \quad (4\text{-}16)$$

式中，$C$ 为污染物浓度，mg/L；$u$、$v$ 分别为沿 $x$、$y$ 方向上的流速分量，m/s；$E_x$、$E_y$ 分别为在 $x$、$y$ 方向上的扩散系数，$m/s^2$；$S$ 为源汇项，g/（$m^2$ · s）；$F$（$C$）为生化反应项。

（三）WASP 模型

WASP（Water Quality Analysis Simulation Program）是由美国国家环保局开发的一款动态箱式模型程序，适用于一维、二维、三维模拟，可以描述常规污染物和有毒污染物在目标水体中运动转化的过程，模拟、预测多种水体稳态或非稳态的水质情况。

1. 模型介绍

WASP 模型应用范围广泛，有多种污染物处理模块，输入数据格式兼容性强，输出结果形式多样，甚至还可结合 GIS 实现可视化，同时还能与 EFDC 等其他模型耦合进行二次开发。

WASP 由水动力学计算程序 DYNHYD 和水质模拟程序 WASP 这两个独立的计算程序组成。DYNHYD 用于计算水力学参数如流量、流速、水深等，为水质模拟提供必要输入。WASP 则应用富营养化模块（EUTRO）、简单有毒物质模块（Simple Toxicant）、有机有毒物质模块（Organic Toxicant）、汞模块（Mercury）、热污染模块（Heat）针对不同需要进行对污染物变换的模拟。鉴于 WASP 模型可描述包含平流、点源负荷、面源负荷的模拟以及边界条件交换的各种过程，可以处理多种类型的污染，如有机物、富营养化元素（N、P、藻类）、金属、农药等，还可以和流体动力学模型结合使用，从而模拟包括流量、深度和速度等更具体或更复杂的水动力过程，可以和流体动力学模型及流域模型结合以应用于改变气象条件或环境条件下进行多年分析，WASP 也被称为“万能水质模型”。

#### 2. 模型功能

WASP 的主要功能和技术特征是对动态河流水质的模拟和预测，模拟地表水体和沉积物之间的相互作用，获得多种水质参数如 DO 溶解氧、BOD、COD、有毒物质、重金属、农药、温度、富营养化等，以及与流体动力学模型结合模拟多条河流及分支。

WASP 模型运行时，先进行水动力研究，概化河网，应用水动力程序确定水动力参数，然后设置初始数据，确定模型参数项，进行质量传输研究。进行水质模拟时，将现场实验、实测数据、模型运算、参数校验结合起来，以期得出具有参考价值的结果。最后将模型结果图形化处理。

模型需要的输入数据有污染剂量和位置、地表水体和沉积物中的初始浓度、河网、河渠特征如沉积物厚度和河渠宽度、沉积物—水分配系数、流量（监测或来自流体动力学模型）。模型得到的输出结果为河段地表水体水质随时空变化情况、地表水水质分布图，以及水质时间序列图。

### （四）DRONIC 模型

DRONIC 模型是欧洲为解决沿海、内陆水体富营养化藻类暴发而启动的 DRONIC 项目中研发出的用于模拟预测藻类生长消亡过程的模型。该项目是为了建造一个机器人系统，使用无人船对有害藻类进行检测和处理。主无人船上的超声波工具可用来分析水质，检测、定位、描述藻类暴发的过程与情况，附属无人船则在主无人船的控制下处理藻类，消除威胁。

DRONIC 项目藻类处理机器人系统的基本组成部分就是耦合的模拟池塘、湖泊和水库水质—藻类 DRONIC 模型，该模型可以根据给定的初始分布预测其中的自主演化，同时，测量的水质参数和无人船上藻类传感器测量获得的光合色素数量将使用 DRONIC 同化，以提高用水质模型预测的准确性。

决策支持模型的选择是 DRONIC 的重点考虑方向，因为使用的模型结构评估方法要考虑实现精确模拟藻类生长和参数不确定性的目标。现有的水质和藻类生长建模算法都将经过评估，其中，水质变量包括一般水质参数，如温度、pH、溶解氧、电导率、五日生化需氧量（$BOD_5$）和化学需氧量（COD），以及营养状况（氮和磷）。藻类的模拟使用生长和损失方程。增长率是关于藻类生长主要转向变量（如温度、光和营养素）的函数。藻类消耗率涉及非捕食性生物量损失（如呼吸和排泄）及捕食造成的损失。然而，捕食损失是由超出当前范围的捕食者—猎物间相互作用来驱动的。藻类模型的转向变量与监测机器人测量和收集的气象、水质以及藻类数据相关。一部分水质参数，如温度等，将直接由无人船机器人测量，而其他水质参数将由 UL（卢布尔雅那大学）利用无人船收集的水质样本在实验室中测定，最终数据将会一同插入模型中。关于光合色素的数量将由藻类传感器确定，同时机器人采集样品然后发送到 UL，研究人员会在实验室中验证藻类传感器获得的结果，并进行藻类中单个物种的分类学鉴定以及毒素测定。一些变量可以直接测量，但其他变量需要通过测量的替代变量进行评估。除藻类生物量外，模型还将模拟通过光合作用产生的氧气。这是 DRONIC 中与藻类生长动力学相关的一个重要诊断过程，因为可以使用监测机器人直接测量氧浓度。

为了帮助规划未来的机器人任务，DRONIC 模型将以两种不同的方式使用。一方面，它将帮助实现设计标称藻类制图任务，这些设计将被紧密调整到场的空间结构，使得到的外推场具有最佳精度；另一方面，它可通过预测生物量对特定治理行动的响应，使未来的治理任务适应藻类的动态行为。

### （五）CE-QUAL-W2 模型

CE-QUAL-W2 是河流、河口、湖泊、水库和流域系统的二维（纵向垂向）水动力和水质模型。W2 模拟了温度—营养盐—藻类—溶解氧—有机质和沉积物关系等基本的富营养化过程。当前的模型发布版本为 4.1。模型发布包括模型和前处理器的可执行文件、源代码和示例。模型可用于分层或非分层系统中的纵向、垂向水动力和水质、营养物—溶解氧—有机物相互作用、鱼类生境、从分层水库不同出口选择性抽水、下层滞水层曝气、多种藻类、附生植物 / 固着植物、浮游动物、大型植物、COD、BOD、其他一般水质指标以及沉积物成岩作用（版本 4）的模拟。模型包含动态管道 / 涵洞、水工结构（堰、溢洪道）淹没和双向淹没水工结构算法，也可以考虑受地形与植被覆盖而影响的荫蔽作用。该模型的假定条件是水体横向均匀分布，水体运动和变化只发生在纵向和垂向两个方向，因此该模型在针对相对狭长的湖泊和分层水库进行水质模拟时有理想效果。另外，模型使用垂直动量方程的流体静力学假设。

CE-QUAL-W2 模型的基本方程见式（4-17）：

$$\frac{\partial BC}{\partial t}+\frac{\partial UBC}{\partial x}+\frac{\partial WBC}{\partial z}-\frac{\partial\left(BD_x\left(\frac{\partial C}{\partial x}\right)\right)}{\partial x}-\frac{\partial\left(BD_z\left(\frac{\partial C}{\partial z}\right)\right)}{\partial z}=C_qB+SB \tag{4-17}$$

式中，$B$ 为时间空间变化的层宽，m；$C$ 为横向平均组分浓度，g/m；$U$、$W$ 分别为 $x$ 方向（水平）、$z$ 方向（竖直）的横向平均流速，m/s；$D_x$、$D_z$ 分别为 $x$、$z$ 方向上温度和组分的扩散系数，$m^2/s$；$C_q$ 为入流或出流组分的物质流量率，g/（$m^3/s$）；$S$ 为相对组分浓度的源汇项，g/（$m^3/s$）。

## 三、河口与近海模型

### （一）EFDC 模型

EFDC 模型是由美国弗吉尼亚海洋科学研究所首先提出并开发的开源模型，后由美国国家环保局资助开发。该模型能够计算三维的温度、盐度、泥沙、流速、水位、污染物等诸多变量，包括水动力学模块、水质富营养化模块，泥沙模块及有毒污染物模块等。目前已应用于包括湖泊、水库、河口、海湾、湿地等诸多类型的100 多种水体中。该模型在水环境模拟中的表现良好，目前已成为美国国家环保局推荐使用的数学模型之一。

基本控制方程见式（4-18）~式（4-20）。

$$\begin{aligned}&\frac{\partial(Hu)}{\partial t}+\frac{\partial(Huu)}{\partial x}+\frac{\partial(Huv)}{\partial y}+\frac{\partial(uw)}{\partial y}-fHv=\\&-H\frac{\partial(p+g\eta)}{\partial x}+\left(\frac{\partial h}{\partial x}+z\frac{\partial H}{\partial x}\right)\frac{\partial p}{\partial z}+\frac{\partial}{\partial z}\left(\frac{A_v}{H}\frac{\partial u}{\partial z}\right)+Q_u\end{aligned} \tag{4-18}$$

$$\begin{aligned}&\frac{\partial(Hv)}{\partial t}+\frac{\partial(Huv)}{\partial x}+\frac{\partial(Hvv)}{\partial y}+\frac{\partial(vw)}{\partial y}+fHu=\\&-H\frac{\partial(p+g\eta)}{\partial y}+\left(\frac{\partial h}{\partial y}+z\frac{\partial H}{\partial y}\right)\frac{\partial p}{\partial z}+\frac{\partial}{\partial z}\left(\frac{A_v}{H}\frac{\partial v}{\partial z}\right)+Q_v\end{aligned} \tag{4-19}$$

$$\frac{\partial C}{\partial t}+\frac{\partial(uC)}{\partial x}+\frac{\partial(vC)}{\partial y}+\frac{\partial(wC)}{\partial z}=\frac{\partial}{\partial x}\left(K_X\frac{\partial C}{\partial x}\right)+\frac{\partial}{\partial y}\left(K_y\frac{\partial C}{\partial y}\right)+\frac{\partial}{\partial z}\left(K_z\frac{\partial C}{\partial z}\right)+S_C \tag{4-20}$$

式中，$x$ 和 $y$ 为水平笛卡尔坐标；$z$ 为垂向 Sigma 坐标；$H=h+\eta$ 为瞬时水深；$u$、$v$、$w$ 分别为 $x$、$y$、$z$ 方向的流速；$Q_H$ 为体积源项，包括降雨、蒸发、渗流；$Q_N$、$Q_V$ 为 $x$ 和 $y$ 方向的动量源项；$p$ 为附加静水压力；$f$ 为柯氏参数；$\tau_{xz}$ 和 $\tau_{yz}$ 分别为 $x$ 方向和 $y$ 方向的垂向剪切应力；$g\eta$ 为自由表面势能；$A_v$ 为垂向湍流动量扩散系数；定义浮力 $b$ 是参考密度的归一化偏差 $b=\frac{\rho-\rho_0}{\rho_0}$。

模型结构图如图 4-10 所示，主要由三部分组成：水动力、水质、泥沙及有毒污染物迁移。EFDC 水动力学模块包括淡水流、大气作用、水深、表面高程、底摩擦力、流速、湍流混合、盐度、水温 9 大部分，可以计算流速、示踪剂、温度、盐度、近岸羽流和漂流。水动力学模型输出变量可直接与水质、底泥迁移和毒性物质等模块耦合，作为物质运移的驱动条件。EFDC 的水质模块模拟结合了 21 种水质变量，模型能够从空间和时间的分布上模拟水质参数，其中包括溶解氧、悬浮藻类、碳的各种组成、氮、磷、硅氧循环以及大肠杆菌等。沉积物模块和水质模块的耦合不仅增强了模型水质参数的预测能力，还可以模拟水质条件跟随营养盐负荷变化相应的情况。EFDC 泥沙模块可进行多组分泥沙的模拟，根据在水体中的迁移特征把泥沙分为悬移质和推移质，悬移质根据粒径大小分为黏性泥沙和非黏性泥沙，进而还可细分为若干组。模型可根据物理或经验模型模拟泥沙的沉降和沉积、冲刷和再悬浮等过程。EFDC 有毒污染物模块可以模拟各类型污染物在水体中的迁移转化过程，该模块需要研究者针对特定有毒污染物提供具体反应过程设定反应系数，而底质模块模拟沉积物与水体之间的物质交换过程。

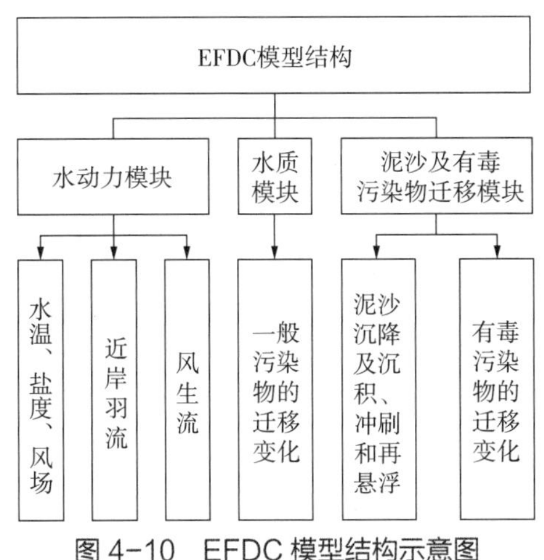

图 4-10　EFDC 模型结构示意图

（二）Delft 3D 模型

Delft 3D 是由荷兰代尔夫特理工大学水力学研究所历时多年研发的一款功能强大的数值模拟软件包，是国际上最为先进的水动力模型之一。Delft 3D 主要应用于模拟自由地表水环境，该模型能精确地进行水流（Flow）、水质（Waq）、泥沙

（Morphology）、波浪（Waves）和生态（Ecology）的模拟计算。Delft 3D 采用 ADI 算法，该算法高效且收敛性好，能保证三大守恒定律（质量守恒、动量守恒、能量守恒）。Delft 3D 模型在世界上各个国家均有广泛的应用，其中在美国应用的时间最长。20 世纪 80 年代中期，Delft 3D 模型逐步传入中国大陆并且应用广泛，如深圳河湾、渤海湾、杭州湾、长江口、太湖等。

1. 模型控制方程

连续性方程：

$$\frac{\partial\zeta}{\partial t}+\frac{1}{\sqrt{G_{\xi\xi}}\sqrt{G_{\eta\eta}}}\left(\frac{\partial\left[(d+\zeta)U\sqrt{G_{\eta\eta}}\right]}{\partial\xi}+\frac{\partial\left[(d+\zeta)V\sqrt{G_{\xi\xi}}\right]}{\partial\eta}\right)=(d+\zeta)Q \tag{4-21}$$

$$Q=\int_{-1}^{0}(q_{\text{in}}-q_{\text{out}})\Delta\sigma+P-E \tag{4-22}$$

式中，$\zeta$ 为参考平面以上的水位，m；$t$ 为时间步长，s；$d$ 为参考平面以下的水深，m；$\sqrt{G_{\xi\xi}}$、$\sqrt{G_{\eta\eta}}$ 分别为 $\xi$、$\eta$ 方向的坐标转换系数，m；$U$、$V$ 分别为 $\xi$、$\eta$ 方向的平均流速，m/s；$Q$ 为单位面积上的源或汇，m/s；$q_{\text{in}}$、$q_{\text{out}}$ 分别为单位体积内的源和汇，1/s；$\sigma$ 为垂直坐标；$P$、$E$ 分别为降雨量和蒸发量，m/s。

动量方程：

水平 $\xi$ 方向上：

$$\frac{\partial u}{\partial t}+\frac{u}{\sqrt{G_{\xi\xi}}}\frac{\partial u}{\partial\xi}+\frac{v}{\sqrt{G_{\eta\eta}}}\frac{\partial u}{\partial\eta}+\frac{w}{d+\zeta}\frac{\partial u}{\partial\sigma}-\frac{v^2}{\sqrt{G_{\xi\xi}}\sqrt{G_{\eta\eta}}}\frac{\partial\sqrt{G_{\eta\eta}}}{\partial\xi}$$

$$+\frac{uv}{\sqrt{G_{\xi\xi}}\sqrt{G_{\eta\eta}}}\frac{\partial\sqrt{G_{\xi\xi}}}{\partial\eta}-fv=-\frac{1}{\rho_0\sqrt{G_{\xi\xi}}}P_\xi+F_\xi+\frac{1}{(d+\zeta)^2}\frac{\partial}{\partial\sigma}\left(v_v\frac{\partial u}{\partial\sigma}\right)+M_\xi \tag{4-23}$$

水平 $\eta$ 方向上：

$$\frac{\partial v}{\partial t}+\frac{u}{\sqrt{G_{\xi\xi}}}\frac{\partial v}{\partial\xi}+\frac{v}{\sqrt{G_{\eta\eta}}}\frac{\partial v}{\partial\eta}+\frac{w}{d+\zeta}\frac{\partial v}{\partial\sigma}-\frac{u^2}{\sqrt{G_{\xi\xi}}\sqrt{G_{\eta\eta}}}\frac{\partial\sqrt{G_{\xi\xi}}}{\partial\eta}$$

$$+\frac{uv}{\sqrt{G_{\xi\xi}}\sqrt{G_{\eta\eta}}}\frac{\partial\sqrt{G_{\eta\eta}}}{\partial\xi}+fu=-\frac{1}{\rho_0\sqrt{G_{\eta\eta}}}P_\eta+F_\eta+\frac{1}{(d+\zeta)^2}\frac{\partial}{\partial\sigma}\left(v_v\frac{\partial v}{\partial\sigma}\right)+M_\eta \tag{4-24}$$

式中，$u$、$v$、$w$ 分别为 $\xi$、$\eta$、$\sigma$ 方向的流速，m/s；$f$ 为柯氏力系数，$f$=2$\omega$sin$\varphi$，$\omega$ 为地球自转角速度，$\varphi$ 为当地纬度，1/s；$\rho_0$ 为水体密度，kg/m$^3$；$P_\xi$、$P_\eta$ 分别为 $\xi$、$\eta$ 方向的静水压力梯度，kg/（m$^2$·s$^2$）；$F_\xi$、$F_\eta$ 分别为 $\xi$、$\eta$ 方向的湍流动量通

量，m/s$^2$；$\nu_v$ 为垂向涡黏系数，m$^2$/s；$M_\xi$、$M_\eta$ 分别为 $\xi$、$\eta$ 方向的动量源与汇，m/s$^2$。

$\sigma$ 坐标系下的垂向流速 $w$ 可由如下连续性方程得出：

$$\frac{\partial \zeta}{\partial t}+\frac{1}{\sqrt{G_{\xi\xi}}\sqrt{G_{\eta\eta}}}\left(\frac{\partial\left[(d+\zeta)u\sqrt{G_{\eta\eta}}\right]}{\partial \xi}+\frac{\partial\left[(d+\zeta)v\sqrt{G_{\xi\xi}}\right]}{\partial \eta}\right)+\frac{\partial w}{\partial \sigma}=(d+\zeta)(q_{\text{in}}-q_{\text{out}}) \tag{4-25}$$

2. 模型框架

Delft 3D 模型有七大模块（FLOW、WAVE、PART、SED、WAQ、MOR、ECO），每个模块都能独立执行，也可进行耦合模拟，其中 Delft 3D-Flow 为其核心模块，能为其他模块计算提供模拟基础。在采用 Delft 3D-Flow 模块之前，需要用到前处理工具——网格生成工具（Rgfgrid）、地形编辑工具（Quickin）和后处理工具（Gpp 和 Quickplot）。在离散模拟区域时，Delft 3D 采用的是贴体正交曲线网格，该方法能实现更好地拟合实际边界，见图 4-11。

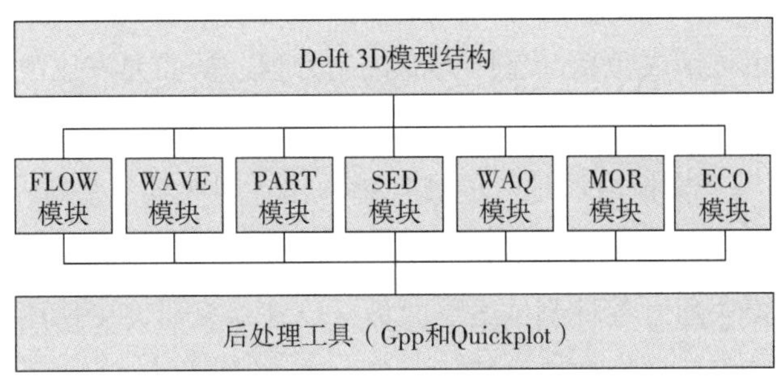


图 4-11　Delft 3D 模型结构

（三）TELEMAC 模型

TELEMAC 是开源有限元水动力模拟系统 TELEMAC-MASCARET 的简称，归法国电力（Électricité de France）下属机构 LNHE 所有。它是一种功能强大的集成式建模工具，适用于求解自由面流，已被应用于世界各地的许多研究项目中（迄今为止有数百个），已成为该领域的主要标准之一。

1. 模型简介

TELEMAC 由 TELEMAC-2D、TELEMAC-3D、ARTEMIS、MASCARET、SISYPHE 、TOMAWAC 等多个模拟模块构成，这些模块使用基于有限元方法的高容量算法，将空间以非结构化的三角形元素网格的形式离散化，可专门针对重点研究区域进行细化。这种算法避免了如有限差分法会遇到的需要系统使用嵌入模型的情况，而网格可由专门的生成器生成。模型的所有数值算法都被收集到一个单独的库（BIEF）中，所有模拟模块共享 BIEF 库，保持了整个系统的一致性。其预处理和后处理工具使用 Ilog / Views 库作为基础，提供一系列极其精细、强大的功能应用，且用户友好。

2. 模型功能

（1）流体动力学模块

MASCARET 是基于 Saint-Venant 方程的一维自由面流建模模块，可模拟不同现象，例如网状或分支网络、亚临界或超临界流动、稳定或不稳定流动等。这个模块可用来模拟洪泛区洪水传播、溃坝引起的淹没波、泥沙运输、水质（如温度、被动示踪剂）等。

TELEMAC-2D 基于 Saint-Venant 方程模拟水平空间二维的自由表面流动，包括稀释示踪剂的运输，输出结果可获得水深和两个速度分量。而 TELEMAC-3D 是基于 Navier-Stokes 方程的模块，用于模拟三维流动，包括有源或无源示踪剂的传输，使用与 TELEMAC-2D 相同的水平非结构化网格。该模型主要用于解决三维格式的浅水方程，也可解决包括动态压力的控制方程，从而允许比浅水环境中的波浪更短的波浪水深。

TOMAWAC 用于模拟沿海地区的波传播，考虑风生波、底部折射、波浪折射、波破碎的耗散等，输出结果可获得有效波高、平均波频、平均波浪方向、波生流、辐射应力等。该模块通过各种测试案例验证并已在众多研究中使用，是海洋结构设计、波浪输送等工程项目的理想选择。

ARTEMIS 通过有限元公式求解 Berkhoff 方程或缓坡方程，用于模拟小范围内向海岸或港口传播波以及更大区域的长波、共振。如果有连续性边界条件，ARTEMIS 能够对底部折射、障碍物衍射、水深导致的波浪破碎等过程进行建模。经过大量研究应用，该模块显示出能够在沿海地区、海事工程和建筑物附近或冲浪区域提供可靠的波浪扰动结果。

（2）输移扩散模块

SISYPHE 是 TELEMAC 输移扩散模块中最先进的 2D 沉积物运输和河床演化模块，可用于模拟不同环境中的复杂形态动力学过程，如模拟沿海、河流、湖泊、河口的不同流速、沉积物大小类别以及沉积物输送模式。该模块在模拟洋流时可与平均深度浅水模块 TELEMAC-2D 或三维平均雷诺数 Navier-Stokes 模块 TELEMAC-3D 紧密耦合。为了解释波浪或组合波和洋流的影响，SISYPHE 可以内部耦合到波模块 TOMAWAC；NESTOR 模块与形态动力学模块 SISYPHE 相结合，提供了使用疏浚操作中记录的数据来模拟底层变化的可能性；SEDI-3D 是 3D 悬浮泥沙输送模块。

（3）其他模块

TELEMAC-MASCARET 的前后置处理器模块可划分网格界面并利用 3D 模拟结果生成 2D 截面。地下水模块 ESTEL-2D 和 ESTEL-3D 也已开发成功，但是并未提供开源下载。

## 第三节 流域—水体集成模型

AquaSys（water quality modeling for Aquatic System）是一个适用于流域水体环境的多模型集成系统，用于及时提供地表水环境质量状况信息、模拟并评估水质情况，以作为决策支撑。

### 一、模型结构

AquaSys 地表水质预测预警与决策支持系统采用三种模型耦合：SPHY（Spatial Processes in Hydrology Model）、WASP（Water Quality Analysis Simulation Program）和 WEISS（Water Environment Investigating Support System）。SPHY 是荷兰 FutureWater 的流域水文模型，用于模拟进入河道的流量；WEISS 是比利时 VITO 的流域面源模型，用于模拟流域非点源向河流中输送的污染物负荷量；WASP 是美国 EPA 的河流水动力水质模型，用于模拟污染物在河网中的迁移转化过程。AquaSys 联动 SQLite 数据库，将流域水文模型 SPHY 和面源污染负荷模型 WEISS 的输出结果解译并插入数据库，然后用受纳水体水动力水质模型 WASP 调用输出结果作为边界条件，实现耦合，见图 4-12。

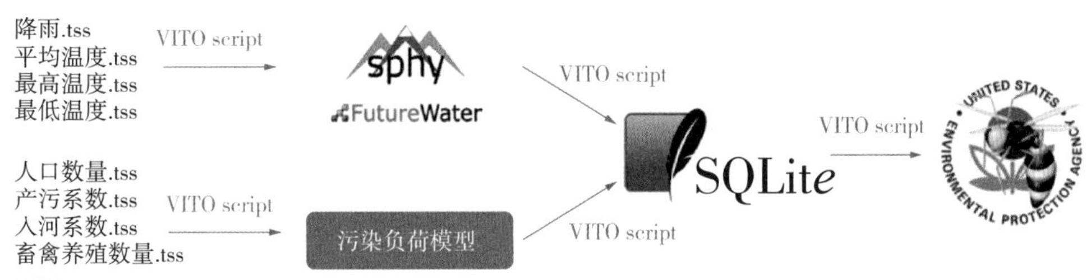


图 4-12 AquaSys 模型结构

## 二、模型功能

（一）水环境模拟

AquaSys 模型集成系统因为耦合了 SPHY 和 WASP 模型来反映水循环的有机联系，可以模拟的水环境问题较为全面，也因此有多种输出指标。其中，水文指标包括流速、流量、水深等，常规水质指标包括水温、泥沙、溶解氧、有机物、营养盐、碱度、pH 以及多种浮游藻类、浮游动物、大型水生植物、重金属、有毒物质等。

（二）水质常规监测管理

模型可对流域监测断面各主要污染物常规监测数据定期分析，汇总具体河段、具体时间的水质状况或水质均值，以 2D 模式呈现河面水体水质时空变化情况，以 3D 模式呈现重点河段河面及水下水质时空变化情况，结果作为流域水体环境管理的数据支撑；也可用于分析流域历史监测数据，对一年内流域各站点监测数据、污染控制措施、水质动力学特征、超标数据数量进行汇总，以 2D 模式（重点河段 3D 模式）呈现流域短、长期的历史水质变化趋势，提供流域水质状况年度报告，为流域水环境管理规划提供数据支撑。

（三）水质预测预警

该模型可根据监测数据预测未来几天内水体污染物浓度均值变化情况，对目标河段污染物超标进行常规水质预测预警；利用水质模型拟合流域污染物排放控制措施、流域内主要污染物理化性质等数据，模拟突发污染事故及指定时期内污染物浓度增减情况，预测目标河段主要污染物污染情况，2D 呈现并评估控制措施实施效果；在高时空分辨率背景下以 2D 模式呈现一到两种主要污染物在流域上下游的稀释和迁移情况。

# 第四节　模型比较和适用性分析

## 一、流域模型比较

各流域模型分类、适用范围、优缺点比较见表 4-1。

表 4-1　流域模型比较

| 模型 | 模型分类 | 适用范围 | 模型优点 | 模型不足 |
| --- | --- | --- | --- | --- |
| Tank 模型（黑箱模型或水箱模型） | 集总式模型 | 流域产、汇流模拟 | 计算简便、操作方便、实用性强 | 只能模拟水文过程中的产、汇流，其他过程无法模拟 |
| 新安江模型 | 集总式模型 | 湿润区和半湿润区的水文预测与水文设计 | 将整个流域分为多块单元流域，计算产、汇流总量；具有连续模拟的功能 | 模型适用范围有限，认为划分流域单元过细或过粗均会影响模拟过程 |
| 萨克拉门托模型 | 集总式模型 | 应用于大、中流域，也能适用于湿润地区和半湿润地区 | 模型参数、使用变量和模拟过程均具有一定的物理意义，易于理解 | 参数数量多，调试困难 |
| HSPF 模型 | 半分布式模型 | 广泛应用于水、颗粒沉积物、营养盐、有机物质和微生物等的模拟研究 | 可模拟流域内连续的水文过程以及水质变化过程 | 模型自带土壤数据、植被数据与国内数据不匹配、参数不确定性 |
| SWAT 模型 | 半分布式模型 | 适用于不同土地利用方式、土壤类型和管理条件下的复杂大流域 | 预测人类活动对水、沙、农业、化学物质的影响，可连续模拟流域内多种水循环过程；为流域尺度的农业管理、供水管理和气候变化影响研究，提供水循环模拟、评价和管理工具 | 无法模拟详细的基于时间的洪水过程和泥沙过程 |
| HEQM 模型 | 半分布式模型 | 气候变化和人类活动（土地利用、水利工程以及农业管理措施等）影响下地块、河道断面、子流域 / 流域等多种尺度径流、水—土及营养源流失、水体水质浓度或负荷、作物产量等要素模拟 | 水文模块适用性更强、土壤中营养物质转换过程更加细致、闸坝调度模块更适用、计算单元划分更合理 | 农业管理方式、灌溉等还有待进一步完善 |
| MIKESHE 模型 | 分布式模型 | 流域管理、环境影响评估、地表水和地下水的相互影响、地表水和地下水的连续使用以及分析气候和土地利用对含水层的影响等 | 高度灵活性、通用性、简单操作性 | 高分辨率的数据获取具有一定的难度 |

续表

| 模型 | 模型分类 | 适用范围 | 模型优点 | 模型不足 |
| --- | --- | --- | --- | --- |
| SOBEK软件 | 分布式模型 | 洪水预测、水库运作、地下水位控制和水质管理等方面有着重要的应用 | 可实现无初始水深漫流、合理模拟急流和缓流、可靠的洪水预测、自动估计时间步长、地形数据输入方便、输出结果形式多样。可以从各种标准数据格式和GIS系统下载信息 | 当研究区范围过大时，水质模块无法对水体中物理、化学和生物作用按照真实过程进行合理描述，影响模拟结果的可靠性；河网地区面源产污过于简化，存在较大系统偏差 |
| VIC模型 | 分布式模型 | 大尺度、适用于湿润地区 | 同时对水循环过程中的能量平衡和水量平衡进行模拟，克服了传统水文模型对能量过程描述不足的缺陷 | 数据由于尺度或精度的原因，在国内使用存在一定的误差；参数率定过程中，存在“异参同效”现象 |

## 二、水体环境质量模型比较

水体环境质量模型适用范围、优缺点比较见表4-2。

表4-2 水体环境质量模型比较

| 模型 | 适用范围 | 模型优点 | 模型不足 |
| --- | --- | --- | --- |
| EFDC模型 | 水动力学模块、水质富营养化模块，泥沙模块及有毒污染物模块 | 该模型能进行水动力和水质模拟，拥有完善的前后处理功能，边界条件的设置也比较灵活，可设为开闭边界，可视化的操作界面简洁易操作，并且其源代码也完全公开，适用范围也会更大 | 该软件实际运用时，前期模型构建时需要设定和计算的参数较多，相比其他软件更加烦琐，使其使用难度增大 |
| Delft-3D模型 | 水动力、水质、泥沙、波浪及生态 | Delft-3D是一款代码公开的非商业软件，使用范围广，能进行二维、三维的水动力、水质和生态模拟，并且能进行绘制曲线网格，使网格更好地贴近实际岸边界 | 该软件的水动力模块比较适用于浅水型湖泊，需要调试的参数相对较少，针对比较有特点的对象适用性较差 |
| MIKE11模型 | 河口、河流、河网 | 模型通用性强，系统成熟，软件的用户界面友好，可以和GIS进行链接，提供免费的数据处理工具、结果分析和图形演示工具 | 模型只适用于断面混合均匀情况下的水环境模拟，对于平面及垂向较大浓度梯度的情况下，适用性较差。模型源程序不对外公开，无法在现有基础上根据需求进行扩展 |

续表

| 模型 | 适用范围 | 模型优点 | 模型不足 |
| --- | --- | --- | --- |
| SOBEK 模型 | 河网、河口、城市排水系统、灌溉系统 | 可实现无初始水深漫流、合理模拟急流和缓流、可靠的洪水预测、自动估计时间步长、地形数据输入方便、输出结果形式多样。可以从各种标准数据格式和 GIS 系统下载信息 | 模型只适用于断面混合均匀情况下的水环境模拟，对于平面及垂向较大浓度梯度的情况下，适用性较差 |
| MIKE 21 模型 | 河流、河口、湖泊、海岸、海湾及海洋 | 模型通用性强，系统成熟。软件的用户界面友好，可以与 GIS 进行链接，提供免费的数据处理工具、结果分析和图形演示工具 | 适用平面二维水环境计算，对于存在垂向分层水体的水质模拟效果不佳，模型源程序不对外公开，无法在现有基础上根据需求进行扩展 |

（陈求稳　张永勇　黄静水　陈诚　林育青　曾晨军　翟晓燕　陈秋潭　王淑莹　杨欢）

# 第五章
# 数据驱动模型

近年来，随着气候、水文和水环境模拟能力的提升、数据采集技术的改进以及智能计算的进步，数据驱动方法的使用越来越普遍。与物理机制模型不同，数据驱动模型在解决数值预测问题、重建高度非线性函数、时间序列分析等方面有着独特的优越性，其不需要考虑水文、水环境过程的物理机制，而是建立关于时间序列的数学分析，通过学习给定样本，发现变量间的统计或因果关系，在水文和水质预测领域中有广阔的前景。

## 第一节　模糊数学模型

地表水质量评价、预测和预警模型可分为确定性模型和不确定性模型。模糊逻辑（Fuzzy Logic，FL）模型是建立在多值逻辑基础上、运用模糊集合的方法来研究不确定、不精确信息的方法和工具，属于不确定性模型。

### 一、确定性数学模型

确定性数学模型即对于一组给定的输入条件，由地表水数学模型给出一组确定值，是应用最广泛的一种数学模型。最常见的包括 S-P 模型、托马斯模型、多滨斯—坎普模型、奥康纳 BOD-DO 模型、QUAL- Ⅱ水质模型等。近年来发展较为成熟的确定性数学模型还包括河流混合单元系统（MCS）水质模型、CE-QUAL-W2 模型、RWQM1 水质模型等。

河流混合单元系统（MCS）水质模型是通过对水流结构的深入分析，应用物质传输的基本原理和严密的数学推理建立起来的。MCS 水质模型的应用不受地形条件的限制，可用于中小型河流的各种河段。CE-QUAL-W2 模型是美国近年来开发的，是一个两维—纵向（垂向）水动力学及水质模型。它可以预测水体表面的高度、温度和速度以及 2 种水质组分，包括在厌氧条件下营养物质、浮游植物、溶解氧的相互作用。该模型还可用于计算冰层的开始、发展及结束情况。RWQM1 水质模型由国际水质协会（IWA）于2001年推出，是目前国际上最新的水质模型。此模型用以碳、氧、氮、磷为特征的循环代替传统模型中的生化需氧量作为水质基本组分和转化过程，并且能与IAWQ提出的ASM系列活性污泥模型很好地相容。

## 二、随机性数学模型

随机性数学模型，又称为不确定性数学模型，指输入条件是非确定性的，因而模型的解不具有唯一性。其中灰色系统、概率统计和模糊数学理论是三种最常用的不确定性系统的研究方法。研究对象具有不确定性是这三者的共同点。灰色系统、概率统计和模糊数学理论各有特色，主要手段分别是灰序列生成、频率统计和截集，目标分别是现实规律、历史统计规律和认知规律。

国际上污染物迁移转化模型的研究和应用已经比较成熟，新技术的应用为不确定模型的发展拓宽了领域，主要包括数学模型与3S（GIS、RS、GPS）相结合、数学模型与人工神经网络相结合形成的数学模型。目前已有的近40种人工神经网络在研究和应用中可归纳为三种，分别是前馈型网络、反馈性网络和自组织网络。人工智能和水质模型的结合主要包括：①利用遗传算法、模拟退火算法进行参数识别；②利用神经网络进行水环境水质预测。

## 三、模糊性数学模型

区域水环境是多层次、多目标、多因素控制的复杂模糊系统，对这类系统进行水环境质量评价具有模糊性。应用模糊关系合成原理，将一些边界不清、不易定量的水环境因素定量化，进行综合评价，更能得到符合实际情况的结论。较常用的模糊性数学模型一般运用最大隶属度原则和加权平均原则相结合的方法，对地表水水质进行模糊综合评价。地表水模糊综合评价数学模型的建立包括：①建立评价对象的因素集；②建立评价集；③确定评价因素的模糊权向量（即确定因子权重）；④确定单因素评价矩阵（即确定隶属函数和单因素评价矩阵）；⑤参照最大隶属度原则，输出综合评价结果。

模糊综合评价法考虑了界限的模糊性，采用隶属函数描述水质分界，避免了以往水质分类不连续的缺点，各污染因子在总体中污染程度清晰化、定量化。运用最大隶属度原则和加权平均法对水质进行模糊综合评价，不至于因某项参数超标而影响综合各指标的评价偏高，使评价结果更具可靠性，体现了水环境中客观存在的模糊性和不确定性，符合客观规律，具有一定的合理性。祝慧娜等（2006）构建了河流水环境污染风险模糊综合评价模型，李如忠等（2010）构建了模糊随机优选模型用于区域水环境承载力评价，陈守煜等（2015）构建了湖泊水环境模糊数学评价模型用于富营养化排序。

## 第二节 单元回归和多元回归模型

回归分析是一种处理变量间相关关系的数理统计方法，不仅可以提供变量间相关关系的数学表达式，而且可以利用概率统计知识对此关系进行分析，以判别其有效性；还可以利用关系式，由一个或多个变量值，预测和控制另一个因变量的取值。进一步可以知道预测和控制达到了何种程度，并进行因素分析。

水环境污染是由多种因素综合作用的结果，其中大量未经处理的生活污水（社会污水）和工业废水进入水环境是造成水质污染的首要因素。通过对影响因素的相关分析，选用与水环境污染相关关系紧密的湖泊流域人口、工业产值和污水排放量等影响因素作为自变量，根据回归预测值，即可定量地预测湖库水质的发展趋势。

### 一、单元回归模型

在回归分析建模中，如果自变量与因变量之间是近似线性关系，且只有一个预测属性则称之为单元线性回归模型。单元线性回归可表示为：

$$y=b+\omega x \tag{5-1}$$

式中，$y$ 的方差假定为常数，$\omega$ 和 $b$ 为回归系数，分别表示斜率和直线在 $y$ 轴上的截距，同时也可以将回归系数看作权重，因此可以改写为：

$$y=\omega_0+\omega_1 x \tag{5-2}$$

此时将单元回归建模转换为对回归系数 $\omega$ 和 $b$ 的估计。

在一些实际问题中，变量间的关系并不都是线性的，那时就应该用曲线去拟合。用曲线去拟合数据首先要解决的问题是回归方程中的参数如何估计，其解决方法是将一元非线性目标函数 $y=f(x)$ 通过数学变换使其线性化，化为一元线性函数 $v=a+bu$ 的形式，继而利用最小二乘法估计出参数 $a$ 和 $b$。

### 二、多元回归模型

单元回归中预测属性只有一个，但是在现实场景中客观现象之间的相互影响十分复杂，多种自变量对预测目标均有影响，因此分析多种预测属性与目标属性之间关系的多元线性回归被提出来。如果在回归预测模型中有多个预测属性则为多元线性回归，多元线性回归是由单元回归拓展而来，一个基于 $k$ 个预测属性的多元线性回归的模型为：

$$y=\sum_{i=1}^{k}\omega_i+\omega_0 \tag{5-3}$$

式中，$\omega$ 为第 $i$ 个预测属性的值，$i$ 为权重，其值可以通过最小二乘法进行求解。

在实际问题中，当描述自变量与因变量之间因果关系的函数表达式是多元非线性的，其回归分析我们称之为多元非线性回归分析，多元非线性函数的回归分析手段和一元非线性函数回归分析类似，非线性回归分析的主要内容与线性回归分析相似，常用的处理方法有回归函数的线性迭代法、分段回归法、迭代最小二乘法等。

## 第三节　人工神经网络模型

### 一、基本原理

人工神经网络（Artificial Neural Network，ANN）是基于对人脑神经网络结构和功能的认识，通过数学、物理学以及信息处理学等学科的相关方法，对其进行抽象概化而建立的简单运算模型。简而言之，人工神经网络就是一种模拟人脑结构及其功能的信息处理系统。人类的大脑包含数百亿计的神经细胞，生物学上称之为“神经元”。每个神经元有数以千计的通道与其他神经元相互连接，形成复杂的“生物神经网络”。生物神经网络以神经元作为基本信息处理单元，对接收的信息进行分布式的存储和加工，进行网络间信息的传递、加工和处理，从而完成某项特定工作。人工神经网络技术以网络节点模仿大脑的神经细胞、以网络连接权模仿大脑的刺激电平，通过其状态对外部输入信息的动态响应来处理信息，能够完成模式识别、系统辨识、信号处理、自动控制、组合优化、预测评估、故障诊断等多种实际问题。

人工神经网络的基本构成为神经元模型。神经元是神经网络的基本处理单元。

它一般是一个多输入单输出的非线性器件，其一般的结构模型如图 5-1 所示。

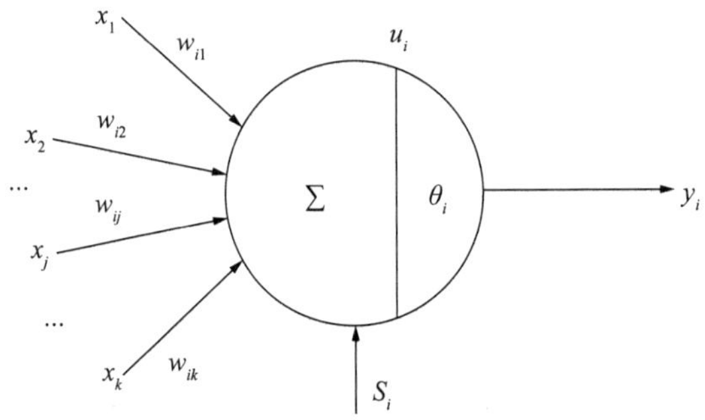


图 5-1　神经元模型概化图

其中，$u_i$ 为神经元 $i$ 的内部状态，$\theta_i$ 为阈值，$x_j$ 为输入信号，$w_{ij}$ 表示与神经元 $x_i$ 连接的权值，$s_i$ 表示某一外部输入的控制信号。

神经元模型常用一阶微分方程来描述模拟生物神经网络突触膜电位随时间变化的规律，即：

$$\begin{cases} \tau \dfrac{\mathrm{d}u_i}{\mathrm{d}t} = -u_i(t) + \sum w_{ij}x_j(t) - \theta_i \\ y_i(t) = f[u_i(t)] \end{cases} \tag{5-4}$$

神经元的输出由函数 $f$ 表示。常用以下函数表达其非线性特征：

（1）阈值型（跃阶函数）：

$$f(u_i) = \begin{cases} 1, & u_i \geqslant 0 \\ 0, & u_i < 0 \end{cases} \tag{5-5}$$

（2）分段线性型：

$$f(u_i) = \begin{cases} 1, & u_i \geqslant u_2 \\ au_i + b, & u_1 \leqslant u_i < u_2 \\ 0, & u_i < u_1 \end{cases} \tag{5-6}$$

（3）S 型：

$$f(u_i) = \frac{1}{1 + \exp(-u_i) - c} \tag{5-7}$$

式中，$c$ 为常数。

人工神经网络的互联模式指的是神经元之间的连接方式，主要有如下四种形式：

（1）向前网络：神经元分层排列，分别组成输入层、中间层和输出层。每一层的神经元只接受来自前一层神经元的输入，后面的层对前面的层没有信号反馈。输入模式经过各层次的顺序传输，最后在输出层上得到输出。

（2）有反馈向前网络：从输入层对输出层有信息反馈。

（3）层内有互相结合的向前网络：通过层内神经元的相互组合，实现同一层内神经元之间的横向抑制或兴奋机制。如此，可以限制每层内能同时动作的神经元个数，或将每层内的神经元分成若干组，让每组作为一个整体来进行运作。

（4）相互结合型网络：包括全互连和部分互连类型。这种网络在任意两个神经元之间都可能存在连接。在无反馈的向前网络中，信号一旦通过某个神经元，该神经元的处理过程就结束了；而在相互结合网络中，信号要在神经元之间反复传递，网络处于一种不断改变的状态之中。从某种初始状态开始，经过若干次的变化，才会达到某种平衡状态。根据网络的结构和神经元的特性，网络的运行还可能进入周期振荡或如混沌等动态平衡状态。

## 二、人工神经网络模型的发展

1943 年，心理学家 W.S.McCulloch 和数理逻辑学家 W.Pitts 建立了神经网络和数学模型，称为 MP 模型。他们通过 MP 模型提出了神经元的形式化数学描述和网络结构方法，证明了单个神经元能执行逻辑功能，从而开创了人工神经网络（ANN）研究的时代。到了 20 世纪 60 年代，人工神经网络得到了进一步发展，更完善的神经网络模型被提出，其中包括感知器和自适应线性元件等。1969 年，人工智能的创始人之一 Minsky 和 Papert 对以感知器为代表的网络系统的功能及局限性从数学上做了深入研究，发表了轰动一时的 *Perceptrons* 一书，指出简单的线性感知器的功能是有限的，它无法解决线性不可分的两类样本的分类问题，如简单的线性感知器不可能实现“异或”的逻辑关系等。这一论断给当时人工神经元网络的研究带来沉重的打击，开始了神经网络发展史上长达 10 年的低潮期。20 世纪 80 年代，人工神经网络研究全面复苏，其发展速度及应用也达到空前的高度。时至今日，针对不同特殊问题，已发展了 30 多种典型的神经网络模型，它们在某些特殊方面的应用上具有很强的计算能力。如：对数学近似映射进行抽象的误差反向传播模型（BP）、对向传播网络模型（CPN）、小脑模型（CMAC）等；估计概率密度函数的自组织映射模型（SOM）和 CPN 模型；从二进制数据基中提取信息的脑中盒模型（BSB）；能够形成拓扑连续及统计意义上同构映射的 SOM 模型；实现最相邻模式分类的自适应共振理论模型（ART）、双向联想记忆模型

（BAM）、BP 模型、玻尔兹曼机模型（BM）、BSB 模型、CPN 模型、Hopfield 模型等；适用于数据聚类的 ART 模型；常用于求解局部 / 全局最优解的 Hopfield 模型、玻尔兹曼机模型（BM）等。

应用：ANN 由于其大规模并行处理、分布式存储、自适应性、容错性等优点，被广泛应用于生物、电子、计算机、数学、物理等研究领域。近十几年来，该技术在水利、水文、水环境等领域上，亦有了长足的发展。学者们将人工神经网络应用水文水资源预测，得到了不错的成果；在水质模型方面，人工神经网络的应用也取得了飞速发展，如水库运行的模拟—优化模型算法改进、河流枯水期水质模型、结合贝叶斯概念的人工神经网络预测、结合灰色 GM 模型和人工神经网络的水质评价模型等。

## 第四节　支持向量机模型

### 一、基本原理

支持向量机（Support Vector Machine，SVM）是基于统计学理论和结构风险最小化原理而提出的一种新的机器学习方法，在小样本、非线性及高维模式识别中表现出许多特有的优势，并能够推广应用到函数拟合等其他机器学习问题中。SVM 是一种二分类模型，它的目的是寻找一个超平面来对样本进行分割，分割的原则是间隔最大化，最终转化为一个凸二次规划问题来求取全局最优解。SVM 与神经网络类似，都是学习型的机制，但与神经网络不同的是 SVM 使用的是数学方法和优化技术。

如果一个线性函数能够将样本分开，称这些数据样本是线性可分的。那么什么是线性函数呢？其实很简单，在二维空间中就是一条直线，在三维空间中就是一个平面，以此类推，如果不考虑空间维数，这样的线性函数统称为超平面。看一个简单的二维空间的例子，在图 5-2 中，○代表正类，△代表负类，样本是线性可分的，但是很显然不只有这一条直线可以将样本分开，而是有无数条，我们所说的线性可分支持向量机就对应着能将数据正确划分并且间隔最大的直线。

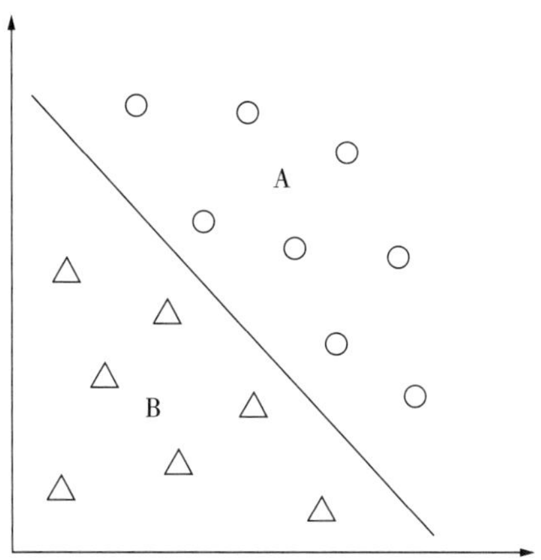


图 5-2　超平面二维概化和间隔最大直线

在样本空间中，划分超平面可通过如下线性方程来描述：

$$w^T x + b = 0 \tag{5-8}$$

对于训练样本（$x_i$，$y_i$），满足：

$$y_i(w^T x_i + b) \geqslant 1 \tag{5-9}$$

距离超平面最近的这几个样本点满足 $y_i$（$W^T x_i+b$）=1，它们被称为“支持向量”。虚线称为边界，两条虚线间的距离称为间隔（margin），其等于两个异类支持向量的差在 $w$ 上的投影，即：

$$\gamma = \frac{(\vec{x}_+ - \vec{x}_-)\vec{w}^T}{\|W\|} = \frac{\vec{x}_+ \cdot \vec{w}^T - \vec{x}_- \cdot \vec{w}^T}{\|W\|} \tag{5-10}$$

$\vec{x}_+$、$\vec{x}_-$ 满足 $y_i\left(w^T x_i + b\right) = 1$，推出：

$$\gamma = \frac{1 - b + (1 + b)}{\|W\|} = \frac{2}{\|W\|} \tag{5-11}$$

即 SVM 的间隔最大化为：

$$\max_{w,b} = \frac{2}{\|W\|}, \text{s.t.} y_i\left(w^T x_i + b\right) \geqslant 1, (i = 1, 2, \cdots, m) \tag{5-12}$$

最大化 $\frac{2}{\|W\|}$ 相当于最小化 $\|W\|$，于是有：

$$\min_{w,b} \frac{1}{2}\|W\|^2, \text{s.t.} y_i\left(w^T x_i + b\right) \geqslant 1, (i = 1, 2, \cdots, m) \tag{5-13}$$

式（5-13）即为 SVM 的基本型。

SVM 基本型本身是一个凸二次规划问题，可以使用现有的优化计算包来计算。使用拉格朗日乘子法得到其对偶问题，该问题的拉格朗日函数可以写为：

$$L(w,b,a)=\min_{w,b}\frac{1}{2}\|W\|^2+\sum_{i=1}^{m}a_i\left[1-y_i\left(w^T x_i+b\right)\right] \tag{5-14}$$

对 $w$ 和 $b$ 求偏导，并令其为 0 后代入基本型，得到：

$$L(w,b,a)=\sum_{i=1}^{m}a_i-\frac{1}{2}\sum_{i=1}^{m}\sum_{j=1}^{m}a_i a_j x_i x_j y_i y_j,\text{s.t.}\sum_{i=1}^{m}a_i y_i=0,a_i\geqslant 0,i=1,2,\cdots,m \tag{5-15}$$

解出 $a$ 之后，可以求得 $w$，进而求解 $b$，得到最终模型：

$$f(x)=w^T x+b=\sum_{i=1}^{m}a_i y_i x_i^T x+b \tag{5-16}$$

上述过程的 KKT 条件为：

$$\begin{cases} a_i\geqslant 0 \\ y_i f(x_i)\geqslant 0 \\ a_i\left[y_i f(x_i)-1\right]=0 \end{cases} \tag{5-17}$$

对于任意的训练样本（$x_i$，$y_i$），若 $\alpha_i$=0，则其不会在求和项中出现，也就是说，它不影响模型的训练；若 $\alpha_i$>0，则 $y_i f(x_i)-1=0$，也就是 $y_i f(x_i)=1$，即该样本一定在边界上，是一个支持向量。当训练完成后，大部分样本都不需要保留，最终模型只与支持向量有关。

对于线性不可分情况，可以把样本 $X$ 映射到一个高位特征空间 $H$，并在此空间中运用元空间的函数来实现内积运算，将非线性问题转化为另一个空间的线性问题来解决。

## 二、支持向量机模型的发展

Vapnik 等从 20 世纪六七十年代开始致力于统计学习理论的研究，1963 年 Vapnik、Lerner 以及 Chervonenkis 开始研究描述学习理论的非线性普遍算法，他们开创了实现统计机器学习算法的先河。从此，许多学者对统计机器学习的具体内容不断地丰富和发展。20 世纪 60—80 年代，提出了 VC 维理论，利用 VC 熵和 VC 维的概念，发现对指示函数空间的大数定律及其与模式识别问题的关系，并创造出对于经验风险最小化原则下的模式识别的一个一般的非渐近理论。1982 年，Vapnik 在 *Estimation of Dependences Based on Empirical Data* 一书中首次提出结构风险最小化原理，形成了支持向量机的基石。Corinna Cortes 和 Vapnik 等于 1995 年首次提出支持向量机。支持向量机算法在解决小样本、非线性和高维的机器学习问题中表现出了许多特有的优势，目前在模式识别、回归估计、概率密度函数估计等方面都有应用，其在精度上已经超过传统的学习算法或与之不相上下。在水环境领域，支持向量机的应用也处于起步阶段，不少学者进行了一些尝试，将随机向量计算法用于水质评价等方面的研究，收效不错。在水环境领域，支持向量机有着更广阔的前景。

## 第五节　遗传算法模型

### 一、基本原理

遗传算法（Genetic Algorithm）是通过模拟生物在自然环境下的遗传和进化过程形成的计算模型，是一种自适应全局优化概率搜索方法。遗传算法采用了自然进化模型，从代表问题可能潜在解集的一个种群（population）开始，种群由经过基因（gene）编码的一定数目的个体（individual）组成，每个个体是染色体（chromosome）带有特征的实体。初始种群产生后按照优胜劣汰和适者生存的原理逐代演化产生越来越优的解。染色体作为遗传物质的主要载体，其内部表现的是某种基因组合，决定了个体形状的外部表现。在每一代演化中，遗传算法根据问题域中个体的适应度大小挑选个体，并借助遗传算子进行交叉组合和主客观变异，产生代表新的解集的种群。这一过程循环执行，直至满足优化准则为止。最后，末代个体经解码后生成近似最优解。基本遗传算子包括复制、交叉和变异。复制是对当前种群中的个体按照某种规则进行选择，适应度越高的个体被选中的概率越大，选中的个体被复制到新一代种群中保留下来。交叉是在当前的种群中，根据适应度大小，按照一定方式，选中两个父个体，然后在两个父个体上随机选择两棵子树，进行交换，生成两个新的个体。变异是先按一定概率选择一个即将发生变异的个体，然后随机选择一个变异点，随机生成一棵新子树以代替变异前的子树，变异通常以较小的概率发生。总体来说，遗传算法借鉴于种群进化机制，类似于自然界进化，后生代种群比前生代种群更加适应环境，以此逐代进化逼近最优解。遗传算法运行流程如图 5-3 所示。

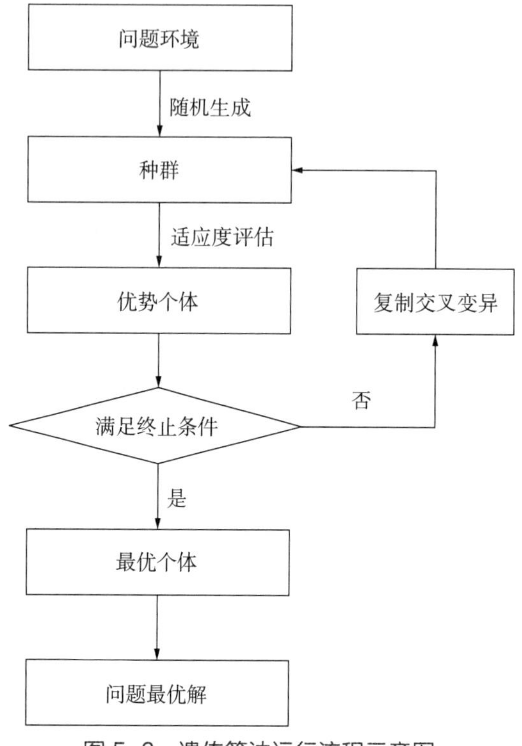


图 5-3 遗传算法运行流程示意图

## 二、遗传算法模型的发展

遗传算法概念最初由美国 Michigan 大学的 J.H.Holland 教授于 20 世纪 60 年代中期提出，其认为可借鉴生物自然遗传的基本原理用于自然和人工系统的自适应行为研究及串编码技术。他的学生 J.D.Bagley 在博士论文中首次提出“遗传算法”（Genetic Algorithm）一词，J.H.Holland 教授于 1975 年出版了颇有影响的专著 *Adaptation in Natural and Artificial Systems*，标志着遗传算法的诞生。20 世纪 80 年代，Holland 教授实现第一个基于遗传算法的机器学习系统——分类器系统，提出基于遗传算法的机器学习的新概念，完善了分类器系统的框架。1991 年，D.Whitey 在其论文中提出基于领域交叉的交叉算子（Adjacency based crossover），这个算子是特别针对用序号表示基因的个体的交叉，并将其应用到了旅行商问题（Traveling Salesman Problem，TSP）中，通过实验对其进行了验证。1994 年，Srinivas 和 Patnaik 提出了交叉概率和变异概率随遗传操作的在线性能而自适应取值的有效方法。Manoj Thakur 等研究了拉普拉斯交叉算子（Laplace Crossover，LX）和幂变异算子（Power Mutation，PM），提出了实数编码的 LX-PM 遗传算法，并改进

LX 算子为边界指数交叉算子（Bounded Exponential Crossover，BEX），提出了改进的实数编码的遗传算法（BEX-PM）。D.H.Ackley 等提出了随机迭代遗传爬山法（Stochastic Iterated Genetic Hill-climbing，SIGH），采用一种复杂的概率选举机制，此机制由 *m* 个“投票者”来共同决定新个体的值（*m* 表示群体的大小）。实验结果表明，SIGH 与单点交叉、均匀交叉的神经遗传算法相比，所测试的六个函数中有四个表现出更好的性能，而且总体来讲，SIGH 比现存的许多算法在求解速度方面更有优势。国内的专家和学者对遗传算法的交叉算子也进行了相关改进。2002 年，戴晓明等应用多种群遗传并行进化的思想，对不同种群可能基于不同的遗传策略（如变异概率）、不同的变异算子等来搜索变量空间，并利用种群间迁移算子来进行遗传信息交流，以解决经典遗传算法收敛到局部最优值的问题。2004 年，赵宏立等提出了一种用基因块编码的并行遗传算法（Building-block Coded Parallel GA，BCPGA），已解决简单遗传算法在较大规模组合优化问题上搜索效率不高的问题。该方法以粗粒度并行遗传算法为基本框架，在染色体群体中识别出可能的基因块，然后用基因块作为新的基因单位对染色体重新编码，产生长度较短的染色体，再用重新编码的染色体群体作为下一轮以相同方式演化的初始群体。

遗传算法执行过程采用群体搜索的方式进行，在整个群体中每个个体之间的信息交换过程进行寻优，而不依赖梯度信息来寻找最优解，因此在面对非线性复杂问题时，遗传算法比传统搜索算法具有更加优越的性能，在水环境模型中有广泛应用。如遗传算法在水污染控制系统规划优化中可应用于 3 种模型，即排放口最优化处理模型、最优化均匀处理模型、区域最优化处理模型。刘首文、冯尚友（1996）在一定的水质约束和技术约束条件下，利用遗传算法求解出堵河沿岸 3 个主要排污口污水处理效率的最优化问题；在各类水模型中常常涉及多个参数的调节问题，当参数较多时，人工调节耗时且结果不理想，应用遗传算法进行调节目前已被广泛采纳，杨晓华等在实数编码遗传算法中加入单纯形搜索算子，并应用于流域水文模型的参数优化；此外，遗传算法在布水管网设计和水电站水库优化调度中也有多方面应用。

（陈诚　王智源　严晗璐）

# 第六章
# 模型率定与不确定性分析

流域水文循环和水质过程各阶段较为复杂，并且受到不同因素的共同作用。已有模型均是采用数学方程和相关参数对复杂水文循环和水质过程的一种近似概化，模块和参数均存在不确定性。此外，受到观测条件的限制，模型输入和率定采用的资料也都存在不确定性。以上不确定性来源直接影响模型的模拟效果。因此，模型必须针对应用区域的实际情况进行参数率定和不确定性分析，并结合模型评估指标获取最佳模型模拟结果。

## 第一节　模型评估指标

模型的评估指标有三大类别，分别为：标准回归评估指标（斜率、截距、相关系数 $r$、决定性系数 $R^2$），无量纲评估指标（协同系数 $d$、Nash-Sutcliffe Efficiency：NSE、Persistence Model Efficiency：PME、预测系数：Pe、性能优点统计值：PVk、对数转换变量：$e$），误差评估指标（MAE、MSE、RMSE、Percent bias：PBIAS、RMSE-observations standard deviation ratio：RSR、Daily root-mean square：DRMS）。

### 一、标准回归评估指标

#### （一）斜率与截距

拟合度最佳曲线的斜率和截距可以表明模拟数据与实测数据之间的相互匹配情况。斜率表示的是模拟值与测量值之间的关系，而截距则表明模型预测与实测数据之间的关系是提前还是滞后，或者说明该数据集之间的关系并不是完全符合的。斜率和截距在通常假设情况下是检验模拟值和测量值之间是否是线性相关的。

#### （二）相关系数 $r$ 和决定性系数 $R^2$

相关系数 $r$ 和决定性系数 $R^2$ 主要是描述模拟值与实测值之间的共线程度大小。

相关系数 $r$ 的取值范围为 -1 ~ 1，是一个表征实测值与模拟值之间线性关系的大小程度。如果 $r$ 为 0，说明实测值与模拟值之间无任何线性关系；$r$ 为 1 或者 -1 时，说明实测值与模拟值之间存在很强的正相关与负相关关系。决定性系数 $R^2$ 是描述实测数据被模型解释的方差比例系数，$R^2$ 的范围为 0 ~ 1，数值越大说明误差越小，一般来说 $R^2$ 大于 0.5 则认为假设是可以接受的。

## 二、无量纲评估指标

### （一）协同系数 $d$

协同系数 $d$ 是 Willmott 于 1981 年提出的衡量模型预测误差且变化范围在 0 ~ 1 之间的指标。当系数 $d$ 为 1 时，说明模型预测值与实测值之间存在完美的协同关系；$d$ 为 0 时，说明模型预测值与实测值之间无任何关系。该指标主要代表在均方误差和潜在误差之间的比例。协同系数能够检验观测值和模拟值的均值与方差之间附加值和比例的差异性；然而由于平方的差异性，$d$ 对极端值的敏感性程度过于强烈。1999 年 Legates 和 McCabe 提出了一种修正后的协同系数 $d_1$，该系数对于极端值的敏感性变低，主要是因为误差和差异性通过使用差异值的绝对值而非差异值的平方得出了合适的权重。虽然 $d_1$ 被提议作为一种改进后的统计指标，但是其在文献中的有限使用使得它并不能在值的范围上提供更加广泛的信息。

### （二）NSE（Nash-Sutcliffe Efficiency）

NSE 是一个正规化的统计指标，它相对于测量数据方差，决定了相对剩余方差的大小（Nash 和 Sutcliffe，1970）。NSE 表明观测数据与模拟数据符合 1 : 1 线性关系的程度大小。NSE 的计算见式（6-1）。

$$NSE = 1 - \left[ \frac{\sum_{i=1}^{n} \left( Y_i^{\mathrm{obs}} - Y_i^{\mathrm{sim}} \right)^2}{\sum_{i=1}^{n} \left( Y_i^{\mathrm{obs}} - Y^{\mathrm{mean}} \right)^2} \right] \tag{6-1}$$

式中，$Y_i^{\mathrm{obs}}$ 为评估组分中第 $i$ 个观测值；$Y_i^{\mathrm{sim}}$ 为评估组分中第 $i$ 个模拟值，$Y_i^{\mathrm{mean}}$ 为评估组分中所有观测值的平均值，$n$ 为总观测数量。

NSE 值的范围在 $-\infty$ ~ 1（包含 1）之间，NSE 值为 1 时效果最优。NSE 值在 0 ~ 1 之间时一般认为处于可接受的水平，而当 NSE 小于 0 时表明观测值的平均值比模拟值更好，即表明模型模拟效果不佳。

（三）PME

PME（Persistence Model Efficiency）是一种正规化模型评估统计指标，它使用了一个简单的持续性模型来确定相对剩余方差的大小，从而得到方差的误差。PME的取值范围为0～1，当PME为1时达到最优效果。PME值大于0，表明“最小可接受”模型的模拟程度（Gupta等，1999）。PME的评估能力来源于其和一种简单的持续性预测模型的性能比较，并且能够明显地指示出糟糕的模型性能，但是其很少出现在文献中，所以一系列展示出的值并不可靠。

（四）预测系数（Pe）

预测系数在2001年由Santhi提出，是由决定性系数$R^2$通过使用一个固定的时间步长对观测与模拟组分的值回归排序（降序）计算得出的统计指标。Pe决定了模拟数据与观测数据之间相互符合的概率分布的好坏程度。但是它在范围值上并不能提供更加广泛的信息，使得该指标在使用程度上不是很频繁。

（五）性能优点统计值（PVk）

性能优点统计值（PVk）是NSE、体积偏差及误差函数的加权平均值，是在整个流域内所有的流量站中同时进行评估判定模型性能的一个指标。PVk是被开发来评估流域模型是否能够合理预测不止流域内一个站点实测过程线的所有特征（如过程线、平均值及极值）。PVk的取值范围为$-\infty$～1，当PVk值为1时，表征该模型准确地模拟了流域内站点实测过程的三大主要特征。PVk值为负时则表明观测到的过程均值比模拟值更佳。PVk值并不建议被选作评估指标，因为它的值范围并不能提供更加广泛的信息。

（六）对数转换变量（$e$）

对数转换变量（$e$）是预测数据与观测数据之间比值（$E$）的对数，该指标的提出主要是为了判断流域尺度模型误差指标（$E$）的敏感性。$e$的取值主要集中在0附近，大致服从正态分布。如果模拟值与测量值是完全相符的，$e$为0且$E$为1。$e$值小于0说明预测值偏小，同理$e$大于0说明预测值偏大。尽管对数转换变量（$e$）作为一种改进的统计指标在模型准确性评估中有着很大的潜力，但是由于其近期的发展状况和有限的测试与应用，使得它很少被选为评估指标。

## 三、误差评估指标

### （一）MAE、MSE 和 RMSE

一般有几个误差指标被用于模型评估过程中。这些指标包括平均绝对误差（MAE）、均方误差（MSE）及均根方误差（RMSE）。这些指标在模型评估中有着非常重要的价值，因为它们能够表征所有特征组分中各个单元（或者平方单元）的误差，这能够给最终结果的分析带来帮助。当 MAE、MSE 及 RMSE 的值为 0 时，说明模型模拟效果完美。当 RMSE 和 MAE 的值小于测量数据标准差的一半时认为其值偏小，与此同时适合模型评估。

### （二）百分比偏差（PBIAS）

百分比偏差（PBIAS，Percent bias）是测量模拟数据相较于观测数据的平均趋势是增加还是减少。PBIAS 的最优值是 0，值越小说明模拟的准确性越高。正值表明模型低估了偏差，负值则表明模型高估了偏差。PBIAS 的计算见式（6-2）。

$$\mathrm{PBIAS}=\left[\frac{\sum_{i=1}^{n}\left(Y_i^{\mathrm{obs}}-Y_i^{\mathrm{sim}}\right)\times 100}{\sum_{i=1}^{n}\left(Y_i^{\mathrm{obs}}\right)}\right] \tag{6-2}$$

式中，PBIAS 为被评估数据的偏差，以百分比形式表示。

PBIAS 能够清晰地表明模型模拟效果的好坏，并且在不同的自动率定方法过程中，干旱年份比湿润年份流量过程的 PBIAS 值更容易发生改变。

### （三）RSR

RMSE 是一种常用的误差统计指标。尽管一般来说 RMSE 的值越小，模型的性能越好的理论是可以被接受的，但是 Singh（2004）发表了一份准则，这份准则根据观测标准差来判定最小的 RMSE，并将该指标命名为 RMSE-observations standard deviation ratio（RSR）。RSR 的计算方法是 RMSE 与测量数据的标准差的比值，如式（6-3）所示。

$$\mathrm{RSR}=\frac{\mathrm{RMSE}}{\mathrm{STDEV_{obs}}}=\frac{\sqrt{\sum_{i=1}^{n}\left(Y_i^{\mathrm{obs}}-Y_i^{\mathrm{sim}}\right)^2}}{\sqrt{\sum_{i=1}^{n}\left(Y_i^{\mathrm{obs}}-Y^{\mathrm{mean}}\right)^2}} \tag{6-3}$$

RSR 系数指标包含了误差统计指标的优点，并且拥有归一化因子，可以使最终统计结果与统计值很好地适用于各种组成成分。RSR 的最优值为 0，表明 RMSE 为 0，由此可得模型有着完美的模拟效果；当标准差一定时，RMSE 越小，RSR 越小，说明模型的模拟性能越好。

（四）DRMS

日均方根系数（DRMS，Daily root-mean square）是 RMSE 的一种特殊应用，主要用来计算模型预测误差中的标准差大小。DRMS 值越小，说明模型的性能越好。Gupta（1999）证实了 DRMS 值随着年内湿润程度的增加而增大，表明流量越大，预测误差方差也随之变大。DRMS 值在判断性能差的模型时能力有限。

## 第二节　模型参数敏感性分析

### 一、参数敏感性分析

敏感性分析分为局部敏感性分析和全局敏感性分析。局部敏感性分析是检验单个参数对模型模拟效果的影响程度；全局敏感性分析则是检验多个参数对模型模拟效果的影响程度。对于每个模型，其模拟过程中所包含的参数有数十到数百个，需要综合考虑多个参数对模型的影响情况，所以一般使用全局敏感性分析方法。由于每个参数在模拟过程中的重要程度可能会有所不同，敏感性分析可以在这若干个参数中确定出对模型输出贡献较大的重要参数，确定各种参数组合对模型模拟效果的影响程度，来验证参数之间的相互作用；而且敏感性分析可以排除敏感性较低的参数，以减少模型在优化率定过程中的计算损耗。

### 二、敏感性分析代表性方法

Morris 筛选法是由 Morris 于 1991 年提出的，该方法被广泛应用于筛选和识别参数组中最敏感的参数。Morris 筛选法一般使用两个识别指标来判断参数的敏感性程度，分别为基效应的均值 $\mu$ 和标准差 $\sigma$。基效应的定义如下：考虑一个模型中有 $n$ 个独立的输入变量 $X_i$（$i$=1，2，…，$n$），在 $n$ 维单位立方体中 $n$ 个输入变量的变化通过了 $p$ 的检验水平。对于给定的 $X$，第 $i$ 个输入因素的基效应定义见式（6-4）。

$$d_i\left(X\right)=\frac{f\left(X_1,\cdots,X_{i-1},X_i+\Delta,X_{i+1},\cdots,X_n\right)-f(X_1,\cdots,X_{i-1},X_i,\cdots,X_n)}{\Delta} \quad (6-4)$$

式中，Δ 为 1/（$p$-1）的倍数取值；$p$ 为水平的数量；$X_i$ 为输入的随机样本因素。

但是在模拟过程中，有部分参数对基效应均值 $\mu$ 产生负效应，对评价结果会产生一定的影响，因此，Campolongo 等采用修正后的 $\mu$* 表示参数对输出结果的综合效应。式（6-5）、式（6-6）分别为 $\mu$* 和 $\sigma$ 的计算原理：

$$\mu_i^*=\frac{1}{N}\sum_{j=1}^{N}\left|d_i\left(X^{(j)}\right)\right| \quad (6-5)$$

$$\sigma_i=\sqrt{\frac{1}{N-1}\sum_{j=1}^{N}\left[d_i\left(X^{(j)}\right)-\frac{1}{N}\sum_{j=1}^{N}d_i\left(X^{(j)}\right)\right]^2} \quad (6-6)$$

式中，$N$ 为输入样本的总数量。

按照上述步骤进行分析，Morris 分析法最大的特点就是计算量小，应用简单，适用于参数较多的复杂模型；不足之处就是该方法只能给出定性判断，无法给出定量结果。

## 第三节　模型参数优化

### 一、参数优化分析

在筛选出模型中的敏感性参数后，需要利用实际观测对模型相关过程的敏感性参数进行率定和验证，使模型模拟过程与实测过程更加吻合。参数优化主要分为手动调参和自动优化。手动调参主要是依据使用者的实际经验对模型的参数取值进行适当调整，运行模型获得模拟过程和模型评估指标结果；若效果不理想，重新调整参数取值，重复操作以上步骤，直到使用者认为模拟效果可以接受。由于水循环水质模型涉及的参数众多，手动调参比较费时费力，更多需要使用者的主观经验，也很难获得最优结果。自动优化主要是采用计算机优化算法耦合水循环水质模型进行寻优。计算机优化算法根据挑选的模型参数取值范围随机生成大量参数样本，驱动模型获得模拟过程和模型评估指标结果，计算各组参数对应的目标函数值，比较目标函数值获得最优目标函数值及其对应的参数组；在此基础上，通过一定寻优规则重新生成参数组，驱动模型获得目标函数值等，并与已有最优目标函数值进行比较等；重复执行以上步骤，直到目标函数达到设定的最优值或迭代次数达到设定的最大迭代次数。该方法对使用者经验要求不高，但对优化算法和计算机的性能要求较高。

## 二、参数优化的代表性方法

### （一）遗传算法

遗传算法（Genetic Algorithm，GA）是处理不可微非线性函数优化问题的通用方法，通过借鉴生物界的自然规律及进化过程来搜索模型所需最优解。由美国的Holland教授于1975年首次提出，其主要特点是直接对结构对象进行操作，不存在求导和函数连续性的限定，采用概率化的寻优方法，自动搜索最优化的变量。遗传算法已经被广泛应用于组合优化、人工智能、水文学等领域。

遗传算法的特点有：①遗传算法从串集开始搜索，覆盖面广，利于全局选优；②遗传算法可以对空间内多个解进行评估，解决了陷入局部最优解的困境；③遗传算法不是采用确定性规则，而是采用概率的变迁规则进行搜索；④具有自适应、自学习和自组织性，在遗传算法利用进化过程自行搜索时，适应度较高的个体具有很大的生存概率，并且随之获得适应搜索环境的基因结构等。

### （二）粒子群算法

粒子群算法（Particle Swarm Optimization，PSO），该算法由美国普渡大学的Kennedy和Eberhart提出，起源于对一个简化社会模型的仿真，是一种基于多目标的优化工具。粒子群算法与遗传算法相类似，都是基于迭代的优化工具，但粒子群算法没有遗传算法的“选择”“交叉”“变异”算子，其主要是通过个体之间的共同合作来搜索最优解，利用了生物群体中信息共享会产生进化优势的思想。由于PSO算法概念简单且容易实现，在工程应用领域有着较为广泛的应用。

粒子群算法的基本原理及算法如下：

假设在一个$N$维的搜索空间中，有$n$个粒子组成一个群落，其中第$i$个粒子表示为$N$维空间的向量$\vec{x}_i=(x_{i1},x_{i2},\cdots,x_{iN})$（$i=1,2,\cdots,m$），第$i$个粒子运动的速度也是$N$维的一个向量，记作$\vec{v}_i=(v_{i1},v_{i2},\cdots,v_{iN})$。每个粒子都已经有一个由被优化函数决定的适应值，而且知道自己在优化函数下目前最好的位置（pbest）和现在的位置。每个粒子的位置都是一个潜在的解。将$\vec{x}_i$代入一个目标函数就可以计算出适应值，根据适应值的大小判断$\vec{x}_i$的优劣程度。除此之外，每个粒子都已知目前所有粒子所发现的最好位置（gbest）。每个粒子使用以下几条信息改变自己当前的位置：①当前位置；②当前速度；③当前位置与自己最好位置之间的距离；④当前位置与群体最好位置之间的距离。对于粒子的第 $k$ 次迭代，每个粒子按照式（6-7）、式（6-8）进行变化。

$$v_{id}^{k+1} = v_{id}^{k} + c_1 \times \text{rand}() \times \left(p_{id} - x_{id}^{k}\right) + c_2 \times \text{rand}() \times (p_{gd} - x_{id}^{k}) \tag{6-7}$$

$$x_{id}^{k+1} = x_{id}^{k} + v_{id}^{k+1} \tag{6-8}$$

式中，$i$=1，2，…，$m$，$m$ 为群体中粒子的总数；$v_{id}^{k}$ 为第 $k$ 次迭代粒子 $i$ 飞行速度矢量的第 $d$ 维分量；$x_{id}^{k}$ 为第 $k$ 次迭代粒子 $i$ 位置矢量的第 $d$ 维分量；$p_{id}$ 为粒子 $i$ 个体最好位置的第 $d$ 维分量；$p_{gd}$ 为群体最好位置的第 $d$ 维分量；$c_1$、$c_2$ 为权重因子；rand（ ）为随机函数，产生［0，1］的随机数。PSO 算法流程见图 6-1。

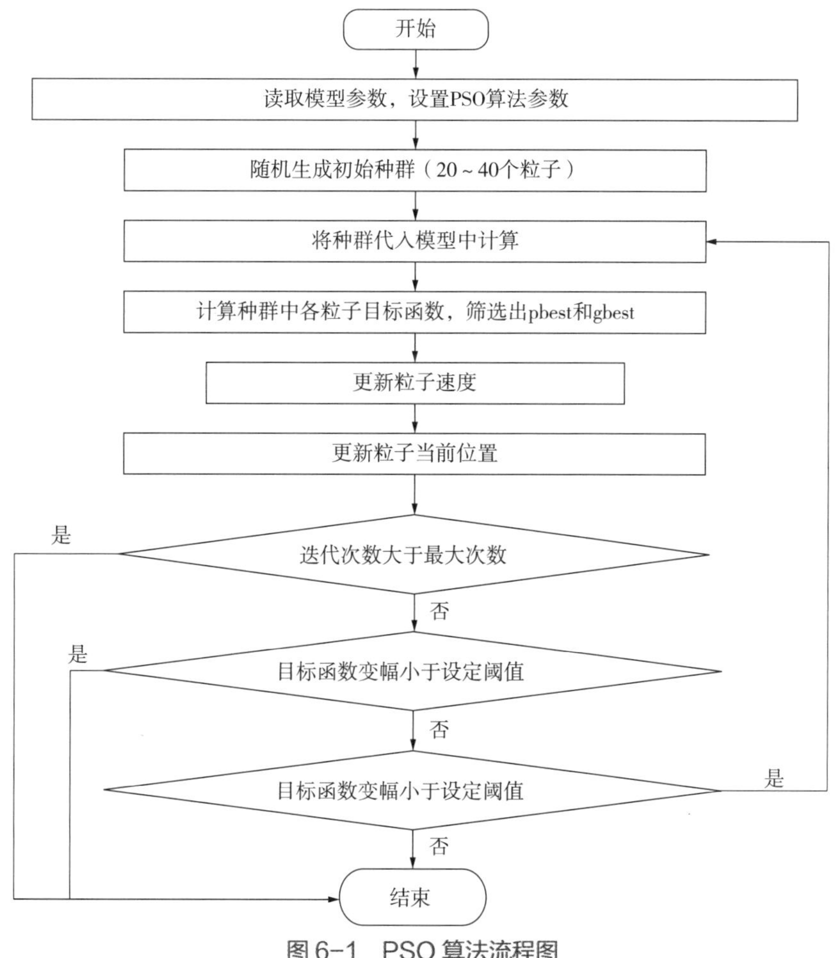


图 6-1　PSO 算法流程图

### （三）SCE-UA 算法

SCE-UA（Shuffle Complex Evolution）算法是美国亚利桑那州大学段青云教授等于 1992 年提出的一种有效地解决非线性约束最优化问题的进化算法。该算法将单纯形法、随机搜索和生物竞争进化等方法的优点结合在一起，可以快速并准确地搜索到水文模型参数的全局最优解，在连续型流域水文模型参数优选中应用广泛。SCE-UA 算法的主要优点有：在多个搜索区域内获得全局收敛点、能够避免陷入局部最小点、有效表达不同参数的敏感性和参数间的相关性、能够处理多维参数问题等。

其基本原理及算法如下：

（1）数据初始化。假定是 $n$ 维空间，选择参与优选的复杂形的个数为 $p$（$p \geqslant 1$）和每个复杂形的顶点个数为 $m$（$m \geqslant n+1$），然后计算样本顶点的个数 $s=p \times m$。

（2）生成样本点。在有效区域内生成 $s$ 个样本点 $x_1$，$x_2$，…，$x_s$，然后计算 $x_i$ 的函数值 $f(x_i)$，$i=1$，2，…，$s$。

（3）样本点排序。将所有样本点升序排列，并记作 $D=(x_i,\ f_i)$，$i=1$，2，…，$s$，其中 $f_1 \leqslant f_2 \leqslant \cdots \leqslant f_s$。

（4）划分复杂形群体。将 $D$ 划分为 $p$ 个复杂形 $A^1 \cdots A^p$，每个复杂形含有 $m$ 点，其中，$A^k=\left\{\left(x_j^k, f_j^k\right); x_j^k=x_{k+p(j-1)}, f_j^k=f_{k+p(j-1)}, j=1,2,\cdots,m\right\}, k=1,\cdots,p$。

（5）复杂形进化。按照竞争的复杂形进化算法（CCE）分别进化每个复杂形。

（6）复杂形掺混。将进化后的复杂形个体进行升序排列，形成新的复杂形群体，将该群体记为 $D$。

（7）检验收敛性。如果满足收敛条件，停止运行；不满足则重复步骤（4）。

SCE-UA 算法流程见图 6-2。

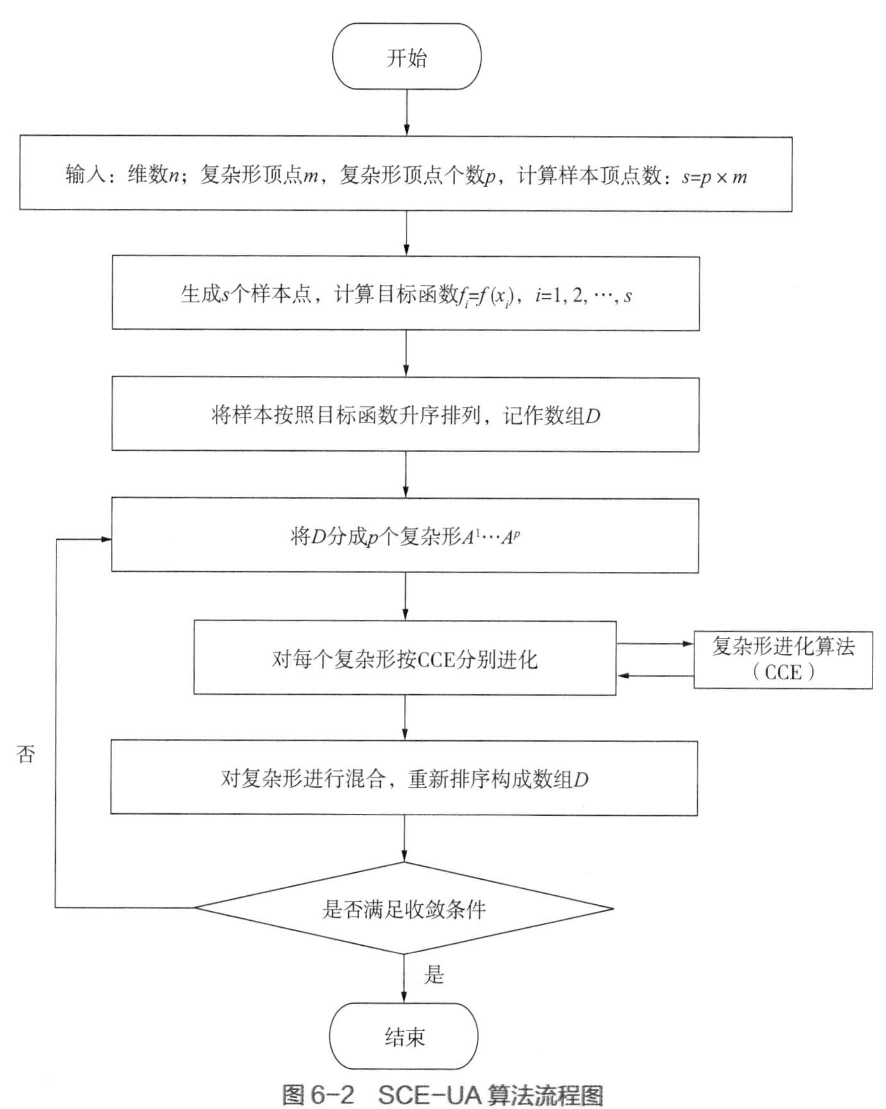

图 6-2　SCE-UA 算法流程图

# 第四节　模型不确定性分析

## 一、模型不确定性来源

### （一）模型参数不确定性

模型的模拟效果优劣很大程度上受到模型参数选取的影响。模型的参数反映了流域内的地形地貌特征，具有一定的物理意义，但是在流域建模过程中会对水文和水质过程进行一定的简化和抽象，加上集总式模型忽略水文和水质过程中的空间异质性，只能给出均化的模拟结果，会使得参数的物理意义不太明确，只能选择合适的参数率定方法推求参数值，而且自动优化方法得出的结果也会受到其他因素的影响。如选取不同的目标函数，会优选出不同的参数结果；使用多目标函数进行参数优选也无法避免参数不确定性所带来的影响。加上模型参数之间可能存在相关关系，导致不同参数组却呈现出同样的效果，即“异参同效”现象。这与模型率定过程中假定参数是一组数值固定但未知相互矛盾，所以取得“相同效果”的参数组在水文过程中的模拟值不尽相同，会给选取模拟值带来困扰。

一般情况下，模型参数不确定性分析的步骤如下：①确定参数先验的分布情况，在无信息情况下，默认参数先验分布为均匀分布；②在先验分布空间内对参数进行随机抽样；③将随机抽取的参数代入模型中，分析模拟值与实测值之间的误差获得似然函数；④应用贝叶斯理论，得出参数后验概率分布和预测量不确定置信区间。常用模型参数不确定性分析方法有 GLUE 和 MCMC 方法等。

### （二）模型输入不确定性

模型的构建需要输入大量的水文气象资料、社会经济数据、排污信息和农业管理措施等，因此对模型输入不确定性的分析显得尤为重要。一些研究表明，降雨输入的不确定性对径流模拟影响最大，所以在模型输入不确定性分析中着重于降雨不确定性对模型模拟值的影响。降雨的不确定性影响包括雨量站降雨测量误差以及降雨的时空变异性与雨量站观测之间的矛盾，后者是降雨输入不确定性的主要来源。而排污数据和农业管理措施输入则是水质模拟不确定性的主要来源，如何将年度污普数据输入折算成日或者更小时间尺度的负荷输入，以及如何将农业管理措施等调研数据作为模型输入等均会引起水质结果较大的变化，不确定性较大。

### （三）模型结构不确定性

目前，国内外的水环境模型众多，一般根据具体应用选取合适的模型进行模拟研究。众多模型之间的结构一般都不相同，模型结构的设立建立在建模者的知识与经验程度上，没有一个模型能够完美地模拟真实的水文循环过程和水质过程，所以模型结构上也存在着不确定性。比如，集总式模型将整个流域划为一个整体，不考虑空间变化情况，会给模型的模拟带来不确定性。而且不同流域模型水文物理过程机理都不尽相同，比如产流模式一般分为蓄满产流和超渗产流两种。大多数模型都属于“静态”模型，即没有考虑人类活动、气候变化等带来的影响，会对水文模拟过程带来不确定性。而在非点源模拟方面，各模型对土壤营养物生物地球化学过程、流失过程、迁移转化过程等的概化也不尽一致，不可避免地引起模型结构的不确定性。

## 二、不确定性分析代表方法

### （一）GLUE 法

GLUE 法是由 Beven 和 Binley 于 1992 年提出的一种不确定性估计方法，主要用于分析水文模拟的不确定性，该方法主要是为了避免“异参同效”现象的出现。GLUE 法中一个很重要的观点就是，模型模拟效果的好坏不是由模型中某个参数决定，而是由模型中一组参数同时决定。

使用 GLUE 法估计时，一般先使用蒙特卡洛方法在参数取值范围内随机采样获取模型参数组合，之后将各组参数组合代入模型中，选择相应的似然目标函数，再计算模型模拟值与实测值之间的似然函数值，计算函数值的权重，最终得到各参数组合的似然值。在所有的似然值中，设定一个临界值，低于该值的全部设定为 0；而高于该临界值的所有参数组似然值重新归一化，再按照似然值大小，求出在某置信度下模型预测的不确定性范围。

GLUE 法具有以下几个特点：①当样本抽取数量足够大时，可以保证样本总体特征符合参数空间分布特征；样本数量不足时，GLUE 法在识别样本总体特征时会降低精度。② GLUE 函数易受主观因素影响，似然函数的选取及临界值的选取都会对分析结果产生较大的影响。③ GLUE 法能够应对“异参同效”现象，不会陷入局部最优空间。

### （二）贝叶斯方法

贝叶斯理论为水文模型参数不确定性分析提供了一个具体的方法性框架，该方法能够将有关参数的先验指挥和实际观察样本数据进行结合，结果以参数空间概率分布的形式表示，即参数后验分布。贝叶斯公式见式（6-9）：

$$P(\theta|y)=\frac{p(\theta)L(y|\theta)}{\int p(\theta)L(y|\theta)\mathrm{d}\theta} \tag{6-9}$$

式中，$p(\theta)$ 为参数先验分布，表示有关于模型参数的先验值，可以通过已有的资料中分析获得，或者参考气候、地形、地貌相似且具有详细水文资料的流

域，在缺少资料的情况下，一般假定为参数空间内的均匀分布；$L$（$y|\theta$）为由一直观测序列 $y$ 算出的参数 $\theta$ 的似然值，表示水文模型模拟值与实测值的符合程度；$P$（$\theta|y$）为参数的后验分布。

（三）Bootstrap 法

Bootstrap 法最早是由美国斯坦福大学 Efron 教授提出，它是利用重抽样的技术方法来评估不确定性。该方法主要使用计算机模拟替代方差等统计量的复杂而不精确的近似方法，它不用通过对未知分布作出人为假设，而是在原始样本中重复抽取数据来获取未知分布，即可以充分地避免数据信息不充分的条件下获得模拟数据分布。但是大部分数据并不是独立同分布的，数据之间存在着相关关系，此时使用 Bootstrap 方法可能会失败。由此衍生出了一系列能够克服相关关系的 Bootstrap 方法，如区间 Bootstrap 法和基于模型的 Bootstrap 法等。

基本的 Bootstrap 方法有残差 Bootstrap 抽样法、参数 Bootstrap 抽样法、Wild Bootstrap 抽样法等。抽样过程与残差 Bootstrap 抽样法基本一致。

（张永勇　翟晓燕　陈秋潭）

# 第七章
# 数据模型融合与多模型集合预测

由于数值模型在一些建模和求解过程中采用了近似，不可能完全反映真实情况，随着模拟时间的增长，模拟结果与真实情况的差异也会越来越大。为解决这一问题，通常采用一些方法将观测数据与数值模型结合起来以对模拟结果进行修正，这些方法就是数据同化算法。数据同化算法作为数据同化的重要组成部分，是连接观测数据与模型模拟预测的关键核心部分。

随着计算机条件的改善和数值模型的发展，集合预测技术在近几年取得了一些重大进展，其中最显著的是从单纯的初值问题延伸到模型的物理不确定性问题，进而发展了多模型集合预测技术。多模型集合预测技术的发展，避免了单一模型中由于改变参数化方案而改变模型最佳表现状态的问题。这一方法可以同时使用两个或两个以上的模型，然后把这几个子集合预测的值汇成一个确定性的结果。利用多个模型的输出结果，将这些模型过去的性能对其预测进行统计订正，以获得最好的确定性预测。

## 第一节　数据同化

按数据同化算法与模型之间的关联机制，数据同化算法大致可分为连续数据同化算法和顺序数据同化算法两大类。

连续数据同化算法定义一个同化的时间窗口 $T$，利用该同化窗口内的所有观测数据和模型状态值进行最优估计，通过迭代而不断调整模型初始场，最终将模型轨迹拟合到在同化窗口周期内获取的所有观测上，如三维变分和四维变分算法等。

顺序数据同化算法又称为滤波算法，包括预测和更新两个过程，预测过程根据 $t$ 时刻状态值初始化模型，不断向前积分直到有新的观测值输入，预测 $t$+1 时刻模型的状态值；更新过程则是对当前 $t$+1 时刻的观测值和模型状态预测值进行加权，得到当前时刻状态最优估计值，其中权重根据二者的误差确定；接着，根据当前 $t$+1 时刻的状态值对模型重新初始化，重复上述预测和更新两个步骤，直到完成所有有观测数据时刻的状态预测和更新，常见的算法有最优插值、集合卡尔曼滤波和粒子滤波算法等。

## 一、最优插值

最优插值是一种最小均方误差的估计方法，根据分析误差方差最小原则求解最优观测权重。见式（7-1）、式（7-2）。

$$x_a = x_b + K\left(y - Hx_b\right) \tag{7-1}$$

$$K = BH^T\left(HBH^T + R\right)^{-1} \tag{7-2}$$

背景场误差协方差矩阵的构建依赖于自相关函数的设置（如高斯函数或贝尔函数），同时也依赖各种假定的平衡约束。最优插值考虑了背景场误差和观测误差的统计特征。最优插值简单易行，计算代价小，缺点是每个同化时刻的背景误差协方差都需要给定，没有考虑误差在预测中的传播和发展，是一种静态的局地分析方法。

## 二、三维变分

变分方法是把一个物理学问题或其他科学问题转化为求泛函极值的问题，这样能减少某些问题的约束条件，而最终解又能收敛或近似收敛到原约束问题的解。在三维变分资料同化中，通过构造代价函数将最小方差估计问题转化为求代价函数最小值的问题。其求解方法是不断反复地计算和评估代价函数，最终达到最小值。三维变分不需要挑选观测，可以考虑较为复杂和弱非线性的观测算子，可以通过在代价函数中加入强迫项来实现观测引入时的物理或经验约束。

## 三、四维变分

“四维”指的是状态量空间三维分布和一维时间分布。四维变分在一定程度上弥补了三维变分在状态量的时间变化以及初始化角度方面的不足。四维变分是一种平滑算法，通过最小化代价函数来求解反演问题，便于引入新的估计变量，利用模型物理化学特征来融合一段时间内的所有观测资料，其背景场误差协方差是随动力隐式发展的。四维变分的主要缺点是需要编写伴随模型，对于复杂系统来说工作量很大，需要引入模型的切线性假设，并假设模型是完美的，难以考虑复杂的模型误差。

## 四、集合卡尔曼滤波

集合卡尔曼滤波是在卡尔曼滤波基础上发展出来的，是一种高斯分布下的递归贝叶斯滤波方法，不需要存储所有以前的数据，每次有新的观测可用时，都可以进行一次估计，是一种顺序资料同化方法。状态变量的初值不确定性及模型不确定性用一系列随机样本来描述，不需要用误差协方差矩阵来显示描述，通过蒙特卡洛集合模拟使得这些误差能在模型动力系统中发展，所有预测误差都基于集合预测的随机样本统计得到。集合卡尔曼滤波不需要误差协方差矩阵的存储和向前积分，并且卡尔曼滤波的线性假设约束不复存在。集合卡尔曼滤波能应用于复杂的非线性系统，方便考虑不同来源的模型误差。

## 第二节 模型优选

模型选择的目标是使选择的模型能够满足所有（或大多数）的研究目标，在众多数值模型中选择一个最符合研究需求的模型是一项复杂的任务。

理论上来说，所有的模型都是对实际过程的再现。但模型大都采用了一些假设来对实际问题进行简化，这有利于模型的实现，同时也限制了模型的应用。因此，在选择模型前必须要熟悉模型的前提假设。模型选择应该基于研究目的、可用数据、模型特点、文献资料、熟悉程度、技术支撑以及专业认可和接受程度等，可以概括为如下几点：

（1）基于研究目的，选择可以模拟水体中所有重要过程的模型，并兼顾模型的复杂度。选择一个过于简单的模型会导致缺乏决策所需要的精确性和确定性，而选择过于复杂的模型可能会导致资源分配不当、延误研究、增加成本。

（2）选择以后有很多潜在的项目都需要使用的模型，即使这个模型对当前的应用来说并不是最简单的。

（3）选择可以满足大部分应用需求，能从研发人员及其他用户那里获得持续支持的模型。

（4）专注于一种模型而不是随研究项目的不同而更换模型。

（5）在其他条件相同的情况下，优先选择熟悉的有使用经验的模型。

（6）选择配置具有模块化和一致性、便于更新和升级的模型。

（7）选择在研究中被广泛使用的模型。

没有一个单一的模型能解决所有的水动力和水质问题。每个模型都有其假设和限制，必须在模型选择、应用与对结果的解释中将其考虑进去。在模拟大型复杂系统时，相比简单模型，综合模型往往更受欢迎。综合模型的典型特征包括：①支持空间三维和时间变化；②支持垂向湍流算法；③考虑了水动力学、热力学、泥沙、有毒化合物和富营养化过程。

随着研究取得的进展，对所研究问题的认识也会变得更加深入，但在研究开始阶段有时很难确切地知道哪个模型就能够充分地描述该系统。因此，选择一个能够最大限度地描述水环境重要特征的综合模型是非常有必要的。即便后来才发现综合模型没有包括水体中的某个重要机制，综合模型也更容易加入这种新的机制。综合模型一般可以适用于简单的系统，但简单模型难以扩展到比它本身更为复杂的系统。

模拟常常需要研究不同水体的水动力、泥沙、有毒化合物和水质条件，需要模型和工具足够的“多才多艺”以应付这些不同的应用需求。研究人员往往更喜欢完全了解一些（甚至一个）综合模型，坚持使用它们，并应用其解决大多数的模拟需要，而不是为了不同研究的需要，学习使用很多个模型。坚持使用一个（或有限的几个）模型，并一直致力于模型的科学发展，这样做才是符合成本效益的。

使用综合模型需要研究人员进行很多培训，才能拥有足够的技能和经验。研究人员对模型的假设与限制必须有充分的了解和应对措施。综合模型应用的主要障碍包括：

（1）专长。综合模型需要训练有素、经验丰富的人员操作，以使模型可以恰当使用并正确解读其结果。

（2）观测数据。综合模型通常比简单模型需要更多的测量数据来校准和验证。

（3）成本。使用综合模型比使用简单模型通常需要更多的人力。

简单模型仍有其重要作用，因为只需要很少的数据就同样能提供有用的决策依据，综合模型往往在模拟大型复杂的水环境系统时更为有效。

## 第三节　多模型集合预测

多模型集合预测通过同时运行多个不同的水环境质量模型产生多个差异预测样本，利用多元回归、神经网络等统计集成方法产生最优确定性预测结果。基于这些具有差异的集合预测和合适的统计集成方法，可以有效提高预测准确度，同时还可以了解预测结果的不确定性信息。其局限性在于需要多次运行水环境质量模型，对计算资源需求较高。

多模型集合预测的统计集成方法是指通过对集合预测样本进行统计分析来获得

确定性预测结果，高效利用观测数据和预测样本是提升确定性预测技巧的关键。简单的统计集成方法采用模型集合均值进行预测，即认为每个集合样本具有相同的预测技巧，没有用到观测信息。在有历史观测信息的情况下，集合样本组合的权重可结合观测信息设定，对预测技巧高的集合样本赋予较高的权重，常用的集成算法包括最优成员挑选法、多元线性回归集成法等。这里主要介绍几种简单的线性集成方法。

## 一、多元线性回归

多元线性回归是利用临近历史时期中模型预测性能构建多元线性回归方程并据此进行未来时期的预测，见式（7-3）。

$$F(t+1)=\sum_{i=1}^{m}\alpha_i(t,n)\cdot M_i(t+1)+C(t) \tag{7-3}$$

式中，$F$（$t$+1）为 $t$+1 时刻集合预测值；$\alpha_i$（$t$，$n$）为利用 $t$ 时刻的 $n$ 个模型预测和观测的样本进行多元线性回归中 $i$ 模型对应的回归系数；$M_i$（$t$+1）为 $t$+1 时刻 $i$ 模型的原始预测值；$C$（$t$）为回归常数项。

预测系统中，模型的预测性能并非固定不变，随时间推移会发生变化，合理的选择回归样本数 $n$ 对集合预测的效果起到至关重要的作用。在回归中，选择距离预测时刻最近的模型表现作为样本，回归方程随着模型表现不断地更新回归系数，以此不断提高预测的效果。

## 二、BMA 算法

使用 BMA 方法对所有模型结果集合，分析比较集合后的结果与单一模型模拟结果的区别。进一步选择不同的模型进行多种集合，比较不同集合方法的效果与差别。BMA 是一种基于贝叶斯理论的统计分析方法，该方法考虑到模型本身的不确定性，以单个模型为最优的后验概率作为权重，对各模型预测结果的后验分布进行加权，得出综合预测结果。根据 BMA 理论，综合预测量 $y$ 的后验分布为：

$$p\left(y|D_{\text{obs}}\right)=\sum_{i=1}^{k}P\left(M_i|D_{\text{obs}}\right)p\left(y|M_i,D_{\text{obs}}\right) \tag{7-4}$$

式中，$D_{\text{obs}}$=｛$y_1$，$y_2$，⋯，$y_r$｝为用来率定模型的实测资料；$M$=｛$M_1$，$M_2$，⋯，$M_k$｝为所有模型组成的模型空间。根据贝叶斯理论，在实测资料 $D_{\text{obs}}$ 给定的情况下模型 $M_i$ 为最优模型的后验概率 $p$（$y|D_{\text{obs}}$）的形式为：

$$p\left(M_i \middle| D_{\text{obs}}\right)=\frac{P\left(D_{\text{obs}} \middle| M_i\right)p\left(M_i\right)}{\sum_{i=1}^{k}P\left(D_{\text{obs}} \middle| M_j\right)p\left(M_j\right)} \tag{7-5}$$

式中，$p$（$M_i$）是模型 $M_i$ 为最优模型的先验概率；$p$（$M_i|D_{\text{obs}}$）为各模型权重值，随时间的变化而不断变化和进步。

## 三、神经网络

神经网络模型作为一种重要的手段被广泛应用于数学计算、物理建模、水文模拟、环境预测、人工智能等研究领域。多模型集合系统提供多样的预测信息，不同模型由于其开发侧重点不同具有不同的优缺点。神经网络有很多种，这里主要介绍一种静态神经网络 BP 神经网络和一种动态神经网络 NARX 神经网络。

BP 神经网络（Black-Propagation Network）是一种按误差逆传播算法训练的多层前回馈网络，BP 网络能学习和存贮模型输入与输出映射关系，而无须事前揭示描述这种映射关系的数学方程。它的学习规则是使用最速下降法，利用反向传播来不断调整网络的权值与阈值，使网络的误差最小。BP 神经网络模型拓扑结构包括输入层、隐含层和输出层，在建立网络模型过程中选用单层隐含层结构，隐含层传递函数选用 tansig 函数，输出层传递函数选用 logsig 函数。拟合预测系统将集合预测系统多模型早些时候的输出结果作为学习样本，同一时间观测结果作为输出期望训练网络。训练完成以后，输入当天预测结果即得到 BP 神经网络拟合预测结果。

NARX（Nonlinear Auto-regressive with Exogenous Inputs）网络是有外部输入的非线性自回归模型，沿着数据在时间轴方向的拓展。NARX 神经网络是一种结构清晰的动态神经网络，它将 BP 神经网络的输出向量延时保持之后，通过外部反馈，引入输入向量之中。NARX 网络相较于 BP 神经网络增加了序列学习的能力，兼具了时间序列实现函数模拟功能的数据关联性建模思想，对拥有长时间序列建模数据的模型建立比 BP 神经网络具有更加稳定的性能。

（晏平仲　苗春葆　李健军　彭福利）

# 基础资料篇

# 第八章
# 数字高程模型数据资料

## 第一节　数据资料概述

千百年来，人们为了认识自然和改造自然，不断地尝试用各种方法描述、表达周围的环境信息，最终的目标是希望用一种既方便又准确的方法来表达实际的地表现象。

地图是一种古老却有效并一直沿用至今的精确表达地表现象的方式。现代地图按照一定的数学法则，运用符号系统概括地将地面上各种自然和社会现象表示在平面上，使地图具有三个基本特性：数学法则带来的可量测性、制图综合产生的一览性和内容符号引起的直观性。

20 世纪中叶以后，伴随着计算机科学、现代数学和计算机图形学等的发展，各种数字的地形表达方式也得到了迅猛发展。计算机技术在很大程度上改变了地图制图的生产方式，同时也改变了地图产品的样式和用图概念，借助于数字地形表达，现实世界的三维特征能够得到充分而真实的再现。数字地形表达的方式可以分为两大类，即数学描述和图像描述。常用的数学描述方式包括傅立叶级数和多项式，规则格网、不规则格网、等高线和剖面图等则是图像描述的常用方式。

在数字地形描述中，最重要的便是地表数学模型，模型是指用来表现其他事物的一个对象或概念，是按比例缩减并转变我们能够理解的形式的事物本体。一般来说，模型可以分为三种不同的层次，即概念模型、物质模型和数学模型，其中数学模型是基于数字系统的定量模型。20 世纪 50 年代中期，美国麻省理工学院摄影测量实验室主任 CL. Miller 首次将数字技术引入地形建模过程中，将计算机与摄影测量技术结合在一起，比较成功地解决了道路工程的计算机辅助设计问题，并在此过程中提出了一个一般性的概念“数字地面模型”（Digital Terrain Model，DTM），即使用采样数据来表达地形表面。

数字地面模型是利用一个任意坐标场中大量选择的已知 $X$、$Y$、$Z$ 的坐标点对连续地面的一个简单统计表示。数字高程模型（Digital Elevation Model，DEM）是

DTM 中最基本的部分，它是对地球表面地形地貌的一种离散数学表达。DEM 表示区域 $D$ 上的三维向量有限序列，用函数的形式描述为：

$$V_i=(X_i,Y_i,Z_i);\ i=1,2,\cdots,n \tag{8-1}$$

式中，$X_i$，$Y_i$ 为平面坐标；$Z_i$ 为（$X_i$，$Y_i$）对应的高程。

与传统的模拟数据如等高线地形图相比，DEM 具有如下特点：

（1）表达的多样性：地形数据经过计算机软件处理后，产生多种比例尺的地形图、纵断面图和立体图；而常规地形图一经制作完成后，比例尺不容易改变，如需要改变或要绘制成其他形式的地形图，则需要人工处理。

（2）精度的恒定：常规地图随着时间的推移，图纸将会变形，失掉原有的精度，DEM 采用数字媒介而能保持精度不变。另外，常规的地图用人工的方法制作其他种类的图件，精度会受到损失，而由 DEM 直接输出，精度可以得到控制。

（3）更新的实时性：常规地图信息的增加和修改都必须重复相同的工序，劳动强度大而且更新周期长，不利于地图的实时更新。而 DEM 由于是数字形式的，所以增加或改变地形信息只需将修改信息直接输入计算机，经软件处理后即可产生实时化的各种地形图。

（4）具有多比例尺特性：如 1 m 分辨率的 DEM 自动涵盖了更小分辨率如 10 m 和 100 m 的 DEM 内容。

在水环境模型中，数字高程模型可以通过有限的地形高程数据实现对地面地形的数字化模拟，即用一组有序数值阵列形式表示地面高程。尤其是在流域面源污染负荷模型中，DEM 是最为重要的空间数据资料，它可以用来计算一系列构建分布式模型所需的参数数据，包括坡度、坡向、流向、河网、子流域结构，还包括用于辐射校正的地形阴影、空间视角等。

## 第二节　数据资料类型与精度

数字高程模型的采样就是确定何处的点要量测记录的过程，这个过程取决于三个参数：数据点的分布（位置、结构等）、数据点的密度和数据点的精度，即数字高程模型的三大属性。

### 一、点的分布

数据的分布是指采样数据位置及分布。位置可由地理坐标系统中的经纬度或格网坐标系统中的坐标值决定。而布点的形式比较多，具体的采样点分布因所采用的设备、应用要求而异。

DEM 最主要的表示方法为规则格网模型、不规则三角网模型和等高线模型。GIS 可以用这三种通用的模型来模拟一个地形表面，每种模型都有其优点，而且其相互之间可以基于一种模型生成另一种模型，每种高程模型都具有特殊的分析能力。

### （一）规则格网模型

规则格网模型是现在人们普遍采用的 DEM 模型之一。世界上第一个被广泛使用的 DEM 数据就是由美国国防部制图局利用规则格网模型开发的。格网模型，通常是正方形，也可以是矩形。规则格网模型将区域空间切分为规则的格网单元，每个格网单元对应一个数。数学上可以表示为一个矩阵，在计算机实现中则是一个二维数组。

规则格网模型的高程矩阵，可以很容易地用计算机进行处理，而且它还可以很容易地计算等高线、坡度、坡向、山地阴影和自动提取流域地形，成为 DEM 最广泛使用的格式之一，目前许多国家提供的 DEM 数据都是网格的数据矩阵形式。

规则格网模型的缺点是不能准确地表示地形的结构和细部，为避免这些问题，可采用附加的地形特征数据，如地形特征点、山脊线、谷地线和断裂线，以描述地形结构。格网 DEM 的另一个缺点是数据量过大，给数据管理带来了不便，通常要进行压缩储存。

### （二）不规则三角网模型

不规则三角网模型根据区域有限个点集，将区域划分为相连的三角面格网，区域中任意点落在三角面的顶点、边上或三角形内。如果点不在顶点上，该点的高程值通常通过线性插值的方法得到。

不规则三角网数字高程模型由连续的三角面组成，三角面的形成和大小取决于不规则分布的测点，或节点的位置和密度。不规则三角网与高程矩阵方法的不同之处是随地形起伏变化的复杂性而改变采样点的密度和决定采样点的位置，因而它能够避免地形平坦时的数据冗余，又能按地形特征点如山脊、山谷线、地形变化线等表示数据高程特征，其是地理信息系统中用于空间分析的一种十分重要的数据模型。

（三）等高线模型

等高线模型表示高程，高程值的集合是已知的，每一条等高线对应一个已知的高程值，这样的集合构成了等高线数字高程模型。

等高线通常被存储为一个有序的坐标点对序列，可以认为是一条带有高程值属性的简单多边形或多边形弧段。由于等高线模型只表达了区域的部分高程值，往往需要一种插值方法来计算在等高线外的其他点的高程，又因为这些点是落在两条等高线包围的区域内，所以通常只使用外包的两条线的高程进行插值。等高线适合于人为的内插，密集的等高线可以清晰地反映出局部地形的起伏。等高线有明显转角的地方往往表示该处有一条河或者一条山脊线。然而，等高线不适合作为计算机表面模型，即使采集等高线上所有的点也不能形成一个良好的表面数据集。转换等高线通常是建立表面模型的最后一种选择。

## 二、点的密度

采样的分类没有明显的界限和标准，不同分类之间存在着重叠，并不是各自独立的，实际上混合采样数据通常就是链状数据与矩形格网数据的混合数据。

数据点的密度是指采样数据的密集程度，与研究区域的地貌类型和地形复杂程度相关。数据点的密度有多种表示方式，如相邻两点之间的距离、单位面积内的点数、截止频率和单位线段上的点数等。

相邻两采样点之间的距离通常称为采样间隔（采样距离）。如果采样间隔随距离变化，那么就用平均值来替代。通常采样间隔以一个数字加单位组成，如 20 m，此方法可以用来表示规则格网分布的采样数据。另一种在数字高程模型实践中可能使用的表示方法是以单位面积内的点数来表示，如 500 点 /$m^2$，此方法可以用来描述随机分布的采样点密度。

如果数据分布是沿等高线或特征线等线状分布采样点，那么前两种方法不能真实地反映采样的密度大小，这种采样可以采用单位线段上的采样点数来表示。

## 三、数据点的精度

采样数据精度与数据源、数据的采集方法和数据采集的仪器密切相关。各种数据源的精度从高到底是野外测量、影像、地形图扫描。但有些影像数据源的采样方法的精度是非常高的，如激光扫描、干涉雷达等。而对地形图来说，无论是采用地形图手扶跟踪数字化还是地形图扫描矢量化，其精度都是较低的。

数字高程模型（DEM）误差除了原始数据、仪器设备、人为采点等因素外，其误差主要来源于内插算法，因此，DEM 的精度评价主要是针对高程内插的误差分析。内插是建立数字高程模型的一个主要方法，数字高程模型内插就是根据若干相邻参考点的高程用一定的数学方法求出特定点上的高程值。从数学的角度来说，它是一个插值问题，数字高程模型内插有两个主要目的：一是将离散型分布的原始数据转化成规则格网分布的数值；二是由于人力、物力、客观条件的限制，实际取样点的密度往往不能满足实际应用的要求，但是内插可以对原始数据进行加密。

### （一）数据点内插方法

作为影响数字高程模型精度的一个重要因素，内插处理方法可以按内插点的分布范围，将内插分为整体内插、分块内插和逐点内插三类。

整体内插法是由研究区域内所有采样点的观测值建立的，主要通过多项式函数来实现，因此又可称为整体函数法内插。这些函数模型的特点是不能提供内插区域的局限特性，因此常被用于模拟大范围内的地形变化。

由于实际地形极其复杂，整个地形不可能用一个多项式进行拟合，因此 DEM 内插中一般不用整体函数内插，而采用局部函数内插即分块内插较宜。分块内插是把参考空间分为若干分块，对各分块使用不同的函数。这时的问题是考虑各相邻分块间的连续性问题，分块大小根据地貌复杂程度和参考点的分布密度决定，一般相邻分块间要求有适当宽度的重叠，以保证相邻分块间能平滑、连续地拼接。典型的局部内插方法有线性内插、局部多项式内插、双线性多项式内插以及样条函数内插等。

分块内插过程中分块范围一经确定，其形状、大小和位置都保持不变，凡落在分块上的待插点都用展铺在该分块上的唯一确定的数学曲面进行内插。

逐点内插法是以待插点为中心，定义一个局部函数去拟合周围的数据点，数据点的范围随待插点位置的变化而变化，因此又称为移动曲面法。

### （二）DEM 精度评价方法

目前，评价 DEM 精度的方法主要有试验法、传递函数法、协方差函数法和回放等高线法。广泛使用的试验法，其判别精度、检查点的取样缺乏严密的理论基础，在实验和理论分析中采用“中误差”来评价内插误差的前提不充分。对于传递函数法，由于其分析成果“仅在起伏变化均匀的地表才有使用价值”，并且“很少考虑参考点的地貌特性对内插精度的影响”，因此得到的某些结论与实际情况未必相符。协方差函数法的思路是把起伏地表看作一个随机函数，而事实上，地表是一个极其复杂的确定几何面，因此，该方法的基点是不正确的，评价内插精度效果也较差。而且，传递函数法和协方差函数法都很难用于评价整个区域的DEM误差情况和实际分布，无法判定所建立的DEM与实际地形的吻合情况。此外，Ackermann（1977）针对某一特定情况给出了精度评价经验模型，Makarovic（1972）、Kubik（1976）和Frederiksen（1986）等也给出了一些理论分析模型。对这些成果，国内学者李志林通过研究都证实了它们并不能产生可靠的精度预测。

在目前对DEM尚缺乏有效理论精度估计的情况下，回放等高线法是一种准确、全面、自然的误差评价方法。事实上，在等高线DEM上生成GridDEM时，倘若等高线数据全面控制GridDEM内插生成，误差将严格限定在两相邻等高线的高程差之内，即重生等高线是检验生成DEM质量的有效方法。

## 第三节　数据资料来源与获取方式

### 一、DEM数据获取来源

DEM数据包括平面和高程两种信息，可以直接在野外通过全站仪、GPS、激光测距仪等进行测量，也可以间接地从航空影像或者遥感图像以及现有地形图上得到。至于具体采用何种数据源，一方面取决于源数据的可取性，另一方面也取决于DEM的分辨率、精度要求、数据量大小和技术条件等。常用的原始数据来源有影像、现有地形图、野外实测等。

#### （一）影像

航空摄影测量一直是地形图测绘和更新最有效的手段，其获取的影像是高精度、大范围DEM生产最有价值的数据源。利用该数据源可以快速地获取或者更新大面积DEM数据，从而满足对数据现势性的要求。另外，从一些卫星扫描系统如LandSat系列卫星上的MSS和TM传感器及SPOT卫星上的立体扫描仪上所获取的遥感影像也能作为DEM的数据来源。近几年出现的合成孔径雷达干涉测量数据和机载激光扫描数据采集被认为是快速获取高精度、高分辨率DEM最有希望的数据源。

相比于雷达立体影像测图和雷达影像阴影—形状的坡度估计方法，雷达干涉测量获取 DEM 的手段具有更高的精度，它是传统的微波遥感与射电天文干涉技术相结合的产物。合成孔径雷达利用多普勒频移的原理改善了雷达成像的分辨率，特别是方位向分辨率，提高了雷达测量的数据精度。

机载激光扫描利用主动遥感的原理，对获得的激光扫描数据，利用其他大地控制信息将其转换到局部参考坐标系得到局部坐标系统中的三维坐标数据。对三维坐标数据进行滤波处理就可以得到 DEM 数据，利用激光扫描生成的数字表面模型的高程精度可以达到 10 cm，空间分辨率可以到达 1 m，可以满足房屋检测等高精度数据的需要。

#### （二）现有地形图

地形图是 DEM 的另一主要数据源，对大多数发达国家和某些发展中国家，其国土的大部分地区都有着包含等高线的高质量地形图，这些地形图为地形建模提供了丰富的数据源。从地形图上采集 DEM 数据，主要利用数字化仪对已有地图上的信息如等高线、地形线进行数字化，是目前常用的方法之一，数字化仪有手扶跟踪数字化仪和扫描数字化仪。利用手扶跟踪数字化仪可以直接得到数字化的地形矢量数据，这些矢量数据包括等高线数据、点状地物数据和线状地物数据，而利用扫描数字化仪获得的是地图栅格数据，需要用专门的矢量化软件对该数据进行矢量化得到地形矢量数据。

#### （三）野外实测

用全球定位系统 GPS、全站仪或经纬仪配合计算机在野外进行观测获取地面点数据，经适当变换处理后可以建成数字高程模型，一般用于小范围详细比例尺的数字地形测图和土方计算。以地面测量的方法直接获取的数据能够达到很高的精度，常常用于有限范围内各种大比例尺高精度的地形建模，如土木工程中的道路、桥、隧道等。然而，由于这种数据获取的工作量很大，效率不高，费用高，并不适合大规模的数据采集任务。

### 二、DEM 数据下载方式

常用的 DEM 数据下载方式有五种。

#### （一）HYDRO 1K DEM 数据

HYDRO 1K 是由 USGS（U.S.Geological Survey，美国地质调查局）和 UNEP/GRID（United Nations Environmental Program/Global Resources Information Database，

联合国环境规划署 / 全球资源信息中心）联合制作的全球 1 km 分辨率的 DEM 数据库。该数据库以全球 30 弧秒 DEM 数据 GTOPO30 为基础，覆盖除南极洲和格陵兰岛部分地区以外的全球所有陆地。它以每个地理大陆为单元，地理坐标投影采用 Lambert 等面积平面投影（Lambert Azimuthal Equal Area Projection），其补充了原 GTOPO30 的无资料网格，并在大部分区域进行了实际河网控制、重新填洼等校正和率定过程，具有较高的可靠性和精度。

HYDRO 1K 数据可免费从 USGS ftp 服务器下载，它们以洲（Continent）为单位保存，整个亚洲的数据保存于一个文件，我国只需下载该文件，下载步骤如下：① ftp 到 edcftp.cr.usgs.gov；②使用 anonymous 用户名，e-mail 地址密码登录；③进入 /pub/data/gtopo30hydro 子目录；④将文件传输方式设置为 Binary；⑤使用 get 命令下载文件 AS.tar 或 AS-dem.tar。由于该文件在 UNIX 系统中写成，文件下载后，PC 用户还需对该文件进行转换才能正确阅读。

如果上述方法无法下载数据，使用如下网址 http：//eros.usgs.gov/Find_ Data/Products_and_Data_ Available/gtopo30/hydro/. 搜索 HYDRO1k Elevation Derivative Database 即可。

### （二）DLR SRTM X 波段数据

SRTM（Shuttle Radar Topography Mission，航天飞机雷达地形测绘任务）数据，一般指的是 NASA（National Aeronautics and Space Administration，美国国家航空航天局）在 2000 年利用奋进号 C 波段雷达得到的数字高程数据，其覆盖面全、数据公开早且精度高。但是 DLR（Deutsches zentrum fur Luft-und Raumfahrt，德国宇航中心）同样在奋进号上利用自己的 *X* 波段雷达获得了 DEM 数据。由于 *X* 波段覆盖更窄，无法扫全，数据呈现网状，使得 DLR 高程数据仅覆盖了中国国土面积约 40% 的区域，网状的带宽约 50 km，空白的带宽约 100 km。但是相比于 *C* 波段，*X* 波段精度更高，为 1 弧秒（1 arc second），高程相对精度为 6 m，绝对精度为 16 m。

数据网址为：https：//centaurus.caf.dlr.de：8443/eowebng/template/default/ welcome/entryPage.vm，通过注册账号，可以下载相应的数据，数据量较大时，建议采用 ftp 的形式进行下载。

### （三）ASTER-GDEM V2 数据

ASTER-GDEM（Advanced Spaceborne Thermal Emission and Reflection Radiometer-Global Digital Elevation Model，先进星载热辐射和反射仪 - 全球数字高

程模型）是用来建模的常用数据，相比于 HYDRO1K DEM，其具有更高的空间分辨率，对于流域地形的概化更为精确，能够提升模拟的细节，其缺点是模拟时计算量增大。ASTER-GDEM 是根据 NASA 新一代对地观测卫星 Terra 的详尽观测结果制作完成的，数据覆盖范围为北纬 83° 到南纬 83° 之间的所有陆地区域，达到了地球陆地表面的 99%，其全球空间分辨率约为 30 m，垂直分辨率为 20 m，空间参考为 WGS84/EGM96。V2 指的是 2011 年 10 月发布的第二版，相比于 2009 年发布的第一版，其采用了一种先进的算法对 GDEM 影像进行了改进，提高了数据的空间分辨率精度和高程精度。

数据可以通过日本航天局网站 http：//gdem.ersdac.jspacesystems.or.jp/ 或者 NASA 网站 http：//reverb.echo.nasa.gov/reverb/ 下载，下载之前需要注册，最小下载单位为 1 经度 ×1 纬度。

### （四）SRTM 3 数据

SRTM 3 数据即为前面所述的 NASA 获取的 SRTM C 波段数据，数字 3 表示 3 弧秒，对应的精度为 90 m，是之前使用最多的高程数据，覆盖了全球南北纬 60° 以内的区域。谷歌地球所使用的高程数据即为 SRTM 3，其数据下载的最小单位是 5 经度 ×5 纬度，大面积时使用方便，每一块数据覆盖范围较广，作为概况使用完全够用。

数据可以使用中科院镜像下载，网址为 http：//datamirror.csdb.cn.admin/datademMain.jsp。

### （五）GMTED 2010 数据

GMTED（Global Multi-resolution Terrain Elevation Data）2010 数据拥有多个分辨率等级，包括 30 弧秒（1 km）、15 弧秒（450 m）和 7.5 弧秒（225 m），是美国地质勘探局（USGS）推出用于取代之前版本的 GTOPO30 的 DEM 数据，GTOPO30 仅有单一分辨率等级，即 30 弧秒（1 km）。使用聚合方法从各种来源收集这些数据，适合在大陆范围内和较大的区域中进行工作。

数据可以通过网址 https：//topotools.cr.usgs.gov/gmted_viewer/viewer.htm 下载。

（姚德飞　张兰　蒋彩萍　骆煜昊　王国胜　张全）

# 第九章
# 土地利用数据资料

## 第一节　数据资料概述

土地利用是指自然营造物和人工建筑物所覆盖的地表要素综合体，包括地表植被、土壤、湖泊、沼泽湿地及各种建筑物，具有特定的时间和空间属性，其形态和状态可在多种时空尺度上变化。土地利用导致土地覆被变化，从而影响降水的截留、下渗、蒸发等水文过程及产汇流过程，进而影响流域各个断面的流量过程，从而影响到水中污染物的运移传输。不同土地利用类型由于不同的植被覆盖、叶面积指数、根系深度以及反照率，而具有不同的蒸发率和截留，极大影响着流域面源污染负荷模型的水文水质过程模拟。

土地利用数据具有 6 种特征，具体表现为空间特征、非结构化特征、空间关系特征、海量数据特征、分类编码特征、多尺度与多态性特征。①空间特征：其属性信息是最基本的特征，同时还包括空间地理目标的位置信息以及空间地理目标的分布特性。②非结构化特征：土地利用数据的构造具有一定规律，且其每条长度也是规定的，若记录存在嵌套的情况视为错误。但图形数据也是空间数据的一部分，它既不能明确其记录长度，也不符合结构化条件，所以，不允许用传统的关系数据库来储存空间数据。③空间关系特征：土地利用类型数据的空间数据具有空间特性，同时也记录着周围环境与空间数据的相互作用，这就是空间数据中的拓扑信息。拓扑关系特征之一就是强化了地理要素同周边环境之间的联系，但同样增加了维护数据一致性和完整性的困难。④海量数据特征：与普通的数据相比，空间数据的数据量要大得多。正因为空间数据量非常大，一般都会对其进行分区或分层存储。⑤分类编码特征：若地理要素的某些特性一样，则将它的空间数据归为相同的类型，根据国家标准、行业标准或地区标准，对地物进行编码，最后用属性数据表对其进行储存。⑥多尺度和多态性特征：在不同尺度下，空间数据所呈现的形状存在差异，其属性也存在差异。

土地利用数据是用来显示在土地利用管理过程中地理要素的形态、特征、变化以及其分布特点的空间数据，是人类进行土地管理、土地利用的重要数据基础。土地利用数据是对土地资源进行管理和利用的不可或缺的基础信息之一，可通过土地利用数据对土地资源的管理和应用进行研究，且将土地利用现状图作为土地利用调查的主要成果，可以为政府制定土地利用整体规划和进行土地利用结构调整提供科学依据，对于加强土地管理与经济发展起到重要作用。然而，由于人口和社会经济的不断膨胀，土地资源不断减少且越显匮乏，因此，对有限的土地资源进行合理利用尤为重要。

## 第二节　数据资料类型与精度

### 一、土地利用数据集类型

#### （一）SAGE 数据集

美国威斯康星大学全球环境和可持续发展中心（SAGE）的 Ramankutty 和 Foley 建立的“全球土地利用数据集”（以下称为“SAGE 数据集”），利用遥感资料建立现代土地利用类型分布图，收集按行政单元统计的历史土地利用类型数据，计算各统计单元的历史土地利用类型覆盖比率图，将现代高空间分辨率土地利用类型分布图与历史土地利用类型覆盖比率图相乘，获得具有地理属性的历史土地利用类型数据。现代土地利用类型数据反映了历史数据的空间分辨率和土地利用类型空间分布型。为了保持数据集均一的时间间隔，对缺少历史清查数据的时间点，用有资料支撑的临近时间断面的土地利用类型数据进行线性插补。其最新重建时间段为 1700—2007 年。

#### （二）HYDE 数据集

荷兰环境评价局（Netherlands Environmental Assessment Agency）建立的“全球历史环境数据集”（Historical Database of the Global Environment，HYDE 数据集），在现代土地利用图的基础上，根据历史人口密度对各个行政单元的土地利用类型进行分配，土地利用类型先分配到人口密度最大的网格单元，再分配次一级密度的单元，直到土地利用类型全部分配完毕。空间分辨率已提高到 5′ ×5′ 经纬网。

（三）欧空局全球陆地覆盖数据（ESA GLobCover）

GlobCover 为全球陆地覆盖数据，分辨率为 300 m，数据格式为 TIF。GlobCover 全球陆地覆盖数据的原始数据来自 Envisat 卫星，由 MERIS（Medium Resolution Imaging Spectrometer）传感器拍摄完成。目前共有两期，GlobCover（Global Land Cover Map）2009 和 GlobCover（Global Land Cover Product）2005—2006。数据生成过程中，主要选取了 MERIS 传感器在 2009 年 1 月 1 日至 12 月 31 日所接收的较高质量的影像数据来进行图像合成。数据采用“美国食品和农业组织的地表覆盖分类系统”（UN Food and Agriculture Organisation’s Land Cover Classfication）作为图例生成标准。

（四）美国马里兰大学（UMD）地理系土地覆盖数据集

1998 年制作此土地覆盖分类，数据来自于 AVHRR 卫星获得的 1981—1994 年的影像，基于 AVHRR 数据的 5 个波段集 NDVI 数据经过重新组合建立数据矩阵，用分类树的方法进行了全球土地覆盖分类工作，共分为 14 个土地覆盖类型，该数据有三个空间类型：1 弧度、8 km 和 1 km 像素分辨率。

（五）MODIS MCD12（MODQ1/MODQ2）

MODIS 土地覆盖类型产品包括每年从 Terra 星数据中提取的土地覆盖特征不同分类方案的数据分类产品，基本的土地覆盖类型有 17 类，其中 11 类自然植被，3 类土地利用和土地镶嵌，3 类无植生土地分类。数据分类来自监督决策树分类法。第一类土地覆盖类型按国际地圈生物圈计划（IGBP）全球植被分类方案；第二类土地覆盖类型按马里兰大学（UMD）植被分类方案；第三类土地覆盖类型按 MODIS 提取叶面积指数 / 光合有效辐射分量方案；第四类土地覆盖类型按 MODIS 提取净第一生产力（NPP）方案；第五类土地覆盖类型按植被功能型（PFT）分类方案。

（六）国际地圈生物圈计划（IGBP）

IGBP 由 3 个支撑计划和 8 个核心研究计划组成。3 个支撑计划为全球分析、解释与建模（Global Analysis，Interpretation and Model，GAIM），全球变化分析、研究和培训系统（Global Change System for Analysis Research and Training，START），IGBP 数据与信息系统（IGBP Data and Information Systems，IGBP-DIS）。8 个核心研究计划分别为：国际全球大气化学计划（International Global Atmospheric

Chemistry Project，IGAC）、全球海洋通量联合研究计划（Joint Global Ocean Flux Study，JGOFS）、过去的全球变化研究计划（Past Global Changes，PAGES）、全球变化与陆地生态系统（Global Change and Terrestrial Ecosystems，GCTE）、水文循环的生物学方面（Biospheric Aspects of the Hydrological Cycle，BAHC）、海岸带的海陆相互作用（Land-Ocean Interactions in the Coastal Zone，LOICZ）、全球海洋生态系统动力学（Global Ocean Ecosystem Dynamics，GLOBEC）、土地利用与土地覆盖变化（Land Use and Land Cover Change，LUCC）。这些计划主要目标为描述和认识控制整个地球系统相互作用的物理、化学和生物学过程，描述和理解支持生命的独特环境，描述和理解发生在该系统中的变化以及人类活动对它们的影响方式，预测地球系统在未来十至百年时间尺度上的变化，为国家和国际政策的制定提供科学基础。

（七）寒区旱区科学数据中心（其数据集包括5种产品）

（1）glc2000_lucc_1km_China.asc，由GLC2000项目开发的基于SPOT4遥感数据的全球土地覆盖数据中国子集，由全球覆盖数据直接裁剪得到，数据名称为GLC2000。

（2）igbp_lucc_1km_China.asc，由IGBP-DIS支持的基于AVHRR遥感数据的全球土地覆盖数据中国子集，采用USGS的方法，IGBPDIS数据的制备利用1992年3月到1992年4月的AVHRR数据开发的1 km分辨率的全球土地覆盖数据，分类系统采取IGBP制定的分类系统，把全球分为17类，其开发以洲为单位。应用AVHRR 12个月的最大化合成NDVI资料，数据名称为IGBPDIS。

（3）modis_lucc_1km_China_2001.asc，MODIS土地覆盖数据产品中国子集，由全球覆盖数据直接裁剪得到，数据名称为MODIS。

（4）umd_lucc_1km_China.asc，由马里兰大学生产的基于AVHRR数据的全球土地覆盖数据中国子集，数据名称为UMD。UMD基于AVHRR数据的5个波段及NDVI数据经过重新组合建立数据矩阵，用分类树的方法进行了全球土地覆盖分类工作。分类系统很大程度上采用了IGBP的分类方案。

（5）westdc_lucc_1km_China.asc，由中国科学院组织实施的中国2000年1：10万土地覆盖数据，对其进行合并、矢栅转换（面积最大法），最后得到全国幅1 km的土地利用数据产品，数据名称为WESTDC。WESTDC中国区域土地覆盖数据是在中国科学院1：10万按县分幅的土地资源调查成果的基础上进行了合并、矢栅转换（面积最大法），采用中科院资源环境分类系统，最后得到全国幅的土地利用数据产品。

（八）GlobeLand30

数据研制所使用的分类影像主要是 30 m 多光谱影像，包括美国陆地资源卫星（Landsat）TM5、ETM+ 多光谱影像和中国环境减灾卫星（HJ-1）多光谱影像。影像选取原则是：在每景影像无云（少云）前提下，择优选择植被生长季的多光谱影像，影像时相尽量控制在 2010 年 ±1 年内。对于影像获取困难区域，适当放宽影像获取时间，确保全球无云影像的完整覆盖。

## 二、土地利用数据类型

根据《第二次全国土地调查技术规程》TD/T 1014—2016，可知土地利用数据主要分为三大类：农用地、建设用地及未利用地，每一大类中又分为一级类与二级类，如表 9-1 所示。

表 9-1　土地利用现状分类表

| 三大类 | 土地利用现状分类 | | | |
|---|---|---|---|---|
| | 一级类 | | 二级类 | |
| | 类别编号 | 类别名称 | 类别编号 | 类别名称 |
| 农用地 | 01 | 耕地 | 011 | 水田 |
| | | | 012 | 水浇地 |
| | | | 013 | 旱地 |
| | 02 | 园地 | 021 | 果园 |
| | | | 022 | 茶园 |
| | | | 023 | 其他园地 |
| | 03 | 林地 | 031 | 有林地 |
| | | | 032 | 灌木林地 |
| | | | 033 | 其他林地 |
| | 04 | 草地 | 041 | 天然牧草地 |
| | | | 042 | 人工牧草地 |
| | 10 | 交通用地 | 104 | 农村道路 |
| | 11 | 水域及水利设施用地 | 114 | 坑塘水面 |
| | | | 117 | 沟渠 |
| | 12 | 其他土地 | 122 | 设施农用地 |
| | | | 123 | 田坎 |

续表

| 三大类 | 土地利用现状分类 | | | |
|---|---|---|---|---|
| | 一级类 | | 二级类 | |
| | 类别编号 | 类别名称 | 类别编号 | 类别名称 |
| 建设用地 | 05 | 商服用地 | 051 | 批发零售用地 |
| | | | 052 | 住宿餐饮用地 |
| | | | 053 | 商务金融用地 |
| | | | 054 | 其他商服用地 |
| | 06 | 工矿仓储用地 | 061 | 工业用地 |
| | | | 062 | 采矿用地 |
| | | | 063 | 仓储用地 |
| | 07 | 住宅用地 | 071 | 城镇住宅用地 |
| | | | 072 | 农村住宅用地 |
| | 08 | 公共管理与公共服务用地 | 081 | 机关团体用地 |
| | | | 082 | 新闻出版用地 |
| | | | 083 | 教科用地 |
| | 09 | 特殊用地 | 091 | 军事设施用地 |
| | | | 092 | 使领馆用地 |
| | | | 093 | 监教场所用地 |
| | | | 094 | 宗教用地 |
| | | | 095 | 殡葬用地 |
| | 10 | 交通运输用地 | 101 | 铁路用地 |
| | | | 102 | 公路用地 |
| | | | 103 | 街巷用地 |
| | | | 105 | 机场用地 |
| | | | 106 | 港口码头用地 |
| | | | 107 | 管道运输用地 |
| | 11 | 水域及水利设施用地 | 113 | 水库水面 |
| | | | 118 | 水工建筑物用地 |
| | 12 | 其他土地 | 121 | 空闲地 |

续表

<table>
<tr><th rowspan="3">三大类</th><th colspan="4">土地利用现状分类</th></tr>
<tr><th colspan="2">一级类</th><th colspan="2">二级类</th></tr>
<tr><th>类别编号</th><th>类别名称</th><th>类别编号</th><th>类别名称</th></tr>
<tr><td rowspan="11">未利用地</td><td rowspan="5">11</td><td rowspan="5">水域及水利设施用地</td><td>111</td><td>河流水面</td></tr>
<tr><td>112</td><td>湖泊水面</td></tr>
<tr><td>115</td><td>沿海滩涂</td></tr>
<tr><td>116</td><td>内陆滩涂</td></tr>
<tr><td>119</td><td>冰川及永久积雪</td></tr>
<tr><td>04</td><td>草地</td><td>043</td><td>其他草地</td></tr>
<tr><td rowspan="4">12</td><td rowspan="4">其他土地</td><td>124</td><td>盐碱地</td></tr>
<tr><td>125</td><td>沼泽地</td></tr>
<tr><td>126</td><td>沙地</td></tr>
<tr><td>127</td><td>裸地</td></tr>
</table>

## 三、土地利用数据精度

### （一）精度评价方法

精度评价用来对分类或提前结果判对率或判错率的一种分析，是对其结果好坏做出判断的一种验证，一般是将分类或提取结果与标准数据、图件或地面实测值进行对比，并以正确分类的百分比来表示其精度。目前，土地覆被产品精度评价方法主要有样本评价和比较评价两种。样本评价通常以实地考察数据或目视解译样本为参考数据，比较评价法是通过分析待检验产品和已有土地覆盖产品之间的空间一致性，从而判断待检验产品的精度。产品空间一致性越高，则表示待检验产品分类或提取结果的精度就越高。

（1）采样点精度评价

$$C=\frac{S_1+S_2}{S} \tag{9-1}$$

式中：$C$ 为评估草地子集精度；$S_1$ 为评估草地子集包含的草地验证点个数；$S_2$ 为评估草地子集未包含的非草地验证点个数；$S$ 为验证点总个数。

（2）空间一致性评价

$$A_i=\frac{T_i}{(N_i+M_i)/2}\times 100\% \tag{9-2}$$

$$B_i = \frac{\sum_{1}^{k} T_i}{S} \times 100\% \tag{9-3}$$

式中，$A_i$ 为不同地类一致性比率；$B_i$ 为总体一致性比率；$M_i$、$N_i$ 分别为土地覆被产品 $M$ 和土地覆被产品 $N$ 中第 $i$ 种土地覆被类别的像元数；$T_i$ 为在相同位置两种产品都为土地覆被类别 $i$ 的像元数；由于参与比较评价的两种数据空间范围及分辨率相同，因此 $S$ 为任一土地覆被数据的总像元数；$k$ 为不同土地覆被类别个数。

（3）空间相似性评价

$$O = \left( \frac{A}{A + B + C} \right) \times 100\% \tag{9-4}$$

式中，$O$ 为空间相似系数；$A$、$B$、$C$ 分别为空间叠加生成的新分类数据中的三种不同地类的总像元数。

（4）产品质量评价

$$\mathrm{OA} = \frac{T}{X} \times 100\% \tag{9-5}$$

$$\mathrm{PA}_i = \frac{T_i}{X_i} \times 100\% \tag{9-6}$$

式中，OA 为总体精度，是所有被正确识别的样本数 $T$ 与总样本数 $X$ 的比值；$\mathrm{PA}_i$ 为某地类 $i$ 的制图精度；$T_i$ 为被正确识别为第 $i$ 类地物的样本数；$X_i$ 为实际为第 $i$ 类地物的样本数。

（5）HYDE 的人口密度权重分配

$$W_{\mathrm{crop},t} = \frac{G_{\mathrm{area}} - U_{\mathrm{area},t}}{G_{\mathrm{area \cdot max}}} \times W_{\mathrm{pop},t} \times W_{\mathrm{suit}} \times W_{\mathrm{river}} \times W_{\mathrm{slope}} \times W_{\mathrm{temp\_crop}} \tag{9-7}$$

式中，$W$ 为权重；$t$ 表示历史年份；crop 为耕地，$G_{\mathrm{area}}$ 为除去冰雪覆盖的所有土地面积，$U_{\mathrm{area}}$ 为城市用地面积，pop 为人口密度，suit 为土壤宜耕性，river 为距水体（河流和海岸）距离，slope 为坡度，temp_crop 为农作物生长温度，0℃为阈值。

（6）总量和分省误差评估

$$\text{绝对误差} E_a = X_{Hi} - X_{Cj} \tag{9-8}$$

$$\text{相对误差} E_r = (X_{Hi} - X_{Cj}) / X_{Cj} \times 100\% \tag{9-9}$$

式中，$X_{Hi}$ 为 $i$ 时间断面某一数据集的某一地类面积；$X_{Cj}$ 为对应时间断面作为基数数据集的对应地类面积。

（7）地类的损失精度评价

$$E=A_g-A_b \quad (9-10)$$

$$L=E/A_b\times 100 \quad (9-11)$$

式中，$E$ 为地类面积损失绝对值，正值表示比实际面积大，负值表示比实际面积小；$A_g$ 为各目标尺度下求算的面积；$A_b$ 为基准面积；$L$ 为面积损失的相对值（%），也称损失精度。

（8）误差矩阵分析

$$\mathrm{OA}=\frac{\sum_{i=1}^{r} n_{ii}}{N} \quad (9-12)$$

$$\mathrm{PA}_i=\frac{n_{ii}}{n_{+i}} \quad (9-13)$$

$$\mathrm{UA}_i=\frac{n_{ii}}{n_{i+}} \quad (9-14)$$

$$K=\frac{N\sum_{i=1}^{r} n_{ii}-\sum_{i=1}^{r}\left(n_{i+}n_{+i}\right)}{N^2-\sum_{i=1}^{r}\left(n_{i+}n_{+i}\right)} \quad (9-15)$$

式中，OA为总体精度（Overall Accuracy）；$\mathrm{PA}_i$ 为生产者精度（Produce Accuracy）；$\mathrm{UA}_i$ 为使用者精度（User Accuracy）；$K$ 为Kappa系数；$N$ 为总的像元数量；$n_{ii}$ 为正确分类的像元数量；$n_{i+}$ 为待评价数据中某一类型的像元数量；$n_{+i}$ 为参考数据中某一类型的像元数量；$r$ 为分类数量。

（9）误差系数

$$C=\left|\frac{K_i-N_i}{N_i}\right|\times 100\% \quad (9-16)$$

式中，$C$ 为误差系数；$K_i$ 为地表覆盖数据中第 $i$ 类土地的面积；$N_i$ 为参考数据中第 $i$ 类土地的面积，计算出的误差系数越小，表明待评价数据与参考数据越接近；反之，表明两者之间的误差较大。

（二）精度评价结果

### 1. 全球土地覆盖数据集在国外区域的精度评价

国外学者对不同土地利用数据集进行精度评价，其结果不尽相同。IGBP

Discover 数据集生产方组织了 39 位国际专家解译了 379 个验证样本评价其精度，结果显示总体精度为 66.9%。GLC2000 数据集生产方利用 Landsat 影像解译了 1 265 个样本，并利用其中 558 个样本评价其精度，结果显示其总体精度为 68.6%。MOD12Q1-2001 数据集生产方以训练样本为基础，采用交叉验证的方法评价其精度，结果显示其总体精度为 78.3%。GlobCover2009 数据集生产者组织 16 位国际专家解译了 4 258 个验证样本，并利用不同数量的验证样本子集评价数据集精度，结果显示，3 167 个样本总体精度为 73.1%，2 115 个样本总体精度为 79.3%。同时对 GLC2000 和 MODIS 产品进行了比较分析，结果显示两种数据集间的一致性具有明显的区域差异，GLC2000 和 MOD12Q1-2001 两种土地覆盖数据集在西伯利亚南部至哈萨克斯坦、蒙古及中国边界，以及青藏高原等地区出现大范围不一致现象。IGBP Discover、UMD、GLC2000 和 MOD12Q1-2001 四种全球土地覆盖数据集在亚洲的一致性非常低。因而评价全球土地覆盖数据集在不同区域的精度信息具有重要意义。

2. 全球土地覆盖数据集在国内区域的精度评价

（1）通过搜集耕地、草地的统计资料和空间数据以及林地的统计资料，采用升尺度方法对耕地和草地的空间数据进行处理，分析全球土地利用 / 覆被历史数据集 SAGE 和 HYDE3.1 与我国统计资料中耕地、林地和草地面积的差异。其中 SAGE 数据集中耕地、草地和林地面积与我国统计数据相差较大，HYDE3.1 数据集中耕地和草地面积与我国统计数据虽然相近，但其反映的耕地和草地面积变化趋势以及空间分布与我国实际情况存在较大差距，表明全球土地利用 / 覆被历史数据集 SAGE 和 HYDE3.1 在我国的精度较低，需建立适用于中国的高精度土地利用数据集。

（2）以耕地类别为研究对象，对 UMD、IGBP-DISCover、MODIS 和 GLC2000 这 4 个产品进行了精度验证，表明这 4 类全球土地利用数据对中国耕地数量特征和空间位置特征的估测具有明显的区域差异性。其中 MODIS 数据集和 GLC2000 数据集对中国耕地制图的总体精度要高于 UMD 数据集和 IGBP-DISCover 数据集。同时这 4 类数据制图精度较高的区域主要分布在中国的农业主产区，而误差大的区域主要分布在中国山区或耕地比例较低的区域。

（3）从土地覆被复杂度、高程等方面分析影响精度的原因，表明 GlobleLand30 与 CHINA-2010 空间一致性达 80.20%，两种产品对耕地、林地、人工地面一致性较高，但对草地、水体、灌木、湿地、未利用土地的一致性较低，同时 GlobleLand30 与 CHINA-2010 的空间一致性随土地覆被复杂度的增加而降低，并在高程过渡带较低，其中GlobleLand30的总体分类正确率略低于CHINA-2010，但两者对不同地类的优势不同，且经野外实地考察验证得知GlobeLand30的总体精度达83.33%。

（4）对河南省GlobeLand30、GlobCover2009、MCD12Q1数据进行精度评价和对比分析研究表明：GlobeLand30的总体精度和Kappa系数最高，MCD12Q1次之，GlobCover2009最低。3种数据中耕地和林地的精度均较高，草地的精度较差，且GlobeLand30中水体和人造地表的生产者精度远高于其他2种数据，使用者精度相差不大，同时地表覆盖数据与参考数据在空间上存在类型混淆情况，混淆主要发生于林地、草地、水体、人造地表与耕地之间，GlobeLand30的混淆程度要低于其他2种数据。

（5）以中国草地分布最集中的北方地区为研究区域，以野外调查获取的草地样点数据为主要评价依据，对来源于7种土地利用/覆盖数据的中国北方草地边界精度进行评价，包括GlobeLand30、1：100万中国草地资源图（GLT80s）、中国土地利用现状遥感监测数据（LUCC2010）、中国土地覆盖数据（MICLCover）、全球陆地覆盖数据（GlobCover2009）、全球土地覆盖数据（GLC2000）和MODIS土地覆盖数据（MCD12Q1）。研究结果表明，GLT80s划定的北方草地面积最大，与其他土地利用/覆盖数据划定的草地分布一致区域最多，基于采样点验证的精度也最高，数值为88.32%，而GlobCover2009的精度最低，仅为29.31%，MCD12Q1和GLC2000的采样点验证精度分别为83.74%和83.45%，其他草地图的采样点验证精度则介于73.42%~78.97%；分省统计分析显示，在青海省MCD12Q1的精度最高，数值高达94.23%，GLC2000和GlobeLand30的精度在90%以上，而在新疆、西藏、内蒙古、甘肃则均为GLT80s的精度最高。

## 第三节　数据资料来源与获取方式

### 一、数据资料来源

（1）通过监测与统计数据获取的资料。如年度国家土地统计报表、基层土地统计报表、年度土地统计台账、土地面积平衡表、土地利用现状原始图、文字报告、统计图表等一些图表。

（2）通过测量与计算得到的资料，来自于土地利用现状图以及相关文件。例如，图幅的理论面积以及测量面积、单位图幅内各种土地所使用的面积、各类主要用地斑块的测量面积以及它们的汇总面积等。

（3）黑白和彩色、多光谱遥感以及卫星图像等资料，这些都是利用遥感技术所获得的资料数据，这些数据可与计算机数字图像处理技术或同步水深资料等结合，进一步揭示土地利用类型中水体的遥感图像信息。

（4）用于管理土地以及规划国土的资料。包括：土壤、气象、水文、水文地质资料，航拍照片、地形图等数据和图纸，人口、住宅、劳动力等其他数据，地籍图、土地登记表等。利用文件与数字处理系统，可以将以上数据录入到计算机中，能够清晰地看出土地数量与质量的变化，并能分析原因，为土地的调查、测绘、管理与规划提供有用的信息。

## 二、数据获取方式

哈佛大学

http：//projects.iq.harvard.edu/cces/home

马里兰大学

http：//glcf.umiacs.umd.edu/data/landsat/

科学网

https：//www.researchgate.net/

中国资源卫星数据服务网

http：//www.cresda.com

生态环境部环境卫星下载服务网

www.secmep.cn

风云卫星遥感数据服务网

http：//fy3.satellite.cma.gov.cn/PortalSite/default.aspx

对地观测数据共享服务网

http：//ids.ceode.ac.cn

数字黑河共享网

http：//heihe.westgis.ac.cn/

国际数据服务平台

http：//datamirror.csdb.cn/

ENVISAT-ASAR 雷达卫星数据共享

http：//ds.rsgs.ac.cn

http：//datashare.rsgs.ac.cn

MODIS 数据国内下载网

http：//www.modis.net.cn/

http：//www.nfiieos.cn/

MODIS 数据国外下载网

http：//modis.gsfc.nasa.gov/

http：//ladsweb.nascom.nasa.gov/data/

Landsat 数据下载

http：//glcf.umiacs.umd.edu/data/landsat/

http：//glcfapp.umiacs.umd.edu：8080/esdi/index.jsp

http：//earthexplorer.usgs.gov/

全球 SRTM 地形数据下载网

ftp：//e0mss21u.ecs.nasa.gov/srtm/

http：//srtm.csi.cgiar.org/SELECTION/inputCoord.asp

全球基于 Aster 的 DEM 数据下载网站

https：//wist.echo.nasa.gov

Hyperion 数据下载

http：//glovis.usgs.gov/

http：//biogeo.berkeley.edu/bgm/gdata.php

欧空局全球陆地覆盖数据

https：//www.osgeo.cn/map/mr8a8

全球 30m 地表覆盖数据

http：//www.Webmap.cn

GLT80s/LCUU2000 地表覆盖数据

http：//www.Resdc.cn

（罗彬　王康　柳强　张丹　杨渊）

# 第十章
# 土壤类型数据资料

## 第一节　数据资料概述

### 一、土壤的概念

土壤是生态系统的重要组成部分，是植物生长的介质，由矿物质和有机质、水和气体所组成，参与自然界陆地表面蒸散、水分转移、碳循环且影响着全球气候变化。依土壤性质与量的差异，系统划分土壤类型及其相应的分类级别，拟出土壤分类系统。

### 二、土壤分类

土壤分类反映土壤发生演化的规律，体现土壤类型之间的联系和区别。从信息科学的观点看，土壤分类的规范化和定量描述是土壤信息解译、模拟、对比的基础。土壤类型不同表明各土壤表层内具有不同的矿质颗粒粒径，而颗粒粒径又具有不同的辐射传输、水分平衡、热量平衡等特点，所以土壤类型数据可广泛应用于土壤资源调查评价、土壤肥力测算、大气热力学及动力学方程等。土壤数据也是面源污染模型的重要参数，对模型模拟精度具有重要影响，因此，精准获取土壤类型数据，对于农业生产和土地资源利用管理具有重要的实际意义。

我国土壤资源丰富，中国土壤系统为七级分类，即土纲、亚纲、土类、亚类、土屑、土种和变种。土纲是根据主要成土过程产生的或影响主要成土过程的性质划分的，亚纲是土纲的辅助级别，主要根据影响现代成土过程的控制因素所反映的性质（水分、温度状况和岩性特征）划分。土类是亚纲的续分，土类类别多反映主要成土过程强度或次要成土过程或次要控制因素的表现性质。亚类是土类的辅助级别，主要根据是否偏离中心概念、是否具有附加过程的特性和母质残留的特性来划分。土族和土系是低级别（基层）分类单元，主要根据控制层段土壤主要性质的差异或特征土层的性态特征和层位排列及度量上的差异划分的。前四级为高级分类级别，主要供中小比例尺土壤因确定制图，后三级为基层分类级别，主要供大比例尺土壤因确定制图。

目前土壤分类主要有三种体系，中国土壤系统分类（CST）、美国土壤系统分类（ST）和国际土壤参比基础（WRB）。三种体系详简不一，ST 分 12 个土纲，WRB 分 30 个一级单元，而 CST 共提出了 14 个土纲（一级分类）及其判断的指标依据，三种体系只有灰土和火山灰完全相同。本指南建议使用 CST，整个系统共划分出 14 个土纲、39 个亚纲、138 个土类和 588 个亚类。三种体系对比见表 10-1。

表 10-1 CST、ST 和 WRB 体系对比

| 中国土壤系统分类（CST，1999） | 美国土壤系统分类（ST，1999） | 国际土壤分类参比基础（WRB，1998） |
|---|---|---|
| 有机土 | 有机土<br>冻土 | 有机土 |
| 人为土 | — | 人为土 |
| 灰土 | 灰土 | 灰土 |
| 火山灰土 | 火山灰土 | 火山灰土<br>冷冻土 |
| 铁铝土 | 氧化土 | 铁铝土<br>聚铁网纹土<br>低活性强酸土<br>低活性淋溶土<br>其他有铁铝层（CST）的土壤 |
| 变性土 | 变性土 | 变性土 |
| 干旱土 | 干旱土 | 钙积土<br>石膏土 |
| 盐成土 | 干旱土<br>淋溶土<br>始成土 | 盐土<br>碱土 |
| 潜育土 | 始成土<br>冻土<br>新成土 | 潜育土<br>冷冻土 |
| 均腐土 | 软土 | 黑钙土<br>栗钙土<br>黑土 |

续表

| 中国土壤系统分类（CST，1999） | 美国土壤系统分类（ST，1999） | 国际土壤分类参比基础（WRB，1998） |
| --- | --- | --- |
| 富铁土 | 老成土<br>淋溶土<br>始成土 | 低活性强酸土<br>低活性淋溶土<br>聚铁网纹土<br>黏绨土以及其他有低活性富铁层的土壤 |
| 淋溶土 | 淋溶土<br>老成土<br>软土 | 高活性淋溶土<br>高活性强酸土<br>以及其他有黏磐的土壤 |
| 雏形土 | 始成土<br>软土<br>冻土 | 雏形土<br>以及其他有雏形层的土壤 |
| 新成土 | 新成土<br>冻土 | 冲积土<br>薄层土<br>砂性土<br>疏松岩性土<br>冷冻土 |

## 三、新技术的应用

遥感技术以其快速、准确、经济、可周期性观测等优点在我国的农业、牧业、林业、水利乃至渔业活动领域取得了丰硕的成果。随着遥感技术的迅猛发展与其近年来在土壤有机质监测、土壤水分监测、土地利用变化监测、植被指数监测等方面的成功运用，为土地开发整理工作完成后的土壤质量评价提供了新的思路和技术保障。遥感技术提供多源多时相的遥感数据，利用定量遥感反演技术手段，对土地开发整理后土壤质量各项指标如土壤有机质含量、土壤水分、植被覆盖、土壤侵蚀等及其相互关系进行综合评价，提供较详细的评价指标，可以实现土地开发整理后土壤质量的定量评价，从根本上改变了土地整理后土壤质量评价的传统方法，节省了人力、物力，提高了工作效率，并且保证了评价效果和精度。利用定量遥感技术评价土地开发整理的土壤质量，不仅可以为土地开发整理中的土壤评价提供实时、准确的空间信息，促进定量遥感科学技术进一步深入研究，还可以丰富我国土地开发理论，加快发展土地开发验收评价理论体系，促进精准农业、数字农业的发展。

# 第二节 数据资料类型与精度

## 一、土壤数据类型

中国科学院南京土壤研究所在中国土壤信息系统（Soil Information System of China，SISChina）建设方面取得了长足的进展，建立了一个较为系统的中国土壤信息系统，包括数字化的土壤空间数据、土壤属性数据和土壤参比数据。其中空间数据包括行政区划图、地形图、土壤利用分区图、土壤养分图及土壤剖面点位图等资料；土壤属性数据包括土壤深度、有机质含量、土壤容重、砂粒含量、粉粒含量、黏粒含量等属性数据集；土壤参比数据是根据某一类型代表剖面的土壤形态特征、理化性质和矿物学特性，鉴别出其具有的诊断层或诊断特性，并通过检索土壤参比数据库，对不同分类系统的类型进行参比所获得的数据。

### （一）数字化土壤空间数据

基于原始纸质土壤图件通过数字化编制而成，共有七种不同的比例尺，即 1∶1 400 万系列、1∶400 万系列、1∶250 万系列、1∶100 万系列、1∶50 万系列、1∶20 万系列和 1∶5 万系列。根据承载土壤信息类型的不同，可分为四种类型，即土壤图系列、土壤基本属性图系列、土壤养分图系列和土壤微量元素图系列。

（1）已出版的全国范围的土壤图只有 5 尺度，即 1∶1 000 万或 1∶1 400 万、1∶400 万、1∶250 万和 1∶100 万。1∶50 万系列、1∶20 万系列和 1∶5 万系列，到目前为止还没编制出全国性统一的土壤图，但已编出分省、分地市和分县土壤图。

（2）全国土壤基本属性图系列共计 9 种，其中 1∶1 400 万的图件包括黏粒矿物图、侵蚀土壤分布和分区图及土壤侵蚀点图、土壤利用现状和分区图、成土母质类型图、酸碱度图和质地图；1∶400 万的图件包括质地图和土壤改良利用分区图。

（3）全国土壤养分图系列，共计 8 种，其中 1∶1 400 万的图件包括有机质含量图、磷素养分潜力图和钾素潜力图；1∶1 200 万的图件包括速效磷含量图和速效钾含量图；1∶400 万的图件包括有机质含量图、全磷含量图和全钾含量图。全国土壤微量元素图系列，共计 11 种，其中 1∶1 400 万的图件包括有效铜含量图、有效锌含量图、有效锰含量图和有效硼含量图；1∶1 200 万的图件包括有效铁含量图和有效钼含量图；1∶400 万的图件包括有效铜含量图、有效锌含量图、有效铁含量图、有效锰含量图和有效硼含量图。

（二）1：100万空间化的土壤属性数据

采用中国1∶100万土壤图与全国范围内土壤剖面属性数据融合的方法，编制成中国1∶100万数字化土壤属性图，而后把矢量图转换成栅格数据。中国1∶100万空间化的土壤属性数据包括土壤属性：土壤砂粒含量、土壤粉粒含量、土壤黏粒含量、土壤容重、土壤田间持水量、土壤凋萎系数、土壤pH、土壤全N含量等。所有栅格土壤属性数据可以编制成不同土壤层次深度的分层数据，通常土壤剖面分层深度为0～10 cm、10～20 cm、20～30 cm、30～70 cm和大于70cm。其中1∶100万土壤图是通过相同比例尺的土壤图数字化得到的，其主要基础资料是各省、直辖市、自治区编制的省级土壤图、相同比例尺的地形图和卫星图片，并广泛参考各省土壤志，有关的地质图、森林分布图、土地利用现状图以及过去的土壤调查资料如华北平原土壤图等。制图单元共计909个。最小图斑面积林牧区是25 $mm^2$，农区是16 $mm^2$，学术上或生产有重要意义的土壤类型为4 $mm^2$，土壤图如实地反映了原纸质土壤图的原貌，继承了原纸质土壤图编制时的制图单元，其基本制图单元大部分为土属，共有12个土纲，61个土类，235个亚类和909个土属；同时土壤剖面属性数据引自《中国土种志》以及各省数据资料，共计收集了7 292个土壤剖面，每个土壤剖面的资料分为土壤特性描述和土壤分析数据两部分。土壤分析数据对于不同土壤类型有所差别，但总的可分为土壤物理性质、土壤化学性质和土壤养分等。土壤物理性质包括土壤颗粒组成和土壤质地等，土壤化学性质如pH、有机质、CEC、交换性盐基和交换性氢和铝等，土壤养分如全N、全P、全K以及有效P和有效K等。

（三）土壤参比数据

土壤类型参比是根据某一类型代表性剖面的土壤形态特征、理化性质及矿物学特性，鉴出其具有的诊断层和诊断特性，并通过检索系统，对不同分类系统的类型进行参比。以《中国土种志》和各省土种志的数据资料为基础，由有丰富土壤分类经验的土壤学家对照各个分类系统的诊断层和诊断特性，检索出每一个土种在上述两个国际主流分类系统中的归属，然后建立起它们之间的参比系统。今后不管是中国的还是国外的土壤科学家，即使是非土壤工作者，只要知道“中国土壤发生分类”名称，就能够参比成上述两个国际主流分类系统的名称，并编制成分别按美国土壤系统分类（Soil Taxonomy）和国际土壤学会WRB分类的中国1∶100万土壤图。各类土壤的最大参比度可参照《土壤科学数据元数据》。

## 二、数据资料精度

### （一）精度评价方法

目前，评价不同土壤类型数据的精度方法主要运用相关系数、均差、均方根误差、拟合指数、Kappa 系数、相对变异百分数等方法。

（1）平均误差 ME

$$\text{ME}=\frac{1}{n}\sum_{i=1}^{n}\left[Z'(x_i)-Z(x_i)\right] \tag{10-1}$$

式中，$n$ 为样点数或者图斑数；$Z(x_i)$ 和 $Z'(x_i)$ 分别为在 $x_i$ 的样点土壤有机质含量的预测值与实测值。ME ＞0，表示估测模型高估了实测值；ME＜0，表示估测模型低估了实测值；ME ＝ 0，表示估测模型既没高估也没低估实测值。

（2）平均绝对误差 MAE

$$\text{MAE}=\frac{1}{n}\sum_{i=1}^{n}\left[\left|Z'(x_i)-Z(x_i)\right|\right] \tag{10-2}$$

式中，$n$ 为样点数或者图斑数；$Z(x_i)$ 和 $Z'(x_i)$ 分别为在 $x_i$ 的样点土壤有机质含量的预测值与实测值。MAE 越接近于 0，表明估测值与实测值的偏离越小，反之偏离越大。

（3）均方根误差 RMSE

$$\text{RMSE}=\left\{\frac{1}{n\sum_{i=1}^{n}\left[Z'(x)-Z(x)\right]^2}\right\}^{\frac{1}{2}} \tag{10-3}$$

式中，$n$ 为样点数或者图斑数；$Z(x_i)$ 和 $Z'(x_i)$ 分别为在 $x_i$ 的样点土壤有机质含量的预测值与实测值。RMSE 越接近于 0，表明估测值与实测值的偏离越小，反之偏离越大。

（4）相关系数 $r$

$$r=\frac{\sum_{i=1}^{n}\left[Z(x_i)-\overline{M}\right]\cdot\left[Z'(x)-\overline{M}'\right]}{\sqrt{\sum_{i=1}^{n}\left[Z(x_i)-\overline{M}\right]^2}\sqrt{\sum_{i=1}^{n}\left[Z'(x)-\overline{M}'\right]^2}} \tag{10-4}$$

式中，$n$ 为样点数或者图斑数；$Z(x_i)$ 和 $Z'(x_i)$ 分别为在 $x_i$ 的样点土壤有机质含量的预测值与实测值；$\overline{M}$ 和 $\overline{M}'$ 分别为实测值和估测值的平均值。其取值范围在 0 ~ 1 之间，当绝对值范围在 0 ~ 0.4 时，表示两者相关性较差；在 0.4 ~ 0.6 时，表示两者相关性中度；在 0.6 ~ 0.8 时，表示两者具有强相关性；在 0.8 ~ 1.0 时，表示两者极强相关。

（5）拟合指数（一致性指数）$d$

$$d=1-\frac{\sum_{i=1}^{n}\left[Z'(x)-Z(x)\right]^2}{\sum_{i=1}^{n}\left[\left|Z'(x_i)-\overline{M}\right|+\left|Z(x_i)-\overline{M}\right|\right]^2} \tag{10-5}$$

式中，$n$ 为样点数或者图斑数；$Z$（$x_i$）和 $Z'$（$x_i$）分别为在 $x_i$ 的样点土壤有机质含量的预测值与实测值；$\overline{M}$ 和 $\overline{M}'$ 分别为实测值和估测值的平均值。当 $d>0.9$ 时，表示模拟值和实测值之间的拟合度极好；当 $0.8<d<0.9$ 时，表示拟合度较好；当 $0.7<d<0.8$ 时，表示拟合度中等；当 $d<0.7$ 时，表示拟合度较差。

（6）混淆矩阵

$$P_o=\sum_{i=1}^{n}\sum_{j=1}^{n}N_{ij}\Big/N \tag{10-6}$$

$$P_\varepsilon=\sum_{i=1}^{n}\sum_{j=1}^{n}N_{+j}N_{i+}\Big/N^2 \tag{10-7}$$

$$K=\frac{P_o-P_\varepsilon}{1-P_\varepsilon} \tag{10-8}$$

式中，$P_o$ 为观察一致性即总体精度；$P_\varepsilon$ 为随机一致性；$K$ 为 Kappa 系数；$N_{ij}$ 为估测结果与实测结果分别测量为 $i$ 类和 $j$ 类的个数；$N_{+j}$ 和 $N_{i+}$ 分别为实测结果为 $i$ 类的边际总数和估测结果 $j$ 类的边际总数；$N$ 表示验证样本总数。当 $K\leqslant0$ 时，一致性水平极差；$0<K\leqslant0.2$，一致性水平微弱；$0.2<K\leqslant0.4$，一致性水平弱；$0.4<K\leqslant0.6$，一致性水平中度；$0.6<K\leqslant0.8$，一致性水平明显（或一致性高）；$0.8<K\leqslant1.0$，一致性水平极佳。

（7）相对变异百分数 VIV

$$\text{VIV}=\frac{\text{IV}(A)-\text{IV}(B)}{\text{IV}(A)}\times100\% \tag{10-9}$$

式中，IV（$A$）为粒度 30 m×30 m 对应的指标值；IV（$B$）为不同粒度对应的指标值。当所有指标 |VIV|<1%，且栅格单元粒度达到最大时，则认为该粒度为土

壤分类粒度的最佳表征粒度。最后依据土壤图比例尺与最佳表征粒度的函数关系，判定土壤制图精度。

（二）精度评价结果（举例）

利用收集整理的、标记为福建省 1∶25 万土壤图的全国第二次土壤普查数据，分析了土类、亚类、土属不同土壤分类层次在栅格数据下 15 个景观指数的粒度效应，以粒度 30 m×30 m 对应的景观指数为基准数据，不同粒度对应的景观指数与基准数据比较，设定相对变异百分数 |VIV|<1% 时所对应的最大粒度为土壤矢量图栅格化的最佳表征粒度，并以此推断土壤类型图的比例尺，定量化评估其制图精度。结果表明，景观指数具有明显的粒度效应，土类、亚类、土属水平的最佳表征粒度分别为 4.00 km×4.00 km、3.45 km×3.45 km 和 1.90 km×1.90 km，对应实际土壤图的比例尺分别为 1∶180 万、1∶160 万、1∶85 万。

对红安县进行模糊土壤制图，并采用网格采样、主观采样、按横截面采样的方法，共采集 90 个样点。对实际土壤类型与主观判断的土壤类型进行对比，标记错误类型数目，并评价“生产精度”（生产出来的土壤栅格图分类正确的点数与野外采样分析得出的该土壤类型的样点总数之比）、“用户精度”（是生产出的土壤栅格图分类正确的点数与土壤栅格图中被判定为该土壤类型的样点总数之比）及“总精度”（土壤栅格图中所有正确分类的样点数与总采样点数的比），其评价结果表明，利用模糊土壤制图的生产精度为 63.6%，用户精度为 70.0%，总精度为 61.1%。

将广东省不同尺度下制成的土壤图进行重叠计算，统计中国土壤系统分类亚类级别土壤类型的面积比例，并依据检验区中国土壤系统分类亚类级别土壤类型的面积比例，对照比例尺图上单元类型和级别，对比例尺图的上图单元精度进行定量评价。其评价结果显示总精度达到 72.8%，以其中红色铁质湿润雏形土为例，其土壤类型与原土壤图重合面积有 180 $km^2$，精度达到 76%。

## 第三节　数据资料来源与获取方式

### 一、数据资料概况

通常可通过文献查阅、地方市志、自然地理志、地方市政府数据开放平台、中国土壤数据库网络平台、土壤科学数据库（soil science database）搜索获得。这些数据一部分来自中国科学院南京土壤研究所在长期研究工作中所积累的各种土壤数据，包括所编制的各种土壤图、土壤属性图和区域土壤调查报告，另一部分来自中国第二次土壤普查数据。第二次土壤普查，依据全国统一的调查技术规程和土壤分类系统，从县和乡的土壤详查做起，在土壤普查过程中分别采集土壤样品和编制大比例尺土壤详查图，然后按地级市、省级和全国逐级汇总成图。调查工作由经过培训的专业队伍进行，并普遍应用了航片和卫星图片土壤解译成图技术，保证了基础图件具有较高的精度。

同时，目前使用较为广泛的是联合国粮食与农业组织（Food and Agriculture Organization，FAO）提供的世界土壤数据库，该数据库资料详细，覆盖全球范围。该数据是空间分辨率为公里的网格数据，提供了各个格网点的土壤类型、土壤相位、土壤理化性状等信息，土壤类型包括该网格内土壤的主要类型、次要类型和第三类型。每个网格单元的面积是给定的，但并没有给出每种土壤类型所占的面积。根据每个网格单元内土壤类型数，FAO 提供了一个估计每种土壤类型所占面积的算法。FAO 的土壤分类有两层，其中上层共分为 26 种，下层包括水体和冰两种，由数字 0 ~ 27 代表每一类土壤。每个剖面的描述信息包括：土壤质地、土壤结构、颜色、自然分层、总深度、每层厚度和下覆地质类型等。土壤质地分类反映了土壤中黏土、壤土和沙土各自所占的比重。土壤水平方向的质地特性也是其重要特征之一，它和其他因素一起影响着土壤的结构、密度、孔隙度、阳离子交换容量、渗透性和持水能力。

世界土壤数据库（Harmonized World Soil Database version 1.2）（HWSD V1.2）中采用的土壤分类系统主要为 FAO-90，此数据库分两层，其中顶层（T）土壤厚度为（0 ~ 30 cm），底层（S）土壤厚度为（30 ~ 100 cm），土壤属性表主要字段包括数据库 ID、土壤单元标识符（全球）、土壤制图单元、FAO74 分类、FAO85 分类、FAO90 土壤分类系统中土壤名称、土壤制图单元代码、土壤单元名称、土壤参考深度、土壤有效水含量、土壤相位、土壤底部存在障碍的深度分类、土壤含水量特征、土壤单元中与农业用途有关的特定土壤类型、顶层土壤质地、顶层碎石体积百分比、顶层沙含量、表层粉沙粒含量、顶层黏土含量、顶层土壤容重、顶层有机碳含量、顶层酸碱度、顶层黏性层土壤的阳离子交换能力、顶层基本饱和度、底层碎石体积百分比、底层沙含量、底层淤泥含量、底层黏土含量、底层 USDA 土壤质地分类、底层土壤容重、底层有机碳含量、底层酸碱度、底层黏性层土壤的阳离子交换能力、底层基本饱和度等 30 多个属性。同时，美国地质调查局（USGS）也提供了全球 30 弧秒的土壤类型数据，应用较为广泛。由于土壤参数是水文模型最为重要的模型参数之一，土壤质地估算得到的土壤层厚度、土壤含水量传输特性参数、坡度等对陆面水文模型的产流、土壤含水量存储及汇流过程都有重要影响。

植被和土壤类型间的关系十分密切，土壤类型不同，反映在植被生长种类与状况也具有一定差异。植被类型的物候学差异反映在归一化植被指数（Normalized Difference Vegetation Index，NDVI）的时间变化上，通常 NDVI 由卫星遥感数据反演得到。根据逐月的遥感 NDVI 数据，结合聚类分析等方法确定植被类型已用于大陆尺度和全球尺度的植被覆盖的划分。国际卫星陆面气候项目（International Satellite Land Surface Climatology Project，ISLSCP）提供了全球尺度的植被覆盖数据。该数据库以 1987 年 AVHRR 逐月遥感观测数据为基础，将陆面覆盖划分为 16 种不同类型，分别以数字 0 ~ 15 表示。不同的模型对植被类型的定义要求不同，不同的国家和组织对植被类型的分类系统也有所差别，造成了多种不同的植被类型划分体系。其他植被数据来源有马里兰大学提供的 1 km、8 km 等全球植被类型数据、USGS 提供的全球 30 弧秒的植被类型数据等。

## 二、数据获取方式

（1）中国土壤质地空间分布数据、中国土壤侵蚀空间分布数据、中国土种志 1 ~ 6 卷土壤属性数据及中国土壤类型空间分布数据可在中科院资源环境科学数据中心申请获得。http：//www.resdc.cn/Datalist1.aspx?FieldTyepID=11,6

（2）土壤资源数据、土壤肥力数据及土壤空间数据可在土壤科学数据中心申请获得。http：//soil.geodata.cn/

（3）中国土壤数据库是以自主版权为主的权威性公开出版物，若干以南京土壤所主持研究项目获取的数据以及中国生态系统研究网络陆地生态站部分监测数据为数据来源，其中包括中国土种数据库、中国土壤专题图子库、养分循环长期环境现状数据库、土壤养分现状数据子库、第一次和第二次土壤普查农田肥力数据子库、土壤分类数据库、参比土壤剖面数据库、土壤标本数据库及土壤样品数据库。http：//vdb3.soil.csdb.cn/

（4）“国家土壤信息服务平台”由中国科学院南京土壤研究所土壤与农业可持续发展国家重点实验室“数字土壤与资源管理”团队研发，该平台是在中国土壤数据库 / 土壤科学数据中心长期积累土壤数据和样品资源的基础上，通过集成土壤学专业知识模型，结合先进的 WebGIS 技术和空间数据库技术构建的专业土壤信息平台。平台 Web 端已集成的功能模块包括空间数据可视化、用户私有数据云管理、空间插值制图、土壤分类参比转换、土壤有机碳储量估算、土壤样品资源检索等，全面提升了用户对土壤信息的管理与获取能力，并在一定程度上满足了用户开展土壤数据分析的需求。同时，平台移动端通过集成空间数据定位检索、土壤类型辅助识别、采样信息记录、质地三角图查询等功能，使得土壤信息能够随时随地被获取和记录，从而为土壤野外调查提供支撑。http：//www.soilinfo.cn/map/

（5）地理国情监测云平台包括土壤侵蚀数据、地形地貌及土壤数据、归一化植被指数数据、叶面积指数数据、土壤类型质地养分数据等数据。http：//www.dsac.cn/DataProduct/Detail/200902

（邓力　杨兵　葛淼　李灵星　蒋晶）

# 第十一章
# 流域水系与水工建筑物数据资料

## 第一节　数据资料概述

流域指的是分水线所包围的河流集水区，分地面集水区和地下集水区两类，平时所说的流域一般指的都是地面集水区。水系（hydrographic net）又称河系、河网，指的是河流从河源到河口沿途接纳众多的支流并形成的复杂干支流网络系统。水系通常按干流命名，如长江水系、黄河水系等。我国大陆地区由于地域广阔，气候和地形差异极大，境内河流主要流向太平洋，其次为印度洋，少量流入北冰洋。中国境内“七大水系”均为河流构成，为江河水系，均属太平洋水系，分别为珠江水系、长江水系、黄河水系、淮河水系、辽河水系、海河水系和松花江水系。

水利工程中常采用单个或若干个不同作用、不同类型的建筑物来调控水流，以满足不同部门对水资源的需求。这些为兴水利、除水害而修建的建筑物被称为水工建筑。水工建筑一般可按使用期限和功能进行分类，按使用期限可分为永久性和临时性水工建筑物，后者是指在施工期短时间内发挥作用的建筑物，如围堰、导流隧洞、导流明渠等。按功能可分为通用性和专门性水工建筑物。

水工建筑的特点主要是：

（1）受自然条件制约多，地形、地质、水文、气象等对工程选址、建筑物选型、施工、枢纽布置和工程投资影响很大。

（2）工作条件复杂，如挡水建筑物要承受相当大的水压力，由渗透产生的渗透压力对建筑物的强度和稳定不利；泄水建筑物泄水时，对河床和岸坡具有强烈的冲刷作用等。

（3）施工难度大，在江河中兴建水利工程，需要妥善解决施工导流、截流和施工期度汛，此外，复杂地基的处理以及地下工程、水下工程等的施工技术都较复杂。

（4）大型水利工程的挡水建筑物失事，将会对下游造成巨大损失和灾害。

## 第二节　数据资料类型与精度

### 一、流域水系

#### （一）流域

当地形向两侧倾斜，使雨水分别汇集到两条河流中去，这一起着分水作用的脊线称为分水线或分水岭，即山脊线的连线为分水线，分水线两边的雨水分别汇入不同的流域。受地质构造的影响，有时地面水和地下水的分水线不完全重合，将发生两个相邻流域的水量交换。一般大中流域交换水量比流域总水量小得多，而对于小流域或岩溶地区的流域，这种地下的水量交换占流域总水量的比重往往较大。如果地面集水区和地下集水区相重合，称为闭合流域；如果不闭合，则称为非闭合流域。实际上，很少有严格意义上的闭合流域，但对于流域面积较大，河床下切较深的流域，因其地下分水线和地面分水线不一致引起的水量误差很小，一般可以视为闭合流域。

（1）流域面积

流域面积指的是流域地表分水线在水平面上投影所环绕的范围，单位为 $km^2$。流域面积不仅决定河流的水量也影响径流的过程。在其他因素相同时，一般流域面积越大，河流的水量也越大，对径流的调节作用越大，洪水过程则较为平缓，枯水流量相对较大；面积越小，流量也越小，如遇短历时暴雨常很容易形成陡涨陡落的洪水过程，枯水流量也较小。

（2）流域长度和平均宽度

流域长度指的是河源到河口几何中心的长度，即以流域的出口至河口为中心，向河源方向作一组不同半径的同心圆，在同心圆与流域分水线相交处绘出许多割线，各割线中点的连线即为流域长度，单位为 km。如果流域左右岸对称，一般可以用干流长度代替。流域长度直接影响地表径流到达出口断面所需要的时间。流域长度越长，这一时间也越长，河槽对洪水的调蓄作用越明显，水情变化越缓和。

流域的平均宽度是指流域面积和流域长度的比值，对于比较狭长的流域，水的流程长、径流不易集中，洪峰流量较小。反之，径流容易集中，洪水威胁大。

（3）流域形状系数

流域形状系数 $K_e$ 是流域分水线的实际长度与流域同面积圆的周长之比。当流域概化矩形时，流域形状系数是流域平均宽度（$B$）与流域长度（$L$）之比，即：

$$K_{\mathrm{e}}=\frac{B}{L} \tag{11-1}$$

式中，当 $K_{\mathrm{e}}$ 越接近于 1 时，说明流域的形状接近于圆形，这样的流域易造成大的洪水。

（4）流域不对称系数

流域的不对称系数是左右岸面积之差与左右岸面积之和的比值，见式（11-2）：

$$K_{\mathrm{a}}=\frac{F_{\mathrm{A}}-F_{\mathrm{B}}}{F_{\mathrm{A}}+F_{\mathrm{B}}} \tag{11-2}$$

式中，不对称系数 $K_{\mathrm{a}}$ 表示流域左右按面积分布的不对称程度，当 $K_{\mathrm{a}}$ 越大时。流域越不对称，左、右流域面积内的来水也越不均匀，径流不易集中，调节作用较大。

（5）流域平均高度

流域平均高度指的是流域范围内地表平均高程。求积仪法是常用的计算方法，在流域地形图上，用求积仪分别求出相邻等高线之间的面积，各乘以两等高线之间的平均高度，然后将乘积相加，除以流域面积即得流域平均高度，见式（11-3）：

$$H_0=（a_1h_1+a_2h_2+\cdots+a_nh_n）/A \tag{11-3}$$

式中，$H_0$ 为流域平均高度，m；$a_1$，$a_2$，…，$a_n$ 为相邻两等高线间的面积，$\mathrm{km}^2$；$h_1$，$h_2$，…，$h_n$ 为相邻两等高线的平均高度，m；$A$ 为流域总面积，$\mathrm{km}^2$。

（6）流域平均坡度

流域平均坡度可按式（11-4）计算：

$$J=（a_1J_1+a_2J_2+\cdots+a_nJ_n）/A \tag{11-4}$$

式中，$J$ 为流域平均坡度；$J_1$，$J_2$，…，$J_n$ 为相邻两等高线间的平均坡度；$a_1$，$a_2$，…，$a_n$ 为相邻两等高线间的面积，$\mathrm{km}^2$；$A$ 为流域面积，$\mathrm{km}^2$。

其中，流域的平均高度和平均坡度是反映流域产流和汇流条件的指标。对于产流条件而言，降水量一般随着流域高度的增加而增加；而对于汇流条件，流域坡度越陡，坡面集流越快，径流流速也越大。

（二）水系

水系特征主要包括河长、河网密度和河流的弯曲系数等。

1. 河流长度 $L$

河流长度指的是从河源到河口的轴线（深泓线、溪线，即河槽中最深点的连线）长度，常用 $L$ 表示，以 km 计。河流长度是确定河流落差、比降、汇流时间和流量的重要参数。

量算河长，通常在较大比例尺的地形图上，用曲线计或两脚规量取。但由于河源处有溯源侵蚀，河口处还有淤积，河道又有不断弯曲或截弯取直等变化，河长是经常变动的，所以量算河长应采用最新资料。

由于各家所采用的地形图不同，量算河长的方法也不相同，河源的选取也有差别，因此同一河流量算出的结果会有较大的出入。

2. 河网密度 $D$

河网密度是指流域内干支流的总长度和流域面积之比，即单位面积内河道的长度，可用式（11-5）表示：

$$D=\sum\frac{L}{F} \tag{11-5}$$

式中，$D$ 为河网密度，km/km$^2$；$\sum L$ 为河流总长度，km；$F$ 为流域面积，km$^2$。

河网密度表示一个地区河网的疏密程度，河网的疏密能综合反映一个地区的自然地理条件，它常随气候、地质、地貌、岩石、土壤和植被等条件不同而变化。一般来说，在降水量大、地形坡度小，土壤不易透水，植被丰富的地区，河网密度较大；相反则较小，例如我国东南沿海地区比西北地区河网密度大。

3. 河流弯曲系数 $K$

河流弯曲系数指的是某河段的实际长度与该河段直线距离的比值，即：

$$K=\frac{L}{l} \tag{11-6}$$

式中，$K$ 为弯曲系数；$L$ 为河段实际长度，km；$l$ 为河段的直线长度，km。河流的弯曲系数 $K$ 值越大，河段越弯曲，对航运和排洪则越不利。一般山区河流的弯曲系数较平原河流小，河流下游弯曲系数比上游大，洪水期河流的弯曲系数比枯水期要小得多。

4. 水系类型

水系类型主要是根据干支流相互配置的关系或干支流构成的几何形态差异进行

分类，主要有扇状水系、羽状水系、树枝状水系、平行状水系、格子状水系、放射状水系、向心水系等。

其中，扇状水系指的是干支流呈扇状或者手指状分布，即来自不同方向的各支流较集中地汇入干流，流域形成扇形或圆形，如海河水系。此类水系当全流域同时发生暴雨时，各支流洪水比较集中地汇入干流，在汇合点及其以下的河段形成灾害性洪水，这是历史上海河多灾的主要原因之一。

羽状水系指的是支流从左右两岸比较均匀地相间（交错）汇入干流，呈羽状，如滦河水系、钱塘江水系等。此种情况下，支流洪水相间汇入干流，洪水过程线长，洪灾少，对河川径流有重要的调节作用，多发育在地形比较平缓、岩性比较均一的地区。

树枝状水系支流多而不规则，干支流间及各支流间呈锐角相交，排列形状如树枝，一般发育在抗侵蚀力比较一致的沉积岩或变质岩地区，多数河流属于此类。

平行状水系几条支流平行排列，到下游河口附近开始汇合。

格子状水系干支流之间直交或近于直交，呈格子状，如闽江水系，主要受地质构造控制。

放射状水系呈中高周低的地势，由中部向四周放射状流动的水系。

向心水系主要指的是盆地地势，河流由四周山地向中部洼地集中，如塔里木盆地和四川盆地。

通常较大河流，由于流经不同的地质地形区，在不同河段水系形式不同，形成混合水系。如长江，上游的雅砻江、金沙江属于平行状水系，而宜宾以下则属于树枝状水系。

## 二、水工建筑物

为了满足防洪要求，获得发电、灌溉、供水等方面的效益，需要在河流的适宜地段修建不同类型的建筑物，用来控制和分配水流，这些建筑物被称为水工建筑物。水工建筑物一般不是单独存在的，由不同类型水工建筑物组成的综合体被称为水利枢纽。

根据工程项目的规模、效益以及其在国民经济中的重要性将其分等，然后，根据枢纽中各个水工建筑物的作用大小及重要性对建筑物进行分级。不同级别的水工建筑物在安全系数、洪水标准、安全超高等技术方面的要求有所不同。

## （一）建筑物等级

水工建筑物的分等指标如表 11-1 所示。

表 11-1　水工建筑物的分等指标

| 工程等级 | 工程规模 | 水库总库容 / $10^8m^3$ | 防洪 | | 治涝 | 灌溉 | 供水 | 发电 |
|---|---|---|---|---|---|---|---|---|
| | | | 保护城镇及工矿企业的重要性 | 保护农田 / $10^4$ 亩 | 治涝面积 / $10^4$ 亩 | 灌溉面积 / $10^4$ 亩 | 供水对象重要性 | 装机容量 |
| Ⅰ | 大（1）型 | ≥10 | 特别重要 | ≥500 | ≥200 | ≥150 | 特别重要 | ≥120 |
| Ⅱ | 大（2）型 | 10 ~ 1 | 重要 | 500 ~ 100 | 200 ~ 60 | 150 ~ 50 | 重要 | 120 ~ 30 |
| Ⅲ | 中型 | 1.0 ~ 0.10 | 中等 | 100 ~ 30 | 60 ~ 15 | 50 ~ 5 | 中等 | 30 ~ 5 |
| Ⅳ | 小（1）型 | 0.10 ~ 0.01 | 一般 | 30 ~ 5 | 15 ~ 3 | 5 ~ 0.5 | 一般 | 5 ~ 1 |
| Ⅴ | 小（2）型 | 0.01 ~ 0.001 | | <5 | <3 | <0.5 | | <1 |

不同级别的水工建筑物在以下几个方面应有不同的要求：

### 1. 抗御洪水能力

建筑物的设计洪水标准、坝（闸）顶安全超高等。

### 2. 稳定性及控制强度

建筑物的抗滑稳定强度安全系数，混凝土材料的变形及裂缝的控制要求等。

### 3. 建筑材料的选用

不同级别的水工建筑物中选用材料的品种、质量、标号及耐久性等。

## （二）特征水位

特征水位主要有死水位、正常蓄水位、防洪限制水位、防洪高水位、设计洪水位及校核洪水位。

死水位是指在正常运用情况下，允许水库消落的最低水位，曾称为设计低水位。水库建成后，并不是全部容积都可以用来进行径流调节的。首先，泥沙的沉积迟早会将部分库容淤满；其次，自流灌溉、发电、航运、渔业以至旅游等各用水部门，也要求水库水位不能低于某一高程，这一高程的水位则被称为死水位。水库正常运用时，一般不能低于死水位。

正常蓄水位指的是水库在正常运行情况下所蓄到的最高水位，又称正常高水位。当水库按防洪要求进行非常运用时，水库的水位一般将高于正常蓄水位，但不能超过关系水库安全的校核洪水位。它决定水库的规模、效益、调节方式，也在很大程度上决定水工建筑物的尺寸型式和水库的淹没损失，是水库最重要的特征水位。

防洪限制水位是指水库在汛期允许蓄水的上限水位，也是水库在汛期防洪运用时的起调水位，又称为汛期限制水位。

防洪高水位是水库承担下游防洪任务，在调节下游防护对象的防洪标准洪水时，坝前达到的最高水位。

设计洪水位是当遇到大坝设计标准洪水时，水库经调洪后（坝前）达到的最高水位。

校核洪水位是指大坝校核洪水时，坝前水库达到的最高水位，也称非常洪水位。

#### （三）特征库容

特征库容主要有死库容、兴利库容、防洪库容、设计调洪库容和校核调洪库容。

死库容即死水位以下的库容，也叫垫底库容，死库容的水量除遇到特殊的情况外，不用于调节径流，一般用于容纳水库淤沙，抬高坝前水位和库区水深，在正常运用中不调节径流，也不放空。

兴利库容又称有效库容、工作库容，是水库实际可用于调节径流的库容。

防洪库容是指防洪高水位至防洪限制水位之间的水库容积，用以控制洪水，满足水库下游防洪保护对象的防洪要求。当汛期各时段分别拟定不同的防洪限制水位时，这一库容指其中最低的防洪限制水位和防洪高水位之间的水库容积。

设计调洪库容是指防洪限制水位至校核洪水水位之间的库容，以大坝校核标准相应的校核洪水为依据，从防洪限制水位开始，经水库调洪后，拦蓄或滞蓄部分洪水所需要的水库容积。

## 第三节　数据资料来源与获取方式

### 一、流域水系数据提取

#### （一）理论方法

利用 DEM 数据中提取水系网已经成为 GIS 应用于水文及环境研究的重点。以

SRTM-DEM 数据为例，SRTM-DEM（Shuttle Radar Topography Mission）由美国太空总署（NASA）和国防部国家测绘局（NIMA）联合测量。SRTM 地形数据按精度可以分为 SRTM1 和 SRTM3，分别对应的分辨率精度为 30 m 和 90 m 数据。

目前，利用 SRTM-DEM 数据提取流域数字河网的模型主要有谷点提取模型和基于流向的提取模型，其中基于流向的提取模型因生成的河网连续应用最广泛。

其具体流程如下。

### 1. 无洼地 DEM 的生成

对原始的 DEM 数据进行洼地填充，其核心技术是通过水流方向运算出 DEM 数据的洼地分布，计算深度，然后依据深度参数设定阈值来填充。

（1）水流方向计算（D8 算法）

对于每一格网周围格网进行编码，中心格网的水流方向由此确定。方向值以 2 的幂值指定是因为存在格网水流方向不能确定的情况，当相邻格网方向值为 128、32、8、2，距离为 $\sqrt{2}$ 倍的大小，其余为 1。

（2）计算洼地

①洼地提取；②洼地深度计算；③计算每个洼地所在的贡献区域的最低高程 $Z\_min$；④计算每个洼地贡献区域出口的最低高程，即洼地出水口高程 $Z\_max$；⑤计算洼地深度 Dep=$Z\_max$−$Z\_min$。

（3）洼地的填充

无洼地 DEM 生成的最后一个步骤是填充洼地，洼地区域被填平之后，该区域与周围再进行洼地计算，可能还会形成新的洼地，因此，洼地填充需要不断重复运算。

### 2. 汇流累积量计算

汇流累积量是此范围内每点的流水累计程度以数字矩阵的形式表示，以规则的网格划分整个区域，每个格网处代表一个水量单位，按照水流自然规律，从高至低，根据地形趋势计算格网的值，即水量值。

### 3. 河网的提取

①河网的生成基于汇流累积量的数据；②设定阈值；③栅格河网形成；④栅格河网矢量化。

## （二）实际操作

利用 ArcGIS 对流域水系提取进行实际操作，顺序如下：

（1）下载 DEM 数字高程模型，免费下载地址为 http：//www.gscloud.cn/，方法

1：选择数据资源 >>DEM 高程数据 >>GDEMV2 30 m 分辨率数字高程数据 >> 根据研究区域的经纬度选择下载；方法 2：选择高级检索 >> 输入经纬度（经纬度不能输入小数位）；

（2）加载并裁剪 DEM 数据，右击图层添加数据 >> 导入刚才下载的栅格数据集 >> 地理处理 >>ArcToolBox>> 数据管理工具 >> 栅格 >> 栅格处理 >> 裁剪：输入研究区域的经纬度即可得到研究区域，为了显示方便可将刚开始下载得 DEM 文件移除；

（3）填洼，选择 Spatial Analyst 工具 >> 水文分析 >> 填洼；

（4）流向，选择 Spatial Analyst 工具 >> 水文分析 >> 流向；

（5）设置提取精度，选择 Spatial Analyst 工具 >> 地图代数 >> 栅格计算器；

（6）流域出水口，右上角目录 >> 右击"默认工作目录 -Documents/ArcGIS"或者"AddIns"新建 Shapefile，根据所需流域的河网图，自己设定一个出水口；

（7）分水岭，选择 ArcToolBox 工具 >> 水文分析 >> 分水岭；

（8）提取掩膜，选择 ArcToolBox 工具 >> 提取分析 >> 按掩膜提取（后面提取流域边界和河网均是用这一步生成的文件）；

（9）河网栅格转线，选择 ArcToolBox 工具 >> 转换工具 >> 由栅格转出 >> 由栅格转折线；

（10）流域边界线，选择 3D Analyst 工具 >> 转化 >> 由栅格转出 >> 栅格范围；选择 ArcToolBox 工具 >> 转换工具 >> 由栅格转出 >> 由栅格转折线；

（11）导出，关闭不需要的图层，导出小流域地图。

### （三）其他

全国湖泊流域基础数据（流域界线等）、湖泊自然地理、湖泊水文、湖泊气象等数据可以从湖泊 - 流域科学数据中心 http：//lake.data.ac.cn/index.html 申请下载。

陆地表层、湖泊和水库等数据可以从国家地球系统科学数据中心共享服务平台 http：//www.geodata.cn/data/ 申请下载。

## 二、水工建筑

目前，收录了我国 333 万余条自然和人工河流、湖泊、水库、水渠等水系实体数据的全国水网数据库已正式建成。自此，每条长度在 500 m 以上的河流和每个面积大于 5 000 $m^2$ 的湖泊、水库、坑塘等都有了自己唯一的"身份证号"，这将极大地方便今后开展水资源管理、国土空间规划、灾害应急和政府决策等工作，为自然资源调查监测管理提供基础数据服务。

该项目由自然资源部下属国家基础地理信息中心联合部属陕西测绘地理信息局、黑龙江测绘地理信息局、海南测绘地理信息局等多家单位共同完成。该项目采集了全国 1 ~ 9 级河流水网数据、集水区单元数据、自然流域分区数据、河流附属设施（堤坝、水闸、排灌泵站）及湖泊库塘数据，并厘清了汇流关系，完成了河流分级、流域划分等，建成了符合 1∶10 000 地形图精度要求的全国水网数据库。此次建立的数据库中每一条河流都是有网络拓扑关系的地理实体对象。例如每条河流来自哪里、流向哪里、流经何处，若产生水污染事件，其影响范围有多大等。

（李启勇　王欢）

# 第十二章
# 水环境质量监测数据

## 第一节　水环境质量监测数据概述

水环境质量的释义是水环境对人群的生存和繁衍以及社会经济发展的适宜程度，通常指水环境遭受污染的程度。水环境质量通常也是我们所说的水质（water quality），即水体质量的简称。

水环境质量监测是进行污染防治和水资源保护的基础，是贯彻执行水环境保护法规和实施水质管理的依据。水环境质量监测是在水质分析的基础上发展起来的，是对代表水质的各种标志数据的测定过程。

我国水环境质量监测始于1973年，建制于卫生部门的防疫站。1974年开始独立建制，以沈阳等为首的一批城市相继挂牌成立环境监测站。1982年，原国家环境保护局会同17个有关部门组建了由54个环境监测站组成的国家环境监测网。1993年，通过优化筛选，建立了由135个监测站组成的国家地表水环境监测网，并按照每年丰水期、平水期、枯水期开展常规检测，每期监测两次，编制地表水环境监测季报和年度报告。为了加强流域环境管理，1994年以来，我国组建了淮河、海河和辽河流域环境监测网、太湖和滇池等流域环境监测网。2003年，新建和调整了全国各流域的国家环境监测网，在七大水系及太湖、滇池、巢湖共设立了10个流域的国家环境监测网；监测频次由每年6次提高到了每月1次，并编制流域监测月报。同期，为了加强饮用水水源污染防治，国家实施113个重点城市饮用水水源每月一次的例行监测。2012年，在此基础上又对地表水环境监测网进行了优化调整。我国于1988年在天津设立了第一个水质连续自动监测系统，包括1个中心站和4个子站，开始进行水质自动监测。1999年以来，我国水质自动监测站的建设迅速发展，2009年国家地表水水质自动监测的实时数据通过网络向公众发布。

我国环境质量监测网始建于20世纪80年代。1982年由环境保护部门牵头组建水环境质量监测网，根据环境保护重点工作的需要逐步发展，功能不断优化更新并趋于完善。1988 年确定了由 108 个监测站及其运行管理的 353 个河流断面和 26 座湖库组成的国家地表水监测网络。1993 年，通过重新审核与认证地表水国控点位（断面），确定了包括 135 个监测站及其运行管理的 313 个地表水国控断面的地表水环境监测网。1994—1996 年，相继成立了长江、辽河、淮河、海河、太湖、巢湖、滇池水域专业监测网。1996 年，根据三峡工程建设与运行的需要，由原国家环境保护局、水利部等 9 个部门的监测机构组成“长江三峡工程生态与环境监测网”。

环境监测网在“十五”期间快速发展，地表水环境监测网进一步优化。2002 年调整了地表水国控断面，确定了 759 个地表水国控断面，覆盖 318 条河流、26 个湖库，运行管理机构扩展到 262 个环境监测站。“十一五”期间，覆盖全国、涵盖环境监测各要素的环境监测网不断发展。“十二五”期间，进一步优化调整监测点位，国家地表水环境监测网共设置国控断面（点位）972 个，其中河流断面 765 个，湖库点位 207 个。“十三五”期间，地表水监测断面以《“十三五”国家地表水环境质量监测网设置方案》（环监测〔2016〕30 号）为准，监测范围为 2 767 个国控断面，包括 2 050 个考核断面和 717 个趋势科研断面。2 050 个考核断面为 1 940 个地表水和 195 个入海控制断面，其中 85 个为地表水与入海河流双重考核断面。

通过水环境质量监测可以达到如下目的：

（1）提供代表水质质量现状的数据，供评价水体环境质量使用；

（2）确定水体中污染物的时空分布状况，追溯污染物的来源、污染途径，迁移转化和消长规律、预测水体污染的变化趋势；

（3）判断水污染对环境生物和人体健康造成的影响，评价污染防治措施的实际效果，为制定有关法规、水环境质量标准、污染物排放标准等提供科学依据；

（4）为建立和验证水质污染模型提供依据；

（5）探明污染原因、污染机理以及各种污染物质，进一步深入开展水环境及污染的理论研究。

水环境质量监测方案，一般包括的基本环节见图 12-1。

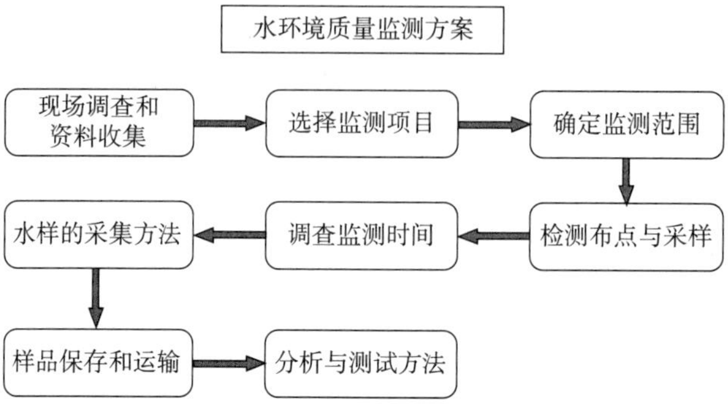

水环境质量监测方案

现场调查和资料收集 → 选择监测项目 → 确定监测范围

检测布点与采样 → 调查监测时间 → 水样的采集方法

样品保存和运输 → 分析与测试方法

图 12-1　水环境质量监测流程

## 第二节　不同类型水质监测数据的监测因子及频次

### 一、地表水手工监测因子及频次

监测频次为每月 1 次，监测指标为水温、pH、DO、高锰酸盐指数、化学需氧量、五日生化需氧量、氨氮、总氮、总磷、铜、锌、氟化物、硒、砷、汞、镉、六价铬、铅、氰化物、挥发酚、石油类、阴离子表面活性剂、硫化物和粪大肠菌群。湖泊和水库为了评价营养状态增加监测叶绿素 a 和透明度。分析方法执行《地表水环境质量标准》（GB 3838—2002）。

### 二、饮用水水源地手工监测因子及频次

《2018 年国家生态环境监测方案》中规定城市集中式生活饮用水水源地中地表水水源地常规监测项目包括:《地表水环境质量标准》（GB 3838—2002）表 1 的基本项目（23 项，化学需氧量除外，河流总氮除外）、表 2 的补充项目（5 项）和表 3 的优选特定项目（33 项），共 61 项，并统计当月各水源地的总取水量。各地可根据当地污染实际情况，适当增加区域特征污染物。水质全分析项目包括《地表水环境质量标准》（GB 3838—2002）中的 109 项。地下水水源地常规监测项目包括:《地下水质量标准》（GB/T 14848—1993）（2018 年 5 月起执行《地下水质量标准》（GB/T 14848—2017）中的 23 项）（环函〔2005〕47 号），并统计当月总取水量。各地可根据当地污染实际情况，适当增加区域特征污染物。水质全分析项目包括《地下水质量标准》（GB/T 14848—2017）中的 93 项。

### 三、自动监测因子及频次

水质自动监测站目前仅监测常规 9 参数（水温、pH、电导率、浊度、溶解氧、氨氮、高锰酸盐指数、总磷、总氮），湖库站点增加叶绿素 a 和藻密度。监测频次为每 4 小时 1 次。

## 第三节 数据获取方式

数据均上传至中国环境监测总站的数据平台，并通过生态环境部网站对外发布。

（程继雄 张晓彤）

# 第十三章
# 水文数据资料

## 第一节　数据资料概述

水文学是研究地球大气层、地表及地壳内水的分布、运动和变化规律，以及水与环境相互作用的学科，属于地球物理科学范畴中的地球物理学和自然地理学的分支学科。通过测验、分析计算和模拟，预报自然界中水量和水质的变化和发展，为开发利用水资源、控制洪水和保护水环境等方面提供科学依据。水文科学的研究领域十分广泛，从大气中的水到海洋中的水，从陆地表面的水到地下水，都是水文科学的研究对象；水圈同大气圈、岩石圈、生物圈等地球自然圈层的相互关系，也是水文科学的研究领域；其不仅研究水量、水质，也研究现时水情的瞬息动态并预测其未来变化趋势，通过测验、分析计算、模拟以及预测自然界中水量和水质的变化与发展，可以为水资源开发利用、洪水控制以及水环境保护等方面提供科学依据。

水文科学的产生与发展与人类认识自然、改造自然息息相关。人类在与水旱灾害做斗争的过程中，对各种水文现象进行观测，研究它们的运动规律，在此过程中，不断积累水文知识，并逐渐发展形成水文科学。现代水文学被公认开始于法国水文学家 Perrault 于 1674 年提出的水量平衡概念，成为水文科学最基本的原理之一。1738 年瑞士数学家 Bernoulli 发表了描述水流各种形式的机械能相互转化和守恒的水流能量方程。水量平衡原理和能量平衡方程构成了水文科学最基本的理论框架。进入 20 世纪，水文学在观测方法、理论体系和研究领域等方面得到了进一步发展。1950 年以后，水文学理论日趋完善，同时伴随计算机技术而兴起的各种流域水文模型开始出现，这些水文模型在防洪减灾、水资源利用、水环境修复、气候变化和人类活动对流域水文水资源的影响等领域发挥了重要作用。

## 第二节　数据资料类型与精度

水环境模型中常用的水文数据包括以下几种。

### 一、水位、流量与流速

水位是河流、湖泊、水库等水体的自由水面相对于某一指定基准面的高度，通常以 m 为单位。常用的基准面可选择绝对基面、假定基面、测站基面等。我国现行统一的绝对基面是青岛黄海基面，其平均海拔为 0.000 m。使用绝对基面的优点是使整个站网水位资料具有良好的一致性。假定基面是在缺少国家水准点可以引据的情况下暂时假定的水准面，假定基面适用于临时断面和应急监测，不可以远距离传递和大范围使用。测站基面是一种特殊的假定基面，通常选取河床最低点或历年最低水位下 0.5 ~ 0.6 m 处的水平面。流量是一定时间段内通过河流某一过水断面的水体体积，是反映水资源和江河湖泊水量变化的基本资料，也是河流最重要的特征值。流速是指流体单位时间的位移，单位为 m/s，流速也是水文模型中一个基本的物理量。

流量与流速的比值为河道断面面积，河道某断面的水位和流量之间的关系可以通过多次实测获得，一般来说，水位越高，其对应的流量越大，可以根据测试结果绘制一条递增的曲线，称之为水位—流量曲线，在水文预测过程，通常使用该曲线进行水位、流量的换算。

水位、流量与流速是提供给水环境模型最基本的水文数据，为水质预测模型提供相应的河流、湖泊和水库的水文情报，贯穿于整个水质预测过程，并可作为相应水情状况的重要标志。此外，水位和流量可作为判别流域规模的重要参数，为选取水质模型原型提供参考。

### 二、泥沙

泥沙是水文观测中的一个基本参量，可以反映出水体的清澈程度，为水质模型提供了浑水、清水的界限。泥沙按其在河道中的输移方式可以分为悬移质和推移质，悬移质是速度与水流相同的细颗粒泥沙，而推移质则是指以滚动、滑动或者跳跃的方式运动的粗颗粒泥沙。常用的表示泥沙含量的指标有悬移质含沙量和悬移质 / 推移质输沙率。前者指单位时间内浑水中所含悬移质干沙的质量，用 $kg/m^3$ 表示；后者表示单位时间内通过某一断面的悬移质或推移质的质量，以 kg/s 计算。

### 三、蒸发量

蒸发是水分子从蒸发面向大气逸散的现象，包括水面蒸发、土壤蒸发和植物蒸腾等，其中水面蒸发直接影响总水量的多少，从而影响污染水体的浓度。水面蒸发不仅受水量影响，而且受水质影响，即水体中溶解质多少的影响。一般来说，水中溶质的浓度越高，水体蒸发量越小，比如海水的蒸发量比淡水小 2% ~ 3%。这是由于溶质的存在减小了单位水面面积内的水分子数量，即在本质上减小了纯水面蒸发面积，从而减小了水体的蒸发量。蒸发量作为监测浓度变化的指标，在水质模型预测中可以作为计算污染水体浓度的一个参数。水面蒸发量常用蒸发掉水层的厚度的毫米数表示。

### 四、地下水水位

地下水水位是指地下饱和含水层中水面的高程，这种在地下以自由水形式存在的水体的表面至地面的距离被称为地下水埋深，即地面高程与地下水位的差值，单位为 m。对地下水水位进行观测，可以了解地下水开采量和水位降深之间的关系，为地下水水质的监测提供基础的水文情报。

## 第三节　数据资料来源与获取方式

### 一、水文数据来源

#### （一）水位、流量与流速

常用的水位观测方法有人工观读法和自记水位计记录法。人工观读法是由观测员利用水尺，直接观读水面与水尺相交处的水尺读数，加上水尺零点高程值以获得水位数据的方法。水尺应该布设于已经勘察确定的水尺断面位置，水尺布设的高程范围为低于测站历年最低水位以下 0.5 m 至高于测站历年最高水位以上 0.5 m。利用电子机械技术，通过水位传感器间接观测并自动记录传输水位的方法称为自记水位计记录法，常用的自记水位计有浮子式水位计、压力式水位计和超声波水位计。浮子式水位计由水位感应部分、传动部分与记录部分构成，其原理为由索带连接的浮子部分随水位升降运动，传动部分驱动水位轮转动，记录笔将水位变化反映到水位计中；压力式水位计是通过测算水下某固定点的静水压强，然后根据静水压强公式和水的容重反算出水面高度；超声波水位计则是通过发射和接收声脉冲，根据声波信号的往返历时和通过温度修正的实际传播声速计算出超声波换能器到水面的距离，然后加上换能器面的高程得到水位值。

常用的流量测量方法有流速面积法、水力学法、化学法、物理法和直接法。流速面积法通过实测过水断面上的流速与断面面积求得流量；水力学法通过测定水力要素，根据水力学公式计算流量；化学法则为使用一定浓度已知量的指示剂在上游注入河水中，在下游通过测定水中指示剂浓度推算得到流量；物理法利用超声波、电波、光波等物理量受水流运动影响的变化来测定流速，从而推算出流量；直接法是指在一定时段内直接测定承水器中水体积变化量，即可推算出流量。

一般使用流速仪测定水体中的流速值，常用的流速仪有旋桨流速仪、多普勒流速仪、电磁点流速仪和光纤流速仪等。

其中旋桨流速仪的工作原理为，当水流作用到仪器的感应元件旋桨时，旋桨产生回转运动，其回转率 $n$ 与流速 $V$ 之间存在一定的函数关系 $V=f(n)$，此关系是通过检定水槽的试验确定的，试验结果表明，当流速在 0.1m/s 以上时，旋桨流速仪的检定公式为一线性关系。每架仪器检定结果均附有如下检定公式：

$$V=bn+a \tag{13-1}$$

式中，$V$ 为流速，m/s；$n$ 为旋桨回转率，等于旋桨总转数 $N$（$N$=20 倍信号数）与相应的测数历时 $T$ 之比，即 $n=N/T$（1/$s$）；$b$ 为水力螺距，m；$a$ 为仪器常数，m/s。$b$ 值和 $a$ 值与旋桨的螺距及支承系统的摩擦阻力等因素有关，因此，对该部分的零件必须细心地使用与养护，否则将影响流速仪测验的准确度。

多普勒流速仪是基于多普勒效应展开工作的。多普勒效应也叫多普勒频移，即某一个声源（超声波）发出的声波被另一个接收体接收并反射，如果该声源相对于接收体是移动的，接收体接收到的声波频率将会与声源的发射频率有差异。如果两个物体之间的相对距离是减小的，接收的频率将会增加；如果两个物体之间的相对距离是增加的，那么接收的频率就会减小。多普勒效应在日常生活中经常发生，当你听到迎面开来的一列火车汽笛声或者一辆警车的警报声，声音会显得频率较高，当火车或者警车离你远去时，则会变成较低的声音。

多普勒测速仪（Acoustic Doppler Velocimetry，ADV）主要由三部分组成，即量测探头、信号调理和信号处理。量测探头由三个 10 MHz 的接收探头和一个发射探头组成，三个接收探头分布在发射探头轴线的周围，它们之间的夹角为 120°，接收探头与采样体的连线与发射探头轴线之间的夹角为 30°，采样体位于探头下方

5 cm 或 10 cm，可以基本消除探头对流场的干扰。信号调理和信号处理均在计算机上完成。

ADV 的测量中，控制体是一个圆柱体，由探头发射超声波，遇到控制体后反射，并由接收探头接收发射的信号，因此，ADV 测量的实际上是控制体与发射探头的相对运动速度。在河流或渠道中的不均匀体随着水体流动时，会对流速测量装置中发射到水中的超声波产生不规则的散射现象，装置的接收换能器会收到部分的散射声波，当水体流动时，相对的运动就存在于发射器、散射器和接收器之间，依据多普勒理论，即会产生多普勒频移。根据多普勒频移方程，频移的大小可以表示为：

$$\Delta F_{\mathrm{d}}=\frac{2F_0\cdot V\cdot\cos\theta}{C-V\cdot\cos\theta} \tag{13-2}$$

式中，$\Delta F_{\mathrm{d}}$ 为多普勒频移；$F_0$ 为发射超声波频率；$V$ 为水中声速；$C$ 为发射波和接收波的夹角。

通常情况下，由于 $V\cdot\cos\theta$ 远远小于 $C$，可忽略不计，简化上式为：

$$\Delta F_{\mathrm{d}}=\frac{2F_0\cdot V\cdot\cos\theta}{C}\text{ 即 }V=\frac{1}{2F_0\cos\theta}C\cdot\Delta F_{\mathrm{d}}$$

令 $K=\dfrac{1}{2F_0\cos\theta}$，则 $V=K\cdot C\cdot\Delta F_{\mathrm{d}}$

由于装置的超声波发射频率是不变的，为定值，换能器夹角同样不变，因此 $K$ 值为常数，由上式可知，水体的流动速度仅与 $\Delta F_{\mathrm{d}}$ 和 $C$ 相关联，且与它们成正比。

电磁点流速仪则应用电磁测速原理测量点流速，这类仪器在水中产生一个人工磁场，水流流过此磁场，相当于电导体切割磁力线，将在水流两侧产生感应电动势，测量此电动势后可以计算出水流的平均流速。

（二）泥沙

悬移质含沙量可以采用蒸发称量的方法进行测试，即取一定体积的浑水，将水体蒸发，得到干沙的质量，用干沙的质量比浑水的体积即可求得悬移质含沙量。由于悬移质输沙率随时间变化，且在垂线和横断面分布上都有不同，难以直接测得，一般利用输沙率和其他水文要素建立关系，求得输沙率。

悬移质输沙率 $Q_{\mathrm{s}}$ 可以表示为：

$$Q_{\mathrm{s}}=\int_0^B\int_0^h C_{\mathrm{s}i}v_i\,\mathrm{d}h\,\mathrm{d}B=\int_0^B q_{\mathrm{su}}\,\mathrm{d}B=\int_0^B C_{\mathrm{sm}}q_{\mathrm{u}}\,\mathrm{d}B \tag{13-3}$$

式中，$B$、$h$ 分别为水面宽和垂线水深，m；$v_i$ 为测点的流速，m/s；$C_{si}$ 为测点的含沙量，kg/m$^3$；$Q_s$ 为测点的输沙率，kg/s；$q_u$ 为单宽流量，m$^2$/s；$q_{su}$ 为单宽输沙率，k/s·m；$C_{sm}$ 为垂线平均含沙量，kg/m$^3$。

悬移质输沙率测验方法，根据测站特性、精度要求和施设布设条件等情况分析确定，可以采用部分输沙率法或全断面混合法。

部分输沙率法适用于河道变化明显的情况，使用部分输沙率法布设测沙垂线时，测沙垂线数目一类站不少于 10 条，二类站不少于 7 条，三类站不少于 3 条，在开始测输沙率的前两年内，测沙垂线数目一般不少于流速仪法测速垂线的一半。水面宽大于 50 m 时，不少于 5 条，小于 50 m 时，不少于 3 条。部分输沙率法按其布设方式不同，又分为以下几种：

（1）控制单宽输沙率转折点布线法，在含沙量、水深、流速横向分布的主要转折处布设垂线。

（2）等部分流量中心布线法，根据实测资料绘制出流量与起点距的关系曲线，由测沙垂线数目 $n$，将过水断面划分为部分流量 $q$ 相等的 $n$ 个部分。在关系曲线上查出各部分流量中心对应的起点距，即为测沙垂线位置。

（3）等部分宽中心布线法，由测沙垂线数 $n$ 等分水面宽，在每部分水面宽的中心布设测沙垂线。

全断面混合法则适用于河床稳定，可以固定垂线并使用积时式采样器的测站。

### （三）蒸发量

观测蒸发量的主要方法是器测法，即采用标准水面蒸发器、蒸发皿、自记与遥测蒸发器等工具测量蒸发量。在冰期和非冰期，采用器测法时又有不同的方法和要求。

在非冰期，要求水面蒸发量每日 8 时观测一次，有辅助项目时，需要提前 20 min 到场；没有辅助项目时，提前 10 min 到场即可。预计出现暴雨时，在暴雨前加测蒸发器内水面高度，并检查溢流装置是否正常；在遇大暴雨时，估计降水量已接近充满溢流桶时，应加测溢流水量；在观测整点正在降暴雨，蒸发量测记可推迟到雨停止时进行。

进入冰期后，将标准水面蒸发器布设于套桶内进行观测。对于封冻期较短的冰期，观测时间一般与非冰期相同，结有冰盖的几天可以停止逐日观测，待冰盖融化后，观测这几天的总量；对于封冻期较长的情况，在结冰初期和融冰后期，观测次数和要求与冰封期较短的情况相同，进入封冻稳定期后，要选取代表测站，采取适当防冻措施，用标准水面蒸发器观测冰期蒸发总量，同时用 20 cm 口径蒸发皿观测日蒸发量，以便确定折算系数和时程分配。此外在封冻稳定期出现气温突变时，标准水面蒸发器出现融冰现象，并使冰层脱离器壁而漂浮时，应立即用测针测读自由水面高度的方法，加测蒸发量。

在量测后，使用式（13-4）计算日蒸发量：

$$E=P-\sum h_1-\sum h_2+\sum h_3+h_4-h_5 \tag{13-4}$$

式中，$E$ 为日蒸发量，mm；$P$ 为日降水量，mm；$\sum h_1$ 和$\sum h_3$ 为昨日 8 时至今日 8 时各次取出水量之和及加入水量之和，mm；$\sum h_2$ 为前一日 8 时至当日 8 时各次溢流水量之和，mm；$h_4$ 和 $h_5$ 为上次（前一日）和本次（当日）的蒸发器水面高度，mm。

（四）地下水位

目前，我国已经有一套成熟的地下水位监测系统来观测地下水位，统称为地下水位监测系统系列产品。它主要利用压力式水位计原理，数据线引出地表接入远程自动化采集系统，并通过 GPRS（通用分组无线服务技术）方式进行数据传输回监控中心的软件管理平台。地下水水位监测系统由五部分组成：监测中心、通信网络、无线自动化采集系统、太阳能电池组和水位传感器。

采集的核心工具是压力式水位计，它是根据压力与水深成正比的静水压强原理，运用水压敏感集成元器件生产的水位计。当传感器固定在水下某一点时，该测点以上水柱压力作用于水压敏感集成元器件，使元器件电阻发生变化，从而导致电压变化，这样即可间接测出该点的水位。为提高测量精度，一般需要配合气压补偿计来消除大气压力变化所带来的测量误差。该传感器核心在于压力式敏感集成元器件，并且内置温度传感器，对外界温度影响产生的变化进行温度修正，每个传感器内部有计算芯片，自动对测量数据进行换算而直接输出物理量，量程有 30 m、60 m、100 m、200 m、300 m，精度可达 1 mm。通常在现场需钻井，待钻孔到达地下水位时，将压力式水位计与测试仪连接，开始读数，该套仪器将测得的地下水位直接返回终端，进行保存，从而测得地下水位。

## 二、水文数据获取方式

水文数据最直接的获取方式是到相应流域的水文测站直接查询或者翻阅水文年鉴，这里应注意的是由于每个水文测站观测任务、设备设施以及测量条件不同，它们所保存的水文数据也有所不同。此外，流域所在地的水文局、气象局、水利局等政府机构也可以查询数据。如果条件不允许，可以登录各水文气象机构的官方网站，如“中国水文信息网”等。

相比之下，国外水文数据很难直接获取，一般需要到相关网站下载。比如美国国家海洋和大气管理局（NOAA）官方网站有美国各州详细的、长序列的水文数据。美国地质勘探局（USGS）的数据库 https：//www.usgs.gov/ undefined 也非常强大。另外，配合 matlab 或者 python 解析以下开放的数据 https：//opendata.dwd.de/weather/radar/，可以获得历史的以及实时的水文资料。

（钟声）

# 第十四章
# 气象数据资料

## 第一节　数据资料概述

水质模型是用来描述水体中的污染物与时间、空间的定量关系的，这个关系受到物理、化学、水力、气象和生物等很多因素的影响。其中，瞬时内大气中各种气象要素，如气温、气压、湿度、风、云、雨、雪等控制着水文循环。作为水质模型中最重要的驱动变量，气象要素的时空分布也影响着水分的时空分布，规划合理的水文气象站网是采集气象资料的主要载体。随着水文气候耦合研究、古水文研究和气候变化对水循环影响研究的发展，部分模型不同时空分辨率下的降水、温度等气象要素的数据源有气候模型的模拟结果、气象站的实测数据、遥感气象数据再分析数据等。如 NCEP/NCAR 再分析数据是由美国国家环境预测中心（NCEP）与美国国家大气研究中心（NCAR）协作，对来源于地面、测船、无线电探空、探空气球、飞机、卫星等的气象观测资料进行同化处理后，研制的全球气象资料数据库，分析资料可靠性强，已广泛应用于大气科学研究中，在水文学、农业学等研究领域均有广泛的应用价值。随着全球气候模型（GCMs）或区域气候模型（RCMs）模拟能力的提高，其降水和温度模拟结果对模型模拟也具有很大的应用潜力。

## 第二节　数据资料类型与精度

### 一、降水

降水是水文循环的重要环节，是地表水和地下水的来源，具体可分为液态降水、固态降水和固液态混合降水。一般流域降水情况通常用降水量来反映，它是指一定时间段内，降落到地面上的液态降水或固态降水，没有产生蒸发、渗透、流失的情况下积聚的水层厚度，用 mm 表示。对降水进行监测，可从源头上对水质有所了解，所谓的面源污染，便是指溶解态或者固态的污染物从非特定地点，在降水或融雪的冲刷作用下，通过径流过程汇入受纳水体，引起水体的富营养化或其他形式的污染。同时，由于降水量与水位、流量等基本水文要素有着密切联系，对水质模型的建立具有十分重要的影响。

降水量，可以理解为一个深度单位，而不是体积单位，通俗地说，降水量可以理解为：雨水降落在地表单位面积内形成的水层深度。气象学中对降水量的定义有年、月、日、12 小时、6 小时甚至 1 小时的时间尺度。一年中每月降水量的平均值总和就是年降水量，一个地方多年的年降水量平均值便称为平均年降水量。例如，北京的平均年降水量是 644.2 mm，上海的平均年降水量为 1 123.7 mm。按气象观测规范规定，气象站在有降水的情况下，每隔 6 小时观测一次。

测定降水量的基本仪器是雨量器，如果测的是雪、雹等特殊形式的降水，则一般将其融化成水再进行测量。常用的雨量器类型有漏斗式雨量器、虹吸式雨量器和翻斗式雨量器。

除了降水量，与降水有关的另一个重要概念是降水强度，定义为单位时间内的降水量，常用单位为 mm/h 或 mm/min，也称为雨强。按降水强度可将降水分为小雨、中雨、大雨、暴雨、大暴雨、特大暴雨，小雪、中雪、大雪、暴雪、大暴雪和特大暴雪。

## 二、近地面气温

气象学上把表示空气冷热程度的物理量称为空气温度，简称气温（air temperature），国际上标准的气温度量单位是摄氏度（℃）。近地面气温是指在野外空气流通、不受太阳直射下测得的空气温度（一般在百叶箱内测定）。最高气温是一日内气温的最高值，一般出现在 14—15 时；最低气温时一日内气温的最低值，一般出现在日出前。

## 三、风速和风向

风速，指的是空气相对于地球某一固定地点的运动速率，常用单位为 m/s，1 m/s=3.6 km/h。风既有大小，又有方向，因此风的预测包括风向和风速两个重要指标。风向指的是风吹来的方向，风速是划分风力等级的依据，因此风速没有等级，风力才有。

### 四、太阳辐射

太阳辐射是指太阳以电磁波的形式向外传递能量，是地球表面物理和生物化学过程的主要能量来源，是地表热量平衡的重要组成部分，在生态、水文和农业研究中起着非常重要的作用。太阳辐射的变化会引起其他气象要素和地表物理、生物化学过程的变化。

太阳辐射测量仪是测量太阳总辐射和分光辐射的仪器，基本原理是将接收到的太阳辐射能以最小的损失转变为其他形式的能量，如热能、电能，以便进行测量。用以总辐射强度测量的有太阳热量计和日辐射强度计两类。其中太阳热量计测量垂直入射的太阳辐射能。使用最广泛的是埃斯特罗姆电补偿热量计。

### 五、湿度和气压

湿度是表示大气干燥程度的物理量，在一定程度下一定体积的空气中，含有的水分越少，则空气越干燥；水分越多，则空气越潮湿。在此意义下，常用绝对湿度、相对湿度、比较湿度、混合比、饱和差以及露点等物理量来表示。

气压是大气压强的简称，是作用在单位面积上的大气压力，即等于单位面积上向上延伸到大气上界的垂直空气柱的重量。气压大小与高度、温度等条件有关，一般随高度增大而减小。传统的表示气压的单位为水银柱高度。例如，一个标准大气压等于 760 mm 高的水银柱的重量，它相当于 1 $cm^2$ 面积上承受 1.033 6 kg 重的大气压力。国际上统一规定用“百帕”作为气压单位，一个标准大气压等于 1 013 hPa。

## 第三节　数据资料来源与获取方式

### 一、数据资料来源

#### （一）降水

降雨是径流中最大的不确定因素之一，但同时又是洪水预测中最重要的信息。降雨是所有水文过程的驱动力，降雨的时空变化不仅影响径流总量、洪峰流量、洪峰出现的时间，也极大地增加了水文模型参数估计的不确定性。因此在水文模型中降雨的精确测量和准确描述是定量水文分析的基础。降水测量主要包括地面测量站、地面雷达和气象卫星三种观测方式。

（1）地面测量

需要用收集雨水的专用器具，一般通过雨量筒（雨量器）、雨量计这两种测量工具，雨量计可以根据其测量记录方式的不同分为虹吸式雨量计、称重式雨量计和翻斗式雨量计。虽然不同的雨水收集容器口径不同，但经过公式换算之后，所得到的降雨量数据都是一样的。人工观测时，应采用定时分段观测，段次及相应时间见表 14-1。人工观测时，在少雨季节采用 1 段次或 2 段次，遇暴雨时增加观测段次；自记雨量计与人工雨量计进行校测时可采用 1 段次或 2 段次；当自记雨量计发生故障时，不少于 2 段次。

表 14-1　降水量分段次观测时间表

| 段次 | 观测时刻 |
| --- | --- |
| 1 | 8：00 |
| 2 | 20：00、8：00 |
| 4 | 14：00、20：00、2：00、8：00 |
| 8 | 11：00、14：00、17：00、20：00、23：00、2：00、5：00、8：00 |

（2）地面雷达

我国从 20 世纪 80 年代起开始将雷达用于测雨，并取得了很大的进展，如北京大学和南京大学在淮河流域开展把安徽省气象局的数字天气雷达用于淮河水系重点防洪地区的降水量定量测量和预测研究；长江水利委员会在国家“八五”科技攻关项目“长江防洪系统研究”中，也开展了类似的研究；黄河水利委员会把雷达测雨和中尺度数值天气预测用于黄河三花间的洪水预测等。

但是雷达测雨仍然存在较大误差，主要有以下五个方面。

一是雷达电磁波的波长对降水测量的影响。在雷达气象方程式中，平均接收率与雷达波长、天线增益以及波束宽度等有关，在天线大小固定的情况下，平均接收率与雷达波长的 4 次方成反比，即波长越短，平均接收率越大，探测能力越强，因此波长越短越有利于探测降水。但是在电磁波的传播途中，大气气体和降水等均对其有衰减作用。

二是雨滴谱变化和 Z～R 关系的不确定性。降水强度与降水粒子直径的分布即雨滴谱有关，Z～R 关系亦与雨滴谱密切相关，在相同的降水强度下，对流降水和暖云降水由于雨滴谱不同而反射因子 Z 不同。在同一次降水过程中，云的不同发展阶段雨滴谱也不一样，因此 Z～R 关系是不确定的。

三是垂直方向反射因子变化的影响。在降水过程中，由于水滴蒸发、大气运动及水的相变，雷达反射因子在垂直方向上有很大变化，同时雷达电磁波的路径（即使是水平发射的路径）随距离的延伸而离开地表面，水平距离越远，垂直距离也越大，因此，雷达观测的降水和实际落地的降水差距也越大。

四是地物杂波和障碍阻挡。气象雷达的主要观测对象是降水回波，但同时也不可避免地观测到山岳等地形反射的回波，这种地形杂波与降水回波混在一起不易区分。另外，由于地物等障碍物阻挡了电磁波的传播路径，无法探测到其后的降水回波。

五是与雷达本身性能有关的测量误差。除了上述提到的波长外，还与雷达设备的稳定性有关，雷达设备在经过一段时间的运行后，发射机、接收机等性能都会发生变化。有关研究证实，如果接收机的误差为 ±1 dB，对降水的测量误差可达16%。

（3）气象卫星

相对于地面雷达观测范围有限、覆盖率低，难以满足大流域降水观测要求的弱点，卫星技术则可实现大范围降水连续观测，从而获取大面积连续雨强分布，在资源普查、防灾减灾工作中的运用效果较好。

TRMM（Tropic Rainfall Measurement Mission）是由美国国家宇航局和日本国家空间发展局共同研制，于 1997 年 11 月发射的、承担测雨任务的卫星。其数据覆盖南北纬 50° 之间，水平分辨率 0.25°×0.25°，相对误差在 0 ~ 10 mm/h。数据资料及有关说明可以从 NASA 网站（https：//earthdata.nasa.gov/）获取。

TRMM 数据产品可分为三个等级，其中一级产品为 1A11 原始数据产品及 1B11 亮温产品。在二级产品中，由于 1B11 产品经算法加工而成的 2A12，可反映像元的瞬时降水强度、降水区域等。三级产品的 3B42 是由 2A12 产品与 SSMI、AMSR、AMSU 等微波传感器、高时间分辨率的红外传感器的降水速率产品融合而成。

目前，TRMM 三级产品已广泛应用于科研领域，谷黄河等（2010）采用长江流域 2008 年 4 月 1 日至 12 月 31 日平均 TRMM 数据，与实测日降雨过程和月降雨量建立相关，复相关系数分别达 0.842 7 和 0.960 4，总体精度较高。

基于 TRMM 卫星数据的降雨测量方法：①在 NASA 网站下载 TRMM3B43 月尺度降雨数据；②通过中国气象科学数据共享服务网（https：//cdc.cma.gov.cn/home.do）获取全国 700 多个气象站数据；③通过 GrADS 软件读取 TRMM 数据相关信息；④通过 C++ 编写程序统计气象站数据所在 TRMM 网格各参量；⑤统计有

效区域内全国气象站 1999—2007 年月降雨量，并与 TRMM 相应网格的 3B43 月数据相匹配；⑥基于一元回归模型，计算确定性系数，分析数据差并进行评价。

通过 GrADS 软件读取 TRMM 数据信息，获取全球数据（共 1440 列 400 行），覆盖从东经 180° 至西经 180°、北纬 49.875° 至南纬 49.875° 以内区域。每个网格的分辨率为 0.25°×0.25°。产品包含 3 参量：降雨强度 *pcp*（mm/h），误差 *err* 和权重 *weight*。

数据处理主要包括以下两点：①空间匹配，针对 TRMM 数据区域特征从全国气象站点上提出北纬 50° 以外高纬度站点。②时间匹配，下载 1999 年 1 月至 2007 年 12 月的数据资料，计算有效站点 108 个月总降雨量，剔除无效数据，统计有效降雨日数。

### （二）近地面温度

气象学需要测量的温度主要有近地面气温、地表温度、不同深度的土壤温度、海面和湖面的温度以及高空气温。温度是气象参数之一，温度的测量对暴露状况特别敏感。

近地面气温一般在百叶箱里测得，百叶箱安放在防太阳直射、防风、防雨、透风的自然草坪上。温度表放在百叶箱里，在距地面 1.5 m 上测出数据。这种方法是世界气象组织统一规定的标准，它代表自然状态下，不受干扰的标准空气温度。对于气候研究来说，温度测量受到诸如环境状态、植被、建筑物和其他物体的形态、地表覆盖物、防辐射罩和百叶箱设计等因素影响。

在对不同地点和不同时间的温度表读数进行比较时，为取得具有代表性的结果，百叶箱甚至温度表本身的暴露状况的标准化是必不可少的。对于一般气象工作，观测到的温度应当能代表气象站周围一个尽可能大的面积上高度为地面以上 1.25 ~ 2.00 m 的自由空气的温度。规定地面以上高度是因为大气的最底层可能存在大的垂直温度梯度。因此进行测量的最好场地是在平坦地面以上，自由暴露在太阳和风中，不受树木、建筑物和其他障碍物的遮挡也不与之靠近，也应避免把场地设在陡坡和凹地以及易受特殊条件影响的地方。

### （三）风速和风向

风是空气流动时产生的一种自然现象，空气流动有上下流动和左右流动，上下流动为垂直运动，也叫对流；左右流动为水平运动，也就是风。风是一个矢量，用风向和风速表示，风向指风吹来的方向，一般用 16 个方位或 360° 表示，以 360°

表示时，由北起按顺时针方向度量。风速指单位时间内空气的水平位移，常以 m/s、km/h 等表示。

测量风速的仪器称之为风速计，常用的有风杯风速计、螺旋式风速计、热线风速计和声学风速计四种。风杯风速计是最常见的风速计，三个互成 120° 固定在架上的抛物形或半球形的空杯都顺一面，整个架子连同风杯装在一个可以自由转动的轴上，在风的作用下，风杯绕轴旋转，其转速正比于风速。而螺旋式风速计中螺旋桨装在一个风标的前部，使其旋转平面始终正对风的来向，它的转速正比于风速。

（四）太阳辐射

太阳辐射测量仪是测量太阳总辐射和分光辐射的仪器，基本原理是将接收到的太阳辐射能以最小的损失转变成其他形式能量，如热能、电能，以便进行测量。用于总辐射强度测量的有太阳热量计和日射强度计两类。太阳热量计测量垂直入射的太阳辐射能。使用最广泛的是埃斯特罗姆电补偿热量计。它用两块吸收率为 98% 的锰铜窄片作接收器。一片被太阳曝晒，另一片屏蔽，并通电加热。每片上都安置热电偶，当二者温差为零时，屏蔽片加热电流的功率便是单位时间接收的太阳辐射量。

日射强度计测量半个天球内，包括直射和散射的太阳辐射能。它的接收器大多是水平放置的黑白相间或黑色圆盘形的热电堆，并用半球形玻璃壳保护，防止外界干扰。

用于分光辐射测量的有滤光片辐射计和光谱辐射计。前者是在辐射接收器前安置滤光片，用于宽波段测量；后者是一具单色仪，测量宽约 50 Å的波段。1965 年起，已在火箭和气球上装置上述仪器，以测量大气外的太阳辐射。

（五）湿度与气压

湿度表示气体中的水蒸气含量，有绝对湿度和相对湿度两种表示方法。绝对湿度指气体中水蒸气的绝对含量。在一定温度、压力时，单位体积内的水蒸气含量有一定的限度，称为饱和水蒸气含量。相对湿度指气体中水蒸气的绝对含量与同样温度、压力时同体积气体中饱和水蒸气含量之比。常用仪器有氯化锂湿度计、干湿球湿度计、氧化铝湿度计。

气压由气压计测得，气压计根据托里拆利的实验原理而制成，用以测量大气压强的仪器。气压计的种类有水银气压计及无液气压计。

## 二、数据资料获取

在国家气象信息中心（中国气象局气象数据中心）网站 http：//data.cma.cn 可

以获取中国地面气象站的气温、气压、相对湿度、水汽压、风、降水量等要素的逐小时资料。实时数据经过质量控制，各要素数据的实有率超过 99.9%，数据的正确率均接近 100.0%。

除了上述提到的 TRMM，还可以从网站 https：//pmm.nasa.gov/ data-access/ downloads/gpm 下载 GPM 实时降水数据。GPM 是 2014 年发射的新一代降水卫星，与以往的卫星降水产品相比具有更高的精度和时空分辨率，它为高空间分辨率的水文研究提供了新的数据源，即多卫星检索集成产品 IMERG（Integrated Multi-satellite Retrievals）。GPM 核心观测平台的主要载荷有双频测雨雷达 DPR（dual-frequency precipitation radar）和 GPM 微波成像仪 GMI（GPM microwave imager）。与 TRMM 相比，GPM 可以更加精确地捕捉微量降水和固态降水，这两种降水类型是中高纬度降水的重要组成。

寒区旱区科学数据中心 http：//westdc.wedtgis.ac.cn/data/7a35329c-c53f4267-aa07-e0037d913a21 是我们获取中国区域地面气象要素数据的主要来源，其中涉及的主要是中国科学院青藏高原研究所开发的一套近地面气象与环境要素再分析数据集。该数据集是以国际上现有的 Princeton 再分析资料、GLDAS 资料、GEWEX-SRB、辐射资料，以及以 TRMM 降水资料为背景，融合了中国气象局常规气象观测数据制作而成。其时间分辨率为 3 小时，水平空间分辨率为 0.1°，包含近地面气温、气压、空气比湿、全风速、地面向下短波辐射、长波辐射及降水率共七个要素。

CMADS（The China Meteorological Assimilation Driving Datasets for the SWAT model）系列数据集可以从网站 http：//westdc.westgis.ac.cn/data/6aa7fe47-a8a1-42b6-ba49-62fb33050492 获取。

除此之外，还可以通过以下网站 http：//gis.ncdc.noaa.gov/map/viewer/ #app=clim&cfg=cdo&theme=hourly&layers=1&node=gis 下载逐小时地面观测气象数据，可以克服“中国气象科学共享服务网”对权限的限制，且资料比中国气象科学数据共享服务网的更新更及时。

（许荣　朱媛媛　高愈霄）

# 第十五章
# 污染源数据资料

污染源是指造成环境污染的污染物发生源，通常指向环境排放有害物质或对环境产生有害影响的场所、设备、装置或人体。按污染物的来源可分为天然污染源和人为污染源两大类。人为污染源按人类活动的方式又可分为工业污染源、农业污染源、生活污染源等；按排放污染物种类的不同，分为有机、无机、热、放射性、重金属、病原体以及同时排放多种污染物的混合污染源；按照排放污染物的空间分布方式的不同，可分为点源污染源和非点源污染源。

## 第一节　污染源数据资料类型

### 一、点源污染

点源污染源是指工业废水、城市生活污水等具有固定排放地点的污染源。该类污染源较为集中，易于控制，治理效率相对较高。

#### （一）工业污染源

工业污染源是指工业生产过程中向环境排放有害物质或对环境产生有害影响的生产场所、设备和装置。工业生产中的各个环节，如原料生产、加工过程、燃烧过程、加热和冷却过程、成品整理过程等使用的生产设备或生产场所都可能成为工业污染物的排放源头。由于事前没有考虑环境保护的要求，或者虽然考虑但在技术上或经济上存在难以解决的困难，因而没有采取相关措施或设立必要的装置，这些都会引起工业污染源的超标排放问题。

#### （二）集中式污水处理设施

集中式污水处理设施是污水处理厂的主要生产工艺，任务是处理污水、截留污泥，当其在运营过程中出现以下几种情况时便成为较大的污染源：超量处理污水，导致污水没有达到排放标准或溢流直接排放；部分污水处理厂为追求更高的经济效益，晚间偷偷排放未经处理的污水；部分污水处理后产生污泥或其他废料，没有经过相应的处理，上述情况均对环境造成了不可估量的影响。

（三）城镇生活源

城镇生活污水是居民日常生活中排出的废水，主要来源于居住建筑和公共建筑，如住宅、机关、学校、医院、商店、公共场所及工业企业卫生间等。城镇生活污水所含的污染物主要是有机物（如蛋白质、碳水化合物、脂肪、尿素等）和大量病原微生物（如寄生虫卵和肠道传染病毒等）。存在于生活污水中的有机物极不稳定，容易腐化而产生恶臭。细菌和病原体以生活污水中有机物为营养而大量繁殖，可导致传染病蔓延流行。因此，城镇生活污水排放前必须进行处理。

（四）规模化畜禽养殖

畜禽养殖过程中会产生富含大量病原体的高浓度有机废水，包括尿液、残余粪便、饲料残渣和冲洗水等，废水量大且集中。如果处理不当，大量有机物分解消耗水体溶解氧，使水体发黑发臭，导致水体富营养化；有毒有害物质渗透到地下水和土壤中，造成大面积污染；病原体微生物影响到人类及动物体的生命健康安全。

## 二、非点源污染

非点源污染源又称面源污染，是指无固定排放地点，污染物可在降雨径流的淋溶和冲刷作用下，通过地表径流、地下水流等水文过程进入湖泊、河流、水库等水体造成污染，具有随机性、广泛性、滞后性、隐蔽性、潜伏性和模糊性等特点。非点源可进一步划分为城市非点源和农村非点源两类。

（一）城市非点源

城市地表径流作为典型的非点源污染，已经成为城市河流或湖泊等受纳水体的主要污染源，是局地尺度、区域尺度乃至全球尺度上城市水环境污染、生态系统健康失衡的重要原因。随着城市不透水区域面积所占比例的逐年增大，暴雨天气会产生大量径流携带城市路面沉积物、重金属、营养物、毒性有机物等污染物进入受纳水体中，导致水质的下降。城市非点源污染典型下垫面类型主要有屋顶、绿地、道路和停车场等。

（二）农村非点源

农村也是非点源污染的一个重要来源，是指人们在生活中及从事农业耕作活动时，由于生活活动、种植业施用化肥与农药、农田水土流失和畜禽养殖等而引起受纳水体的污染，主要污染物质是氮、磷等营养元素。据文献报道，我国东部湖泊污染负荷的50%以上来源于农村非点源污染，丹麦270条河流94%的总氮负荷、52%的总磷负荷由农村非点源引起。

## 第二节　污染源数据获取

### 一、点源污染

点源污染源涉及工业、生活、养殖和混合等类型，监测数据可通过手工监测、自动监测、污染普查、环境统计和产污系数估算等多种途径获得。涉及的相关参数有水质、水量、排放方式（连续、间歇）、污水来源、受纳水体、入河方式、地理位置、经纬度信息、河流左右岸、下游敏感目标分布等信息。

其中，工业污染源可结合研究河段所在区域的实际情况，采用现场调研和资料收集相结合的方法对工业污染源进行分析，收集信息包括企业基本情况、排污情况和执行标准情况等。基于实测和综合分析，核算工业污染源产生量和排放量；城镇生活污染源核算涉及人均用水量、排水量和非农业人口数量等信息，利用生活污水人均产污系数与总排水量的乘积，可得到城市生活源的污染物量；规模化畜禽养殖企业根据养殖种类、数量、用水量、排水量、排污方式和处理工艺等不同，按照经验产污系数进行估算。

### 二、非点源污染

非点源污染物负荷的估算方法很多，主要包括经验统计方法和模型估算方法两类。其中常用的经验统计方法有污染负荷当量法、径流分割法、经验相关关系法等；模型估算方法有SWMM模型、HSPF模型、SWAT模型等。功能性模型为“黑箱”模型，不涉及污染的具体过程和机理，通过典型样区的监测试验提取数据，在水质参数与水文参数、景观参数间建立经验关系式，其数据处理方法简便，但误差较大，适用于年均污染负荷量的计算，不适合短期计算。机理模型比功能性模型复杂，为“白箱”模型，考虑了非点源的产生过程，在空间和时间尺度上较“黑箱”模型更趋向于流域化和长期化，但该类模型要求的参数较多，而且参数率定与验证比较烦琐。

### （一）SWMM 模型

20 世纪 70 年代中后期以来，机理性模型逐渐成为非点源模型开发的主要方向，著名的模型有模拟城市暴雨径流污染的 SWMM、STORM 以及流域模型等，其中 SWMM 模型是由美国 EPA 开发的专门用于模拟城市暴雨径流水量和水质的动态模型，既可用于单次暴雨事件的模拟，又可用于长期的模拟。此模型可根据城市排水管网系统模拟和分析城市非点源的产生、迁移和转化规律，目前在世界各国被广泛应用。

SWMM 模型主要包括径流模块、输送模块、扩展的输送模块、调蓄 / 处理模块和受纳水体模型等主要模块，可详细模拟水流在地表和管道中的运动，污染物类型可根据需要自行设定，较为灵活，但模型应用时需要大量的基础管道数据和地表信息数据等。

### （二）输出系数法

输出系数法利用黑箱原理，直接建立营养物输入—输出关系，由 20 世纪 70 年代初期美国和加拿大在研究土地利用—营养负荷—湖泊富营养化关系过程中提出并应用，1996 年 Johnes 等提出了改进的输出系数模型，该模型直接建立了土地利用、土地覆盖与受纳水体非点源污染年负荷量之间的关系。考虑到降雨和地形因素对农业非点源的影响，沈珍瑶等对 Johnes 输出系数模型进行了针对性改进，计算方法如式（15-1）所示。

$$L=\sum_{i=1}^{n}\alpha\beta E_i\left[A_i\left(I_i\right)\right]+P \tag{15-1}$$

式中，$L$ 为营养物质的流失量；$\alpha$ 为降雨影响因子，用来表征降雨对非点源的影响；$\beta$ 为地形影响因子，用来表征地形对非点源的影响；$E_i$ 为第 $i$ 营养源的输出系数；$A_i$ 为第 $i$ 类土地利用类型的面积或第 $i$ 种牲畜的数量、人口数量；$I_i$ 为第 $i$ 种营养源的营养物输入量；$p$ 为由降水输入的营养物量。

近年来，遥感技术在非点源估算中也得到了较好的应用。在基础资料信息收集的基础上，基于 DEM 数据和高分卫星影像，结合水利工程资料、管网资料等数据，按照水利等相关行业标准，可对控制单元子流域进行划分与校核；建立面源遥感监测分类体系和遥感解译知识库，对选定的研究区域开展面源遥感监测；再结合实地调查流域范围内面源分布情况，对遥感结果进行精度验证和修订；统计控制单元子流域内面源污染的种类，并基于输出系数法，率定参数，最终计算得到控制单元子流域的非点源污染负荷情况。研究框架具体如图 15-1 所示。

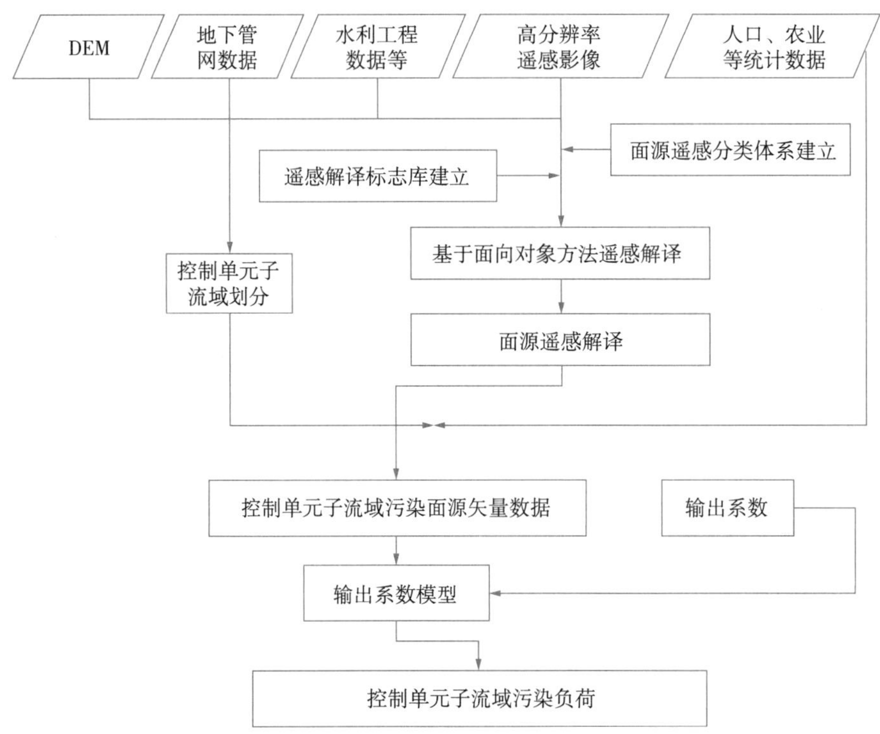


图 15-1　遥感技术在控制单元子流域污染负荷估算中的应用

## 第三节　污染源数据的应用

### 一、提供区域污染源信息

污染源信息在综合掌握区域污染状况、反映水环境质量、服务环境管理和科学决策等方面起到了重要的基础性作用。通过点源排放梳理及非点源负荷估算，可掌握区域范围内各类污染源的数量、行业和地区分布情况，了解污染物的产生、排放和处理情况，对区域内污染物进行科学监控监管。

### 二、协助水质变化原因分析

水质分析是环境监测的重要组成部分，仅仅依托水质监测结果对水环境质量状况进行分析存在明显的不足，无法说清水体污染原因，无法精准预测水质变化。污染源是导致水体水质变化的重要原因，如沿河排污量的增加、汛期面源入河量的增加等都会直接影响下游水体监测结果。因此，将水质监测结果与污染源数据有机结合起来，是深度分析水体污染原因，判断水质变化趋势的必要手段。

## 三、支持污染来源解析

在环境监测领域，源解析起到了重要作用。2017 年细颗粒物源解析结果显示移动源特别是柴油车是影响首都大气环境质量的重要原因。水环境监测领域中，污染来源解析同样具有重要意义。点源和面源污染数据可用来支持水体污染来源解析，即解析各类污染来源对重点监测断面主要污染物通量的贡献量、贡献率及其时空变化特征，该项工作对于改善水体水质具有指导性作用。

## 四、在追因溯源中的应用

污染源数据可以应用到追因溯源中，即根据流域范围内污染排放清单，结合空间拓扑技术和超标污染物特征，对污染来源进行筛查和定位。

具体来说，从空间范围上，可以根据发出警示信息断面污染物浓度与其上下游邻近断面污染物浓度的相关性，结合排污口位置信息，确定异常排放源所在区域，可以精确到断面间。此外，考虑各污染源排放特征，按照发生异常的指标，根据数据库中污染源排放类别，可进一步筛选出区域范围内的疑似污染源。

## 五、在决策支持中的应用

随着大数据技术在环境监测领域的广泛应用，综合利用水质、污染源和气象等多源数据决策支持水污染防治逐渐成为研究的重点。污染源数据是水质模型的重要输入参数之一。使用水质模型对点源和面源信息在模型中采取控制措施，可以对水环境污染防控措施的效果进行情景模拟和效果评估，通过定量分析评估不同减排措施的实施效果，指导管理部门科学选定水污染防治手段，以助力水体达标。

（田颖　陶蕾）

# 预测系统构建篇

# 第十六章
# 总体设计

## 第一节　指导思想

为全面贯彻落实党中央、国务院关于生态文明建设的总体部署和要求，以水环境质量改善为核心，以流域水污染突出问题为导向，以水污染防治工作目标为引领，以水体—流域耦合机理模型为驱动，以大数据、GIS/RS、数值模拟等为技术手段，建立国家—流域—省级—城市四级水环境质量预测预警业务系统，以强化生态环境监测体系的决策支撑能力，为“山水林田湖草”综合治理提供重要抓手，从而提升水污染防治的系统化、科学化、精细化和信息化水平。

## 第二节　总体目标

国家层面以重点流域 / 湖库为单元，建设水环境质量多模型数值集合预测预警系统，实现点源污染清单和面源污染匡算的水环境风险评估，建设流域控制单元管理、水环境容量估算、河湖长制决策支持、污染物追因溯源等水环境管理决策支持功能，实现集河流突发水污染事故影响的模拟与预警等应用为一体的国家水环境质量预测预警能力。

## 第三节　设计原则

### 一、先进主流模型相结合，多模型优势集合

立足于集合国内外的先进模型对水循环各环节模拟的技术优势，在现有的最高

科研技术成果基础上起步开展业务化应用建设，采用多模型方法建立多模型集合预测业务化系统，在具备对水量—污染源—水质的全过程响应机理进行数值模拟的同时，能够对多套模型的模拟结果进行对比校验。

### 二、一维与多维相结合，宏观与微观相统筹

水质模型的尺度把握至关重要，一维模拟的建设速度快、参数少，二维/三维模拟的精度高、展示效果好，要从研究范围和应用目的、综合成本和效益进行统筹设计。国家层面是流域尺度，从宏观上把握水环境质量时空演变规律并预测预警，因此应以一维模拟为主，在重点河段辅以二维/三维模拟。而在省份尤其城市尺度，应根据具体情况在微观层面适当更多应用二维/三维的模拟手段，形成完备适用、科学合理的应用手段。

### 三、水体与流域相结合，点源与面源相统筹

水文循环过程与流域生态过程归属于一个紧密耦合的复杂系统，这就要求在建模过程中将水体水环境模型与流域模型进行有效的耦合。流域模型中的面源污染负荷模拟将对面源污染这一形势愈加严峻且计算难度较高的污染类型进行解析和匡算，与点源污染排放清单相统筹，形成覆盖全面、点面结合的模型体系。

### 四、人机交互导向，业务预测与决策支撑相统筹

系统设计定位于既实现重点流域水质预测业务功能，又提供水污染防治科学决策支撑服务。面向流域水环境和水生态综合管理，研发水环境风险评估、控制单元精细化管理、水环境容量及承载力评估与预警、水资源与水环境规划等的决策支持产品。系统设计遵循人机交互导向，系统界面直观简洁、灵活便捷、功能性突出，布局和设计保持一致性，提升用户使用效率。

## 第四节　总体架构

依据指导思想、总体目标和设计原则，结合国家水环境管理的需求，水环境质量预测预警业务系统的总体架构如图 16-1 所示。

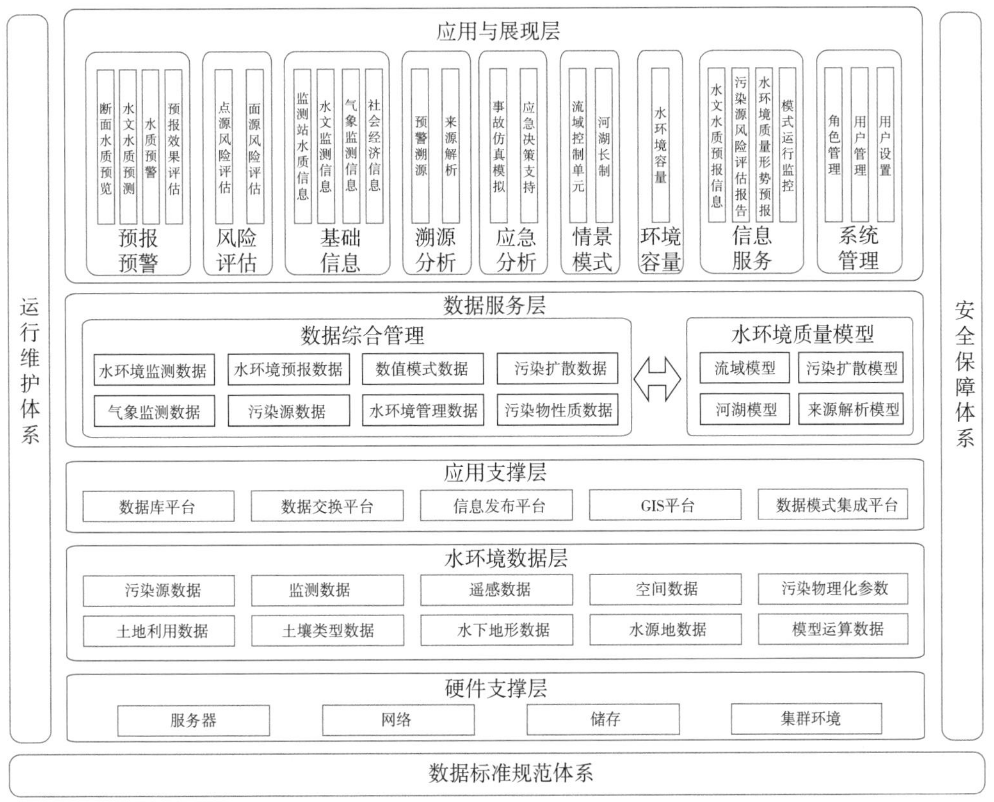

图 16-1 水环境质量预测预警业务系统总体框架

系统由三体系和五层组成。三体系为数据标准规范体系、安全保障体系和运行维护体系。五层为硬件支撑层、水环境数据层、应用支撑层、数据服务层、应用与展现层。

硬件支撑层为水环境质量预测预警系统提供硬件支撑，包括各种服务器、网络设备、储存设备和高性能计算集群环境。

水环境数据层为系统提供数据来源，包括污染源数据、环境监测数据、遥感数据、空间数据、污染物理化参数、土地利用数据、土壤类型数据、水下地形数据、水源地数据、模式运算数据等。

应用支撑层为上层服务提供基础的应用支撑，具体包括数据库平台、数据交换平台、信息发布平台、GIS 平台、数值模式集成平台。

数据服务层对数据进行业务化预处理，并为应用与业务展现层提供服务，主要包括数据综合管理和水环境质量模型，其中数据综合管理包括对水环境监测数据、水环境预测数据、数值模式数据、污染扩散数据、气象监测数据、污染源数据、水环境管理数据、污染物性质数据的管理；水环境质量模型主要包括流域模型、河湖模型、污染扩散模型与来源解析模型。

应用与展现层紧紧围绕水环境管理业务，从水环境监管业务化应用、治理决策精细化支撑、污染事故科学化处置、数据产品社会化服务四个方面出发，建立了与之对应的应用模块。

基于环境监管业务化应用的业务需求，建立了预测预警模块和基础信息模块。预测预警模块主要生产包括水文、水质、水华在内的预测产品，对水质和通量信息进行实时预警，整合建立点源污染排放清单，为水环境质量监管提供实时高效的业务化产品。基础信息模块主要对水质水文监测信息、气象监测信息、区域社会经济信息等进行分析与展示，为水环境质量监管者提供实时的水环境现状产品。

基于治理决策精细化支撑的业务需求，建立了风险评估、溯源分析、情景模拟、水环境容量四个模块。风险评估模块对点源污染清单和面源污染数据进行空间展示，按照不同的分类与分级规则对面源污染的关键源区和高风险区的识别结果进行分析和展示。溯源分析模块主要是对污染物进行追因溯源，分析各区域对监测断面站的污染物贡献情况。情景模拟模块通过水环境质量模型，分析断面周边的各点源与面源进行污染物排放量削减后，监测断面的污染物浓度变化情况，为未达标断面制定措施提供技术服务。水环境容量模块可对水环境容量和承载力进行核算，进而规划污染削减方案，为水环境质量目标管理、治污任务在排污单位的落实提供现实依据。

基于污染事故科学化处置的业务需求，建立了应急分析模块。应急分析模块在水质模型的支撑下可建立突发水污染事故仿真模拟，能够实时模拟水污染事件的时空变化、影响人口和饮用水威胁，为快速有效的应急处置提供科学依据。

基于数据产品社会服务化的业务需求，建立了信息服务模块。信息服务模块发布水文水质预测信息、污染源风险评估形势报告以及水环境质量形势预测等报告，实现信息实时推送和多维动态展示与综合分析，提高环境监测支撑环境监控管理、满足公众知情权的能力。

除此之外，还建立了系统管理模块。信息管理主要是对系统中用户的权限进行管理，包括角色管理、用户管理和用户设置等功能。

业务系统通常由八个子系统组成，分别是预测预警子系统、风险评估子系统、基础信息子系统、溯源分析子系统、应急分析子系统、情景模拟子系统、环境容量子系统、信息服务子系统，其相互关系如图 16-2 所示。

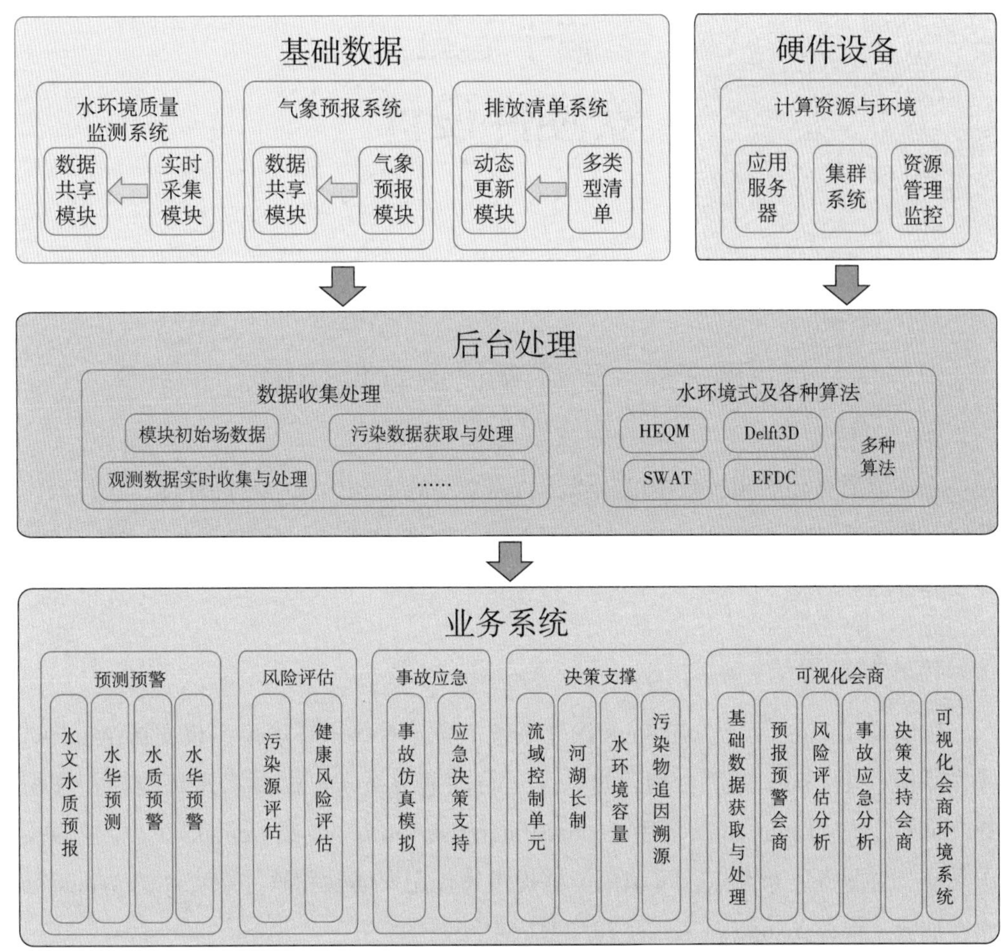


图 16-2　水环境质量预测预警业务子系统关系示意图

（李茜　李健军　晏平仲　彭福利　张鹏）

# 第十七章
# 软硬件设计

## 第一节　高性能计算软件环境

水环境质量预测预警系统的正常运行需要一套完备的核心软件环境，包括操作系统、模型系统、编译器、并行计算环境、作业调度系统、数据库管理系统、GIS开发环境等。

### 一、操作系统

建议采用Linux以及Windows操作系统。虽然有些水环境模型仅支持Windows操作系统，但Linux更适合构建自动化运行的业务系统，需要将水环境模型移植到Linux系统。Linux可以采用Redhat Enterprise Linux 6/7或CentOS 6/7企业版操作系统；对服务发布节点，可采用能够提供最佳用户体验和软件兼容性的Windows操作系统（推荐Windows Server 2012 R2 64位）。

### 二、模型系统

水环境质量预测预警系统需满足水质及水文指标预测模拟、环境风险评估、环境容量评估、环境管理决策支撑等多种需求，而模型的特点各不相同，单一的模型无法满足多样化的需求，需要构建一个模型系统。

模型系统的构建首先需要根据数据基础选择合适的模型，具体可参照第二篇，然后选取合适的模型集成方法，对所需模型进行集成。

### 三、编译器

#### （一）GNU CC/C++/Fortran编译器

GNU CC（GNU Compiler Collection）是一个编译器套件，是GNU推出的功能强大、性能优越的多平台编译器，它是GNU的代表作品之一。GNU CC是可以在多种硬件平台上编译出可执行程序的超级编译器，其执行效率与一般的编译器相比平均高出20%~30%。它不仅能够编译C、Objective C和C++程序，而且还能编译Fortran、Pascal等语言的程序。单就编译器而言，它是目前公认编译最快、效率最高的编译器之一。

（二）Intel C/C++/Fortran编译器

Intel编译器（Intel Compiler）由美国Intel公司开发，包括C/C++编译器和Fortran编译器，适用于Linux、Microsoft Windows和Mac OS X操作系统。

Intel编译器的C语言编译器为icc，C++编译器为icpc，Fortran编译器为ifort，支持Fortran 77/Fortran 90/95标准。

Intel编译器支持IA-32、Intel 64、Itanium 2、Intel Atom处理器和某些非Intel的兼容处理器（如某些AMD处理器）。Intel编译器的主要特点是自动向量化器，它能够生成支持SSE、SSE2、SSE3、AVX、AVX2等SIMD指令集的代码。

（三）PGI C/C++/Fortran编译器

PGI编译器（PGI Compiler）包括C/C++编译器和Fortran编译器，适用于Linux和Microsoft Windows操作系统。

PGI编译器的C语言编译器为pgcc，C++编译器为pgCC，Fortran 77编译器为pgf77，Fortran 90编译器为pgf90。

PGI编译器支持AMD处理器和Intel处理器，此程序可以进行各种级别的编译器优化，包括内联函数、循环展开、向量化以及SSE2、SSE3等指令优化。

PGI编译器进一步支持OpenMP 3.0和适用于对称多处理的自动并行化，支持按照OpenMP标准编写的程序的编译，满足单节点内程序的并行移植。

PGI编译器能够有效简化GPGPU程序的开发难度，其特有的accelerate模块能够使GPGPU程序的编写类似于OPENMP，大大降低了GPGPU程序的移植难度。

## 四、并行计算环境

有一些水环境模型支持并行计算，如Delft3D，可以采用多个计算节点的CPU资源加快计算速度。常用的并行计算方法包括MPI和OpenMP。

## 五、作业调度系统

高性能计算机平台作业调度软件可以统一管理和调度平台中的软硬件资源，将所有软硬件资源有机地组合在一起，并根据不同任务的不同特点进行软硬件资源的合理、高效调度，并实现基于 MPI、OpenMP 作业的高效运行，实现资源利用效率的最大化。

通过作业调度系统的部署和使用，能实现软硬件资源共享调度，根据事先定义的调度策略，如先来先服务（FIFS）、公平调度（FairShare）、抢占（Preemption）、独占（Exclusive）、优先级调度等，实现所有的资源统一调度、统一管理。

## 六、数据库管理系统

### （一）Oracle 数据库

Oracle 数据库系统是美国 Oracle 公司（甲骨文）提供的以分布式数据库为核心的一组商业化软件产品，是目前最流行的客户 / 服务器（Client/Server）或 B/S 体系结构的数据库之一。Oracle 数据库是目前世界上使用最为广泛的数据库管理系统，作为一个通用的数据库系统，它具有完整的数据管理功能；作为一个关系数据库，它是一个完备关系的产品；作为分布式数据库，它实现了分布式处理功能。它的所有知识，只要在一种机型上学习了 Oracle 知识，便能在各种类型的机器上使用它。Oracle 数据库系统可移植性好、使用方便、功能强大，适用于各类大型、中型、小型、微机环境，是一种高效率、可靠性好的适应高吞吐量的数据库解决方案。

### （二）PostgreSQL 数据库

PostgreSQL 是一个功能强大的开源数据库系统。经过长达 15 年以上的积极开发和不断改进，PostgreSQL 已在可靠性、稳定性、数据一致性等方面获得了业内极高的声誉。目前，PostgreSQL 可以运行在所有主流操作系统上，包括 Linux、Unix 和 Windows。PostgreSQL 是完全的事务安全性数据库，完整地支持外键、联合、视图、触发器和存储过程（并支持多种语言开发存储过程）。它支持了大多数的 ANSI-SQL：2008 标准的数据类型，包括整型、数值型、布尔型、字节型、字符型、日期型、时间间隔型和时间型，它还支持存储二进制的大对象，包括图片、声音和视频。PostgreSQL 对很多高级开发语言有原生的编程接口，如 C/C++、Java、.Net、Perl、Python、Ruby、Tcl 和 ODBC 以及其他语言等，也包含各种文档。

作为一种企业级数据库，PostgreSQL 以其所具有的各种高级功能而自豪，像多版本并发控制（MVCC）、按时间点恢复（PITR）、表空间、异步复制、嵌套事务、在线热备、复杂查询的规划和优化以及为容错而进行的预写日志等。它支持国际字符集、多字节编码并支持使用当地语言进行排序、大小写处理和格式化等操作。它也在所能管理的大数据量和所允许的大用户量并发访问时间具有完全的高伸缩性。

### 七、GIS 开发环境

ArcGIS 是 Esri 公司开发的一套完整的 GIS 平台产品，具有强大的地图制作、空间数据管理、空间分析、空间信息整合、发布与共享的能力。ArcGIS 产品线为用户提供一个可伸缩的、全面的 GIS 平台。ArcObjects 包含了大量的可编程组件，从细粒度的对象到粗粒度的对象，涉及面极广，这些对象为开发者集成了全面的 GIS 功能。每一个使用 ArcObjects 建成的 ArcGIS 产品都为开发者提供了一个应用开发的容器，包括桌面 GIS（ArcGIS Desktop）、嵌入式 GIS（ArcGIS Engine）以及服务端 GIS（ArcGIS Server）。

## 第二节　高性能计算集群硬件

为了保障水环境模型的稳定可靠运行，需要高性能计算机硬件平台的支持。高性能计算机平台一般由计算子系统、存储子系统、网络子系统、基础设施子系统等构成。

### 一、计算子系统

一般采用 X86 集群架构，以及最新的 Intel/AMD 架构高性能处理器，每 CPU 核心内存至少 4GB。根据模拟区域的个数、网格数等估算资源需求。

### 二、存储子系统

流域模型的数据量一般不大，河湖水动力水质模型的数据量取决于网格数量，可以根据模型区域的大小来估算存储空间。可以采用基于磁盘阵列的存储系统，但扩展性稍差，也可以采用分布式存储方案，兼顾容量、性能、可扩展性等多方面的综合需求。

### 三、网络子系统

网络系统的设计需要考虑性能和可靠两个方面的因素，建议采用两套网络，其中一套主要用于系统管理，另外一套主要用于计算和存储通信，两者可以互为备份。如果使用了支持 MPI 并行的水环境模型，则其中至少一套采用 Infiniband 高速网络，保证计算子系统每台设备之间的高速通信。网络配置需要考虑拓展余量，以便系统进行后期扩容和升级。

## 四、基础设施子系统

高性能计算机平台的建设和稳定高效运行，需要一套可靠的机房基础设施作为支撑保障，确保高性能计算中心机房集群各种电子设备的高效、稳定、可靠地运行。基础设施子系统包括计算机机房、机柜系统、配电系统、空调制冷系统、监控管理系统等。

### （一）计算机机房

为保证高性能计算机稳定可靠地运行，机房环境除了必须满足计算机设备对温度、湿度和空气洁净度以及对供电电源的质量、接地电阻、电磁场和振动等技术要求之外，还必须满足机房工作人员对照明度、空调新鲜度和噪声的要求。此外，高性能计算机机房作为信息化的枢纽，属于关键和脆弱的工作重点，对消防、安全保密也有较高的要求。

### （二）机柜系统

一般采用高性能计算机专用的42U工业标准机柜，建议使用高效散热网孔机柜或密闭的机柜排或机柜池机柜，机柜须高效地解决服务器高密度安装产生的散热、配电、布线及监控问题，具备高制冷能力、高可用性和节能等特点。

### （三）配电系统

机房的配电系统是保证高性能计算机设备、场地设备和辅助用电设备可靠运行的基本条件，要求建立高质量、高可靠的配电系统，各建设单位可按照自己单位供电量提供配套的市电配电柜和UPS输出配电柜，配电柜安装必要的防雷保护器，机房内配备等电位接地保护。

配电系统设计范围包括：①主机房内计算机设备的UPS配电系统；②空调、照明、维修插座的配电系统；③新风配电系统；④机房防雷、接地系统设计；⑤其他涉电系统。

### （四）空调制冷系统

高性能计算机属于高热密度设备，因此应选择高效制冷解决方案，以保证计算设备处于正常工作的温度区间。根据设备的功耗设计足够制冷量的机房专用精密空调，并留有足够的制冷余量。建议采用高效的水平送风空调，结合行间制冷、冷热通道隔离和水冷系统等先进技术，有效解决集群高热密度发热制冷，实现安全运行、高效节能。

（五）监控管理系统

安装机房基础设施监控管理系统，实现机柜设备的集中监控管理，包括机柜温度、湿度、烟气、漏水等的实时动态监测，提供异常报警功能，提醒运维人员及时处理异常情况，保证高性能计算机的安全稳定运行。

## 第三节　可视化会商系统

音视频会议系统，包括组网方式、网络传输、集中控制系统；会商室环境，包括建筑平面布置、装修与声学设计。

（赵江伟　苗春葆　陈亚飞　彭福利　许荣）

# 第十八章
# 模型集成设计与实现

## 第一节　模型集成思路

对于复杂的环境质量数值模拟业务系统，会有多个模拟区域，有多种数值模型，实现多种功能（数值预测、情景模拟、风险评估等）。数值模拟业务系统由程序和数据构成，在多区域、多模型、多功能的组合数值模型业务系统中，一个模型（程序）可以应用于多个区域（数据），一个区域（数据）可以采用多个功能。如果对每个区域、每个模型和每个功能都开发一套业务系统，会造成程序和数据的大量重复，从而导致业务系统的高度冗余以及维护上的极大困难，还不利于模拟区域和功能的扩展。

为了提高程序代码的复用性，增强扩展性，在模型集成中将模型功能和模拟区域进行分离，共分为三个步骤。

第一步，用流域模型和河湖模型实现数值预测、面源评估、来源解析功能，如表 18-1 所示，用流域模型实现面源评估功能，用应急模型实现事故应急功能。程序与模拟区域无关，与区域有关的部分都设置为输入参数。

表 18-1　功能与模型

| 功能＼模型 | 流域模型 | 河湖模型 | 应急模型 |
| --- | --- | --- | --- |
| 数值预测 | √ | √ | |
| 面源评估 | √ | | |
| 情景分析 | √ | √ | |
| 来源解析 | √ | √ | |
| 事故应急 | | | √ |

第二步，针对不同的模型和模拟区域，准备模型所需的数据。如表 18-2 所示，对于流域准备流域模型所需的数据，对于河流准备河湖模型和应急模型所需的数

据，对于湖库准备河湖模型所需的数据。各种数据与模拟区域和模型有关，与所实现的功能无关。

表 18-2　模型与区域

| 模型＼区域 | 流域 | 河湖 | 应急 |
| --- | --- | --- | --- |
| 流域模型 | √ | | |
| 河湖模型 | √ | √ | |
| 应急模型 | √ | √ | |

第三步，将步骤一和步骤二中的程序和数据进行组合，构造出最终的业务系统，即业务系统（功能＋区域＋模型）＝程序（功能＋模型）× 数据（模型＋区域）。

表 18-3　功能与区域

| 功能＼区域 | 流域 | 河湖 | 湖库 |
| --- | --- | --- | --- |
| 数值预测 | √ | √ | √ |
| 面源评估 | √ | | |
| 情景分析 | √ | √ | √ |
| 来源解析 | √ | √ | √ |
| 事故应急 | | √ | √ |

采用上述方法进行水环境数值模型的集成，可以实现数据和程序的最大化共用，消除了冗余性，方便后续进行维护管理，还可以方便地进行模拟区域和数值模型的增加以及功能的扩展。

## 第二节　模型集成架构举例

### 一、白洋淀流域

白洋淀流域采用 AquaSys 模型、HEQM 模型和 SWAT 模型进行模拟，各模型先进行获取气象数据、点源数据处理、面源数据处理三个前处理过程，然后进行水文水质模拟，最后进行模拟结果后处理。白洋淀淀区和府河采用 EFDC 模型进行模拟，先进行气象数据和边界条件处理，其中边界条件由白洋淀流域 HEQM 模型提供，然后进行水动力水质模拟，最后进行模拟结果后处理。见图 18-1。

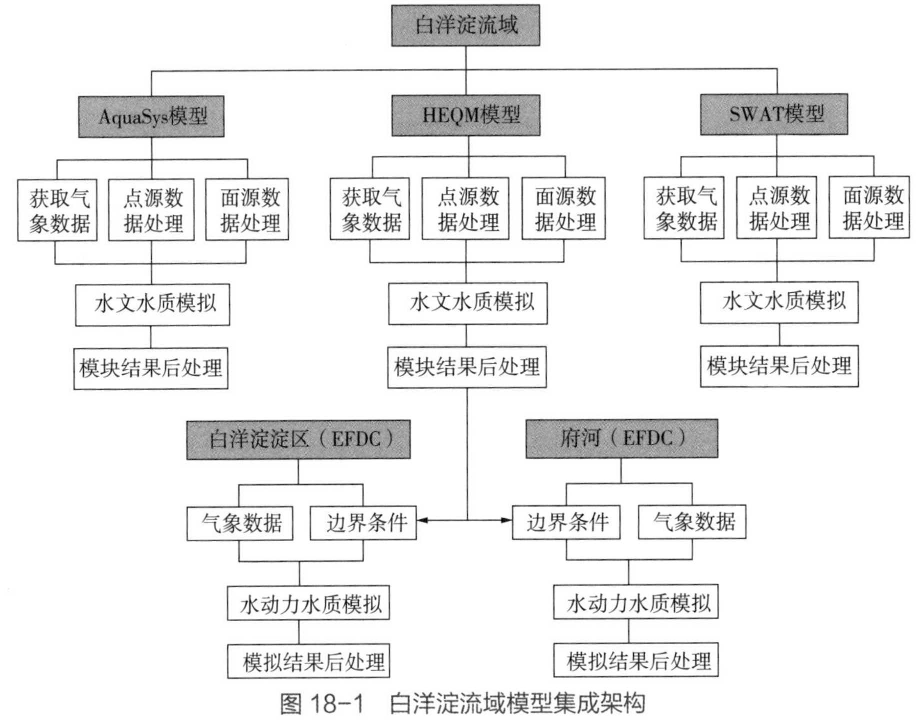


图 18-1　白洋淀流域模型集成架构

## 二、官厅水库上游流域

官厅水库上游流域采用 HEQM 模型进行模拟，先进行获取气象数据、点源数据处理、面源数据处理三个前处理过程，然后进行水文水质模拟，最后进行模拟结果后处理。官厅水库采用 EFDC 模型进行模拟，先进行气象数据和边界条件处理，其中边界条件由官厅水库上游流域 HEQM 模型提供，然后进行水动力水质模拟，最后进行模拟结果后处理。见图 18-2。

## 三、北运河流域

北运河流域采用 SWAT 模型进行模拟，先进行获取气象数据、点源数据处理、面源数据处理三个前处理过程，然后进行水文水质模拟，最后进行模拟结果后处理。见图 18-3。

## 四、东苕溪流域

东苕溪流域采用 SWAT 模型进行模拟，先进行获取气象数据、点源数据处理、面源数据处理三个前处理过程，然后进行水文水质模拟，最后进行模拟结果后处理。见图 18-4。

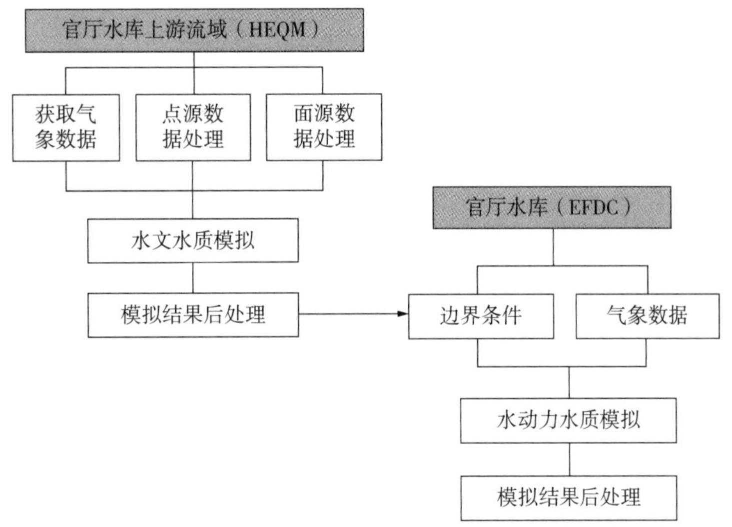


图 18-2　官厅水库上游流域模型集成架构

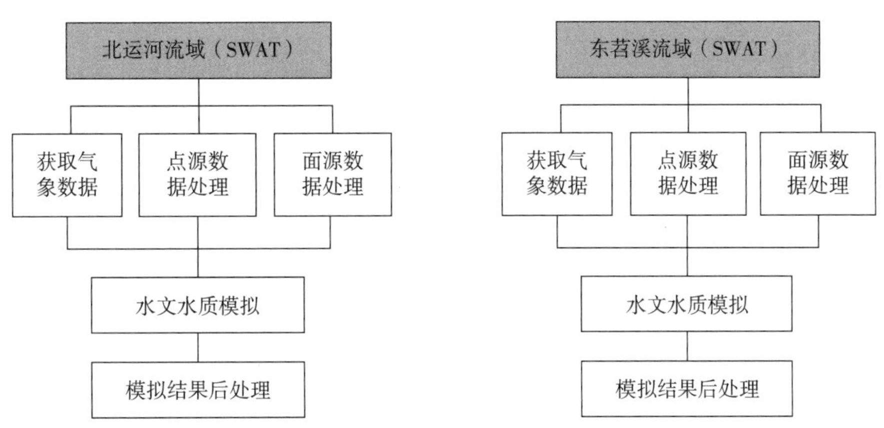


图 18-3　北运河流域模型集成架构　　图 18-4　东苕溪流域模型集成架构

## 五、长江下游干流

长江下游干流采用 SELFE-EFDC 模型进行模拟，分为大通—南京、南京—徐六泾和徐六泾—长江口三段进行模拟，首先进行边界条件处理和气象数据处理，然后进行水动力水质模拟，再进行模拟结果后处理，最后将三段模型的模拟结果进行合并。见图 18-5。

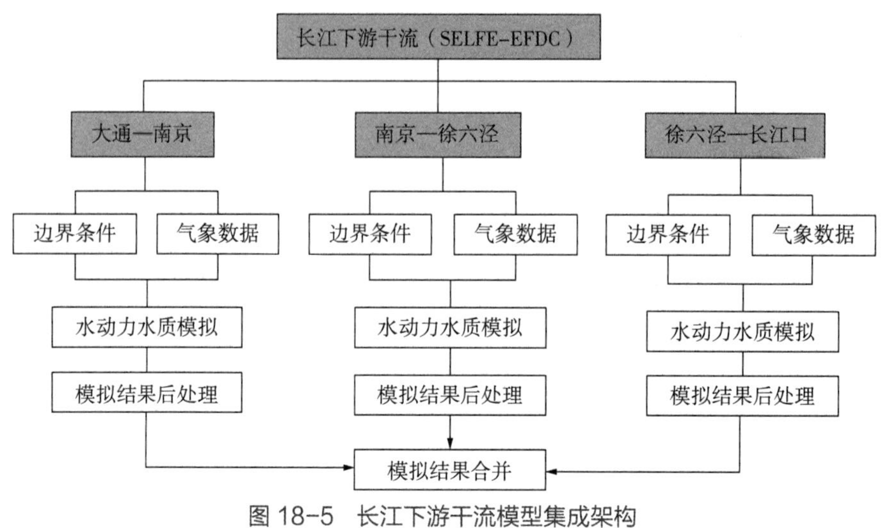


图 18-5　长江下游干流模型集成架构

## 六、太湖

太湖采用 SELFE-SALMO 模型进行模拟，首先进行边界条件处理和气象数据处理，然后进行水动力水质模拟，最后进行模拟结果后处理。见图 18-6。

## 七、突发水污染事故应急

突发水污染事故应急模型从前端接收模拟区域范围、污染物泄漏参数、边界条件、模拟时间范围等数据，并进行网格切分、生成新网格和模型参数，然后进行污染扩散模拟，最后进行模拟结果后处理。见图 18-7。

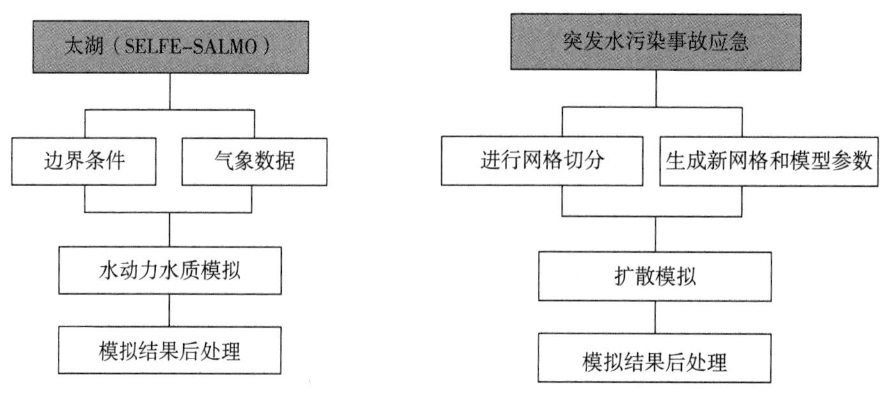


图 18-6　太湖模型集成架构

图 18-7　突发水污染事故应急模型集成架构

# 第三节 数据接口设计

各种水环境模型的输出结果需要在综合分析平台中进行集中展示，各个模型的结果存储格式不同，需要制定统一的数据格式标准和存储规范，并开发相应的数据处理模块，将模型的输出结果转换为统一数据接口。

NetCDF 是一种面向数组型并适于网络共享的数据的描述和编码标准，具有良好的扩展性，并有很多工具支持对 NetCDF 格式进行操作。目前，NetCDF 广泛应用于大气科学、水文、海洋学、环境模拟、地球物理等诸多领域。用户可以借助多种方式方便地管理和操作 NetCDF 数据集。统一数据接口采用 NetCDF 格式，流域模型和河湖模型分别制定统一的数据存储格式。

## 一、流域模型输出格式

流域模型一般都会将模拟区域划分为多个子流域，每个子流域有各种指标的入河负荷，在子流域出口有各种指标的浓度，各项指标的输出时间间隔为 1 天。见表 18-4、表 18-5。

### 1. 子流域

表 18-4 子流域输出数据格式

| 变量名称 | 中文名称 | 单位 | 维度 | 备注 |
|---|---|---|---|---|
| TIME | 时间 | 天 | 时间 | |
| SUB | 子流域编号 | 无 | 子流域 | |
| SS | 悬浮物 | t/d | 时间 × 子流域 | |
| COD | 化学需氧量 | kg/d | 时间 × 子流域 | |
| $NH_3$-N | 氨氮 | kg/d | 时间 × 子流域 | |
| TP | 总磷 | kg/d | 时间 × 子流域 | |
| TN | 总氮 | kg/d | 时间 × 子流域 | |
| Pb | 铅 | kg/d | 时间 × 子流域 | 可选 |
| Cr | 铬 | kg/d | 时间 × 子流域 | 可选 |
| Cd | 镉 | kg/d | 时间 × 子流域 | 可选 |
| Cu | 铜 | kg/d | 时间 × 子流域 | 可选 |
| Zn | 锌 | kg/d | 时间 × 子流域 | 可选 |
| As | 砷 | kg/d | 时间 × 子流域 | 可选 |

续表

| 变量名称 | 中文名称 | 单位 | 维度 | 备注 |
| --- | --- | --- | --- | --- |
| Hg | 汞 | kg/d | 时间 × 子流域 | 可选 |
| Mn | 锰 | kg/d | 时间 × 子流域 | 可选 |
| Sb | 锑 | kg/d | 时间 × 子流域 | 可选 |

## 2. 子流域出口

表 18-5　子流域出口输出数据格式

| 变量名称 | 中文名称 | 单位 | 维度 | 备注 |
| --- | --- | --- | --- | --- |
| TIME | 时间 | 天 | 时间 | |
| RCH | 子流域出口编号 | 无 | 子流域 | |
| FLOW | 流量 | $m^3/s$ | 时间 × 子流域 | |
| TEMP | 水温 | ℃ | 时间 × 子流域 | |
| SS | 悬浮物 | g/L | 时间 × 子流域 | |
| DO | 溶解氧 | mg/L | 时间 × 子流域 | |
| $COD_{Cr}$ | 化学需氧量 | mg/L | 时间 × 子流域 | |
| $COD_{Mn}$ | 高锰酸盐指数 | mg/L | 时间 × 子流域 | |
| $BOD_5$ | 五日生化需氧量 | mg/L | 时间 × 子流域 | |
| $NH_3$-N | 氨氮 | mg/L | 时间 × 子流域 | |
| TP | 总磷 | mg/L | 时间 × 子流域 | |
| TN | 总氮 | mg/L | 时间 × 子流域 | |
| Pb | 铅 | mg/L | 时间 × 子流域 | 可选 |
| Cr | 铬 | mg/L | 时间 × 子流域 | 可选 |
| Cd | 镉 | mg/L | 时间 × 子流域 | 可选 |
| Cu | 铜 | mg/L | 时间 × 子流域 | 可选 |
| Zn | 锌 | mg/L | 时间 × 子流域 | 可选 |
| As | 砷 | mg/L | 时间 × 子流域 | 可选 |
| Hg | 汞 | mg/L | 时间 × 子流域 | 可选 |
| Mn | 锰 | mg/L | 时间 × 子流域 | 可选 |
| Sb | 锑 | mg/L | 时间 × 子流域 | 可选 |

## 二、水体模型输出格式

水体模型对河流、湖泊、水库、海湾等水体进行模拟，模型的计算网格有三角形、矩形、正交曲线等多种，输出结果统一为三角形网格的形式存储，变量位于三角形顶点上，输出结果时间间隔为 1 小时。对于二维模拟，垂直层数为 1。见表 18-6。

表 18-6　河湖等水体输出数据格式

| 变量名称 | 中文名称 | 单位 | 维度 | 备注 |
|---|---|---|---|---|
| NODE | 三角形顶点序号 | 无 | 三角形顶点数 | |
| NODE_X | 三角形顶点经度 | 度 | 三角形顶点数 | |
| NODE_Y | 三角形顶点纬度 | 度 | 三角形顶点数 | |
| FACE | 三角形单元序号 | 无 | 三角形单元数 | |
| FACE_NODE | 三角形单元信息 | 无 | 三角形单元数 ×3 | |
| LAYRER | 垂向分层信息 | 无 | 垂向层数 | |
| TIME | 时间 | 小时 | 时间（预测小时数） | |
| ELEV | 水位 | m | 时间 × 三角形顶点数 | |
| TEMP | 水温 | ℃ | 时间 × 垂向层数 × 三角形顶点数 | |
| UVEL | 东向流速 | m/s | 时间 × 垂向层数 × 三角形顶点数 | |
| VVEL | 北向流速 | m/s | 时间 × 垂向层数 × 三角形顶点数 | |
| SS | 悬浮物 | mg/L | 时间 × 垂向层数 × 三角形顶点数 | |
| DO | 溶解氧 | mg/L | 时间 × 垂向层数 × 三角形顶点数 | |
| $COD_{Cr}$ | 化学需氧量 | mg/L | 时间 × 垂向层数 × 三角形顶点数 | |
| $COD_{Mn}$ | 高锰酸盐指数 | mg/L | 时间 × 垂向层数 × 三角形顶点数 | |
| $BOD_5$ | 五日生化需氧量 | mg/L | 时间 × 垂向层数 × 三角形顶点数 | |
| $NH_3$-N | 氨氮 | mg/L | 时间 × 垂向层数 × 三角形顶点数 | |
| TP | 总磷 | mg/L | 时间 × 垂向层数 × 三角形顶点数 | |
| TN | 总氮 | mg/L | 时间 × 垂向层数 × 三角形顶点数 | |
| CHC | 蓝藻 | mg/L | 时间 × 垂向层数 × 三角形顶点数 | 可选 |
| CHG | 绿藻 | mg/L | 时间 × 垂向层数 × 三角形顶点数 | 可选 |
| CHD | 硅藻 | mg/L | 时间 × 垂向层数 × 三角形顶点数 | 可选 |
| CHL | 叶绿素 | mg/L | 时间 × 垂向层数 × 三角形顶点数 | 可选 |
| Pb | 铅 | mg/L | 时间 × 垂向层数 × 三角形顶点数 | 可选 |
| Cr | 铬 | mg/L | 时间 × 垂向层数 × 三角形顶点数 | 可选 |

续表

| 变量名称 | 中文名称 | 单位 | 维度 | 备注 |
|---|---|---|---|---|
| Cd | 镉 | mg/L | 时间 × 垂向层数 × 三角形顶点数 | 可选 |
| Cu | 铜 | mg/L | 时间 × 垂向层数 × 三角形顶点数 | 可选 |
| Zn | 锌 | mg/L | 时间 × 垂向层数 × 三角形顶点数 | 可选 |
| As | 砷 | mg/L | 时间 × 垂向层数 × 三角形顶点数 | 可选 |
| Hg | 汞 | mg/L | 时间 × 垂向层数 × 三角形顶点数 | 可选 |
| Mn | 锰 | mg/L | 时间 × 垂向层数 × 三角形顶点数 | 可选 |
| Sb | 锑 | mg/L | 时间 × 垂向层数 × 三角形顶点数 | 可选 |

## 第四节　模型集成开发与运行监控

### 一、模型移植到 Linux

Linux 非常适合用于数值预测业务系统的集成，高性能计算集群多采用 Linux 系统，使用 Linux 系统还可以和空气质量数值预测业务系统共享计算资源。由于一些水环境模型不支持 Linux，因此需要将水环境模型移植到 Linux。模型计算不需要图形界面，核心计算部分大多采用 Fortran 语言编写，有些模型会结合少量 C/C++ 语言，移植过程如下。

路径分隔符的处理：Linux 系统上路径分隔符为 /，在 Windows 系统上为 \，因此需要将路径中的 / 替换为 \，或者确定一个全局变量存储路径分隔符，这样可以实现方便地同时支持 Windows 和 Linux。

文件、目录名称中字母大小写的处理：Linux 系统中文件、目录名称是区分大小写的，因此需要确保模式代码中同一个文件、目录名在不同的代码位置出现时使用一致的大小写。

构建编译配置文件 makefile ：根据模式代码的不同，在 Linux 系统下选择相应的编译器，并编写相应的 makefile 对编译器和编译参数进行配置。

编译及问题处理：对代码尝试进行编译，并对出现的问题进行处理，可能出现的问题包括语法兼容性问题、函数兼容性问题等。

测试运行：编译完成后，与 Windows 平台的模型采用相同的算例进行测试运行，根据错误提示解决测试过程中出现的问题。

结果比对：将 Linux 系统下模型的运行结果与 Windows 系统下模型的运行结果进行对比，确认两者的差异在合理范围内；如果两者差异超出合理范围，需进一步分析差异产生的原因并进行修正。

## 二、模型集成开发

在 Linux 系统上采用 Shell 脚本进行模型集成，采用 Python 语言进行气象数据处理、点源数据处理、面源数据处理以及模拟结果后处理等模块的开发，部分功能（如模拟结果读取）采用 Fortran 语言开发，并编译为 Python 可调用的模块。

业务系统由程序目录（model）、区域模板数据目录（tmplt）、案例目录（case）和模拟结果存放目录（data）构成。见图 18-8。

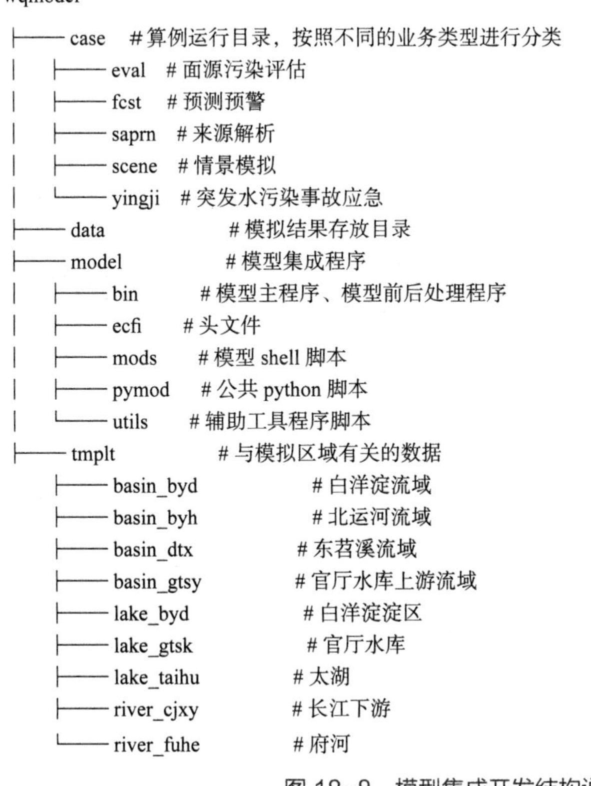

```
wqmodel
├──── case   #算例运行目录，按照不同的业务类型进行分类
|    ├──── eval   #面源污染评估
|    ├──── fcst   #预测预警
|    ├──── saprn   #来源解析
|    ├──── scene   #情景模拟
|    └──── yingji   #突发水污染事故应急
├──── data        #模拟结果存放目录
├──── model       #模型集成程序
|    ├──── bin      #模型主程序、模型前后处理程序
|    ├──── ecfi     #头文件
|    ├──── mods     #模型 shell 脚本
|    ├──── pymod    #公共 python 脚本
|    └──── utils    #辅助工具程序脚本
├──── tmplt       #与模拟区域有关的数据
     ├──── basin_byd      #白洋淀流域
     ├──── basin_byh      #北运河流域
     ├──── basin_dtx      #东苕溪流域
     ├──── basin_gtsy     #官厅水库上游流域
     ├──── lake_byd       #白洋淀淀区
     ├──── lake_gtsk      #官厅水库
     ├──── lake_taihu     #太湖
     ├──── river_cjxy     #长江下游
     └──── river_fuhe     #府河
```

图 18-8 模型集成开发结构说明

## 三、模型运行监控

水环境模型在后台运行，为掌握水环境模型的运行状态，需要对其进行监控，

包括查看作业的运行状态、启动模型作业、结束模型作业、查看作业运行日志等。水环境模型包括气象数据处理、点源数据处理、面源数据处理、模型计算、数据后处理等多个模块，要能够监控到每个模块的状态以及各个模块的起止时间，对于计算时间较长的模块，还能显示其计算进度百分比。模型运行监控采用基于 Web 页面的方式，集成在业务系统平台中。

## （一）模型监控总览

模型监控总览可以查看到各模拟区域的模型总体运行情况，显示处于不同状态的模块数量以及业务系统运行的开始时间、结束时间等。见图 18-9。

图 18-9　模型监控总览界面

## （二）模型监控详情

模型监控详情以树形图的形式显示业务系统的模块构成以及各个模块的运行状态，在此处还可以对业务系统的各个模块进行作业控制以及查看作业运行日志等操作。见图 18-10。

图 18-10 模型监控详情树形图

## （三）模型运行统计

模型运行统计可以查看业务系统各个模块的历史运行情况，包括运行时长、起始时间、结束时间，生成相应的图表。见图 18-11。

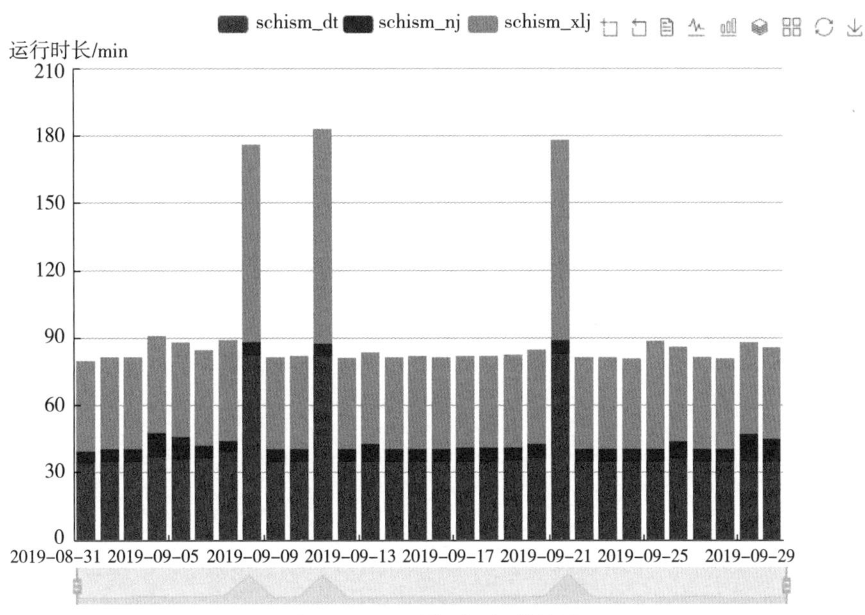


图 18-11 模型运行统计图

### （四）历史记录查询

历史记录查询可以查询业务系统运行的详细记录，包括任务 ID、运行时次、任务名称、序号、开始时间、结束时间、运行时长（s）、进程数和运行节点。见图 18-12。

| 任务ID | 运行时次 | 任务名称 | 序号 | 开始时间 | 结束时间 | 运行时长(s) | 进程数 | 运行节点 |
|---|---|---|---|---|---|---|---|---|
| 1546273800.65601 | 20190101 | init | 1 | 2019-01-01 00:30:00 | 2019-01-01 00:30:01 | 1 | 1 | rmgt2 |
| 1546273802.64040 | 20190101 | efdc/atmos | 1 | 2019-01-01 00:30:02 | 2019-01-01 00:30:02 | 0 | 1 | rmgt2 |
| 1546273802.64069 | 20190101 | efdc/obc | 1 | 2019-01-01 00:30:02 | 2019-01-01 00:30:04 | 2 | 1 | rmgt2 |
| 1546274461.30932 | 20190101 | efdc/simu | 1 | 2019-01-01 00:41:01 | 2019-01-01 03:30:47 | 10186 | 1 | c[2518] |
| 1546284649.40745 | 20190101 | efdc/post | 1 | 2019-01-01 03:30:49 | 2019-01-01 03:33:21 | 152 | 1 | c[2513] |
| 1546360200.50878 | 20190102 | init | 1 | 2019-01-02 00:30:00 | 2019-01-02 00:30:00 | 0 | 1 | rmgt2 |
| 1546360201.54728 | 20190102 | efdc/atmos | 1 | 2019-01-02 00:30:01 | 2019-01-02 00:30:01 | 0 | 1 | rmgt2 |
| 1546360201.54868 | 20190102 | efdc/obc | 1 | 2019-01-02 00:30:01 | 2019-01-02 00:30:03 | 2 | 1 | rmgt2 |
| 1546360868.32629 | 20190102 | efdc/simu | 1 | 2019-01-02 00:41:08 | 2019-01-02 03:31:01 | 10193 | 1 | c[2511] |
| 1546371062.91817 | 20190102 | efdc/post | 1 | 2019-01-02 03:31:02 | 2019-01-02 03:33:49 | 167 | 1 | c[2511] |

Showing 1 to 10 of 1,224 entries　　Previous 1 2 3 4 5 … 123 Next

图 18-12　模型运行历史记录

（苗春葆　张鹏　赵江伟　李茜）

# 第十九章 数据库构建设计与实现

## 第一节　数据库构建技术

数据库技术是信息系统的一个核心技术，是一种计算机辅助管理数据的方法，它研究如何组织和存储数据，如何高效地获取和处理数据。数据库技术是通过研究数据库的结构、存储、设计、管理以及应用的基本理论和实现方法，并利用这些理论来实现对数据库中的数据进行处理、分析和理解的技术。数据库技术是研究、管理和应用数据库的一门软件科学。

数据库技术研究和管理的对象是数据，所以数据库技术所涉及的具体内容主要包括：通过对数据的统一组织和管理，按照指定的结构建立相应的数据库和数据仓库；利用数据库管理系统和数据挖掘系统设计出能够实现对数据库中的数据进行添加、修改、删除、处理、分析、理解、报表和打印等多种功能的数据管理和数据挖掘应用系统；并利用应用管理系统最终实现对数据的处理、分析和理解。

数据库管理系统（Database Management System，DBMS）是为管理数据库而设计的电脑软件系统，一般具有存储、截取、安全保障、备份等基础功能。数据库管理系统可以依据它所支持的数据库模型来进行分类，例如关系式、XML；或依据所支持的计算机类型来进行分类，例如服务器群集、移动电话；或依据所用查询语言来进行分类，例如 SQL、XQuery；或依据性能冲量重点来进行分类，例如最大规模、最高运行速度；抑或其他的分类方式。无论使用哪种分类方式，一些 DBMS 能够跨类别，例如同时支持多种查询语言。

## 第二节　技术方法的选用

选择数据库管理系统时应从以下几个方面予以考虑。

1. 构造数据库的难易程度

需要分析数据库管理系统有没有范式的要求，即是否必须按照系统所规定的数据模型分析现实世界，建立相应的模型；数据库管理语句是否符合国际标准，符合国际标准则便于系统的维护、开发和移植；有没有面向用户的易用的开发工具；所支持的数据库容量，数据库的容量特性决定了数据库管理系统的使用范围。

2. 程序开发的难易程度

有无计算机辅助软件工程工具 CASE——计算机辅助软件工程工具可以帮助开发者根据软件工程的方法提供各开发阶段的维护、编码环境，便于复杂软件的开发和维护。有无第四代语言的开发平台——第四代语言具有非过程语言的设计方法，用户不需编写复杂的过程性代码，易学、易懂、易维护。有无面向对象的设计平台——面向对象的设计思想十分接近人类的逻辑思维方式，便于开发和维护。对多媒体数据类型的支持——多媒体数据需求是今后发展的趋势，支持多媒体数据类型的数据库管理系统必将减少应用程序的开发和维护工作。

3. 数据库管理系统的性能分析

包括性能评估（响应时间、数据单位时间吞吐量）、性能监控（内外存使用情况、系统输入/输出速率、SQL 语句的执行，数据库元组控制）、性能管理（参数设定与调整）。

4. 对分布式应用的支持

包括数据透明与网络透明程度。数据透明是指用户在应用中无须指出数据在网络中的节点，数据库管理系统可以自动搜索网络，提取所需数据；网络透明是指用户在应用中无须指出网络所采用的协议。数据库管理系统自动将数据包转换成相应的协议数据。

5. 并行处理能力

支持多 CPU 模式的系统（SMP、CLUSTER、MPP），负载的分配形式，并行处理的颗粒度、范围。

6. 可移植性和可扩展性

可移植性指垂直扩展和水平扩展能力。垂直扩展要求新平台能够支持低版本的平台，数据库客户机/服务器机制支持集中式管理模式，这样能够保证用户以前的投资和系统；水平扩展要求满足硬件上的扩展，支持从单 CPU 模式转换成多 CPU 并行机模式（SMP、CLUSTER、MPP）。

7. 数据完整性约束

数据完整性是指数据的正确性和一致性保护，包括实体完整性、参照完整性、复杂的事务规则。

### 8. 并发控制功能

对于分布式数据库管理系统，并发控制功能是必不可少的。因为它面临的是多任务分布环境，可能会有多个用户点在同一时刻对同一数据进行读或写操作，为了保证数据的一致性，需要由数据库管理系统的并发控制功能来完成。评价并发控制的标准应从以下几个方面加以考虑：①保证查询结果一致性方法；②数据锁的颗粒度（数据锁的控制范围，表、页、元组等）；③数据锁的升级管理功能。

### 9. 容错能力

异常情况下对数据的容错处理。评价标准：硬件的容错，有无磁盘镜像处理功能软件的容错，有无软件方法。

### 10. 安全性控制

包括安全保密的程度（账户管理、用户权限、网络安全控制、数据约束）。

### 11. 支持多种文字处理能力

包括数据库描述语言的多种文字处理能力（表名、域名、数据）和数据库开发工具对多种文字的支持能力。

### 12. 数据恢复的能力

当突然停电、出现硬件故障、软件失效、病毒或严重错误操作时，系统应提供恢复数据库的功能，如定期转存、恢复备份、回滚等，使系统有能力将数据库恢复到损坏以前的状态。

## 第三节　PostgreSQL 数据库构建实例

PostgreSQL 是以加利福尼亚州大学伯克利分校计算机系开发的 POSTGRES（现在已更名为 PostgreSQL）版本 4.2 为基础的对象关系型数据库管理系统（ORDBMS）。PostgreSQL 支持大部分 SQL 标准并且提供了许多其他现代特性：复杂查询、外键、触发器、视图、事务完整性、MVCC。同样，PostgreSQL 可以用许多方法进行扩展，比如，通过增加新的数据类型、函数、操作符、聚集函数、索引。该数据库的特点如下：

（1）PostgreSQL 是一个自由的对象－关系数据库服务器（数据库管理系统），它在灵活的 BSD 风格许可证下发行。

（2）PostgreSQL 的特性覆盖了 SQL-2/SQL-92 和 SQL-3/SQL-99，包括了目前

世界上最丰富的数据类型的支持，其中有些数据类型连商业数据库都不具备，如 IP 类型和几何类型等。

（3）PostgreSQL 是全功能的自由软件数据库，很长时间以来，PostgreSQL 是唯一支持事务、子查询、多版本并行控制系统（MVCC）、数据完整性检查等特性的一种自由软件的数据库管理系统。

（4）PostgreSQL 采用的是比较经典的 C/S（client/server）结构，也就是一个客户端对应一个服务器端守护进程的模式，这个守护进程分析客户端来的查询请求，生成规划树，进行数据检索并最终把结果格式化输出后返回给客户端。为了便于客户端的程序的编写，由数据库服务器提供了统一的客户端 C 接口。而不同的客户端接口都是源自这个 C 接口，如 ODBC、JDBC、Python、Perl、Tcl、C/C++、ESQL 等，同时需要指出的是，PostgreSQL 对接口的支持也是非常丰富的，几乎支持所有类型的数据库客户端接口。这也是 PostgreSQL 的一大优点。

综上所述，数据库选型采用 PostgreSQL 关系型数据库。

## 一、模型数据字典

### （一）流域模型

子流域输出数据字典如表 19-1 所示。

表 19-1　子流域输出数据字典

| 变量名称 | 中文名称 | 单位 | 维度 | 备注 |
|---|---|---|---|---|
| COD | 化学需氧量 | kg/d | 时间 × 子流域 | |
| $NH_3$-N | 氨氮 | kg/d | 时间 × 子流域 | |
| TP | 总磷 | kg/d | 时间 × 子流域 | |
| TN | 总氮 | kg/d | 时间 × 子流域 | |
| Pb | 铅 | kg/d | 时间 × 子流域 | |
| Cr | 铬 | kg/d | 时间 × 子流域 | |
| Cd | 镉 | kg/d | 时间 × 子流域 | |
| Cu | 铜 | kg/d | 时间 × 子流域 | |
| Zn | 锌 | kg/d | 时间 × 子流域 | |
| As | 砷 | kg/d | 时间 × 子流域 | |
| Hg | 汞 | kg/d | 时间 × 子流域 | |
| Mn | 锰 | kg/d | 时间 × 子流域 | |
| Sb | 锑 | kg/d | 时间 × 子流域 | |

子流域出口输出数据字典见表 19-2。

表 19-2 子流域出口输出数据字典

| 变量名称 | 中文名称 | 单位 | 维度 | 备注 |
| --- | --- | --- | --- | --- |
| ELEV | 水位 | m | 时间 × 子流域 | |
| FLOW | 流量 | $m^3/s$ | 时间 × 子流域 | |
| TEMP | 水温 | ℃ | 时间 × 子流域 | |
| SS | 悬浮物 | g/L | 时间 × 子流域 | |
| DO | 溶解氧 | mg/L | 时间 × 子流域 | |
| $COD_{Cr}$ | 化学需氧量 | mg/L | 时间 × 子流域 | |
| $COD_{Mn}$ | 高锰酸盐指数 | mg/L | 时间 × 子流域 | |
| $BOD_5$ | 五日生化需氧量 | mg/L | 时间 × 子流域 | |
| $NH_3$-N | 氨氮 | mg/L | 时间 × 子流域 | |
| TP | 总磷 | mg/L | 时间 × 子流域 | |
| TN | 总氮 | mg/L | 时间 × 子流域 | |
| Pb | 铅 | kg/d | 时间 × 子流域 | |
| Cr | 铬 | kg/d | 时间 × 子流域 | |
| Cd | 镉 | kg/d | 时间 × 子流域 | |
| Cu | 铜 | kg/d | 时间 × 子流域 | |
| Zn | 锌 | kg/d | 时间 × 子流域 | |
| As | 砷 | kg/d | 时间 × 子流域 | |
| Hg | 汞 | kg/d | 时间 × 子流域 | |
| Mn | 锰 | kg/d | 时间 × 子流域 | |
| Sb | 锑 | kg/d | 时间 × 子流域 | |

## （二）河流模型

河流模型输出数据字典见表 19-3。

表 19-3 河流模型输出数据字典

| 变量名称 | 中文名称 | 单位 | 维度 | 备注 |
| --- | --- | --- | --- | --- |
| ELEV | 水位 | m | 时间 × 水平网格 | |
| TEMP | 水温 | ℃ | 时间 × 水平网格 | |
| UVEL | 东向流速 | m/s | 时间 × 水平网格 | |
| VVEL | 北向流速 | m/s | 时间 × 水平网格 | |
| SS | 悬浮物 | mg/L | 时间 × 水平网格 | |
| DO | 溶解氧 | mg/L | 时间 × 水平网格 | |

续表

| 变量名称 | 中文名称 | 单位 | 维度 | 备注 |
|---|---|---|---|---|
| $COD_{Cr}$ | 化学需氧量 | mg/L | 时间 × 水平网格 | |
| $COD_{Mn}$ | 高锰酸盐指数 | mg/L | 时间 × 水平网格 | |
| $BOD_5$ | 五日生化需氧量 | mg/L | 时间 × 水平网格 | |
| $NH_3$-N | 氨氮 | mg/L | 时间 × 水平网格 | |
| TP | 总磷 | mg/L | 时间 × 水平网格 | |
| TN | 总氮 | mg/L | 时间 × 水平网格 | |
| Pb | 铅 | mg/L | 时间 × 水平网格 | |
| Cr | 铬 | mg/L | 时间 × 水平网格 | |
| Cd | 镉 | mg/L | 时间 × 水平网格 | |
| Cu | 铜 | mg/L | 时间 × 水平网格 | |
| Zn | 锌 | mg/L | 时间 × 水平网格 | |
| As | 砷 | mg/L | 时间 × 水平网格 | |
| Hg | 汞 | mg/L | 时间 × 水平网格 | |
| Mn | 锰 | mg/L | 时间 × 水平网格 | |
| Sb | 锑 | mg/L | 时间 × 水平网格 | |

### （三）湖库模型

湖库模型输出数据字典见表 19-4。

表 19-4　湖库模型输出数据字典

| 变量名称 | 中文名称 | 单位 | 维度 | 备注 |
|---|---|---|---|---|
| ELEV | 水位 | m | 时间 × 水平网格 | |
| FLOW | 流量 | $m^3/s$ | 时间 × 水平网格 | |
| TEMP | 水温 | ℃ | 时间 × 垂向网格 × 水平网格 | |
| UVEL | 东向流速 | m/s | 时间 × 垂向网格 × 水平网格 | |
| VVEL | 北向流速 | m/s | 时间 × 垂向网格 × 水平网格 | |
| SS | 悬浮物 | mg/L | 时间 × 垂向网格 × 水平网格 | |
| DO | 溶解氧 | mg/L | 时间 × 垂向网格 × 水平网格 | |
| $COD_{Cr}$ | 化学需氧量 | mg/L | 时间 × 垂向网格 × 水平网格 | |
| $COD_{Mn}$ | 高锰酸盐指数 | mg/L | 时间 × 垂向网格 × 水平网格 | |
| $BOD_5$ | 五日生化需氧量 | mg/L | 时间 × 垂向网格 × 水平网格 | |
| $NH_3$-N | 氨氮 | mg/L | 时间 × 垂向网格 × 水平网格 | |
| TP | 总磷 | mg/L | 时间 × 垂向网格 × 水平网格 | |

续表

| 变量名称 | 中文名称 | 单位 | 维度 | 备注 |
| --- | --- | --- | --- | --- |
| TN | 总氮 | mg/L | 时间 × 垂向网格 × 水平网格 | |
| CHC | 蓝藻 | mg/L | 时间 × 垂向网格 × 水平网格 | |
| CHG | 绿藻 | mg/L | 时间 × 垂向网格 × 水平网格 | |
| CHD | 硅藻 | mg/L | 时间 × 垂向网格 × 水平网格 | |
| CHL | 叶绿素 | mg/L | 时间 × 垂向网格 × 水平网格 | |
| Pb | 铅 | mg/L | 时间 × 垂向网格 × 水平网格 | |
| Cr | 铬 | mg/L | 时间 × 垂向网格 × 水平网格 | |
| Cd | 镉 | mg/L | 时间 × 垂向网格 × 水平网格 | |
| Cu | 铜 | mg/L | 时间 × 垂向网格 × 水平网格 | |
| Zn | 锌 | mg/L | 时间 × 垂向网格 × 水平网格 | |
| As | 砷 | mg/L | 时间 × 垂向网格 × 水平网格 | |
| Hg | 汞 | mg/L | 时间 × 垂向网格 × 水平网格 | |
| Mn | 锰 | mg/L | 时间 × 垂向网格 × 水平网格 | |
| Sb | 锑 | mg/L | 时间 × 垂向网格 × 水平网格 | |

（四）应急模型

应急模型输出数据字典见表 19-5。

表 19-5　应急模型输出数据字典

| 变量名称 | 中文名称 | 单位 | 维度 | 备注 |
| --- | --- | --- | --- | --- |
| ELEV | 水位 | m | 时间 × 水平网格 | |
| UVEL | 东向流速 | m/s | 时间 × 水平网格 | |
| VVEL | 北向流速 | m/s | 时间 × 水平网格 | |
| AWQP | 泄漏物质浓度 | mg/L | 时间 × 水平网格 | |

## 二、业务数据字典

### （一）预测预警数据表

白洋淀流域 Aquasys 模型数据、HEQM 模型数据、SWAT 模型数据、集合预测数据分别见表 19-6 ~ 表 19-9。其他流域相关模型数据见表 19-10 ~ 表19-17。

表 19-6　白洋淀流域 Aquasys 模型数据

| 数据项名称 | 数据项类型 | 数据项长度 | 主键 | 外键 | 是否必填 | 数据项说明 |
|---|---|---|---|---|---|---|
| codmn | numeric | 12, 2 | no | | no | 高锰酸盐指数 |
| codcr_iwqi | character | varying（10） | no | | no | 化学需氧量分指数 |
| sb | numeric | 12, 2 | no | | no | 锑 |
| mn | numeric | 12, 2 | no | | no | 锰 |
| chl_iwqi | character | varying（10） | no | | no | 叶绿素分指数 |
| cr | numeric | 12, 2 | no | | no | 铬 |
| sb_iwqi | character | varying（10） | no | | no | 锑分指数 |
| was_iwqi | character | varying（10） | no | | no | 砷分指数 |
| tp | numeric | 12, 2 | no | | no | 总磷 |
| tp_iwqi | character | varying（10） | no | | no | 总磷分指数 |
| chg | numeric | 12, 2 | no | | no | 绿藻 |
| zlevel | numeric | 6, 0 | yes | | yes | 数据层高 |
| predictiontime | timestamp | without time zone | yes | | yes | 产品时间 |
| datadate | timestamp | without time zone | yes | | yes | 数据时间 |
| chg_iwqi | character | varying（10） | no | | no | 绿藻分指数 |
| hg | numeric | 12, 2 | no | | no | 汞 |
| bod5 | numeric | 12, 2 | no | | no | 五日生化需氧量 |
| chc_iwqi | character | varying（10） | no | | no | 蓝藻分指数 |
| hg_iwqi | character | varying（10） | no | | no | 汞分指数 |
| tn | numeric | 12, 2 | no | | no | 总氮 |
| mainpol | character | varying（400） | no | | no | 主要污染物 |
| ss | numeric | 12, 2 | no | | no | 悬浮物 |
| wdo | numeric | 12, 2 | no | | no | 溶解氧 |
| tn_iwqi | character | varying（10） | no | | no | 总氮分指数 |
| wqi_level | character | varying（10） | no | | no | 水环境质量等级 |
| cu_iwqi | character | varying（10） | no | | no | 铜分指数 |
| cd | numeric | 12, 2 | no | | no | 镉 |
| elev | numeric | 7, 2 | no | | no | 水位 |

续表

| 数据项名称 | 数据项类型 | 数据项长度 | 主键 | 外键 | 是否必填 | 数据项说明 |
|---|---|---|---|---|---|---|
| uvel | numeric | 7，2 | no | | no | 东向流速 |
| flow | numeric | 7，2 | no | | no | 水流 |
| chc | numeric | 12，2 | no | | no | 蓝藻 |
| pb | numeric | 12，2 | no | | no | 铅 |
| codcr | numeric | 12，2 | no | | no | 化学需氧量 |
| codmn_iwqi | character | varying（10） | no | | no | 高锰酸盐指数分指数 |
| chl | numeric | 12，2 | no | | no | 叶绿素 |
| zn | numeric | 12，2 | no | | no | 锌 |
| was | numeric | 12，2 | no | | no | 砷 |
| nh3n | numeric | 12，2 | no | | no | 氨氮 |
| chd_iwqi | character | varying（10） | no | | no | 硅藻分指数 |
| nh3n_iwqi | character | varying（10） | no | | no | 氨氮分指数 |
| chd | numeric | 12，2 | no | | no | 硅藻 |
| predictioninterval | numeric | 6，0 | yes | | yes | 时效 |
| bod5_iwqi | character | varying（10） | no | | no | 五日生化需氧量分指数 |
| wdo_iwqi | character | varying（10） | no | | no | 溶解氧分指数 |
| temp | numeric | 6，2 | no | | no | 温度 |
| cu | numeric | 12，2 | no | | no | 铜 |
| zn_iwqi | character | varying（10） | no | | no | 锌分指数 |
| wqi | character | varying（10） | no | | no | 水质量指数 |
| cd_iwqi | character | varying（10） | no | | no | 镉分指数 |
| mn_iwqi | character | varying（10） | no | | no | 锰分指数 |
| vel | numeric | 7，2 | no | | no | 流速 |
| cr_iwqi | character | varying（10） | no | | no | 铬分指数 |
| pb_iwqi | character | varying（10） | no | | no | 铅分指数 |
| vvel | numeric | 7，2 | no | | no | 北向流速 |

表 19-7　白洋淀流域 HEQM 模型数据

| 数据项名称 | 数据项类型 | 数据项长度 | 主键 | 外键 | 是否必填 | 数据项说明 |
|---|---|---|---|---|---|---|
| codmn | numeric | 12，2 | no | | no | 高锰酸盐指数 |
| codcr_iwqi | character | varying（10） | no | | no | 化学需氧量分指数 |
| sb | numeric | 12，2 | no | | no | 锑 |
| mn | numeric | 12，2 | no | | no | 锰 |
| chl_iwqi | character | varying（10） | no | | no | 叶绿素分指数 |
| cr | numeric | 12，2 | no | | no | 铬 |
| sb_iwqi | character | varying（10） | no | | no | 锑分指数 |
| was_iwqi | character | varying（10） | no | | no | 砷分指数 |
| tp | numeric | 12，2 | no | | no | 总磷 |
| tp_iwqi | character | varying（10） | no | | no | 总磷分指数 |
| chg | numeric | 12，2 | no | | no | 绿藻 |
| zlevel | numeric | 6，0 | yes | | yes | 数据层高 |
| predictiontime | timestamp | without time zone | yes | | yes | 产品时间 |
| datadate | timestamp | without time zone | yes | | yes | 数据时间 |
| chg_iwqi | character | varying（10） | no | | no | 绿藻分指数 |
| hg | numeric | 12，2 | no | | no | 汞 |
| bod5 | numeric | 12，2 | no | | no | 五日生化需氧量 |
| chc_iwqi | character | varying（10） | no | | no | 蓝藻分指数 |
| hg_iwqi | character | varying（10） | no | | no | 汞分指数 |
| tn | numeric | 12，2 | no | | no | 总氮 |
| mainpol | character | varying（400） | no | | no | 主要污染物 |
| ss | numeric | 12，2 | no | | no | 悬浮物 |
| wdo | numeric | 12，2 | no | | no | 溶解氧 |
| tn_iwqi | character | varying（10） | no | | no | 总氮分指数 |
| wqi_level | character | varying（10） | no | | no | 水环境质量等级 |
| cu_iwqi | character | varying（10） | no | | no | 铜分指数 |
| cd | numeric | 12，2 | no | | no | 镉 |

续表

| 数据项名称 | 数据项类型 | 数据项长度 | 主键 | 外键 | 是否必填 | 数据项说明 |
|---|---|---|---|---|---|---|
| elev | numeric | 7，2 | no | | no | 水位 |
| uvel | numeric | 7，2 | no | | no | 东向流速 |
| flow | numeric | 7，2 | no | | no | 水流 |
| chc | numeric | 12，2 | no | | no | 蓝藻 |
| pb | numeric | 12，2 | no | | no | 铅 |
| codcr | numeric | 12，2 | no | | no | 化学需氧量 |
| codmn_iwqi | character | varying（10） | no | | no | 高锰酸盐指数分指数 |
| chl | numeric | 12，2 | no | | no | 叶绿素 |
| zn | numeric | 12，2 | no | | no | 锌 |
| was | numeric | 12，2 | no | | no | 砷 |
| nh3n | numeric | 12，2 | no | | no | 氨氮 |
| chd_iwqi | character | varying（10） | no | | no | 硅藻分指数 |
| nh3n_iwqi | character | varying（10） | no | | no | 氨氮分指数 |
| chd | numeric | 12，2 | no | | no | 硅藻 |
| predictioninterval | numeric | 6，0 | yes | | yes | 时效 |
| bod5_iwqi | character | varying（10） | no | | no | 五日生化需氧量分指数 |
| wdo_iwqi | character | varying（10） | no | | no | 溶解氧分指数 |
| temp | numeric | 6，2 | no | | no | 温度 |
| cu | numeric | 12，2 | no | | no | 铜 |
| zn_iwqi | character | varying（10） | no | | no | 锌分指数 |
| wqi | character | varying（10） | no | | no | 水质量指数 |
| cd_iwqi | character | varying（10） | no | | no | 镉分指数 |
| mn_iwqi | character | varying（10） | no | | no | 锰分指数 |
| vel | numeric | 7，2 | no | | no | 流速 |
| cr_iwqi | character | varying（10） | no | | no | 铬分指数 |
| pb_iwqi | character | varying（10） | no | | no | 铅分指数 |
| vvel | numeric | 7，2 | no | | no | 北向流速 |

表 19-8　白洋淀流域 SWAT 模型数据

| 数据项名称 | 数据项类型 | 数据项长度 | 主键 | 外键 | 是否必填 | 数据项说明 |
|---|---|---|---|---|---|---|
| codmn | numeric | 12，2 | no | | no | 高锰酸盐指数 |
| codcr_iwqi | character | varying（10） | no | | no | 化学需氧量分指数 |
| sb | numeric | 12，2 | no | | no | 锑 |
| mn | numeric | 12，2 | no | | no | 锰 |
| chl_iwqi | character | varying（10） | no | | no | 叶绿素分指数 |
| cr | numeric | 12，2 | no | | no | 铬 |
| sb_iwqi | character | varying（10） | no | | no | 锑分指数 |
| was_iwqi | character | varying（10） | no | | no | 砷分指数 |
| tp | numeric | 12，2 | no | | no | 总磷 |
| tp_iwqi | character | varying（10） | no | | no | 总磷分指数 |
| chg | numeric | 12，2 | no | | no | 绿藻 |
| zlevel | numeric | 6，0 | yes | | yes | 数据层高 |
| predictiontime | timestamp | without time zone | yes | | yes | 产品时间 |
| datadate | timestamp | without time zone | yes | | yes | 数据时间 |
| chg_iwqi | character | varying（10） | no | | no | 绿藻分指数 |
| hg | numeric | 12，2 | no | | no | 汞 |
| bod5 | numeric | 12，2 | no | | no | 五日生化需氧量 |
| chc_iwqi | character | varying（10） | no | | no | 蓝藻分指数 |
| hg_iwqi | character | varying（10） | no | | no | 汞分指数 |
| tn | numeric | 12，2 | no | | no | 总氮 |
| mainpol | character | varying（400） | no | | no | 主要污染物 |
| ss | numeric | 12，2 | no | | no | 悬浮物 |
| wdo | numeric | 12，2 | no | | no | 溶解氧 |
| tn_iwqi | character | varying（10） | no | | no | 总氮分指数 |
| wqi_level | character | varying（10） | no | | no | 水环境质量等级 |
| cu_iwqi | character | varying（10） | no | | no | 铜分指数 |
| cd | numeric | 12，2 | no | | no | 镉 |

续表

| 数据项名称 | 数据项类型 | 数据项长度 | 主键 | 外键 | 是否必填 | 数据项说明 |
|---|---|---|---|---|---|---|
| elev | numeric | 7，2 | no | | no | 水位 |
| uvel | numeric | 7，2 | no | | no | 东向流速 |
| flow | numeric | 7，2 | no | | no | 水流 |
| chc | numeric | 12，2 | no | | no | 蓝藻 |
| pb | numeric | 12，2 | no | | no | 铅 |
| codcr | numeric | 12，2 | no | | no | 化学需氧量 |
| codmn_iwqi | character | varying（10） | no | | no | 高锰酸盐指数分指数 |
| chl | numeric | 12，2 | no | | no | 叶绿素 |
| zn | numeric | 12，2 | no | | no | 锌 |
| was | numeric | 12，2 | no | | no | 砷 |
| nh3n | numeric | 12，2 | no | | no | 氨氮 |
| chd_iwqi | character | varying（10） | no | | no | 硅藻分指数 |
| nh3n_iwqi | character | varying（10） | no | | no | 氨氮分指数 |
| chd | numeric | 12，2 | no | | no | 硅藻 |
| predictioninterval | numeric | 6，0 | yes | | yes | 时效 |
| bod5_iwqi | character | varying（10） | no | | no | 五日生化需氧量分指数 |
| wdo_iwqi | character | varying（10） | no | | no | 溶解氧分指数 |
| temp | numeric | 6，2 | no | | no | 温度 |
| cu | numeric | 12，2 | no | | no | 铜 |
| zn_iwqi | character | varying（10） | no | | no | 锌分指数 |
| wqi | character | varying（10） | no | | no | 水质量指数 |
| cd_iwqi | character | varying（10） | no | | no | 镉分指数 |
| mn_iwqi | character | varying（10） | no | | no | 锰分指数 |
| vel | numeric | 7，2 | no | | no | 流速 |
| cr_iwqi | character | varying（10） | no | | no | 铬分指数 |
| pb_iwqi | character | varying（10） | no | | no | 铅分指数 |
| vvel | numeric | 7，2 | no | | no | 北向流速 |

表 19-9　白洋淀流域集合预测数据

| 数据项名称 | 数据项类型 | 数据项长度 | 主键 | 外键 | 是否必填 | 数据项说明 |
|---|---|---|---|---|---|---|
| codmn | numeric | 12，2 | no | | no | 高锰酸盐指数 |
| codcr_iwqi | character | varying（10） | no | | no | 化学需氧量分指数 |
| sb | numeric | 12，2 | no | | no | 锑 |
| mn | numeric | 12，2 | no | | no | 锰 |
| chl_iwqi | character | varying（10） | no | | no | 叶绿素分指数 |
| cr | numeric | 12，2 | no | | no | 铬 |
| sb_iwqi | character | varying（10） | no | | no | 锑分指数 |
| was_iwqi | character | varying（10） | no | | no | 砷分指数 |
| tp | numeric | 12，2 | no | | no | 总磷 |
| tp_iwqi | character | varying（10） | no | | no | 总磷分指数 |
| chg | numeric | 12，2 | no | | no | 绿藻 |
| zlevel | numeric | 6，0 | yes | | yes | 数据层高 |
| predictiontime | timestamp | without time zone | yes | | yes | 产品时间 |
| datadate | timestamp | without time zone | yes | | yes | 数据时间 |
| chg_iwqi | character | varying（10） | no | | no | 绿藻分指数 |
| hg | numeric | 12，2 | no | | no | 汞 |
| bod5 | numeric | 12，2 | no | | no | 五日生化需氧量 |
| chc_iwqi | character | varying（10） | no | | no | 蓝藻分指数 |
| hg_iwqi | character | varying（10） | no | | no | 汞分指数 |
| tn | numeric | 12，2 | no | | no | 总氮 |
| mainpol | character | varying（400） | no | | no | 主要污染物 |
| ss | numeric | 12，2 | no | | no | 悬浮物 |
| wdo | numeric | 12，2 | no | | no | 溶解氧 |
| tn_iwqi | character | varying（10） | no | | no | 总氮分指数 |
| wqi_level | character | varying（10） | no | | no | 水环境质量等级 |
| cu_iwqi | character | varying（10） | no | | no | 铜分指数 |

续表

| 数据项名称 | 数据项类型 | 数据项长度 | 主键 | 外键 | 是否必填 | 数据项说明 |
|---|---|---|---|---|---|---|
| cd | numeric | 12，2 | no | | no | 镉 |
| elev | numeric | 7，2 | no | | no | 水位 |
| uvel | numeric | 7，2 | no | | no | 东向流速 |
| flow | numeric | 7，2 | no | | no | 水流 |
| chc | numeric | 12，2 | no | | no | 蓝藻 |
| pb | numeric | 12，2 | no | | no | 铅 |
| codcr | numeric | 12，2 | no | | no | 化学需氧量 |
| codmn_iwqi | character | varying（10） | no | | no | 高锰酸盐指数分指数 |
| chl | numeric | 12，2 | no | | no | 叶绿素 |
| zn | numeric | 12，2 | no | | no | 锌 |
| was | numeric | 12，2 | no | | no | 砷 |
| nh3n | numeric | 12，2 | no | | no | 氨氮 |
| chd_iwqi | character | varying（10） | no | | no | 硅藻分指数 |
| nh3n_iwqi | character | varying（10） | no | | no | 氨氮分指数 |
| chd | numeric | 12，2 | no | | no | 硅藻 |
| predictioninterval | numeric | 6，0 | yes | | yes | 时效 |
| bod5_iwqi | character | varying（10） | no | | no | 五日生化需氧量分指数 |
| wdo_iwqi | character | varying（10） | no | | no | 溶解氧分指数 |
| temp | numeric | 6，2 | no | | no | 温度 |
| cu | numeric | 12，2 | no | | no | 铜 |
| zn_iwqi | character | varying（10） | no | | no | 锌分指数 |
| wqi | character | varying（10） | no | | no | 水质量指数 |
| cd_iwqi | character | varying（10） | no | | no | 镉分指数 |
| mn_iwqi | character | varying（10） | no | | no | 锰分指数 |
| vel | numeric | 7，2 | no | | no | 流速 |
| cr_iwqi | character | varying（10） | no | | no | 铬分指数 |
| pb_iwqi | character | varying（10） | no | | no | 铅分指数 |
| vvel | numeric | 7，2 | no | | no | 北向流速 |

表 19-10　官厅水库上游流域 HEQM 模型数据

| 数据项名称 | 数据项类型 | 数据项长度 | 主键 | 外键 | 是否必填 | 数据项说明 |
|---|---|---|---|---|---|---|
| codmn | numeric | 12，2 | no |  | no | 高锰酸盐指数 |
| codcr_iwqi | character | varying（10） | no |  | no | 化学需氧量分指数 |
| sb | numeric | 12，2 | no |  | no | 锑 |
| mn | numeric | 12，2 | no |  | no | 锰 |
| chl_iwqi | character | varying（10） | no |  | no | 叶绿素分指数 |
| cr | numeric | 12，2 | no |  | no | 铬 |
| sb_iwqi | character | varying（10） | no |  | no | 锑分指数 |
| was_iwqi | character | varying（10） | no |  | no | 砷分指数 |
| tp | numeric | 12，2 | no |  | no | 总磷 |
| tp_iwqi | character | varying（10） | no |  | no | 总磷分指数 |
| chg | numeric | 12，2 | no |  | no | 绿藻 |
| zlevel | numeric | 6，0 | yes |  | yes | 数据层高 |
| predictiontime | timestamp | without time zone | yes |  | yes | 产品时间 |
| datadate | timestamp | without time zone | yes |  | yes | 数据时间 |
| chg_iwqi | character | varying（10） | no |  | no | 绿藻分指数 |
| hg | numeric | 12，2 | no |  | no | 汞 |
| bod5 | numeric | 12，2 | no |  | no | 五日生化需氧量 |
| chc_iwqi | character | varying（10） | no |  | no | 蓝藻分指数 |
| hg_iwqi | character | varying（10） | no |  | no | 汞分指数 |
| tn | numeric | 12，2 | no |  | no | 总氮 |
| mainpol | character | varying（400） | no |  | no | 主要污染物 |
| ss | numeric | 12，2 | no |  | no | 悬浮物 |
| wdo | numeric | 12，2 | no |  | no | 溶解氧 |
| tn_iwqi | character | varying（10） | no |  | no | 总氮分指数 |
| wqi_level | character | varying（10） | no |  | no | 水环境质量等级 |
| cu_iwqi | character | varying（10） | no |  | no | 铜分指数 |
| cd | numeric | 12，2 | no |  | no | 镉 |

续表

| 数据项名称 | 数据项类型 | 数据项长度 | 主键 | 外键 | 是否必填 | 数据项说明 |
|---|---|---|---|---|---|---|
| elev | numeric | 7, 2 | no | | no | 水位 |
| uvel | numeric | 7, 2 | no | | no | 东向流速 |
| flow | numeric | 7, 2 | no | | no | 水流 |
| chc | numeric | 12, 2 | no | | no | 蓝藻 |
| pb | numeric | 12, 2 | no | | no | 铅 |
| codcr | numeric | 12, 2 | no | | no | 化学需氧量 |
| codmn_iwqi | character | varying（10） | no | | no | 高锰酸盐指数分指数 |
| chl | numeric | 12, 2 | no | | no | 叶绿素 |
| zn | numeric | 12, 2 | no | | no | 锌 |
| was | numeric | 12, 2 | no | | no | 砷 |
| nh3n | numeric | 12, 2 | no | | no | 氨氮 |
| chd_iwqi | character | varying（10） | no | | no | 硅藻分指数 |
| nh3n_iwqi | character | varying（10） | no | | no | 氨氮分指数 |
| chd | numeric | 12, 2 | no | | no | 硅藻 |
| predictioninterval | numeric | 6, 0 | yes | | yes | 时效 |
| bod5_iwqi | character | varying（10） | no | | no | 五日生化需氧量分指数 |
| wdo_iwqi | character | varying（10） | no | | no | 溶解氧分指数 |
| temp | numeric | 6, 2 | no | | no | 温度 |
| cu | numeric | 12, 2 | no | | no | 铜 |
| zn_iwqi | character | varying（10） | no | | no | 锌分指数 |
| wqi | character | varying（10） | no | | no | 水质量指数 |
| cd_iwqi | character | varying（10） | no | | no | 镉分指数 |
| mn_iwqi | character | varying（10） | no | | no | 锰分指数 |
| vel | numeric | 7, 2 | no | | no | 流速 |
| cr_iwqi | character | varying（10） | no | | no | 铬分指数 |
| pb_iwqi | character | varying（10） | no | | no | 铅分指数 |
| vvel | numeric | 7, 2 | no | | no | 北向流速 |

表 19-11　北运河流域 SWAT 模型数据

| 数据项名称 | 数据项类型 | 数据项长度 | 主键 | 外键 | 是否必填 | 数据项说明 |
|---|---|---|---|---|---|---|
| codmn | numeric | 12，2 | no | | no | 高锰酸盐指数 |
| codcr_iwqi | character | varying（10） | no | | no | 化学需氧量分指数 |
| sb | numeric | 12，2 | no | | no | 锑 |
| mn | numeric | 12，2 | no | | no | 锰 |
| chl_iwqi | character | varying（10） | no | | no | 叶绿素分指数 |
| cr | numeric | 12，2 | no | | no | 铬 |
| sb_iwqi | character | varying（10） | no | | no | 锑分指数 |
| was_iwqi | character | varying（10） | no | | no | 砷分指数 |
| tp | numeric | 12，2 | no | | no | 总磷 |
| tp_iwqi | character | varying（10） | no | | no | 总磷分指数 |
| chg | numeric | 12，2 | no | | no | 绿藻 |
| zlevel | numeric | 6，0 | yes | | yes | 数据层高 |
| predictiontime | timestamp | without time zone | yes | | yes | 产品时间 |
| datadate | timestamp | without time zone | yes | | yes | 数据时间 |
| chg_iwqi | character | varying（10） | no | | no | 绿藻分指数 |
| hg | numeric | 12，2 | no | | no | 汞 |
| bod5 | numeric | 12，2 | no | | no | 五日生化需氧量 |
| chc_iwqi | character | varying（10） | no | | no | 蓝藻分指数 |
| hg_iwqi | character | varying（10） | no | | no | 汞分指数 |
| tn | numeric | 12，2 | no | | no | 总氮 |
| mainpol | character | varying（400） | no | | no | 主要污染物 |
| ss | numeric | 12，2 | no | | no | 悬浮物 |
| wdo | numeric | 12，2 | no | | no | 溶解氧 |
| tn_iwqi | character | varying（10） | no | | no | 总氮分指数 |
| wqi_level | character | varying（10） | no | | no | 水环境质量等级 |
| cu_iwqi | character | varying（10） | no | | no | 铜分指数 |
| cd | numeric | 12，2 | no | | no | 镉 |

续表

| 数据项名称 | 数据项类型 | 数据项长度 | 主键 | 外键 | 是否必填 | 数据项说明 |
|---|---|---|---|---|---|---|
| elev | numeric | 7，2 | no | | no | 水位 |
| uvel | numeric | 7，2 | no | | no | 东向流速 |
| flow | numeric | 7，2 | no | | no | 水流 |
| chc | numeric | 12，2 | no | | no | 蓝藻 |
| pb | numeric | 12，2 | no | | no | 铅 |
| codcr | numeric | 12，2 | no | | no | 化学需氧量 |
| codmn_iwqi | character | varying（10） | no | | no | 高锰酸盐指数分指数 |
| chl | numeric | 12，2 | no | | no | 叶绿素 |
| zn | numeric | 12，2 | no | | no | 锌 |
| was | numeric | 12，2 | no | | no | 砷 |
| nh3n | numeric | 12，2 | no | | no | 氨氮 |
| chd_iwqi | character | varying（10） | no | | no | 硅藻分指数 |
| nh3n_iwqi | character | varying（10） | no | | no | 氨氮分指数 |
| chd | numeric | 12，2 | no | | no | 硅藻 |
| predictioninterval | numeric | 6，0 | yes | | yes | 时效 |
| bod5_iwqi | character | varying（10） | no | | no | 五日生化需氧量分指数 |
| wdo_iwqi | character | varying（10） | no | | no | 溶解氧分指数 |
| temp | numeric | 6，2 | no | | no | 温度 |
| cu | numeric | 12，2 | no | | no | 铜 |
| zn_iwqi | character | varying（10） | no | | no | 锌分指数 |
| wqi | character | varying（10） | no | | no | 水质量指数 |
| cd_iwqi | character | varying（10） | no | | no | 镉分指数 |
| mn_iwqi | character | varying（10） | no | | no | 锰分指数 |
| vel | numeric | 7，2 | no | | no | 流速 |
| cr_iwqi | character | varying（10） | no | | no | 铬分指数 |
| pb_iwqi | character | varying（10） | no | | no | 铅分指数 |
| vvel | numeric | 7，2 | no | | no | 北向流速 |

表 19-12　东苕溪流域 SWAT 模型数据

| 数据项名称 | 数据项类型 | 数据项长度 | 主键 | 外键 | 是否必填 | 数据项说明 |
|---|---|---|---|---|---|---|
| codmn | numeric | 12, 2 | no | | no | 高锰酸盐指数 |
| codcr_iwqi | character | varying（10） | no | | no | 化学需氧量分指数 |
| sb | numeric | 12, 2 | no | | no | 锑 |
| mn | numeric | 12, 2 | no | | no | 锰 |
| chl_iwqi | character | varying（10） | no | | no | 叶绿素分指数 |
| cr | numeric | 12, 2 | no | | no | 铬 |
| sb_iwqi | character | varying（10） | no | | no | 锑分指数 |
| was_iwqi | character | varying（10） | no | | no | 砷分指数 |
| tp | numeric | 12, 2 | no | | no | 总磷 |
| tp_iwqi | character | varying（10） | no | | no | 总磷分指数 |
| chg | numeric | 12, 2 | no | | no | 绿藻 |
| zlevel | numeric | 6, 0 | yes | | yes | 数据层高 |
| predictiontime | timestamp | without time zone | yes | | yes | 产品时间 |
| datadate | timestamp | without time zone | yes | | yes | 数据时间 |
| chg_iwqi | character | varying（10） | no | | no | 绿藻分指数 |
| hg | numeric | 12, 2 | no | | no | 汞 |
| bod5 | numeric | 12, 2 | no | | no | 五日生化需氧量 |
| chc_iwqi | character | varying（10） | no | | no | 蓝藻分指数 |
| hg_iwqi | character | varying（10） | no | | no | 汞分指数 |
| tn | numeric | 12, 2 | no | | no | 总氮 |
| mainpol | character | varying（400） | no | | no | 主要污染物 |
| ss | numeric | 12, 2 | no | | no | 悬浮物 |
| wdo | numeric | 12, 2 | no | | no | 溶解氧 |
| tn_iwqi | character | varying（10） | no | | no | 总氮分指数 |
| wqi_level | character | varying（10） | no | | no | 水环境质量等级 |
| cu_iwqi | character | varying（10） | no | | no | 铜分指数 |
| cd | numeric | 12, 2 | no | | no | 镉 |

续表

| 数据项名称 | 数据项类型 | 数据项长度 | 主键 | 外键 | 是否必填 | 数据项说明 |
|---|---|---|---|---|---|---|
| elev | numeric | 7，2 | no | | no | 水位 |
| uvel | numeric | 7，2 | no | | no | 东向流速 |
| flow | numeric | 7，2 | no | | no | 水流 |
| chc | numeric | 12，2 | no | | no | 蓝藻 |
| pb | numeric | 12，2 | no | | no | 铅 |
| codcr | numeric | 12，2 | no | | no | 化学需氧量 |
| codmn_iwqi | character | varying（10） | no | | no | 高锰酸盐指数分指数 |
| chl | numeric | 12，2 | no | | no | 叶绿素 |
| zn | numeric | 12，2 | no | | no | 锌 |
| was | numeric | 12，2 | no | | no | 砷 |
| nh3n | numeric | 12，2 | no | | no | 氨氮 |
| chd_iwqi | character | varying（10） | no | | no | 硅藻分指数 |
| nh3n_iwqi | character | varying（10） | no | | no | 氨氮分指数 |
| chd | numeric | 12，2 | no | | no | 硅藻 |
| predictioninterval | numeric | 6，0 | yes | | yes | 时效 |
| bod5_iwqi | character | varying（10） | no | | no | 五日生化需氧量分指数 |
| wdo_iwqi | character | varying（10） | no | | no | 溶解氧分指数 |
| temp | numeric | 6，2 | no | | no | 温度 |
| cu | numeric | 12，2 | no | | no | 铜 |
| zn_iwqi | character | varying（10） | no | | no | 锌分指数 |
| wqi | character | varying（10） | no | | no | 水质量指数 |
| cd_iwqi | character | varying（10） | no | | no | 镉分指数 |
| mn_iwqi | character | varying（10） | no | | no | 锰分指数 |
| vel | numeric | 7，2 | no | | no | 流速 |
| cr_iwqi | character | varying（10） | no | | no | 铬分指数 |
| pb_iwqi | character | varying（10） | no | | no | 铅分指数 |
| vvel | numeric | 7，2 | no | | no | 北向流速 |

表 19-13　长江下游 SELFE-EFDC 模型数据

| 数据项名称 | 数据项类型 | 数据项长度 | 主键 | 外键 | 是否必填 | 数据项说明 |
|---|---|---|---|---|---|---|
| codmn | numeric | 12，2 | no | | no | 高锰酸盐指数 |
| codcr_iwqi | character | varying（10） | no | | no | 化学需氧量分指数 |
| sb | numeric | 12，2 | no | | no | 锑 |
| mn | numeric | 12，2 | no | | no | 锰 |
| chl_iwqi | character | varying（10） | no | | no | 叶绿素分指数 |
| cr | numeric | 12，2 | no | | no | 铬 |
| sb_iwqi | character | varying（10） | no | | no | 锑分指数 |
| was_iwqi | character | varying（10） | no | | no | 砷分指数 |
| tp | numeric | 12，2 | no | | no | 总磷 |
| tp_iwqi | character | varying（10） | no | | no | 总磷分指数 |
| chg | numeric | 12，2 | no | | no | 绿藻 |
| zlevel | numeric | 6，0 | yes | | yes | 数据层高 |
| predictiontime | timestamp | without time zone | yes | | yes | 产品时间 |
| datadate | timestamp | without time zone | yes | | yes | 数据时间 |
| chg_iwqi | character | varying（10） | no | | no | 绿藻分指数 |
| hg | numeric | 12，2 | no | | no | 汞 |
| bod5 | numeric | 12，2 | no | | no | 五日生化需氧量 |
| chc_iwqi | character | varying（10） | no | | no | 蓝藻分指数 |
| hg_iwqi | character | varying（10） | no | | no | 汞分指数 |
| tn | numeric | 12，2 | no | | no | 总氮 |
| mainpol | character | varying（400） | no | | no | 主要污染物 |
| ss | numeric | 12，2 | no | | no | 悬浮物 |
| wdo | numeric | 12，2 | no | | no | 溶解氧 |
| tn_iwqi | character | varying（10） | no | | no | 总氮分指数 |
| wqi_level | character | varying（10） | no | | no | 水环境质量等级 |
| cu_iwqi | character | varying（10） | no | | no | 铜分指数 |
| cd | numeric | 12，2 | no | | no | 镉 |

续表

| 数据项名称 | 数据项类型 | 数据项长度 | 主键 | 外键 | 是否必填 | 数据项说明 |
|---|---|---|---|---|---|---|
| elev | numeric | 7，2 | no | | no | 水位 |
| uvel | numeric | 7，2 | no | | no | 东向流速 |
| flow | numeric | 7，2 | no | | no | 水流 |
| chc | numeric | 12，2 | no | | no | 蓝藻 |
| pb | numeric | 12，2 | no | | no | 铅 |
| codcr | numeric | 12，2 | no | | no | 化学需氧量 |
| codmn_iwqi | character | varying（10） | no | | no | 高锰酸盐指数分指数 |
| chl | numeric | 12，2 | no | | no | 叶绿素 |
| zn | numeric | 12，2 | no | | no | 锌 |
| was | numeric | 12，2 | no | | no | 砷 |
| nh3n | numeric | 12，2 | no | | no | 氨氮 |
| chd_iwqi | character | varying（10） | no | | no | 硅藻分指数 |
| nh3n_iwqi | character | varying（10） | no | | no | 氨氮分指数 |
| chd | numeric | 12，2 | no | | no | 硅藻 |
| predictioninterval | numeric | 6，0 | yes | | yes | 时效 |
| bod5_iwqi | character | varying（10） | no | | no | 五日生化需氧量分指数 |
| wdo_iwqi | character | varying（10） | no | | no | 溶解氧分指数 |
| temp | numeric | 6，2 | no | | no | 温度 |
| cu | numeric | 12，2 | no | | no | 铜 |
| zn_iwqi | character | varying（10） | no | | no | 锌分指数 |
| wqi | character | varying（10） | no | | no | 水质量指数 |
| cd_iwqi | character | varying（10） | no | | no | 镉分指数 |
| mn_iwqi | character | varying（10） | no | | no | 锰分指数 |
| vel | numeric | 7，2 | no | | no | 流速 |
| cr_iwqi | character | varying（10） | no | | no | 铬分指数 |
| pb_iwqi | character | varying（10） | no | | no | 铅分指数 |
| vvel | numeric | 7，2 | no | | no | 北向流速 |

表 19-14　府河 EFDC 模型数据

| 数据项名称 | 数据项类型 | 数据项长度 | 主键 | 外键 | 是否必填 | 数据项说明 |
|---|---|---|---|---|---|---|
| codmn | numeric | 12，2 | no | | no | 高锰酸盐指数 |
| codcr_iwqi | character | varying（10） | no | | no | 化学需氧量分指数 |
| sb | numeric | 12，2 | no | | no | 锑 |
| mn | numeric | 12，2 | no | | no | 锰 |
| chl_iwqi | character | varying（10） | no | | no | 叶绿素分指数 |
| cr | numeric | 12，2 | no | | no | 铬 |
| sb_iwqi | character | varying（10） | no | | no | 锑分指数 |
| was_iwqi | character | varying（10） | no | | no | 砷分指数 |
| tp | numeric | 12，2 | no | | no | 总磷 |
| tp_iwqi | character | varying（10） | no | | no | 总磷分指数 |
| chg | numeric | 12，2 | no | | no | 绿藻 |
| zlevel | numeric | 6，0 | yes | | yes | 数据层高 |
| predictiontime | timestamp | without time zone | yes | | yes | 产品时间 |
| datadate | timestamp | without time zone | yes | | yes | 数据时间 |
| chg_iwqi | character | varying（10） | no | | no | 绿藻分指数 |
| hg | numeric | 12，2 | no | | no | 汞 |
| bod5 | numeric | 12，2 | no | | no | 五日生化需氧量 |
| chc_iwqi | character | varying（10） | no | | no | 蓝藻分指数 |
| hg_iwqi | character | varying（10） | no | | no | 汞分指数 |
| tn | numeric | 12，2 | no | | no | 总氮 |
| mainpol | character | varying（400） | no | | no | 主要污染物 |
| ss | numeric | 12，2 | no | | no | 悬浮物 |
| wdo | numeric | 12，2 | no | | no | 溶解氧 |
| tn_iwqi | character | varying（10） | no | | no | 总氮分指数 |
| wqi_level | character | varying（10） | no | | no | 水环境质量等级 |
| cu_iwqi | character | varying（10） | no | | no | 铜分指数 |
| cd | numeric | 12，2 | no | | no | 镉 |

续表

| 数据项名称 | 数据项类型 | 数据项长度 | 主键 | 外键 | 是否必填 | 数据项说明 |
|---|---|---|---|---|---|---|
| elev | numeric | 7, 2 | no | | no | 水位 |
| uvel | numeric | 7, 2 | no | | no | 东向流速 |
| flow | numeric | 7, 2 | no | | no | 水流 |
| chc | numeric | 12, 2 | no | | no | 蓝藻 |
| pb | numeric | 12, 2 | no | | no | 铅 |
| codcr | numeric | 12, 2 | no | | no | 化学需氧量 |
| codmn_iwqi | character | varying（10） | no | | no | 高锰酸盐指数分指数 |
| chl | numeric | 12, 2 | no | | no | 叶绿素 |
| zn | numeric | 12, 2 | no | | no | 锌 |
| was | numeric | 12, 2 | no | | no | 砷 |
| nh3n | numeric | 12, 2 | no | | no | 氨氮 |
| chd_iwqi | character | varying（10） | no | | no | 硅藻分指数 |
| nh3n_iwqi | character | varying（10） | no | | no | 氨氮分指数 |
| chd | numeric | 12, 2 | no | | no | 硅藻 |
| predictioninterval | numeric | 6, 0 | yes | | yes | 时效 |
| bod5_iwqi | character | varying（10） | no | | no | 五日生化需氧量分指数 |
| wdo_iwqi | character | varying（10） | no | | no | 溶解氧分指数 |
| temp | numeric | 6, 2 | no | | no | 温度 |
| cu | numeric | 12, 2 | no | | no | 铜 |
| zn_iwqi | character | varying（10） | no | | no | 锌分指数 |
| wqi | character | varying（10） | no | | no | 水质量指数 |
| cd_iwqi | character | varying（10） | no | | no | 镉分指数 |
| mn_iwqi | character | varying（10） | no | | no | 锰分指数 |
| vel | numeric | 7, 2 | no | | no | 流速 |
| cr_iwqi | character | varying（10） | no | | no | 铬分指数 |
| pb_iwqi | character | varying（10） | no | | no | 铅分指数 |
| vvel | numeric | 7, 2 | no | | no | 北向流速 |

表 19-15　白洋淀淀区 EFDC 模型数据

| 数据项名称 | 数据项类型 | 数据项长度 | 主键 | 外键 | 是否必填 | 数据项说明 |
|---|---|---|---|---|---|---|
| codmn | numeric | 12，2 | no | | no | 高锰酸盐指数 |
| codcr_iwqi | character | varying（10） | no | | no | 化学需氧量分指数 |
| sb | numeric | 12，2 | no | | no | 锑 |
| mn | numeric | 12，2 | no | | no | 锰 |
| chl_iwqi | character | varying（10） | no | | no | 叶绿素分指数 |
| cr | numeric | 12，2 | no | | no | 铬 |
| sb_iwqi | character | varying（10） | no | | no | 锑分指数 |
| was_iwqi | character | varying（10） | no | | no | 砷分指数 |
| tp | numeric | 12，2 | no | | no | 总磷 |
| tp_iwqi | character | varying（10） | no | | no | 总磷分指数 |
| chg | numeric | 12，2 | no | | no | 绿藻 |
| zlevel | numeric | 6，0 | yes | | yes | 数据层高 |
| predictiontime | timestamp | without time zone | yes | | yes | 产品时间 |
| datadate | timestamp | without time zone | yes | | yes | 数据时间 |
| chg_iwqi | character | varying（10） | no | | no | 绿藻分指数 |
| hg | numeric | 12，2 | no | | no | 汞 |
| bod5 | numeric | 12，2 | no | | no | 五日生化需氧量 |
| chc_iwqi | character | varying（10） | no | | no | 蓝藻分指数 |
| hg_iwqi | character | varying（10） | no | | no | 汞分指数 |
| tn | numeric | 12，2 | no | | no | 总氮 |
| mainpol | character | varying（400） | no | | no | 主要污染物 |
| ss | numeric | 12，2 | no | | no | 悬浮物 |
| wdo | numeric | 12，2 | no | | no | 溶解氧 |
| tn_iwqi | character | varying（10） | no | | no | 总氮分指数 |
| wqi_level | character | varying（10） | no | | no | 水环境质量等级 |
| cu_iwqi | character | varying（10） | no | | no | 铜分指数 |
| cd | numeric | 12，2 | no | | no | 镉 |

续表

| 数据项名称 | 数据项类型 | 数据项长度 | 主键 | 外键 | 是否必填 | 数据项说明 |
|---|---|---|---|---|---|---|
| elev | numeric | 7，2 | no | | no | 水位 |
| uvel | numeric | 7，2 | no | | no | 东向流速 |
| flow | numeric | 7，2 | no | | no | 水流 |
| chc | numeric | 12，2 | no | | no | 蓝藻 |
| pb | numeric | 12，2 | no | | no | 铅 |
| codcr | numeric | 12，2 | no | | no | 化学需氧量 |
| codmn_iwqi | character | varying（10） | no | | no | 高锰酸盐指数分指数 |
| chl | numeric | 12，2 | no | | no | 叶绿素 |
| zn | numeric | 12，2 | no | | no | 锌 |
| was | numeric | 12，2 | no | | no | 砷 |
| nh3n | numeric | 12，2 | no | | no | 氨氮 |
| chd_iwqi | character | varying（10） | no | | no | 硅藻分指数 |
| nh3n_iwqi | character | varying（10） | no | | no | 氨氮分指数 |
| chd | numeric | 12，2 | no | | no | 硅藻 |
| predictioninterval | numeric | 6，0 | yes | | yes | 时效 |
| bod5_iwqi | character | varying（10） | no | | no | 五日生化需氧量分指数 |
| wdo_iwqi | character | varying（10） | no | | no | 溶解氧分指数 |
| temp | numeric | 6，2 | no | | no | 温度 |
| cu | numeric | 12，2 | no | | no | 铜 |
| zn_iwqi | character | varying（10） | no | | no | 锌分指数 |
| wqi | character | varying（10） | no | | no | 水质量指数 |
| cd_iwqi | character | varying（10） | no | | no | 镉分指数 |
| mn_iwqi | character | varying（10） | no | | no | 锰分指数 |
| vel | numeric | 7，2 | no | | no | 流速 |
| cr_iwqi | character | varying（10） | no | | no | 铬分指数 |
| pb_iwqi | character | varying（10） | no | | no | 铅分指数 |
| vvel | numeric | 7，2 | no | | no | 北向流速 |

表 19-16　官厅水库库区 EFDC 模型数据

| 数据项名称 | 数据项类型 | 数据项长度 | 主键 | 外键 | 是否必填 | 数据项说明 |
|---|---|---|---|---|---|---|
| codmn | numeric | 12，2 | no | | no | 高锰酸盐指数 |
| codcr_iwqi | character | varying（10） | no | | no | 化学需氧量分指数 |
| sb | numeric | 12，2 | no | | no | 锑 |
| mn | numeric | 12，2 | no | | no | 锰 |
| chl_iwqi | character | varying（10） | no | | no | 叶绿素分指数 |
| cr | numeric | 12，2 | no | | no | 铬 |
| sb_iwqi | character | varying（10） | no | | no | 锑分指数 |
| was_iwqi | character | varying（10） | no | | no | 砷分指数 |
| tp | numeric | 12，2 | no | | no | 总磷 |
| tp_iwqi | character | varying（10） | no | | no | 总磷分指数 |
| chg | numeric | 12，2 | no | | no | 绿藻 |
| zlevel | numeric | 6，0 | yes | | yes | 数据层高 |
| predictiontime | timestamp | without time zone | yes | | yes | 产品时间 |
| datadate | timestamp | without time zone | yes | | yes | 数据时间 |
| chg_iwqi | character | varying（10） | no | | no | 绿藻分指数 |
| hg | numeric | 12，2 | no | | no | 汞 |
| bod5 | numeric | 12，2 | no | | no | 五日生化需氧量 |
| chc_iwqi | character | varying（10） | no | | no | 蓝藻分指数 |
| hg_iwqi | character | varying（10） | no | | no | 汞分指数 |
| tn | numeric | 12，2 | no | | no | 总氮 |
| mainpol | character | varying（400） | no | | no | 主要污染物 |
| ss | numeric | 12，2 | no | | no | 悬浮物 |
| wdo | numeric | 12，2 | no | | no | 溶解氧 |
| tn_iwqi | character | varying（10） | no | | no | 总氮分指数 |
| wqi_level | character | varying（10） | no | | no | 水环境质量等级 |
| cu_iwqi | character | varying（10） | no | | no | 铜分指数 |
| cd | numeric | 12，2 | no | | no | 镉 |

续表

| 数据项名称 | 数据项类型 | 数据项长度 | 主键 | 外键 | 是否必填 | 数据项说明 |
|---|---|---|---|---|---|---|
| elev | numeric | 7，2 | no | | no | 水位 |
| uvel | numeric | 7，2 | no | | no | 东向流速 |
| flow | numeric | 7，2 | no | | no | 水流 |
| chc | numeric | 12，2 | no | | no | 蓝藻 |
| pb | numeric | 12，2 | no | | no | 铅 |
| codcr | numeric | 12，2 | no | | no | 化学需氧量 |
| codmn_iwqi | character | varying（10） | no | | no | 高锰酸盐指数分指数 |
| chl | numeric | 12，2 | no | | no | 叶绿素 |
| zn | numeric | 12，2 | no | | no | 锌 |
| was | numeric | 12，2 | no | | no | 砷 |
| nh3n | numeric | 12，2 | no | | no | 氨氮 |
| chd_iwqi | character | varying（10） | no | | no | 硅藻分指数 |
| nh3n_iwqi | character | varying（10） | no | | no | 氨氮分指数 |
| chd | numeric | 12，2 | no | | no | 硅藻 |
| predictioninterval | numeric | 6，0 | yes | | yes | 时效 |
| bod5_iwqi | character | varying（10） | no | | no | 五日生化需氧量分指数 |
| wdo_iwqi | character | varying（10） | no | | no | 溶解氧分指数 |
| temp | numeric | 6，2 | no | | no | 温度 |
| cu | numeric | 12，2 | no | | no | 铜 |
| zn_iwqi | character | varying（10） | no | | no | 锌分指数 |
| wqi | character | varying（10） | no | | no | 水质量指数 |
| cd_iwqi | character | varying（10） | no | | no | 镉分指数 |
| mn_iwqi | character | varying（10） | no | | no | 锰分指数 |
| vel | numeric | 7，2 | no | | no | 流速 |
| cr_iwqi | character | varying（10） | no | | no | 铬分指数 |
| pb_iwqi | character | varying（10） | no | | no | 铅分指数 |
| vvel | numeric | 7，2 | no | | no | 北向流速 |

表 19-17　太湖 SELFE-EFDC 模型数据

| 数据项名称 | 数据项类型 | 数据项长度 | 主键 | 外键 | 是否必填 | 数据项说明 |
|---|---|---|---|---|---|---|
| codmn | numeric | 12，2 | no | | no | 高锰酸盐指数 |
| codcr_iwqi | character | varying（10） | no | | no | 化学需氧量分指数 |
| sb | numeric | 12，2 | no | | no | 锑 |
| mn | numeric | 12，2 | no | | no | 锰 |
| chl_iwqi | character | varying（10） | no | | no | 叶绿素分指数 |
| cr | numeric | 12，2 | no | | no | 铬 |
| sb_iwqi | character | varying（10） | no | | no | 锑分指数 |
| was_iwqi | character | varying（10） | no | | no | 砷分指数 |
| tp | numeric | 12，2 | no | | no | 总磷 |
| tp_iwqi | character | varying（10） | no | | no | 总磷分指数 |
| chg | numeric | 12，2 | no | | no | 绿藻 |
| zlevel | numeric | 6，0 | yes | | yes | 数据层高 |
| predictiontime | timestamp | without time zone | yes | | yes | 产品时间 |
| datadate | timestamp | without time zone | yes | | yes | 数据时间 |
| chg_iwqi | character | varying（10） | no | | no | 绿藻分指数 |
| hg | numeric | 12，2 | no | | no | 汞 |
| bod5 | numeric | 12，2 | no | | no | 五日生化需氧量 |
| chc_iwqi | character | varying（10） | no | | no | 蓝藻分指数 |
| hg_iwqi | character | varying（10） | no | | no | 汞分指数 |
| tn | numeric | 12，2 | no | | no | 总氮 |
| mainpol | character | varying（400） | no | | no | 主要污染物 |
| ss | numeric | 12，2 | no | | no | 悬浮物 |
| wdo | numeric | 12，2 | no | | no | 溶解氧 |
| tn_iwqi | character | varying（10） | no | | no | 总氮分指数 |
| wqi_level | character | varying（10） | no | | no | 水环境质量等级 |
| cu_iwqi | character | varying（10） | no | | no | 铜分指数 |
| cd | numeric | 12，2 | no | | no | 镉 |
| elev | numeric | 7，2 | no | | no | 水位 |

续表

| 数据项名称 | 数据项类型 | 数据项长度 | 主键 | 外键 | 是否必填 | 数据项说明 |
|---|---|---|---|---|---|---|
| uvel | numeric | 7，2 | no | | no | 东向流速 |
| flow | numeric | 7，2 | no | | no | 水流 |
| chc | numeric | 12，2 | no | | no | 蓝藻 |
| pb | numeric | 12，2 | no | | no | 铅 |
| codcr | numeric | 12，2 | no | | no | 化学需氧量 |
| codmn_iwqi | character | varying（10） | no | | no | 高锰酸盐指数分指数 |
| chl | numeric | 12，2 | no | | no | 叶绿素 |
| zn | numeric | 12，2 | no | | no | 锌 |
| was | numeric | 12，2 | no | | no | 砷 |
| nh3n | numeric | 12，2 | no | | no | 氨氮 |
| chd_iwqi | character | varying（10） | no | | no | 硅藻分指数 |
| nh3n_iwqi | character | varying（10） | no | | no | 氨氮分指数 |
| chd | numeric | 12，2 | no | | no | 硅藻 |
| predictioninterval | numeric | 6，0 | yes | | yes | 时效 |
| bod5_iwqi | character | varying（10） | no | | no | 五日生化需氧量分指数 |
| wdo_iwqi | character | varying（10） | no | | no | 溶解氧分指数 |
| temp | numeric | 6，2 | no | | no | 温度 |
| cu | numeric | 12，2 | no | | no | 铜 |
| zn_iwqi | character | varying（10） | no | | no | 锌分指数 |
| wqi | character | varying（10） | no | | no | 水质量指数 |
| cd_iwqi | character | varying（10） | no | | no | 镉分指数 |
| mn_iwqi | character | varying（10） | no | | no | 锰分指数 |
| vel | numeric | 7，2 | no | | no | 流速 |
| cr_iwqi | character | varying（10） | no | | no | 铬分指数 |
| pb_iwqi | character | varying（10） | no | | no | 铅分指数 |
| vvel | numeric | 7，2 | no | | no | 北向流速 |

### （二）风险评估数据表

风险评估数据及相关表格见表 19-18 ~ 表 19-23。

表 19-18　点源年度风险评估

| 数据项名称 | 数据项类型 | 数据项长度 | 主键 | 外键 | 是否必填 | 数据项说明 |
|---|---|---|---|---|---|---|
| vol_q | numeric | 6，2 | no | | no | 挥发酚 _ 污染源评价 |
| tpb_q | numeric | 6，2 | no | | no | 总铅 _ 污染源评价 |
| tn_q | numeric | 6，2 | no | | no | 总氮 _ 污染源评价 |
| ss_q | numeric | 6，2 | no | | no | 悬浮物 _ 污染源评价 |
| tcd_i | numeric | 12，2 | no | | no | 总镉 _ 污染当量数评价 |
| datayear | character | varying（4） | yes | | yes | 数据年份 |
| tcd_q | numeric | 6，2 | no | | no | 总镉 _ 污染源评价 |
| tas_q | numeric | 6，2 | no | | no | 总砷 _ 污染源评价 |
| oil_i | numeric | 12，2 | no | | no | 石油类 _ 污染当量数评价 |
| tn_i | numeric | 12，2 | no | | no | 总氮 _ 污染当量数评价 |
| ss_i | numeric | 12，2 | no | | no | 悬浮物 _ 污染当量数评价 |
| tcr_i | numeric | 12，2 | no | | no | 总铬 _ 污染当量数评价 |
| sum_q | numeric | 12，2 | no | | no | 污染源评价总和 |
| tp_q | numeric | 6，2 | no | | no | 总磷 _ 污染源评价 |
| nh3n_q | numeric | 6，2 | no | | no | 氨氮 _ 污染源评价 |
| thg_i | numeric | 12，2 | no | | no | 总汞 _ 污染当量数评价 |
| flu_i | numeric | 12，2 | no | | no | 生化需氧量 _ 污染当量数评价 |
| cod_q | numeric | 6，2 | no | | no | 化学需氧量 _ 污染源评价 |
| ps_code | character | varying（20） | yes | | yes | 点源代码 |
| vol_i | numeric | 12，2 | no | | no | 挥发酚 _ 污染当量数评价 |
| thg_q | numeric | 6，2 | no | | no | 总汞 _ 污染源评价 |
| voil_i | numeric | 12，2 | no | | no | 动植物油 _ 污染当量数评价 |
| bod_i | numeric | 12，2 | no | | no | 生化需氧量 _ 污染当量数评价 |
| tcr_q | numeric | 6，2 | no | | no | 总铬 _ 污染源评价 |
| tp_i | numeric | 12，2 | no | | no | 总磷 _ 污染当量数评价 |
| sfn_i | numeric | 12，2 | no | | no | 生化需氧量 _ 污染当量数评价 |

续表

| 数据项名称 | 数据项类型 | 数据项长度 | 主键 | 外键 | 是否必填 | 数据项说明 |
|---|---|---|---|---|---|---|
| tas_i | numeric | 12，2 | no | | no | 总砷 _ 污染当量数评价 |
| flu_q | numeric | 6，2 | no | | no | 生化需氧量 _ 污染源评价 |
| voil_q | numeric | 6，2 | no | | no | 动植物油 _ 污染源评价 |
| cr6_q | numeric | 6，2 | no | | no | 六价铬 _ 污染源评价 |
| sfn_q | numeric | 6，2 | no | | no | 生化需氧量 _ 污染源评价 |
| bod_q | numeric | 6，2 | no | | no | 生化需氧量 _ 污染源评价 |
| oil_q | numeric | 6，2 | no | | no | 石油类 _ 污染源评价 |
| tpb_i | numeric | 12，2 | no | | no | 总铅 _ 污染当量数评价 |
| cod_i | numeric | 12，2 | no | | no | 化学需氧量 _ 污染当量数评价 |
| nh3n_i | numeric | 12，2 | no | | no | 氨氮 _ 污染当量数评价 |
| sum_i | numeric | 12，2 | no | | no | 污染当量数评价总和 |
| cr6_i | numeric | 12，2 | no | | no | 六价铬 _ 污染当量数评价 |

表 19-19　面源信息

| 数据项名称 | 数据项类型 | 数据项长度 | 主键 | 外键 | 是否必填 | 数据项说明 |
|---|---|---|---|---|---|---|
| popu | numeric | 12，2 | no | | no | 城市人口 |
| popal | numeric | 12，2 | no | | no | 大牲畜存量 |
| area_name | character | varying（100） | no | | no | 区域名称 |
| gdp | numeric | 12，2 | no | | no | GDP |
| domain | character | varying（20） | yes | | yes | 重点研究区代码 |
| fert | numeric | 12，2 | no | | no | 施肥量 |
| pops | numeric | 12，2 | no | | no | 农村人口 |
| popa | numeric | 12，2 | no | | no | 所有牲畜存量 |
| area_code | character | varying（20） | yes | | yes | 区域代码 |
| ingdp | numeric | 12，2 | no | | no | 工业 GDP |
| datayear | character | varying（4） | yes | | yes | 数据年份 |
| popas | numeric | 12，2 | no | | no | 小牲畜存量 |

表 19-20 白洋淀流域 HEQM 模型面源风险评估数据

| 数据项名称 | 数据项类型 | 数据项长度 | 主键 | 外键 | 是否必填 | 数据项说明 |
|---|---|---|---|---|---|---|
| zn | numeric | 12，2 | no | | no | 锌 |
| nh3n | numeric | 12，2 | no | | no | 氨氮 |
| was | numeric | 12，2 | no | | no | 砷 |
| sb | numeric | 12，2 | no | | no | 锑 |
| mn | numeric | 12，2 | no | | no | 锰 |
| cr | numeric | 12，2 | no | | no | 铬 |
| predictioninterval | numeric | 6，0 | yes | | yes | 时效 |
| tp | numeric | 12，2 | no | | no | 总磷 |
| cd | numeric | 12，2 | no | | no | 镉 |
| zlevel | numeric | 6，0 | yes | | yes | 数据层高 |
| predictiontime | timestamp | without time zone | yes | | yes | 产品时间 |
| outlet_code | character | varying（20） | yes | | yes | 出流点标识码 |
| datadate | timestamp | without time zone | yes | | yes | 数据时间 |
| cu | numeric | 12，2 | no | | no | 铜 |
| hg | numeric | 12，2 | no | | no | 汞 |
| tn | numeric | 12，2 | no | | no | 总氮 |
| ss | numeric | 12，2 | no | | no | 悬浮物 |
| pb | numeric | 12，2 | no | | no | 铅 |
| cod | numeric | 12，2 | no | | no | 化学需氧量 |

表 19-21 官厅水库上游流域 HEQM 模型面源风险评估数据

| 数据项名称 | 数据项类型 | 数据项长度 | 主键 | 外键 | 是否必填 | 数据项说明 |
|---|---|---|---|---|---|---|
| zn | numeric | 12，2 | no | | no | 锌 |
| nh3n | numeric | 12，2 | no | | no | 氨氮 |
| was | numeric | 12，2 | no | | no | 砷 |
| sb | numeric | 12，2 | no | | no | 锑 |
| mn | numeric | 12，2 | no | | no | 锰 |
| cr | numeric | 12，2 | no | | no | 铬 |

续表

| 数据项名称 | 数据项类型 | 数据项长度 | 主键 | 外键 | 是否必填 | 数据项说明 |
|---|---|---|---|---|---|---|
| predictioninterval | numeric | 6，0 | yes | | yes | 时效 |
| tp | numeric | 12，2 | no | | no | 总磷 |
| cd | numeric | 12，2 | no | | no | 镉 |
| zlevel | numeric | 6，0 | yes | | yes | 数据层高 |
| predictiontime | timestamp | without time zone | yes | | yes | 产品时间 |
| outlet_code | character | varying（20） | yes | | yes | 出流点标识码 |
| datadate | timestamp | without time zone | yes | | yes | 数据时间 |
| cu | numeric | 12，2 | no | | no | 铜 |
| hg | numeric | 12，2 | no | | no | 汞 |
| tn | numeric | 12，2 | no | | no | 总氮 |
| ss | numeric | 12，2 | no | | no | 悬浮物 |
| pb | numeric | 12，2 | no | | no | 铅 |
| cod | numeric | 12，2 | no | | no | 化学需氧量 |

表 19-22　东苕溪流域 SWAT 模型面源风险评估数据

| 数据项名称 | 数据项类型 | 数据项长度 | 主键 | 外键 | 是否必填 | 数据项说明 |
|---|---|---|---|---|---|---|
| zn | numeric | 12，2 | no | | no | 锌 |
| nh3n | numeric | 12，2 | no | | no | 氨氮 |
| was | numeric | 12，2 | no | | no | 砷 |
| sb | numeric | 12，2 | no | | no | 锑 |
| mn | numeric | 12，2 | no | | no | 锰 |
| cr | numeric | 12，2 | no | | no | 铬 |
| predictioninterval | numeric | 6，0 | yes | | yes | 时效 |
| tp | numeric | 12，2 | no | | no | 总磷 |
| cd | numeric | 12，2 | no | | no | 镉 |
| zlevel | numeric | 6，0 | yes | | yes | 数据层高 |
| predictiontime | timestamp | without time zone | yes | | yes | 产品时间 |

续表

| 数据项名称 | 数据项类型 | 数据项长度 | 主键 | 外键 | 是否必填 | 数据项说明 |
|---|---|---|---|---|---|---|
| outlet_code | character | varying（20） | yes | | yes | 出流点标识码 |
| datadate | timestamp | without time zone | yes | | yes | 数据时间 |
| cu | numeric | 12，2 | no | | no | 铜 |
| hg | numeric | 12，2 | no | | no | 汞 |
| tn | numeric | 12，2 | no | | no | 总氮 |
| ss | numeric | 12，2 | no | | no | 悬浮物 |
| pb | numeric | 12，2 | no | | no | 铅 |
| cod | numeric | 12，2 | no | | no | 化学需氧量 |

表 19-23　北运河流域 SWAT 模型面源风险评估数据

| 数据项名称 | 数据项类型 | 数据项长度 | 主键 | 外键 | 是否必填 | 数据项说明 |
|---|---|---|---|---|---|---|
| zn | numeric | 12，2 | no | | no | 锌 |
| nh3n | numeric | 12，2 | no | | no | 氨氮 |
| was | numeric | 12，2 | no | | no | 砷 |
| sb | numeric | 12，2 | no | | no | 锑 |
| mn | numeric | 12，2 | no | | no | 锰 |
| cr | numeric | 12，2 | no | | no | 铬 |
| predictioninterval | numeric | 6，0 | yes | | yes | 时效 |
| tp | numeric | 12，2 | no | | no | 总磷 |
| cd | numeric | 12，2 | no | | no | 镉 |
| zlevel | numeric | 6，0 | yes | | yes | 数据层高 |
| predictiontime | timestamp | without time zone | yes | | yes | 产品时间 |
| outlet_code | character | varying（20） | yes | | yes | 出流点标识码 |
| datadate | timestamp | without time zone | yes | | yes | 数据时间 |
| cu | numeric | 12，2 | no | | no | 铜 |
| hg | numeric | 12，2 | no | | no | 汞 |
| tn | numeric | 12，2 | no | | no | 总氮 |

续表

| 数据项名称 | 数据项类型 | 数据项长度 | 主键 | 外键 | 是否必填 | 数据项说明 |
|---|---|---|---|---|---|---|
| ss | numeric | 12，2 | no | | no | 悬浮物 |
| pb | numeric | 12，2 | no | | no | 铅 |
| cod | numeric | 12，2 | no | | no | 化学需氧量 |

### （三）溯源分析数据表

相关流域溯源分析数据及表格见表 19-24 ~ 表 19-28。

表 19-24　白洋淀流域溯源分析

| 数据项名称 | 数据项类型 | 数据项长度 | 主键 | 外键 | 是否必填 | 数据项说明 |
|---|---|---|---|---|---|---|
| zn_qiye | numeric | 100，20 | no | | no | 锌 _ 企业 |
| cr_nongcun | numeric | 100，20 | no | | no | 铬 _ 农村 |
| was_nongcun | numeric | 100，20 | no | | no | 砷 _ 农村 |
| codmn_shifei | numeric | 100，20 | no | | no | 高锰酸钾指数 _ 施肥 |
| chl_shifei | numeric | 100，20 | no | | no | 叶绿素 _ 施肥 |
| nh3n_qiye | numeric | 100，20 | no | | no | 氨氮 _ 企业 |
| predictiontime | timestamp | without time zone | yes | | yes | 产品时间 |
| chc_shifei | numeric | 100，20 | no | | no | 蓝藻 _ 施肥 |
| mn_xuqin | numeric | 100，20 | no | | no | 锰 _ 畜禽 |
| cd_shifei | numeric | 100，20 | no | | no | 镉 _ 施肥 |
| datadate | timestamp | without time zone | yes | | yes | 数据时间 |
| zn_shifei | numeric | 100，20 | no | | no | 锌 _ 施肥 |
| cu_shifei | numeric | 100，20 | no | | no | 铜 _ 施肥 |
| cr_qiye | numeric | 100，20 | no | | no | 铬 _ 企业 |
| codmn_nongcun | numeric | 100，20 | no | | no | 高锰酸钾指数 _ 农村 |
| bod5_xuqin | numeric | 100，20 | no | | no | 五日生化需氧量 _ 畜禽 |
| sb_wushui | numeric | 100，20 | no | | no | 锑 _ 污水 |
| chc_wushui | numeric | 100，20 | no | | no | 蓝藻 _ 污水 |
| codcr_xuqin | numeric | 100，20 | no | | no | 化学需氧量 _ 畜禽 |

续表

| 数据项名称 | 数据项类型 | 数据项长度 | 主键 | 外键 | 是否必填 | 数据项说明 |
|---|---|---|---|---|---|---|
| was_xuqin | numeric | 100，20 | no | | no | 砷 _ 畜禽 |
| bod5_nongcun | numeric | 100，20 | no | | no | 五日生化需氧量 _ 农村 |
| mn_nongcun | numeric | 100，20 | no | | no | 锰 _ 农村 |
| cu_wushui | numeric | 100，20 | no | | no | 铜 _ 污水 |
| chd_wushui | numeric | 100，20 | no | | no | 硅藻 _ 污水 |
| hg_nongcun | numeric | 100，20 | no | | no | 汞 _ 农村 |
| pb_wushui | numeric | 100，20 | no | | no | 铅 _ 污水 |
| tp_nongcun | numeric | 100，20 | no | | no | 总磷 _ 农村 |
| chd_qiye | numeric | 100，20 | no | | no | 硅藻 _ 企业 |
| hg_wushui | numeric | 100，20 | no | | no | 汞 _ 污水 |
| chl_xuqin | numeric | 100，20 | no | | no | 叶绿素 _ 畜禽 |
| ss_nongcun | numeric | 100，20 | no | | no | 悬浮物 _ 农村 |
| chl_wushui | numeric | 100，20 | no | | no | 叶绿素 _ 污水 |
| codcr_wushui | numeric | 100，20 | no | | no | 化学需氧量 _ 污水 |
| codcr_qiye | numeric | 100，20 | no | | no | 化学需氧量 _ 企业 |
| tn_xuqin | numeric | 100，20 | no | | no | 总氮 _ 畜禽 |
| tn_wushui | numeric | 100，20 | no | | no | 总氮 _ 污水 |
| sb_xuqin | numeric | 100，20 | no | | no | 锑 _ 畜禽 |
| codcr_nongcun | numeric | 100，20 | no | | no | 化学需氧量 _ 农村 |
| pb_shifei | numeric | 100，20 | no | | no | 铅 _ 施肥 |
| ss_qiye | numeric | 100，20 | no | | no | 悬浮物 _ 企业 |
| wdo_qiye | numeric | 100，20 | no | | no | 溶解氧 _ 企业 |
| cu_qiye | numeric | 100，20 | no | | no | 铜 _ 企业 |
| hg_xuqin | numeric | 100，20 | no | | no | 汞 _ 畜禽 |
| pb_xuqin | numeric | 100，20 | no | | no | 铅 _ 畜禽 |
| wdo_nongcun | numeric | 100，20 | no | | no | 溶解氧 _ 农村 |
| sb_shifei | numeric | 100，20 | no | | no | 锑 _ 施肥 |
| pb_nongcun | numeric | 100，20 | no | | no | 铅 _ 农村 |
| mn_qiye | numeric | 100，20 | no | | no | 锰 _ 企业 |

续表

| 数据项名称 | 数据项类型 | 数据项长度 | 主键 | 外键 | 是否必填 | 数据项说明 |
|---|---|---|---|---|---|---|
| hg_shifei | numeric | 100，20 | no | | no | 汞 _ 施肥 |
| chl_qiye | numeric | 100，20 | no | | no | 叶绿素 _ 企业 |
| bod5_shifei | numeric | 100，20 | no | | no | 五日生化需氧量 _ 施肥 |
| was_shifei | numeric | 100，20 | no | | no | 砷 _ 施肥 |
| codcr_shifei | numeric | 100，20 | no | | no | 化学需氧量 _ 施肥 |
| codmn_wushui | numeric | 100，20 | no | | no | 高锰酸钾指数 _ 污水 |
| ss_wushui | numeric | 100，20 | no | | no | 悬浮物 _ 污水 |
| sb_qiye | numeric | 100，20 | no | | no | 锑 _ 企业 |
| cd_qiye | numeric | 100，20 | no | | no | 镉 _ 企业 |
| zn_wushui | numeric | 100，20 | no | | no | 锌 _ 污水 |
| nh3n_shifei | numeric | 100，20 | no | | no | 氨氮 _ 施肥 |
| chc_xuqin | numeric | 100，20 | no | | no | 蓝藻 _ 畜禽 |
| wdo_shifei | numeric | 100，20 | no | | no | 溶解氧 _ 施肥 |
| mn_wushui | numeric | 100，20 | no | | no | 锰 _ 污水 |
| cd_wushui | numeric | 100，20 | no | | no | 镉 _ 污水 |
| tp_shifei | numeric | 100，20 | no | | no | 总磷 _ 施肥 |
| was_qiye | numeric | 100，20 | no | | no | 砷 _ 企业 |
| wdo_xuqin | numeric | 100，20 | no | | no | 溶解氧 _ 畜禽 |
| cr_xuqin | numeric | 100，20 | no | | no | 铬 _ 畜禽 |
| tn_shifei | numeric | 100，20 | no | | no | 总氮 _ 施肥 |
| zn_xuqin | numeric | 100，20 | no | | no | 锌 _ 畜禽 |
| nh3n_xuqin | numeric | 100，20 | no | | no | 氨氮 _ 畜禽 |
| ss_xuqin | numeric | 100，20 | no | | no | 悬浮物 _ 畜禽 |
| chc_qiye | numeric | 100，20 | no | | no | 蓝藻 _ 企业 |
| nh3n_wushui | numeric | 100，20 | no | | no | 氨氮 _ 污水 |
| cu_xuqin | numeric | 100，20 | no | | no | 铜 _ 畜禽 |
| cr_shifei | numeric | 100，20 | no | | no | 铬 _ 施肥 |
| cu_nongcun | numeric | 100，20 | no | | no | 铜 _ 农村 |
| zn_nongcun | numeric | 100，20 | no | | no | 锌 _ 农村 |

续表

| 数据项名称 | 数据项类型 | 数据项长度 | 主键 | 外键 | 是否必填 | 数据项说明 |
|---|---|---|---|---|---|---|
| con_citycode | character | varying（50） | yes | | yes | 贡献城市代码 |
| pb_qiye | numeric | 100，20 | no | | no | 铅 _ 企业 |
| ac_stationcode | character | varying（50） | yes | | yes | 受体站点代码 |
| tp_qiye | numeric | 100，20 | no | | no | 总磷 _ 企业 |
| cd_nongcun | numeric | 100，20 | no | | no | 镉 _ 农村 |
| sb_nongcun | numeric | 100，20 | no | | no | 锑 _ 农村 |
| ss_shifei | numeric | 100，20 | no | | no | 悬浮物 _ 施肥 |
| tn_qiye | numeric | 100，20 | no | | no | 总氮 _ 企业 |
| cd_xuqin | numeric | 100，20 | no | | no | 镉 _ 畜禽 |
| tp_xuqin | numeric | 100，20 | no | | no | 总磷 _ 畜禽 |
| codmn_xuqin | numeric | 100，20 | no | | no | 高锰酸钾指数 _ 畜禽 |
| predictioninterval | numeric | 11，0 | yes | | yes | 时效 |
| chd_xuqin | numeric | 100，20 | no | | no | 硅藻 _ 畜禽 |
| mn_shifei | numeric | 100，20 | no | | no | 锰 _ 施肥 |
| wdo_wushui | numeric | 100，20 | no | | no | 溶解氧 _ 污水 |
| was_wushui | numeric | 100，20 | no | | no | 砷 _ 污水 |
| chd_shifei | numeric | 100，20 | no | | no | 硅藻 _ 施肥 |
| chd_nongcun | numeric | 100，20 | no | | no | 硅藻 _ 农村 |
| chc_nongcun | numeric | 100，20 | no | | no | 蓝藻 _ 农村 |
| codmn_qiye | numeric | 100，20 | no | | no | 高锰酸钾指数 _ 企业 |
| tp_wushui | numeric | 100，20 | no | | no | 总磷 _ 污水 |
| tn_nongcun | numeric | 100，20 | no | | no | 总氮 _ 农村 |
| chl_nongcun | numeric | 100，20 | no | | no | 叶绿素 _ 农村 |
| hg_qiye | numeric | 100，20 | no | | no | 汞 _ 企业 |
| bod5_wushui | numeric | 100，20 | no | | no | 五日生化需氧量 _ 污水 |
| cr_wushui | numeric | 100，20 | no | | no | 铬 _ 污水 |
| nh3n_nongcun | numeric | 100，20 | no | | no | 氨氮 _ 农村 |
| bod5_qiye | numeric | 100，20 | no | | no | 五日生化需氧量 _ 企业 |

表 19-25 官厅水库上游流域溯源分析

| 数据项名称 | 数据项类型 | 数据项长度 | 主键 | 外键 | 是否必填 | 数据项说明 |
|---|---|---|---|---|---|---|
| zn_qiye | numeric | 100，20 | no | | no | 锌 _ 企业 |
| cr_nongcun | numeric | 100，20 | no | | no | 铬 _ 农村 |
| was_nongcun | numeric | 100，20 | no | | no | 砷 _ 农村 |
| codmn_shifei | numeric | 100，20 | no | | no | 高锰酸钾指数 _ 施肥 |
| chl_shifei | numeric | 100，20 | no | | no | 叶绿素 _ 施肥 |
| nh3n_qiye | numeric | 100，20 | no | | no | 氨氮 _ 企业 |
| predictiontime | timestamp | without time zone | yes | | yes | 产品时间 |
| chc_shifei | numeric | 100，20 | no | | no | 蓝藻 _ 施肥 |
| mn_xuqin | numeric | 100，20 | no | | no | 锰 _ 畜禽 |
| cd_shifei | numeric | 100，20 | no | | no | 镉 _ 施肥 |
| datadate | timestamp | without time zone | yes | | yes | 数据时间 |
| zn_shifei | numeric | 100，20 | no | | no | 锌 _ 施肥 |
| cu_shifei | numeric | 100，20 | no | | no | 铜 _ 施肥 |
| cr_qiye | numeric | 100，20 | no | | no | 铬 _ 企业 |
| codmn_nongcun | numeric | 100，20 | no | | no | 高锰酸钾指数 _ 农村 |
| bod5_xuqin | numeric | 100，20 | no | | no | 五日生化需氧量 _ 畜禽 |
| sb_wushui | numeric | 100，20 | no | | no | 锑 _ 污水 |
| chc_wushui | numeric | 100，20 | no | | no | 蓝藻 _ 污水 |
| codcr_xuqin | numeric | 100，20 | no | | no | 化学需氧量 _ 畜禽 |
| was_xuqin | numeric | 100，20 | no | | no | 砷 _ 畜禽 |
| bod5_nongcun | numeric | 100，20 | no | | no | 五日生化需氧量 _ 农村 |
| mn_nongcun | numeric | 100，20 | no | | no | 锰 _ 农村 |
| cu_wushui | numeric | 100，20 | no | | no | 铜 _ 污水 |
| chd_wushui | numeric | 100，20 | no | | no | 硅藻 _ 污水 |
| hg_nongcun | numeric | 100，20 | no | | no | 汞 _ 农村 |
| pb_wushui | numeric | 100，20 | no | | no | 铅 _ 污水 |
| tp_nongcun | numeric | 100，20 | no | | no | 总磷 _ 农村 |

续表

| 数据项名称 | 数据项类型 | 数据项长度 | 主键 | 外键 | 是否必填 | 数据项说明 |
|---|---|---|---|---|---|---|
| chd_qiye | numeric | 100，20 | no | | no | 硅藻 _ 企业 |
| hg_wushui | numeric | 100，20 | no | | no | 汞 _ 污水 |
| chl_xuqin | numeric | 100，20 | no | | no | 叶绿素 _ 畜禽 |
| ss_nongcun | numeric | 100，20 | no | | no | 悬浮物 _ 农村 |
| chl_wushui | numeric | 100，20 | no | | no | 叶绿素 _ 污水 |
| codcr_wushui | numeric | 100，20 | no | | no | 化学需氧量 _ 污水 |
| codcr_qiye | numeric | 100，20 | no | | no | 化学需氧量 _ 企业 |
| tn_xuqin | numeric | 100，20 | no | | no | 总氮 _ 畜禽 |
| tn_wushui | numeric | 100，20 | no | | no | 总氮 _ 污水 |
| sb_xuqin | numeric | 100，20 | no | | no | 锑 _ 畜禽 |
| codcr_nongcun | numeric | 100，20 | no | | no | 化学需氧量 _ 农村 |
| pb_shifei | numeric | 100，20 | no | | no | 铅 _ 施肥 |
| ss_qiye | numeric | 100，20 | no | | no | 悬浮物 _ 企业 |
| wdo_qiye | numeric | 100，20 | no | | no | 溶解氧 _ 企业 |
| cu_qiye | numeric | 100，20 | no | | no | 铜 _ 企业 |
| hg_xuqin | numeric | 100，20 | no | | no | 汞 _ 畜禽 |
| pb_xuqin | numeric | 100，20 | no | | no | 铅 _ 畜禽 |
| wdo_nongcun | numeric | 100，20 | no | | no | 溶解氧 _ 农村 |
| sb_shifei | numeric | 100，20 | no | | no | 锑 _ 施肥 |
| pb_nongcun | numeric | 100，20 | no | | no | 铅 _ 农村 |
| mn_qiye | numeric | 100，20 | no | | no | 锰 _ 企业 |
| hg_shifei | numeric | 100，20 | no | | no | 汞 _ 施肥 |
| chl_qiye | numeric | 100，20 | no | | no | 叶绿素 _ 企业 |
| bod5_shifei | numeric | 100，20 | no | | no | 五日生化需氧量 _ 施肥 |
| was_shifei | numeric | 100，20 | no | | no | 砷 _ 施肥 |
| codcr_shifei | numeric | 100，20 | no | | no | 化学需氧量 _ 施肥 |
| codmn_wushui | numeric | 100，20 | no | | no | 高锰酸钾指数 _ 污水 |
| ss_wushui | numeric | 100，20 | no | | no | 悬浮物 _ 污水 |
| sb_qiye | numeric | 100，20 | no | | no | 锑 _ 企业 |

续表

| 数据项名称 | 数据项类型 | 数据项长度 | 主键 | 外键 | 是否必填 | 数据项说明 |
| --- | --- | --- | --- | --- | --- | --- |
| cd_qiye | numeric | 100, 20 | no | | no | 镉 _ 企业 |
| zn_wushui | numeric | 100, 20 | no | | no | 锌 _ 污水 |
| nh3n_shifei | numeric | 100, 20 | no | | no | 氨氮 _ 施肥 |
| chc_xuqin | numeric | 100, 20 | no | | no | 蓝藻 _ 畜禽 |
| wdo_shifei | numeric | 100, 20 | no | | no | 溶解氧 _ 施肥 |
| mn_wushui | numeric | 100, 20 | no | | no | 锰 _ 污水 |
| cd_wushui | numeric | 100, 20 | no | | no | 镉 _ 污水 |
| tp_shifei | numeric | 100, 20 | no | | no | 总磷 _ 施肥 |
| was_qiye | numeric | 100, 20 | no | | no | 砷 _ 企业 |
| wdo_xuqin | numeric | 100, 20 | no | | no | 溶解氧 _ 畜禽 |
| cr_xuqin | numeric | 100, 20 | no | | no | 铬 _ 畜禽 |
| tn_shifei | numeric | 100, 20 | no | | no | 总氮 _ 施肥 |
| zn_xuqin | numeric | 100, 20 | no | | no | 锌 _ 畜禽 |
| nh3n_xuqin | numeric | 100, 20 | no | | no | 氨氮 _ 畜禽 |
| ss_xuqin | numeric | 100, 20 | no | | no | 悬浮物 _ 畜禽 |
| chc_qiye | numeric | 100, 20 | no | | no | 蓝藻 _ 企业 |
| nh3n_wushui | numeric | 100, 20 | no | | no | 氨氮 _ 污水 |
| cu_xuqin | numeric | 100, 20 | no | | no | 铜 _ 畜禽 |
| cr_shifei | numeric | 100, 20 | no | | no | 铬 _ 施肥 |
| cu_nongcun | numeric | 100, 20 | no | | no | 铜 _ 农村 |
| zn_nongcun | numeric | 100, 20 | no | | no | 锌 _ 农村 |
| con_citycode | character | varying（50） | yes | | yes | 贡献城市代码 |
| pb_qiye | numeric | 100, 20 | no | | no | 铅 _ 企业 |
| ac_stationcode | character | varying（50） | yes | | yes | 受体站点代码 |
| tp_qiye | numeric | 100, 20 | no | | no | 总磷 _ 企业 |
| cd_nongcun | numeric | 100, 20 | no | | no | 镉 _ 农村 |
| sb_nongcun | numeric | 100, 20 | no | | no | 锑 _ 农村 |
| ss_shifei | numeric | 100, 20 | no | | no | 悬浮物 _ 施肥 |
| tn_qiye | numeric | 100, 20 | no | | no | 总氮 _ 企业 |
| cd_xuqin | numeric | 100, 20 | no | | no | 镉 _ 畜禽 |

续表

| 数据项名称 | 数据项类型 | 数据项长度 | 主键 | 外键 | 是否必填 | 数据项说明 |
| --- | --- | --- | --- | --- | --- | --- |
| tp_xuqin | numeric | 100，20 | no | | no | 总磷 _ 畜禽 |
| codmn_xuqin | numeric | 100，20 | no | | no | 高锰酸钾指数 _ 畜禽 |
| predictioninterval | numeric | 11，0 | yes | | yes | 时效 |
| chd_xuqin | numeric | 100，20 | no | | no | 硅藻 _ 畜禽 |
| mn_shifei | numeric | 100，20 | no | | no | 锰 _ 施肥 |
| wdo_wushui | numeric | 100，20 | no | | no | 溶解氧 _ 污水 |
| was_wushui | numeric | 100，20 | no | | no | 砷 _ 污水 |
| chd_shifei | numeric | 100，20 | no | | no | 硅藻 _ 施肥 |
| chd_nongcun | numeric | 100，20 | no | | no | 硅藻 _ 农村 |
| chc_nongcun | numeric | 100，20 | no | | no | 蓝藻 _ 农村 |
| codmn_qiye | numeric | 100，20 | no | | no | 高锰酸钾指数 _ 企业 |
| tp_wushui | numeric | 100，20 | no | | no | 总磷 _ 污水 |
| tn_nongcun | numeric | 100，20 | no | | no | 总氮 _ 农村 |
| chl_nongcun | numeric | 100，20 | no | | no | 叶绿素 _ 农村 |
| hg_qiye | numeric | 100，20 | no | | no | 汞 _ 企业 |
| bod5_wushui | numeric | 100，20 | no | | no | 五日生化需氧量 _ 污水 |
| cr_wushui | numeric | 100，20 | no | | no | 铬 _ 污水 |
| nh3n_nongcun | numeric | 100，20 | no | | no | 氨氮 _ 农村 |
| bod5_qiye | numeric | 100，20 | no | | no | 五日生化需氧量 _ 企业 |

表 19-26　北运河流域溯源分析

| 数据项名称 | 数据项类型 | 数据项长度 | 主键 | 外键 | 是否必填 | 数据项说明 |
| --- | --- | --- | --- | --- | --- | --- |
| zn_qiye | numeric | 100，20 | no | | no | 锌 _ 企业 |
| cr_nongcun | numeric | 100，20 | no | | no | 铬 _ 农村 |
| was_nongcun | numeric | 100，20 | no | | no | 砷 _ 农村 |
| codmn_shifei | numeric | 100，20 | no | | no | 高锰酸钾指数 _ 施肥 |
| chl_shifei | numeric | 100，20 | no | | no | 叶绿素 _ 施肥 |
| nh3n_qiye | numeric | 100，20 | no | | no | 氨氮 _ 企业 |

续表

| 数据项名称 | 数据项类型 | 数据项长度 | 主键 | 外键 | 是否必填 | 数据项说明 |
|---|---|---|---|---|---|---|
| predictiontime | timestamp | without time zone | yes | | yes | 产品时间 |
| chc_shifei | numeric | 100，20 | no | | no | 蓝藻 _ 施肥 |
| mn_xuqin | numeric | 100，20 | no | | no | 锰 _ 畜禽 |
| cd_shifei | numeric | 100，20 | no | | no | 镉 _ 施肥 |
| datadate | timestamp | without time zone | yes | | yes | 数据时间 |
| zn_shifei | numeric | 100，20 | no | | no | 锌 _ 施肥 |
| cu_shifei | numeric | 100，20 | no | | no | 铜 _ 施肥 |
| cr_qiye | numeric | 100，20 | no | | no | 铬 _ 企业 |
| codmn_nongcun | numeric | 100，20 | no | | no | 高锰酸钾指数 _ 农村 |
| bod5_xuqin | numeric | 100，20 | no | | no | 五日生化需氧量 _ 畜禽 |
| sb_wushui | numeric | 100，20 | no | | no | 锑 _ 污水 |
| chc_wushui | numeric | 100，20 | no | | no | 蓝藻 _ 污水 |
| codcr_xuqin | numeric | 100，20 | no | | no | 化学需氧量 _ 畜禽 |
| was_xuqin | numeric | 100，20 | no | | no | 砷 _ 畜禽 |
| bod5_nongcun | numeric | 100，20 | no | | no | 五日生化需氧量 _ 农村 |
| mn_nongcun | numeric | 100，20 | no | | no | 锰 _ 农村 |
| cu_wushui | numeric | 100，20 | no | | no | 铜 _ 污水 |
| chd_wushui | numeric | 100，20 | no | | no | 硅藻 _ 污水 |
| hg_nongcun | numeric | 100，20 | no | | no | 汞 _ 农村 |
| pb_wushui | numeric | 100，20 | no | | no | 铅 _ 污水 |
| tp_nongcun | numeric | 100，20 | no | | no | 总磷 _ 农村 |
| chd_qiye | numeric | 100，20 | no | | no | 硅藻 _ 企业 |
| hg_wushui | numeric | 100，20 | no | | no | 汞 _ 污水 |
| chl_xuqin | numeric | 100，20 | no | | no | 叶绿素 _ 畜禽 |
| ss_nongcun | numeric | 100，20 | no | | no | 悬浮物 _ 农村 |
| chl_wushui | numeric | 100，20 | no | | no | 叶绿素 _ 污水 |
| codcr_wushui | numeric | 100，20 | no | | no | 化学需氧量 _ 污水 |

续表

| 数据项名称 | 数据项类型 | 数据项长度 | 主键 | 外键 | 是否必填 | 数据项说明 |
|---|---|---|---|---|---|---|
| codcr_qiye | numeric | 100，20 | no | | no | 化学需氧量 _ 企业 |
| tn_xuqin | numeric | 100，20 | no | | no | 总氮 _ 畜禽 |
| tn_wushui | numeric | 100，20 | no | | no | 总氮 _ 污水 |
| sb_xuqin | numeric | 100，20 | no | | no | 锑 _ 畜禽 |
| codcr_nongcun | numeric | 100，20 | no | | no | 化学需氧量 _ 农村 |
| pb_shifei | numeric | 100，20 | no | | no | 铅 _ 施肥 |
| ss_qiye | numeric | 100，20 | no | | no | 悬浮物 _ 企业 |
| wdo_qiye | numeric | 100，20 | no | | no | 溶解氧 _ 企业 |
| cu_qiye | numeric | 100，20 | no | | no | 铜 _ 企业 |
| hg_xuqin | numeric | 100，20 | no | | no | 汞 _ 畜禽 |
| pb_xuqin | numeric | 100，20 | no | | no | 铅 _ 畜禽 |
| wdo_nongcun | numeric | 100，20 | no | | no | 溶解氧 _ 农村 |
| sb_shifei | numeric | 100，20 | no | | no | 锑 _ 施肥 |
| pb_nongcun | numeric | 100，20 | no | | no | 铅 _ 农村 |
| mn_qiye | numeric | 100，20 | no | | no | 锰 _ 企业 |
| hg_shifei | numeric | 100，20 | no | | no | 汞 _ 施肥 |
| chl_qiye | numeric | 100，20 | no | | no | 叶绿素 _ 企业 |
| bod5_shifei | numeric | 100，20 | no | | no | 五日生化需氧量 _ 施肥 |
| was_shifei | numeric | 100，20 | no | | no | 砷 _ 施肥 |
| codcr_shifei | numeric | 100，20 | no | | no | 化学需氧量 _ 施肥 |
| codmn_wushui | numeric | 100，20 | no | | no | 高锰酸钾指数 _ 污水 |
| ss_wushui | numeric | 100，20 | no | | no | 悬浮物 _ 污水 |
| sb_qiye | numeric | 100，20 | no | | no | 锑 _ 企业 |
| cd_qiye | numeric | 100，20 | no | | no | 镉 _ 企业 |
| zn_wushui | numeric | 100，20 | no | | no | 锌 _ 污水 |
| nh3n_shifei | numeric | 100，20 | no | | no | 氨氮 _ 施肥 |
| chc_xuqin | numeric | 100，20 | no | | no | 蓝藻 _ 畜禽 |
| wdo_shifei | numeric | 100，20 | no | | no | 溶解氧 _ 施肥 |
| mn_wushui | numeric | 100，20 | no | | no | 锰 _ 污水 |

续表

| 数据项名称 | 数据项类型 | 数据项长度 | 主键 | 外键 | 是否必填 | 数据项说明 |
|---|---|---|---|---|---|---|
| cd_wushui | numeric | 100，20 | no | | no | 镉 _ 污水 |
| tp_shifei | numeric | 100，20 | no | | no | 总磷 _ 施肥 |
| was_qiye | numeric | 100，20 | no | | no | 砷 _ 企业 |
| wdo_xuqin | numeric | 100，20 | no | | no | 溶解氧 _ 畜禽 |
| cr_xuqin | numeric | 100，20 | no | | no | 铬 _ 畜禽 |
| tn_shifei | numeric | 100，20 | no | | no | 总氮 _ 施肥 |
| zn_xuqin | numeric | 100，20 | no | | no | 锌 _ 畜禽 |
| nh3n_xuqin | numeric | 100，20 | no | | no | 氨氮 _ 畜禽 |
| ss_xuqin | numeric | 100，20 | no | | no | 悬浮物 _ 畜禽 |
| chc_qiye | numeric | 100，20 | no | | no | 蓝藻 _ 企业 |
| nh3n_wushui | numeric | 100，20 | no | | no | 氨氮 _ 污水 |
| cu_xuqin | numeric | 100，20 | no | | no | 铜 _ 畜禽 |
| cr_shifei | numeric | 100，20 | no | | no | 铬 _ 施肥 |
| cu_nongcun | numeric | 100，20 | no | | no | 铜 _ 农村 |
| zn_nongcun | numeric | 100，20 | no | | no | 锌 _ 农村 |
| con_citycode | character | varying（50） | yes | | yes | 贡献城市代码 |
| pb_qiye | numeric | 100，20 | no | | no | 铅 _ 企业 |
| ac_stationcode | character | varying（50） | yes | | yes | 受体站点代码 |
| tp_qiye | numeric | 100，20 | no | | no | 总磷 _ 企业 |
| cd_nongcun | numeric | 100，20 | no | | no | 镉 _ 农村 |
| sb_nongcun | numeric | 100，20 | no | | no | 锑 _ 农村 |
| ss_shifei | numeric | 100，20 | no | | no | 悬浮物 _ 施肥 |
| tn_qiye | numeric | 100，20 | no | | no | 总氮 _ 企业 |
| cd_xuqin | numeric | 100，20 | no | | no | 镉 _ 畜禽 |
| tp_xuqin | numeric | 100，20 | no | | no | 总磷 _ 畜禽 |
| codmn_xuqin | numeric | 100，20 | no | | no | 高锰酸钾指数 _ 畜禽 |
| predictioninterval | numeric | 11，0 | yes | | yes | 时效 |
| chd_xuqin | numeric | 100，20 | no | | no | 硅藻 _ 畜禽 |
| mn_shifei | numeric | 100，20 | no | | no | 锰 _ 施肥 |
| wdo_wushui | numeric | 100，20 | no | | no | 溶解氧 _ 污水 |

续表

| 数据项名称 | 数据项类型 | 数据项长度 | 主键 | 外键 | 是否必填 | 数据项说明 |
|---|---|---|---|---|---|---|
| was_wushui | numeric | 100，20 | no | | no | 砷_污水 |
| chd_shifei | numeric | 100，20 | no | | no | 硅藻_施肥 |
| chd_nongcun | numeric | 100，20 | no | | no | 硅藻_农村 |
| chc_nongcun | numeric | 100，20 | no | | no | 蓝藻_农村 |
| codmn_qiye | numeric | 100，20 | no | | no | 高锰酸钾指数_企业 |
| tp_wushui | numeric | 100，20 | no | | no | 总磷_污水 |
| tn_nongcun | numeric | 100，20 | no | | no | 总氮_农村 |
| chl_nongcun | numeric | 100，20 | no | | no | 叶绿素_农村 |
| hg_qiye | numeric | 100，20 | no | | no | 汞_企业 |
| bod5_wushui | numeric | 100，20 | no | | no | 五日生化需氧量_污水 |
| cr_wushui | numeric | 100，20 | no | | no | 铬_污水 |
| nh3n_nongcun | numeric | 100，20 | no | | no | 氨氮_农村 |
| bod5_qiye | numeric | 100，20 | no | | no | 五日生化需氧量_企业 |

表 19-27　东苕溪流域溯源分析

| 数据项名称 | 数据项类型 | 数据项长度 | 主键 | 外键 | 是否必填 | 数据项说明 |
|---|---|---|---|---|---|---|
| zn_qiye | numeric | 100，20 | no | | no | 锌_企业 |
| cr_nongcun | numeric | 100，20 | no | | no | 铬_农村 |
| was_nongcun | numeric | 100，20 | no | | no | 砷_农村 |
| codmn_shifei | numeric | 100，20 | no | | no | 高锰酸钾指数_施肥 |
| chl_shifei | numeric | 100，20 | no | | no | 叶绿素_施肥 |
| nh3n_qiye | numeric | 100，20 | no | | no | 氨氮_企业 |
| predictiontime | timestamp | without time zone | yes | | yes | 产品时间 |
| chc_shifei | numeric | 100，20 | no | | no | 蓝藻_施肥 |
| mn_xuqin | numeric | 100，20 | no | | no | 锰_畜禽 |
| cd_shifei | numeric | 100，20 | no | | no | 镉_施肥 |
| datadate | timestamp | without time zone | yes | | yes | 数据时间 |

续表

| 数据项名称 | 数据项类型 | 数据项长度 | 主键 | 外键 | 是否必填 | 数据项说明 |
|---|---|---|---|---|---|---|
| zn_shifei | numeric | 100，20 | no | | no | 锌_施肥 |
| cu_shifei | numeric | 100，20 | no | | no | 铜_施肥 |
| cr_qiye | numeric | 100，20 | no | | no | 铬_企业 |
| codmn_nongcun | numeric | 100，20 | no | | no | 高锰酸钾指数_农村 |
| bod5_xuqin | numeric | 100，20 | no | | no | 五日生化需氧量_畜禽 |
| sb_wushui | numeric | 100，20 | no | | no | 锑_污水 |
| chc_wushui | numeric | 100，20 | no | | no | 蓝藻_污水 |
| codcr_xuqin | numeric | 100，20 | no | | no | 化学需氧量_畜禽 |
| was_xuqin | numeric | 100，20 | no | | no | 砷_畜禽 |
| bod5_nongcun | numeric | 100，20 | no | | no | 五日生化需氧量_农村 |
| mn_nongcun | numeric | 100，20 | no | | no | 锰_农村 |
| cu_wushui | numeric | 100，20 | no | | no | 铜_污水 |
| chd_wushui | numeric | 100，20 | no | | no | 硅藻_污水 |
| hg_nongcun | numeric | 100，20 | no | | no | 汞_农村 |
| pb_wushui | numeric | 100，20 | no | | no | 铅_污水 |
| tp_nongcun | numeric | 100，20 | no | | no | 总磷_农村 |
| chd_qiye | numeric | 100，20 | no | | no | 硅藻_企业 |
| hg_wushui | numeric | 100，20 | no | | no | 汞_污水 |
| chl_xuqin | numeric | 100，20 | no | | no | 叶绿素_畜禽 |
| ss_nongcun | numeric | 100，20 | no | | no | 悬浮物_农村 |
| chl_wushui | numeric | 100，20 | no | | no | 叶绿素_污水 |
| codcr_wushui | numeric | 100，20 | no | | no | 化学需氧量_污水 |
| codcr_qiye | numeric | 100，20 | no | | no | 化学需氧量_企业 |
| tn_xuqin | numeric | 100，20 | no | | no | 总氮_畜禽 |
| tn_wushui | numeric | 100，20 | no | | no | 总氮_污水 |
| sb_xuqin | numeric | 100，20 | no | | no | 锑_畜禽 |
| codcr_nongcun | numeric | 100，20 | no | | no | 化学需氧量_农村 |
| pb_shifei | numeric | 100，20 | no | | no | 铅_施肥 |
| ss_qiye | numeric | 100，20 | no | | no | 悬浮物_企业 |

续表

| 数据项名称 | 数据项类型 | 数据项长度 | 主键 | 外键 | 是否必填 | 数据项说明 |
|---|---|---|---|---|---|---|
| wdo_qiye | numeric | 100, 20 | no | | no | 溶解氧 _ 企业 |
| cu_qiye | numeric | 100, 20 | no | | no | 铜 _ 企业 |
| hg_xuqin | numeric | 100, 20 | no | | no | 汞 _ 畜禽 |
| pb_xuqin | numeric | 100, 20 | no | | no | 铅 _ 畜禽 |
| wdo_nongcun | numeric | 100, 20 | no | | no | 溶解氧 _ 农村 |
| sb_shifei | numeric | 100, 20 | no | | no | 锑 _ 施肥 |
| pb_nongcun | numeric | 100, 20 | no | | no | 铅 _ 农村 |
| mn_qiye | numeric | 100, 20 | no | | no | 锰 _ 企业 |
| hg_shifei | numeric | 100, 20 | no | | no | 汞 _ 施肥 |
| chl_qiye | numeric | 100, 20 | no | | no | 叶绿素 _ 企业 |
| bod5_shifei | numeric | 100, 20 | no | | no | 五日生化需氧量 _ 施肥 |
| was_shifei | numeric | 100, 20 | no | | no | 砷 _ 施肥 |
| codcr_shifei | numeric | 100, 20 | no | | no | 化学需氧量 _ 施肥 |
| codmn_wushui | numeric | 100, 20 | no | | no | 高锰酸钾指数 _ 污水 |
| ss_wushui | numeric | 100, 20 | no | | no | 悬浮物 _ 污水 |
| sb_qiye | numeric | 100, 20 | no | | no | 锑 _ 企业 |
| cd_qiye | numeric | 100, 20 | no | | no | 镉 _ 企业 |
| zn_wushui | numeric | 100, 20 | no | | no | 锌 _ 污水 |
| nh3n_shifei | numeric | 100, 20 | no | | no | 氨氮 _ 施肥 |
| chc_xuqin | numeric | 100, 20 | no | | no | 蓝藻 _ 畜禽 |
| wdo_shifei | numeric | 100, 20 | no | | no | 溶解氧 _ 施肥 |
| mn_wushui | numeric | 100, 20 | no | | no | 锰 _ 污水 |
| cd_wushui | numeric | 100, 20 | no | | no | 镉 _ 污水 |
| tp_shifei | numeric | 100, 20 | no | | no | 总磷 _ 施肥 |
| was_qiye | numeric | 100, 20 | no | | no | 砷 _ 企业 |
| wdo_xuqin | numeric | 100, 20 | no | | no | 溶解氧 _ 畜禽 |
| cr_xuqin | numeric | 100, 20 | no | | no | 铬 _ 畜禽 |
| tn_shifei | numeric | 100, 20 | no | | no | 总氮 _ 施肥 |
| zn_xuqin | numeric | 100, 20 | no | | no | 锌 _ 畜禽 |

续表

| 数据项名称 | 数据项类型 | 数据项长度 | 主键 | 外键 | 是否必填 | 数据项说明 |
|---|---|---|---|---|---|---|
| nh3n_xuqin | numeric | 100，20 | no | | no | 氨氮 _ 畜禽 |
| ss_xuqin | numeric | 100，20 | no | | no | 悬浮物 _ 畜禽 |
| chc_qiye | numeric | 100，20 | no | | no | 蓝藻 _ 企业 |
| nh3n_wushui | numeric | 100，20 | no | | no | 氨氮 _ 污水 |
| cu_xuqin | numeric | 100，20 | no | | no | 铜 _ 畜禽 |
| cr_shifei | numeric | 100，20 | no | | no | 铬 _ 施肥 |
| cu_nongcun | numeric | 100，20 | no | | no | 铜 _ 农村 |
| zn_nongcun | numeric | 100，20 | no | | no | 锌 _ 农村 |
| con_citycode | character | varying（50） | yes | | yes | 贡献城市代码 |
| pb_qiye | numeric | 100，20 | no | | no | 铅 _ 企业 |
| ac_stationcode | character | varying（50） | yes | | yes | 受体站点代码 |
| tp_qiye | numeric | 100，20 | no | | no | 总磷 _ 企业 |
| cd_nongcun | numeric | 100，20 | no | | no | 镉 _ 农村 |
| sb_nongcun | numeric | 100，20 | no | | no | 锑 _ 农村 |
| ss_shifei | numeric | 100，20 | no | | no | 悬浮物 _ 施肥 |
| tn_qiye | numeric | 100，20 | no | | no | 总氮 _ 企业 |
| cd_xuqin | numeric | 100，20 | no | | no | 镉 _ 畜禽 |
| tp_xuqin | numeric | 100，20 | no | | no | 总磷 _ 畜禽 |
| codmn_xuqin | numeric | 100，20 | no | | no | 高锰酸钾指数 _ 畜禽 |
| predictioninterval | numeric | 11，0 | yes | | yes | 时效 |
| chd_xuqin | numeric | 100，20 | no | | no | 硅藻 _ 畜禽 |
| mn_shifei | numeric | 100，20 | no | | no | 锰 _ 施肥 |
| wdo_wushui | numeric | 100，20 | no | | no | 溶解氧 _ 污水 |
| was_wushui | numeric | 100，20 | no | | no | 砷 _ 污水 |
| chd_shifei | numeric | 100，20 | no | | no | 硅藻 _ 施肥 |
| chd_nongcun | numeric | 100，20 | no | | no | 硅藻 _ 农村 |
| chc_nongcun | numeric | 100，20 | no | | no | 蓝藻 _ 农村 |
| codmn_qiye | numeric | 100，20 | no | | no | 高锰酸钾指数 _ 企业 |
| tp_wushui | numeric | 100，20 | no | | no | 总磷 _ 污水 |
| tn_nongcun | numeric | 100，20 | no | | no | 总氮 _ 农村 |

续表

| 数据项名称 | 数据项类型 | 数据项长度 | 主键 | 外键 | 是否必填 | 数据项说明 |
|---|---|---|---|---|---|---|
| chl_nongcun | numeric | 100，20 | no | | no | 叶绿素 _ 农村 |
| hg_qiye | numeric | 100，20 | no | | no | 汞 _ 企业 |
| bod5_wushui | numeric | 100，20 | no | | no | 五日生化需氧量 _ 污水 |
| cr_wushui | numeric | 100，20 | no | | no | 铬 _ 污水 |
| nh3n_nongcun | numeric | 100，20 | no | | no | 氨氮 _ 农村 |
| bod5_qiye | numeric | 100，20 | no | | no | 五日生化需氧量 _ 企业 |

表 19-28 长江下游溯源分析

| 数据项名称 | 数据项类型 | 数据项长度 | 主键 | 外键 | 是否必填 | 数据项说明 |
|---|---|---|---|---|---|---|
| zn_qiye | numeric | 100，20 | no | | no | 锌 _ 企业 |
| cr_nongcun | numeric | 100，20 | no | | no | 铬 _ 农村 |
| was_nongcun | numeric | 100，20 | no | | no | 砷 _ 农村 |
| codmn_shifei | numeric | 100，20 | no | | no | 高锰酸钾指数 _ 施肥 |
| chl_shifei | numeric | 100，20 | no | | no | 叶绿素 _ 施肥 |
| nh3n_qiye | numeric | 100，20 | no | | no | 氨氮 _ 企业 |
| predictiontime | timestamp | without time zone | yes | | yes | 产品时间 |
| chc_shifei | numeric | 100，20 | no | | no | 蓝藻 _ 施肥 |
| mn_xuqin | numeric | 100，20 | no | | no | 锰 _ 畜禽 |
| cd_shifei | numeric | 100，20 | no | | no | 镉 _ 施肥 |
| datadate | timestamp | without time zone | yes | | yes | 数据时间 |
| zn_shifei | numeric | 100，20 | no | | no | 锌 _ 施肥 |
| cu_shifei | numeric | 100，20 | no | | no | 铜 _ 施肥 |
| cr_qiye | numeric | 100，20 | no | | no | 铬 _ 企业 |
| codmn_nongcun | numeric | 100，20 | no | | no | 高锰酸钾指数 _ 农村 |
| bod5_xuqin | numeric | 100，20 | no | | no | 五日生化需氧量 _ 畜禽 |
| sb_wushui | numeric | 100，20 | no | | no | 锑 _ 污水 |

续表

| 数据项名称 | 数据项类型 | 数据项长度 | 主键 | 外键 | 是否必填 | 数据项说明 |
|---|---|---|---|---|---|---|
| chc_wushui | numeric | 100，20 | no | | no | 蓝藻 _ 污水 |
| codcr_xuqin | numeric | 100，20 | no | | no | 化学需氧量 _ 畜禽 |
| was_xuqin | numeric | 100，20 | no | | no | 砷 _ 畜禽 |
| bod5_nongcun | numeric | 100，20 | no | | no | 五日生化需氧量 _ 农村 |
| mn_nongcun | numeric | 100，20 | no | | no | 锰 _ 农村 |
| cu_wushui | numeric | 100，20 | no | | no | 铜 _ 污水 |
| chd_wushui | numeric | 100，20 | no | | no | 硅藻 _ 污水 |
| hg_nongcun | numeric | 100，20 | no | | no | 汞 _ 农村 |
| pb_wushui | numeric | 100，20 | no | | no | 铅 _ 污水 |
| tp_nongcun | numeric | 100，20 | no | | no | 总磷 _ 农村 |
| chd_qiye | numeric | 100，20 | no | | no | 硅藻 _ 企业 |
| hg_wushui | numeric | 100，20 | no | | no | 汞 _ 污水 |
| chl_xuqin | numeric | 100，20 | no | | no | 叶绿素 _ 畜禽 |
| ss_nongcun | numeric | 100，20 | no | | no | 悬浮物 _ 农村 |
| chl_wushui | numeric | 100，20 | no | | no | 叶绿素 _ 污水 |
| codcr_wushui | numeric | 100，20 | no | | no | 化学需氧量 _ 污水 |
| codcr_qiye | numeric | 100，20 | no | | no | 化学需氧量 _ 企业 |
| tn_xuqin | numeric | 100，20 | no | | no | 总氮 _ 畜禽 |
| tn_wushui | numeric | 100，20 | no | | no | 总氮 _ 污水 |
| sb_xuqin | numeric | 100，20 | no | | no | 锑 _ 畜禽 |
| codcr_nongcun | numeric | 100，20 | no | | no | 化学需氧量 _ 农村 |
| pb_shifei | numeric | 100，20 | no | | no | 铅 _ 施肥 |
| ss_qiye | numeric | 100，20 | no | | no | 悬浮物 _ 企业 |
| wdo_qiye | numeric | 100，20 | no | | no | 溶解氧 _ 企业 |
| cu_qiye | numeric | 100，20 | no | | no | 铜 _ 企业 |
| hg_xuqin | numeric | 100，20 | no | | no | 汞 _ 畜禽 |
| pb_xuqin | numeric | 100，20 | no | | no | 铅 _ 畜禽 |
| wdo_nongcun | numeric | 100，20 | no | | no | 溶解氧 _ 农村 |
| sb_shifei | numeric | 100，20 | no | | no | 锑 _ 施肥 |

续表

| 数据项名称 | 数据项类型 | 数据项长度 | 主键 | 外键 | 是否必填 | 数据项说明 |
|---|---|---|---|---|---|---|
| pb_nongcun | numeric | 100, 20 | no | | no | 铅 _ 农村 |
| mn_qiye | numeric | 100, 20 | no | | no | 锰 _ 企业 |
| hg_shifei | numeric | 100, 20 | no | | no | 汞 _ 施肥 |
| chl_qiye | numeric | 100, 20 | no | | no | 叶绿素 _ 企业 |
| bod5_shifei | numeric | 100, 20 | no | | no | 五日生化需氧量 _ 施肥 |
| was_shifei | numeric | 100, 20 | no | | no | 砷 _ 施肥 |
| codcr_shifei | numeric | 100, 20 | no | | no | 化学需氧量 _ 施肥 |
| codmn_wushui | numeric | 100, 20 | no | | no | 高锰酸钾指数 _ 污水 |
| ss_wushui | numeric | 100, 20 | no | | no | 悬浮物 _ 污水 |
| sb_qiye | numeric | 100, 20 | no | | no | 锑 _ 企业 |
| cd_qiye | numeric | 100, 20 | no | | no | 镉 _ 企业 |
| zn_wushui | numeric | 100, 20 | no | | no | 锌 _ 污水 |
| nh3n_shifei | numeric | 100, 20 | no | | no | 氨氮 _ 施肥 |
| chc_xuqin | numeric | 100, 20 | no | | no | 蓝藻 _ 畜禽 |
| wdo_shifei | numeric | 100, 20 | no | | no | 溶解氧 _ 施肥 |
| mn_wushui | numeric | 100, 20 | no | | no | 锰 _ 污水 |
| cd_wushui | numeric | 100, 20 | no | | no | 镉 _ 污水 |
| tp_shifei | numeric | 100, 20 | no | | no | 总磷 _ 施肥 |
| was_qiye | numeric | 100, 20 | no | | no | 砷 _ 企业 |
| wdo_xuqin | numeric | 100, 20 | no | | no | 溶解氧 _ 畜禽 |
| cr_xuqin | numeric | 100, 20 | no | | no | 铬 _ 畜禽 |
| tn_shifei | numeric | 100, 20 | no | | no | 总氮 _ 施肥 |
| zn_xuqin | numeric | 100, 20 | no | | no | 锌 _ 畜禽 |
| nh3n_xuqin | numeric | 100, 20 | no | | no | 氨氮 _ 畜禽 |
| ss_xuqin | numeric | 100, 20 | no | | no | 悬浮物 _ 畜禽 |
| chc_qiye | numeric | 100, 20 | no | | no | 蓝藻 _ 企业 |
| nh3n_wushui | numeric | 100, 20 | no | | no | 氨氮 _ 污水 |
| cu_xuqin | numeric | 100, 20 | no | | no | 铜 _ 畜禽 |
| cr_shifei | numeric | 100, 20 | no | | no | 铬 _ 施肥 |

续表

| 数据项名称 | 数据项类型 | 数据项长度 | 主键 | 外键 | 是否必填 | 数据项说明 |
|---|---|---|---|---|---|---|
| cu_nongcun | numeric | 100，20 | no | | no | 铜 _ 农村 |
| zn_nongcun | numeric | 100，20 | no | | no | 锌 _ 农村 |
| con_citycode | character | varying（50） | yes | | yes | 贡献城市代码 |
| pb_qiye | numeric | 100，20 | no | | no | 铅 _ 企业 |
| ac_stationcode | character | varying（50） | yes | | yes | 受体站点代码 |
| tp_qiye | numeric | 100，20 | no | | no | 总磷 _ 企业 |
| cd_nongcun | numeric | 100，20 | no | | no | 镉 _ 农村 |
| sb_nongcun | numeric | 100，20 | no | | no | 锑 _ 农村 |
| ss_shifei | numeric | 100，20 | no | | no | 悬浮物 _ 施肥 |
| tn_qiye | numeric | 100，20 | no | | no | 总氮 _ 企业 |
| cd_xuqin | numeric | 100，20 | no | | no | 镉 _ 畜禽 |
| tp_xuqin | numeric | 100，20 | no | | no | 总磷 _ 畜禽 |
| codmn_xuqin | numeric | 100，20 | no | | no | 高锰酸钾指数 _ 畜禽 |
| predictioninterval | numeric | 11，0 | yes | | yes | 时效 |
| chd_xuqin | numeric | 100，20 | no | | no | 硅藻 _ 畜禽 |
| mn_shifei | numeric | 100，20 | no | | no | 锰 _ 施肥 |
| wdo_wushui | numeric | 100，20 | no | | no | 溶解氧 _ 污水 |
| was_wushui | numeric | 100，20 | no | | no | 砷 _ 污水 |
| chd_shifei | numeric | 100，20 | no | | no | 硅藻 _ 施肥 |
| chd_nongcun | numeric | 100，20 | no | | no | 硅藻 _ 农村 |
| chc_nongcun | numeric | 100，20 | no | | no | 蓝藻 _ 农村 |
| codmn_qiye | numeric | 100，20 | no | | no | 高锰酸钾指数 _ 企业 |
| tp_wushui | numeric | 100，20 | no | | no | 总磷 _ 污水 |
| tn_nongcun | numeric | 100，20 | no | | no | 总氮 _ 农村 |
| chl_nongcun | numeric | 100，20 | no | | no | 叶绿素 _ 农村 |
| hg_qiye | numeric | 100，20 | no | | no | 汞 _ 企业 |
| bod5_wushui | numeric | 100，20 | no | | no | 五日生化需氧量 _ 污水 |
| cr_wushui | numeric | 100，20 | no | | no | 铬 _ 污水 |
| nh3n_nongcun | numeric | 100，20 | no | | no | 氨氮 _ 农村 |
| bod5_qiye | numeric | 100，20 | no | | no | 五日生化需氧量 _ 企业 |

### （四）应急分析数据表

污染应急案例参数、边界见表 19-29、表 19-30。

表 19-29 污染应急案例参数

| 数据项名称 | 数据项类型 | 数据项长度 | 主键 | 外键 | 是否必填 | 数据项说明 |
|---|---|---|---|---|---|---|
| pol_lon | numeric | 10，4 | yes | | yes | 污染源坐标经度 |
| run_hours | numeric | 10，4 | yes | | yes | 持续时间 |
| clip_geometry | text | None，None | no | | no | 裁剪多边形 |
| start_time | timestamp | without time zone | yes | | yes | 开始时间 |
| mix_coef | numeric | 16，6 | no | | no | 混合系数 |
| out_hours | numeric | 10，4 | yes | | yes | 输出时间间隔 |
| case_type | integer | 32，0 | no | | no | 应急扩散类型 |
| sat_conc | numeric | 16，6 | no | | no | 饱和浓度 |
| evap_rate | numeric | 16，6 | no | | no | 挥发速率 |
| pol_lat | numeric | 10，4 | yes | | yes | 污染源坐标纬度 |
| case_name | character | varying（200） | yes | | yes | 案例名称 |
| case_status | integer | 32，0 | no | | no | 案例运行状态 |
| pol_name | character | varying（50） | yes | | yes | 污染物类型 |
| oil_density | numeric | 16，6 | no | | no | 油类密度 |
| watershed | character | varying（100） | no | | no | 涉及流域 |
| is_oil_float | integer | 32，0 | no | | no | 是否为油类 |
| case_creator | character | varying（50） | yes | | yes | 案例创建人 |
| case_id | character | varying（100） | yes | | yes | 案例 ID |
| settling_velo | numeric | 16，6 | no | | no | 沉降速率 |
| case_createtime | timestamp | without time zone | yes | | yes | 案例创建时间 |
| degrade_rate | numeric | 16，6 | no | | no | 分解速率 |

表 19-30 污染应急案例边界

| 数据项名称 | 数据项类型 | 数据项长度 | 主键 | 外键 | 是否必填 | 数据项说明 |
|---|---|---|---|---|---|---|
| leakage_time | timestamp | without time zone | yes | | yes | 泄漏时间 |
| bd_geometry | text | None，None | no | | no | 边界几何坐标 |

续表

| 数据项名称 | 数据项类型 | 数据项长度 | 主键 | 外键 | 是否必填 | 数据项说明 |
|---|---|---|---|---|---|---|
| bd_value | numeric | 16，6 | no | | no | 边界流量 / 水位 值 |
| bd_name | character | varying（50） | yes | | yes | 边界名称 |
| case_id | character | varying（100） | yes | | yes | 案例 ID |
| wind_x | numeric | 10，4 | yes | | yes | X 轴方向风速 |
| wind_y | numeric | 10，4 | yes | | yes | Y 轴方向风速 |
| pol_quantity | numeric | 16，6 | no | | no | 污染物泄漏量 |
| bd_type | integer | 32，0 | no | | no | 边界类型 |

### （五）情景模拟数据表

情景模拟数据及相关表格见表 19-31 ~ 表 19-34。

表 19-31　情景基本信息

| 数据项名称 | 数据项类型 | 数据项长度 | 主键 | 外键 | 是否必填 | 数据项说明 |
|---|---|---|---|---|---|---|
| wrain | numeric | 8，2 | no | | no | 累计降水量 |
| ctime | timestamp | without time zone | no | | no | 创建时间 |
| group_id | character | varying（50） | yes | | yes | 情景组 ID |
| creator | character | varying（50） | no | | no | 创建者 |
| wspeed | numeric | 8，2 | no | | no | 平均风速 |
| id | character | varying（20） | yes | | yes | 序号 |
| name | character | varying（150） | no | | no | 情景名称 |
| wyear | character | varying（4） | no | | no | 气象年份 |
| desc | character | varying（500） | no | | no | 描述 |
| status | numeric | 2，0 | no | | no | 运行状态 |

表 19-32　情景模拟结果信息

| 数据项名称 | 数据项类型 | 数据项长度 | 主键 | 外键 | 是否必填 | 数据项说明 |
|---|---|---|---|---|---|---|
| codmn | numeric | 12，2 | no | | no | 高锰酸盐指数 |
| codcr_iwqi | character | varying（10） | no | | no | 化学需氧量分指数 |

续表

| 数据项名称 | 数据项类型 | 数据项长度 | 主键 | 外键 | 是否必填 | 数据项说明 |
|---|---|---|---|---|---|---|
| sb | numeric | 12，2 | no | | no | 锑 |
| mn | numeric | 12，2 | no | | no | 锰 |
| chl_iwqi | character | varying（10） | no | | no | 叶绿素分指数 |
| cr | numeric | 12，2 | no | | no | 铬 |
| sb_iwqi | character | varying（10） | no | | no | 锑分指数 |
| was_iwqi | character | varying（10） | no | | no | 砷分指数 |
| tp | numeric | 12，2 | no | | no | 总磷 |
| tp_iwqi | character | varying（10） | no | | no | 总磷分指数 |
| chg | numeric | 12，2 | no | | no | 绿藻 |
| zlevel | numeric | 6，0 | yes | | yes | 数据层高 |
| predictiontime | timestamp | without time zone | yes | | yes | 产品时间 |
| datadate | timestamp | without time zone | yes | | yes | 数据时间 |
| chg_iwqi | character | varying（10） | no | | no | 绿藻分指数 |
| hg | numeric | 12，2 | no | | no | 汞 |
| bod5 | numeric | 12，2 | no | | no | 五日生化需氧量 |
| chc_iwqi | character | varying（10） | no | | no | 蓝藻分指数 |
| hg_iwqi | character | varying（10） | no | | no | 汞分指数 |
| tn | numeric | 12，2 | no | | no | 总氮 |
| mainpol | character | varying（400） | no | | no | 主要污染物 |
| ss | numeric | 12，2 | no | | no | 悬浮物 |
| wdo | numeric | 12，2 | no | | no | 溶解氧 |
| tn_iwqi | character | varying（10） | no | | no | 总氮分指数 |
| wqi_level | character | varying（10） | no | | no | 水环境质量等级 |
| cu_iwqi | character | varying（10） | no | | no | 铜分指数 |
| cd | numeric | 12，2 | no | | no | 镉 |
| elev | numeric | 7，2 | no | | no | 水位 |
| chc | numeric | 12，2 | no | | no | 蓝藻 |

续表

| 数据项名称 | 数据项类型 | 数据项长度 | 主键 | 外键 | 是否必填 | 数据项说明 |
|---|---|---|---|---|---|---|
| pb | numeric | 12，2 | no | | no | 铅 |
| codcr | numeric | 12，2 | no | | no | 化学需氧量 |
| codmn_iwqi | character | varying（10） | no | | no | 高锰酸盐指数分指数 |
| chl | numeric | 12，2 | no | | no | 叶绿素 |
| zn | numeric | 12，2 | no | | no | 锌 |
| was | numeric | 12，2 | no | | no | 砷 |
| nh3n | numeric | 12，2 | no | | no | 氨氮 |
| chd_iwqi | character | varying（10） | no | | no | 硅藻分指数 |
| nh3n_iwqi | character | varying（10） | no | | no | 氨氮分指数 |
| chd | numeric | 12，2 | no | | no | 硅藻 |
| predictioninterval | numeric | 6，0 | yes | | yes | 时效 |
| bod5_iwqi | character | varying（10） | no | | no | 五日生化需氧量分指数 |
| as_code | character | varying（20） | yes | | yes | 自动站标识码 |
| wdo_iwqi | character | varying（10） | no | | no | 溶解氧分指数 |
| temp | numeric | 6，2 | no | | no | 温度 |
| cu | numeric | 12，2 | no | | no | 铜 |
| zn_iwqi | character | varying（10） | no | | no | 锌分指数 |
| wqi | character | varying（10） | no | | no | 水质量指数 |
| cd_iwqi | character | varying（10） | no | | no | 镉分指数 |
| mn_iwqi | character | varying（10） | no | | no | 锰分指数 |
| vel | numeric | 7，2 | no | | no | 流速 |
| cr_iwqi | character | varying（10） | no | | no | 铬分指数 |
| pb_iwqi | character | varying（10） | no | | no | 铅分指数 |
| vvel | numeric | 7，2 | no | | no | 北向流速 |
| uvel | numeric | 7，2 | no | | no | 东向流速 |
| flow | numeric | 7，2 | no | | no | 水流 |

表 19-33 情景组信息

| 数据项名称 | 数据项类型 | 数据项长度 | 主键 | 外键 | 是否必填 | 数据项说明 |
|---|---|---|---|---|---|---|
| cunit_basin_name | character | varying（100） | no | | no | 控制单元流域名称 |
| ctime | timestamp | without time zone | no | | no | 创建时间 |
| starttime | timestamp | without time zone | no | | no | 开始时间 |
| cunit_basin_code | character | varying（50） | no | | no | 控制单元流域代码 |
| id | character | varying（20） | yes | | yes | 序号 |
| endtime | timestamp | without time zone | no | | no | 结束时间 |
| cunit_pvoname | character | varying（50） | no | | no | 控制单元所在省名称 |
| desc | character | varying（500） | no | | no | 描述 |
| cunit_code | character | varying（50） | no | | no | 控制单元代码 |
| cunit_name | character | varying（150） | no | | no | 控制单元名称 |
| cunit_procode | character | varying（50） | no | | no | 控制单元所在省代码 |
| creator | character | varying（50） | no | | no | 创建者 |
| gtype | numeric | 16，0 | no | | no | 情景组类型 |
| name | character | varying（150） | no | | no | 情景名称 |

表 19-34 情景削减信息

| 数据项名称 | 数据项类型 | 数据项长度 | 主键 | 外键 | 是否必填 | 数据项说明 |
|---|---|---|---|---|---|---|
| ctype | character | varying（2） | no | | no | 削减类型 |
| scene_id | character | varying（20） | no | | no | 情景 ID |
| fac | numeric | 5，2 | no | | no | 削减系数 |
| countycode | character | varying（20） | no | | no | 区县代码 |
| cutobj | character | varying（30） | no | | no | 削减源 |

### （六）水环境容量数据表

水环境容量数据表见表 19-35。

表 19-35　水环境容量

| 数据项名称 | 数据项类型 | 数据项长度 | 主键 | 外键 | 是否必填 | 数据项说明 |
|---|---|---|---|---|---|---|
| cod_opacity | numeric | 12，2 | no | | no | 化学需氧量 - 环境容量 |
| nh3n_opacity | numeric | 12，2 | no | | no | 氨氮 - 环境容量 |
| reach_code | character | varying( 20 ) | no | | no | 河段代码 |
| cod_ratio | numeric | 3，2 | no | | no | 化学需氧量 - 排放量 / 环境容量 |
| nh3n_emi | numeric | 12，2 | no | | no | 氨氮 - 排放量 |
| cod_emi | numeric | 12，2 | no | | no | 化学需氧量 - 排放量 |
| nh3n_ratio | numeric | 3，2 | no | | no | 氨氮 - 排放量 / 环境容量 |
| datadate | timestamp | without time zone | no | | no | 数据时间 |

（七）多源信息数据表

气象、水质、水文等信息数据见表 19-36 ~ 表 19-39。

表 19-36　研究区气象信息

| 数据项名称 | 数据项类型 | 数据项长度 | 主键 | 外键 | 是否必填 | 数据项说明 |
|---|---|---|---|---|---|---|
| rain | numeric | 12, 2 | no | | no | 雨量 |
| datayear | character | varying（4） | yes | | yes | 数据年份 |
| windspeed | numeric | 12, 2 | no | | no | 风速 |
| domain | character | varying（20） | yes | | yes | 重点研究区代码 |

表 19-37　气象数据

| 数据项名称 | 数据项类型 | 数据项长度 | 主键 | 外键 | 是否必填 | 数据项说明 |
|---|---|---|---|---|---|---|
| tem_2m_24h_max | numeric | 12, 2 | no | | no | 日均 2m 最大温度 |
| windspeed_10m_max_time | timestamp | without time zone | no | | no | 10m 最大风速出现时间 |
| pressure_24h | numeric | 6, 0 | no | | no | 日均气压 |
| rain_24h_total | numeric | 12, 2 | no | | no | 日均降水总量 |
| tem_2m_min_time | timestamp | without time zone | no | | no | 2m 最小温度出现时间 |

续表

| 数据项名称 | 数据项类型 | 数据项长度 | 主键 | 外键 | 是否必填 | 数据项说明 |
|---|---|---|---|---|---|---|
| windspeed_10m_24h_mean | numeric | 12，2 | no | | no | 10m 日均风速 |
| stationcode | character | varying（50） | yes | | yes | 站点代码 |
| monitordate | timestamp | without time zone | yes | | yes | 监测时间 |
| hum_2m_24h | numeric | 6，0 | no | | no | 2m 日均湿度 |
| hum_2m_max_time | timestamp | without time zone | no | | no | 2m 最大湿度出现时间 |
| hum_2m_min_time | timestamp | without time zone | no | | no | 2m 最小湿度出现时间 |
| windspeed_10m_min_time | timestamp | without time zone | no | | no | 10m 最小风速出现时间 |
| windspeed_10m_24h_max | numeric | 12，2 | no | | no | 10m 日均最大风速 |
| tem_2m_max_time | timestamp | without time zone | no | | no | 2m 最大温度出现时间 |
| tem_2m_24h_min | numeric | 12，2 | no | | no | 日均 2m 最小温度 |
| visib_24h_min | numeric | 12，2 | no | | no | 日均最小能见度 |
| windspeed_10m_24h | numeric | 12，2 | no | | no | 10m 日均风速 |
| visib_24h_max | numeric | 12，2 | no | | no | 日均最大能见度 |
| visib_max_time | timestamp | without time zone | no | | no | 最大能见度出现时间 |
| visib_min_time | timestamp | without time zone | no | | no | 最小能见度出现时间 |
| hum_2m_24h_max | numeric | 6，0 | no | | no | 2m 日均最大湿度 |
| hum_2m_24h_min | numeric | 6，0 | no | | no | 2m 日均最小湿度 |
| windspeed_10m_24h_min | numeric | 12，2 | no | | no | 10m 日均最小风速 |
| tem_2m_24h | numeric | 12，2 | no | | no | 日均 2m 温度 |
| visib_24h | numeric | 12，2 | no | | no | 日均能见度 |
| winddirect_10m_24h_main | character | varying（50） | no | | no | 10m 日均主导风向 |
| winddirect_10m_24h | numeric | 6，0 | no | | no | 10m 日均风向 |
| dewpoint_24h | numeric | 12，2 | no | | no | 日均露点 |

表 19-38 水质监测数据

| 数据项名称 | 数据项类型 | 数据项长度 | 主键 | 外键 | 是否必填 | 数据项说明 |
|---|---|---|---|---|---|---|
| cyanide | numeric | 20，6 | no | | no | 氰化物 |
| elecon | numeric | 20，6 | no | | no | 电导率 |
| nitrate_iwqi | character | varying（20） | no | | no | 硝酸盐分指数 |
| cd_iwqi | character | varying（20） | no | | no | 镉分指数 |
| elecon_iwqi | character | varying（20） | no | | no | 电导率分指数 |
| mn_iwqi | character | varying（20） | no | | no | 锰分指数 |
| watery | numeric | 20，6 | no | | no | 流量 |
| cr_iwqi | character | varying（20） | no | | no | 铬分指数 |
| pb_iwqi | character | varying（20） | no | | no | 铅分指数 |
| chl | numeric | 20，6 | no | | no | 叶绿素 |
| fluoride_iwqi | character | varying（20） | no | | no | 氟化物分指数 |
| datadate | timestamp | without time zone | yes | | yes | 数据时间 |
| nitrate | numeric | 20，6 | no | | no | 硝酸盐 |
| nitrite_iwqi | character | varying（20） | no | | no | 亚硝酸盐分指数 |
| salinity_iwqi | character | varying（20） | no | | no | 盐度分指数 |
| silicate | numeric | 20，6 | no | | no | 硅酸盐 |
| fecalcoliform | numeric | 20，6 | no | | no | 粪大肠菌群 |
| mainpol | character | varying（400） | no | | no | 主要污染物 |
| codmn_iwqi | character | varying（20） | no | | no | 高锰酸盐指数分指数 |
| transparency_iwqi | character | varying（20） | no | | no | 透明度分指数 |
| ph_iwqi | character | varying（20） | no | | no | 酸碱度分指数 |
| watertem | numeric | 20，6 | no | | no | 水温 |
| cu | numeric | 20，6 | no | | no | 铜 |
| nh3n_iwqi | character | varying（20） | no | | no | 氨氮分指数 |
| petroleum | numeric | 20，6 | no | | no | 石油类 |
| surfanionic_iwqi | character | varying（20） | no | | no | 阴离子表面活性剂分指数 |
| ph | numeric | 20，6 | no | | no | 酸碱度 |
| domain | character | varying（20） | yes | | yes | 重点研究区代码 |
| bod5_iwqi | character | varying（20） | no | | no | 五日生化需氧量分指数 |

续表

| 数据项名称 | 数据项类型 | 数据项长度 | 主键 | 外键 | 是否必填 | 数据项说明 |
|---|---|---|---|---|---|---|
| chloride | numeric | 20，6 | no | | no | 氯化物 |
| wdo_iwqi | character | varying（20） | no | | no | 溶解氧分指数 |
| was | numeric | 20，6 | no | | no | 砷 |
| nh3n | numeric | 20，6 | no | | no | 氨氮 |
| zn | numeric | 20，6 | no | | no | 锌 |
| nitrite | numeric | 20，6 | no | | no | 亚硝酸盐 |
| zn_iwqi | character | varying（20） | no | | no | 锌分指数 |
| se_iwqi | character | varying（20） | no | | no | 硒分指数 |
| fecalcoliform_iwqi | character | varying（20） | no | | no | 粪大肠菌群分指数 |
| cyanide_iwqi | character | varying（20） | no | | no | 氰化物分指数 |
| tn_iwqi | character | varying（20） | no | | no | 总氮分指数 |
| sulfide_iwqi | character | varying（20） | no | | no | 硫化物分指数 |
| wqi_level | character | varying（20） | no | | no | 水环境质量等级 |
| chloride_iwqi | character | varying（20） | no | | no | 氯化物分指数 |
| cu_iwqi | character | varying（20） | no | | no | 铜分指数 |
| pb | numeric | 20，6 | no | | no | 铅 |
| salinity | numeric | 20，6 | no | | no | 盐度 |
| sulfate | numeric | 20，6 | no | | no | 硫酸盐 |
| cd | numeric | 20，6 | no | | no | 镉 |
| fe_iwqi | character | varying（20） | no | | no | 铁分指数 |
| silicate_iwqi | character | varying（20） | no | | no | 硅酸盐分指数 |
| hg | numeric | 20，6 | no | | no | 汞 |
| surfanionic | numeric | 20，6 | no | | no | 阴离子表面活性剂 |
| codcr_iwqi | character | varying（20） | no | | no | 化学需氧量分指数 |
| bod5 | numeric | 20，6 | no | | no | 五日生化需氧量 |
| turbidity | numeric | 20，6 | no | | no | 浊度 |
| chl_iwqi | character | varying（20） | no | | no | 叶绿素分指数 |
| was_iwqi | character | varying（20） | no | | no | 砷分指数 |
| fluoride | numeric | 20，6 | no | | no | 氟化物 |
| tn | numeric | 20，6 | no | | no | 总氮 |
| tp_iwqi | character | varying（20） | no | | no | 总磷分指数 |

续表

| 数据项名称 | 数据项类型 | 数据项长度 | 主键 | 外键 | 是否必填 | 数据项说明 |
|---|---|---|---|---|---|---|
| wdo | numeric | 20, 6 | no | | no | 溶解氧 |
| se | numeric | 20, 6 | no | | no | 硒 |
| codmn | numeric | 20, 6 | no | | no | 高锰酸盐指数 |
| waterlevel | numeric | 20, 6 | no | | no | 水位 |
| sulfate_iwqi | character | varying（20） | no | | no | 硫酸盐分指数 |
| petroleum_iwqi | character | varying（20） | no | | no | 石油类分指数 |
| fe | numeric | 20, 6 | no | | no | 铁 |
| cr | numeric | 20, 6 | no | | no | 铬 |
| phenol | numeric | 20, 6 | no | | no | 挥发酚 |
| waterflow | numeric | 20, 6 | no | | no | 流量 |
| mn | numeric | 20, 6 | no | | no | 锰 |
| transparency | numeric | 20, 6 | no | | no | 透明度 |
| hg_iwqi | character | varying（20） | no | | no | 汞分指数 |
| tp | numeric | 20, 6 | no | | no | 总磷 |
| wqi | character | varying（20） | no | | no | 水质量指数 |
| turbidity_iwqi | character | varying（20） | no | | no | 浊度分指数 |
| codcr | numeric | 20, 6 | no | | no | 化学需氧量 |
| sulfide | numeric | 20, 6 | no | | no | 硫化物 |
| phenol_iwqi | character | varying（20） | no | | no | 挥发酚分指数 |

表 19-39　水文监测数据

| 数据项名称 | 数据项类型 | 数据项长度 | 主键 | 外键 | 是否必填 | 数据项说明 |
|---|---|---|---|---|---|---|
| waringlevel | numeric | 12, 2 | no | | no | 警戒水位 |
| waterflow | numeric | 12, 2 | no | | no | 流量 |
| stationcode | character | varying（20） | yes | | yes | 站点代码 |
| uplevel | numeric | 12, 2 | no | | no | 上游水位 |
| waterpotential | character | varying（100） | no | | no | 水势 |
| safelevel | numeric | 12, 2 | no | | no | 保证水位 |
| downlevel | numeric | 12, 2 | no | | no | 下游水位 |
| datadate | timestamp | without time zone | yes | | yes | 数据时间 |

## 三、数据展示

系统实现水质监测数据、水文监测数据、气象监测数据、社会经济数据、化学品信息库的数据展示功能。

### （一）水质监测数据展示

水质监测数据展示功能实现了不同时间段（以月为单位）、不同断面、不同水质要素的监测水质级别分析与展示。同时，在查看水质监测数据的空间展示时，可选择不同类型的相关底图进行叠加展示。

系统支持按照流域、省份、断面等选择要展示的断面，在 GIS 地图上也可以点击选择。地图弹窗可显示该断面的详细信息（断面名称、达标情况、监测时间、水质级别、主要污染物、水质时间变化曲线等），GIS 展示界面上不同形状代表不同断面类型（圆圈代表河流断面、五角星代表湖库断面）。不同水质级别用不同的颜色表示，见图 19-1。

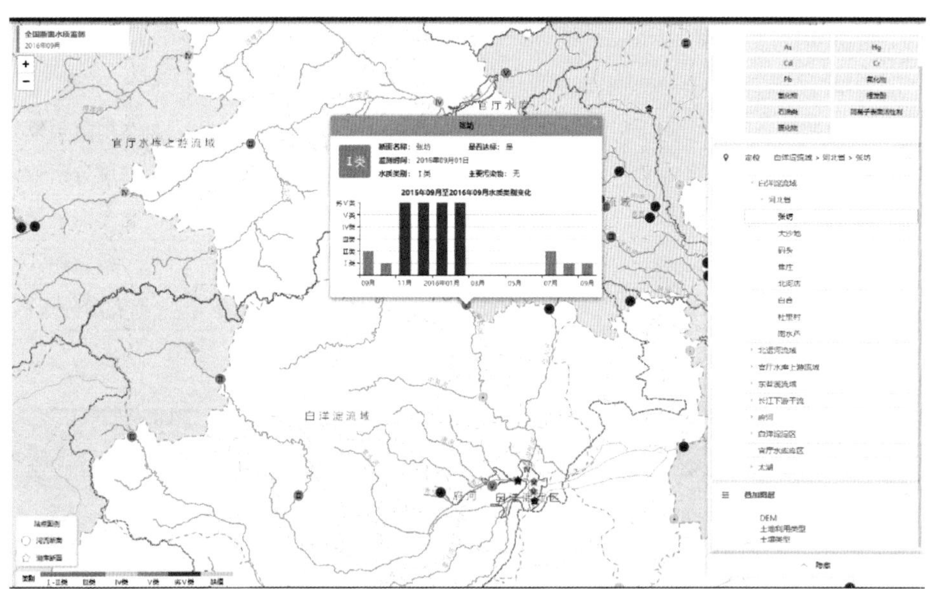


图 19-1 水质监测类别变化图

### （二）水文监测数据展示

水文监测数据展示功能实现了不同时间（以小时为单位）不同断面的水文监测信息（水位、流量）展示。同时，在查看水文监测数据的空间展示时，可选择不同类型的相关底图进行叠加展示。

可点击选择 GIS 界面上某一个具体断面，系统根据选择的时间、要素参数显示出该断面的水位或流量随时间变化信息，见图 19-2、图 19-3。

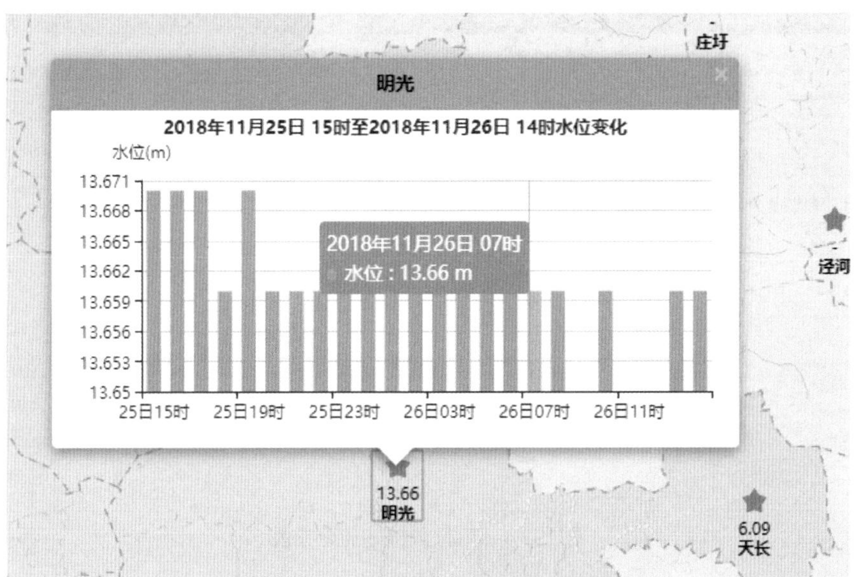


图 19-2　水文站水位数据变化图

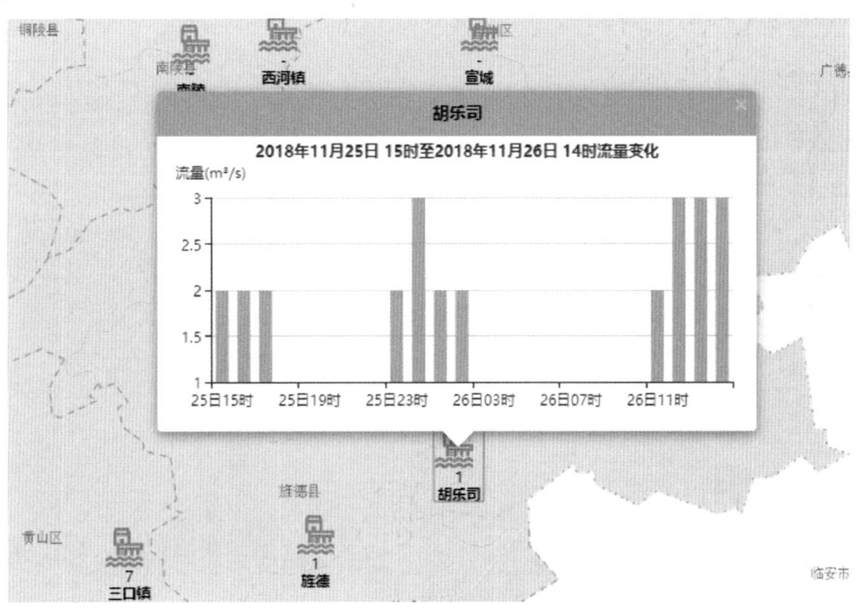


图 19-3　水文站流量数据变化图

### （三）气象信息展示

气象信息展示功能实现了不同时间（以日为单位）不同断面的气象监测信息（最

高温度、最低温度、风速、相对湿度、24 小时降雨量）展示。在 GIS 界面的左下角，存在各个指标的颜色分度带，气象站的圆圈颜色各个颜色对应相应的值，见图 19-4。

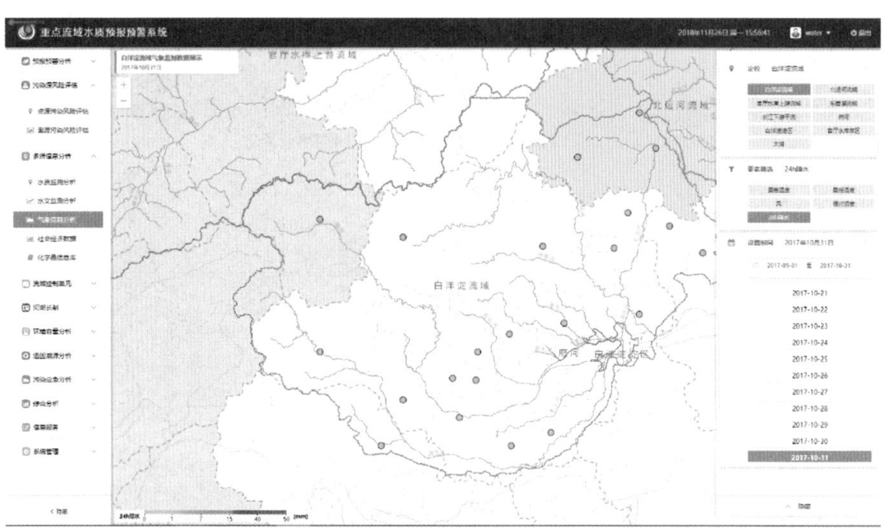

图 19-4　气象数据站点分布图

点击 GIS 界面上某一个具体断面，系统根据选择的时间和要素参数显示出该断面的具体信息，见图 19-5。

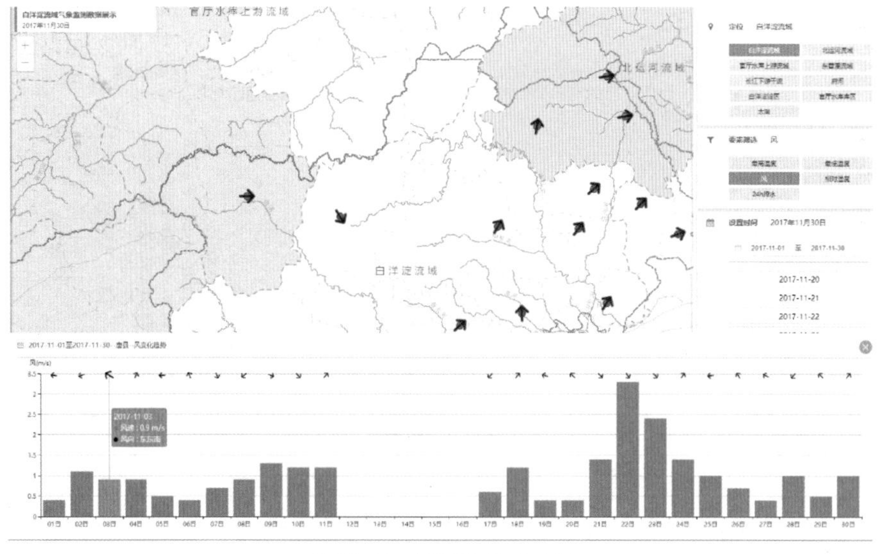

图 19-5　气象数据展示图

（四）社会经济数据展示

社会经济数据实现了不同统计年份、不同行政区划的社会经济信息（牲畜存量、化肥施用量、经济 GDP、人口等）展示，见图 19-6。

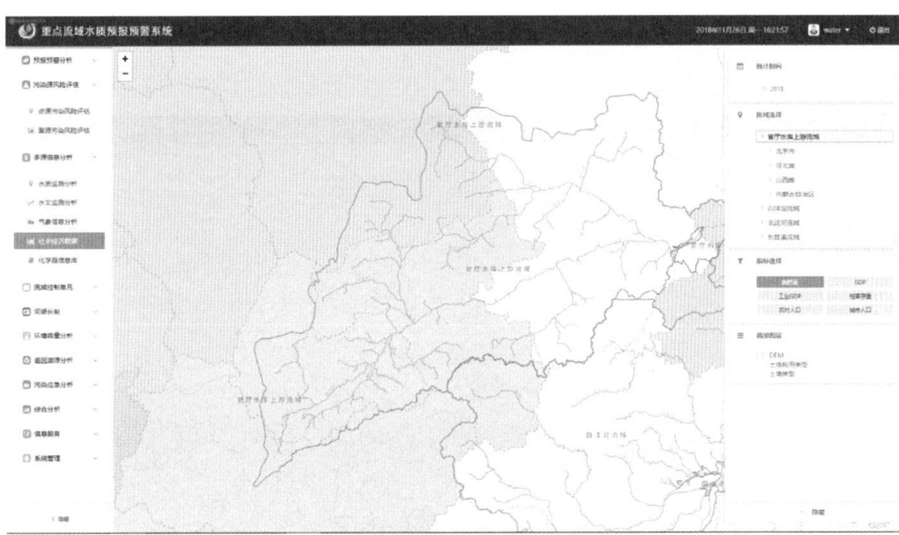

图 19-6　社会经济数据区域分布图

在系统 GIS 图中，采用柱状图标注数字的形式进行社会经济数据的面图展示，见图 19-7。

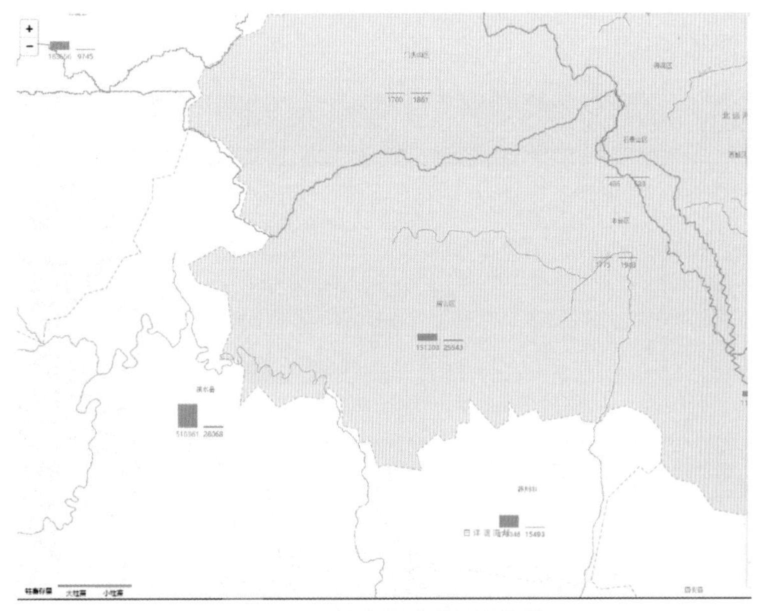

图 19-7　社会经济数据柱状图

（五）化学品信息库数据展示

化学品信息库实现了化学品的搜索查询，化学品理化性质、环境危害、现场应急监测方法、实验室监测方法、环境标准及应急处理方法信息的查看。

可以进行化学品的精确搜索查询和模拟搜索查询，查询结果以列表形式进行展示，见图 19-8。

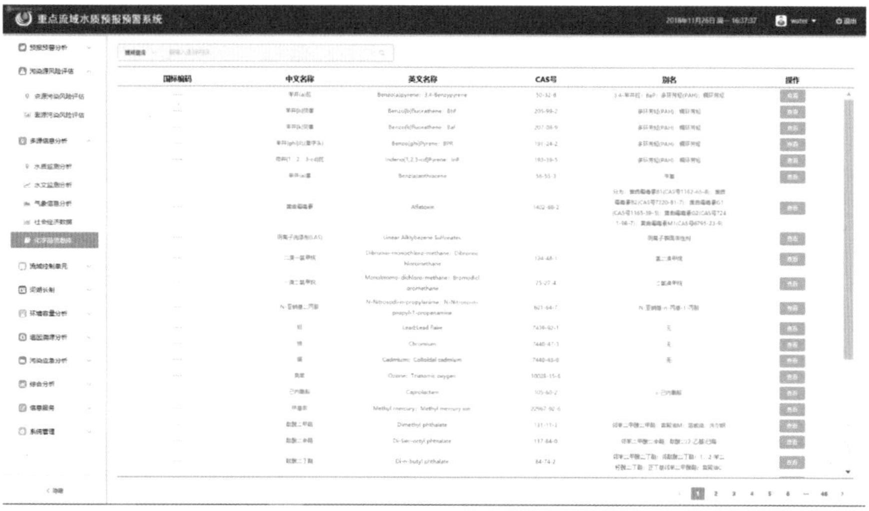

图 19-8　化学品信息库

可查看某种化学品的理化性质、环境危害、现场应急监测方法、实验室监测方法等信息，见图 19-9。

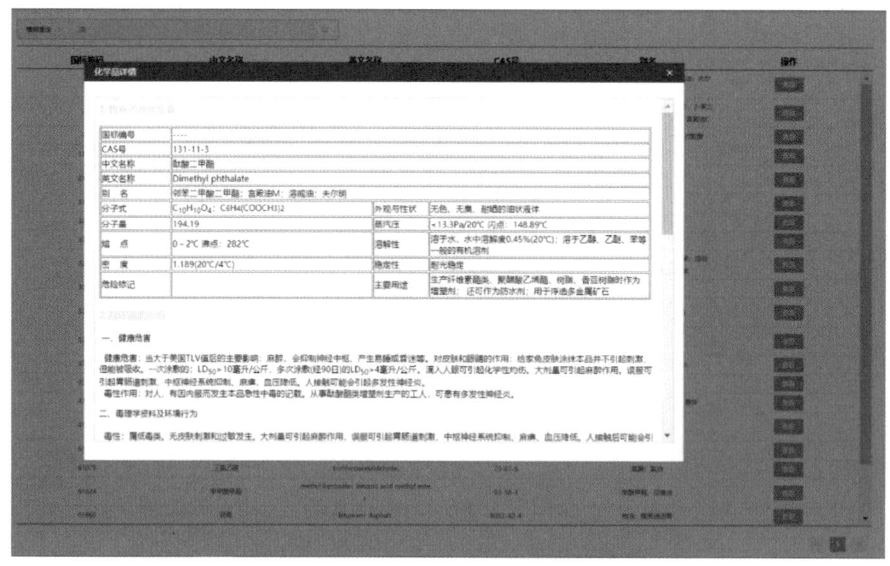


图 19-9　某种化学品理化性质等详细信息

（晏平仲　肖伟　苗春葆　罗保刚　李必栋　口艺锋）

# 第二十章
# 预测预警功能设计与实现

## 第一节 预测预警技术的发展

城市化进程和人口密度的增长，加快了地表水资源的消耗和污染。《中国 21 世纪议程》明确提出，水资源作为重要的战略资源，必须保障其可持续利用，以支持国民经济和社会的可持续发展。而工农业生产严重污染大气和水体，各类生活污水排入城市河道，水利工程改变地表水循环及其水量平衡等，这些人类活动对水环境质量和水生态系统影响巨大，使水环境突发事故频发，水环境危机日益严峻。统计数据显示，截至 2017 年，我国突发环境事件高达 542 次且约超过 50% 属于水环境事件，其污染及破坏造成直接性经济损失超过千万元，突发性水环境事件发生率居高不下。目前，水环境污染已成为当今世界面临的一个重大问题，引起世界各国的广泛关注。

在治理水环境污染的同时，对地表水污染预测预警能够避免和降低水环境危机的损害程度。为进一步推进流域水生态环境保护，调控水资源态势的变化，提升水环境应急响应水平和规避水环境风险，必须开展水环境污染事故预测预警。这是缓解我国水资源危机、科学判定环境风险变化、保障区域和国家水资源安全及提高水资源水环境承载能力的有力手段，能对水污染事故进行及时、全面的预测预警，加强水供给和水需求管理，从而为相关流域水资源管理部门查明警源和消除警患并采取应急措施，提供理论依据和技术支持，丰富和完善水资源管理理论体系，切实有效地保障社会经济及生态环境的可持续发展。

国内外众多专家和学者对水环境预测预警展开了大量研究，主要从水环境预测预警理论体系和方法的研究、水环境预测预警模型的建立及水环境预测预警系统的开发等方面进行了深入研究。

### 一、水环境预测预警理论体系和方法

自 2000 年起，国内学者对如何科学合理地建立预测预警体系展开了深入研究，

提出了水环境安全评价指标体系、区域水资源可持续利用评价指标体系、基于“压力—状态—响应”概念模型的指标体系，设计了目标层、准则层和指标层各层次的区域水资源预测预警指标体系的框架。

国外研究的水环境预测预警方法主要有系统动力学（SD）、改进的训练与分类支持向量机（SVM）模型、应用地理信息系统（GIS）技术。国内的研究主要有对社会经济系统、防洪系统以及二者之间的相互联系进行了定量研究，从而构建了防洪系统与社会经济系统和谐预警的系统动力学模型，建立了洞庭湖区水沙 SVM 模型，建立了基于 GIS 的数字水质预警预测系统。

## 二、水环境预测预警模型

国外方面主要为：1925 年，美国工程师提出了 S-P 水质预测模型，利用较少参数模拟和预测河流 DO 与 BOD 的沿程变化，是现代水环境质量预测的开端。到 20 世纪 70 年代，水环境质量数学模型有了较快发展。自 1970 年起，美国国家环保局（USEPA）相继提出 QUAL 系列模型、参数综合水质模型（WASP）、BASINS 模型等。1999 年，运用基于人工神经网络优化的水质模型，预测枯水期流量并进行预警；2000 年，运用基于贝叶斯分类的不确定性分析方法对污染物化学转移过程进行预测模拟。目前，国外常用的水环境预测预警模型包括美国国家环保局的自动性水质模型（AUTO-QUAL）、河口生态模型（ECOMOD），加利福尼亚水资源工程咨询公司的河流水质模型（QUAL-Ⅱ），得克萨斯水开发部的溶解氧衰减模型（DOSAG-Ⅰ）和河流水质模型（QUAL-Ⅰ），加利福尼亚州系统控制公司的溶解氧衰减修改模型（COSCI），纽约州曼哈顿学院土木工程系的浮游植物模型（LAKE-Ⅰ），俄勒冈州美国环境保护太平洋西北实验室的下落羽流模型（PLUME），丹麦水动力研究所（DHI）开发的 MIKE 系列模型，荷兰的湖泊生态动力学模型（OMASS）。

我国对水环境预测方面的研究应用始于 20 世纪 70 年代末，主要应用的模型有 S-P 模型、QUAL 模型、WASP 模型、BASINS 模型、OTIS 模型、MIKE 模型、CE-QUAL-W2 模型、CE-QUAL-ICM 模型、CE-QUAL-R1 模型、CE-QUAL-RIVI 模型、WASR 模型、EFDC 模型、HSPF 模型、PRMS 模型、SMS 模型、WQRRS 模型等。自 2000 年起，水环境预测预警模型更加准确化和科学化，以多介质生态模型为主，增加了污染物在水体、大气、土壤等组成的宏观环境中的变化规律及趋势，将多介质环境中的各污染物的转化过程紧密联系，以模拟和预测污染物在多介质中的迁移和转化。国内相关科研单位在水环境预警模型方面也取得了一定进展，例如南京环境科学研究所自主研发的“潮汐河网水质数学模型”，河海大学研发的“平原河网水质数学模型”，北京水科学技术研究院和中国科学院南京地理湖泊研究所等单位研发的“湖泊水质数学模型”，上海环境科学研究院开发的适用于感潮河网的“水动力－水质模型”，江苏省水利厅组织初步建立的“太湖流域河网水环境数学模型”。这些水环境预警模型的应用大大推动了水环境预警工作，提高了水环境管理的科学决策水平。

### 三、水环境预测预警系统

20 世纪 70 年代，国外对水环境预测预警系统的开发和应用就得到了广泛重视。主要有德国和奥地利联合研究开发的多瑙河流域水污染预警系统，美国在密西西比河流域、德国在莱茵河流域开发的水污染预测系统，法国水务集团在塞纳河及其支流上建起的原水水质监测预警系统以及英国在特伦特河的新建水厂进水口建设的水质监测预警系统等。

20 世纪 90 年代，广西桂江污染水质预警预测信息系统应用软件在广西水文水资源局运用，随后逐渐开发了辽河流域水质预警预测系统、汉江水质预警系统、嘉陵江水污染预警与控制系统、基于黑河流域生态安全评价指标体系的生态安全预警模型、乌江流域生态环境预警技术、基于 WASP 水质模型的水质预警模型和供水预警体制。目前国内对水环境的预警研究及其应用还处于探索发展阶段，虽然已经取得了很多成果，但由于区域水环境系统受到社会、经济发展和各种因素的相互影响，其涉及的研究领域十分广泛，加之区域水环境本身存在的不确定性、动态多变性和复杂性等多种原因，导致许多预警方法、模型较多地停留在理论研究阶段，可操作性不强，不能满足发展的需要。

## 第二节　技术方法的选用

水环境质量预测技术的核心是数值化模拟，即水环境模型的建立。水环境模型是用数学的语言和方法来描述参加水循环的水体中水质组分所发生的物理、化学、生物和生态学等方面的变化、内在规律和相互关系的数学模型。

### 一、集合预测方法

目前针对水质模型集合预测的业务化实践尚未起步，因此主要借鉴水文集合预测、空气质量集合预测的理论和实践成果，进行水质模型集合预测的业务化探索。

（一）水文集合预测简述

就水文集合预测而言，影响水文集合预测精度及可靠性的不确定性因素较多，主要来源于模型的输入、流域初始和边界条件的赋值，以及模型结构和参数的选择等。不同来源的不确定性在水文模拟过程中相互作用和影响，最终将反映到输出的预测结果上，因此在做水文预测时，必须量化随机不确定性、降低认知不确定性。将这些不确定性进行量化并通过集合或概率的形式输出的预测即为集合预测。目前，美国已经建立了以水文集合预测为标志产品的先进水文预测业务，欧洲也建立了欧洲洪水预警系统，带来了显著的经济效益和社会效益。

水文集合预测的应用发展，大致可划分为两个阶段。第一阶段始于 20 世纪 80 年代，GNDay 等美国国家气象局河流预测系统中展开对 ESP 方法的应用，提供中长期河道径流和入库水量的预测服务；李岩等在丹江口水库对 ESP 进行了应用研究。ESP 方法以预测当日流域土壤状态为初始条件，对历史观测信息进行随机采样，使用历史降水、气温等历史时间序列代表未来气象信息，驱动水文模型进行径流预测。

第二阶段始于 21 世纪初，水文学家们借鉴数值气象预测中集合预测的概念，应用于水文预测中。Andrew Wood 等率先于 2002 年在美国东海岸和俄亥俄河流域进行了长期实验性水文集合预测，以 GSM 气候模型产生的数值降水预测驱动 VIC 水文模型得到高精度、无偏差、预见期更长的水文预测。Xiaogang Shi 等也在美国西部 8 个流域上做过类似的工作，发现对于季节性径流集合预测而言，通过水文模型率定或百分位映射误差校正方法，均可以相同程度地减少预测误差。Haibin Li 等在传统 ESP 的基础上进一步探索，发现若以统计降尺度后的 CFS 数据驱动水文模型，其预测效果要优于传统的 ESP 方法。Webster 等指出忽略气象预测信息的传统水文预测方法，其预见期仅为 1 ~ 2 天，可减少洪水损失的 2% ~ 3%；而应用气象气候预测信息的水文预测能将预见期延伸至 10 天或更长，可减少洪灾损失约 20%。S.Shukla 等也认为，对于全球多个地区而言，尽管受到气象预测信息的局限，但通过对初始水文条件的良好率定，也可以有效地提高季节水文集合预测的预测水平。

其中，在水文集合预测前处理部分，Reggiani 等通过贝叶斯方法有效地修正了莱茵河集合预测系统中的不确定性。Fraley 等针对 TIGGE 中缺失数据的处理问题，对 BMA 方法进行了改进。田向军等则对 BMA 的（对数）似然函数进行了改进，利用一种有限记忆的拟牛顿优化算法（LBFGS-B）对其进行极大化，进而提出了一种求解贝叶斯模型平均的新方法（BMA-BFGS），并将 BMA-BFGS 与 EM 法及 MCMC 法在计算精度和耗时性方面进行了比较；赵琳娜等也应用 BMA 算法对 TIGGE 降水预测数据进行了偏差修正。

在水文集合预测后处理的研究中，Tae-Ho Kang 等研究指出，在枯水季节后处理方法可以更有效地减少径流集合预测（ESP）中的不确定性。Morawietz 等针对降雨径流模型产生的预测误差，将不同的自回归误差模型作为后处理方法分别进行研究，有效减少了水文模型的不确定性。Aizhong Ye 等在 12 个 MOPEX 流域上，使用广义线性模型后处理器（GLMPP）对 7 个不同水文模型模拟结果进行后处理，研究发现，后处理可以替代甚至超过水文模型率定的效果，极大地改善了水文预测的精度。

根据模型的不确定性来源，集合预测可以分为五大模块：水文集合前处理、集合数据同化、参数集合处理、水文集合后处理、分布式水文模型，这五大模块组成完整的水文集合预测系统。

类推到水质集合预测中，根据水质集合预测的需求，以及开展业务化运行的可操作性，目前在水环境质量预测预警系统中，优先开展水质集合预测后处理业务化探索。

### （二）水质预测模型的选择

针对水质预测流域、河流或湖库的特征，建立不少于三个国内外先进模型组合并实现多模型集合预测，如 HIMS-HEQM、SWAT、HSPF、EFDC、WASP、SELFE、Delft3D、DRONIC、TELEMAC 等，使用历史资料进行充分的本地化参数率定校准。每个水质模型在纳入集合预测体系前，应该针对所应用流域、河流或湖库进行预测性能的系统性评估，模式性能达到标准后可将其进行集成。在计算资源允许的情况下，纳入更多、更先进的水质模型，增加集合预测样本的代表性，进而提高集合预测的总体效果。

#### 1. BMA 算法

使用 BMA 方法对所有模型结果集合，分析比较集合后的结果与单一模型模拟结果的区别。进一步选择不同的模型进行多种集合，比较不同集合方法的效果与差别。BMA 是一种基于贝叶斯理论的统计分析方法，该方法考虑到模型本身的不确定性，以单个模型为最优的后验概率作为权重，对各模型预测结果的后验分布进行加权，得出综合预测结果。根据 BMA 理论，综合预测量 $y$ 的后验分布为

$$p\left(y|D_{\mathrm{obs}}\right)=\sum_{i=1}^{k}P\left(M_i|D_{\mathrm{obs}}\right)p\left(y|M_i,D_{\mathrm{obs}}\right) \tag{20-1}$$

式中，$D_{\mathrm{obs}}=\{y_1,y_2,\cdots,y_r\}$为用来率定模型的实测资料；$M=\{M_1,M_2,\cdots,M_k\}$为所有模型组成的模型空间。根据贝叶斯理论，在实测资料$D_{\mathrm{obs}}$给定的情况下模型$M_i$为最优模型的后验概率$p\left(y|D_{\mathrm{obs}}\right)$的形式为

$$p\left(M_i|D_{\mathrm{obs}}\right)=\frac{P\left(D_{\mathrm{obs}}|M_i\right)p\left(M_i\right)}{\sum_{i=1}^{k}P\left(D_{\mathrm{obs}}|M_j\right)p\left(M_j\right)} \tag{20-2}$$

式中，$p\left(M_i\right)$为模型$M_i$为最优模型的先验概率；$p\left(M_i|D_{\mathrm{obs}}\right)$为各模型权重值，随时间变化而不断变化和进步。

**2. 集合最优子集预测法**

空气质量集合预测的研究已经证实，由于集合预测集的构建过程中对不确定性描述的误差，实际应用所有集合成员的简单平均常常无法较好地改进模式预测的效果。因此需要发展其他统计方法来改进确定性预测的准确率，结合历史观测信息的集成技术是有效提高集合预测技巧的重要手段。在集合成员较多的情况下，可以结合观测数据来评估各样本的误差，动态选取一段时间内样本误差小的集合子集来进行集成。

## 二、预测评估方法

开展水质预测评估的项目主要包括水质类别预测评估、主要污染指标预测评估、污染物浓度预测评估及水文预测评估等类别。

### （一）水质类别预测评估

单个断面/点位、河流、流域的水质类别预测评估，采用类别预测准确率作为评估指标，以日为评估的时间单位，如果当日实测水质类别与预测水质类别相符，则记为准确。以手工监测数据采样当日的预测水质类别作为评估对象。如评价对象为自动监测数据，则以当日自动监测结果的累积水质评价结果为评估对象。以月、季度或年为单位计算单个断面/点位、河流、流域的水质类别预测准确率$P$，计算方法见式（20-3）。

$$P_{\text{类别}}=\frac{\text{水质类别预测准确的天数}}{\text{总预测天数}}\times 100\% \tag{20-3}$$

### （二）主要污染指标预测评估

主要污染物判断标准为：①断面主要污染指标的确定方法：断面水质超过Ⅲ类标准时，先按照不同指标对应水质类别的优劣，选择水质类别最差的前三项指标作为主要污染指标。当不同指标对应的水质类别相同时计算超标倍数，将超标指标按其超标倍数大小排列，取超标倍数最大的前三项作为主要污染指标。当氰化物或铅、铬等重金属超标时，优先作为主要污染指标。②河流、流域（水系）主要污染指标的确定方法：将水质超过Ⅲ类标准的指标按其断面超标率大小排列，一般取断面超标率最大的前三项作为主要污染指标。对于断面数少于 5 个的河流、流域（水系），按"断面主要污染指标的确定方法"确定每个断面的主要污染指标。

断面/点位、河流、流域的主要污染物预测评估，以手工监测数据采样当日的预测结果为评估对象。如评价对象为自动监测数据，则以当日自动监测结果的累积水质评价结果为评估对象。

实测数据评价的主要污染物为单一污染物时，如果预测结果主要污染物与实测数据评价结果完全相同，则准确；如果预测结果主要污染物为 2 个或以上，且实测数据评价为其中一项，记为准确。

实测数据评价主要污染物为 1 个以上的污染物时，如果预测结果主要污染物与实测数据评价完全相同，则准确。如果预测结果主要污染物为 1 项，且为实测数据评价结果中的一项，记为准确。

以月、季度或年为单位计算断面/点位、河流、流域的水质类别 $P_{主要污染物}$ 预测准确率。

$$P_{主要污染物}=\frac{预测主要污染物准确的天数}{总预测天数}\times 100\% \tag{20-4}$$

### （三）污染物浓度预测评估及水文预测评估

采用污染物浓度预测结果与实测数据的相对误差 $B$（Bias）、相关系数 $R^2$（Relation）等统计量来评估污染物浓度预测。采用水文预测结果与实测数据的相对误差、相关系数 $R^2$、Nash-Sutcliffe 效率系数（NS 系数）等统计量来评估水文预测。

相对误差：用以评估预测相对于实况的总体高估或低估程度。

$$\delta=\frac{\left|Q_{o,i}-Q_{m,i}\right|}{Q_{o,i}}\times 100\% \tag{20-5}$$

相关系数：用以评估预测值与实况值随时间变化的一致性。

$$R^2=\frac{\left[\sum_{i=1}^{n}\left(Q_{o,i}-\overline{Q_o}\right)\left(Q_{m,i}-\overline{Q_m}\right)\right]^2}{\sum_{i=1}^{n}\left(Q_{o,i}-\overline{Q_o}\right)^2\sum_{i=1}^{n}\left(Q_{m,i}-\overline{Q_m}\right)^2} \tag{20-6}$$

NS 系数：用以评估径流模拟值的准确性。

$$\mathrm{NS}=1-\frac{\sum_{i=1}^{n}\left(Q_{o,i}-Q_{m,i}\right)^2}{\sum_{i=1}^{n}\left(Q_{o,i}-\overline{Q_o}\right)^2}$$

式中，$Q_o$ 为实测值；$Q_m$ 为模拟值；$\overline{Q_o}$ 为实测值的平均值。相对误差、相关系数、NS 系数均为值越大，准确度越高。

## 第三节　预测预警功能的实现

中国环境监测总站于 2018 年完成了重点流域水质预报预警系统（一期）（以下简称“一期系统”）能力建设项目的实施，具体情况如下。

### 一、构建模型系统

完成了 13 个模型的开发与集成，在白洋淀流域率先实现了多模型集合预测，可对白洋淀等 4 个流域开展一维模拟、对长江下游干流及府河开展二维模拟并可对太湖、白洋淀、官厅水库开展三维模拟，可提供区域范围内未来 7 天的水环境质量预测结果。具体情况见表 20-1。

表 20-1　覆盖范围内模型建立情况

| 类型 | | 名称 | 采用的模型 | 模型维度 |
|---|---|---|---|---|
| 示范流域 | | 白洋淀流域 | HEQM、SWAT、Aquasys | 一维 |
| 重点流域 | 京津冀地区 | 官厅水库上游流域 | HEQM | 一维 |
| | | 北运河流域 | SWAT | |
| | 长江下游 | 东苕溪流域 | SWAT | |

续表

| 类型 | | 名称 | 采用的模型 | 模型维度 |
|---|---|---|---|---|
| 重点河段 | 京津冀地区 | 府河 | EFDC | 二维 |
| | 长江下游 | 长江下游干流 | SELFE-EFDC | |
| 重点湖库 | 京津冀地区 | 白洋淀淀区 | EFDC | 三维 |
| | | 官厅水库库区 | EFDC | |
| | 长江下游 | 太湖 | SELFE-EFDC+SELFE-SALMO | |
| 应急河段 | 京津冀地区 | 府河 | 应急模型 | 二维 |
| | 长江下游 | 长江下游干流 | 应急模型 | |

注：具体模型的详细介绍见第二章。

## 二、实现多模型数值集合预测

集合预测最早应用于气象预测，主要是针对数值预测的不确定性研发出的一种概率预测技术。该项技术目前在中国环境监测总站空气质量预测中得到了很好的应用，但在水环境质量预测领域目前还没有应用经验。一期系统在白洋淀流域构建了三个不同的模型，开发出适合于现阶段水环境质量预测的集合预测算法，率先完成了多模型数值集合预测。

## 三、提供未来 7 天的水文、水质和水华的预测结果

可提供覆盖区域内未来 7 天高锰酸盐指数、氨氮、化学需氧量、五日生化需氧量、总氮、总磷以及铬、镉、铅中的两种重金属的预测结果，并可根据预测结果自动计算水质类别。可提供覆盖区域内未来 7 天水温、流量等水文预测结果。可提供白洋淀淀区、官厅水库库区和太湖未来 7 天水华、叶绿素、蓝藻、绿藻、硅藻的预测结果。

在功能设计方面，系统支持选择不同的起报和预测时间，以及不同水文水质要素，以查看流域各断面及各子流域出流口的水文水质预测结果。以白洋淀流域为例，系统支持选择不同的起报时间，并可通过界面下方的时间轴选择起报时间后未来 7 天任意一天的预测结果。

系统可以查看水质类别及不同水质指标的预测结果，展示时河道的水质类别和水质指标浓度根据流域监测断面或子流域出流口进行了浓度插值渲染，展示效果见图 20-1。

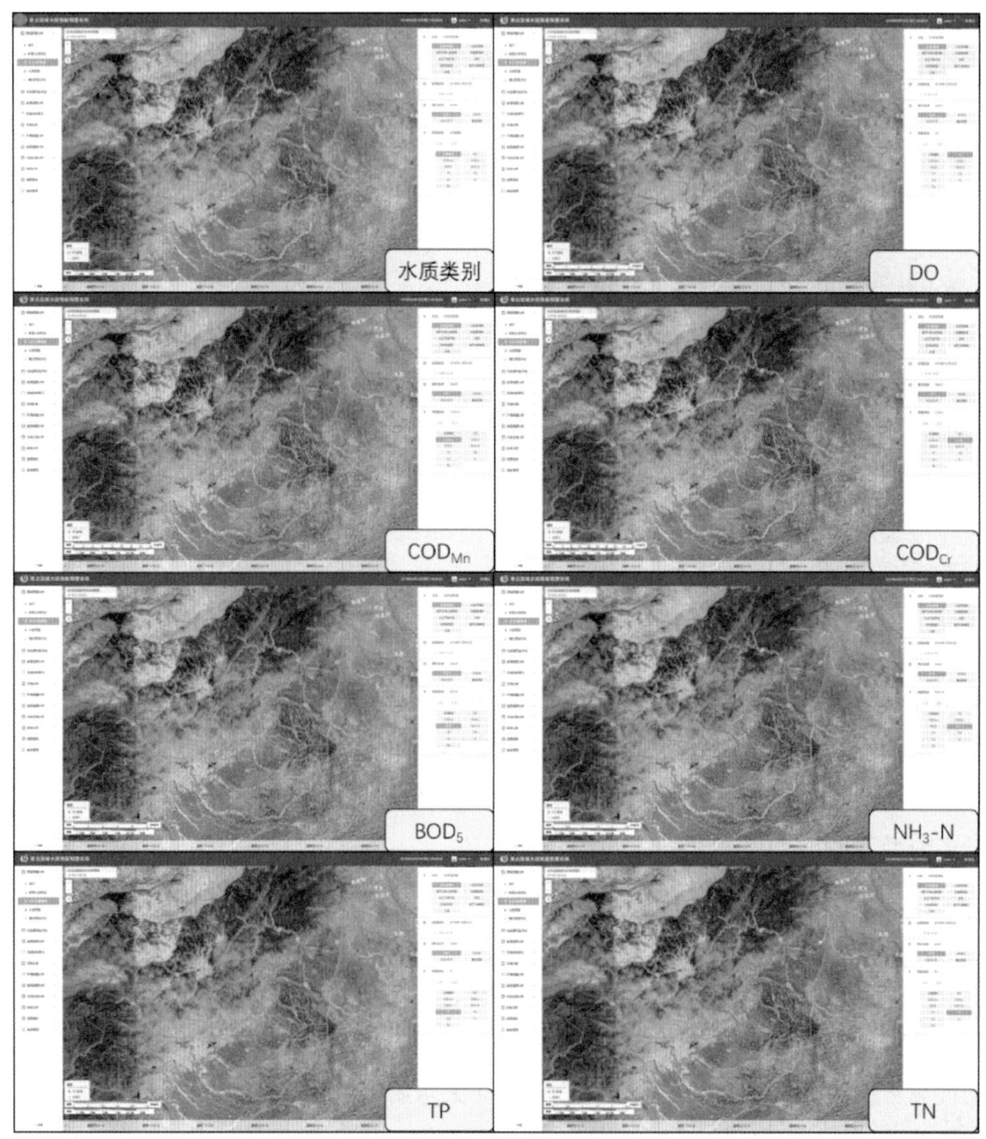


图 20-1 白洋淀流域不同水质指标的预测效果

在系统中，选择任意流域监测断面或子流域出流口，可查看其各水质指标未来7天的浓度预测曲线，如图 20-2 所示。

系统也可以查看白洋淀流域各子流域出流口的水文预测情况，如图 20-3 所示。

在系统中，可查看任意子流域出流口水文指标未来 7 天的预测情况，如图 20-4 所示。

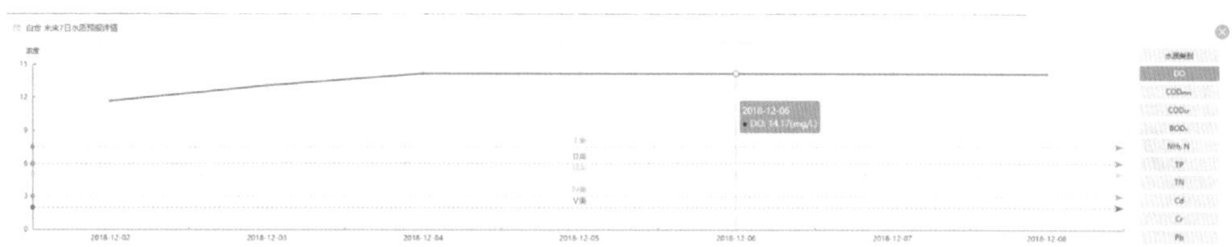

图 20-2　白洋淀流域百合断面 DO 指标的预测浓度曲线

图 20-3　白洋淀流域水温的预测效果

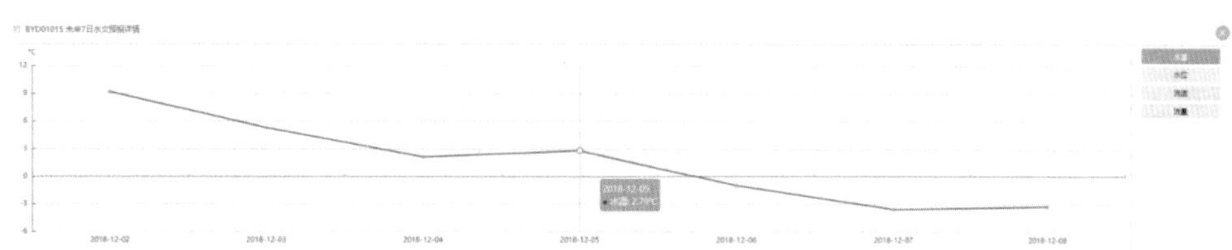

图 20-4　白洋淀流域某子流域出流口未来 7 天的水温预测曲线

（李茜　柳强　张鹏　彭福利　康明　郭晓　师博颖）

# 第二十一章 水环境质量风险评估功能设计与实现

## 第一节 水环境质量风险评估的发展

自“九五”以来，我国大规模水污染防治在淮河、太湖、滇池等重点流域全面展开，已经取得了阶段性成果，但我国水环境问题比较复杂，在现有经济技术条件下，解决水环境问题还需要一个漫长的过程。2018 年，中共中央、国务院印发《关于全面加强生态环境保护　坚决打好污染防治攻坚战的意见》，明确提出改善生态环境质量，降低污染物排放。同年，《中国环境状况公报》显示，全国地表水质断面中Ⅲ类以上水质占比为 71%，流域Ⅲ类水质占比为 74.3%，整体水质质量有所好转。但近年来，随着氮、磷等营养物质的排放量不断提高，水体富营养化风险日趋严重，尤其是湖泊等封闭性水域中无机氮含量高达 0.2 mg/L，且磷浓度超过 0.02 mg/L，存在引发藻华现象的可能性。

2015 年，国务院出台的《水污染防治行动计划》（国发〔2015〕17 号）明确指出要加强水环境风险管理，全力保障水生态环境安全。为了更好地解决水环境问题和进行科学的水环境管理，有必要将水环境管理理念从传统的被动式应急管理转向主动式风险管理，开展水环境风险识别和评估。环境风险评价是指预测和评估风险因子对环境的影响和损害程度，并提出相应的防范、减缓环境风险的措施和对策。环境风险分为突发性环境风险与累积性环境风险。突发性环境风险指突发性事故排放或物质泄漏造成污染物瞬时大量排放影响环境质量的行为，常采用水环境预测预警机制；累积性环境风险指人类在开发活动中对人类健康、生态环境具有潜在且长远影响的危害行为，需在区域尺度对水环境污染风险进行评估，为区域累积性环境风险的日常管理提供技术支持。

20 世纪 30 年代水环境风险评价萌芽，20 世纪 80 年代水环境风险评估体系逐渐形成，20 世纪 90 年代水环境风险评估体系逐渐完善。到 21 世纪，基于单一指标或指标较少的健康风险评价和生态风险评价等研究表现出局限性，无法满足社会发展对风险评估提出的新要求。在此背景下，联合国环境规划署（UNEP）提出综合风险评价的概念，评价体系和规范流程也逐步开始制定。我国水环境风险评价基础研究始于20世纪80年代，最早出现在90年代应用水环境健康风险评价模型对河北省保定市河流水质监测数据进行了健康风险评价分析。2004年，国家环保总局发布了《建设项目环境风险评价技术导则》（HJ/T 169—2004）。近年来，水环境风险评估一般集中在营养学污染物风险评估、重金属污染物风险评估及以农药、抗生素、环境激素、全氟化合物等为代表的有毒有机污染物风险评估等方面。

## 一、营养学污染物风险评估

营养学污染物（水体富营养化）风险评估方法主要包括综合营养状态指数法、模糊综合评价法、灰色聚类法。综合营养状态指数法最初于20世纪70年代由国外学者提出，以透明度为基准变量，研究透明度、叶绿素、总磷3个参数之间的关系。国内学者结合我国湖泊的特点，对此方法做了进一步改进，采用评价指标分别为总氮、总磷、高锰酸盐指数、叶绿素及透明度5个参数。模糊综合评价法是水体富营养化风险评估中应用最为广泛的评价方法之一。该方法是以美国学者提出的模糊数学理论为基础的综合评价方法，通过隶属度理论将模糊且难以量化的定性描述转化为清晰且系统的定量评估，评估结果表现为向量形式。灰色聚类法被广泛应用于水环境风险评估领域，该方法保留了模糊数学法的优点，同时能更充分地利用信息，规避模糊综合评价法的不合理之处。

## 二、重金属污染物风险评估

重金属元素通过生物富集作用使微量重金属在水体和沉积物中循环积累，进而产生巨大的生物毒性，成为生命体累积和慢性中毒的来源，而且直接影响人类饮用水安全。开展重金属元素在水体沉积物中的分布规律、赋存形态和迁移规律研究，是目前环境科学领域中最重要的研究内容和任务之一。国内外学者采用的重金属污染物风险评估方法主要有地累积指数法、富集系数法和潜在生态风险指数法等。地累积指数法于1969年提出，该方法综合考虑了人为活动可能产生的环境影响和自然成岩作用引起的背景值变动，是现阶段定量评价水体沉积物中重金属元素污染程度应用最为广泛的方法之一；富集系数法于1979年提出，重金属污染的富集特征通过富集系数来表征，富集系数等于重金属元素与标准化惰性元素的比值；潜在生态风险指数法于1980年提出，其结合重金属性质及环境行为特点，从沉积学角度定量分析多种污染物对环境的影响及其综合效应。

### 三、有毒有机污染物风险评估

新型有机污染物是指因建立新的分析方法或发现新的危害风险效应而引起关注的有机污染物，典型代表有内分泌干扰素（EDCs）、持久性有机污染物（POPs）、医药品与个人护理品（PPCPs）等，它们是国际环境学科近十几年的研究热点，是当前欧美等发达国家重点控制的污染物，也是国内水环境中广泛存在且具有潜在风险的污染物。虽然有机污染物在环境中的含量很低，但由于其稳定性、生物富集性和高毒性，对生态环境和人类健康具有巨大威胁。自 2000 年起，国内外对新型有毒污染物的研究逐渐丰富。国内外众多学者对以多环芳烃（PAHs）、农药、抗生素、环境激素、全氟化合物等为代表的有毒有机污染物做了大量风险研究，美国国家环保局最早于 1989 年提出采用健康风险模型评估持久性有机污染物（DDTs 和 HCHs）对人类健康造成的风险，随后，众多研究者展开了一系列关于有机污染物的潜在生态危害和健康风险方面的评估；国内关于生态风险和健康风险评估的研究一般是基于水生生物与底栖生物的毒理学数据和 EPA 标准的商值法，尚未形成自己的系统化评估方法和规范，而且地表水环境标准对很多有机污染物浓度尚无标准的规定，但国内对新型有毒污染物的风险评估在长江口、珠江口等水系已有较多研究成果。

## 第二节　技术方法的选用

### 一、方法选用原则

技术方法的选用要结合研究的目的及开展工作的基础。国家预测业务实践着眼于掌握流域水环境质量的变化趋势，为流域精准管理提供科学决策依据。因此，水环境质量的恶化风险是我们关注的对象。监测系统通过多年的积累，掌握了大量的水环境质量监测数据和污染源监测、调查统计数据。因此，不同于其他单位开展的水环境质量风险评估，我们应立足于识别污染源正常排放下，其对受纳水体环境质量所带来的风险。充分发挥自身数据优势，着眼于污染源排放—入河排放—水环境质量响应关系的建立。

影响水环境质量的污染来源主要有点源、面源两大类。点源污染是指通过排放口或管道排放的污染，包括工业废水、城市生活污水、污水处理厂与固体废物处理场的出水及其流域其他固定排放源。面源污染的定义较多，按照美国联邦水污染控制法的解释，凡是向环境排放污染物是个不连续的分散过程，而不能用一般常规处理方法获得改善的排放源，即可称作面源。美国清洁水法修正案对非点源污染的定义为：污染物以广域的、分散的、微量的形式进入地表及地下水水体。Novotny 和 Olem 则认为，面源是指溶解的和固体污染物从非特定的地点，在降水（或融雪）的冲刷作用下，通过径流过程而汇入受纳水体（包括河流、湖泊、水库和海湾等）并引起水体的富营养化或其他形式的污染。面源污染有广义与狭义之分，广义的面源污染指各种没有固定排污口的环境污染，包括城市面源和农业面源；狭义的面源污染通常指农业面源，来源主要有水产养殖、畜禽养殖、农作物种植和农村生活（段华平，2010）。要评估水环境质量的风险，就要对所有来源进行分析，针对不同污染源的特性，选取合适的方法进行研究。

## 二、水环境质量源排放风险评估方法

### （一）点源

#### 1. 点源污染排放量调查方法选取原则

（1）实测法

实测法是通过对某个点源污染进行现场测定，得到污染物的排放浓度和流量，最终计算出污染物的排放量。

计算公式为

$$G=C\times Q \tag{21-1}$$

式中，$G$ 为实测的污染物单位时间排放量；$C$ 为实测的污染物算术平均浓度；$Q$ 为废水的流量。

实测法可以真实、客观地反映监测时间内点源污染的排放水平，但调查的一般是污染源长时间序列的排放情况，如无法保证连续取样监测，那么取样的代表性将直接决定排放量的调查准确性。因此，该方法只适用于排放特性已掌握且排放相对稳定的污染源，如用污染源实测结果统计污染源排放量就会产生很大的误差。目前可以利用的数据主要有自行监测数据、监督性监测数据和验收监测数据。

《国家重点监控企业自行监测及信息公开办法（实行）》定义了企业自行监测并提出了实施要求，《排污许可管理办法（试行）》要求排污单位通过建立企业承诺、自行监测、台账记录、执行报告、信息公开等制度进一步落实污染治理主体责任。《排污单位自行监测技术指南　总则》（HJ 819—2017）以及陆续出台的各行业自行监测技术指南对自行监测方案的制定、监测内容、监测频次、信息公开等做出了系统规定。

《国家重点监控企业污染源监督性监测及信息公开办法（试行）》指出，污染源监督性监测是指环境保护主管部门为监督排污单位的污染物排放状况和自行监测工作开展情况组织开展的环境监测活动。监督性监测数据具有十分重要的意义。

《建设项目环境保护管理条例》正式出台，建设项目竣工验收（以下简称验收）行政许可取消，但并不意味着验收工作的取消，只是验收主体的变化，而验收监测数据也可以作为点源污染调查的有力补充。

（2）物料衡算法

物料衡算通式为

$$\sum G_{排放}=\sum G_{投入}-(\sum G_{产品}+\sum G_{回收}+\sum G_{流失}) \tag{21-2}$$

式中，$\sum G_{排放}$为物质排放总量；$\sum G_{投入}$为投入系统的物料总量；$\sum G_{产品}$为系统产出的产品和副产品总量；$\sum G_{流失}$为系统中流失的物料总量；$\sum G_{回收}$为系统中回收的物料总量。

采用物料平衡法计算污染物排放量时，必须对生产工艺、物理变化、化学反应及副反应和环境管理等情况进行全面的了解，掌握原料、辅助材料、燃料的成分和消耗定额、产品的产收率等基本技术数据。

（3）产排污系数法

计算公式为

$$E=\alpha\times\beta\times G \tag{21-3}$$

式中，$E$ 为污染物质排放量；$G$ 为含有污染物质的原料消耗量；$\alpha$ 为排污系数；$\beta$ 为产污系数。

采用产排污系数法，要求有精准的产排污系数，现阶段使用的产排污系数是依据 2007 年第一次全国污染源普查结果得出的，经过了 10 年的技术革新，现阶段污染源的产排污情况已经发生了巨大变化，再使用过去的数据将会形成很大的误差。

**2. 点源污染入河量核算方法**

点源污染排放量，并不是实际入河量，其从排放到实际入河的过程会受到诸多因素影响，最终入河量要少于排放量。核算时需要一个入河系数进行转换，入河系数就是进入水体的污染物量与实际排放的污染物总量的比值关系。对于点源污染来说，污染物在管道、沟渠或河道中经过迁移转化后，会受到一定程度的削减，因此一般来说，当了解污染源具体的排放情况与相应入河排放口的位置信息后，入河系数可以按照一级反应动力学方程确定。点源排放口距离入河排口越近，污染物削减量越小，入河系数相对越大。

但在实际工作中，入河排口的资料信息比较匮乏，仅能了解到污染源的排放去向，并不能掌握具体的入河排口位置信息，那么就需要根据研究区域的具体情况，设计合适的点源概化方法及入河系数确定方法。

### 3. 点源污染水环境质量风险识别方法

点源污染水环境质量风险识别方法包括单因子排放量识别、污染当量数识别、污染排放影响识别。单因子排放量识别是根据单种污染物的排放量的大小来区别不同点源污染对受纳水体水环境质量影响的大小，该方法的优点是简单、可操作性强，能直观地反映出单种污染物的影响；缺点是无法体现出点源对受纳水体的整体影响。

（1）等标污染负荷法

等标污染负荷法的基本思想是，把污染源调查所获得的各种污染物的排放浓度或排放总量，分别与各种污染物的环境评价标准进行对比，使它们统一转换成具有相同环境意义的定量数值，进而能在同一尺度上进行比较（刘承志，2012）。因此，等标污染负荷法就是采用一种评价标准，对各污染源的污染物进行标化计算，定量或定性地计算（或估算）不同污染源中各污染物的潜在污染威胁，其计算公式为

$$Q_{ij} = C_{ij} \times V_{ij} \times K \tag{21-4}$$

$$P_{ij} = Q_{ij} / C_{oj} \tag{21-5}$$

$$P_i = \sum P_{ij} \tag{21-6}$$

式中，$P_i$ 为第 $i$ 个污染源的总等标污染负荷；$P_{ij}$ 为第 $i$ 个污染源第 $j$ 种污染物的等标污染负荷；$Q_{ij}$ 为第 $i$ 个污染源第 $j$ 种污染物的排放量，kg/a；$C_{oj}$ 为第 $j$ 种污染物的环境质量标准或排放标准，kg；$C_{ij}$ 为第 $i$ 个污染源第 $j$ 种污染物的排放浓度，mg/L；$V_{ij}$ 为第 $i$ 个污染源第 $j$ 种污染物的介质排放体积，$m^3$；$K$ 为单位换算系数。

（2）污染当量数识别

污染当量数识别是一种分析点源对受纳水体整体影响的识别方法，其将该点源

排放的所有污染物均转化为污染当量值，然后计算污染当量的总值，评价点源对受纳水体的整体影响，污染当量值是以环境污染因素中指定单位量的主要污染物有害程度和对生物体的毒性以及处理费用为基准，其他污染物与之相比，具有相当的量值。该方法的难点在于污染当量值科学、合理的转化。其公式为

$$Q_{ij} = C_{ij} \times V_{ij} \times K \tag{21-7}$$

$$A_{pij} = Q_{ij} / W_j \tag{21-8}$$

$$A_{pi} = \sum A_{pij} \tag{21-9}$$

式中，$A_{pi}$ 为第 $i$ 个污染源的总污染当量数；$A_{pij}$ 为第 $i$ 个污染源第 $j$ 种污染物的污染当量数；$Q_{ij}$ 为第 $i$ 个污染源第 $j$ 种污染物的排放量，kg/a；$W_j$ 为第 $j$ 种污染物的污染当量值，kg；$C_{ij}$ 为第 $i$ 个污染源第 $j$ 种污染物的排放浓度，mg/L；$V_{ij}$ 为第 $i$ 个污染源第 $j$ 种污染物的介质排放体积，$m^3$；$K$ 为单位换算系数。

### （二）面源

#### 1. 面源污染调查方法

（1）统计调查法

按调查方式不同，我国的统计调查方法主要有普查、抽样调查和典型调查等形式。由于我国幅员辽阔，所以一般采用抽样调查，抽样调查与全面调查相比，能节约成本，缩短调查时间，提高调查资料的时效性。可以通过严格的抽样技术控制抽样误差，提高调查结果的准确性，能够对不能用全面调查方法进行调查研究的事物进行分析。

调查内容根据调查对象的不同有所不同，如在开展农村居民点污染调查时，调查的重点在于人粪尿的产生量和使用量、生活垃圾的产生和利用情况、生活污水的产生和处理情况，其中，人粪尿产生系数为 0.821 t/（人·a），生活垃圾产生系数为 0.255 t/（人·a），生活污水产生系数为 22.0 t/（人·a）。如开展农业径流污染调查时主要围绕农药、化肥的流失展开。首先调查乡镇的基本情况，包括区域面积、人口数及各土地利用类型面积。农药、化肥调查主要调查氮、磷及复合肥的使用，其中，氮肥主要调查碳铵、尿素的施用量，磷肥主要调查过磷酸钙、钙镁磷肥的施用情况。如开展畜禽养殖污染调查时，主要是通过调查畜禽排放的粪尿量、粪尿使用率、污水处理能力等情况来调查污染现状。一些大型畜禽养殖场设有专门的污水处理厂，但是有许多散户养殖都没有进行污水处理，即使有设备也很简陋，处理效果差，畜禽粪尿中所含的大量氮、磷和药物添加剂的残留物，直接排入或雨水冲

刷进入江河湖库，调查的重点就在于摸清这类污染的情况。如开展城市径流污染调查，以调查城市街道地表物的冲刷为主，采样地点遍布城市的各功能区的雨水口，采取重复连续采样。

（2）遥感调查方法

遥感是 20 世纪 60 年代发展起来的对地观测综合性技术，通常有广义和狭义之分。广义的遥感泛指一切无接触的远距离探测，包括对电磁场、力场、机械波等的探测。狭义的遥感是应用探测仪器，不与探测目标相接触，从远处将目标的电磁波特性记录下来，通过分析揭示出物体特征性质及其变化的综合性探测技术。经过近 30 年的发展，遥感技术已经广泛应用于各个领域。常用的卫星遥感数据有美国 LANDSAT TM 数据、美国 LAND ETM 数据、法国 SPOT 数据、美国 IKONOS 数据、Quick Bird 数据、CBER-1 中巴资源卫星等。常用的遥感处理软件有 ERDAS、ENVI、ARCView 等。

（3）模型计算法

根据适用的土地利用类型的不同，分为城市面源污染模型、农田面源污染模型和综合考虑流域内不同土地利用类型的流域非点源模型。

城市面源污染模型常用的主要有 SWMM 模型和 STORM 模型。

农田面源污染模型常用的有 CREAMS 模型、EPIC 模型、GLEAMS 模型、ANSWERS 模型和 WEPP 模型。

流域非点源模型主要有 AGNPS 模型、HSPF 模型和 SWAT 模型。

### 2. 面源污染入河系数计算方法

面源污染的入河过程主要是指流域内的污染物源强受到降雨冲刷作用，随着径流的形成和泥沙的输送在陆地坡面产生并随径流与泥沙的输送在流域内增减，最终进入河道的过程。入河系数是描述入河过程的重要参数。所谓入河系数，即累计在流域坡面的污染物为降雨冲刷行程的污染负荷，随流域汇流过程进入主河道的比率为

$$\lambda_r = L_{sub} / S_{sub} \tag{21-10}$$

式中，$\lambda_r$ 为入河系数；$L_{sub}$ 为流域出口面源污染物负荷量；$S_{sub}$ 为子流域坡面产生面源污染负荷量（郝芳华等，2006）。

一般来说，建立入河系数有实测法和面源负荷模拟方法两种，但是由于实测法需要消耗大量的人力、物力、财力，所以比较常用的还是采用面源污染负荷模型开展研究。实测只是在典型区域开展，用于提高模型的精准度。其中常用的模型流域入河系数计算方法有 SWAT 模型计算法。SWAT 模型可以将流域污染物从坡面产生

然后到子流域出口的整个过程视为一个“黑箱”，通过对不同的“黑箱”来计算入河系数。不同的“黑箱”计算得到的入河系数实质上是该子流域的平均入河系数。根据子流域出口不同位置的空间点，其入河系数应该有所差别，可采用空间插值的方法求得子流域中每个点的入河系数。

3. 面源污染优先控制区识别技术

目前，面源污染优先控制区的识别技术类别较多，主要有基于流失风险和污染产生量的识别技术、基于污染产生量的识别技术、基于排放量的识别技术、基于贡献量的识别技术等。

## 第三节　源排放风险评估功能的实现

### 一、分析评估对象

以北运河流域为例。北运河流域面临的主要水质水环境问题有：①地表水资源的过度开发导致河道水量逐年减少，甚至断流，流域鱼类资源减少、生物多样性退化、生态环境恶化，造成河流水环境容量非常有限，水体自净能力降低；②流域上中游河槽调蓄能力较弱，水体自净能力非常有限，水流缓慢，污染物易沉积，污水排放总量逐年增加，污染物排放量远远超过水体的自净能力，大量生活污水和工业废水直接排入河道沟渠，致使目前全区一级、二级河道水质绝大部分为Ⅴ类水质或劣Ⅴ类水质，水质污染严重，水体环境质量较差；③北运河的水体污染来源主要来自城镇污水、工业废水和农业非点源污染。流域内有多家工业污染源直接排入环境，每年污染物产生量为 348 t，排放量为 201 t，每年氨氮排放量为 10 t；农业污染多以面源污染形式进入河流水体，主要来自农药和化肥。

### 二、选取评估方法

采用污染当量数评价方法进行点源污染评估，具有以下优点：①统一性。污染当量数评价方法将不同污染源、不同污染物按同一标准当量处理，污染因素信息表达为污染当量数，并进行污染当量值传递。实现了不同污染源、污染物相互之间的当量转换，评价具有很好的统一性，解决了等标污染负荷评价法在不同污染物之间评价标准不统一的问题。②可比性。不同污染源、污染物按同一污染当量值标化处理，根据需要可进行不同污染物之间污染当量数的比较，从而确定真正意义上的区域重点污染源和主要污染物。解决了等标污染负荷评价法在不同污染物之间无法直接比较的问题。③为区域污染物总量控制规划和指标分解提供科学依据。按污染当量数确定污染物负荷分配至源的方案，更为科学，便于操作，解决了不同排污单位排放不同污染物削减指标分配的技术难题。④更直观反映各种污染物或污染排放活动对环境的有害程度，有利于人们确立环境资源价值观念，贯彻了“污染负担原则”，体现了污染物处理的技术经济性、排污者的经济责任和环境补偿要求（陈新学等，2005）。

根据已有的污染源排放量基础数据，选择总汞、总镉、总铬、六价铬、总砷、总铅等 17 种污染物进行评价，根据《中华人民共和国环境保护税法》，各污染物的污染当量取值如表 21-1 所示。

表 21-1　各污染物的污染当量值

| 污染物 | 污染当量值 $W_i$/kg | 污染物 | 污染当量值 $W_i$/kg | 污染物 | 污染当量值 $W_i$/kg |
|---|---|---|---|---|---|
| 总汞 | 0.000 5 | 悬浮物 | 4 | 总氰化物 | 0.05 |
| 总镉 | 0.005 | 生化需氧量 | 0.5 | 氨氮 | 0.8 |
| 总铬 | 0.04 | 化学需氧量 | 1 | 阴离子表面活性剂 | 0.2 |
| 六价铬 | 0.02 | 石油类 | 0.1 | 总氮 | 0.8 |
| 总砷 | 0.02 | 动植物油 | 0.16 | 总磷 | 0.25 |
| 总铅 | 0.025 | 挥发酚 | 0.08 | | |

由于统计调查法工作量大，遥感调查法难度较高，因此本次实践案例中采用 SWAT 模型计算法进行面源污染评估。

## 三、结果展示

### （一）点源风险评估

点源风险评估的指标包括悬浮物、化学需氧量、五日生化需氧量、氨氮、总磷、总氮、砷、汞、铬、六价铬、镉、铅、氰化物、挥发酚、石油类、阴离子表面活性剂、动植物油 17 种污染物。

在系统功能展示时，采用不同形状的标识符进行点源区分查看，并支持筛选查看，见图 21-1。

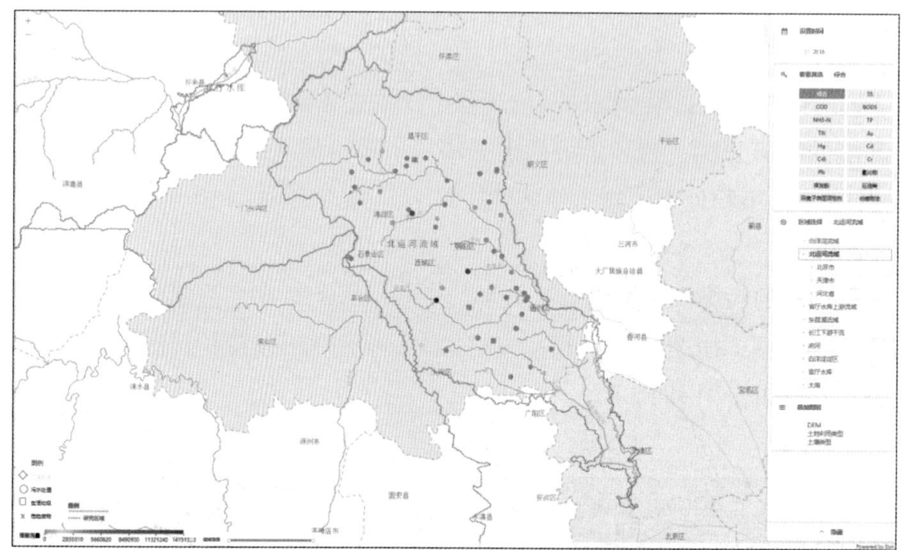


图 21-1　北运河流域不同类型点源筛选查看示意

系统中，根据各点源的评估结果进行颜色渲染，颜色越深表示点源污染风险越大。同时，在展示界面左下角支持拖动滑动条，查看不同当量值范围点源分布，见图 21-2。

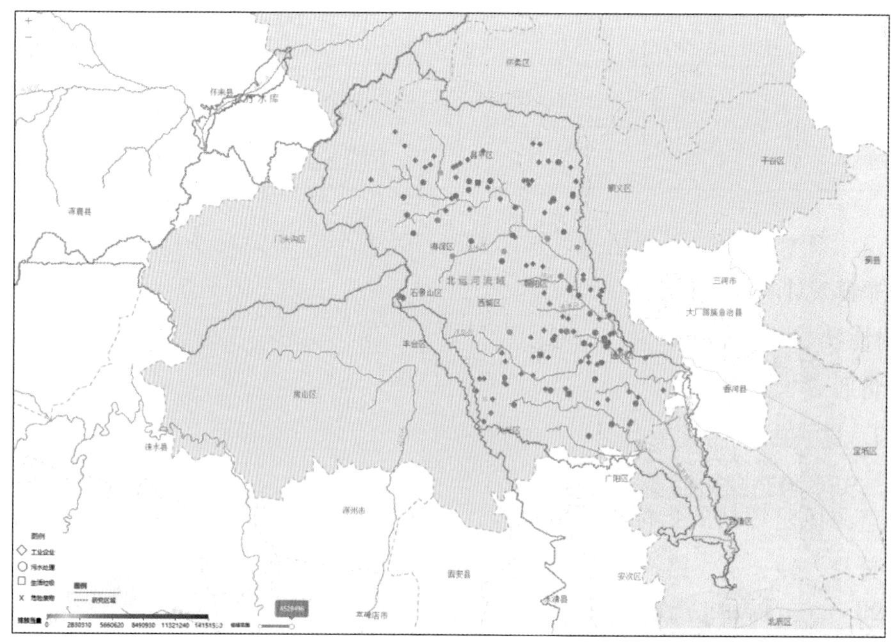


图 21-2　北运河流域不同当量范围的点源筛选查看示意

在系统展示时，点源风险评估结果支持时间（年度）的选择，见图 21-3。

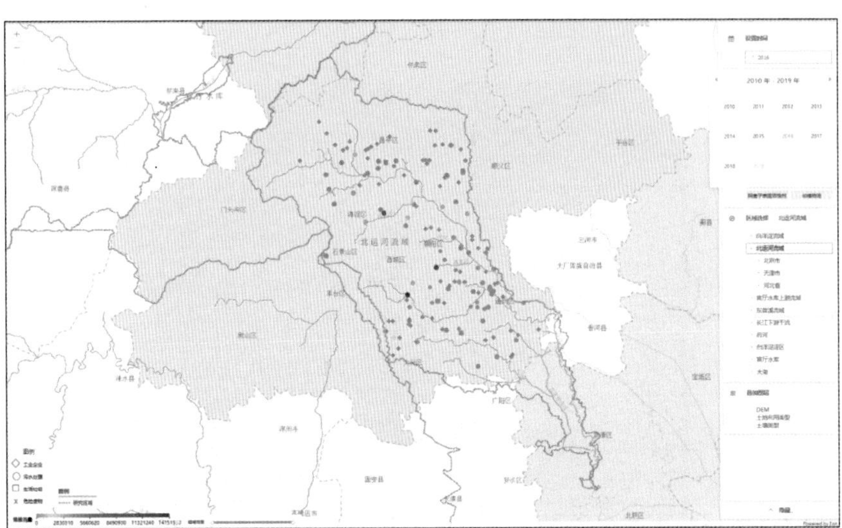

图 21-3　点源风险评估时间（年度）的选择

系统可对不同要素，即不同的污染物，在地图中展示其点源污染评估结果，也可以展示点源综合水质的评估结果，见图 21-4。

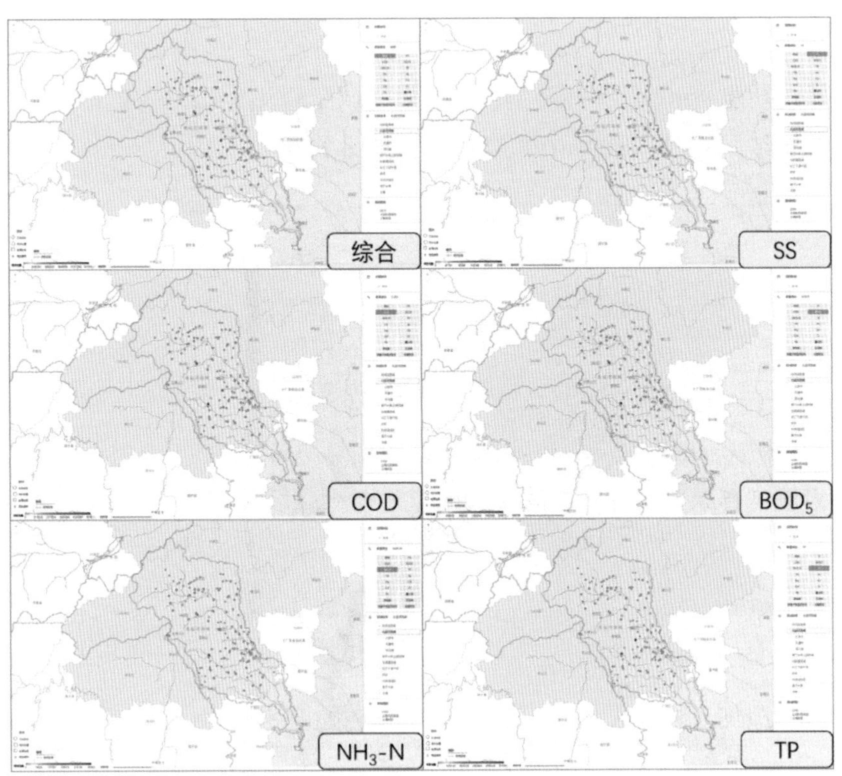


图 21-4　北运河流域不同指标的点源风险评估结果示意

系统对任意点源，可弹窗展示该点源的详细信息，包括点源名称、点源类型、点源行政区划、点源主要污染物的当量数，见图 21-5。

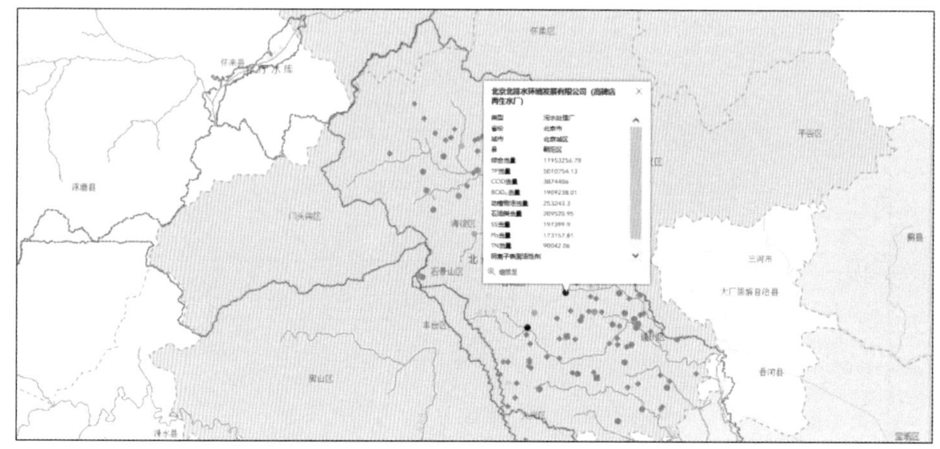

图 21-5　任意点源弹窗展示效果示意

（二）面源风险评估

面源风险评估的水质指标包括化学需氧量、氨氮、总磷、总氮、重金属铬、重金属铅 6 种污染物。

在系统功能展示时，采用不同的颜色对区域面源风险结果进行渲染展示，其中区域颜色越红，说明区域的面源风险越高，见图 21-6。

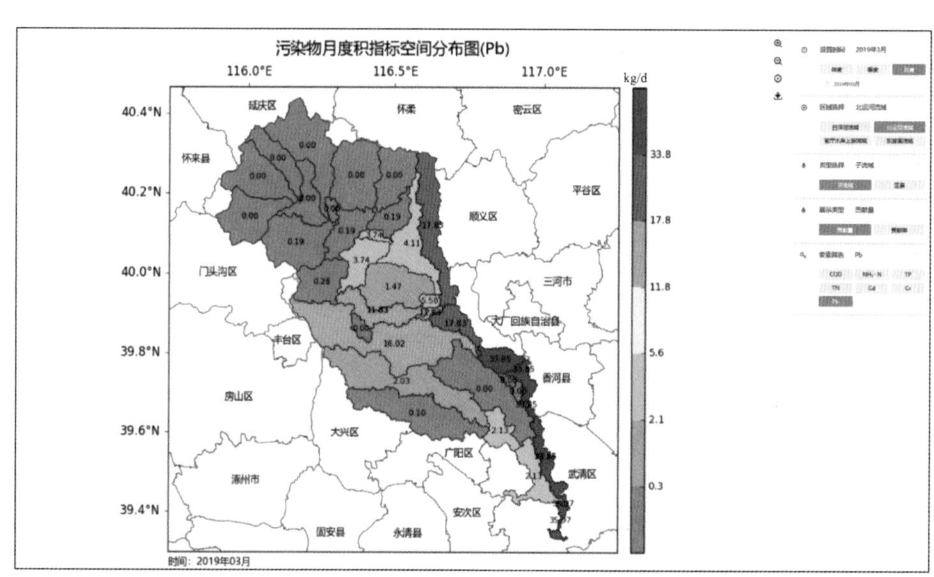


图 21-6　北运河流域区域面源风险评估展示效果示意

在系统的右上方，可以选择不同的时间尺度查看不同时间的面源风险评估结果，时间尺度包括年度、季度、月度，见图 21-7。

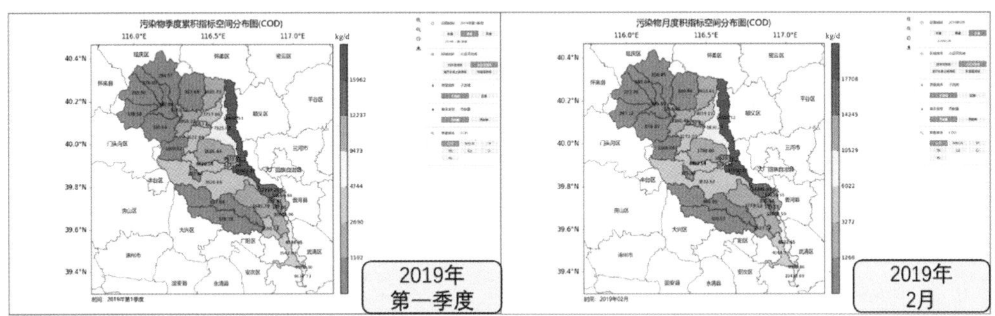

图 21-7　不同时间尺度的面源风险评估结果查看

在系统右侧参数选择框中“类型选择”部分，可以选择“子流域”或“区县”，以查看不同类型的评估结果，见图 21-8。

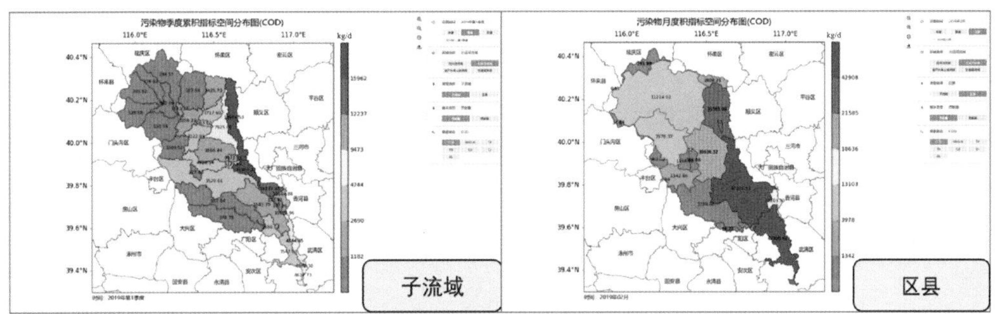

图 21-8　不同区域类型的面源风险评估结果查看

在系统右侧参数选择框中“展示类型”部分，可以选择“贡献量”或“贡献率”，以查看各区域面源风险评估结果或各区域面源风险占比情况，以识别面源污染有限控制区，见图 21-9。

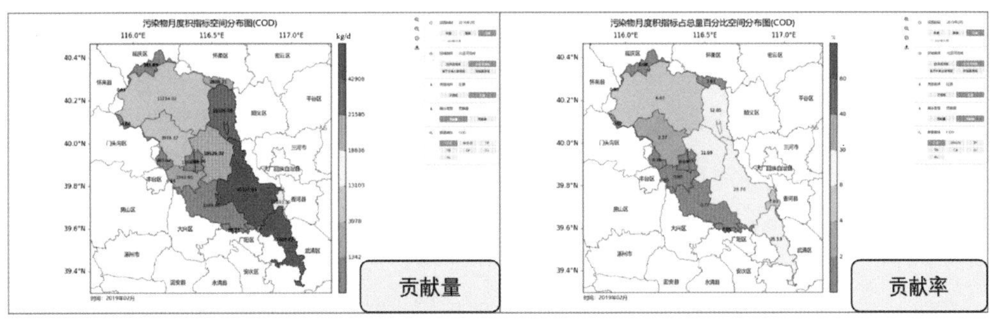

图 21-9　面源风险评估结果的不同类型查看

系统提供要素筛选，选择不同的污染物，查看北运河流域该污染物的面源风险评估结果，见图 21-10。

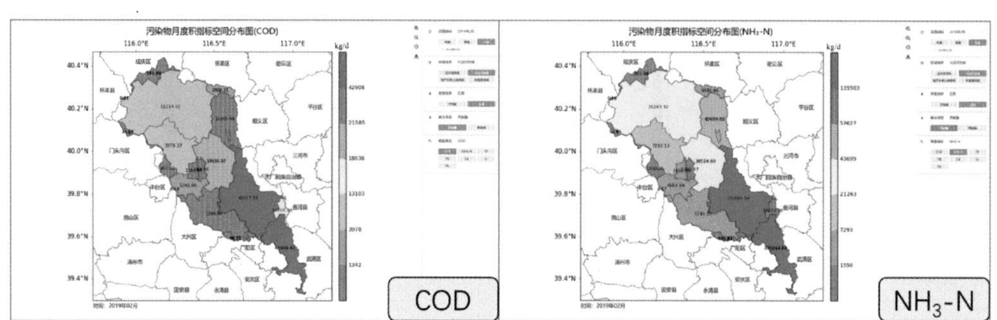


图 21-10　北运河流域不同指标的面源风险评估结果示意

（张鹏　李茜　师傅颖　许晶　周振文）

# 第二十二章 水污染追因溯源功能设计与实现

## 第一节 水污染追因溯源技术发展

我国流域水环境风险源复杂，涉及点源、面源等。其中点源风险主要由工业废水和生活污水排放引起，这些废水含污染物较多，成分复杂，其变化规律难以追溯，企业对危险物质的储存、使用、运输、泄漏、排放是重点污染环节，容易引发水环境风险，威胁人体生命健康，破坏生态环境和社会经济体系。面源风险主要包括农业面源污染、工业面源污染和城市面源污染，其中农业生产活动中的氮磷营养元素、有机农药、化肥及其他有机或无机污染物通过地表径流和地下渗漏引起地表和地下水环境污染；工业污染中，有机污染物、氮磷无机污染物及重金属对环境污染影响较大，其主要来源于印染、化工、煤炭开采、皮革制造、金属制造等行业。国内约 49% 的河流、湖泊存在环境风险，主要由流域沉积物中的有机污染物、氮磷无机污染物以及重金属等引起，同时城市面源污染中雨水冲刷、地表径流及大气沉降引起地表水中持久性有机污染物、氮磷等污染，这些污染来源广泛、成分复杂，难以进行治理。

处理水污染事件最有效的办法就是科学、准确地预测受污水域的情况，对引起事件发生的污染物进行追踪溯源是科学、准确地预测任意水域污染情况的关键技术和前提条件。因此，对水污染事件进行追踪溯源，对应急处置措施能否最大限度地缩小已发生事件的影响范围和污染程度起到决定性作用，即在污染事件发生后，研究如何快速率定描述污染物在河渠中迁移转化规律的模型参数、准确找出污染源的位置、掌握其污染强度、获知污染事件发生的初始条件及边界条件等问题，对于开展水污染事件的应急处理具有重大现实意义。

环境风险源识别最初来源于危险源的识别。20 世纪 80 年代，欧盟率先颁布了《塞韦索法令》作为环境危险源界定指南，指定了 180 种危险物质及临界量。随着水环境污染事故的频发，人类健康以及流域生态环境严重受损，大量水环境安全方面的课题研究就此展开，水环境风险源识别的概念在这一时期开始出现。而我国在水环境风险源识别方面的研究起步较晚。2000 年，中国安全生产科学研究院颁布了《危险化学品重大危险源辨识》作为重大危险源辨识的依据。水环境风险源的研究则是在 21 世纪初，随着松花江水污染等几次重大水环境事件的发生，水环境风险源逐渐受到关注。

针对排水及自然水环境中的水环境污染事故，国内外学术界及工程界提出了多种污染事故溯源方法。目前采用的污染物质溯源方法主要分为物理溯源和数学模型溯源两大类。

## 一、物理溯源

物理溯源方法包括示踪法、仪器搜索定位法和地理信息技术（GIS）溯源法。示踪法主要包括同位素示踪法、微生物示踪法等，通过示踪剂对研究对象进行标记，分析示踪剂分布和转移推演出研究对象的来源和转移规律；仪器搜索定位法通过使用红外线照相机、水面或水下自主机器人等对污染物进行追踪分析；地理信息技术（GIS）溯源法基于 GIS 强大的空间分析能力，将排水管网信息以 GIS 电子网络的形式存放，通过 GIS 的空间节点属性，基于管道节点流量平衡以及污染物质化学质量平衡方程，进行逆向拓扑分析，逐级溯源，推算可能的排放位置。

## 二、数学模型溯源

数学模型溯源分为三个阶段：第一阶段为探索期，在 20 世纪 80 年代以前。1972 年美国制定了水污染控制法修正案，明确规定在制定水体污染防控规划时，必须同时考虑点源和非点源污染。该时期美国建立了水土保持服务（SCS）模型和 USCLE 模型，成功应用于径流计算和土壤侵蚀预测，也为以后大型机理性模型的开发奠定了基础。此后，相继出现了城市暴雨径流污染模拟模型 SWMM、STORM，农业污染模拟模型 ARM，农药迁移和径流模型 ARM 以及流域模型 HSP 等。第二阶段为快速发展期，从 20 世纪 80 年代初至 90 年代初。这一阶段的模型研究主要集中在把已有的模型应用于非点源污染管理，开发含有经济评价和优化内容的非点源管理模型。短短 10 年间，先后出现了大量的综合非点源污染、水文、土壤侵蚀以及污染物迁移转化过程的模型，如 EPIC、HSPF、GLEAMS、CNPS、AGNPS、SEDIMOT、WEPP 等。尽管这些模型结构特征类似，但研究尺度和功能上的差异使得这些模型各有特色，并为下一阶段非点源污染模型的完善和应用奠定了良好的基础，为更加深入地研究非点源污染提供了经济高效的方法和途径，推动了非点源污染研究的进一步发展。第三阶段从20世纪90年代初开始至今，该阶段对非点源污染模型的研究主要集中在对已有模型和其他相关技术手段（如GIS和RS）进行整合完善，形成具有强大功能的新模型，如SWAT、AnnAGNPS、MIKE SHE等。这一阶段模型研究由纯数学问题转向一种系统的决策工具，以帮助预测非点源污染的程度并对各种水域管理措施进行评价。这些模型具有很强的机理性、综合性和应用性，因而需要大量的基础数据，包括气象、土壤、土地利用、农业管理、畜禽养殖、人口、水文和水质等，在缺资料地区的适用性受到了限制。

## 第二节　技术方法的选用

溯源分析方法分为基于监测数据的溯源方法和基于数值模型的溯源方法。这里仅介绍基于数值模型的溯源方法，分为敏感性实验方法和源示踪法两类。

### 一、方法选用原则

敏感性试验方法包括削减法和归零法。相较而言，源示踪法效果更好，计算量更小，但源示踪法需要数值模型本身支持溯源功能。削减法和归零法非常类似，计算量相同，由于非线性过程溯源结果都存在一定的误差，选择适当的削减比例时削减法优于归零法。

### 二、敏感性实验方法

#### （一）削减法

通过对目标源进行一定比例的削减来判断其对目标水体的污染贡献。具体做法为：将排放源进行一定比例的削减，重新运行水环境模型，将模拟结果与未削减情况下的结果进行比较，从而获取排放源对目标水体的污染贡献。该方法的优点在于容易实现，缺点是对每类排放源都要做一次计算，计算量较大，而且由于非线性化学过程的影响，会存在一定的计算误差。

#### （二）归零法

归零法需要将每类排放源设置为零，并将模拟结果与标准情况下的模拟结果进行对比，从而获得排放源对目标水体的污染贡献。除计算量较大外，归零法更容易受到非线性化学过程的影响，难以保证质量守恒，从而带来计算误差（所有排放源的污染贡献之和不等于污染物总浓度）。

### 三、源示踪法

源示踪法以示踪的方式获取污染物排放、输运和转化过程，并统计不同区域不同种类的排放源、初始污染物、上游来水污染物的贡献率。源示踪法可以得到每个标示来源的贡献情况，同时保证污染物质量守恒。源示踪法可以获取不同区域、不同种类排放源在不同时间的排放对污染物浓度的影响，敏感性实验方法无法获得不同时间的排放对污染物浓度的影响。源示踪法可通过一次模拟获得不同区域、不同类型排放源对污染物浓度的贡献率，不需要针对排放源进行多次模拟，从而缩短计算时间。

## 第三节　水污染追因溯源功能的实现

重点流域水质预报预警系统实现了对重点流域建设区域的不同断面进行污染的溯源分析，包含每个断面的不同污染物（如 COD、氨氮等），将其作为来源解析的目标污染物。

针对解析目标，基于工业和生活的点源污染排放量，以及农村生活、畜禽养殖、农田径流等面源污染负荷，解析各类污染来源对水体重点水质断面主要污染物通量的贡献量、贡献率及其时空变化特征。某断面的污染来源通过流线指向该断面，以百分比数字形式标注不同区域对断面的贡献程度。

系统同时支持年度、季度、月度和任意起止时间段的溯源分析，见图 22-1。

对不同地区、不同断面、不同类型污染源的来源解析结果以数据表、统计图及空间地图几种方式展示。如图 22-2 和图 22-3 所示，不同颜色代表不同类型的污染来源，包括工业企业、污水处理厂、农村生活、畜禽养殖和农田施肥五种类型的污染来源。按照各个区县对某断面污染物的贡献大小进行排序。同时，每种类型污染的贡献率以百分数形式标注。

系统以饼状图形式展示不同类型的污染源对选择断面的目标污染物的贡献占比情况，见图 22-4。

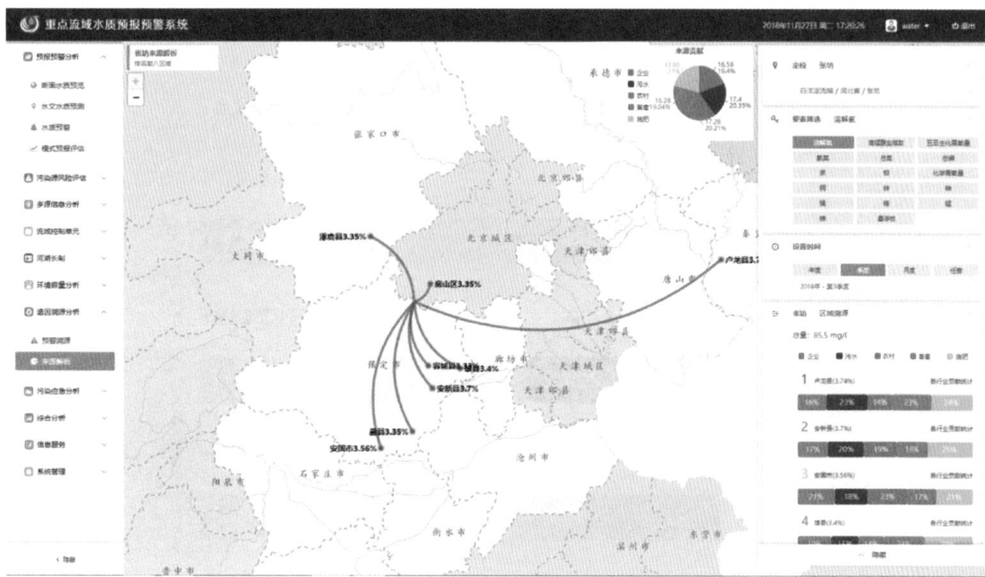


图 22-1　溯源分析系统界面

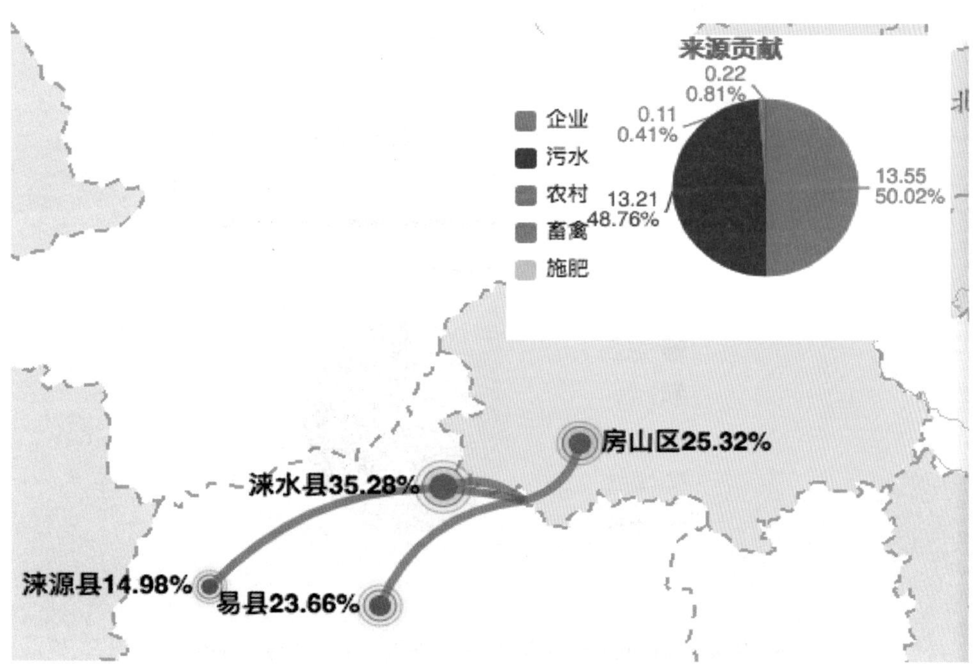


图 22-2　各区县各种类型污染源对指定断面的多污染贡献

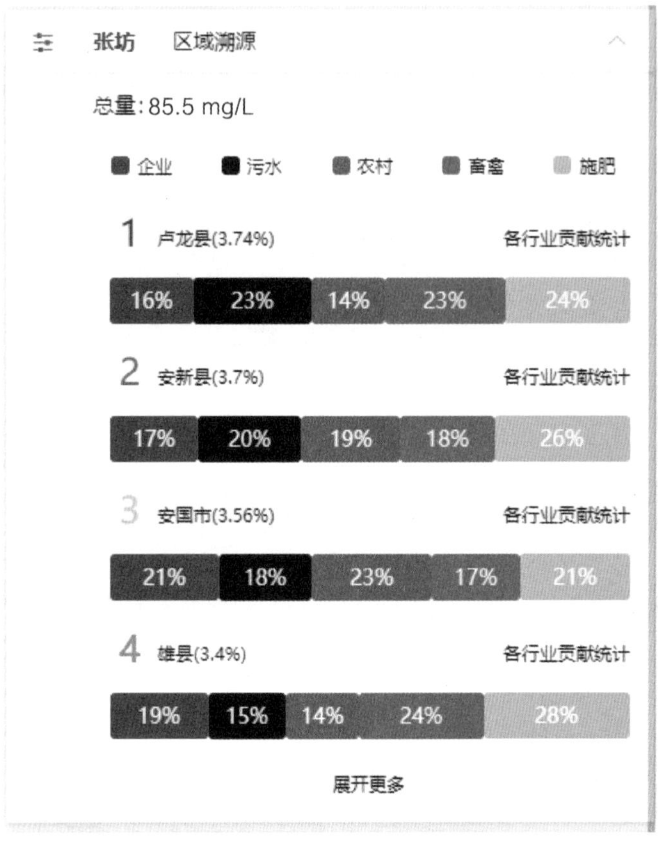


图 22-3　某断面溯源分析结果——来源贡献前 4 个区县

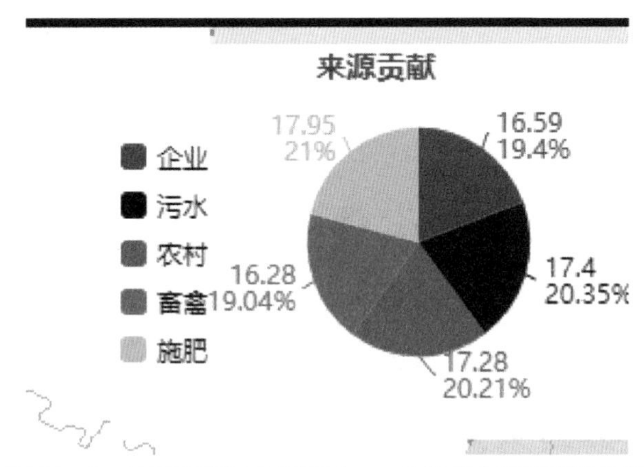


图 22-4　某断面溯源分析结果——各类型来源贡献柱状图

（彭福利　李茜　张鹏　晏平仲、苗春葆）

# 第二十三章 突发水污染应急决策支持功能设计与实现

## 第一节 突发水污染事件的危害

随着我国社会经济的快速发展，生态环境破坏日益严重，重大环境污染事件频繁发生，对人体健康、生态安全构成重大威胁。化学品生产过程中突发性水污染事故频频发生，尤其是有色金属冶炼、农药生产、化肥、石油化工等行业，其原料、中间体、副产品、成品、尾渣及有害危险品的原料开采、生产、储存、运输和使用过程中都可能存在不同程度的突发水污染事件风险。突发性污染事件具有强度大、时间短、风险高、类型多样、场景不一、复杂性强等特点，其引发的环境安全问题已经引起公众和环境管理部门的高度重视。我国突发性水污染事件已经进入了高发期，每年接连发生多起重大突发性水污染事件，威胁水环境安全，水污染突发事故处理处置形势严峻。我国在突发污染风险预警和应急决策等方面的研究相对薄弱，远不能满足日益频发的污染事故要求。

据统计，2001—2004 年全国共发生水污染事故 3 988 起，平均每年近 1 000 起。另据国家环境保护总局统计，2005 年全国共发生环境污染事故 1 406 起，其中水污染事故 693 起，占全部环境污染事故总量的 49.3%。2006—2009 年突发水污染事故整体呈增长趋势，2010 年开始呈现逐年降低的趋势，这表明国家对水体突发性污染事故越来越重视，加强监管也取得了效果。在上述水体突发性污染事故中，多次重大水污染事故都造成了较为严重的社会影响和经济损失，如 2011 年 7 月，四川省阿坝州松潘县境内一电解锰厂尾矿渣流入涪江，致使 1 万 $m^3$ 尾矿流入涪江，造成严重污染。2012 年，广西龙江镉污染造成龙江河镉含量超过地表水环境质量标准Ⅲ类标准约 80 倍，两岸及下游近 300 万居民的生活用水受到影响。这些重大的突发水污染事故，严重破坏了水环境，特别是对饮用水水源地造成了严重的污染，对人民群众的身体健康构成了直接的威胁。

突发性水污染事故的首要特征为偶然性和突发性，主要表现在水污染事故发生、发展、危害的不确定性，同时污染事故发生以后，事故排放的污染物种类、污染程度、污染范围及其危害程度都不确定，从而导致事故性质的不确定性。突发水污染事故还具有强度大、时间短、风险高、复杂性强等特点，主要表现为污染物会随着水体进行扩散，使污染范围在短时间内不断扩大，污染程度在短时间内不断加剧，强度较大且时间短促。随着污染物影响范围的逐渐扩大，危害性也逐渐扩大，同时污染物在水环境中会发生化学、生物或物理性质的变化，可能转变成毒性更大的物质，使其污染性质又具有危害的累积性和影响的长期性。此外，由于水中污染物会随着流域进行扩散，使其具有了应急主体的变动性和不易操控性，这进一步加大了处理任务的艰巨性。

## 第二节　技术方法的选用

由于突发性水污染事件发生的突发性、偶然性和危害性，亟须及时掌握污染物的动态扩散过程及污染风险强度，从而为制定应对突发性水污染事故应急措施的有效方案提供依据。水污染风险动态模型和应急处理处置决策支持可以有效追踪污染物的迁移转化过程，动态评价污染事故的风险场，快速智能化生成应急处置方案，为决策部门提供直观有效的技术支持。

从技术原理、适用条件、实施方式和应用实例等方面来评估突发污染事故的处理处置技术，对技术进行分类，分别为：水环境污染浓度场模拟、突发水污染事件风险场模拟和应急处理处置预案。对突发水体污染快速处理处置技术系统软件平台的技术模块进行组合，形成模块化技术，见图 23-1。

### 一、水环境污染浓度场零维模型

在水环境突发事件中，有时需要快速掌握水环境污染情况，因此对水环境模型的计算效率要求非常高。在突发事件的处理过程中，当对于某些地区需要快速估算突发事件的影响情况时，地形、水位、流量和边界条件等数据往往无法快速获得，这种情况下可以考虑使用零维河流水质模型来进行快速计算。零维河流水质模型是按照完全混合反应器的原理建立的河段水质模型，将计算河段视为一个完全混合的反应器，这是一种近似的水质模拟方法，适用于河段长度较短，其他数据缺乏的情况。在这样的一个反应器中，不存在污染物质浓度的空间差异，即在任何一个空间方向上都不存在污染物质浓度的变化。根据质量守恒定理，可以写出零维河流水质模型的质量平衡方程，即

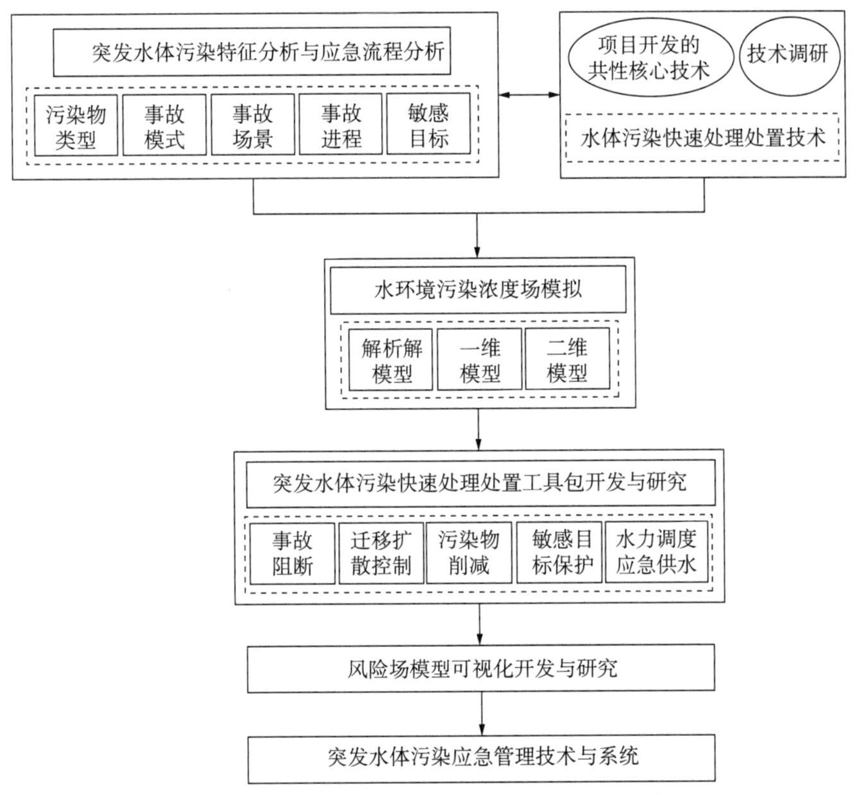


图 23-1　突发水污染应急管理技术与系统框架

$$V=\frac{\mathrm{d}C}{\mathrm{d}t}=Q(C_0-C)-KCV \tag{23-1}$$

式中，$V$ 为反应器容积；$Q$ 为流入 / 流出反应器的流体流量；$C_0$ 为输入介质中的污染物浓度；$C$ 为输出介质中的污染物浓度；$K$ 为污染物衰减速度常数。

在稳态条件下，即 $\mathrm{d}C/\mathrm{d}t=0$ 时，

$$C=\frac{C_0}{1+\frac{V}{Q}K}=\frac{C_0}{1+t_wK} \tag{23-2}$$

式中，$t_w=V/Q$ 称为理论停留时间。

在零维河流水质模型中的污染物（$C$）的排放特点主要分为瞬时污染物排放源和连续污染物排放源，两种情况应分别处理。

瞬时源二维扩散模型方程为

$$\frac{\partial c}{\partial t}+U\frac{\partial c}{\partial x_1}=D_{11}\frac{\partial^2 c}{\partial x_1^2}+D_{22}\frac{\partial^2 c}{\partial x_2^2} \tag{23-3}$$

该方程的求解为

$$c(x_1,x_2,t)=\frac{M}{4\pi D_{11}D_{22}}\exp\left[-\frac{(x_1-U_t)^2}{4D_{11}t}-\frac{x_2^2}{4D_{22}t}\right] \tag{23-4}$$

式中，$c$ 为物质浓度；$x_1$、$x_2$ 分别为 $x$、$y$ 两个方向的坐标；$D_{11}$、$D_{22}$ 分别为 $x$、$y$ 两个方向的紊动扩散系数；$M$ 为物质质量，kg。

连续源二维扩散计算公式为

$$c\left(x_1,x_2\right)=\frac{\dot{M}}{U\sqrt{4\pi Dx_1/U}}\exp\left[-\frac{x_2^2U}{4Dx_1}\right] \tag{23-5}$$

式中，$\dot{M}$ 为线源强度，即每单位长度单位时间内扩散出的质量。在零维河流水质模型的数值模拟过程中，污染源（点源）的位置设置为坐标（$x_0$，$y_0$），其扩散的距离是相对于点源的位置，按照两点间距离公式计算获得，随后计算点源在不同时刻的浓度变化 $c$（$x$，$y$，$t$）。

## 二、水环境污染浓度场一维模型

### （一）模型控制方程

当水污染物浓度的空间分布只在一个方向上存在显著差异时，常常采用一维水环境模型来对环境变化进行描述。所以，一维水环境模型的应用有相应的限制条件：河流中污染物在河流纵垂面的对流、扩散影响远小于污染物在河流方向扩散的影响。该限制条件也明确了垂向的温度、密度、化学变化在实际模拟中可以忽略。此外，在模拟过程中，污染源（点源和面源）采用瞬时混合的处理方法。

污染物浓度在水流中的变化主要是由对流引起的，而污染物的扩散和生物化学反应往往不是主要的方面。因此，水环境模型具有以下特点：

（1）可以计算瞬时河流的流量、水位，水质因子的变化主要由高度非稳态水流引起；

（2）计算水质因子变化的物质输运方程包含流量和水位的显式变化；

（3）适用于规则和非规则断面的河流；

（4）水质因子可以进行单独的数值求解，也可多因子联合求解；

（5）考虑旁侧入流的影响；

（6）考虑水利设施对污染物扩散的影响。

水环境模型的诸多要求归结到控制方程时，可总结出以下内容：

（1）水环境模拟时需要考虑静水压强；

（2）污染物的水平扩散和横向扩散可以忽略，在污染物入河后即认为断面混合均匀；

（3）所有断面和底部高程均为已知的；

（4）所有旁侧入流和面源的流量与入河污染物浓度均为已知的。

水力输运方程的推导相当程式化，应用比较广泛的有两种方法。第一种是根据三维的动量方程和 Navier-Stokes 方程推导而来。这种推导方法通常在平均化的过程中引入定义模糊涡流黏度的问题。而在解决这类问题时，通常会进入求解精确解的误区，而放弃了实际的物理问题。本研究采用的是第二种方法——控制体积法。

推导一维模型控制方程，坐标系原点被假定在河床底部，河床底部变化角度与水平方向的夹角设定为 $\tan\theta \approx \theta$，$\theta$ 极小。因此，$x$ 方向即河流的正方向，水位 $h$（$x$，$t$）与重力方向平行，与坐标 $x$ 轴正交。$A$（$x$，$t$）是断面的过水面积，$B$（$x$，t）是过水水面宽度。

### （二）数值模拟方法

在连续性方程（质量守恒方程）和动量方程的推导过程中，流量和水位可以联立求解。物质输运方程主要求解对流扩散，也同样可以和前两者联立求解，但想要求得数值解却非常困难。虽然模型的控制方程是非稳态、非线性的，但由于污染物的浓度对水动力方程的求解过程没有影响，模型的求解过程可简化为先求解连续性方程和动量方程，将求得的结果代入物质输运方程进行进一步运算。因为连续性方程和动量方程为联立求解，所以其数值离散方法与物质输运方程相异。在求解得到河流的流量、水位后，继续求解物质输运方程。在求解物质输运方程时，选择何种离散方法主要考虑计算效率和求解精度。在污染物变化过程中，对流扩散是数值离散的难点。所以，可采用的差分方法为四阶紧致显式差分法，隐式分步法用来处理数据离散。

### （三）水质模型

各水质因子的变化都可以通过上述数值计算来实现，在这些水质因子中，最为重要的两个因子是温度和溶解氧。而且，很多水质因子的浓度都与溶解氧密切相关，如生物需氧量、磷酸盐、硝酸盐等，甚至河流中藻类和微生物的浓度均与溶解氧含量有关。在本书中，藻类作为稳态变量来描述，即只发生对流扩散，而不参与生物化学反应。所有含氮因子包括氨氮、硝酸盐均参与水体氮循环，有机磷和磷酸盐参与水体磷循环，溶解态重金属也是模拟的对象。因此，一维水质模型可以计算的水质因子包括温度、溶解氧（DO）、生物需氧量（BOD）、化学需氧量（COD）、总氮（TN）、氨氮（$NH_3$-N）、硝氮（$NO_3$-N）、总磷（TP）、磷酸盐、重金属、大肠杆菌以及藻类等。

## 三、水环境污染浓度场二维模型

水环境污染浓度场二维模型是流域、区域水环境综合治理的重要技术工具，在水污染突发事件处理中的应用也较为广泛。其模型控制方程为

连续方程：

$$\frac{\partial u}{\partial x}+\frac{\partial v}{\partial y}+\frac{\partial w}{\partial z}=0 \tag{23-6}$$

水面方程：

$$\frac{\partial \eta}{\partial t}+\frac{\partial}{\partial x}\int_{H_R-h}^{H_R+\eta} u\mathrm{d}z+\frac{\partial}{\partial y}\int_{H_R-h}^{H_R+\eta} v\mathrm{d}z=0 \tag{23-7}$$

动量方程：

$$\frac{Du}{Dt}=fv-\frac{\partial}{\partial x}\left\{g\left(\eta-\alpha\hat{\psi}+\frac{P_a}{\rho_0}\right)\right\}-\frac{g}{\rho_0}\int_{z}^{H_R+\eta}\frac{\partial \rho}{\partial x}\mathrm{d}z+\frac{\partial}{\partial z}\left(K_{mv}\frac{\partial u}{\partial z}\right)+F_{mx}=0 \tag{23-8}$$

$$\frac{Dv}{Dt}=fu-\frac{\partial}{\partial y}\left\{g\left(\eta-\alpha\hat{\psi}+\frac{P_a}{\rho_0}\right)\right\}-\frac{g}{\rho_0}\int_{z}^{H_R+\eta}\frac{\partial \rho}{\partial x}\mathrm{d}z+\frac{\partial}{\partial z}\left(K_{mv}\frac{\partial v}{\partial z}\right)+F_{my}=0 \tag{23-9}$$

式中，（$x,y,z$）——Cartesian 坐标，m；

$t$——时间，s；

$H_R$——$Z$ 坐标的参考水平（MSL）；

$\eta$——自由面高程，m；

$h$（$x,y$）——河道或河口水深，m；

$f$——Coriolis 因子，m/s；

$g$——重力加速度，m/s$^2$；

$\hat{\psi}(x,y)$——潮汐势，m；

$\alpha$——有效地球弹性因子（Effective Earth Elasticity Factor）（$\alpha$=0.69）；

$\rho$（$x,t$）——水密度，包括由盐度和泥沙混合溶液等引起的密度，$\rho_0$=1 025 kg/m$^3$；

$P_a$（$x,y,t$）——水体自由的大气压强，N/m²；

$K_{mv}$——垂直涡黏系数，m²/s；

$F_{mx}$，$F_{my}$——水体、盐度和温度水平扩散项。

式中上标代表时间步长，下标代表空间步长，双下标代表水平和垂直位置的索引号，$V$代表体积，$\Delta t$为时间步长，$P_1$为网格的面积；$K_{CV}$为垂直扩散系数；$u$为网格边界中点水平方向流速；$w$为垂直方向流速；$l_{jsj}$为边界长度；$C_{i,k+1/2}$和$C_{i,k-1/2}$分别为第$k$和第（$k$+1）网格单元边界中点上的流速。模型的辅助方程包括：

（1）在特定压强和盐度、温度作用下，水体密度为

$$\rho(S,T,p)=\frac{\rho(S,T,0)}{\left[1-10^5 p/K(S,T,p)\right]} \tag{23-10}$$

式中，$\rho$（$S,T,0$）——在标准大气压下的密度。

$K$（$S,T,p$）——流体压缩模数：

$$p=10^{-5}g\int_z^{H_R+\eta}\rho(S,T,p)\mathrm{d}z \tag{23-11}$$

（2）自由表面边界条件风应力：

$$\rho_0 K_{mv}\left(\frac{\partial u}{\partial z},\frac{\partial v}{\partial z}\right)=\left(\tau_{Wx},\tau_{Wy}\right)\quad z=H_R+\eta \tag{23-12}$$

$$(\tau_{Wx},\tau_{Wy})=\rho_a C_{DS}\left|\vec{W}\right|(W_x,W_y)$$

$$C_{DS}=10^{-3}(A_{W1}+A_{W2}\left|\vec{W}\right|)$$

（3）底边界切应力条件：

$$\rho_0 K_{mv}\left(\frac{\partial u}{\partial z},\frac{\partial v}{\partial z}\right)_b=(\tau_{bx},\tau_{by})\quad z=H_R-h \tag{23-13}$$

$$(\tau_{bx},\tau_{by})=\rho_0 C_{Db}\sqrt{u_b^2+v_b^2}(u_b,v_b)$$

$$C_{Db}=\mathrm{Max}\left\{\left(\frac{1}{\kappa}\ln\frac{\delta_b}{z_0}\right)^{-2},C_{Db\min}\right\}$$

（4）自由表面热交换：

$$K_{hv}\frac{\partial T}{\partial Z}=\frac{H_{tot}^{*}\downarrow}{\rho_0 C_p}\qquad z=H_R+h \tag{23-14}$$

（5）模型使用紊流模型（Generic Length，GLS）：

$$\frac{Dk}{Dt}=\frac{\partial}{\partial z}\left(v_k^{\psi}\frac{\partial k}{\partial z}\right)+K_{mv}M^2+K_{hv}N^2-\varepsilon \qquad (23-15)$$

$$\frac{D\psi}{Dt}=\frac{\partial}{\partial z}\left(v_{\psi}\frac{\partial \psi}{\partial z}\right)+\frac{\psi}{k}(c_{\psi1}K_{mv}M^2+c_{\psi3}K_{hv}N^2-c_{\psi2}F_w\varepsilon) \qquad (23-16)$$

其中：

$$M^2=\left(\frac{\partial u}{\partial z}\right)^2+\left(\frac{\partial v}{\partial z}\right)^2$$

$$\varepsilon=(c_{\mu}^0)^3k^{1.5+m/n}\psi^{-1/n}$$

$$c_{\mu}^0=\sqrt{0.3}$$

统一尺度：$\psi=(c_{\mu}^0)^p k^m l^n$。

（6）地球科氏力：

$$f(\phi)=2\Omega\sin\phi \qquad (23-17)$$

$$\Omega=7.29\times10^{-5}\,\text{rad}/\text{s}\ \text{地球旋转角速度}$$

$$f=f_c+\beta_c(y-y_c)$$

$$\hat{\psi}(\phi,\lambda,t)=\sum_{n,j}C_{jn}f_{jn}(t_0)L_j(\phi)\cos\left[\frac{2\pi(t-t_0)}{T_{jn}}+j\lambda+v_{jn}(t_0)\right] \qquad (23-18)$$

水流运动方程和污染物对流扩散方程及其相应的初始、边界条件构成河流水质数学模型。该模型方程是一个二阶非线性偏微分方程组，一般不能求出解析解，需通过数值求解。上述方程组离散采用“有效元”方法。这种方法结合了有限元法和有限体积法的优点。计算网格采用交错网格，水位和流速求解定义在不同的网格上，网格形状为四边形。自由水面通过连续方程采用流速修正方法求解。离散方程采用 SIP（Strong Implicit Solver）方法求解。

## 四、污染物迁移扩散模型

### （一）水溶性化学品泄漏扩散模型

对于水溶性化学品，通常采用迁移扩散方程计算，在一维河道中其控制方程为

$$\frac{\partial(AC)}{\partial t}+\frac{\partial(QC)}{\partial x}=\frac{\partial}{\partial x}\left(AE_x\frac{\partial C}{\partial x}\right)+S_c+S_k \qquad (23-19)$$

其中汊点计算控制方程为

$$\sum_{k=1}^{m} \Delta Q_{1k} C_{1k} = 0 \tag{23-20}$$

在局部河段或者存在敏感点河段，采用二维迁移扩散模型计算，其控制方程为

$$\frac{\partial C}{\partial t} = \frac{\partial}{\partial x}\left(D_x \frac{\partial C}{\partial x} - u_x C\right) + \frac{\partial}{\partial y}\left(D_y \frac{\partial C}{\partial y} - u_y C\right) + \frac{\partial}{\partial z}\left(D_Z \frac{\partial C}{\partial z} - u_z C\right) + f_R(C,t) \tag{23-21}$$

污染物模型的求解采用迎风隐式差分求解，具有较强的稳定性。由于采用无结构网格，实现了污染物排放位置的任意给定和自动设置。模型采用最近距离法求解点源污染物在网格中的具体空间位置，然后根据排放时间实时在网格节点上通过污染溶解过程方程求出污染事故点网格的污染物浓度，在此基础上通过水环境模型计算出在风、水流等作用下污染物浓度在水体中的迁移和降解过程。

污染物的饱和溶解度、降解速率、沉降速率和挥发速率等参数可以通过模型的界面直接给定，扩大了模型对新的污染物求解范围。

### （二）不溶性化学品泄漏扩散模型

对于不溶性化学品泄漏，采用基于拉格朗日模式的粒子跟踪法计算，其基本方程为

$$N_{\text{total}} = \frac{M_{\text{total}}}{C_{\min} \times A_{\text{cell}} \times h_{\text{layer}}} \quad （粒子数） \tag{23-22}$$

$$x(t+\Delta t) = x(t) + \int_t^{t+\Delta t} v \mathrm{d}t \quad （输移） \tag{23-23}$$

$$\Delta s = \sqrt{6D\Delta t} \quad （扩散） \tag{23-24}$$

在流场计算的基础上，根据流速、扩散系数及精度要求，计算污染物（颗粒）的迁移过程，计算过程中考虑了污染物的降解速率、沉降速率和挥发速率等参数。

### （三）半溶性化学品泄漏扩散模型

对于半溶性化学品泄漏，采用两相同步计算法。根据泄漏时间，实时在网格节点上通过污染溶解过程方程求出污染事故点网格的污染物浓度以及剩余未溶解污染物质量。对于已溶解部分，根据初始浓度按照可溶性物质迁移扩散方程计算；对于未溶解部分，采用粒子跟踪法计算。在每个时间步长最后，将各计算单元的粒子浓度换算成质量浓度，然后与已溶解部分进行叠加，获得该单元的综合浓度。

## 第三节　突发水污染应急决策支持功能的实现

风险场模拟系统包括零维模拟（解析解计算）、一维模拟、二维模拟、风险评估等分析模块，每个功能模块包含分析的空间建模、计算和展示的整个完整过程，同时零维、一维和平面二维分析与急性风险评估之间存在依赖关系，风险评估依赖分析得到的浓度场结果。系统还应包括贯穿五大分析模块始终的项目管理功能，该功能将某个具体分析方案中的所有参考数据、空间模型、分析算法和输入 / 输出文件都保存到方案对应的文件夹下，方便用户复用，见图 23-2。

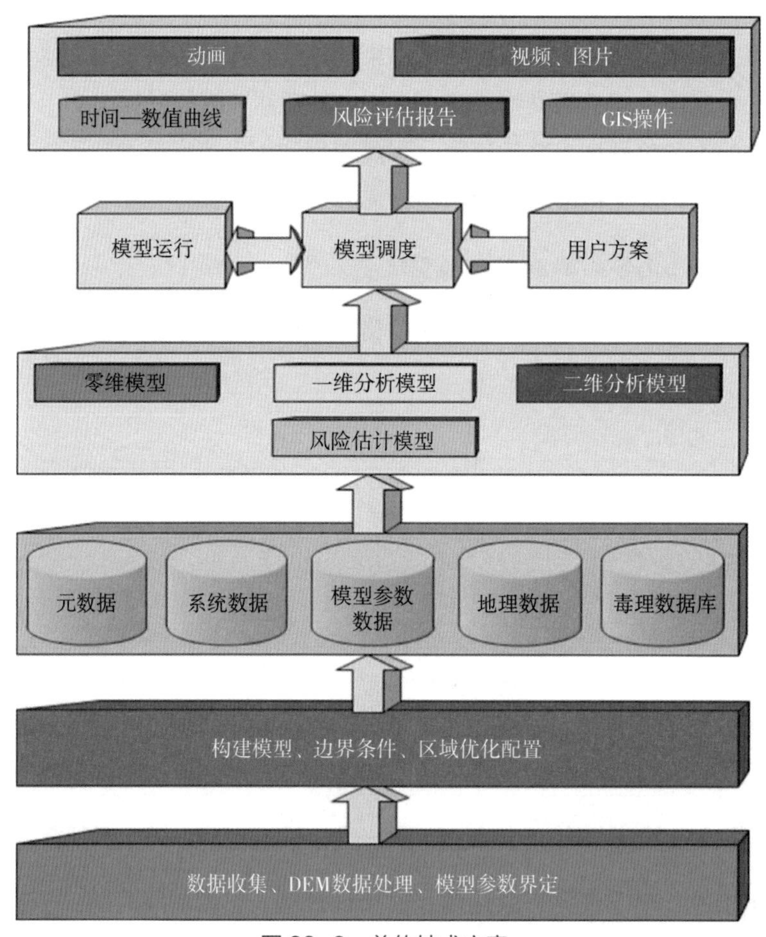

图 23-2　总体技术方案

### 一、信息查询

模型提供污染物属性数据库的信息查询。针对突发水污染事故，首先为水溶性化学品、不溶性化学品、半溶性化学品等污染物建立专业数据库，包括常见污染物沉降速率、降解速率、挥发速率、混合系数、饱和浓度和密度等信息，为用户提供信息查询等功能，同时也为污染物扩散运移奠定基础信息。

## 二、事故过程模拟

通过构建突发性水污染事件预警应急系统，可以进行突发性事故的过程模拟。主要过程包括河道轮廓设置、网格划分、参数设置和模型模拟。

（1）河道轮廓设置：河道轮廓共包括五个功能：勾画河道边界、河道节点编辑、切割岛屿、设置壁边界、设置开边界。

（2）网格划分：加载完底图后，首先勾画河段，进行进一步的建模工作，主要分为勾画河道边界、河道节点编辑、切割岛屿、设置壁边界和开边界。

（3）参数设置：参数设置工具栏中的功能是进行分析计算所必须的参数配置。主要参数设置包括污染源设置和环境参数。

污染源：设置污染源所在位置，并且污染源需要设置在网格节点位置上。

环境参数：主要包括模型的基本边界条件设置、计算时间步长、模拟开始和结束时间、污染物类型和紊流设置等。

（4）模型模拟：模拟计算开始时，会对计算区域、网格设置以及计算条件进行预处理，当预处理结束，确认模型环境参数、网格均无误时，模型开始计算。系统会按照算例的具体情况和计算机的当前状态预估出剩余的计算时间（预估剩余计算时间会随着计算机当前状态的改变而相应变动），如图 23-3 左所示。当前完成的百分比和剩余时间会不断更新。计算完成后，可按照提示进行计算结果的展示工作，见图 23-3 右。

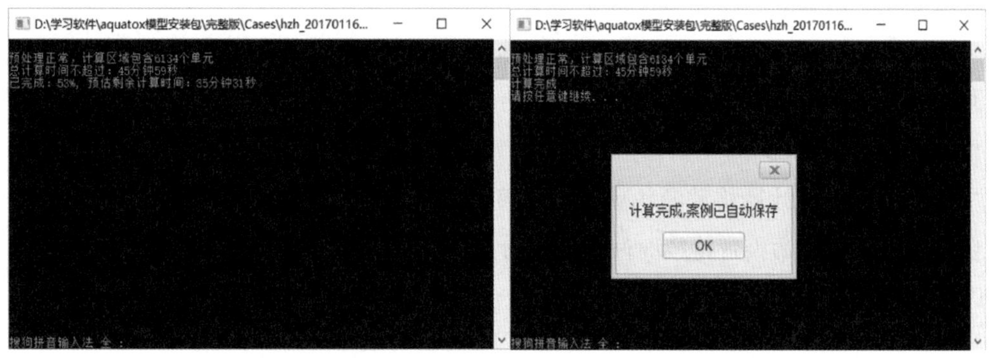


图 23-3　计算窗口（左：计算启动窗口；右：计算完成窗口）

突发污染事件情景模拟包括固定污染源突发水环境污染模拟和移动污染源突发水环境污染模拟。

固定污染源突发水环境污染模拟：固定风险源空间位置不变，大多是化学性污染，如工业园区或污水处理厂运行不当使有毒有害废水的不规范排放等常规污染和有毒有害化学品的仓库爆炸等意外事故导致污染。污染物位置、污染物的类型和高程位置等参数可通过界面直接设置，见图 23-4。

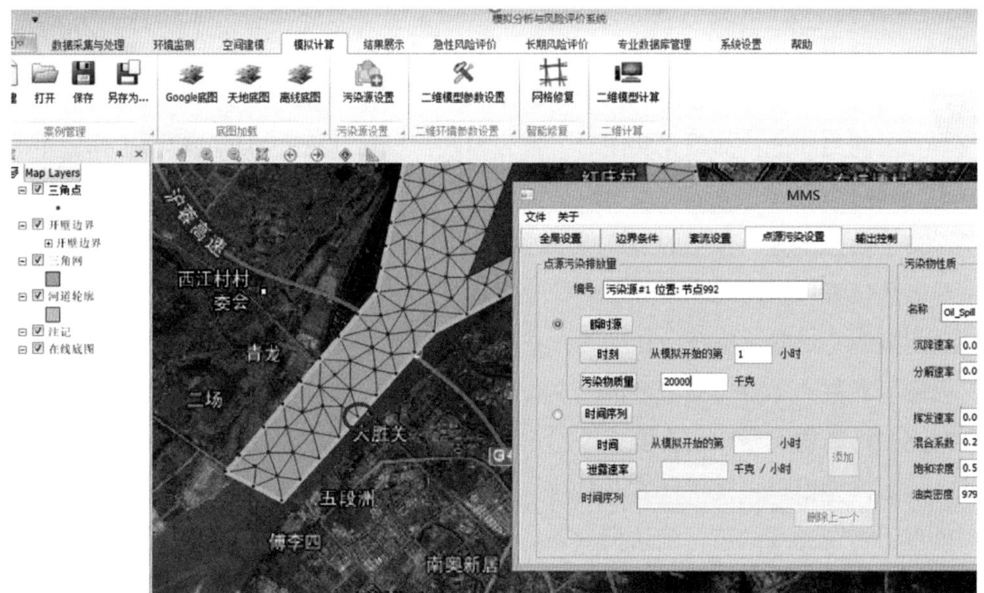


图 23-4　固定污染源设置

模型可实现计算瞬时源污染物的浓度分布、污染物到达下游重要断面的时间、超过指定阈值的污染带持续时间和空间分布等。根据计算结果可评估污染事件对流域水资源的影响范围及持续时间等。

移动污染源突发水环境污染模拟：移动风险源主要由船舶、汽车等运输工具泄漏或相撞等造成油品、化学品等泄漏而污染水体。污染物的位置和质量等通过界面直接设置，见图 23-5。

模型可实现计算移动源污染物的浓度分布、污染物到达下游重要断面的时间、超过指定阈值的污染带持续时间和空间分布等。根据计算结果可评估移动污染源对区域水资源的影响范围及持续时间。

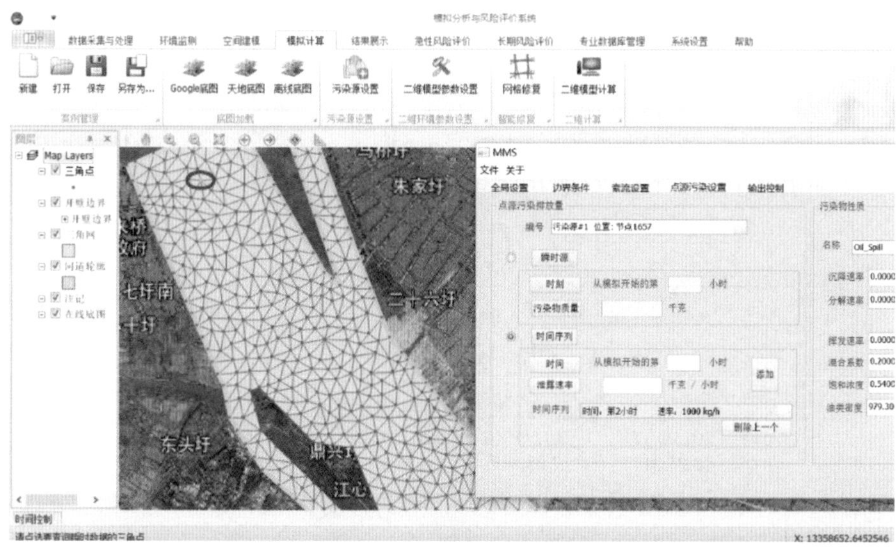

图 23-5　移动污染源设置

## 三、影响评估与预警

突发水污染事件模拟依据污染事故的发生位置、污染物类型、泄漏量、泄漏方式、气象水文条件等信息，动态模拟污染物的迁移转化过程，计算污染物的浓度分布、污染物到达下游重要断面的时间、超过指定阈值的污染带持续时间和空间分布等。根据模拟结果采用风险评价可以评估污染事件影响地区的人口、威胁饮用水安全的超标程度、持续时间等。见图 23-6 和图 23-7。

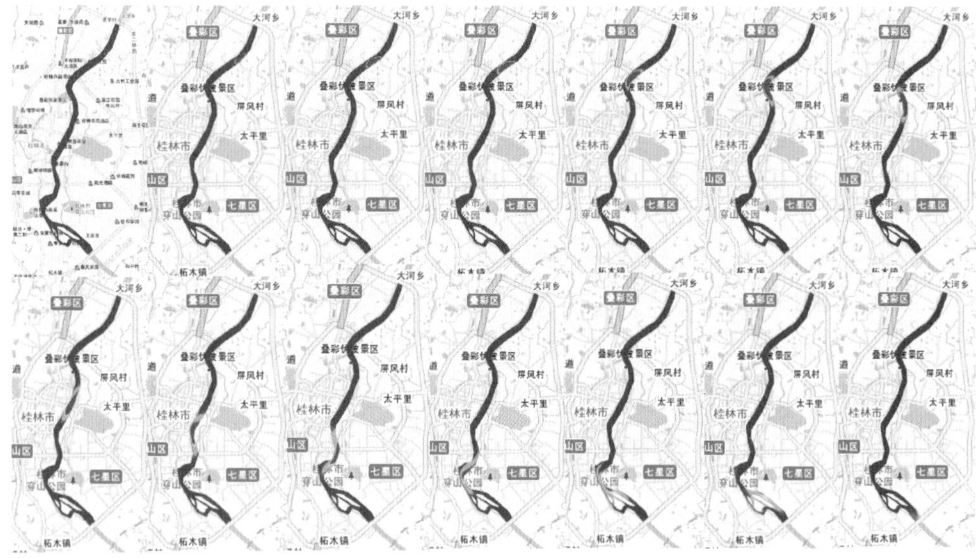

图 23-6　固定污染源突发水污染事件随时间变化

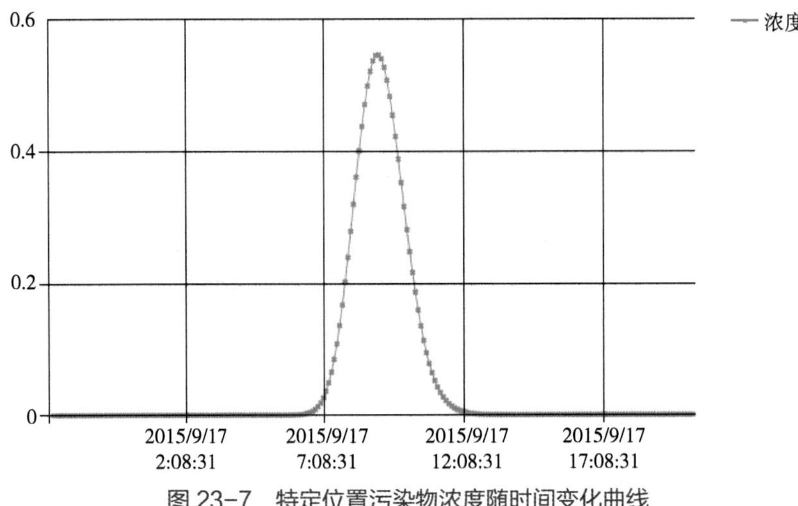


图 23-7 特定位置污染物浓度随时间变化曲线

## 四、应急对策

通过建立的突发水污染应急数据库，用户可以查看应急处置方案，应急系统包含常见污染物的理化常数、环境影响、实验室检测方法、环境标准、应急处理处置方法等，为用户做出决策提供支持。

（陈诚　陈求稳　何梦男）

# 第二十四章
# 情景模拟功能设计与实现

## 第一节　情景模拟的迫切需求

我国江河湖泊众多，水系发达，保护江河湖泊，事关人民群众福祉，事关中华民族长远发展。习近平总书记做出重要指示，强调生态文明建设是“五位一体”总体布局和“四个全面”战略布局的重要内容，要求各地区各部门切实贯彻新发展理念，树立“绿水青山就是金山银山”的强烈意识，努力走向社会主义生态文明新时代。李克强总理批示指出，生态文明建设事关经济社会发展全局和人民群众切身利益，是实现可持续发展的重要基石。

全面推行河长制，是党中央、国务院为加强河湖管理保护做出的重大决策部署，是落实绿色发展理念、推进生态文明建设的内在要求，是解决我国复杂水问题、维护河湖健康生命的有效举措，是完善水治理体系、保障国家水安全的制度创新。2016 年，中共中央办公厅、国务院办公厅印发《〈关于全面推行河长制的意见〉的通知》（厅字〔2016〕42 号）。河湖管理保护是一项复杂的系统工程，涉及上下游、左右岸、不同行政区域和行业。近年来，一些地区积极探索河长制，由党政领导担任河长，依法依规落实地方主体责任，协调整合各方力量，有力促进了水资源保护、水域岸线管理、水污染防治、水环境治理等工作。如何构建河湖长制决策支持平台并实现大数据应用，已经成为环境管理部门的现实需求。

## 第二节　技术方法的选用

水环境情景模拟基础研究在宏观内容上包括水环境行为研究、水环境价值研究、水环境调控技术研究以及水环境标准体系研究。通常而言，数值模拟是水环境情景模拟的重要工具，其本质是通过数学语言精确地描述污染物在水力、化学、生物和气候等因素的综合作用下随时间和空间的迁移转化过程。

水环境情景模拟主要包括水文模拟和水质模拟，同时水环境情景模拟所构建的水环境模型按水体研究内容可分为水动力模型和水质模型；按模型构建机制可分为物理模型、概念模型和“黑箱”模型；按水文过程离散程度可分为集总式模型、分布式模型和半分布式模型。

## 一、方法选用原则

对控制单元及重点河段中重要断面的水量水质结果、实测数据与规划目标进行对比分析，对主要污染物来源和污染防控措施的效果进行情景模拟时，需要同时结合水文模拟与水质模拟。

## 二、水文模拟技术

在水环境情景模拟研究中，水文模型是水环境模型的重要组成部分，是建立水质模型的基础。水文模型起源于 19 世纪 Saint-Venant 研究建立的圣维南方程，随着计算机技术的发展，水文模型发展过程分为三个阶段。第一个阶段：20 世纪 50—60 年代，数值计算阶段，这一时期用于分析水流运动规律的一维数学模型得到发展和应用，可直接对方程求解，适用简单的水动力学问题，计算能力存在局限性，例如，美国水资源工程公司提出的深水层水温变化垂向一维数学（WRE）模型；第二个阶段：20 世纪 70 年代，简单水动力数值模拟阶段，这一时期以二维水动力学模型求解为标志，将计算水域离散成若干单元，运用数值计算方法在单元节点上求解偏微分方程，该模拟方法专业性强，水力条件要求严格，需借助计算机求解，普适性较低，例如，半隐式有限差分和全隐式有限差分；第三个阶段：20 世纪 80 年代至今，水动力数值模拟高级阶段，这一时期以三维水动力模型的实用化和系统化为标志，能够描述复杂的水力过程，并引入人工智能和专家系统。

## 三、水质模拟技术

水环境模拟中的水质模拟用于描述污染物在水环境中的时空变化过程，可为水资源规划与管理、水环境影响评价、水污染控制方案制定等提供依据。水质模型发展历程也分为三个阶段。20 世纪 80 年代前为初级发展阶段，以水体内部溶质迁移转化为主要关注对象，其他污染源、底泥及边界等影响都视为外部输入，片面强调点源污染，面源污染被视为背景负荷。首个水质模型为美国工程师于 1925 年建立的 BOD-DO 平衡模型（以下简称 S-P 模型），随后众多学者针对 S-P 模型进行了各种修正及补充。20 世纪 70 年代水质模型由一维发展到三维，有限差分与有限元数值解法应用到模型中，模拟对象涉及氮磷、浮游植物、浮游动物、有毒物质等，模拟范围由陆地河流扩展到湖泊与海湾。20 世纪 80 年代为快速发展阶段，模型结构进一步优化，水质模型耦合了水动力和底泥模型，并连接流域模型，将底泥视为内部过程处理，面源污染作为初始输入，模型约束条件增加，使模拟结果主观性降低。20 世纪 90 年代以后为深入发展阶段，模拟对象考虑了大气、有毒重金属、有机化合物等，模型引入计算机信息化技术、“3S” 技术等，使大尺度流域水文水质模型得到迅猛发展。

## 第三节　情景模拟功能的实现

重点流域水质预报预警系统中情景模拟模块包含信息综合分析、情景模拟设置和情景模拟分析三个功能。

### 一、信息综合分析

信息综合分析功能以控制单元为单位，根据选择的控制单元，实现了该控制单元内不同断面水质级别统计展示、不同点源不同类型污染物排放量信息展示，为用户全面了解不同控制单元综合污染信息提供服务支撑。见图 24-1。

系统提供了控制单元选择与定位功能，通过流域—省份—控制单元的树状结构可以进行目标控制单元的选择。见图 24-2。

系统可展示该控制单元的信息，包括控制范围、主要防治任务、包含断面、断面水质类别时间序列图、所包含点源不同类型污染物排放信息等。见图 24-3。

控制单元内一般包含点源的数量相对较多，系统支持多页显示，点击不同页码，显示不同点源的排放信息，见图 24-4。

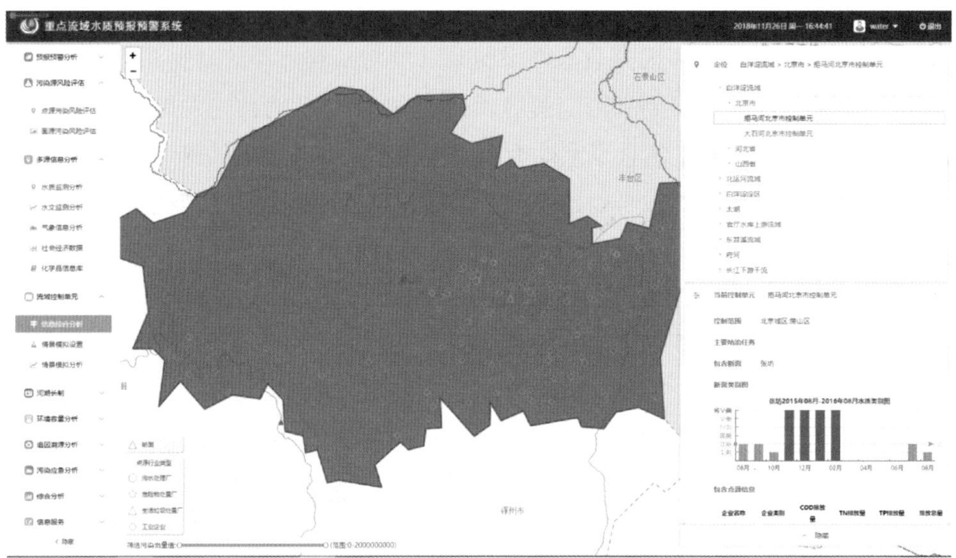


图 24-1　控制单元信息综合分析

图 24-2　控制单元树状结构

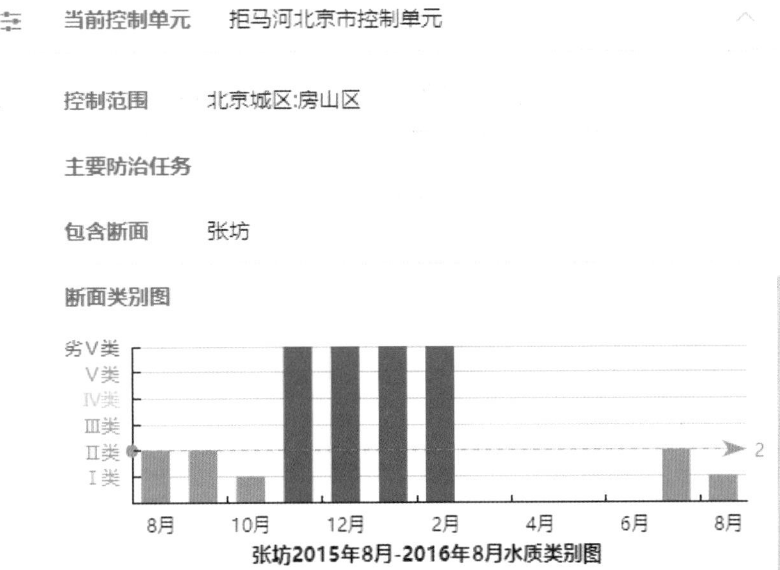


包含点源信息

| 企业名称 | 企业类别 | COD排放量 | TN排放量 | TP排放量 | 排放总量 |
|---|---|---|---|---|---|
| 中石化催化剂（北京）有限公司 | 工业企业 | 0.022 | 0.007 6 | 0 | 1 050 |
| 枣强县亚新环保设备有限公司 | 工业企业 | 0 | 0 | 0 | 0 |
| 九江东庆耐火科技有限公司 | 工业企业 | 0 | 0 | 0 | 0 |
| 梁山县顺天肉类联合加工厂 | 工业企业 | 2.215 6 | 0.039 | 0.098 | 19 560 |
| 廊坊华兴现代建筑 | 工业企业 | 0 | 0 | 0 | 0 |

^ 隐藏

图 24-3 控制单元信息综合展示

包含点源信息

| 企业名称 | 企业类别 | COD排放量 | TN排放量 | TP排放量 | 排放总量 |
|---|---|---|---|---|---|
| 中石化催化剂（北京）有限公司 | 工业企业 | 0.022 | 0.007 6 | 0 | 1 050 |
| 枣强县亚新环保设备有限公司 | 工业企业 | 0 | 0 | 0 | 0 |
| 九江东庆耐火科技有限公司 | 工业企业 | 0 | 0 | 0 | 0 |
| 梁山县顺天肉类联合加工厂 | 工业企业 | 2.215 6 | 0.039 | 0.098 | 19 560 |
| 廊坊华兴现代建筑材料有限公司 | 工业企业 | 0 | 0 | 0 | 0 |

< 1 2 3 4 5 6 ··· 28 >

图 24-4　控制单元点源排放信息清单

在地图上可查看控制单元的边界范围，同时可叠加其他相关图层，包括 DEM、土地利用类型及土壤类型等，以便用户更好地了解控制单元的基础地理信息，见图 24-5。

☰ 叠加图层

- DEM
- 土地利用类型
- 土壤类型

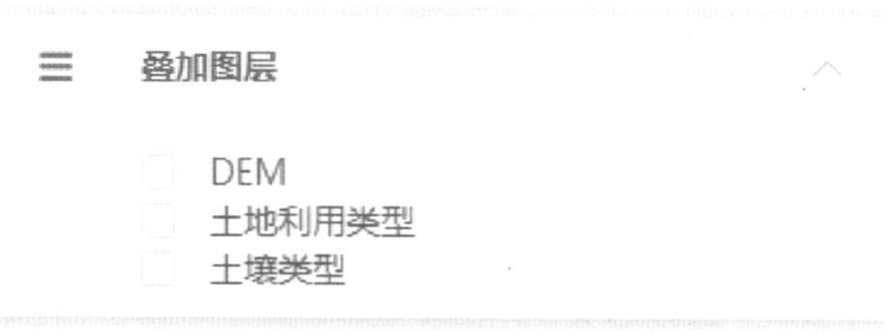

图 24-5　控制单元叠加相关图层

系统的 GIS 展示界面可显示所选择控制单元内所有断面和点源，鼠标移动至不同点源上可展示该点源相关信息。GIS 展示支持空间的逐步缩放，见图 24-6。

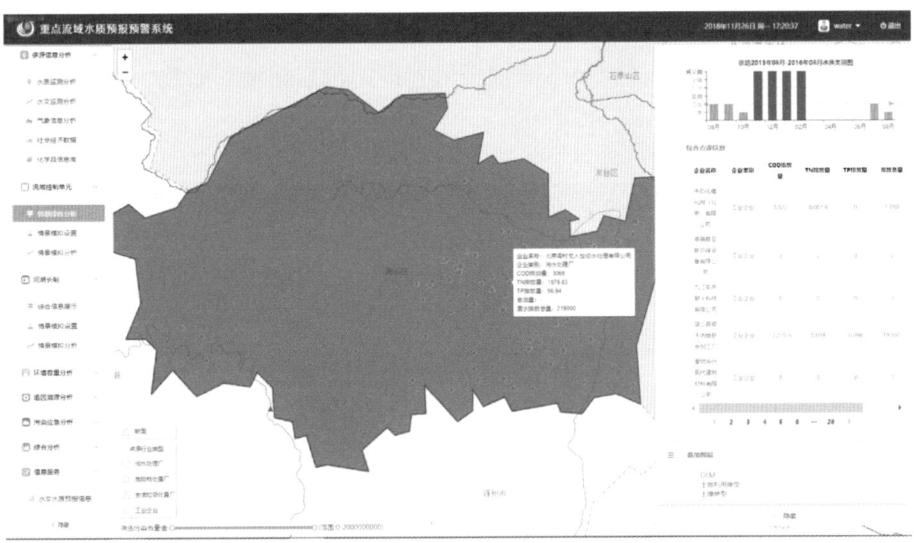


图 24-6　控制单元综合信息 GIS 展示

GIS 展示界面采用不同的形状代表不同的类型（三角形代表断面、圆圈代表污水处理厂、五角星代表危险物处置厂、菱形代表工业企业），支持断面、污水处理厂、危险物处置厂、生活垃圾处置厂、工业企业的筛选查看，见图 24-7。

图 24-7　断面及不同点源的 GIS 图标

由于点源数量较多，系统支持通过点源污染当量值的范围来对点源进行选择性空间展示。蓝色拖动条可以进行展示点源污染当量值的筛选展示，见图 24-8。

筛选污染当量值: (范围:0~2 000 000 000)

图 24-8　点源污染当量范围筛选功能

## 二、情景模拟设置

情景模拟设置功能通过设置情景组与情景的两级情景结构，主要实现对不同气象条件、不同点源与面源削减措施对水质改善产生的影响进行情景模拟与对比分析。系统支持不同情景模拟组及不同情景的管理，包括新增、修改、删除等，并能查看已预设情景的运行状态，见图 24-9。

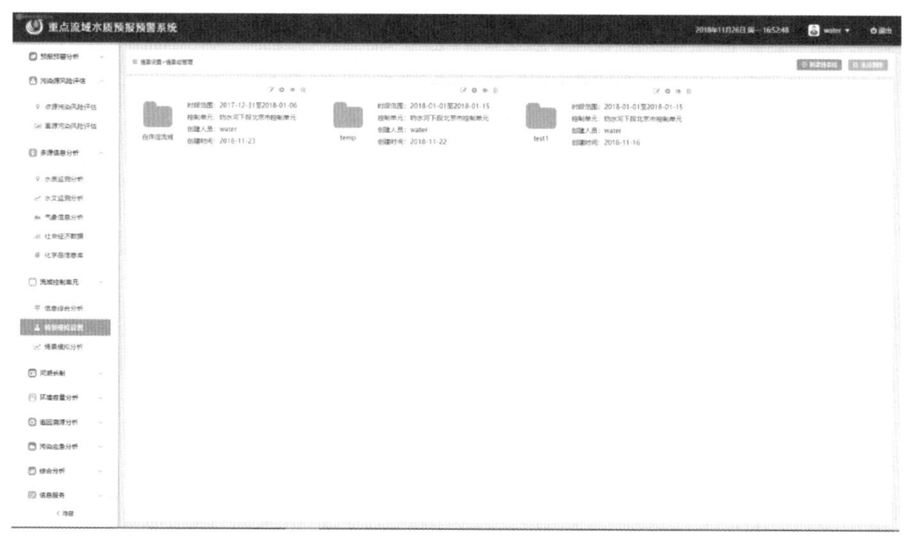


图 24-9　情景模拟设置

为某一控制单元新建一个情景组，该情景组内时间范围相同。可添加说明，以提醒用户在该情景组内主要设置哪一类型的要素对比，见图 24-10 ~ 图 24-12。

图 24-10　新建情景组

图 24-11　新建情景组——选择时间范围

图 24-12　新建情景组——选择控制单元

系统提供对于已建设的多个情景组进行“批量删除”的功能，见图 24-13。

图 24-13　情景组批量删除功能

系统支持对于已建设的情景模拟组的编辑修改、情景组情景的设置、情景组模拟结果的查看、情景组的删除等功能，见图 24-14。

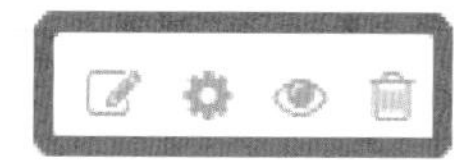


图 24-14　情景组编辑、设置等功能

对于已建设的情景模拟组，可以进行情景组名称与说明的修改编辑，见图 24-15。

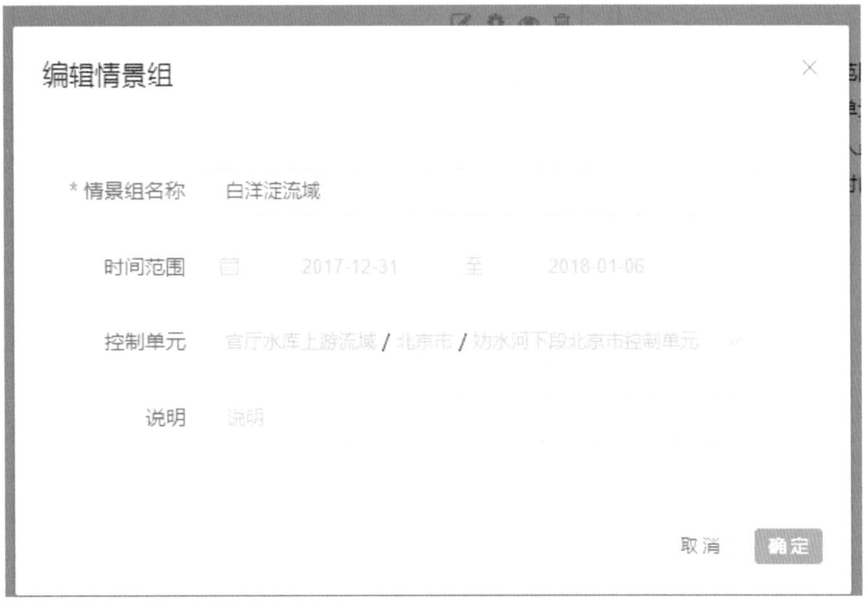

编辑情景组

* 情景组名称 白洋淀流域

时间范围 2017-12-31 至 2018-01-06

控制单元 官厅水库上游流域 / 北京市 / 妫水河下段北京市控制单元

说明 说明

取消 确定

图 24-15 情景组编辑功能

对于已建设的情景，可编辑该情景的时间范围、创建人员、控制单元、创建时间等信息，以及已设情景的运行状态以及创建时间，也可根据需求新建情景，见图 24-16。

图 24-16 情景管理功能

每个情景包含情景名称、情景气象条件的选择、行政区划的选择、点源及面源削减率的设置。在水环境中，时间是通过影响气象条件（包括降雨、温度等）进而影响水质的。因此在本系统情景设置的设计中，将时间范围的选择与气象条件所属时间范围进行绑定，如时间范围选择 1 月 1—31 日，那么对应气象条件的选择中，对应着不同年份 1 月 1—31 日的气象数据，意味着气象条件的季节性影响已经消除，只需考虑其年际变化的影响，见图 24-17 ~ 图 24-20。

图 24-17　情景设置——气象条件设置

房山区 丰台区 门头沟区

房山区 ✓

丰台区 ✓

门头沟区 ✓

图 24-18　情景设置——区域设置

点源削减　面源削减

| 企业名称 | 行业类别 | 所属区县 | 污水排放量(吨) | 化学需氧量(吨) | 总磷排放量(吨) | 总氮排放量(吨) | 削减率(%) |
|---|---|---|---|---|---|---|---|
| 北京市自来水集团夏都缙阳污水处理有限公司 | 污水处理厂 | 延庆区 | 3949700 | 67144.9 | 1137.5136 | 45571.6386 | 0 |
| 北京城市排水集团有限责任公司（康庄镇污水处理厂） | 污水处理厂 | 延庆区 | 1500000 | 36000 | 1626 | 57562.5 | 0 |
| 北京龙庆首创水务有限责任公司（八达岭镇污水处理厂） | 污水处理厂 | 延庆区 | 519300 | 20961.0252 | 818.4168 | 17627.6385 | 0 |
| 北京龙庆首创水务有限责任公司（永宁镇污水处理厂） | 污水处理厂 | 延庆区 | 400900 | 35980.775 | 1333.7943 | 7356.515 | 0 |

图 24-19　情景设置——点源削减设置

点源削减　面源削减

| 所属区公 | 农田施肥（吨） | 畜禽养殖（头） | 农村生活在（人） | 农田施肥-削减率（%） | 畜禽养殖-削减率（%） | 农村生活-削减率（%） |
|---|---|---|---|---|---|---|
| 丰台区 | 206.32 | 3719.06 | 31125 | 0 | 0 | 0 |
| 门头沟区 | 148.12 | 3561.76 | 29808.64 | 0 | 0 | 0 |
| 房山区 | 9526.58 | 176846.42 | 411920.99 | 0 | 0 | 0 |

图 24-20　情景设置——面源削减设置

对新建的单个情景，系统支持未模拟运行情景的编辑、运行与删除等，见图 24-21。

图 24-21　情景管理功能——编辑、运行、删除等

## 三、情景模拟分析

情景模拟分析功能主要实现对情景模拟设置模块所设置的情景模拟组的模拟结果进行对比展示，实现了不同情景下氨氮、总磷、总氮的时间序列对比图和对应流域氨氮、总磷、总氮不同情景的四窗口联动对比，见图 24-22。

系统支持不同情景模拟结果的对比分析，包括图表结果及地图展示结果，见图 24-23。

图表结果可根据需要，通过图例符号与图表进行联动，同时支持统计图的下载，即本地化保存，见图 24-24 和图 24-25。

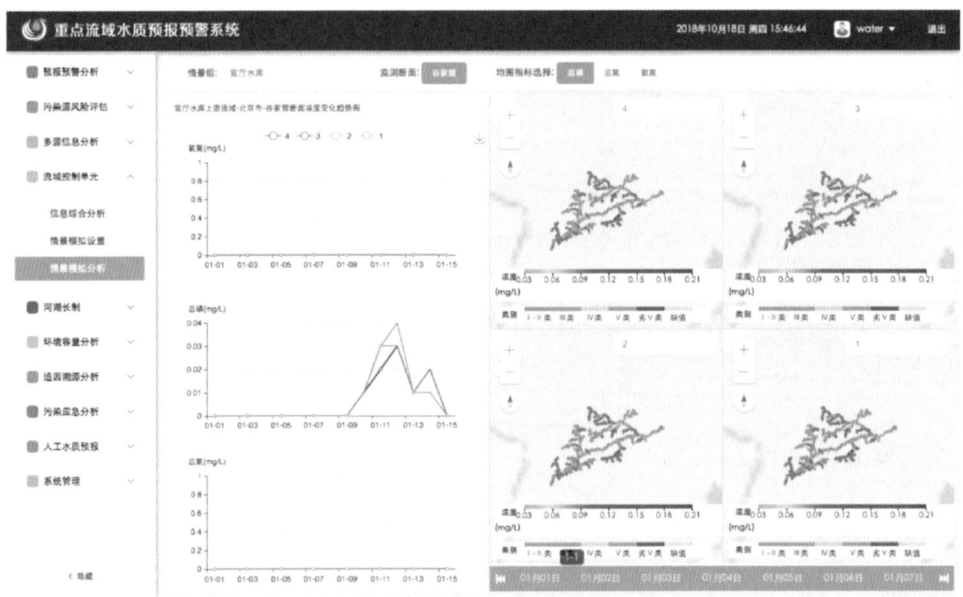

图 24-22　情景模拟分析

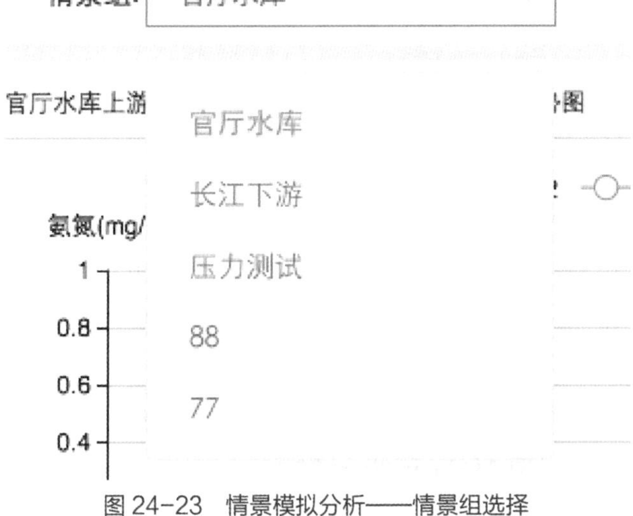


图 24-23　情景模拟分析——情景组选择

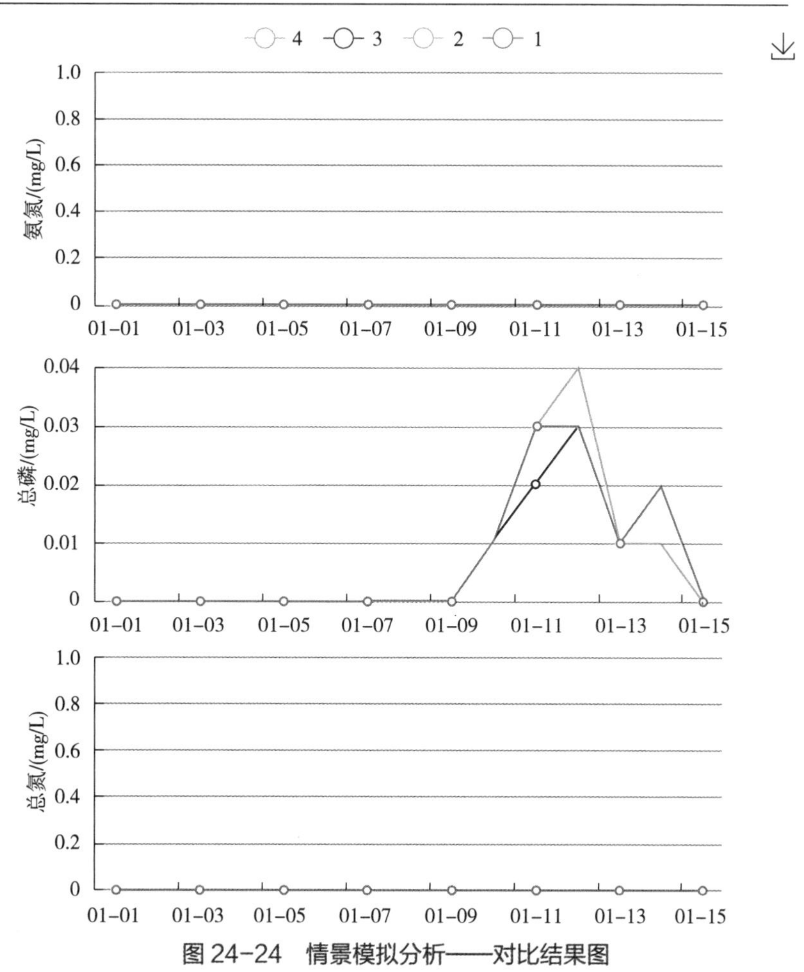


图 24-24　情景模拟分析——对比结果图

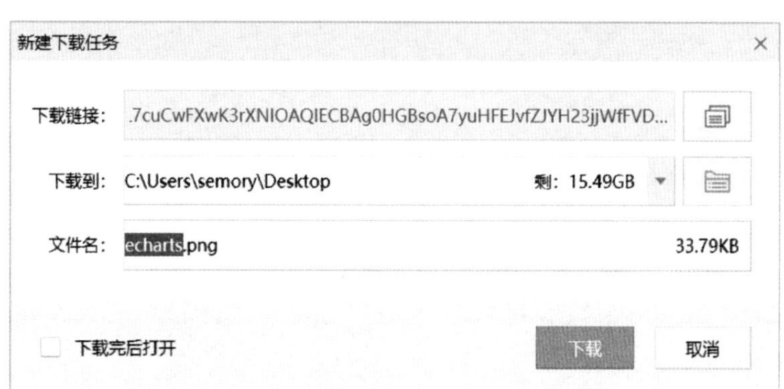


图 24-25　情景模拟分析——对比结果图保存

地图展示按不同污染指标分别切换展示，以颜色的不同渲染水质指标的高低，污染指标包括总磷、总氮、氨氮，见图 24-26。

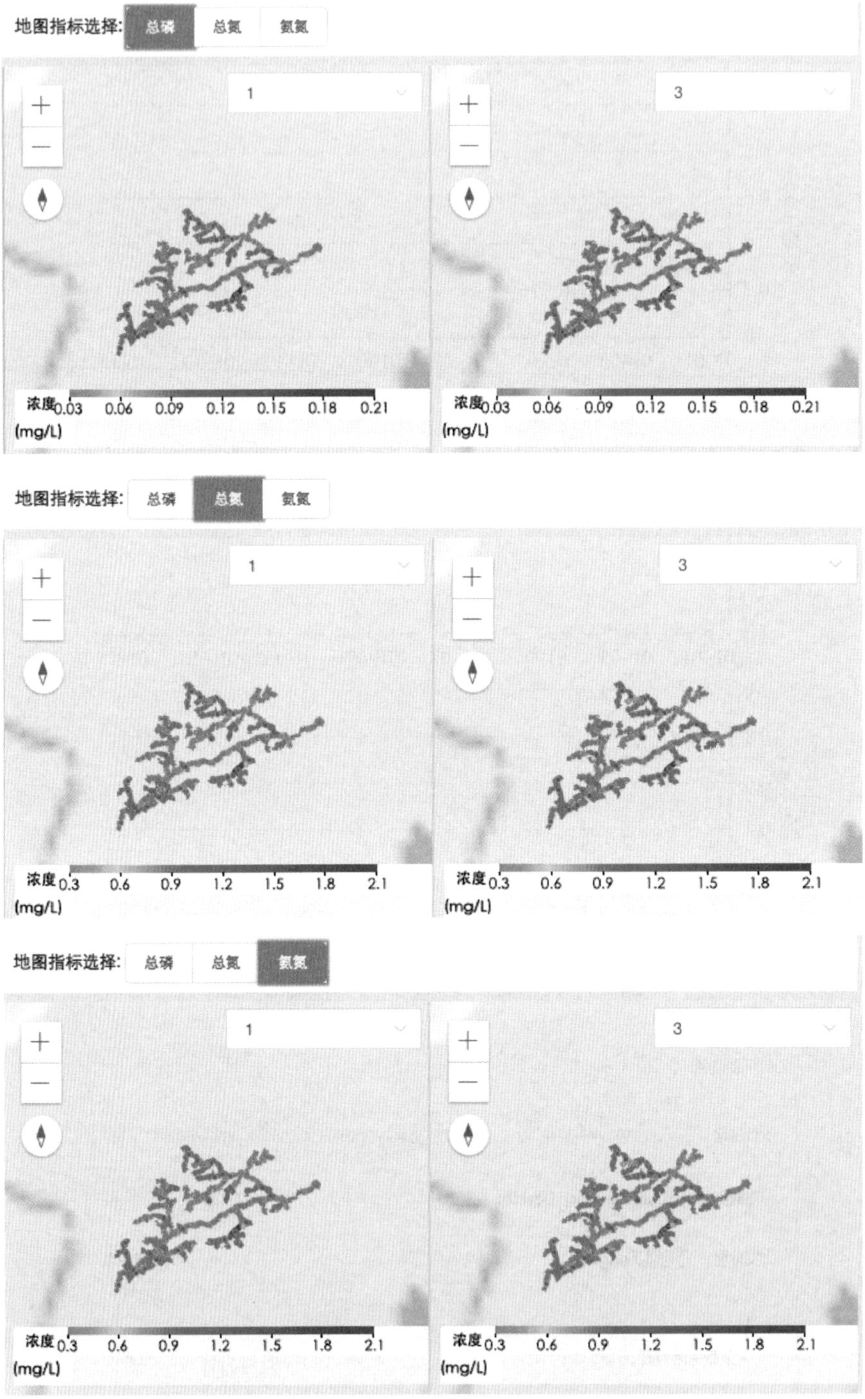

图 24-26　情景模拟分析——地图对比结果

（张鹏　彭福利　李茜　郭晓　周莫　叶占鹏）

# 第二十五章
# 水环境容量评估功能设计与实现

## 第一节　水环境容量评估发展现状

社会经济发展给资源和环境带来巨大的压力，加之人口的迅速集聚，水环境容量已不能承受，且水环境已出现环境污染、生态失衡的趋势。水环境容量的不足致使水生态平衡被破坏，其表现主要包括植被破坏和湿地丧失、泥沙淤积加重、污染物浓度增加、生物多样性下降等。2015 年 4 月 2 日，国务院印发了《水污染防治行动计划》（“水十条”），体现了国家对水污染的重视，同时明确环境容量的概念，这与制定地方性环境标准和污染物排放标准，流域环境污染的综合防治和工矿业的合理布局，以及流域水环境质量的评价等都有密切关系。

水环境容量反映的是特定功能的水域对污染物的容纳能力，它是进行水环境科学管理的依据，也是进行区域环境规划的有力指导，同时还是污染物总量控制的重要支撑。由于污染物在水环境中具有不同的迁移和转化过程，因而不同的水环境具有不同的容量特征。近年来，全国约 10% 的地表水受到严重污染，水质为劣Ⅴ类、流经城镇的沟渠塘坝污染普遍比较严重，且由于有机物污染出现黑臭水体，同时有关饮水安全的水环境突发事件频发。环保部门公布的调查数据显示，2012 年全国十大水系、62 个主要湖泊分别有 31%、39% 的淡水水质达不到饮用水要求，这种现状严重影响了人们的身体健康和生活、生产。针对我国水污染状况，准确评价不同流域水环境质量和对水环境容量的综合开发利用与管理，是解决水危机的重要课题之一。

目前，国内外研究学者对水环境容量的研究主要分为三部分，第一部分为水环境评价，第二部分为水环境容量计算，第三部分为水环境容量分配。

### 一、水环境评价

国外对水环境评价的研究先后经历了质量指数（QI）、Brown 水质指数、内梅罗指数法、Ross 水质指数、地表水综合指数（WQI）的发展阶段，且水环境评价方法日趋成熟；国内水环境研究工作自 1970 年后逐渐发展起来，首个对水环境污染程度和状况进行全面评估的指数是 20 世纪 70 年代提出的 *K* 法综合污染指数，而后黄浦江综合污染指数用地表水最高允许的限值取代了“统一标准”来计算。

水环境质量评价的方法有单因子评价法、多因子综合评价法以及数学模式计算法。单因子评价法选择的评价因子单一，过程方便简单，但不能对水环境进行综合评价；多因子综合评价法可以进行较简单的水环境评价，选取指标常因地制宜，适用范围较小；数学模式计算法将水质评价与数学相结合，运用数学方法进行多指标综合评价，例如基于模糊数学的评价方法、基于灰色理论的评价方法和基于物元模型的评价方法。

## 二、水环境容量计算

20 世纪 60 年代末，日本学者首次提出了水环境容量概念。80 年代美国大规模应用了以功能区水质限制为基本原则的排污控制体系，随后其他国家也针对各自国情对各类污染物的排放进行了污染物排放标准的细化。对于允许排放量的计算，国外多采用系统理论和随机理论方法。

我国于 20 世纪 70 年代末引入水环境容量概念，近年来有大批学者对我国许多重要水体的水环境容量进行了研究，成果大量涌现，除了针对 COD（BOD）、重金属等水质指标进行基于稳态水质模型的水环境容量计算，还逐渐在总氮、总磷等营养盐和动态水质模型及不确定性方面开展水环境容量计算研究，为研究对象的污染治理和水环境保护提供了科学依据，极大地丰富了水环境容量的理论和研究方法。目前有较多学者运用排污系数法、流域一维平原河网水量水质模型、流域水文模型（Hydrological Simulation Program Fortran，HSPF）、稳定数学模型、MIKE 三维水动力和水质耦合模型、均匀混合模型、输出系数法模型、延拓盲数与随机模拟的耦合模型等研究方法评估水环境容量。

## 三、水环境容量分配

美国于 20 世纪 60 年代首次进行污染物总量研究工作，同时美国国家环保局提出了总费用最小、等比例分配等方法来控制污染物总量的排放与分配。国外的污染物总量分配大多数是以效率优先，设定目标函数求得最优解，也有学者根据水质的确定性和不确定性作为区分点，提出了总量分配方案并建立规划模型，还有少部分学者研究基于公平前提下的总量分配。

我国水环境容量研究始于20世纪70年代，从“六五”时期至今在水环境容量的理论研究以及污染物总量控制工作实践方面积累了丰硕的研究成果。我国于20世纪80年代提出了总量控制，90年代开始推行排污申报和排污许可证制度，“九五”期间开始了污染负荷分配方法的探讨，90年代后，我国学者更多地考虑分配方案的可行性，同时结合“六五”期间的理论研究成果，探讨了不同流域水环境容量现状，为水环境容量分配实际应用增加了新的研究思路和研究内容，例如基尼系数法、基于经济学原理的信息熵法和变异系数法的污染物总量分配模型、模糊多目标规划污染源削减模型等。

## 第二节　技术方法的选用

对于地表水体水环境容量的计算，主要有公式法、模型试错法、系统最优法、概率稀释模型法和未确知数学法五大类计算方法。*

### 一、公式法

结合了水环境数学模型公式，即基于水环境容量定义及水环境数学模型，推导一定条件下的水环境容量计算公式，基于水动力模型和水质模型计算水环境容量计算公式中所需的各项参数，进而代入公式计算水环境容量。常用水环境容量计算公式如表25-1所示。

### 二、模型试错法

基本思路为在河流的第一个区段的上断面投入大量的污染物，使该处水质达到水质标准的上限，则投入的污染物的量即为这一河段的环境容量；由于河水的流动和降解作用，当污染物流到下一控制断面时，污染物浓度已有所降低，在低于水质标准的某一水平（视降解程度而定）时又可以向水中投入一定的污染物，而不超出水质标准，这部分污染物的量可认为是第二个河段的环境容量；依此类推，最后将各河段容量求和即为总的环境容量。

---

* 引用文献《地表水水环境容量计算方法回顾与展望》

表 25-1　常用水环境容量计算公式汇总

| 污染物类型 | 计算公式 | 符号意义 | 适用条件 |
| --- | --- | --- | --- |
| 可降解污染物 | $W=86.4Q_0(C_s-C_0)+0.001kVC_s+86.4qC_s$ | $C_s$ 为污染物控制标准浓度；$C_0$ 为污染物环境本底值；$V$ 为区域环境体积；$k$ 为污染物综合降解系数 | 零维公式，适用于均匀混合水体（河段）或资料受限、精确度要求不高的情况 |
| | $W=\left(\sum_{i=1}^{m}Q_jC_s-\sum_{i=1}^{m}Q_iC_{0i}\right)+kVC_s$ | $Q_i$ 为第 $i$ 条入湖（库）河流的流量；$C_{0i}$ 为第 $i$ 条河流的污染物平均浓度；$Q_j$ 为第 $j$ 条出湖（库）河流的流量；其余符号意义同前 | 零维公式，适用于均匀混合湖库 |
| | $W=86.4\left[(Q_0+q)C_s\exp\left[kx/86400u\right]-C_s-C_0\right]$ | $Q_0$ 为河段上游来水流量；$q$ 为排污流量；$u$ 河水平均流速；$x$ 为河段长度；其余符号意义同前 | 一维公式，适用于资料较丰富的中小河流 |
| | $W=\frac{1}{2}(C_S-C_0)\left(u_xh\sqrt{4\pi D_yx^*/u_x}\right)$ $\exp\left[-u_xy2/4D_yx^*\right]\exp\left[-kx^*/u_x\right]$ | $u_x$ 为河流纵向平均流速；$h$ 为平均水深；$D_y$ 为横向离散系数；$x^*$ 为给定混合区长度；其余符号意义同前 | 二维公式，适用于污染物在河道横断面而非均匀分布，污染物恒定连续排放的大型河段 |
| 营养盐 | $W=\frac{C_shQ_\alpha A}{(1-R)V}$ | $Q_\alpha$ 为湖(库)年出流流量；$A$ 为湖（库）水面面积；$R$ 为营养盐滞留系数；其余符号意义同前 | 基于狄龙（Dillon）模型，适用于水流交换条件较好的湖库 |
| 重金属 | $W=C_sQ_0+C_{s0}(q_1+q_2)$ | $C_{s0}$ 为底泥质量标准；$q_1$ 为底泥推移量；$q_2$ 为底泥表观沉积量；其余符号意义同前 | 适用于一般河流，考虑了水体及底泥的重金属容量 |
| | $W=C_sh\sqrt{\pi D_yxu}$ | 各符号意义同前 | 适用于污染物连续排放的宽浅河流，只考虑水体的重金属容量 |

## 三、系统最优法

水环境容量计算中所采用的主要是线性规划法和随机规划法。方法基本思路是：

（1）基于水动力水质模型，建立所有河段污染物排放量和控制断面水质标准浓度之间的动态响应关系；

（2）以污染物最大允许排放量为目标函数（或者基于其他条件建立目标函数），以各河段都满足规定水质目标为约束方程；

（3）运用最优化方法（如单纯形法、粒子群算法等）求解每一时刻各污染物水质浓度满足给定水质目标的最大污染负荷；

（4）将所求区段内的各污染源允许排污负荷加和即得相应区段内的水环境容量。

### 四、概率稀释模型法

概率稀释模型法是根据来水流量、排污量、排污浓度等所具有的随机波动性，运用随机理论对河流下游控制断面不同达标率条件下环境容量进行计算的一种不确定性方法，是目前从不确定性角度计算河流水环境容量的主要方法之一。方法的基本思路如下：

（1）基于特定的基本假定，建立污染物与水体混合均匀后下游浓度的概率稀释模型；

（2）利用矩量近似解法求解控制断面在一定控制浓度下的达标率；

（3）利用数值积分求解水体在控制断面不同控制浓度、不同达标率下的水环境容量。

### 五、未确知数学法

采用未确知数学法计算水环境容量是一种较新的方法。未确知数学法计算水环境容量是在将水体水环境系统参数（流量、污染物浓度、污染物降解系数等）定义为未确知参数的基础上，结合水环境容量模型，建立水环境容量计算未确知模型，然后计算水环境容量的可能值及其可信度，进而求得水环境容量。

## 第三节　以总体达标算法实现水环境容量评估功能

### 一、评估算法

在重点流域水质预报预警系统项目中选取公式法中的总体达标计算方法。

总体达标水环境容量方法计算出的结果值偏大，一般称为偏不保守。故为了符合实际起见，引入不均匀系数的概念进行订正。订正方法如下：

$$W_{订正}=\alpha W \tag{25-1}$$

式中，$\alpha$ 为不均匀系数，$\alpha$ 为介于 0 和 1 之间的一个数。

河网（河道）区不均匀系数：河道越宽、湖泊越大，污染物排入水体后达到均匀混合越难，不均匀系数就越小，如表 25-2 和表 25-3 所示。

表 25-2　河道不均匀系数分析成果

| 河宽 /m | 不均匀系数 $a$ |
|---|---|
| 0 ~ 50 | 0.8 ~ 1.0 |
| 50 ~ 100 | 0.6 ~ 0.8 |
| 100 ~ 150 | 0.4 ~ 0.6 |
| 150 ~ 200 | 0.1 ~ 0.4 |

表 25-3　湖库不均匀系数分析成果

| 面积 /$km^2$ | 不均匀系数 $a$ |
|---|---|
| ≤5.0 | 0.6 ~ 1.0 |
| 5 ~ 50 | 0.4 ~ 0.6 |
| 50 ~ 500 | 0.11 ~ 0.4 |
| 500 ~ 1 000 | 0.09 ~ 0.11 |
| 1 000 ~ 3 000 | 0.05 ~ 0.09 |

在水环境容量计算实践案例范围内进行水环境容量计算时，首先划分计算单元。对于湖库，其整体作为一个计算单元；对于河道，将其上国控考核断面作为河流分段端点。两个国控考核断面之间的水体作为一个水环境容量计算单元。

上游来水流量使用模型计算结果。上游及下游断面水质浓度采用国控考核断面水质规划目标所对应的各指标浓度进行计算。水质降解系数，采用文献参考值。获取以上数据后，利用前述水环境容量计算公式计算得出各计算单元水环境容量。

## 二、结果展示

水环境容量是指在满足水环境质量的要求下，水体容纳污染物的最大负荷量。水环境容量分析提供项目建设区域、不同水质指标（COD 和氨氮）、月度的水环境容量空间分布图。根据模型计算的环境容量，结合流域、湖库、行政单元的污染物排放量，计算水环境承载力结果，并在超载的情况下，系统可查看预警提示。根据水环境容量计算结果，用不同颜色对项目建设区域水体进行渲染，并对超载情况进行标识（设置预警符号），见图 25-1。

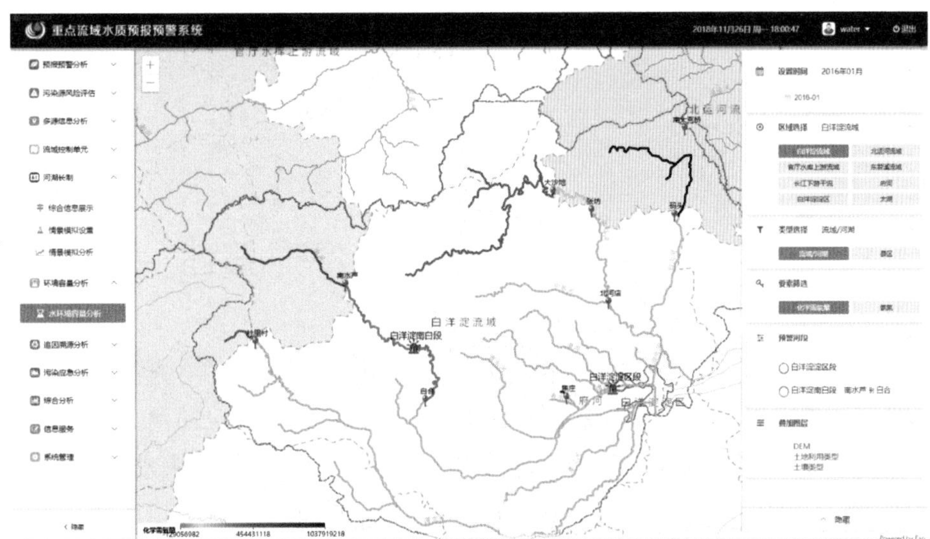


图 25-1 水环境容量空间分布

（彭福利 许荣 朱媛媛 刘亮 张渊博 郭晓）

# 第二十六章
# 环境健康风险评估功能设计与实现

## 第一节　水环境健康风险评估概述

水是人类生存和发展的重要资源。在城市发展进程中，河流、湖库水资源是工农业生产和生活用水的主要来源。“十三五”以来，我国水污染防治工作取得了明显成效，但水环境质量形势依然严峻。2016 年，全国 1 940 个地表水国控断面中，32.2% 的断面未达到Ⅲ类水质标准，8.6% 的断面为劣Ⅴ类水质，约 1/5 的湖泊呈现不同程度的富营养化，近 2 000 条城市水体存在黑臭现象，氮、磷等水污染问题日益凸显。全国近 80% 的化工、石化项目布设在江河沿岸、人口密集区域等敏感地带，水污染突发环境事件频发，水环境污染给人体健康可能带来的负面影响不容忽视。要解决这些突出的水环境问题，满足人民群众不断增长的环境需求，迫切需要水环境质量趋势判断和水环境污染对人体健康影响的风险评估。本章将主要针对地表水和湖库等水环境，简要介绍与水环境污染相关的环境健康风险评估的基本研究方法和进展。

### 一、基本概念

环境风险是由自然原因和人类活动引起、通过环境介质传播、能对人类社会和自然环境产生破坏、损害乃至毁灭性作用等不良后果事件发生的概率及影响，主要包括健康损害风险和生态风险。环境风险评价是以人体健康或生态系统的安全为主要目的，对环境介质中的有害物质的危害程度进行定量评估。其中，人体健康风险评价是评估人群在受到有害污染物暴露后发生各种潜在健康问题的可能性，其健康效应终点通常是人群死亡率或各种疾病的发病率和风险度等。水环境健康风险评价的主要目的是掌握水体中污染物的性质、浓度和分布特征，定量分析水中污染物能导致人体健康危害和风险的概率，为水环境质量管理与污染防治提供基础数据和技术支撑，促进水环境质量的改善和可持续发展与利用。水环境健康风险评价不仅能够准确反映水环境质量和状况，而且能把污染物与人体健康有效地联系起来，更直观地反映出污染物对人体健康的影响程度。

## 二、国内外研究与发展现状

环境风险评价最初产生于20世纪30年代，1960年以前主要以定性研究为主。自20世纪70年代以来，美国在环境风险评价和环境健康评估等方面取得了很大的研究进展。1976年，美国国家环保局（U.S.Environmental Protection Agency，USEPA）颁布的《致癌风险评价准则》，标志着健康风险评价体系基本形成。1983年，美国在《联邦政府的风险评价：管理程序》红皮书中提出环境风险评价“四步法”：危害鉴别、剂量—反应评价、暴露评价和风险表征，该方法作为环境风险评价的指导性文件被欧盟、加拿大、荷兰、日本等国以及经济合作与发展组织（Organization for Economic Cooperation and Development，OECD）等广泛采用。1986年，USEPA颁布的《公众卫生健康评价手册》中详细介绍了包括水环境健康风险在内的各种环境污染的风险评价。此后，USEPA又颁布了一系列技术指导性文件、准则和指南，主要包括《致癌风险评价指南》《化学混合物的健康风险评价指南》《暴露风险评价指南》《神经毒性风险评价指南》等。

20世纪90年代以来，随着数学、毒理学、统计学、计算机学、水文学、地质学、地理学、物理学和化学等相关基础学科的发展，一些国家或组织对80年代出台的一系列指南进行了修订和补充。如欧盟在《欧洲环境与健康行动计划（2004—2010）》中，就从立法、实施、科研和管理等方面对环境污染导致人体健康的影响做了详细的描述，并专门制定了《欧洲儿童环境与健康行动计划》。为配合化学品注册、评估、授权和限制法规（Regulation concerning the Registration，Evaluation，Authorization and Restriction of Chemicals，REACH）的实施，欧盟还开发了欧盟风险评估追踪系统（European Risk Assessment Tracking System，EURATS）和欧盟物质评估评价体系（European Union System for the Evaluation of Substances，EUSES），以供欧洲各国政府管理各种化学物质。此外，加拿大制定了《饮用水水质指南》（*Guidelines for Canadian*），世界卫生组织（WHO）颁布了《饮用水水质指南》（*Guidelines for Drinking Water Quality*），均提供了以混合物为基础的水环境健康风险评价方法。

20世纪60—70年代，是日本经济飞速成长时期，也是污染问题日益显著化、社会化的时期，在这之后日本政府加大了环境保护力度，特别重视环境污染对人体健康的影响评估。日本化学工业协会开发了本国的风险评价系统，建立了基础数据库和多种评价模型，以及包含物理、人体健康和生态影响三个领域的风险评价方法。

韩国为了系统地实施以居民健康为核心的环境健康政策，于2008年制定了《环境健康法》，并在2014年进行了修订。该法确立了以民众健康为核心目标的立法理念，将现代环境法的可持续和环境权等理念贯穿始终，是世界各国在环境健康领域第一部系统的环境与健康立法。在这一时期，风险评价理论不断得到完善，健康风险评价的应用也逐步渗透到各个领域。

我国健康风险评价研究起步于20世纪80年代，开始主要以介绍和应用国外的研究成果为主。随着生态环境恶化对人体健康影响的逐渐显现，生态环境部自2005年开始大力推进环境与健康工作，加强环境健康风险管理，以“预防为主、风险管理”为指导思想，在我国已有系列环境保护法律法规和标准的基础上，逐步颁布了《国家环境与健康行动计划（2007—2015）》《国家环境保护“十二五”环境与健康工作规划》《国家环境保护“十三五”环境与健康工作规划》《国家环境保护环境与健康工作办法（试行）》等专门针对环境与健康的规划，系统部署了生态环境管理部门环境与健康工作的目标和行动策略。特别是新修订的《环境保护法》第39条明确规定：“国家建立健全环境与健康监测、调查和风险评估制度；鼓励和组织开展环境质量对公众健康影响的研究，采取措施预防和控制与环境污染有关的疾病”，该规定标志着我国由基于污染防治的环境管理向基于健康保护的环境管理过渡。

当前，我国环境管理已从主要污染物总量控制转为生态环境质量监管。在技术层面上，国家地表水环境监测网络自1988年开始建立，历经30多年的发展，形成覆盖全国十大流域、指标完备的监测网络。“十三五”期间，河流国控监测断面（点位）2 424个，共监测1 366条河流，覆盖我国主要水系的干流、流域面积在1 000平方千米以上的重要一级、二级支流，重点区域的三级、四级支流，重要的国界河流、省界河流、大型水利设施所在水体等；湖库点位343个，监测139座重要湖库。完备的国家地表水监测网络为开展水环境质量预测预警和水环境健康风险评估提供了监测基础和数据支撑。此外，生态环境部近年来组织开展了淮河流域等重点地区的环境与健康问题调查，“全国重点地区环境与健康专项调查”“水体污染控制与治理科技重大专项”等重点专项工作，为开展我国水环境与人群健康风险评估储备了大量的基础数据、信息和技术方法。因此，在现阶段开展水环境健康风险评估，分析评价水环境污染物对人体健康可能的影响，具有十分重要的现实意义。

# 第二节　水环境健康风险评估方法

## 一、主要评价对象

水环境健康风险评估是把水环境污染与人体健康联系起来的评价方法。水污染所导致的环境风险与健康评估的研究对象主要为水体中有毒有害化学物质，它们主要来自固定污染源（如工业污染源、锅炉）、面源（如农业面源、生活面源）、移动源（汽车、飞机、火车、轮船）以及自然源等。

## 二、环境健康风险评价方法

环境健康风险评价包括致癌风险评价与非致癌风险评价两部分，国际上较为通用的环境健康风险评价方法是美国 1883 年提出的风险评价“四步法”，分为危害鉴定（Hazard Identification）、剂量—反应关系评价（Dose-response Assessment）、暴露评价（Exposure Assessment）和风险评定（Risk Characterization）四个步骤。

### 1. 危害鉴定

危害鉴定是确定暴露于有害因子能否引起不良健康效应发生率升高的过程，即对有害因子引起不良健康效应的潜力进行定性评价的过程。危害鉴定阶段应收集被评价污染物质的有关资料，其中包括该污染物的理化性质、人群暴露途径与方式、毒物代谢动力学特性、毒理学作用、短期生物学实验、长期动物致癌实验及人群流行病学调查等方面的资料。该程序必须评估与收集的资料有两个：一个是特定化学物质可能产生健康损害的种类或疾病的相关资料；另一个是产生危害或疾病的暴露情况相关资料。

### 2. 剂量—反应关系评价

剂量—反应关系评价是对有害因子污染物暴露水平与暴露人群中不良健康效应发生率间关系进行定量估算的过程，是进行风险评定的定量依据。一般来说，剂量—反应评价最终应提供有害污染物因子引起人不良健康效应的最低剂量和暴露于此剂量水平的有害污染物因子引起的超额风险。毒理学研究中通常将剂量与人体反应的关系分为两类：①剂量—效应关系，指暴露于一定剂量的某化学物与个体发生某种生物变化强度之间的关系；②剂量—反应关系，指某化学物的暴露剂量与出现某种反应（死亡或癌症）的个体百分比之间的关系。在致癌风险评价中，研究对象为剂量—反应关系。通常，动物实验及流行病学调查资料都可用于剂量—反应关系评价，但当动物实验及流行病学调查资料都无法获得时，也可用高剂量水平的剂量—反应关系推算低剂量时的剂量—反应关系。在定量致癌风险评价中，通常采用毒理学传统的剂量反应关系外推模型，如Probit模型、Logit模型、Weibull模型、Multistage模型等。

人体暴露的有毒物剂量足够大且持续时间足够长时，就会增加罹患癌症和其他严重健康问题的风险，包括免疫系统、神经系统、生殖系统、发育系统、呼吸系统的损害和其他健康问题。水污染物的健康效应终点分为致癌效应和非致癌效应。其中致癌效应为慢性效应，需考虑人群的长期暴露情景。非致癌效应包括长期慢性效应和短期急性效应。

#### 3. 暴露评价

暴露评价是对人群暴露于环境介质中有害因子的强度、频率、时间进行测量、估算或预测的过程，是进行风险评定的定量依据。暴露评价主要包括三种方法：①对环境中有毒有害物质浓度的监测，也叫外暴露评价；②对暴露个体内剂量或生物有效剂量的测定，也叫内暴露评价；③基于数学模拟方法对暴露剂量的预测等。

#### 4. 风险评定

风险评定是对暴露于有害因子的人群在各种条件下不良健康反应发生概率的估算过程。风险评定主要包括两方面内容：一方面是健康风险的定量估算与表达；另一方面是对评定结果的解释与对评价过程的讨论，特别是对评价过程中各个环节不确定性的分析，即对风险评价结果本身风险的评价。对于致癌风险评估，常用的健康风险评定表达方式有个人终身风险度、个人致癌风险度、个人最大超额风险、人群年超额病例数、可接受暴露限、吸入途径导致的个人致癌风险等。对于非致癌风险评定，是以危害指数（Hazard Index，HI）表示的，包括慢性危害指数和急性危害指数。危害指数是以暴露量除以参考剂量。参考剂量代表的是不会引起明显的非致癌健康风险的暴露程度。参考剂量是有效作用的最低剂量或无效作用的最高剂量除以不确定系数，其单位为mg/（kg·d），即个人每千克体重每日所承受的毫克剂量。

### 三、不确定性分析

水污染健康风险评价需对评价结果的不确定性进行分析，确定不确定性的来源、性质以及在评价过程中的传播，尽可能对不确定性做出定量评估，并采用技术手段减少不确定性，从而提高评价结果的可信度。不确定性是健康风险评价的重要特征，贯穿于评价的全过程。不确定性是由于对各种各样的物理及生化过程缺乏足够的认识，以及缺乏足够的实测数据而造成的。水环境健康风险评估中的不确定性分析是指对评价过程中的不确定性进行定性或定量表达，如所收集数据的可靠性，评价模型中某些假设、输入参数的不确定性和可能发生的概率事件等。

不确定性分析一般分为三类：①情景不确定性，主要包括描述误差、集合误差、专业判断误差和不完全分析；②模型不确定性，主要包括由于对真实过程的必要简化，模型结构的错误说明、模型误用、使用不当的替代变量；③参数不确定性，主要包括测量误差、取样误差和系统误差。对参数不确定性的分析包括定量不确定性分析和定性不确定性分析两种途径。对参数的定量不确定性分析目前主要基于概率性方法，包括蒙特卡罗分析、泰勒简化方法、概率树方法和专家判断法等。对参数的定性不确定性分析包括模糊集理论法和描述性矩阵法等。此外，还有敏感性分析和变异性分析两种不确定性分析。如 Barnthouse 等用蒙特卡罗模拟技术研究由单一物种毒性外推到生态系统过程中的不确定性问题时，较好地将这一过程的不确定性转变为关于某种效应的不确定状态。祝慧娜基于区间数理论，将评价标准进行模糊化分级，并对各个等级赋值，运用一级综合评判得出健康风险评价的等级，并将该模型应用到湘江长株潭段的水环境健康风险评价中，在定量分析评价过程中因污染物浓度变化而引起的不确定性。

水环境健康风险评价一般采用 USEPA 推荐的评价模型，模型中存在很多具有不确定性因素的参数。在各种参数中，污染物浓度的不确定性是较为突出且明显的。对于动态的河流水环境而言，河流随时都处于流动状态，因此监测结果具有较大的随机性。但是由于成本、时间等各方面的原因，目前我国河流水环境还基于不确定性理论的河流环境风险模型及其预警指标体系未实现全面的在线监测，因此在目前已有的情况下，在风险评价过程中，可采用模糊综合评判得到污染物的模糊综合浓度，处理浓度参数的不确定性，尽量减小评价结果中的不确定性，从而为风险管理提供较为精准的信息。

## 第三节　水环境健康风险评估算法及应用

### 一、水环境健康风险评估算法

水是人类生产和生活过程中不可或缺的重要资源，但当水体受到有毒有害化学物质污染以后，污染物就可能通过食物链、饮水、皮肤接触等途径进入身体，从而影响人体健康诱发疾病，甚至发生急性中毒或死亡。因此，开展水环境污染对人体健康的风险评估，成为水环境预测预警系统的重要组成部分。水环境对人体健康的风险评价对象主要包括河流和湖泊等地表水系统，评价目的主要是评估特定河流或湖泊水环境中主要污染物对人体健康造成损害的可能性及危害程度的大小。健康风险评价不仅建立了环境污染与人体健康之间的关系，也使环境保护的研究重点由污染治理逐步转向污染物进入环境之前的风险管理，由注重事后处理变为加强事前预防，并获得更多的安全保障。

根据国际癌症研究机构（International Agency for Research on Cancer，IARC）的研究，污染物一般分为基因毒物质和躯体毒物质两类。基因毒物质主要包括放射性污染物和化学致癌物两类，由于放射性污染物在一般水体中污染程度轻，不易检出，所以，一般在河流水环境健康风险评价过程中仅考虑基因毒物质的化学致癌物。躯体毒物质主要包括非致癌物质和化学有毒物质，因此，在河流水环境健康风险评价中一般考虑化学致癌物质的致癌风险和躯体毒物质的健康风险。水环境中的污染物进入人体的暴露途径主要分为直接接触、饮水和摄入水体中的食物，其中饮水途径是最为重要的暴露途径；河流水环境健康风险一般采用 USEPA 推荐的风险评价模型。因此，水环境健康风险评估功能应包括化学致癌物健康风险评估、非化学致癌物的健康风险危害评估和水环境总的健康风险危害评估三部分，其评价依据可根据 USEPA 1986 年出版的各种物质风险水平及其可接受程度（表 26-1），以及国际辐射防护委员会推荐的最大可接受风险水平 $5.0\times10^{-5}$/a。

表 26-1　USEPA 给出的各种物质风险水平及其可接受程度

| 风险值 /$a^{-1}$ | 危险性 | 可接受程度 |
| --- | --- | --- |
| $10^{-3}$ | 危险性特别高，相当于人的自然死亡率 | 不可接受，必须采取措施改进 |
| $10^{-4}$ | 危险性中等 | 应采取改进措施 |
| $10^{-5}$ | 与游泳事故和煤气中毒事故属于同一数量级 | 人们对此关心，并愿意采取措施预防 |
| $10^{-6}$ | 相当于地震和天灾风险 | 人们并不关心该类事故的发生 |
| $10^{-7}\sim10^{-8}$ | 相当于陨石坠落伤人 | 没人愿意为该类事故投资加以防范 |

相应模式功能设计及算法如下所述。

（1）化学致癌物健康危害评估

$$R^c=\sum_{i=1}^{k}R_{ig}^c \tag{26-1}$$

$$R_{ig}^c=\left[1-\exp\left(-D_{ig}q_{ig}\right)\right]/70 \tag{26-2}$$

式中，$R_{ig}^{c}$ 为化学致癌物 $i$（共 $k$ 种化学致癌物）经食入途径的平均个人致癌年风险（$a^{-1}$）；$D_{ig}$ 为化学致癌物 $i$ 经食入途径的单位体重日均暴露剂量[mg/（kg·d）]；$q_{ig}$ 为化学致癌物 $i$ 经食入途径的致癌强度系数[mg/（kg·d）]$^{-1}$；70 为人类平均寿命。

饮水途径的单位体重日均暴露剂 $D_{ig}$ 为

$$D_{ig} = 2.2C_i / 70 \tag{26-3}$$

式中，2.2 为成人平均每日饮水量，L；$C_i$ 为化学致癌物或躯体毒物质的浓度，mg/L；70 为人均体重，kg。

（2）非化学致癌物的健康危害风险评估

$$R^n = \sum_{i=1}^{k} R_{ig}^{n} \tag{26-4}$$

$$R_{ig}^{n} = \left(D_{ig} \times 10^{-6} / \mathrm{RfD}_{ig}\right) / 70 \tag{26-5}$$

式中，$R_{ig}^{n}$ 为非化学致癌物 $i$ 经食入途径的平均个人致癌年风险，a；$\mathrm{RfD}_{ig}$ 为非化学致癌物 $i$ 经食入途径的参考剂量，mg/（kg·d）。

（3）水环境总的健康风险危害评估

$$R^s = R^c + R^n \tag{26-6}$$

式中，$R^s$ 为化学致癌物健康危害和躯体毒物质健康危害的总和。

## 二、研究及应用案例介绍

邹滨等利用美国国家环保局提出的水质健康风险评价模型，评价了某市 2001—2005 年 5 个水质监测站周围水体中所含污染物对人体健康潜在危害的时空差异和源特征。倪斌等根据某湖泊饮用水水源地水环境质量监测资料，采用 USEPA 推荐的水环境健康风险评价模型，对两处饮用水水源地原水通过饮水途径引起的水环境健康风险进行了评价。李如忠从环境风险评价系统多种不确定性共存或交叉存在的角度，运用盲数理论评价城市水源的环境健康风险，在定义盲参数的基础上，建立了环境健康风险评价的盲数模型，并用该模型对华北某城市地下水源进行了环境健康风险评价。苏伟等利用健康风险评价模式，选取 2004 年水质监测数据，对第二松花江（以下简称二松）干流 12 个断面重金属污染物由饮水途径所致健康风险进行了评价，结果表明，Cr（Ⅵ）在松花江村等 4 个断面、As 在九站断面健康危害个人年风险均高于国际辐射防护委员会（ICRP）推荐的最大可接受风险水平；非化学致癌物的个人年风险为 Pb 大于 Hg，各个断面两种污染物的健康年风险均未超过国际辐射防护委员会（ICRP）推荐的最大可接受风险水平；化学致癌物对人体健康危害的个人年风险远超过非致癌物的年风险：在所有断面中共有 6 个断面重金属污染物健康风险超标，主要原因是水体中 Cr（Ⅵ）和 As 浓度过高。因此，对产生含 Cr（Ⅵ）和 As 废水的工业企业废水排放进行控制是降低二松干流水环境健康风险的有效途径。王永桂等基于环境大数据的数据特点和不同层次的组织管理特征以及环境风险评估预警的业务化需求，构建了基于大数据的流域环境风险评估与预警技术及其业务化系统的体系、分析了环境风险智能识别的模式、研究了环境风险高效模拟预测和评估的方法，并提出了一套满足多级业务管理需求的，高效利用环境大数据的多中心的业务化系统。

迄今为止，我国水环境健康风险评价已取得了一定的研究成果，但较其他发达国家还存在一定差距，与国外水环境健康风险评价工作相比，我国有关水环境健康风险评价的研究还处于起步阶段，技术理论和方法手段薄弱，水环境健康风险管理更是缺乏。现行的环境管理体制中缺少对水环境污染物健康风险管理的具体规定，相关的健康风险评价研究主要是对国外相应研究的综述和分析，或针对某一小流域开展某项污染物的健康风险评估，区域性应用研究较少，没有形成系统化技术和方法体系，因此，急需一套适合我国国情的水环境风险评价程序及方法的技术性指导文件。

（朱媛媛　高愈霄　彭福利）

# 第二十七章
# 数据共享与信息服务功能设计与实现

## 第一节　数据共享与信息服务的重要性

水环境质量预测预警是指通过对水环境状况、敏感源历史、现状分析、评价，利用定性定量的评估模型和方法确定其变化趋势，估算流域污染负荷，构建污染负荷削减方案，以形成对突发性和常规敏感状况的预测预警，进而达到降低风险的目的。

在实际工作开展过程中，水质预测预警往往需要依托数学模型进行科学计算，而模型的准确度又高度依赖于基础数据的精度，需要精准的基础地理、污染源信息、气象资料、水文资料，包括水情、河道、闸坝数据等诸多环境数据信息。

由于我国现行体制机制下与水环境有关的部门众多，各部门根据自身业务特点需求都取得了部分水环境信息，但是由于不同行业关注重点不一，信息多头发布，导致水环境质量信息较为混乱，想要获得相对准确的水环境信息有一定困难。

虽然有一些地方环保部门、水利部门和科研机构积累了一定的水环境数据，但由于这些数据大部分分开存储，分散在各部门（系统）内部，缺少在政府综合管理与决策层面数据集成、综合分析，导致科研和业务应用也只是以小流域为对象，缺乏基于多业务、跨流域水环境数据的综合评价方法和应用服务，数据利用效率较低。同时，在突发水环境事故时上下游信息不对称造成的事故处理不当、行业信息孤岛形成数据壁垒等诸多问题的发生，都集中暴露出水环境质量信息“缺失”带来的弊端。

因此，水环境质量预测预警，以及支持预测预警业务的水环境基础信息的共享就显得尤为重要。水环境数据共享通过优化和整合分散的数据信息资源，使多部门、多行业之间在使用本部门数据的同时，能够了解、共享其他部门、行业的数据资源，从而为人民群众、科研机构和各级水环境管理部门提供丰富的水环境信息和决策依据，推进我国水环境质量预测预警工作的开展。

水环境质量预测预警信息共享是通过建立水质预测预警业务相关部门的各种合作、协作、相互协调关系，利用各种技术、方法和途径，共同利用信息资源，以最大限度地满足用户信息资源需求。当前，基于计算机应用平台对相关水环境预测预警指导产品和结果的分发、传递是信息共享的主要方式。

## 第二节　功能设计和关键技术

### 一、共享平台的设计原则

#### （一）高效实用性

最大限度地满足涉水部门环境管理和业务分析的实际需要，将实用性放在首位，既便于用户使用，又便于系统管理。

#### （二）先进性、成熟性

在设计过程中，依据先进性与成熟性并重的原则，考虑到信息技术的发展趋势，把先进性放在重要位置。

#### （三）开放与标准化

所有软硬件产品的选择都应遵循标准化原则，选择符合开放性和国际标准化的产品和技术；在应用软件开发中，数据规范、指标代码体系都要遵循软件开发的规范要求，使系统具有良好的可移植性、可扩展性、可维护性和互连性。

#### （四）可扩展性及易升级性

系统的计算机和网络设备必须具有良好的扩充性。随着世界网络技术的不断发展，主干网络设备性能平滑升级。随着业务的发展，开发平台系统功能可以不断改进、细化和升级。

#### （五）良好的可管理性和可维护性

由于各级业务工作人员信息化水平不一，应着重考虑所选产品是否具有良好的可管理性和可维护性。

## 二、技术方法

### （一）规范和制度

数据共享与信息服务以收集各流域、城市的预测预警数据、数据审核、发布展示为核心，将各地预测预警等数据信息服务于环境管理，并展示给用户和公众。在技术手段上，随着我国信息技术规范日渐完善，数据共享与信息服务等系统的建立应遵循相关规范制度，主要标准规范包含但不限于：

《环境污染源自动监控信息传输、交换技术规范（试行）》（HJ/T 352—2007）；

《环境信息共享互联互通平台总体框架技术规范》（HJ 718—2014）；

《环境信息系统数据库访问接口规范》（HJ 719—2014）；

《环境信息元数据规范》（HJ 720—2014）；

《环境数据集加工汇交流程》（HJ 721—2014）；

《环境数据集说明文档格式》（HJ 722—2014）；

《环境信息数据字典规范》（HJ 723—2014）；

《环境基础空间数据加工处理技术规范》（HJ 724—2014）；

《环境信息网络验收规范》（HJ 725—2014）；

《环境空间数据交换技术规范》（HJ 726—2014）；

《环境信息交换技术规范》（HJ 727—2014）；

《环境信息系统测试与验收规范——软件部分》（HJ 728—2014）；

《环境信息系统安全技术规范》（HJ 729—2014）。

### （二）关键技术

数据共享与信息服务系统功能应包括数据上报管理、预测数据接收管理、发布数据审核、数据综合分析、系统支撑管理、发布信息展示平台、管理维护等。其中信息上传、接收和发布展示最为重要。

#### 1. 信息上传与接收技术

信息上传和接收技术是数据共享与信息服务的基础，为实现各级单位准确、高效地上报信息，需搭建适用于各级单位的信息上传、接收信息通道。信息通道应具备多种使用形式，至少包括网页填报和接口上报。网页填报作为主要的上报方式，通过向各级单位分配填报账号，作为信息填报的识别依据，同时在填报页面提供信息预校验、发布信息预览功能。接口上报作为补充的上报方式，可满足单位开发自动化上报功能。

2. 多种展示形式综合运用

数据共享与信息服务系统需要展示多流域、多省份、多城市相关信息，在信息的发布展示形式上有较高的要求，在保证信息展示准确、全面的前提下，还需根据需要兼顾特定流域、城市信息的筛选方便，表达清晰。总体展示上，可通过 GIS 地图、流域、城市点位位置标识表现水质信息总体预测状况；局部展示上，通过表格、形势图相结合的方式，实现生动、形象的展示。

## 第三节　实现方式

水环境质量预测预警信息发布是对水环境质量预测预警共享的延伸，是在对流域、省和城市水环境预测预警信息的综合分析、接收、管理后的对外展示，能够实现面向公众的水环境质量预测预警信息发布与展示，为生态环境管理部门提供流域污染联防联控和预警应急等决策技术支持。

### 一、表现形式

数据共享与信息服务信息发布的主要表现形式可分为报表（表格）模式、弹出框模式、GIS 地图发布模式、浓度空间分布渲染图模式等几种。从表现效果来看，报表模式表现简单，但不够直观，不便于阅读理解；弹出框模式有一定的交互性，访问者可点击不同城市触发弹出框获取详细信息；GIS 地图发布模式可将发布信息与地理信息相结合，便于让人理解不同区域水环境质量预测预警状况，GIS 地图发布模式通常会与弹出框模式相结合，实现比较丰富的信息表达和便捷直接的操作交互；浓度空间分布渲染图模式最复杂，也较为直观、易懂，同时对预测网络点位的覆盖面和代表性要求较高。

### 二、展示终端

数据共享与信息服务发布终端，是实现信息传达的最终通道。随着社会信息化不断发展，信息的发布、传递途径多种多样，包括 PC 端的网页端发布、客户端发布，移动端的手机 APP 发布、微信发布、微博发布等。

#### （一）固定端发布

固定端（个人电脑）仍是最传统的、使用面最广的信息工具，固定端信息发布是最主要的预测信息发布渠道。固定端的发布平台可分为B/S架构的发布网站型和C/S架构的客户端型。目前网站型的发布方式最为常用，访问网站只需要浏览器支持即可，具有较好的跨平台性，且对访问者的计算机硬件要求不高，可很好地满足普通访问者对预测信息查询、浏览的需求。客户端型需要访问者在其计算机上安装相应的客户端软件，能实现较复杂的功能，但通用性和维护性不高，在信息发布上使用不多。

（二）移动端发布

随着移动互联网时代的到来，移动端产品越来越受到重视。具有超大屏幕的PC端有灵活的鼠标和键盘交互形式，用户能通过鼠标指点的形式快速地完成各种任务，但无法做到“移动轻便式”地查看和使用产品。移动端的屏幕能呈现的信息虽然有限，交互形式也是精度相对较差的手势形式，但其用户群数量大，随身携带性强，互动性也更快捷。

移动端的发布形式有多种，常见的有手机APP、微信、微博等。手机APP的形式需要访问者在手机上安装相应的APP软件，可实现丰富的信息展示、多样化的功能，用户体验性好。微信、微博发布无须安装APP软件，适用性较强，但发布功能有限，一般只能实现文字和图片的推送发布。

## 第四节　应用案例——滇池流域水环境综合管理技术支撑平台介绍

滇池是“三河三湖”治理重点之一，“九五”开始就被列入水污染防治重点湖泊。早些时候，滇池流域也出现水环境数据存在不同部门，利用率低，资源浪费，缺少统一的、权威的环境信息共享和管理决策平台的现象。但是，随着“滇池流域水环境综合管理技术支撑平台”的建立，滇池流域逐步走出混乱的状态。

滇池流域水环境综合管理技术支撑平台是运用集成多元数据采集传输、融合共享及动态表征技术、多目标复杂环境综合管理决策控制技术，以水环境信息发布系统为共享交换媒介，能够对滇池流域水环境进行实时监控、对水质进行预测预警、对具体治理项目进行评估、对水污染进行应急决策与处置管理，并能与流域其他管理部门进行信息交流与共享的技术支撑平台。

### 一、平台架构

为提升滇池流域污染控制和决策管理能力，使流域水环境数据信息化、支撑多元化、管理智能化，构建以“数据中心—业务系统—信息发布”为主线的滇池流域水环境综合管理技术支撑平台，对应总体架构中的数据管理层、业务应用层和共享发布层，平台结构见图 27-1。

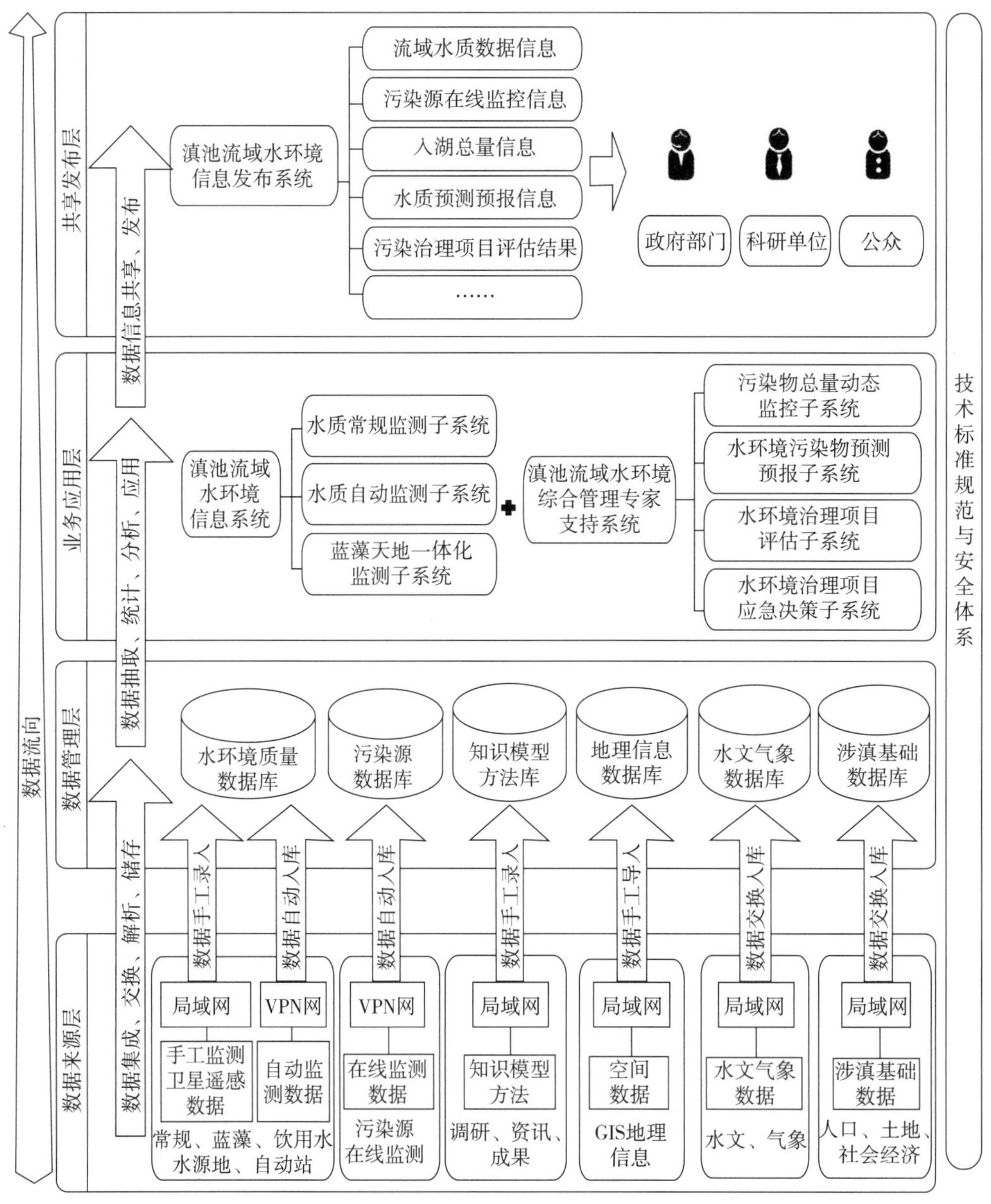


图 27-1　滇池流域水环境综合管理技术支撑平台总体架构

资料来源：张迪等 . 滇池流域水环境综合管理技术支撑平台构建研究。

## 二、系统组成和功能

滇池流域水环境综合管理技术支撑平台包括流域水环境数据中心、水环境信息系统、流域水环境综合管理专家支持系统和信息发布系统。

水环境数据中心：在整合流域水环境数据的基础上，通过采集传输构架和多类型数据交换技术的研究，建立了具备对大量数据综合管理、交换与共享的数据中心，实现了环保、国土、规划、水文、农业等多个部门、多种类型、多种格式、多种标准的数据交换与共享。具体建设内容包括水环境质量数据库、污染源数据库、知识模型方法库、地理信息数据库、水文气象数据库及涉滇基础数据库等一系列数据库。

平台总的数据来源，主要包括地表水 / 饮用水水源地常规监测数据、蓝藻人工及自动监测数据、水质自动监测数据、污染源在线监测数据、知识模型方法、GIS地理信息数据、水文气象及人口经济等涉滇基础数据。数据经过挖掘、整合、汇总处理后，通过手工录入、自动入库、手工导入、交换入库等方式进入系统数据管理层的各个业务数据库中。

方法实现上，该平台采用 TUXEDO/Q 消息传递机制、SAX 文档解析标准、XML 中间件和数据仓库挖掘等技术，提取多元异构数据并转化为标准的 XML 数据，对多格式、多标准的水环境数据信息进行采集。而后通过规范化的 VPN 和环境局政务网完成数据的可靠传输。在整合滇池流域水环境多元数据的基础上，建立兼顾多个部门、多家单位并具备安全性、时效性、操作灵活性和访问效率性的异构数据交换系统，实现不同部门多种类、多格式、多标准数据的交换与共享。

流域水环境信息系统：包括水质常规监测子系统、水质自动监测子系统以及滇池蓝藻天地一体化监测子系统。系统将水质常规监测数据、自动监测数据、蓝藻监测数据整合应用，实现信息的自动采集、动态监测、系统分析评价、蓝藻水华监测等功能，并能够提供数据查询、分析及报告生成、下载等功能。

流域水环境综合管理专家支持系统：包括水环境污染物总量动态监控子系统、水环境污染物预测预警子系统、水污染治理项目评估子系统以及水污染治理项目应急决策子系统。

信息发布系统：运用统计化、矢量化的手段，结合 GIS 表征技术，针对不同类型的用户进行结果展示，主要包括图形演示、信息查询、空间分析、信息共享等功能。发布内容包括流域水质及污染源监测数据信息、流域入湖河道污染物总量模拟计算结果、污染物排放量动态监控和总量控制管理等信息，水环境现状评价结果、三维水质短期和中长期预测预警结果、突发水环境事故水质预测预警等信息，污染治理项目全过程指标分析和效率评估信息等。信息发布面向的群体包括政府部门、科研单位和公众，基于 WebServices 提供数据查询、报告下载等服务，从而实现与不同用户群体的交互及数据共享。

（高愈霄　张鹏　许荣）

# 省级预测业务实践篇

# 第二十八章
# 北京市水环境质量预测预警发展

## 第一节　北京市背景概况

### 一、地理位置及人口状况

北京是中华人民共和国的首都，是全国的政治中心、文化中心、对外交流中心和科技创新中心，是世界著名古都和现代国际城市。北京地处华北平原西北部边缘，东南与天津为邻，其余皆为河北省所环绕。市域地理坐标南起北纬 39°23′，北到北纬 41°05′，西自东经 115°20′，东至东经 117°32′。

北京市全市总面积 16 410.54 $km^2$，下辖 16 个区及 1 个市级经济技术开发区，即东城、西城、朝阳、海淀、丰台、石景山、门头沟、房山、通州、顺义、大兴、昌平、平谷、怀柔、密云、延庆 16 个市辖区和北京经济技术开发区。根据《北京城市总体规划（2016—2030 年）》，全市构建“一核一主一副、两轴多点一区”的城市空间结构，如图 28-1 所示。

随着疏解非首都功能各项措施的推进，北京市常住人口的增速、增量实现双下降，特别是常住外来人口快速增长的势头得到有效抑制。2017 年年末，全市常住人口 2 170.7 万人，比上年年末减少 2.2 万人，减少 0.1%，是 2000 年以来首次出现负增长。

### 二、水文状况

北京市地处海河流域。根据 2013 年北京市水务局、北京市统计局联合发布的《北京市第一次水务普查公报》，共有流域面积 10 $km^2$ 及以上河流 645 条；常年水面面积 0.10 $km^2$ 以上及特殊湖泊 41 个，水面总面积 6.88 $km^2$；共有水库 88 座，总库容 93.77 亿 $m^2$。

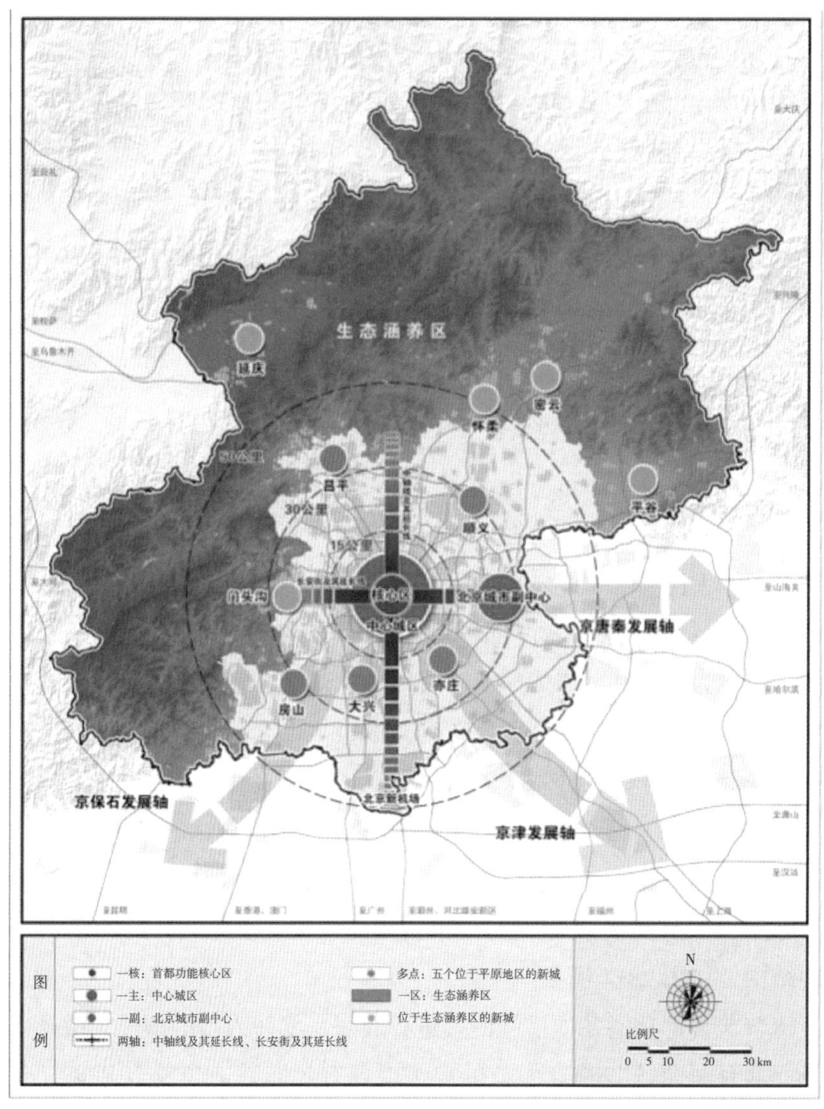


图 28-1　北京市城市空间布局

主要河系由西向东依次为大清河系、永定河系、北运河系、潮白河系、蓟运河系等五大水系。除北运河系发源于本市外，其他各系均为过境河流。这些河流总体走向是由西北向东南，最终汇入渤海。

## 三、土壤状况

北京地区属暖温带半湿润地区的褐土地带，但由于受海拔、地貌、成土母质差异和地下水位高低等因素影响，形成了多种多样的土壤类型。全市土壤随海拔由高到低表现了明显的垂直分布规律，如表 28-1 所示。

表 28-1　北京市主要土壤类型

| 地理位置 | 主要土壤类型 |
| --- | --- |
| 分布于海拔 1 900 m 以上的中山顶部平台缓坡 | 山地草甸土 |
| 分布于海拔 700 ~ 800 m 以上的中山地区 | 山地棕壤 |
| 海拔 300 m 以上 700 ~ 800 m 以下的低山丘陵 | 淋溶褐土 |
| 海拔 40 m 山麓平原及海拔 500 m 的以下丘陵 | 普通褐土、碳酸盐褐土 |
| 冲积低平原与山区河谷一级阶地 | 潮褐土、潮土 |

## 第二节　北京市水环境质量状况

依据《地表水和污水监测技术规范》（HJ/T 91—2002）和北京市地表水环境功能区划，在全市监测河流 105 条段、重点湖库 22 个、大中型水库 18 座，共设置监测断面 217 个。

监测项目为《地表水环境质量标准》（GB 3838—2002）中的 24 项基本项目（其中粪大肠菌群只有国控断面监测），湖泊和水库增测透明度和叶绿素 a。对重点湖库在 5 月、8 月分别进行一次浮游植物种群结构和数量的监测。

全市地表水水质空间差异明显，上游河段水质状况总体好于中下游河段；水库水质较好，湖泊水质次之，河流水质较差。2017 年全市地表水Ⅰ ~ Ⅲ类水质河长占监测总长度的 48.6%；Ⅳ类、Ⅴ类占 16.7%；劣Ⅴ类占 34.7%。五大水系中，潮白河系水质最好，永定河系和蓟运河系次之；大清河系和北运河系水质总体较差。Ⅰ ~ Ⅲ类水质湖泊占监测水面面积的 47.6%，Ⅳ类、Ⅴ类占 40.7%；劣Ⅴ类占 11.7%，绝大多数湖泊仍处于轻度富营养至中度富营养状态。水库水质相对稳定，Ⅰ ~ Ⅲ类水质水库占监测总库容的 82.5%；Ⅳ类占 17.5%。全市有水断面（点位）高锰酸盐指数年均浓度值为 5.97 mg/L，氨氮年均浓度值为 2.62 mg/L。河流、湖泊、水库水质类别比例见图 28-2，地表水水质类别现状评价结果见图 28-3。

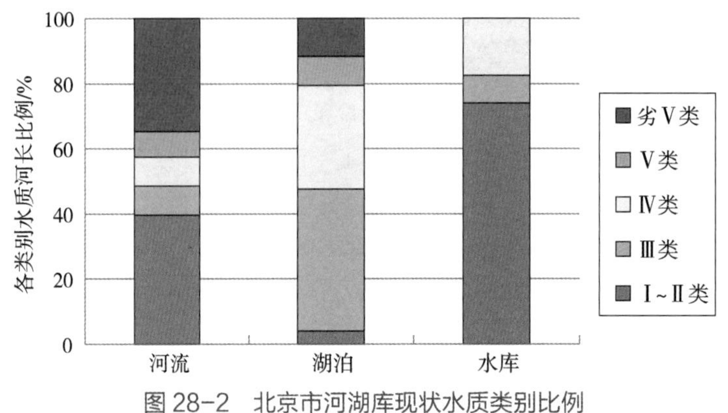


图 28-2　北京市河湖库现状水质类别比例

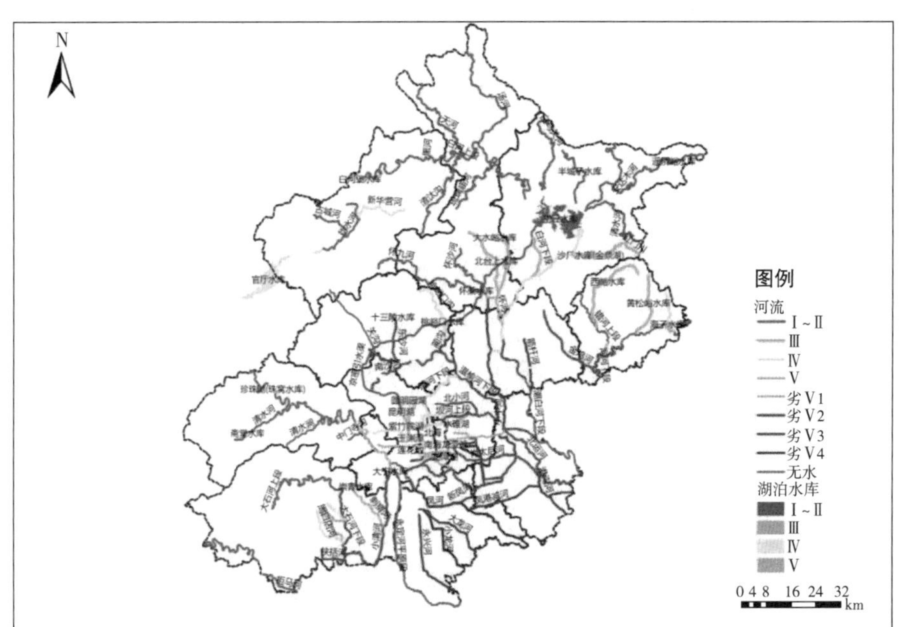


图 28-3　2017 年全市地表水现状水质类别评价结果图

## 第三节　北京市水环境质量预测预警业务实践

北京市地处海河流域，由于地下水大量开采、社会经济快速发展和人口迅速增长等原因，城市水资源供需矛盾突出。近年来北京水环境质量逐步改善，特别是“水十条”的实施有效改善了北京市地表水环境质量状况，在水体水质、污染物浓度和总量排放等方面均有显著效果。但与国家目标相比，北京市水环境质量状况仍有较大差距，其中城市下游水体达标形势较为严峻，且北京市水环境质量与千万百姓生活息息相关，保障北京水环境具有非常重要的意义。

为进一步推进北京市环境质量的持续改善，加强北京水环境的监管监控，北京市在地表水环境质量预测预警业务方面开展了相应工作。工作内容主要有预测预警相关系统的开发和业务化工作中的实践。

## 一、基于大数据的预测预警系统

针对北京市气象、水文及水环境质量状况等特征，建立了基于大数据认知技术的水环境监测平台，预测预警为该系统的重要组成部分。该系统融合气象数据、水文数据、水质数据、污染源数据等，构建一体化模型，以水环境评价分析和水环境风险预测预警等为核心，结合机器学习算法，深入挖掘数据内在关系输出未来 3 天水质预测和未来 3 个月的水质达标形势分析结果，以满足北京市水环境预测预警的技术需求。

基于大数据认知技术的水环境监测平台从下而上主要包括技术支撑层、数据感知层、核心建模层、数据管理层、业务应用层和访问接入层 6 个层次，共同构建了一张天地空一体化监测网，见图 28-4。

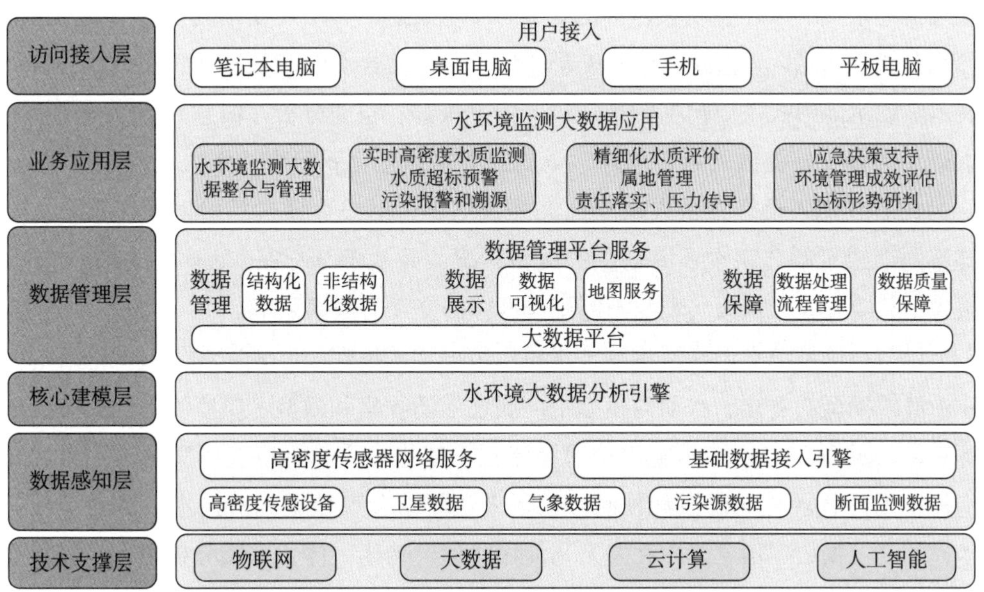


图 28-4　基于大数据认知技术的水环境监测平台系统构架

该系统通过数据接口和人工导入等方式，将多源数据汇入数据层。在数据管理层中实现对数据的管理和存储，形成可用的信息资源库，通过提供各类信息服务，实现信息资源的开发利用。由于数据量大、形式多样化、频次不统一，因此不能简单地将数据以文件的形式存储，需要将数据存储到关系型数据库、分布式数据库或者两种结合形式的存储系统中，以满足数据处理、统计和分析等的性能要求。

系统的核心技术为实现预测预警系统相关功能所需的技术集合，主要包括大数据分析技术、认知技术、一体化模型（集成气象模型、陆面模型、径流模型、水动力模型和认知模型）、水环境评价指标体系和可视化展示技术等。

业务应用层可实现综合信息查询、水环境评价分析、预测预警、精细化管理和应急决策支持等，应用获取的数据资源通过核心技术实现对水环境状况的分析评估、预测预警和应急处理。其中预测预警模块可支持突发污染事故的预警和污染态势的预测评估过程。根据突发污染事故信息，设置相关水质模型参数和边界条件，通过预测预警模型进行事故模拟分析，模拟结果可在 GIS 地图上展示，展示内容包括污染物随时间变化的传播路径、扩散范围、预测浓度和到达时间等，为制定各类突发应急事件提供决策支持。再结合指纹图谱溯源技术，可锁定上游可能污染源的位置和类型，对精细化管理提供技术支持。

展示层针对流域水质及污染源监测数据信息、流域污染物排放量模拟计算结果以及其他水文、水环境现状评价结果、三维水质短期和中长期预测预警结果、水质预测预警等信息，通过统计化、矢量化的手段，结合 GIS 表征技术，面向用户进行展示。展示的形式主要包括图形演示、信息查询、空间分析、信息共享等功能，为水环境综合管理提供及时、准确、全面的数据信息。展示层按照人员角色的不同，分为政府管理人员、技术人员和社会公众三种，用户可通过门户网站、手机 APP 等不同渠道了解北京水环境信息的最新状况，并基于 WebServices 提供数据查询、报告下载等服务，从而实现与不同用户群体的交互与数据共享。

目前，该系统在温榆河进行了水质示范模型的搭建，已经完成了监测平台的搭建、气象模型的建立、水动力模型中河底地形的收集和微型水质监测站的安装测试等工作，见图 28-5。该示范工作通过建立一体化水质分析模型可实现对污染物在水体中的迁移转化的模拟和预测。接下来还需结合大数据分析技术与认知学习技术，深度挖掘数据信息的内在关系与使用价值；构建一体化水质分析模型，完善智能化预测预警系统。在完善温榆河示范流域水文、水质、污染源等信息的基础上，开展智能化水监测平台的应用示范。

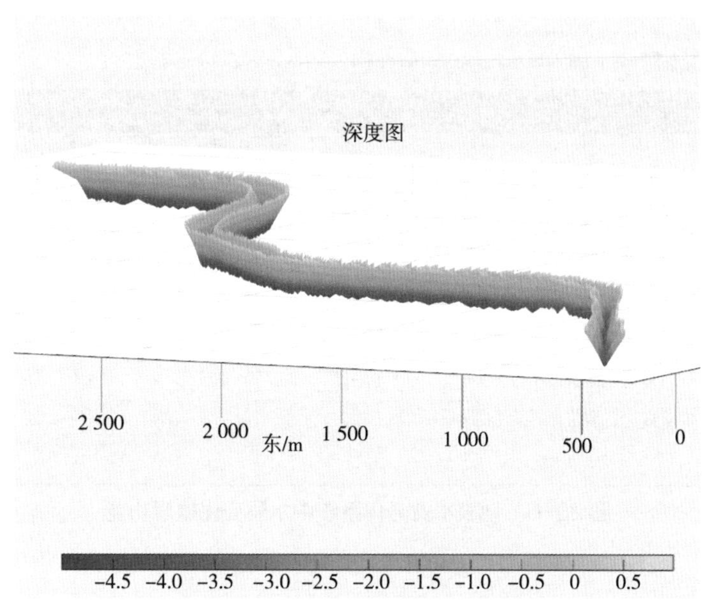


图 28-5 温榆河河底地形的探测

## 二、业务化工作中的实践

预测预警理念贯穿于北京市地表水例行监测业务中，在《地表水环境质量监测综合管理平台》中系统对监测数据进行了数值比较及显示提醒：边框红色表示超过规划目标，边框蓝色表示超过地表水Ⅲ类标准，边框粉色表示同比变差的情况，边框橙色表示环比变差的情况；监测值红色表示超过河流规划目标的情况，详见图 28-6。通过醒目的颜色提醒，可协助技术人员进行数据审核工作，并对水质波动较大的断面给予重点关注，提升水环境监测评估和趋势分析能力。

在地表水环境评价考核工作中，每月进行一次全市范围内的地表水环境质量的评价分析及趋势预测，并针对考核断面建立了“月排名、季通报”的机制，即按照《城市地表水环境质量排名技术规定（试行）》对辖区内 16 个区水环境质量和变化情况进行排名，针对水质未达标及恶化断面所在区每月发布一次预警函，自上而下，有效推动北京市水环境质量的持续改善。

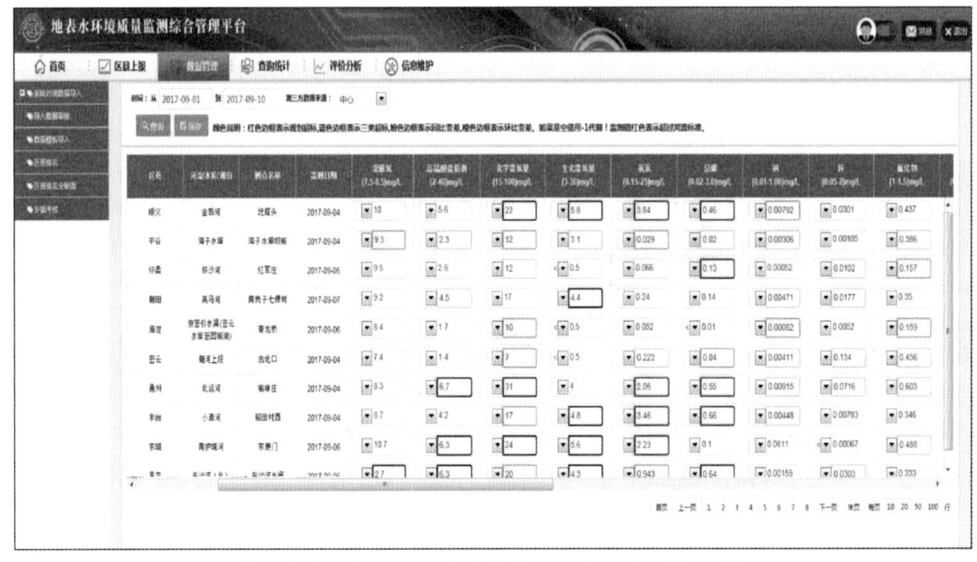

图 28-6　地表水业务化系统中水质变化提醒功能

## 第四节　未来工作规划或展望

（1）加强信息共享，尽可能多地整合环保、水文、气象、遥感和 POI 等多源数据，深度挖掘数据潜在相关性，实现监测数据价值的最大化，并通过反复验证推进预测预警系统的进一步完善。以 POI 数据为例，未来可将与水环境质量相关的洗衣店、餐饮、工业园区和城市人口密度等数据纳入预测预警系统，分析大数据与周边水环境质量状况的相关性，建立输入—响应关系。

（2）优化监测网络。断面的优化布设体现了环境监测的科学性，即以最优、最少的点位说清水环境质量状况及变化趋势。目前，北京市水环境监测网络以手工监测为主，自动监测为辅，尚存在点位密度低、部分断面重复等问题，往往一条重要的河流上面仅有 1 ~ 2 个监测点位，而临近位置处存在多个监测点位的情况。因此，为更好地说清北京市水环境质量状况、加强监管监控，需要对水环境监测网络进行科学优化，结合统计学原理、考核制度和断面级别等进行网络升级。

（3）在重点河流、饮用水水源地和国控断面等地建立基于大数据的预测预警系统，加强对重点河湖库及考核断面的监管监控，一旦发现异常，按照级别分别进行预警通知，并分析水质状况，预测变化趋势，为管理部门提供技术支持。如近年来密云水库受到总氮浓度升高的影响，管理部门亟须说清密云水库总氮变化趋势及污染来源，预测预警系统的建立一方面可实现对水库水环境的实时监控，缩短水环境监测的“真空期”；另一方面可依托大数据和指纹图谱溯源技术，识别污染来源，为水库水质改善提供指导。

（田颖　郭婧　吴悦　陶蕾）

# 第二十九章
# 云南省水环境质量预测预警发展

## 第一节　云南省背景概况

### 一、水文特点

云南境内河川湖泊纵横，河流众多。全省有大小河流600多条，主要河流180多条，多数河流具有落差大、水流急、水量变化大的特点。云南江河多为入海河流的上游，它们集水面积遍于全省，分别属于长江、珠江、红河、澜沧江、怒江和伊洛瓦底江六大水系，六大水系分别注入东海、南海、安达曼海、北部湾、莫塔马湾、孟加拉湾，并最终汇入太平洋和印度洋。六大水系中，除珠江、红河的源头在云南境内，其余均为过境河流，发源于青藏高原。六大水系中的珠江、长江为国内河流，伊洛瓦底江、怒江、澜沧江和红河是国际河流，分别流经老、缅、泰、柬、越等国入海。如此复杂的水系是其他省区所没有的。云南江河的另一特点是其流向由北向南，与国内多数江河自西向东的流向不同。

云南高原湖泊众多，是我国湖泊最多的省份之一。面积在1 $km^2$以上的湖泊共37个。全省湖泊水面面积约1 100 $km^2$，总蓄水量超过300亿 $m^2$。滇东主要的湖泊有滇池、抚仙湖、阳宗海、杞麓湖及星云湖等；滇西主要有洱海、程海、泸沽湖、剑湖、茈碧湖、纳帕海、碧塔海等；滇南主要有异龙湖、长桥海、大屯海等。按容量来说，超过20亿 $m^3$的有抚仙湖、洱海、程海、泸沽湖；从平均水深来说，超过20 m的有抚仙湖、泸沽湖、程海、阳宗海；以湖面面积而论，超过200 $km^2$的有滇池、洱海、抚仙湖。滇池是云南省湖面最大的湖泊，在全国名列第六。抚仙湖的容水量和平均水深均名列全省湖泊之冠，是全国第二深的淡水湖泊。

2017年全省地表水资源量2 203亿 $m^3$，折合径流深574.8 mm，较多年平均偏少0.3%。怒江州年径流深最大，为1 608.9 mm；楚雄州最小，为185.6 mm。全省产水模数为57.5万 $m^3/km^2$，人均水资源量4 588 $m^3$。2017年全省入境水量1 684亿 $m^3$，较多年平均增加 2.1%；从邻省入境水量 1 659 亿 $m^3$，从邻国入境水量 24.31 亿 $m^3$；出境水量 3 822 亿 $m^3$，较多年平均减少 0.3%，流入邻省 1 614 亿 $m^3$，流入邻国 2 208 亿 $m^3$。

## 二、下垫面状况

据云南省土地利用现状 2005 年变更调查，全省土地总面积 3 831.94 万 $hm^2$（57 479.10 万亩），其中农用地 3 176.09 万 $hm^2$（47 641.35 万亩），占 82.88%；建设用地 77.53 万 $hm^2$（1 162.95 万亩），占 2.02%；未利用地 578.32 万 $hm^2$（8 674.80 万亩），占 15.10%。农用地中，耕地面积 609.44 万 $hm^2$（9 141.60 万亩），园地面积 82.79 万 $hm^2$（1 241.85 万亩），林地面积 2 212.87 万 $hm^2$（33 193.05 万亩），牧草地面积 78.30 万 $hm^2$（1 174.50 万亩），其他农用地面积 192.69 万 $hm^2$（2 890.35 万亩）。建设用地中，居民点及工矿用地面积 60.20 万 $hm^2$（903.00 万亩），交通用地面积 9.46 万 $hm^2$（141.90 万亩），水利设施用地面积 7.87 万 $hm^2$（118.05 万亩）。

云南省土地资源总量较大，但土地利用制约因素较多。云南省土地总面积约占全国陆地总面积的 4.1%，居全国第八位，人均土地资源约 0.86 $hm^2$，高于全国平均水平。云南省为高原山区省份，全省山地约占 84%，高原约占 10%，坝子（盆地）约占 6%，山中有坝，原中有谷，组合各异，空间分散，高海拔土地和陡坡土地占有较大比重。云南省土地利用最大的制约因素是山地地貌，15° 以下的坝子和缓坡、丘陵约 8 万 $km^2$（不含水域），约占土地总面积的 20.9%，是人口、城镇、工矿和耕地集中分布的主要区域，人均不足 3 亩，低于我国一些东部省份。全省 25° 以上的陡坡土地占全省土地总面积的近 40%，可供建设和耕作的土地资源相对不足。

土壤和气候类型多样，但地质灾害和水土流失较为严重。云南省土壤类型多样，但红壤系列的土地总面积占 55.32%，有机质分解较快，土壤肥力和产出能力较低。云南省纬度位置低，海拔差异大，垂直地带性明显，从低海拔地区到高海拔地区大致可分为低热、中暖、高寒三层，具有我国从海南岛到东北的各种气候类型，各气候类型具有不同的土地利用特性。云南省是我国地质灾害频发的省份之一，崩塌、滑坡、泥石流等地质灾害隐患点达 20 多万处，水土流失问题严重，土地生态建设任务十分艰巨。

土地利用类型丰富，但分布零散且结构和布局不尽合理。云南省土地资源类型丰富多样，拥有所有全国土地利用现状调查统一划分的 3 个一级土地利用类型和 10 个二级土地利用类型。但受复杂地形结构的影响，各类用地分布十分零散，土地利用具有多样化和复杂性的特点。云南省耕地和林地面积较大，但优质耕地主要分布于坝区，林地分布不均衡。园地和草地比例较少，由于地形原因，多数零星分布于山地、丘陵、河谷和坝区，与林地和耕地相嵌。

土地垦殖率较高，但质量较差且后备资源不足。云南省农业用地垦殖率达82.88%，但农用地质量普遍不高，陡坡耕地和劣质耕地比例较大，耕地总体质量较差，林地产出率较低，草地有退化趋势，水域污染日趋严重。云南耕地开垦潜力已接近临界状态，水土条件的时空不匹配加大了耕地占补平衡的难度，目前可开垦的宜农荒地人均仅为0.09亩，且后继开发难度较大。山区半山区土地后备资源集中但自然条件普遍较差，开发利用难度较大。

云南省土地利用挑战与机遇并存，立足保障科学发展，妥善处理保障与保护、近期与远期、局部与整体的关系，统筹土地资源的开发、利用和保护，积极探索适合本省实际的土地利用新模式，实现土地资源的有效配置和可持续利用，是云南省土地利用必须解决的重要问题。

## 三、污染源状况

从云南省跨国界流域（西南诸河）来说，主要涉及红河流域、澜沧江流域、怒江流域和伊诺瓦底江流域。2017年云南省跨国界水体流域范围内的73个县级行政区，共有重点排污工业企业1 410家，其中废水排放企业701家，涉及化工、采选、冶炼、农副产品加工、食品加工、制药等行业。排放的污染物主要为化学需氧量、氨氮、总氮、总磷等生化类指标，部分企业涉及石油类、挥发酚、氰化物以及重金属等有毒有害物质排放。

流域范围内共有75家城市污水处理厂，污水设计处理能力共116.8万t/d，全年污水实际处理量35 849.83万t。流域范围内共有257家规模化畜禽养殖场，共养殖蛋鸡1 563 100羽、肉鸡1 223 240羽、奶牛4 223头、肉牛17 352头、生猪639 413头。流域范围内共有68家生活垃圾处理厂。

### （一）废水排放及变化情况

2011—2016年，云南省跨国界流域废水排放总量总体呈上升趋势，2017年出现较大幅度的下降。各年度废水排放量主要集中在城镇生活源和工业源。见图29-1。

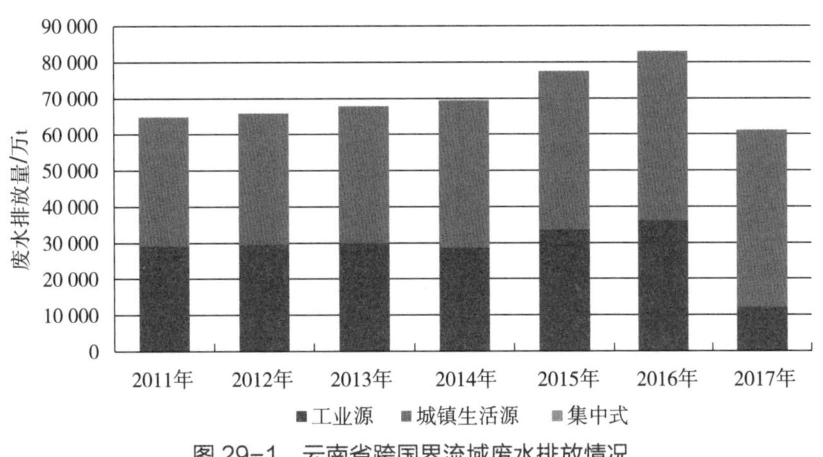


图 29-1　云南省跨国界流域废水排放情况

（二）主要生化类污染物排放及变化情况

1. 化学需氧量排放情况

2011—2017 年，云南省跨国界流域化学需氧量排放总量呈逐年下降趋势，农业、城镇生活及集中式化学需氧量排放量在不同年份略有上升情况出现，见图 29-2。

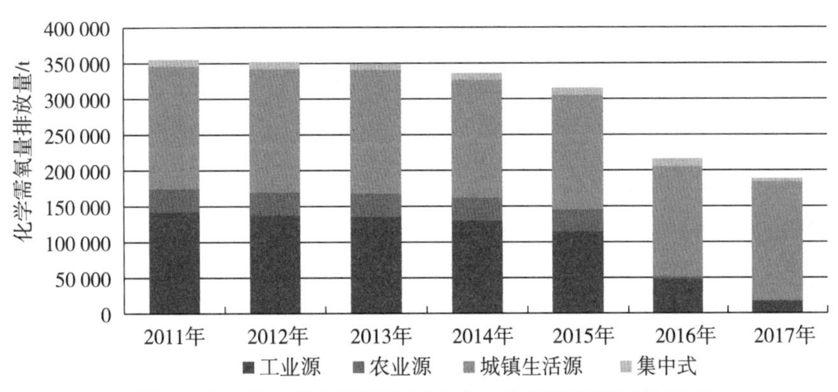


图 29-2　云南省跨国界流域废水中化学需氧量排放情况

2. 氨氮排放情况

2011—2017 年，云南省跨国界流域氨氮排放总量呈逐年下降趋势，见图 29-3。

3. 其他污染物排放情况

2011—2017 年，除个别指标个别年份有异常波动外，总氮、总磷、石油类、挥发酚、氰化物排放量总体均呈下降趋势，详见表 29-1。

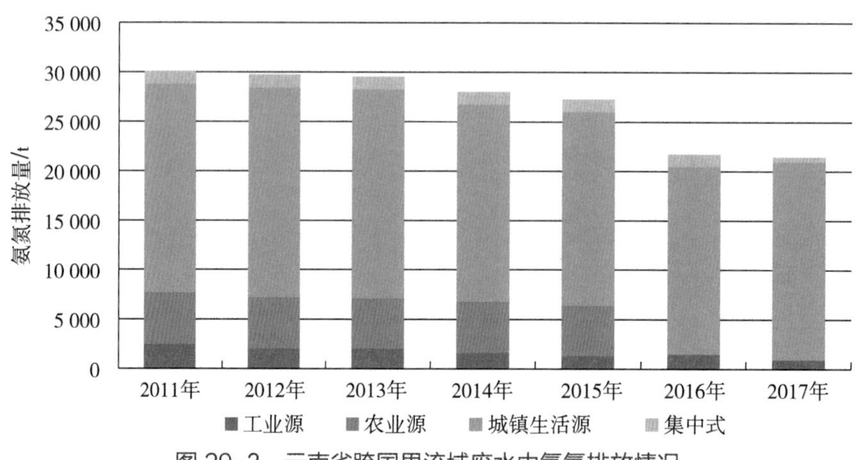


图 29-3 云南省跨国界流域废水中氨氮排放情况

表 29-1 云南省跨国界流域废水中其他类污染物排放情况

| 年份 | 总氮排放总量 /t | 总磷排放总量 /t | 石油类排放总量 /t | 挥发酚排放总量 /kg | 氰化物排放总量 /kg |
|---|---|---|---|---|---|
| 2011 | 36 623 | 3 867 | 233 | 1 810 | 169 |
| 2012 | 36 765 | 3 814 | 219 | 1 445 | 157 |
| 2013 | 36 784 | 3 793 | 202 | 982 | 154 |
| 2014 | 36 616 | 3 926 | 201 | 579 | 82 |
| 2015 | 65 189 | 6 226 | 220 | 510 | 69 |
| 2016 | 31 012 | 2 496 | 67 | 57 | 24 |
| 2017 | 30 210 | 2 386 | 9 | 9 978 | 70 |

### 4. 重金属污染物排放及变化情况

2011—2017 年，云南省跨国界流域废水中砷、铅、镉、汞、总铬、六价铬等重金属排放总量总体呈下降趋势，部分重金属项目在个别年份排放量出现反升情况。各项重金属排放量主要来源于工业源，详见表 29-2。

表 29-2 云南省跨国界流域废水中重金属污染物排放情况

| 年份 | 砷排放总量 /kg | 铅排放总量 /kg | 镉排放总量 /kg | 汞排放总量 /kg | 总铬排放总量 /kg | 六价铬排放量 /kg |
|---|---|---|---|---|---|---|
| 2011 | 7 957.7 | 15 726.5 | 1 150.6 | 15.6 | 64.2 | 16.2 |
| 2012 | 5 976.9 | 3 590.7 | 453.6 | 10.5 | 62.6 | 18.6 |
| 2013 | 4 896.8 | 3 133.9 | 308.7 | 8.3 | 45.2 | 16.2 |
| 2014 | 5 016.0 | 2 785.6 | 286.5 | 12.6 | 52.4 | 26.0 |

续表

| 年份 | 砷排放总量 /kg | 铅排放总量 /kg | 镉排放总量 /kg | 汞排放总量 /kg | 总铬排放总量 /kg | 六价铬排放量 /kg |
|---|---|---|---|---|---|---|
| 2015 | 6 108.0 | 3 011.8 | 298.2 | 17.1 | 75.0 | 23.0 |
| 2016 | 5 174.2 | 2 107.4 | 203.3 | 31.3 | 43.4 | 19.4 |
| 2017 | 3 024.6 | 7 086.7 | 829.1 | 192.3 | 964.0 | 19.9 |

## 第二节　云南省水环境质量状况

### 一、监测断面布设

#### （一）手工监测断面

截至目前，云南省纳入《水污染防治行动计划》的断面（点位）共有 108 个，其中国考采测分离断面 95 个，趋势科研监测断面 13 个。全部断面布设情况为：长江流域 44 个、珠江流域 17 个、西南诸河 47 个（红河水系、澜沧江水系、怒江水系、伊洛瓦底江水系）。

#### （二）水质自动监测断面

为落实国务院《生态环境监测网络建设方案》要求，加快推进国家地表水环境质量监测事权上收工作，截至 2018 年 8 月，云南省共建设有地表水水质自动监测站点 98 个（其中 2018 年新建、改建的 78 个），覆盖“水十条”中的 95 个国考断面。全部站点按流域分布来看，长江流域 16 个水站、珠江流域 15 个水站、西南诸河流域 45 个水站、滇池流域 22 个水站。云南省省控地表水环境质量监测网水质自动监测站建设工作正在逐步推进。

全省共 18 个国考湖库水质自动监测断面（点位），分别为阳宗海中、草海中心、灰湾中、罗家营、观音山东、观音山中、观音山西、海口西、滇池南、白鱼口、断桥、抚仙湖心、杞麓湖心、星云湖心、程海湖中、泸沽湖湖心、异龙湖中、洱海湖心。

### 二、水环境质量现状

以 2017 年手工监测数据为例，红河水系、澜沧江水系、怒江水系、伊洛瓦底江水系水质优；珠江水系、长江水系水质轻度污染。六大水系主要河流受污染程度由大到小排序依次为：长江水系、珠江水系、澜沧江水系、红河水系、伊洛瓦底江水系、怒江水系。全省主要出境、跨界河流均达到水环境功能要求。

在 145 条主要河流（河段）的 253 个国控省控断面中，水质优符合Ⅰ～Ⅱ类标准的断面占 62.0%，水质良好符合Ⅲ类标准的断面占 20.6%，水质轻度污染符合Ⅳ类标准的断面占 9.5%，水质中度污染符合Ⅴ类标准的断面占 2.4%，水质重度污染劣于Ⅴ类标准的断面占 5.5%。水质优良的断面共 209 个，优良率为 82.6%。

全省 26 个出境、跨界河流监测断面中，22 个断面水质优，符合Ⅱ类标准，占 84.6%；4 个断面水质良好，符合Ⅲ类标准，占 15.4%。其中六大水系干流出境、跨界主要断面水质符合Ⅱ类标准，均达到水环境功能要求。

与 2016 年相比，达到地表水环境功能要求的断面比例减少 1.0 个百分点。Ⅰ类功能达标断面比例持平；Ⅱ类功能达标断面比例减少 8.5 个百分点；Ⅲ类功能达标断面比例减少 0.9 个百分点；Ⅳ类功能达标断面比例增加 0.7 个百分点；Ⅴ类功能达标断面比例下降 25 个百分点。与上年度相比，总体水质无明显变化。2017 年，开展水质监测的 64 个主要湖库中，水质优符合Ⅰ～Ⅱ类标准的有 43 个，占 67.2%；水质良好符合Ⅲ类标准的有 12 个，占 18.8%；水质轻度污染符合Ⅳ类标准的有 1 个，占 1.6%；水质中度污染符合Ⅴ类标准的有 4 个，占 6.2%，水质重度污染劣于Ⅴ类标准的有 4 个，占 6.2%，全省湖库优良率为 86.0%，水质总体优良。64 个湖库中，有 47 个水质达到水环境功能要求，占总数的 73.4%。与上年相比，总体水质无明显变化。

## 第三节　澜沧江流域的水环境质量监测预警案例分析

云南省环境监测中心站与中国—上海合作组织环境保护合作中心就西南地区跨国界水体环境质量进行了多年研究，经历了数据收集与积累、数据分析与应用、机制创新及决策支持等阶段性发展，以项目为支撑，在西南地区流域水环境质量监测及预警等方面开展了长期的探索研究，在澜沧江—湄公河流域水环境质量监测预警方面开展了试点工作，为研究理论的深入以及应用技术的成熟积累经验。为完成西南地区流域水环境监测预警模型选取工作，前期开展充分调研，先后到水质预警业务工作开展较为成熟的四川、南京、西安等省、市进行了调研，查阅了大量文献资料，并充分考虑部门间数据壁垒和收集的可行性，对水文水质模型进行了比选。根据目前开展的云南省环境空气质量预测预警工作、SWAT 模型的适用性，以及 SWAT 模型输入参数的要求，选择 SWAT 水文模型作为澜沧江流域的水质模拟模型，通过尽可能的简单化处理实现对澜沧江水质的预测模拟。考虑到澜沧江上游水利水电建筑工程设施较多，在使用流域模型的基础上，也针对部分水利枢纽或水电工程使用水体适用的模型（如 EFDC 等），与流域模型进行耦合嵌套，从而提高整个预测预警体系预测的科学性和准确性。结合当前云南省已开展环境空气质量预测预警工作，其中数值天气预测模式 WRF 能针对未来一段时间的天气情况进行预测，作为 SWAT 模型的输入参数之一，针对云南省澜沧江流域的实际情况，结合云南省环境监测中心站前期环境空气质量预测预警工作成果，充分运用现有 WRF 气象模式在降水方面的预测优势，结合现有流域水质自动监测站的实时数据，建设 WRF-SWAT 水文水质模型来开展澜沧江流域的水预警工作。

收集子流域水文特征、气象数据、地形数据、土地利用数据、污染源基本概况数据、水环境质量监测数据，对勐罕渡口 2018 年 1 月 1—10 日水环境质量进行模拟，选取高锰酸盐指数作为主要模拟指标，以 Arc-SWAT 工具划分子流域，并进行前置处理，最终得到未来 2 天的模拟结果，见图 29-4。监测结果显示，1 月勐罕渡口高锰酸盐指数为 1.5 μg/m$^3$，SWAT 模拟结果较预测值偏高，未来 1 天和未来 2 天的相对误差分别为 10.7% 和 14.0%。由于勐罕渡口为手工监测数据，监测频次为每月一次，而预测数据为逐日预测数据，数据频次较高，可能是导致预测结果与实测均值之间差距的主要原因。

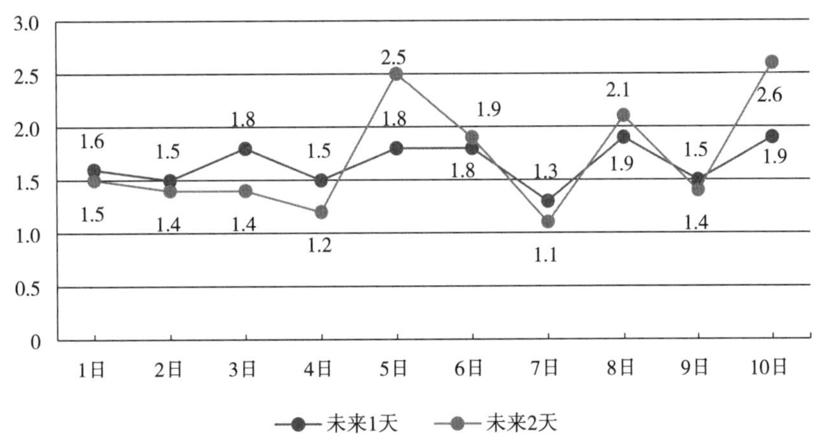


图 29-4　澜沧江—勐罕渡口高锰酸盐指数模拟结果

## 第四节　未来工作规划或展望

### 一、优化监测网络，保证基础数据真、准、全

全面优化地表水环境监测网络，建立覆盖省辖区重点流域、跨境（跨省界、跨国界）水体、湖泊、饮用水等水环境质量监测网络，确保能监控重点敏感水体及跨省界、市界、县界以及饮用水和高原湖泊的重要水体。增加对入河排污口的监测数据收集及监测点位优化，进一步说清入河污染物总量，为水质预测预警提供技术支撑。针对不同区域污染特征，对各级河流及湖泊、饮用水选取相应特征指标进行重点监测，以问题为导向，优化监测指标。加强水质自动站的建设以及数据收集、整理和应用工作，充分发挥自动监测设备高时空分辨率的优势，服务于水环境质量管理需要。

### 二、坚持问题导向，实现区域业务定制化

云南省各地地形水文条件差异巨大，可以先选择一个技术难度相对小的流域，实现水质预测预警数值模拟，积累一定经验后，再向其他流域推广。云南地域辽阔，地形气象条件多样，各地区差异较大，且不同地区自然资源禀赋不一，发展程度不同，所产生的污染特征各异，所呈现的问题不尽一致，所以在开展水环境质量监测预警的工作中要注重问题导向，针对具体问题、污染特征进行相关工作的开展，避免重复投资和资源浪费。

### 三、提升科研支撑，实现业务科学化

将进一步加强在水环境质量监测布点、监测指标、监测频次等方面的科学量化，实现全面、客观地反映水环境质量现状；加强水环境质量与其他自然环境因素之间物理、化学、迁移及转化等方面机理的研究，更加清晰地认识自然规律和成因；加强在水环境质量预测预警方面的科学研究，加强对模型选取、模型参数优化、模型本地化调试等方面的研究，强化模型在服务于水环境质量管理方面的作用；加强数据多元应用，探索监测数据、预测结果与水环境质量问题、水环境质量管理需求等方面的衔接。

### 四、加强交流合作，实现畅通共享

水环境监测预测系统建设需要使用政府跨部门的监测数据，种类繁多，要实现

数据通畅共享，还有一定难度，在生态环境监测网络建设过程中，进一步完善基于气象、水质、水文、污染源数据共享的机制，加强与相关部门的协作和交流，更好地服务于水质预测预警业务。

云南区位优势独特，地处长江上游，境内河流水网密布，与多个国家接壤，境内跨界河流众多，大部分河流在云南地区属于上游地，且云南水利枢纽工程相对较多，梯级水电设施密布，对下游省份及下游国家水环境、水资源和水生态影响较大，在今后的水环境管理工作中要加强与部门之间、下游省份、下游国家之间的交流沟通和协作，通过现有交流沟通机制、现有区域合作框架、现有区域环保协作机构等渠道，畅通水环境管理方面的各项工作，包括建立问题沟通解决机制、定期组织研讨会议、建立数据共享平台、开放公众交流渠道等事项，为同饮一江水的沿江人民水环境质量改善创造条件。

（邱飞　向峰）

# 第三十章
# 四川省水环境质量预测预警技术发展

## 第一节　四川省背景概况

### 一、水文特点

岷江介于东经102°26′~104°36′、北纬28°11′~33°09′，干流全长711 km，流域面积13.59万$km^2$，岷江是长江上游流域最大的支流，多年平均径流深676 mm，河口多年流量2 830 $m^3/s$，年平均径流量916亿$m^3$。沱江介于东经103°54′~105°44′、北纬27°39′~31°42′。主源绵远河发源于绵竹九顶山南麓，流至汉旺镇出山区进入成都平原，干流全长629 km，流域面积2.78万$km^2$，沱江水系总体上呈树枝状，有大小支流60余条，较大的支流有左岸的濑溪河、大清河、阳化河和右岸的威远河、球溪河等。沱江多年平均径流量149亿$m^3$，丰水年径流量为$262.4\times10^8$ $m^3$，枯水年径流量为$66.2\times10^8$ $m^3$。涪江介于东经104°9′~106°45′、北纬30°21′~32°31′，河长700 km，流域面积3.64万$km^2$，多年平均径流量572 $m^2/s$。嘉陵江介于东经105°55′~106°14′，北纬30°11′~32°50′，出口年平均径流量701亿$m^3$。渠江介于东经106°53′~107°26′、北纬30°1′~32°25′，流域面积39 220 $km^2$，河道长671 km，出口水文控制站罗渡溪多年平均流量为720 $m^3/s$。青衣江流域介于东经102°32′~107°78′、北纬29°45′~30°65′，河长276 km，流域面积1.33万$km^2$，是大渡河下游流域最大的支流。大渡河介于东经101°10′~107°78′、北纬29°61′~32°72′，流域面积19 896 $km^2$，多年平均流量238 $m^3/s$（30年）。雅砻江介于东经101°47′~101°56′、北纬26°35′~28°36′，全长1 571 km，四川境内1 357 km，流域面积13.6万$km^2$，河口多年平均流量为1 860 $m^3/s$。安宁河流域介于东经101°51′~102°48′、北纬26°38′~28°53′，流域面积11 150 $km^2$，干流长303 km，落差936 m，平均比降为3.1‰。长江流域（含金沙江）介于东经101°50′~104°38′、北纬26°4′~28°46′。金沙江（四川段）河长106 km，过新市镇转向东流，进入四川盆地，经绥江、屏山、水富、安边等地。右岸汇入金沙江最后一条支流横江，再流 28.5 km 到达宜宾市。金沙江（四川段）河段两侧山地多年降水量为 900 ~ 1 300 mm，特别是大凉山地区年降水量高达 1 500 mm 以上。

## 二、下垫面特点

### （一）土地利用

四川省由于受到地貌格局的影响，土地利用方式和程度差异很大。东部土地的利用、开发充分，以农业利用为主，垦殖系数、复种指数高，多数地区为一年两熟，少数地区一年可三熟，利用类型以耕地、居民点及工矿用地、园地为主，工、农、副、渔业都比较发达；西部地区土地的利用和开发均不充分，农业用地不多，垦殖系数、复种指数低，多数地区一年只一熟，林牧业用地占优势，土地利用类型垂直分布明显。

### （二）土壤类型

紫色土：分布于岷江中下游和沱江大部分地区。

高山草甸土：分布于海拔 3 700 ~ 4 700 m 的高山、高原区，如甘孜、阿坝、凉山和雅安地区。

水稻土：分布于岷江中下游和沱江的大部分地区，如资阳、内江等市及凉山地区。

黄壤：分布于海拔 1 000 ~ 1 200 m 的四川盆地和周围山地。

亚高山草甸土：分布于海拔 3 000 ~ 4 100 m 的高山。

暗棕土：分布于西部海拔 2 800 ~ 3 000 m 的山地地区。

黄棕土：分布于海拔 1 300 ~ 2 100 m 的川西南山地和海拔 1 500 ~ 2 500 m 的盆地和周围山地。

棕壤：分布于盆周和西部海拔 2 000 ~ 2 700 m 的山地。

石灰岩土：分布于岷江流域的石灰岩分布区。

粗骨土：主要分布在甘孜、阿坝、凉山和雅安地区。

褐土：分布于岷江上游海拔 1 000 ~ 2 500 m 的高山河谷地区。

高山寒漠土：分布于岷江上游海拔 4 700 ~ 5 000 m 以上，雪线以下的高山、极高山地区。

红壤：主要分布于岷江上中游的凉山、雅安地区。

棕色针叶林土：分布于岷江中上游海拔 3 000 m 以上地区。

沼泽土：主要分布于岷江上游若尔盖、红原、松潘等高原湿地区。

### （三）污染状况

#### 1. 面源污染状况

面源污染负荷入河量是指一定时期内，由地表径流携带进入河流等地表水体的非点源污染负荷量，是指时空上无法定点监测的，与大气、水文、土壤、植被、地质、地貌、地形等环境条件和人类活动密切相关的，可随时随地发生的，直接对大气、土壤、水体构成污染的污染物来源。计算非点源考虑三大类：农村生活、畜禽养殖和农田面源污染。

以岷沱江流域为例，参照《四川省城镇生活污染源产排污系数手册》三区五类的标准，四川省不同地区的五类划分为：成都为 1 类，泸州、德阳为 2 类，乐山、宜宾、资阳为 3 类，自贡、眉山、雅安为 4 类，内江为 5 类。对岷江流域各乡镇的农村人口、耕地面积、大牲畜数量、城镇人口、工业增加值、总面积、总经济收入、总人口等进行统计。按照手册中的排污系数，分别计算面源污染状况，其计算标准为：对于城镇（如悦兴镇）生活污染，人均生活污水产生量按 130 L/（人 · d）计算，污染物负荷按氨氮 8.2 g/（人 · d）、总氮 11g/（人 · d），总磷 0.945 g/（人 · d）计算。

岷沱江流域面源污染产生量分布情况见图 30-1。

#### 2. 点源污染排放特征

以 2011 年岷沱江流域点源排放为例，共计 3 493 家，遍布 66 个市（县）、区，调查的主要指标包括排放单位名称、污废水、COD、氨氮的产生量及排放量等。统计结果表明，2011 年岷沱江流域水功能区对应的污废水排放量为 7.92 亿 t，入河量为 3.9 亿 t；COD 排放量为 57.59 万 t，入河量为 6.11 万 t；氨氮排放量为 1.66 万 t，入河量为 0.3 万 t。

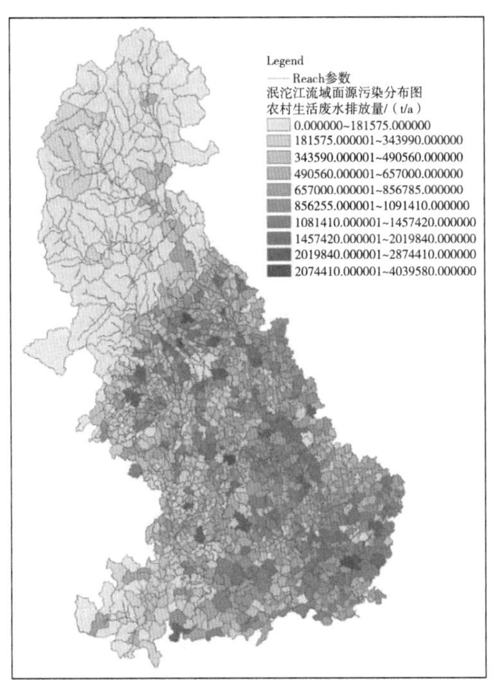
Legend
Reach参数
泯沱江流域面源污染分布图
农村生活废水排放量/（t/a）
0.000000~181575.000000
181575.000001~343990.000000
343590.000001~490560.000000
490560.000001~657000.000000
657000.000001~856785.000000
856255.000001~1091410.000000
1081410.000001~1457420.000000
1457420.000001~2019840.000000
2019840.000001~2874410.000000
2074410.000001~4039580.000000

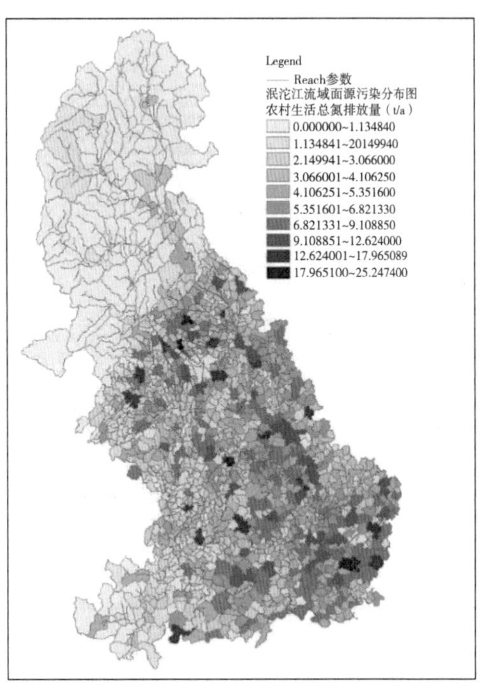
Legend
Reach参数
泯沱江流域面源污染分布图
农村生活总氮排放量（t/a）
0.000000~1.134840
1.134841~20149940
2.149941~3.066000
3.066001~4.106250
4.106251~5.351600
5.351601~6.821330
6.821331~9.108850
9.108851~12.624000
12.624001~17.965089
17.965100~25.247400

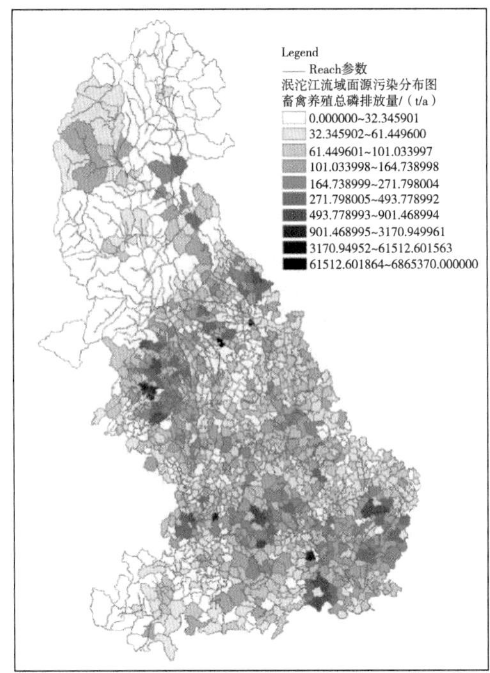
Legend
Reach参数
泯沱江流域面源污染分布图
畜禽养殖总磷排放量/（t/a）
0.000000~32.345901
32.345902~61.449600
61.449601~101.033997
101.033998~164.738998
164.738999~271.798004
271.798005~493.778992
493.778993~901.468994
901.468995~3170.949961
3170.94952~61512.601563
61512.601864~6865370.000000

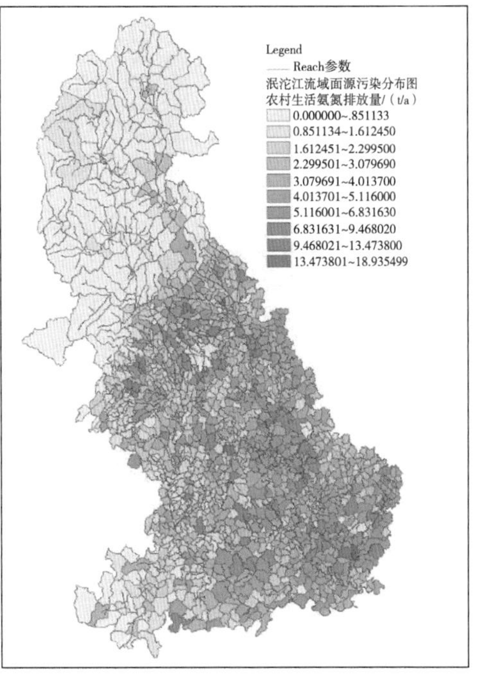
Legend
Reach参数
泯沱江流域面源污染分布图
农村生活氨氮排放量/（t/a）
0.000000~.851133
0.851134~1.612450
1.612451~2.299500
2.299501~3.079690
3.079691~4.013700
4.013701~5.116000
5.116001~6.831630
6.831631~9.468020
9.468021~13.473800
13.473801~18.935499

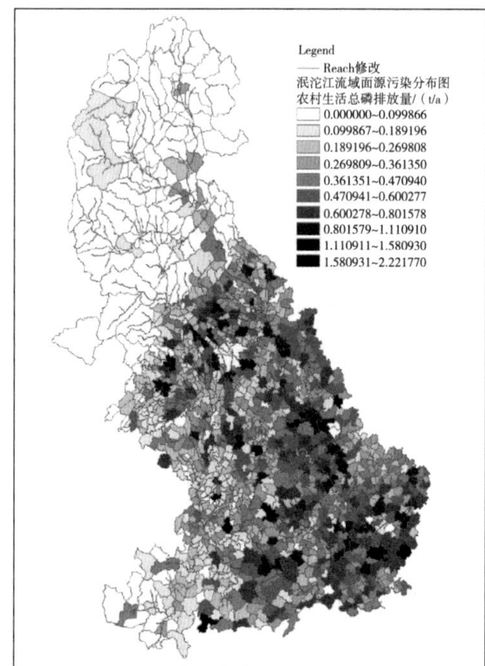
Legend
Reach修改
泯沱江流域面源污染分布图
农村生活总磷排放量/（t/a）
0.000000~0.099866
0.099867~0.189196
0.189196~0.269808
0.269809~0.361350
0.361351~0.470940
0.470941~0.600277
0.600278~0.801578
0.801579~1.110910
1.110911~1.580930
1.580931~2.221770

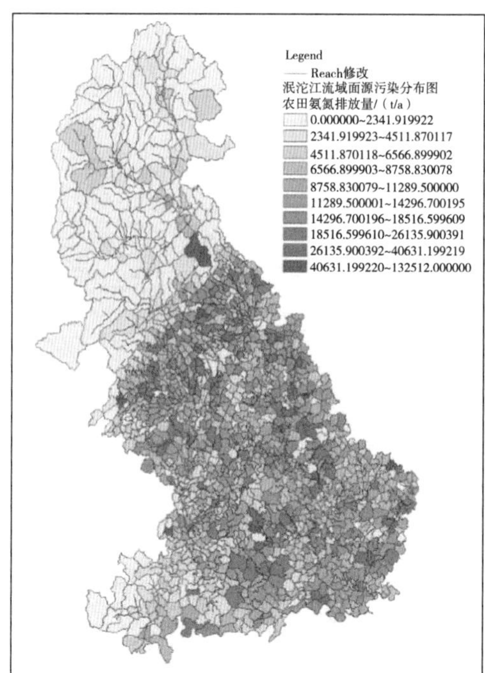
Legend
Reach修改
泯沱江流域面源污染分布图
农田氨氮排放量/（t/a）
0.000000~2341.919922
2341.919923~4511.870117
4511.870118~6566.899902
6566.899903~8758.830078
8758.830079~11289.500000
11289.500001~14296.700195
14296.700196~18516.599609
18516.599610~26135.900391
26135.900392~40631.199219
40631.199220~132512.000000

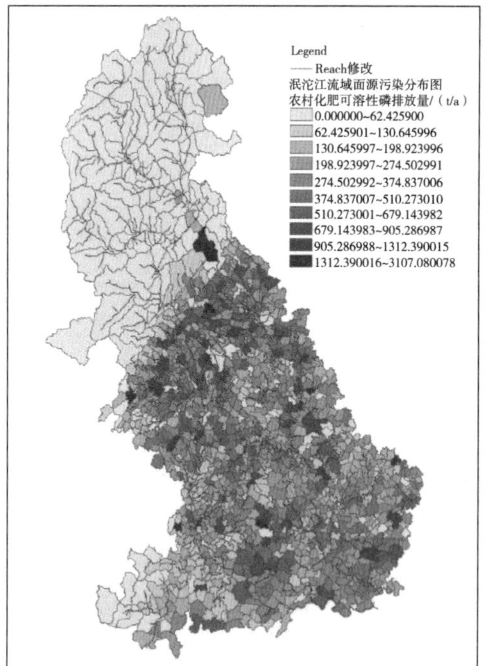
Legend
Reach修改
泯沱江流域面源污染分布图
农村化肥可溶性磷排放量/（t/a）
0.000000~62.425900
62.425901~130.645996
130.645997~198.923996
198.923997~274.502991
274.502992~374.837006
374.837007~510.273010
510.273001~679.143982
679.143983~905.286987
905.286988~1312.390015
1312.390016~3107.080078

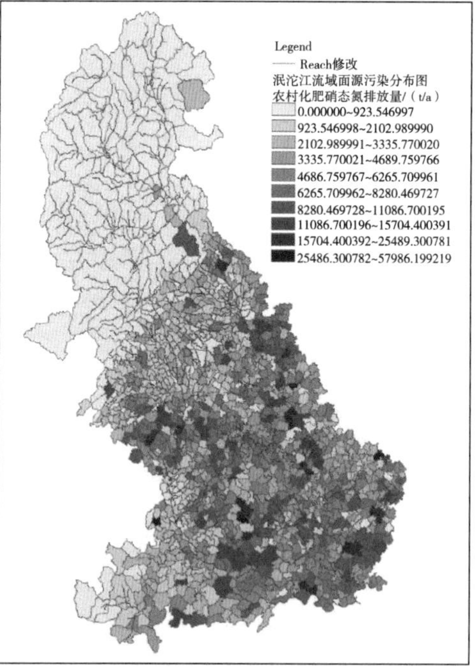
Legend
Reach修改
泯沱江流域面源污染分布图
农村化肥硝态氮排放量/（t/a）
0.000000~923.546997
923.546998~2102.989990
2102.989991~3335.770020
3335.770021~4689.759766
4686.759767~6265.709961
6265.709962~8280.469727
8280.469728~11086.700195
11086.700196~15704.400391
15704.400392~25489.300781
25486.300782~57986.199219

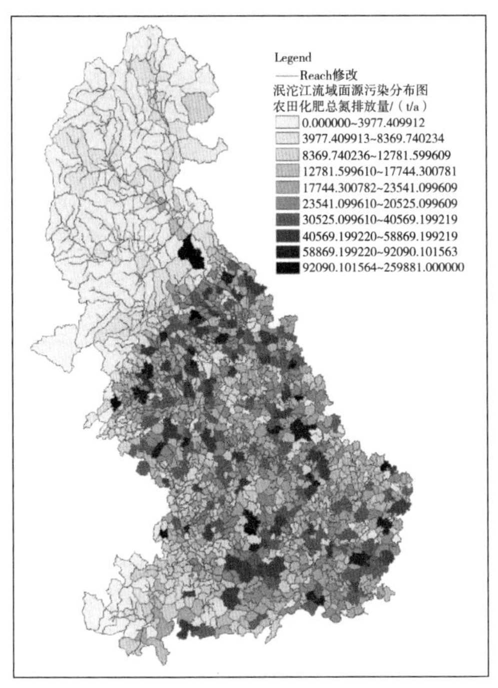


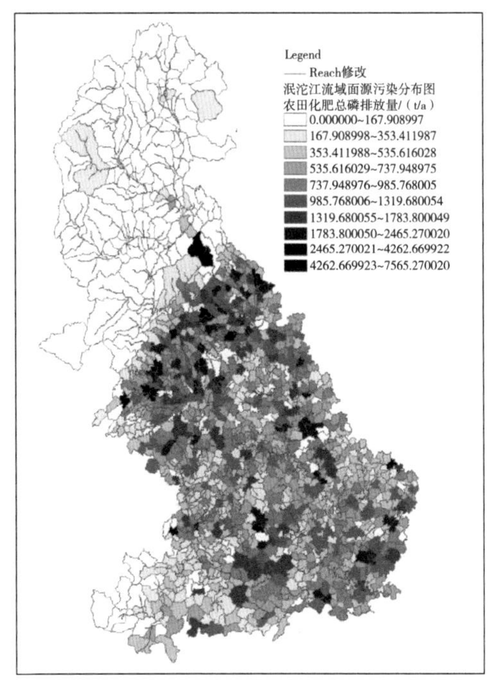


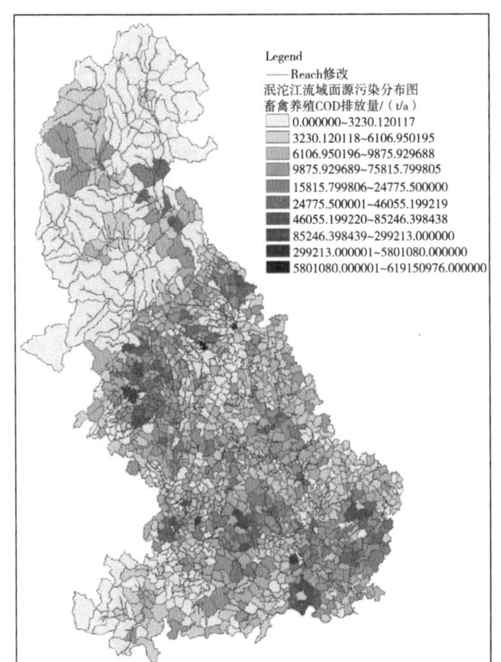


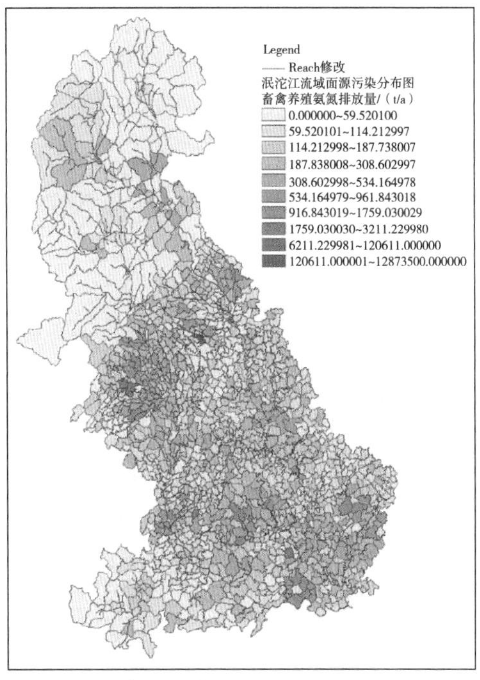


图 30-1　岷沱江流域面源污染产生量分布

从岷江、沱江两个流域的污废水排放量来看，沱江排放量较大，为 5.53 亿 t，占 69.79%，岷江为 2.39 亿 t，占 30.21%。从入河量来看，沱江相对较少，为 1.83 亿

t，占流域总量的 47%；岷江为 2.06 亿 t，占流域总量的 53%，这应该与岷、沱江不同的污水处理设施有关。对于入河 COD 量，岷江较高，占流域总量的 54.61%。氨氮则相反，沱江较高，占流域的 39.98%，如图 30-2 所示。

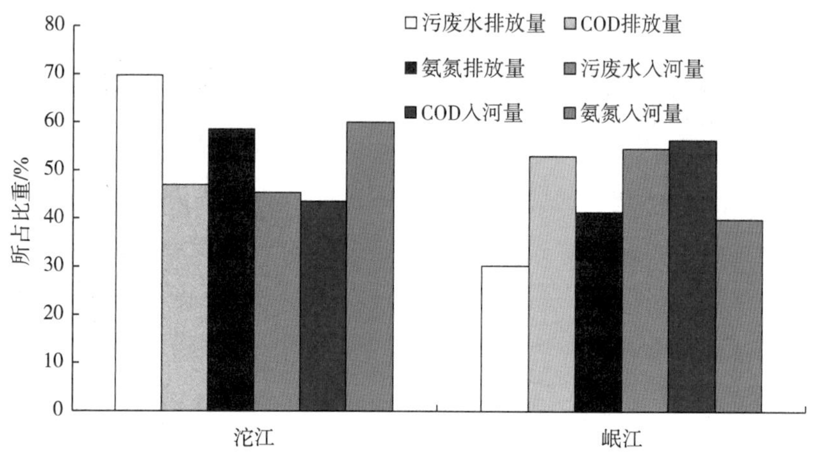


图 30-2　2011 年岷沱江流域污废水及污染物的排放量、入河量所占比重

对于沱江流域，从不同的污染断面段来看，清江站到淮口站段污废水入河量、COD 和氨氮入河量所占比重均较大，分别占整个流域的 18.56%、10.20% 和 26.75%，污废水入河量位居第一的是沙堆站上游段，占 18.54%；COD 入河量第二位的是大磨子站至沱江二桥站，占 12.9%；氨氮入河量第二位的是脚仙村站至邓关站，占 12.34%。整体污废水及污染负荷排放量如图 30-3 所示。

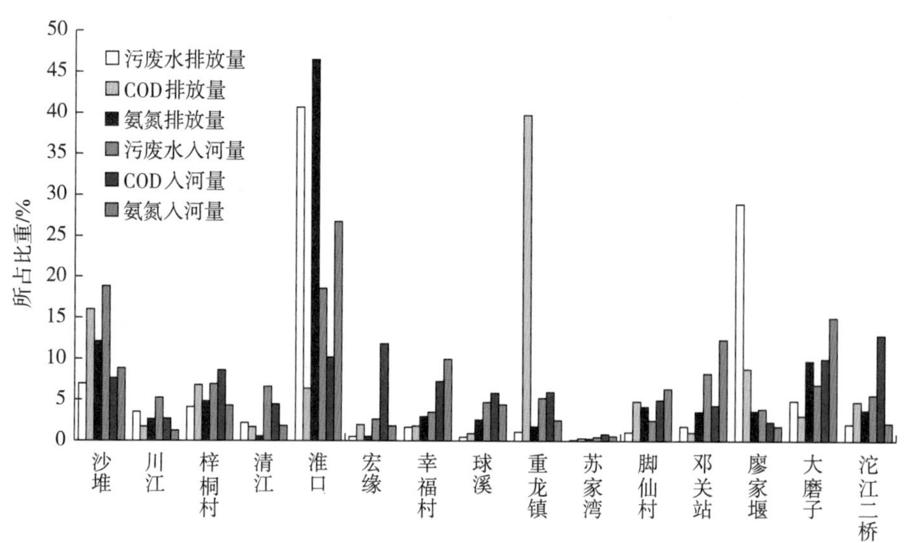


图 30-3　2011 年沱江流域污废水及污染物的排放量、入河量所占比重

对于岷江流域，从不同的污染断面段来看，黄龙溪站到松江站段污废水入河量、COD 和氨氮入河量所占比重均较大，分别占整个流域的 30.27%、31.56% 和 22.12%，污废水入河量位居第二的是岷江大桥站到月波站，占 18.16%；COD 入河量排第二位的是松江站至悦来渡口站，占 20.68%；氨氮入河量排第一位的是岷江大桥站至月波站，占 30.31%。整体污废水及污染负荷排放量如图 30-4 所示。

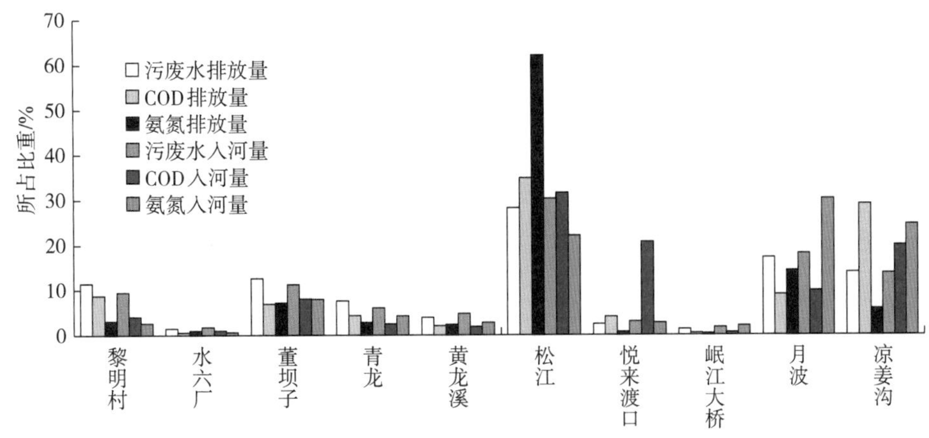

图 30-4 2011 年岷江流域污废水及污染物的排放量、入河量所占比重

从不同的城市来看，德阳市、成都市、眉山市、乐山市以及宜宾市，是流域污染负荷的主要来源，如图 30-5 所示。从污废水的入河量来看，成都市最高，为 26.5%，其次为眉山市和德阳市，分别为 18.72% 和 14.61%；从 COD 的入河量来看，眉山市最高，占总量的 29.26%，其次为成都市和宜宾市，分别占总量的 18.75% 和 13.49%；从氨氮的入河量来看，成都市最高，占总量的 24.32%，其次为自贡市和乐山市，分别占总量的 14.79% 和 13.33%。

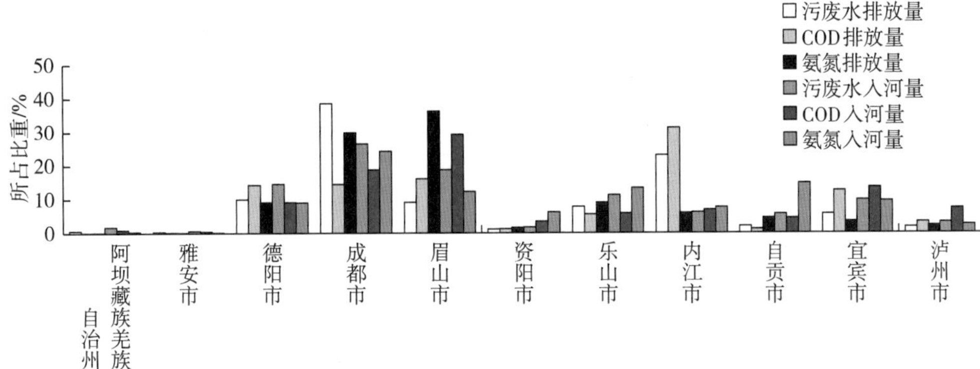

图 30-5 2011 年岷沱江流域主要城市污废水及污染物排放量所占比重

## 第二节　四川省水环境质量状态

### 一、监测断面布设

#### （一）手工监测断面

“十二五”期间，四川省共布设地表水国控、省控监测断面170个，包括147个河流断面和13个湖库的23个点位，其中金沙江水系10个断面、长江干流5个断面、岷江水系38个断面、沱江水系38个断面、嘉陵江水系43个断面及3条汇入长江的小支流断面；全省共13个湖库监测断面，分别为邛海、泸沽湖、二滩水库、双溪水库、升钟水库、白龙湖、黑龙滩水库、瀑布沟、紫坪铺水库、三岔湖、鲁班水库、大洪湖和老鹰水库。

全省21个市（州）政府所在城市布设40个集中式饮用水水源地监测断面，除甘孜州外的20个市（州）112个县布设190个县级集中式饮用水水源地监测断面。

#### （二）水质自动监测断面

截至2018年年末，四川省在长江（金沙江）、雅砻江、安宁河、嘉陵江、岷江、大渡河、青衣江、沱江、涪江和渠江十大河流及其支流已建成运行的有国控及省控共计141个水站（饮用水站19个，非饮用水站122个），按流域分布来看，包括安宁河流域4个水站、大渡河流域6个水站、涪江流域17个水站、嘉陵江流域18个水站、金沙江—长江流域17个水站、岷江流域27个水站、青衣江流域4个水站、渠江流域12个水站、沱江流域34个水站、雅砻江流域2个水站。加快推进四川省地表水环境质量监测网水质自动监测站建设工作，按照十大河流监管要求进一步完善水质自动监测网络，全面提升水质监测预警能力，四川省拟在十大流域及其一级支流上的县域跨界断面（甘孜、阿坝、凉山三州除外）及出入川断面建设110个水站，建立健全四川省主要流域的水环境自动监测—水质评价—目标考核—信息共享—风险预警体系。

### 二、水环境现状

#### （一）基于手工监测的水质时空变化特征

以2017年手工监测数据为例，四川省对147个国控、省控河流监测断面进行了监测评价。监测评价表明，六大水系中，黄河干流（四川段）、长江干流（四川段）、金沙江水系、嘉陵江水系水质良好；岷江水系、沱江水系受到中度污染，147 个河流监测断面中，达到或好于Ⅲ类水质的断面占 63.2%，同比上升 1.9 个百分点；Ⅳ类水质的断面 18.4%；Ⅴ类水质的断面 7.5%；劣Ⅴ类水质的断面 10.9%。

金沙江水系总体水质优，12 个断面均为Ⅰ ~ Ⅱ类水质。同比无明显变化。

长江干流（四川段）总体水质优，5 个断面均为Ⅱ ~ Ⅲ类水质，同比无明显变化。支流永宁河、赤水河、南广河水质优；御临河、长宁河水质良好，同比无明显变化。

黄河干流（四川段）总体水质优，1 个断面为Ⅱ类水质。

岷江水系总体受到中度污染，达到或好于Ⅲ类水质的断面占 61.5%，同比上升 8.9 个百分点。39 个断面中，Ⅰ ~ Ⅲ类水质断面占 61.5%，Ⅳ、Ⅴ类占 18.0%，劣Ⅴ类占 20.5%。水质变化趋势与上年相比，岷江水系保持中度污染。2—5 月为中度污染，1 月、6—12 月为轻度污染。

沱江水系总体受到中度污染，达到或好于Ⅲ类水质的断面占 11.1%，同比下降 4.7 个百分点。36 个断面中，Ⅰ ~ Ⅲ类水质断面占 11.1%，Ⅳ、Ⅴ类占 66.7%，劣Ⅴ类占 22.2%。水质变化趋势与上年同期相比，沱江水系保持中度污染。1—6 月、12 月为中度污染，7—11 月沱江水系水质为轻度污染。

嘉陵江水系水质良好，达到或好于Ⅲ类水质的断面占 85.4%，同比下降 7.6 个百分点。48 个断面中，Ⅰ ~ Ⅲ类水质断面占 85.4%，Ⅳ、Ⅴ类占 14.6%，无劣Ⅴ类水质断面。水质变化趋势同比嘉陵江水系水质略有下降，从优变为良好；3 月轻度污染，其余月份水质良好。

### （二）基于水质自动监测的水质时空变化特征

以 2017 年水质自动数据为例，四川省十大流域总体达标率为 61.3%，其中Ⅰ类水为 4.4%，Ⅱ类水为 32.1%，Ⅲ类水为 24.8%；总体超标率为 38.7%，其中Ⅳ类水为 18.2%，Ⅴ类水为 6.6%，劣Ⅴ类水为 13.9%。金沙江流域、长江流域（四川段）、雅砻江流域达标率最高，均为 100.0%；岷江流域、沱江流域达标率比例最低，分别为 62%、43%；涪江流域、渠江流域和嘉陵江流域达标率比例在 78.2% ~ 94.3%。四川省八大流域总体达标率比例环比下降 13.4 个百分点，同比下降 11.0 个百分点。

总磷：四川省断面总磷超标率为 68.3%，全省月均浓度为 0.255 mg/L，最大日均浓度值为 0.653 mg/L（岷江干流黄龙溪）；氨氮：四川省断面氨氮超标率为 39.2%，月均浓度为 0.459 mg/L，最大日均浓度值为 1.04 mg/L（体泉河）；高锰酸盐指数：四川省断面高锰酸盐指数超标率为 13.2%，月均浓度为 3.1 mg/L，最大日均浓度值为 7.4 mg/L（体泉河）；DO：四川省断面 DO 超标率为 0%，月均浓度为 3.1 mg/L，最大日均浓度值为 7.4 mg/L（体泉河）。

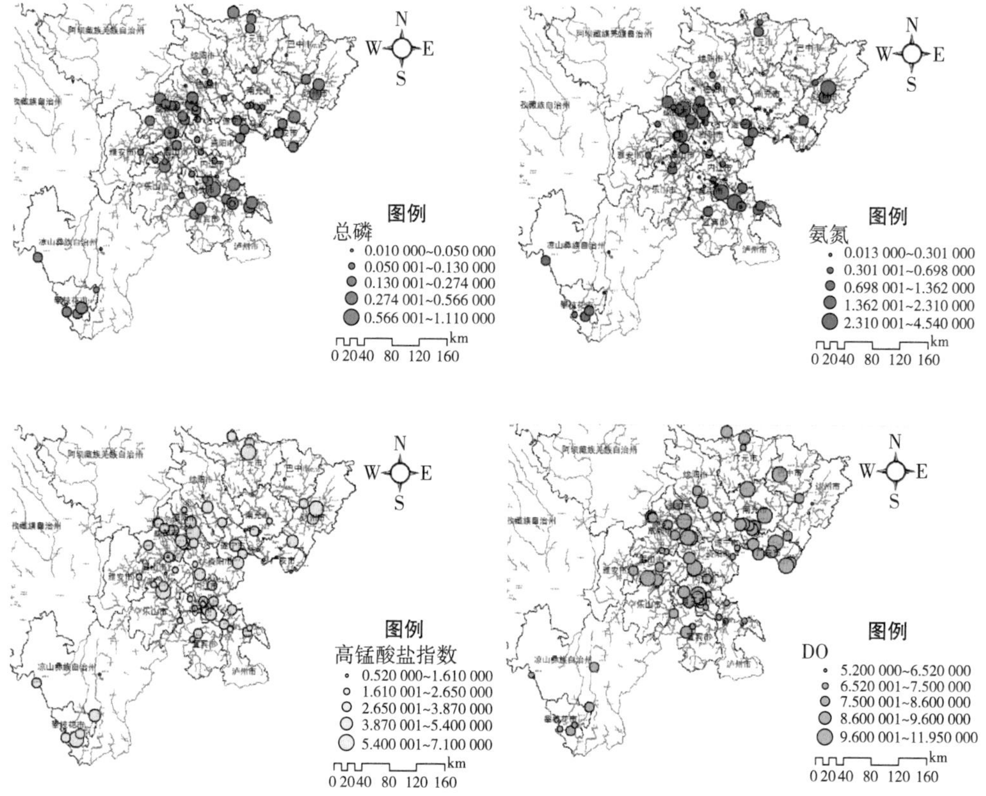


图 30-6　四川省 2017 年总磷、氨氮、高锰酸盐指数、DO 空间分布图

岷江流域达标水比例为 62.3%，同比下降 12.3 个百分点，劣Ⅴ类水为 10.4%，同比维持不变；沱江流域达标水比例为 36.2%，同比下降 2.3 个百分点，劣Ⅴ类水为 5.2%，同比下降 4.0 个百分点；嘉陵江流域达标水比例为 92.4%，同比下降 5.7 个百分点，劣Ⅴ类水为 1.5%，环比下降 2.8 个百分点；涪江流域达标水比例为 97.4%，环比下降 1.7 个百分点，劣Ⅴ类水为 0%，环比维持不变；渠江流域达标水比例为 91.3%，环比下降 1.7 个百分点，劣Ⅴ类水为 2.4%，环比上升 0.8 个百分点。见图 30-7。

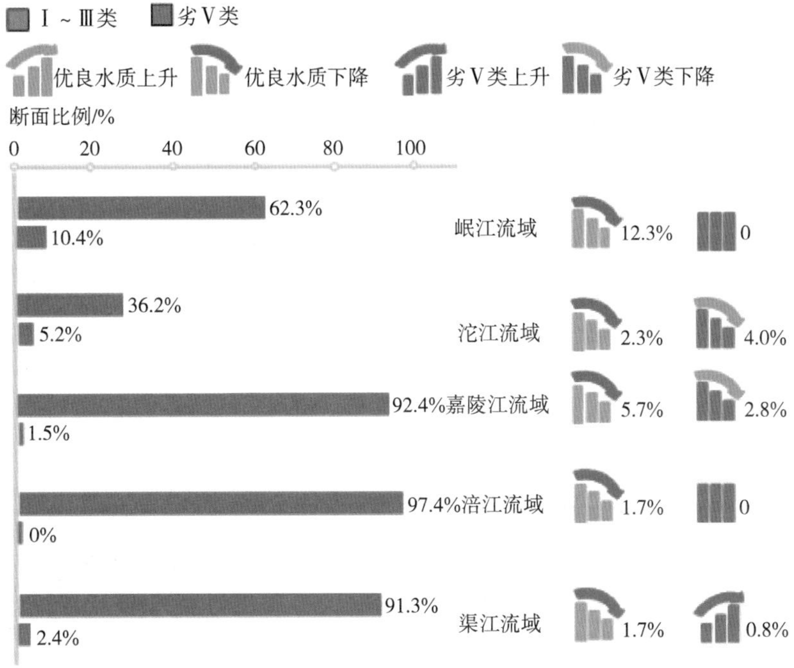


图 30-7 2017 年全省八大流域断面水质变化趋势

重点流域水质污染日历图描述：

（1）沱江流域从 2017 年 1—12 月的 8 个站点日均水质类别来看，该流域水质状况总体有所改善，劣Ⅴ类断面污染天数明显减少、达标天数大幅上升，在 2017 年 1—4 月平水期以及夏季丰水期水质改善显著。从空间分布来看，污染程度呈现沱江干流全线污染、支流明显比干流严重。从季节分布来看，进入春末夏初，流量小、藻类富营养化、农灌水回流等导致污染严重，支流频现Ⅴ类甚至劣Ⅴ类水重度污染，还需注意夏季面源污染影响。

2017 年 1—11 月，沱江流域断面达标率为 30.5%，首要污染物总磷平均浓度为 0.24 mg/L，其中典型支流釜溪河流域、球溪河流域总磷平均浓度分别为 0.32 mg/L、0.29 mg/L；次要污染物氨氮平均 0.95 mg/L，其中典型支流釜溪河流域、球溪河流域氨氮平均浓度分别为 0.69 mg/L、1.8 mg/L。

（2）岷江流域从 2017 年 1—11 月的 7 个站点日均水质类别来看，该流域水质状况优于沱江流域，Ⅴ类及劣Ⅴ类污染天数显著减少，达标天数明显上升。从空间分布来看，中下游污染、支流明显比干流严重。从季节分布来看，6—10 月全流域水质状况以达标为主，Ⅴ类及劣Ⅴ类污染主要集中在冬季枯水期。

2017 年 1—11 月，岷江流域断面达标率为 56.9%，首要污染物总磷平均浓度为 0.17 mg/L，其中典型支流体泉河流域总磷平均浓度为 0.28 mg/L；次要污染物氨氮平均为 0.76 mg/L，其中典型支流体泉河流域氨氮平均浓度为 2.14 mg/L。见图 30-8。

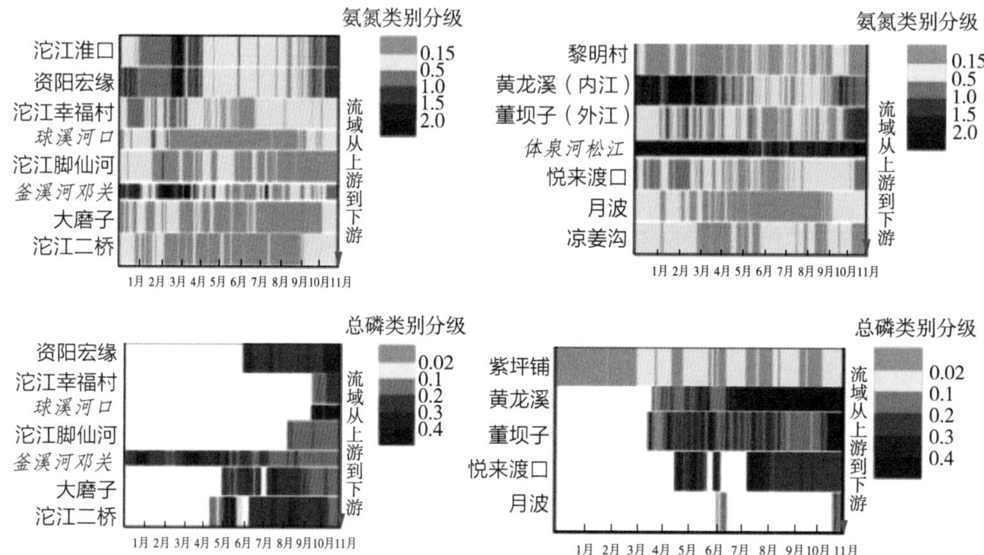


图 30-8　2017 年 1 月至 11 月沱江、岷江流域污染日历图

纵轴站点按流域从上游到下游排列，其中干流站点采用加粗表示，支流站点采用斜体表示；横轴表示 2017 年 1 月至 11 月日期。

## 第三节　四川省水环境质量监测预警案例分析

### 一、大尺度流域多源面源污染识别及通量模拟技术

在岷沱江流域系统开展农业面源污染调查、实验研究的基础上，构建了岷沱江流域分布式水文及面源污染及污染通量模型，针对流域多源复合污染、污染通量时空变异性显著的特性，基于双源同位素溯源技术实现了不同水文期面源污染入河贡献识别，在 SWAT 模型的基础上，开发了面源污染入河动态过程模拟技术、实现了硝酸盐同位素同步过程模拟和气陆一体化耦合模拟，以有明确物理基础控制方程描述污染物以水流介质为载体的迁移转化过程，开发了岷沱江流域分布式水文及面源污染模拟模型，在示范区实现了考核指标要求，为支撑流域水功能区污染

控制、水环境防治、小流域污染治理等提供了决策支持，为预警平台提供了模型支撑。

## 二、三峡库区上游通量预警体系及业务化平台

采用J2EE技术体系，以“面向服务”（SOA）和“软件即服务”的软件理念进行设计，集成GIS、RS、物联网等信息化技术，形成一整套“监测—预测—通量预警—实时修正”的技术体系和监控预警信息平台，提高示范区域及地方管理机构应对入库污染风险的能力，保证示范区水质安全。

基于分布式水文及污染物模拟模型以及平台体系，提出了针对由于人类活动引起的下垫面变化、点源排放源强变化和自然环境与人类活动组合形成的面源污染环境风险进行驱动预警；基于监测以及模拟结果，对主要污染受体，如供水水源地、水功能区达标、三峡水库污染物入库通量等进行水质预警，以及基于总量控制的环境准入机制，基于水功能区达标的环境准入机制，以及关键断面水质达标的防控决策下的环境效应进行计算以及预警分析，对累积性环境风险进行预警的三级预警技术。

### （一）污染物浓度预测

浓度预测页面可实现总氮、总磷、高锰酸盐、氨氮和COD未来3天的浓度预测，默认分析选择断面最近10天首要污染物实测结果和预测结果对比分析，可以根据需要切换任意时间段自定义需要分析查询的断面，如月变化、季变化、半年变化和年变化。在丰水文期、平水文期、枯水文期特征明显的区域，可结合当年降雨水文资料重点关注水文期、水文年浓度变化特征。见图30-9。

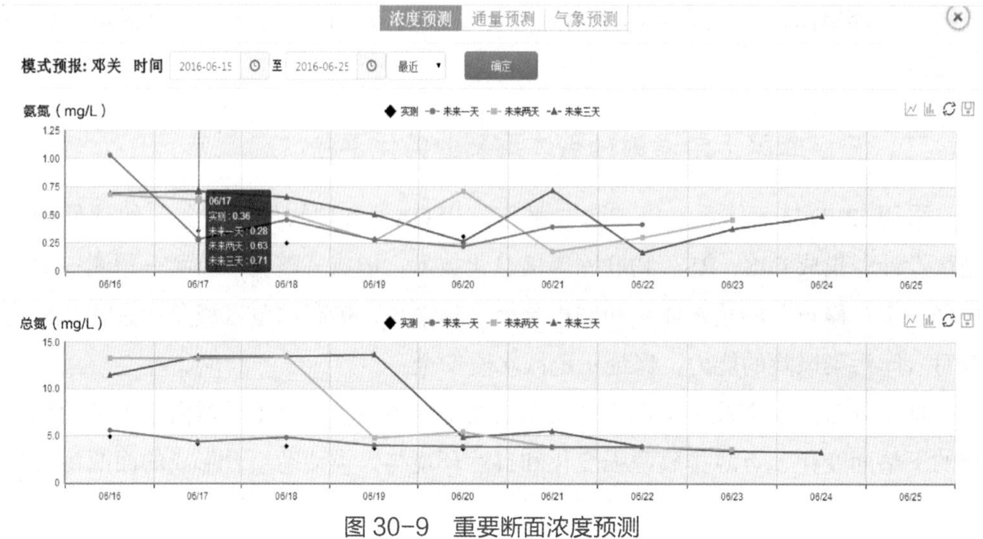


图 30-9 重要断面浓度预测

### （二）污染物浓度预测评估

污染物浓度评估页面有两个图展示区，分别为评估曲线图和评估统计图。在评估曲线图中，默认将显示近期 10 天的预测数据，以黑色折线表示，同时将各污染指标的当日预测数据以“中值—跨度”的点线形式显示，并做以下评估标准：如果当天的实测数据在预测范围内（预测有效范围定义为：中值 ±30% 相对误差），其范围短竖线以绿色显示，表示当天预测值有效，否则以红色表示。通过选择正上方的图例，用户可以切换查看 24 小时预测、48 小时预测及 72 小时预测对比图。见图 30-10。

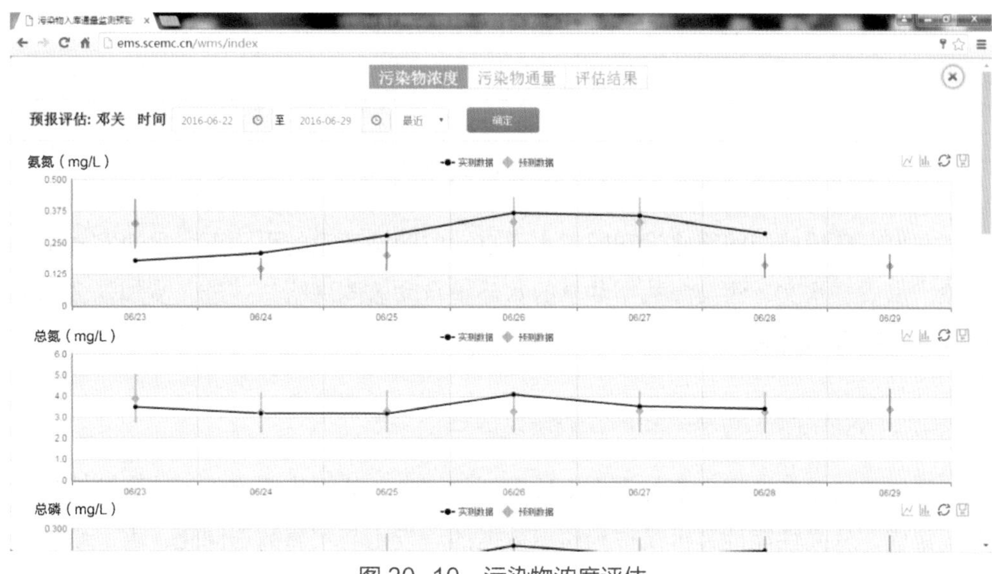


图 30-10　污染物浓度评估

## （三）风险预警

根据三峡库区上游污染物浓度和入库通量的预测，通过对累积性污染状态、预警等级以及预警响应进行发送地、区域、流域三级划分，建立面向三峡库区上游污染物入库通量模型与之耦合的联合响应预警模型，完善基于污染物干支流浓度及通量和入库通量的实时修正功能，生成不同时间、不同空间和不同类型污染入库的多级水质通量预警功能。见图 30-11。

图 30-11　风险预警空间分布

## 第四节　未来工作规划或展望

### 一、水环境监测监控预测多源数据共享服务

在生态环境监测网络建设和国考水质自动监测站建设的引领下，尽快完善基于气象、水质、水文、污染源数据共享的水环境自动监测网络，并进一步加强多源多维数据的融合与关联。

### 二、水环境监测系统的平台系统整合

开展从气象模拟到气象与水文水质模型的耦合，从污染源清单支撑到源解析的系统集成，从高性能计算机模拟到模拟数据的后校正与实测数据同化，大、小流域模型嵌套等基础性研究和示范应用工作。

### 三、重点流域水环境预测系统升级

四川省重点流域水环境预测系统升级包括：预测预警断面由 28 个增至 87 个，实现四川省“水十条”考核断面全覆盖；新增预测断面未来 3 天水质、水文及气象条件的精细化预测和未来 4～7 天的趋势性预测。

### 四、四川省“水十条”污染防治成效评估

四川省“水十条”污染防治成效评估包括 2015—2018 年月度、季度、年度水环境质量特征分析；基于水污染防治的基础性调查数据、自查报告数据和环境统计数据等资料，按“水十条”要求梳理核算污染物减排量；利用 WRF+SWAT 数值模拟系统回溯模拟分析，定量评估 2015—2018 年气象条件、水文条件和污染减排水环境质量变化的贡献。

（罗彬　王康　柳强　张丹　杨渊）

# 第三十一章
# 江苏省水环境质量预测预警技术发展

## 第一节　江苏省背景概况

### 一、水文特点

#### （一）水系分布情况

江苏省跨江滨海，位于长江、淮河下游，省域以通扬运河和仪六丘陵区为界，境内有长江、太湖、淮河、沂沭泗河四大水系。省内水网密布，类型多样。共有727条不同类型的河流，其中流域性河道32条，区域性骨干河道124条，其他重要河道571条；共有137个湖泊（省水行政主管部门管理16个，市、县水行政主管部门管理121个）、908座水库（大型水库6座，中型水库41座，小型水库861座）。江苏省水域面积约占总面积的16.3%，对保障全省经济社会可持续发展和满足人民群众生产生活需要等有着不可替代的重要作用。

#### （二）主要水文特点

**1. 降水**

江苏省多年平均降水量996 mm。其中长江流域片区多年平均降水量1 050 mm，淮河流域片区多年平均降水量964 mm。降水的时空分布呈现年降水量地区差异明显、降水量年内分配不均、自西北向东南递增的特征。长江以南在1 000 mm以上，宜溧山区为1 100 mm；射阳、大丰、海安、南通一线以东沿海地区，受台风暴雨影响，多年平均降水量在1 050 mm以上；西北部丰沛地区，降水较少，约800 mm。南部宜兴横山水库站多年平均降水量最大，达1 221 mm，相当于西北部丰县站的1.6倍。江苏省多年平均降水量分布见图31-1。

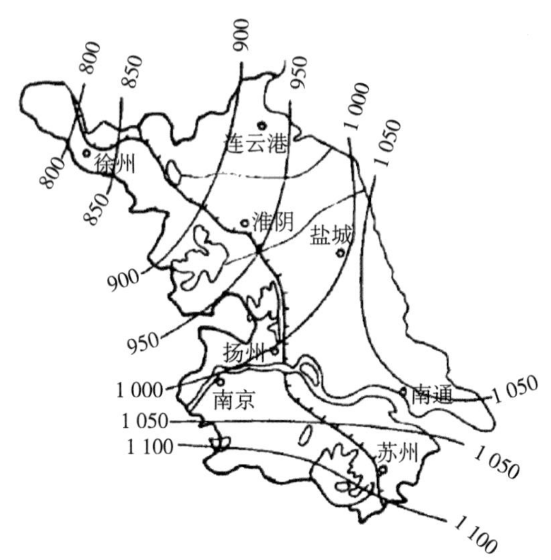


图 31-1 江苏省多年平均降水量分布图（单位：mm）

2. 径流

江苏省多年平均径流深 246 mm，其中淮河流域片多年平均径流深 237 mm，长江流域片多年平均径流深 262 mm。全省年径流系数为 0.25；平均年产水量为 24.7 万 $m^3/km^2$。省内各地年径流系数由南向北递减，苏南山丘区为 0.35，太湖地区为 0.30，西北部丰、沛地区为 0.15 ~ 0.20，其余均为 0.25。

3. 水位

江苏省主要江河高水位多出现在 6—9 月，低水位常出现在冬春季节。平原水网地区水位变幅较小，沿江、沿海地区受洪水、潮汐影响水位变化频繁。新中国成立后，大量水利工程兴建、河道渠化，以满足农业灌溉、发电和航运的需要，水位受到人工调节和分级控制。

省内河湖多年平均水位受地形的影响，各地高低不一。北部丰、沛、邳苍和赣榆山丘区，在 20 ~ 30 m；新沂河南北平原坡水区，在 4 ~ 15 m；京杭运河以西的睢安河地区，一般在 12.50 m 左右；里下河腹部及沿海地区，水位较低，多在 1 ~ 2 m；苏北沿江地区在 2.0 m 左右；太湖湖东地区，一般在 2.80 m 左右；湖西丹阳、溧阳、宜兴、常州一线以内，多在 3.50 m 左右；西南部宜溧山区、仪六山区和秦淮河流域，水位多在 5 ~ 8 m，局部地区达 15 ~ 29 m。

4. 流量

江苏各江河的洪水均由暴雨形成，暴雨多集中在汛期，最大洪峰流量多出现在 6—8 月，年最小流量一般出现在 11 月至次年 1 月。丰水年上游客水大量下注，洪水流量大、势猛，持续时间长。洪峰流量一般为常年平均流量的数倍或数十倍，甚至为数百倍。枯水年，上游来水量小，除长江外，其他河流往往断流。水旱灾害时有发生。新中国成立后，全省兴建了大量水利工程，形成了“大排、大引、大调度”的水利体系，水流受到了人工控制调度。

江苏省暴雨频繁，降水多集中在汛期，且年际变化大，其丰枯悬殊，且与上游客水来量的多寡同步，水污染严重、水资源紧缺。这一自然特性将长期威胁江苏省经济的稳定发展和人民生命财产的安全。

## 二、污染源状况

### （一）工业废水

2016 年，全省工业取水总量 74.3 亿 t，工业废水处理量 42.2 亿 t，工业废水排放量 17.9 亿 t，其中直接排入环境和排入污水处理厂的量分别占 41.3% 和 58.7%。主要用水行业为电力、热力生产供应业、化学原料和化学制品制造业和纺织业，用水量占总用水量的 69.9%。见表 31-1。

表 31-1　2016 年江苏省重点行业废水排放情况

| 行业 | 工业废水排放量 / 万 t | 占总量比重 /% | 其中：直接排入环境的 / 万 t | 占本行业比重 /% |
|---|---|---|---|---|
| 纺织业 | 45 484.2 | 25.4 | 9 044.5 | 19.9 |
| 化学原料和化学制品制造业 | 27 266.9 | 15.2 | 10 424.0 | 38.2 |
| 计算机、通信和其他电子设备制造业 | 14 463.4 | 8.1 | 2 606.0 | 18.0 |
| 造纸及纸制品业 | 13 183.1 | 7.3 | 9 852.2 | 74.7 |
| 合计 | 100 397.6 | 56.0 | 31 926.7 | 31.8 |

### （二）城镇生活污水

2016 年，全省城镇生活污水排放量 43.7 亿 t，较 2015 年增加 5.3%。生活污水中化学需氧量和氨氮排放量分别为 56.4 万 t 和 9.0 万 t，分别较 2015 年增加了 12.8% 和 2.3%。

13 个设区市中，生活污水排放量较大的地区为苏州、南京、无锡和徐州 4 市，生活污水排放量分别占全省的 19.0%、16.1%、10.0% 和 8.0%；生活化学需氧量排放量较大的地区为南京、盐城、徐州和南通 4 市，排放量分别占全省总量的 14.8%、14.2%、12.5% 和 10.3%；生活氨氮排放量较大的地区为苏州、盐城、南京和南通 4 市，生活氨氮排放量之和占全省排放总量的 46.3%。见图 31-2。

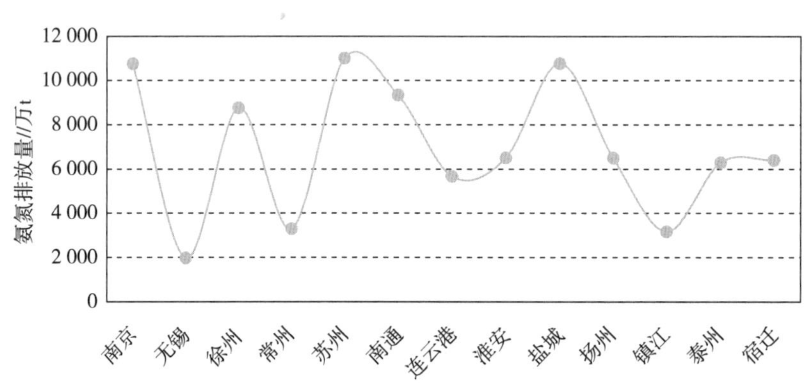


图 31-2 2016 年 13 个设区市生活氨氮排放量

（三）农业源

2016 年，全省调查大型畜禽养殖场 790 家，各类畜禽饲养量 12 979.7 万头（羽），取水量 1 457.5 万 t，固肥产生量 3 56.1 万 t，固肥利用量 3 34.5 万 t，液肥产生量 468.7 万 t，液肥利用量 428.8 万 t。

2016 年，全省调查的大型畜禽养殖场化学需氧量排放量约 4.6 万 t，氨氮约 0.1 万 t，总氮约 0.3 万 t，总磷约 549.8 t。其中，生猪各项污染物排放量占比最高，分别占总量的 33.7%、78.6%、52.4%、43.6%。见表 31-2。

表 31-2 2016 年江苏省大型畜禽养殖场污染物排放情况

| 畜禽种类 | 化学需氧量 /t | 氨氮 /t | 总氮 /t | 总磷 /t |
|---|---|---|---|---|
| 肉鸡 | 10 277.7 | 115.4 | 407.6 | 118.4 |
| 肉牛 | 4 185.0 | 32.0 | 238.8 | 20.8 |
| 蛋鸡 | 5 102.8 | 58.1 | 295.0 | 70.0 |
| 生猪 | 15 509.6 | 845.7 | 1 669.0 | 239.5 |
| 奶牛 | 10 982.9 | 24.4 | 574.2 | 101.1 |
| 合计 | 46 057.9 | 1 075.7 | 3 184.7 | 549.8 |

（四）直排海污染源

2016 年，全省 23 家直排海污染源中，第 1～3 季度停产和接管 7 家，实际监测 16 家；连云港市连云区神州宾馆于 2016 年 11 月接管，第 4 季度实际监测 15 家。开展监测的 16 家直排海污染源中，连云港市 11 家，占总数的 68.8%，分布于赣榆县（2 家）和连云区（9 家）；盐城市 4 家，占总数的 25.0%，分布于响水县（1家）、滨海县（1家）、射阳县（1家）和大丰市（1家）；南通市1家，占总数的6.2%，地处如东县。按排污口类别统计，16家直排海污染源中，工业排口、生活排口和综合排口分别有3家、3家和10家，所占比例分别为18.8%、18.8%和62.4%。

## 第二节　江苏省水环境质量状况

### 一、监测断面布设

#### （一）手工监测断面

2019年，江苏省共设置地表水省控断面（含河流断面和湖库测点）674个，其中评价、考核断面547个，趋势科研断面127个。省控断面中所有评价、考核断面每月监测1次，趋势科研断面至少单月监测1次。

“十三五”新增的82个城市河流评价和考核断面监测项目为pH、溶解氧、高锰酸盐指数、氨氮、五日生化需氧量、石油类、挥发酚、汞、铅、透明度10项，其余断面监测项目为《地表水环境质量标准》（GB 3838—2002）表1中规定的24项，此外河流加测电导率、水位与流量，交界断面加测流向，出入湖河流河口加测透明度、叶绿素a和悬浮物，湖库加测水位、透明度、叶绿素a及悬浮物。水质评价以《地表水环境质量标准》（GB 3838—2002）和《地表水环境质量评价办法（试行）》（环办〔2011〕22号）为主要依据。

根据原环保部《关于做好国家地表水环境质量监测事权上收的通知》（环办监测〔2017〕70号）、《关于开展国家地表水环境质量监测网采测分离工作的通知》（环办监测〔2017〕76号）以及《关于继续做好国家地表水环境质量监测网采测分离工作的通知》（环测便函〔2017〕428号）要求，继续开展国家地表水环境质量监测网采测分离工作，并以采测分离监测结果进行水质评价，涉及全省104个国家考核断面、26个国家考核入海河流断面和7个省界断面。

#### （二）水质自动监测断面

江苏省委、省政府高度重视全省水环境监测事业发展，自2000年按照“高标准、全覆盖、最先进”的要求启动水环境自动监测体系建设以来，历经10余年的发展与完善，江苏省率先在全国实现了“全覆盖、全要素、全指标”的“水陆一体”的监测体系，全面覆盖了省、市交界断面、饮用水水源地、南水北调、生态补偿等重要水体断面。目前，水质自动站数量稳居全国第一位，特征污染物在线监测能力处于全国领先水平。

截至目前，全省建有641个水质自动监测站，其中省级管理的自动站186个，全面覆盖国考断面，省、市重点交界断面，饮用水水源地、南水北调断面、入湖河流断面、生态补偿断面等重要水体断面，覆盖河流312条。配备各类自动监测分析仪器设备近5 800余台（套），涵盖水质五参数、高锰酸盐指数、氨氮、总磷、总氮、流量计、生物毒性、挥发性有机物等17类自动监测分析仪器设备，监测参数高达60余项，最快可每半小时开展一次在线监测，年获取数据量达624万个，并率先在试点地区配置了水质自动在线GC-MS、ICP-MS、LC-MS等大型仪器设备，实现了挥发性有机物、重金属以及藻毒素等特征污染物实时在线监测。

根据江苏省生态环境监测监控建设规划安排，下一步，省级投资新建150座水站，包括省考断面133个、省界断面5个、区域补偿断面7个、入江支流断面5个。此外，各设区市还将在饮用水水源地和化工园区下游断面新建水站，实现饮用水水源地、化工园区下游断面自动监测全覆盖。

### 二、水环境现状

2019年，江苏省地表水环境质量较上年有明显改善，国省考断面水质实现“双达标”，主要入江支流全面消除劣Ⅴ类，入海河流水质大幅提升。省控断面水质符合Ⅲ类比例为74.2%，劣Ⅴ类断面比例为1.6%；太湖湖体平均水质为Ⅳ类，处于轻度富营养状态，主要环湖河流水质符合Ⅲ类、劣Ⅴ类比例分别为83.9%、1.1%；长江干流水质持续处于Ⅱ类，主要入江支流水质符合Ⅲ类比例升至91.1%；淮河流域主要支流水质符合Ⅲ类比例为70.8%，劣Ⅴ类比例为2.6%；河流湖库底质未超风险筛选值测点比例为89.5%。在全省水环境质量总体向好的态势下，集中式饮用水水源地水质出现明显下降，水体总磷超标问题凸显，入海河流仍未消除劣Ⅴ类水体，部分地区水质不升反降，个别断面水质长期未得到有效改善，地下水水质有所下降。

## 第三节　太湖流域的水环境质量监测预警案例分析

随着社会经济的高速发展，太湖流域水污染影响呈现整体恶化趋势，各种类型的污染事故接踵而至。“十一五”以来，特别是2007年太湖蓝藻事件发生后，党中央、国务院及江苏省委、省政府高度重视太湖治理工作，把太湖治理作为江苏生态文明建设的重中之重，把治太工程作为江苏科学发展的标志性工程，坚持“铁腕治污，科学治太”，坚持应急防控、长效治理“两手抓”，实现了“两个确保”目标，蓝藻发生面积和频次明显下降，湖体水质呈现稳步改善的良好态势。

## 一、浅水湖泊水动力学模型

### （一）梅梁湖计算网格

计算网格是二维浅水水动力学模型计算基础。网格太粗影响计算精度，网格太细影响计算速度。常用的网格结构有规则矩形结构（Grid）和不规则三角网结构（TIN）。见图31-3。

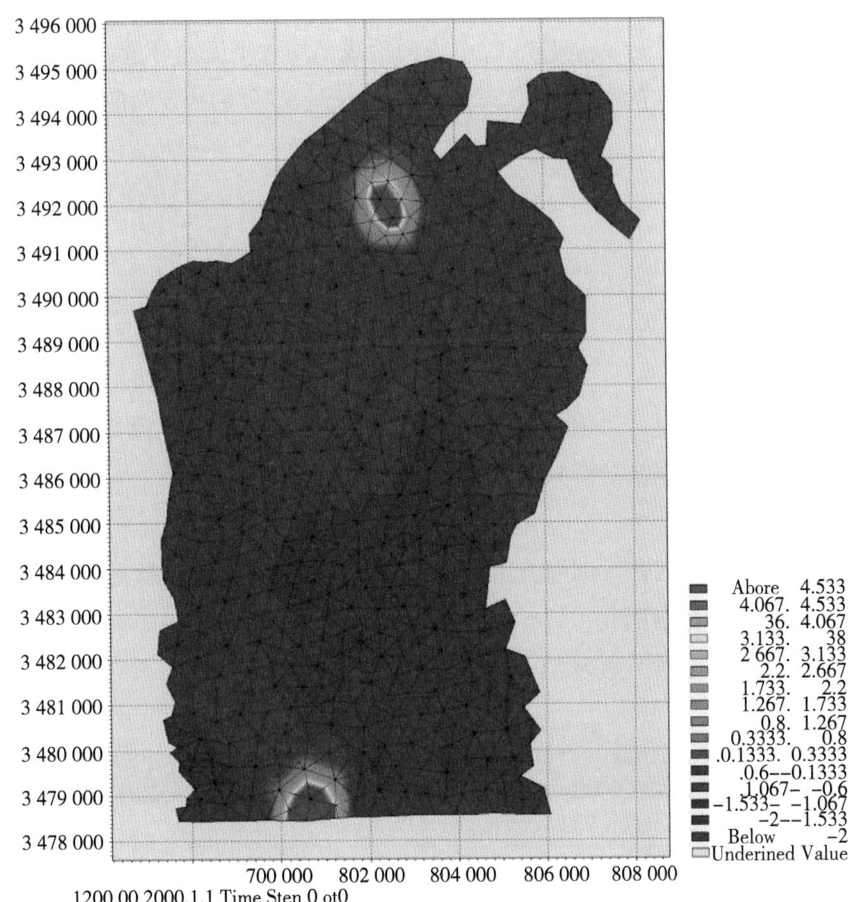

图31-3 梅梁湖水下地形三角网

## （二）水动力学模型

应用二维非恒定流浅水方程组描述梅梁湖湖水流动。采用有限体积法及黎曼近似解对方程组进行数值求解，一方面保证了数值模拟的精度，另一方面使方程能模拟包括恒定、非恒定或急流、缓流的水流—水质状态。

### 1. 模型基本方程

二维浅水方程和对流—扩散方程的守恒形式可表达为

$$\frac{\partial h}{\partial t}+\frac{\partial(hu)}{\partial x}+\frac{\partial(hv)}{\partial y}=0 \tag{31-1}$$

$$\frac{\partial(hu)}{\partial t}+\frac{\partial(hu^2+gh^2/2)}{\partial x}+\frac{\partial(huv)}{\partial y}=gh(s_{0x}-s_{fx}) \tag{31-2}$$

$$\frac{\partial(hv)}{\partial t}+\frac{\partial(huv)}{\partial x}+\frac{\partial(hv^2+gh^2/2)}{\partial y}=gh(s_{0y}-s_{fy}) \tag{31-3}$$

式中，$h$ 为水深；$u$、$v$ 分别为 $x$、$y$ 方向垂线平均水平流速分量；$g$ 为重力加速度；$s_{0x}$、$s_{fx}$ 分别为 $x$ 向的水底底坡、摩阻坡度；$s_{0y}$、$s_{fy}$ 分别为 $y$ 向的水底底坡、摩阻坡度。

定解条件：

（1）初始条件

$$\begin{cases} u(t,\ h)\big|_{t=t_0}=u_0 \\ v(t,\ h)\big|_{t=t_0}=v_0 \end{cases} \tag{31-4}$$

式中、$u_0$、$v_0$ 分别为初始流速在 $x$ 和 $y$ 上的分量；计算时取流速 $u_0$=0 和 $v_0$=0，初始水位 $h_0$，可以根据实测资料给定。

（2）边界条件

对太湖梅梁湖湖区各入湖河流边界处采用水位或流量过程控制方法。

### 2. 水动力学模型参数

水动力学模型参数，如表 31-3 所示。

表 31-3　水动力学模型计算参数

| 参数名称 | 取值 |
| --- | --- |
| 水流收敛系数（Flow Convergence Parameter） | 0.01 |
| 水位收敛系数（Water Stage Convergence Parameter） | 0.01 |
| 缓修正因子（Under Relaxation Factor） | 0.7 |

续表

| 参数名称 | 取值 |
|---|---|
| 矩阵哑元系数（Matrix dummy coefficient） | 0 |
| 最小迭代数（Minimum Number of Iterations） | 2 |
| 最大迭代数（Maximum Number of Iterations） | 6 |
| 最小佛汝得数（Lower Froude limit） | 0.75 |
| 最大佛汝得数（Upper Froude limit） | 0.9 |
| 最小水深（Minimum water depth） | 0.1 |
| 糙率系数（Roughness） | 0.3 ~ 0.5 |

### 3. 典型流程模拟

梅梁湖湖底坡降平缓，湖流场主要受风影响。根据对历年气象资料的统计，太湖夏季盛行东南风（SE），冬季盛行西北风（NW），取典型风速、风向条件及水流状况，设计 5 种典型状况模拟计算梅梁湖湖流场，如图 31-4 所示。

状况 1：静风时风速为 0 m/s，仅犊山口枢纽抽水 5 $m^3$/s，大太湖平均水位为 3 m。

状况 2：东南风 3 级（3.4 ~ 5.4 m/s），无出入流，大太湖平均水位为 3 m。

状况 3：东南风 3 级（3.4 ~ 5.4 m/s），犊山口枢纽抽水 5 $m^3$/s，大太湖平均水位为 3 m。

状况 4：西北风 3 级（3.4 ~ 5.4 m/s），无出入流，大太湖平均水位为 3 m。

状况 5：西北风 3 级（3.4 ~ 5.4 m/s），犊山口枢纽抽水 5 $m^3$/s，大太湖平均水位为 3 m。

梅梁湖最常出现的两种典型状况流场模拟结果分析如下：

状况 3，存在大范围逆时针环流，在犊山枢纽口门处受抽水影响形成一个小规模顺时针环流流场。在接近大太湖处环流流速大，为 0.2 ~ 0.3 m/s；在武进港、直湖港口门出及中岛周边环流流速小，为 0.01 ~ 0.05 m/s。

状况 5，存在大范围顺时针环流。同样，在接近大太湖处环流流速大，在武进港、直湖港口门出及中岛周边环流流速小。

## （三）污染物扩散及水质变化模型

### 1. 污染物扩散模型

梅梁湖污染物扩散应用二维对流—扩散方程描述。见式（31-5）：

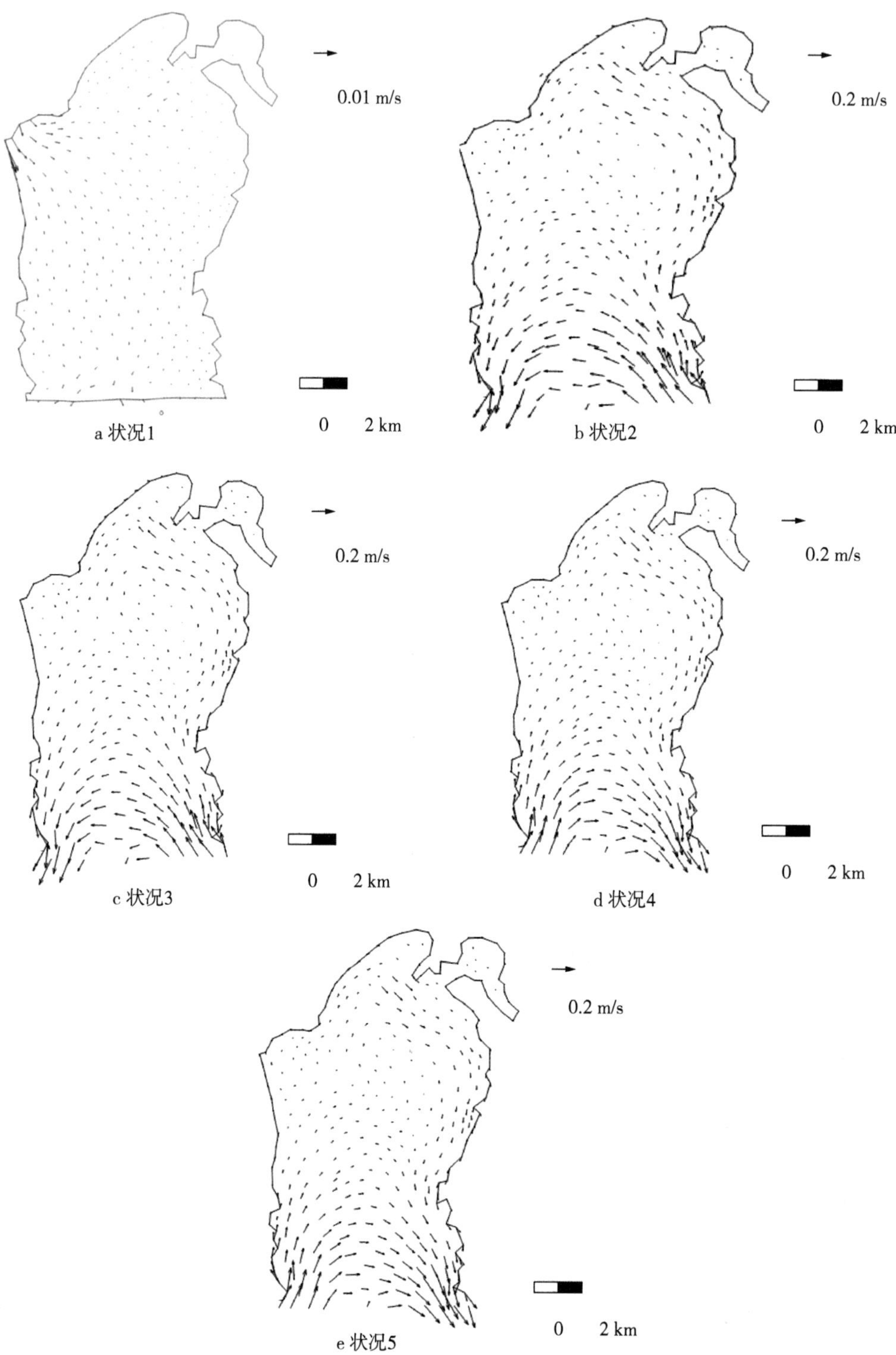


图 31-4 典型状况模拟计算梅梁湖湖流场

$$\frac{\partial(hC_i)}{\partial t}+\frac{\partial(huC_i)}{\partial x}+\frac{\partial(hvC_i)}{\partial y}=\frac{\partial}{\partial x}\left(D_x h\frac{\partial C_i}{\partial x}\right)+\frac{\partial}{\partial y}\left(D_y h\frac{\partial C_i}{\partial y}\right)-k_{di}hC_i+S_i \quad (31-5)$$

式中，$C_i$ 为污染物（COD，BOD，$NH_3$-N，DO，TP，TN）的垂线平均浓度；$kC_i$ 为各污染物综合降阶系数；$S_i$ 为各污染物源汇项。

1）初始条件：初始污染物浓度 $C_0$，采用实测数据代入。

2）水质边界。

a. 开边界：太湖梅梁湖湖区各入湖河流边界处污染物随着水流进出该边界，在入流边界给定污染物浓度过程 $C_i$（$t$），而在出流边界处给以污染物浓度梯度 d（$C_i$）/d$n$。

b. 点源污染：如果梅梁湖周边地区有相关的工业废水和生活污水，通常给出污水排放速率（kg/s）。

### 2. 水质变化过程及模型

梅梁湖污染物在运移扩散的同时自身也在发生变化。多种水质进化模式，如图31-5所示。当然，梅梁湖中的污染物不会同时满足这些模式，在计算时需依据环境选择其中适合的一种模式。其中衰减污染物模型、温度模型和溶解氧模型是较常使用的。

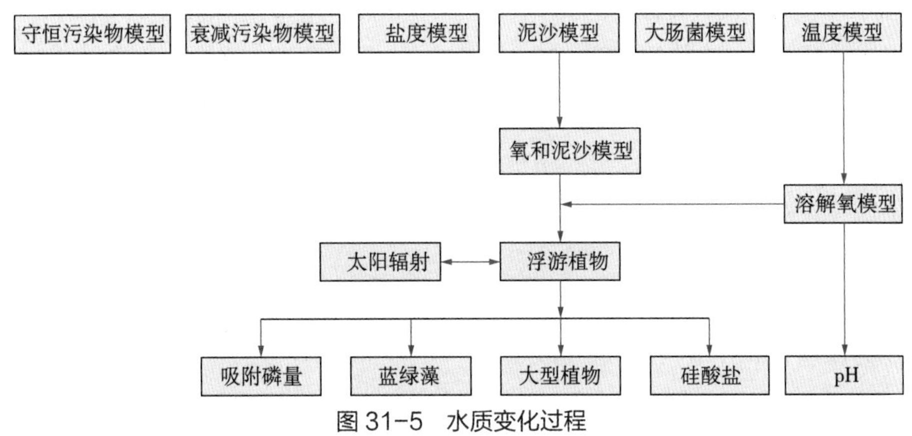


图 31-5　水质变化过程

（1）衰减模型

总磷、总氮及高锰酸盐污染物为耗氧有机物，它们移动的过程中会伴随着发生衰减变化，选择衰减模型描述梅梁湖污染物的衰减，见式（31-6）：

$$\frac{\partial C}{\partial t}=-KC \quad (31-6)$$

式中，$K$ 为衰减率，$s^{-1}$；$C$ 为污染物浓度，$kg/m^3$。

（2）溶解氧（DO）模型

梅梁湖水体中的溶解氧（DO）的主要来源为：①大气复氧；②光合作用；③支流与污水中的溶解氧。水体内部的溶解氧会有：①碳化废弃物的氧化耗氧；②氧化废弃物的氧化耗氧；③底泥的耗氮；④水生植物呼吸作用的耗氧。这可以总结为以下平衡式：

$V\dfrac{dC}{dt}$ = 大气复氧 +（光合作用 − 呼吸作用）− 氧化、生物耗氧 − 泥沙耗氧 ± 氧的迁移（进入或移出该段）。

大气复氧用式（31-7）表示：

$$\frac{dDO}{dt}=K_{air}\left(DOS-DO\right) \tag{31-7}$$

式中，DO——溶解氧浓度，mg/L；

DOS——饱和溶解氧浓度，mg/L，与水体的温度和盐度有关：

$$DOS=1.43\times\begin{bmatrix}\left(10.291-0.2809T+0.006009T^2-0.0000632T^3\right)\\-0.607S\left(0.1161-0.003922T+0.0000631T^2\right)\end{bmatrix}$$

$T$——水面温度，℃；

$S$——水体的盐度，%；

$K_{air}$——降解率，$h^{-1}$，表示成与水的深度和流速的函数：

$K_{air}=5.33v^{0.67}h^{-1.85}$　　$h\leqslant 2.12$

$K_{air}=3.93v^{0.5}h^{-1.5}$　　$h>2.12$　并且$v<1.68h^{0.3689}-1.433$

$K_{air}=5.02v^{0.969}h^{-1.673}$　　其他

$v$ 为流速，m/s；$h$ 为水深，m。

（3）生物需氧量模型。最终生物需氧量（$BOD_u$），用五日生化需氧量（$BOD_5$）表示，即用 5 天以上的污染物降解的耗氧量表示，见式（31-8）：

$$BOD_u=\frac{BOD_5}{1-\left[\left(1-\alpha\right)\exp(-5K_f)+\alpha\exp(-5K_s)\right]} \tag{31-8}$$

式中，$\alpha$ 为快慢 BOD 的比例；$K_f$ 为快 BOD 的反应率；$K_s$ 为慢 BOD 的反应率。

### 3. 模型参数率定

取 2011 年 5 月 4 日至 6 月 27 日日均总磷、总氮、高锰酸盐指数、氨氮和溶解氧等污染指标物进行时间过程模拟。闾江口、马山和沙渚站的模拟与实测过程比较，如图 31-6 所示。

计算闾江口、马山、沙渚站总磷、总氮、氨氮、高锰酸盐指数和溶解氧的确定性系数，如表 31-4 所示。

表 31-4 闾江口、马山、沙渚站各种污染物模拟确定性系数

| 站名 | 总磷 /（mg/L） | 总氮 /（mg/L） | 氨氮 /（mg/L） | 高锰酸盐指数 /（mg/L） | 溶解氧 /（mg/L） |
|---|---|---|---|---|---|
| 闾江口 | 0.66 | 0.72 | 0.8 | 0.74 | 0.54 |
| 马山 | 0.81 | 0.79 | 0.66 | 0.77 | 0.57 |
| 沙渚 | 0.64 | 0.90 | 0.89 | 0.87 | 0.87 |

按《水文情报预测规范》中误差评定标准：闾江口、马山、沙渚 3 站的总磷、总氮、氨氮和高锰酸盐指数的确定性系数均大于 0.7，为乙等以上，表明模拟过程与实测过程有较好的一致性，可用于作业预测。闾江口站和马山站的溶解氧确定性系数分别为 0.54 和 0.57，均大于 0.5，为丙等，可用于参考性预测。

#### 4. 模型验证

采用 2011 年 7 月 11 日—17 日的连续监测数据进行验证计算。验证分重点站验证和面平均验证。重点站选择饮用水水源地马山站。面平均取各测点实测算术平均与模拟计算结果算术平均比较，计算相对误差如图 31-6 所示。

### 二、蓝藻预警模型

水华现象的实质就是以浮游植物为主的浮游生物在一定环境条件下的暴发性生长，其暴发性生长的生态机理是水华现象预测的重要根据。首先建立基本的浅水湖泊二维水动力和物质输移的基本方程，将浮游植物生态学机理中较为成熟的动力学方程耦合到物质输移方程的源汇项，建立起综合考虑水动力条件、气象条件、营养盐条件和底泥影响的蓝藻生消模型，并运用有限体积法对构建的模型进行求解。以此为思路，对模型运行的源代码进行合理的编写和调试运行，生成模型计算的可执行文件。同时，应用实测资料进行模型的参数率定，并进行模型的验证计算，最后在计算的各项结果达到一定精度的条件下将模型应用于蓝藻水华的预测预警。模型计算输入的数据文件和计算结果的输出文件，按照一定的字段格式进行读取和存储，完成与预警平台数据库系统的数据交换。

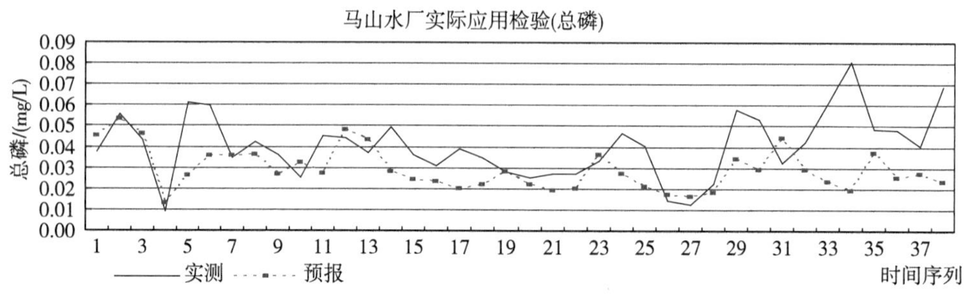
马山水厂实际应用检验(总磷)
总磷/(mg/L)
0.09
0.08
0.07
0.06
0.05
0.04
0.03
0.02
0.01
0.00
1 3 5 7 9 11 13 15 17 19 21 23 25 27 29 31 33 35 37
实测
预报
时间序列

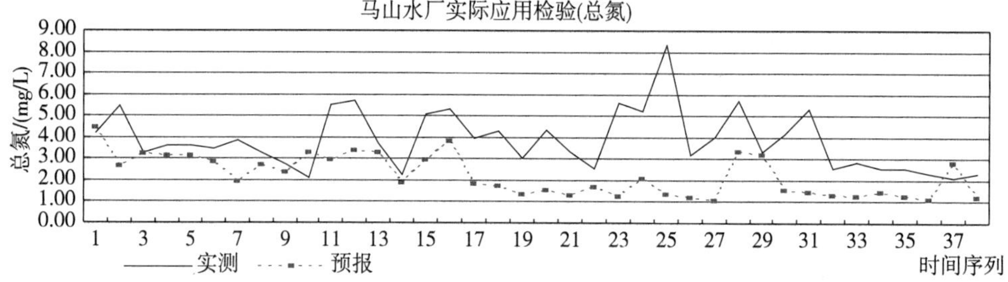
马山水厂实际应用检验(总氮)
总氮/(mg/L)
9.00
8.00
7.00
6.00
5.00
4.00
3.00
2.00
1.00
0.00
1 3 5 7 9 11 13 15 17 19 21 23 25 27 29 31 33 35 37
实测
预报
时间序列

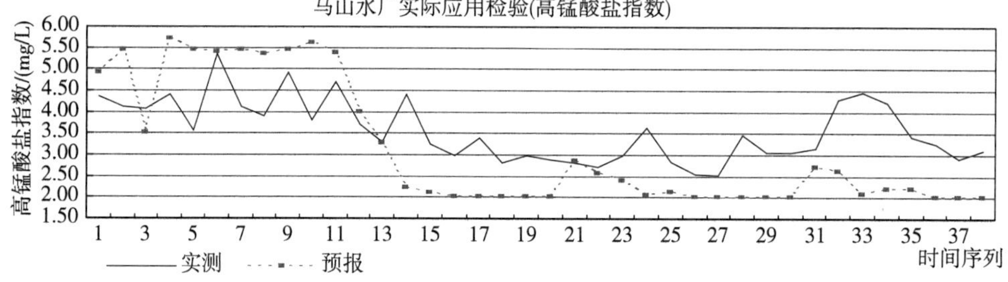
马山水厂实际应用检验(高锰酸盐指数)
高锰酸盐指数/(mg/L)
6.00
5.50
5.00
4.50
4.00
3.50
3.00
2.50
2.00
1.50
1 3 5 7 9 11 13 15 17 19 21 23 25 27 29 31 33 35 37
实测
预报
时间序列

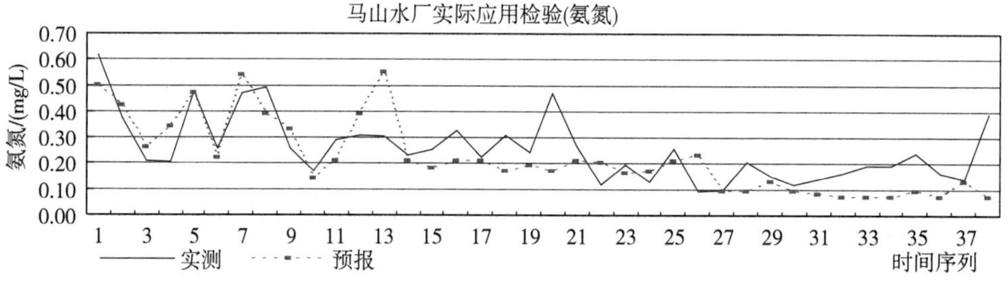
马山水厂实际应用检验(氨氮)
氨氮/(mg/L)
0.70
0.60
0.50
0.40
0.30
0.20
0.10
0.00
1 3 5 7 9 11 13 15 17 19 21 23 25 27 29 31 33 35 37
实测
预报
时间序列

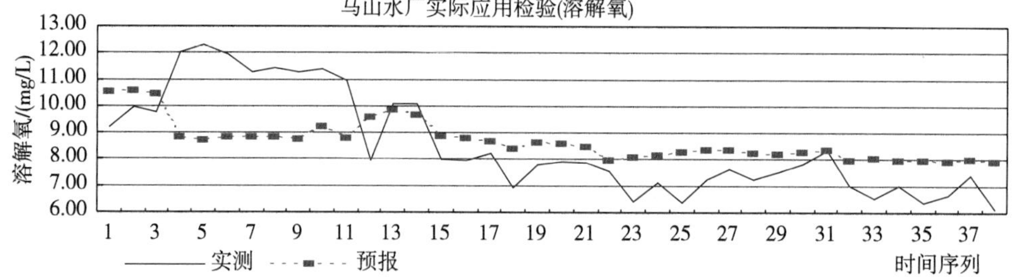
马山水厂实际应用检验(溶解氧)
溶解氧/(mg/L)
13.00
12.00
11.00
10.00
9.00
8.00
7.00
6.00
1 3 5 7 9 11 13 15 17 19 21 23 25 27 29 31 33 35 37
实测
预报
时间序列

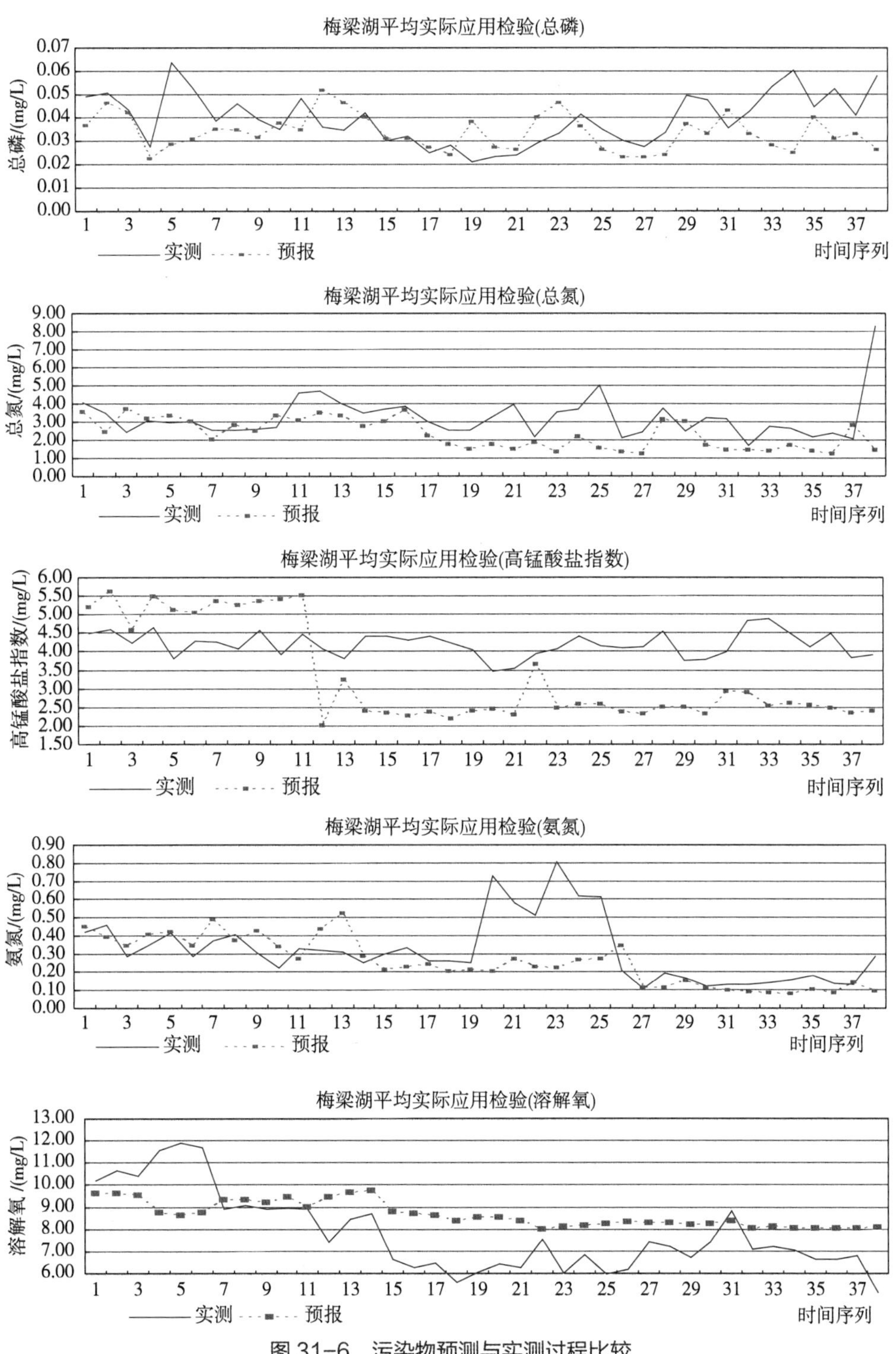


图 31-6　污染物预测与实测过程比较

（一）模型的建立和求解

浮游植物动力学的基本方程见式（31-9）：

$$S_{K4j}=(G_{p1j}-D_{p1j}-K_{s4j})C_{4j} \tag{31-9}$$

式中，$G_{p1j}$ 为温度、太阳辐射和营养盐浓度影响下藻类生长率的影响项；$D_{p1j}$ 为藻类消亡影响项，包括藻类自身死亡和被浮游动物捕食等；$K_{s4j}$ 为沉降对藻类生长率的影响项；$C_{4j}$ 为藻类生物量。

$$G_{p1j}=k_{1c}X_{RTj}X_{RIj}X_{RNj} \tag{31-10}$$

式中，$k_{1c}$ 为 20℃时藻类最大增长速率，$d^{-1}$；$X_{RTj}$ 为温度对藻类生长率的影响项；$X_{RIj}$ 为太阳辐射对藻类生长率的影响项；$X_{RNj}$ 为营养盐浓度对藻类生长率的影响项。

$$X_{RTj}=\theta_{1c}^{\ T-20} \tag{31-11}$$

式中，$\theta_{1c}$ 为温度系数。

$$X_{RIj}=\frac{\mathrm{e}}{K_eD}\left[\exp\left\{-\frac{I_o}{I_s}\exp(-K_eD)\right\}-\exp\left(-\frac{I_o}{I_s}\right)\right] \tag{31-12}$$

式中，e 为自然对数的底；$I_0$ 为白天水面下平均入射光强；$I_s$ 为浮游植物饱和光强；$K_e$ 为光照衰减系数，通过藻类浮游植物的衰减系数 $k_{\mathrm{eshd}}$ 来计算，表达式如下：

$$k_{\mathrm{eshd}}=0.0088P_{\mathrm{chl}}+0.054P_{\mathrm{chl}}^{0.67} \tag{31-13}$$

式中，$P_{\mathrm{chl}}$ 为浮游植物叶绿素的浓度。

$$X_{RNj}=\min\left[\frac{\mathrm{DIN}}{K_{m\mathrm{N}}+\mathrm{DIN}},\frac{\mathrm{DIP}}{K_{m\mathrm{P}}+\mathrm{DIP}}\right] \tag{31-14}$$

式中，DIN 为溶解态氮；DIP 为溶解态磷；$K_{m\mathrm{N}}$ 为氮半饱和常量；$K_{m\mathrm{P}}$ 为磷半饱和常量。

$$D_{\mathrm{p1j}}=K_{\mathrm{1R}}(T)+K_{\mathrm{1D}}+K_{\mathrm{1G}}Z(t) \tag{31-15}$$

式中，$K_{\mathrm{1D}}$ 为藻类死亡率；$K_{\mathrm{1G}}$ 为浮游植物被每单位浮游动物的捕食率；$Z(t)$ 为浮游动物中吞食浮游植物的数量；$K_{\mathrm{1R}}(T)$ 为浮游植物内在呼吸速率，表达式如下：

$$K_{1R}(T)=K_{1R}\ (20℃)\ \theta_{1R}^{\ (T-20)} \tag{31-16}$$

式中，$K_{1R}$（20℃）为浮游植物在 20℃时的内在呼吸速率；$\theta_{1R}$ 为温度系数。

二维浅水动力学和物质输运的基本方程式可通过向量形式表达如下：

$$\frac{\partial q}{\partial t}+\frac{\partial f(q)}{\partial x}+\frac{\partial g(q)}{\partial y}=b(q) \tag{31-17}$$

式中，$q=\{h,hu,hv,hc_i\}^T$ 为守恒物理量；$f(q)=\{hu,hu^2+gh^2/2,huv,huc_i\}^T$ 为 $x$ 向通量；$g(q)=\{hv,huv,hv^2+gh^2/2,hvc_i\}^T$ 为 $y$ 向通量；$b(q)=\{b_1,b_2,b_3,b_4\}^T$，其中，$b_1=0$；$b_2=gh(s_{ox}-s_{fx})+s_{wx}$；$b_3=gh(s_{oy}-s_{fy})+s_{wy}$；$b_4=\nabla[D_i\nabla(hC_i)]+S_i/A$；$\nabla$为梯度算子，$\nabla\cdot\nabla=\nabla^2$ 是 Laplace 算子。

有限体积法从物理规律出发，每一离散方程都是某物理量的守恒表达式，推导过程中物理概念清晰，并可以保证离散方程的守恒特性。本课题采用了无结构网格进行区域离散，耦合方程的求解采用了有限体积法，并在此框架下应用通量向量分裂格式计算各跨单元边界的数值通量，进而求得方程的数值解，使得模型既适应了梅梁湾水域边界曲折的特点，又能使模型具有较高的计算效率和计算精度。

（二）网格划分

对数字化的地形图做进一步的处理，针对计算区域复杂不规则的边界特征，采用无结构的任意三角形网格进行剖分。总体来说，整个梅梁湾水域网格剖分的尺寸变化幅度不大，划分的三角网格的边长为 200 m 左右，划分出的三边六节点网格单元数为 3 959 个，节点总数 8 163 个，非中间节点数 3 282 个。网格节点的水深值和底泥厚度通过散点和等值线等进行插值计算，网格布置情况如图 31-7 所示，水下地形插值情况如图 31-8 所示。

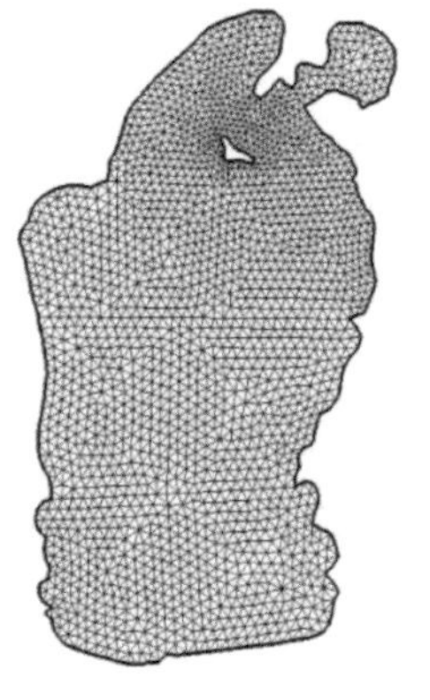

图 31-7　网格布置

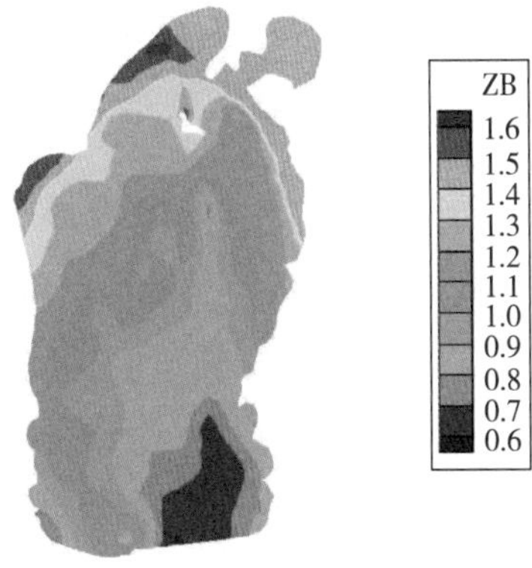


图 31-8　地形插值

## （三）计算条件

研究建立的梅梁湖蓝藻预测预警模型为浅水湖泊二维生态系统动力学模型，浮游植物的种类繁多，且监测资料缺乏对各种不同浮游植物的具体监测数据，而叶绿素 a 是藻类重要的组成成分之一，所有藻类都含有叶绿素 a，因此本研究在模拟过程中将叶绿素 a 的浓度作为浮游植物的表征因子。在无详细的同期水动力与水质因子监测资料的前提下，以构建的大太湖模型应用 2000 年 5—8 月引调水实验数据进行参数率定。针对蓝藻预测，应用 2010 年 12 月 9 日至 2011 年 1 月 24 日梅梁湖加密监测的叶绿素 a 浓度数据进行验证。

### 1. 计算时段

考虑实际调水时间，模拟计算时段为 3 000 h，考虑计算稳定性和精度的需要，时间步长设置为 6s。

### 2. 边界条件

在模型应用的简化中将每月中旬的测量值作为该月的月平均值，因此可以将 2000 年 5—8 月太湖环湖出入湖河流实测的月平均流量和污染负荷量的月平均浓度作为水量和水质的边界条件。

### 3. 初始条件

各计算域内单元初始水位取 2.91 m，单元内水体流速初始值设为 0，各单元初始污染物浓度根据太湖的水功能划分情况参照《地表水环境质量标准》（GB 3838—2002）给定。

### 4. 气象条件

2000 年 5—8 月太湖的主导风向为东南风，平均风速为 3.6 m/s，风阻系数为 0.002 6，空气密度为 0.001 29 g/cm$^3$。

## （四）率定和验证结果

### 1. 太湖模型水动力和水质率定结果

模型在东南风向，风速 3.6 m/s 作用下的流场见图 31-9，将模拟结果与实际监测的流场相比，结果非常一致。在太湖西岸产生了一个较大的顺时针环流流场，在大贡山和平台山之间的湖区有一个相对较小的逆时针环流流场，并且流速的大小与湖流的实测值相差不大，说明所建立的模型能够较好地模拟太湖的水动力学特性，是合理可行的，如图 31-10、图 31-11 所示。

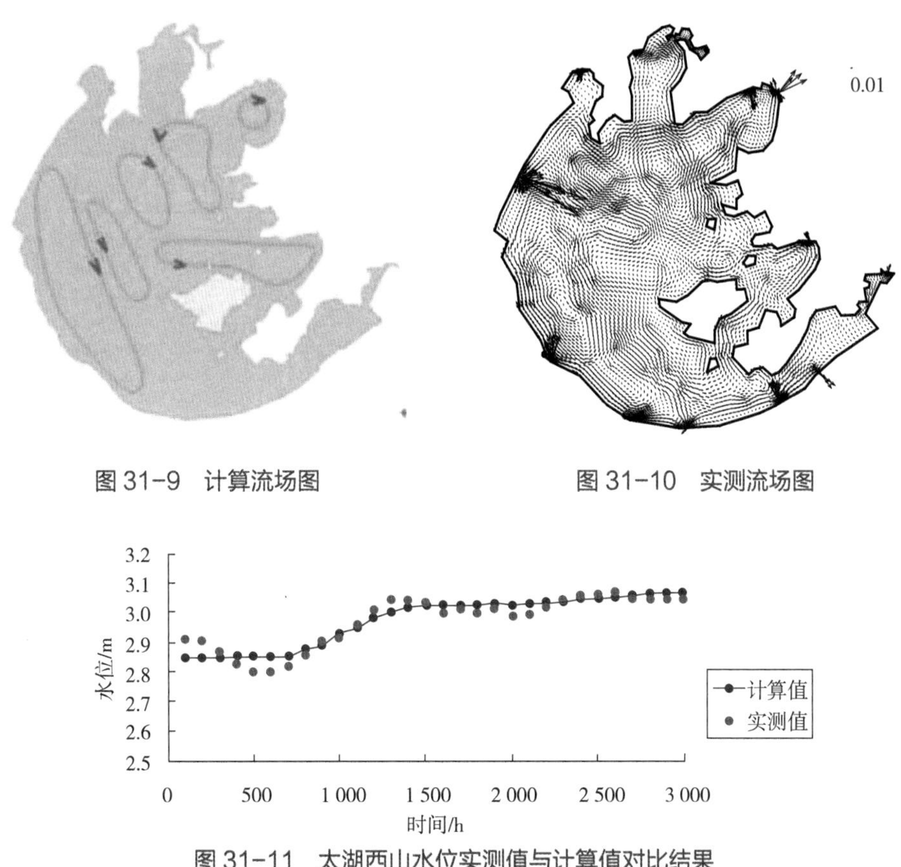


图 31-9 计算流场图

图 31-10 实测流场图

图 31-11 太湖西山水位实测值与计算值对比结果

由于模型模拟了太湖 4 个月内的水质变化，模拟时间很长，不能一一监测每个时间段的水质指标，因此以 2000 年 5—8 月太湖湖区 23 个水质监测点每月一次监测的 TN、TP 的浓度监测值为模型验证的标准。为便于分析，将这些测点处每 100 个小时的 TN、TP 的计算浓度值绘成曲线图，并将其与实测浓度值进行对比。

利用该模型模拟计算的太湖 TN、TP 浓度的变化过程与 TN、TP 的实际变化过程基本相符。数值模拟所得的 TN、TP 浓度与实测的 TN、TP 浓度之间的相对误差统计结果见表 31-5。

表 31-5 大模型 TN、TP 浓度计算值与实测值误差统计

| 编号 | 测点名称 | 相对误差 /% | |
|---|---|---|---|
| | | TN | TP |
| 1 | 三号桥 | 26.58 | 32.83 |
| 2 | 大贡山 | 21.60 | 17.78 |
| 3 | 大浦 | 10.69 | 15.29 |

续表

| 编号 | 测点名称 | 相对误差 /% | |
|---|---|---|---|
| | | TN | TP |
| 4 | 大钱 | 21.81 | 23.73 |
| 5 | 东太湖 34# | 23.97 | 30.37 |
| 6 | 东太湖 36# | 26.59 | 20.18 |
| 7 | 洑东 | 25.30 | 30.69 |
| 8 | 夹浦 | 30.66 | 24.90 |
| 9 | 焦山 | 30.67 | 28.12 |
| 10 | 间江口 | 28.97 | 27.16 |
| 11 | 漫山 | 25.46 | 24.58 |
| 12 | 梅园 | 20.51 | 13.75 |
| 13 | 平台山 | 13.23 | 14.73 |
| 14 | 沙墩港 | 22.65 | 21.85 |
| 15 | 拖山 | 28.20 | 18.32 |
| 16 | 乌龟山 | 22.17 | 18.61 |
| 17 | 吴娄 | 25.30 | 28.68 |
| 18 | 五里湖 | 23.62 | 21.95 |
| 19 | 西山 | 24.52 | 23.13 |
| 20 | 小梅口 | 15.16 | 25.86 |
| 21 | 小湾里 | 22.95 | 21.95 |
| 22 | 胥口 | 33.59 | 30.85 |
| 23 | 竺山湖 | 13.47 | 15.19 |

从表 31-5 中可以看出，该模型对 TN、TP 浓度变化的计算值与实测值之间的平均相对误差大部分都控制在 20% ~ 30%，极少部分控制在 40% 以内，表明该模型对类似于太湖的大型浅水湖泊的水质模拟具有较高的精度，模型中各种参数的选择是较为合理的。参数率定结果见表 31-6。

表 31-6　模型主要参数率定结果

| 参数名称 | 符号 | 数值 | 单位 |
|---|---|---|---|
| 20℃大气复氧系数 | *K*2 | 0.2 | $d^{-1}$ |
| 20℃还原系数 | *K*D | 0.18 | $d^{-1}$ |
| 20℃硝化率 | *K*12 | 0.13 | $d^{-1}$ |
| 20℃浮游植物呼吸率 | K1R | 0.125 | $d^{-1}$ |
| 有机碳分解率 | KDS | 0.000 4 | $d^{-1}$ |
| 底泥孔隙水的弥散系数 | EDIF | 0.000 2 | $m^2/d$ |
| 有机物沉降率 | VSC | 0.024 | m/d |
| 反硝化率 | K2D | 0.091 | $d^{-1}$ |
| 浮游植物分解率 | KPZD | 0.02 | $d^{-1}$ |
| 有机颗粒悬浮速率 | VR3 | 0.1 | m/d |
| 浮游植物死亡率 | K1D | 0.02 | $d^{-1}$ |
| 20℃有机氮的矿化率 | K71 | 0.064 | $d^{-1}$ |
| 20℃最大增长率 | K1C | 2.0 | $d^{-1}$ |
| 有机氮分解率 | KOND | 0.003 4 | $d^{-1}$ |
| 20℃有机磷的矿化率 | K83 | 0.013 | $d^{-1}$ |
| 有机磷分解率 | KOPD | 0.003 1 | $d^{-1}$ |
| 曼宁粗糙系数 | *n* | 0.026 | 无 |
| *x* 方向的扩散系数 | Dix | 0.6 | $m^2/s$ |
| *y* 方向的扩散系数 | Diy | 0.6 | $m^2/s$ |

### 2. 梅梁湖模型叶绿素 a 验证

应用大模型率定的水动力和水质相关参数进行梅梁湖模型叶绿素 a 浓度验证，模型计算以叶绿素 a 浓度为主，简化各项计算条件，叶绿素 a 初始场根据初始时刻监测点实测数据插值形成，边界条件对应监测间隔时段取监测点的平均值，各时刻叶绿素 a 浓度场见图 31-12。

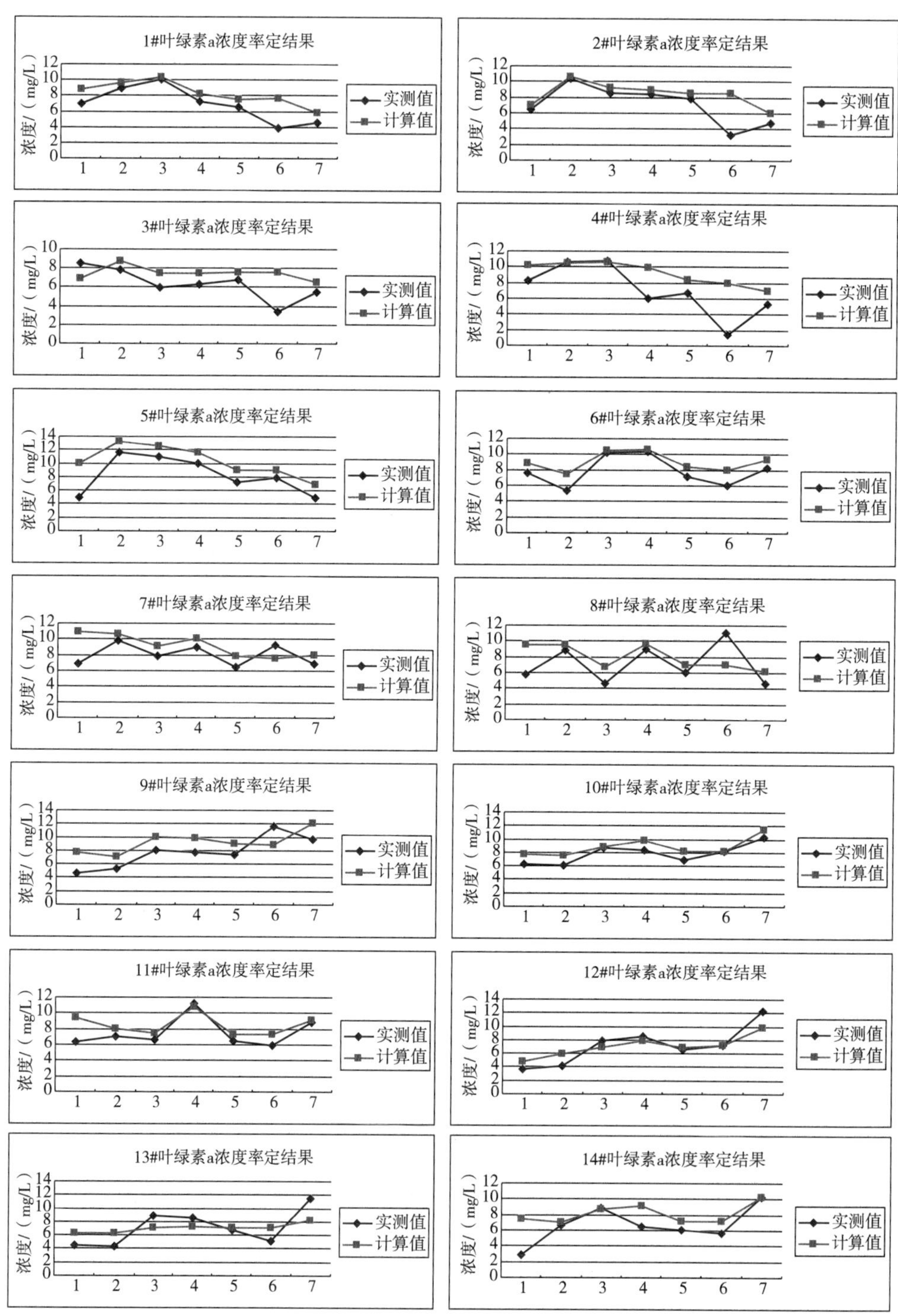


图 31-12　梅梁湖加密监测各点叶绿素 a 浓度验证情况

（五）总结

利用本模型对类似区域的浅水湖泊开展了大量的水动力和水质的模拟研究工作，并应用梅梁湖加密实测的叶绿素 a 浓度数据进行了分析计算，结果表明，计算值与实测值趋势基本一致，相对误差统计结果基本控制在 30% 以内，仅个别数据差异较大，计算得到的浓度场基本能反映出叶绿素 a 的实际分布。上述计算结果在没有同期更详细的监测资料的前提下，可认为模型计算符合要求，预测基本合理。模型中有关参数的选取经过了率定和验证，具有较高的精度和稳定性，模型选用的参数也基本反映了梅梁湖的水力和水质特性，并对 2010 年和 2011 年蓝藻水华发生的天数与模型模拟值进行了对比和验证，结果表明，该模型对蓝藻水华发生的预测的总体正确率可以达到 78.5%，符合既定目标，能够应用于实际的预测预警工作。

## 第四节　未来工作规划或展望

江苏省正处在生态文明建设和环境保护的关键期、攻坚期和窗口期，产业结构偏重、工业企业众多、污染物排放总量远超环境容量的现状尚未根本改变，在社会经济发展的同时，结构型、压缩型、复合型环境污染问题日趋凸显，持久性有机物污染等新型环境问题层出不穷，环境质量改善压力巨大，打好打赢污染防治攻坚战的任务异常艰巨。另外，江苏地处中国东部沿海长江三角洲地区，淮河、长江、太湖三大流域贯穿其中，境内水网密布，过境污染与本地排放叠加影响，水环境问题表现出显著的复合性、流域性、复杂性特征，水环境压力巨大。生态环境监测作为生态环境保护的“顶梁柱”，必须挺身而出，充分发挥服务、支撑、引领决策管理的重要作用，在严守数据质量“生命线”的基础上，全面提升风险预警、污染溯源、综合评估等能力，真正做到“说得清、说得准、说得明”，为打好打赢污染防治攻坚战提供强力支撑。

未来江苏省在水环境预测预警工作方面，着重于提升以下三个方面的能力：

一是以服务水污染防治攻坚战为目标，强化水质自动监控预警能力建设。结合生态环境监测监控系统三年建设规划，继续开展水质自动站建设，强化对重点区域的监测监控。加强水质自动站质量控制、大数据分析和预警技术研发应用，在保障监测数据真、准、全的基础上，进一步发挥水质自动监测网络在水环境监控预警和水质异常调查分析工作中的作用。重点关注省市交界区域，完善水质自动监测网络，提升省市交界区域水质监控预警能力，并逐步拓展至其他重点区域。

二是在提高水质自动监控能力的基础上，初步建立水污染物溯源监测体系。充分发挥水质自动监测高频、快速的技术优势，结合相关水质模型，进一步加强其在水污染溯源监测方面的应用。针对水质达标困难、污染状况频发断面，试点利用水质模型结合小型站、微型站、无人机、无人船、手工监测等手段开展高密度、网格化、可移动的污染物溯源。在试点成熟的基础上，进一步完善水质溯源监测体系，通过精准追溯污染来源，为管理部门制定合理的污染治理措施和断面达标方案、科学持续改善全省水环境质量奠定基础。在污染溯源的基础上，建立水污染治理措施效果评估体系，有效支撑水环境污染治理。

三是结合实际工作需求，探索开展水质预测预警技术试点工作。结合太湖蓝藻水华预测预警、重点省市交界断面汛期水质预警等实际工作的需要，开展水质预警会商工作，同步启动水质预测预警技术路线研究，探索建立可行的区域及小流域预测预警方法，在省内太湖湖体、省市交界断面、平原河网、入海河流等典型区域试点开展水质预报工作。

（钟声　崔嘉宇　夏文文）

# 第三十二章
# 广东省水环境预测预警技术发展

## 第一节　广东省背景概况

### 一、地理位置及人口经济状况

广东省地处中国大陆最南部，东邻福建，北接江西、湖南，西连广西，南临南海，珠江口东、西两侧分别与香港、澳门特别行政区接壤，西南部雷州半岛隔琼州海峡与海南省相望。全境位于北纬 20°09′～25°31′、东经 109°45′～117°20′，东起南澳县南澎列岛的赤仔屿，西至雷州市纪家镇的良垌村，东西跨度约 800 km；北自乐昌县白石乡上坳村，南至徐闻县角尾乡灯楼角，跨度约 600 km；北回归线从南澳—从化—封开一线横贯广东。全省土地面积 17.97 万 $km^2$，约占全国陆地面积的 1.87%；其中岛屿面积 1 448 $km^2$，占全省土地面积的 0.8%。全省沿海共有面积 500 $m^2$ 以上的岛屿 759 个，数量仅次于浙江、福建两省，居全国第三位，另有明礁和干出礁 1 631 个。全省大陆岸线长 3 368.1 km，位居全国第一。按照《联合国海洋公约》关于领海、大陆架及专属经济区归沿岸国家管辖的规定，全省海域总面积 41.9 万 $km^2$。

广东省下辖 21 个地级以上市及顺德区，包括 20 个县级市、34 个县、3 个自治县、62 个市辖区、4 个乡、7 个民族乡、1 128 个镇、447 个街道办事处，见表 32-1。2017 年年末，广东省常住人口 11 169 万人，比上年年末增加 170 万人，其中城镇常住人口 7 801.55 万人，占常住人口的比重（常住人口城镇化率）为 69.85%，比上年年末提高 0.65 个百分点。全年出生人口 151.63 万人，出生率为 13.68‰；死亡人口 50.10 万人，死亡率为 4.52‰；自然增长人口 101.53 万人，自然增长率为 9.16‰。

表 32-1　2017 年年末常住人口数及其构成

| 指标 | 年末人口数 / 万人 | 比重 /% |
|---|---|---|
| 常住人口 | 1 1169 | 100 |
| 其中：城镇 | 7 801.55 | 69.85 |
| 　　乡村 | 3 367.45 | 30.15 |
| 其中：男性 | 5 862.61 | 52.49 |
| 　　女性 | 5 306.39 | 47.51 |
| 其中：0 ~ 14 岁 | 1 922.48 | 17.21 |
| 　　15 ~ 64 岁 | 8 283.89 | 74.17 |
| 　　65 岁及以上 | 962.63 | 8.62 |

2017 年广东省实现地区生产总值 89 879.23 亿元，比上年增长 7.5%。其中，第一产业增加值 3 792.40 亿元，增长 3.5%，对地区生产总值增长的贡献率为 2.0%；第二产业增加值 38 598.55 亿元，增长 6.7%，对地区生产总值增长的贡献率为 39.8%；第三产业增加值 47 488.28 亿元，增长 8.6%，对地区生产总值增长的贡献率为 58.2%。三次产业结构比重为 4.2∶43.0∶52.8，第三产业所占比重比上年提高 0.8 个百分点。在第三产业中，批发和零售业增长 5.4%，住宿和餐饮业增长 2.2%，金融业增长 8.8%，房地产业增长 4.8%。在现代产业中，高技术制造业增加值 9 516.92 亿元，增长 13.2%；先进制造业增加值 17 597.00 亿元，增长 10.3%。现代服务业增加值 29 709.97 亿元，增长 9.8%。生产性服务业增加值 24 344.75 亿元，增长 8.8%。民营经济增加值 48 339.14 亿元，增长 8.1%。2017 年，广东省人均地区生产总值达到 81 089 元，按平均汇率折算为 12 009 美元。分区域来看，珠三角地区生产总值占全省比重为 79.7%，粤东西北地区占 20.3%，其中东翼、西翼、山区分别占 6.8%、7.5%、6.0%。

## 二、流域水系分布及特点

广东省降水充沛，水系发达，水资源丰富，但时空分布不均。主要河系为珠江的西江、东江、北江和三角洲水系以及韩江水系、榕江、漠阳江、鉴江和九洲江等。年平均降水 1 771 mm，年均降水总量 3 145 亿 $m^3$，年均水资源总量 1 830 亿 $m^3$，人均水资源量 1 906 $m^3$。水资源时空分布不均，夏秋易洪涝，冬春常干旱；沿海台地和低丘陵区不利于蓄水，缺水现象突出。

广东省河流普遍具有以下特征：①水量大，汛期长。各地产水模数都在 100 万 $m^3/km^2$ 以上，比全国平均产水模数高出 2.4 倍。韩江流域面积仅为黄河的

4%，但多年平均流量为黄河的53%。河流的汛期大多达半年之久。②各河流量的变化比北方河流小，但仍有明显的季节变化和年际变化。如北江石角段，丰水期达6 500 $m^3/s$，枯水期仅为几百 $m^3/s$。③河流含沙量少，但输沙总量仍相当可观。广东省河流多年悬移质含沙量为0.09 ~ 0.25 $kg/m^3$，在全国属于较小范围。

广东省多年平均水资源总量1 830亿 $m^3$，其中地表水资源量1 820亿 $m^3$，地下水资源量450亿 $m^3$，地表水与地下水重复计算量为440亿 $m^3$。全省水能资源理论蕴藏量1 137万kW，技术可开发量859万kW。此外，还有温泉300多处，日总流量9万t；饮用天然矿泉水145处，探明可采用储量全国第一。

## 三、污染源状况

2015年广东省废水排放量约为91亿t，与上年相比增加1%；化学需氧量排放量约为161万t，与上年相比减少4%；氨氮排放量为20万t，与上年相比减少4%。全省工业废水中各种污染物排放与各地的经济水平和产业结构有一定的相关性，工业废水污染物中，化学需氧量主要排放区域在珠江三角洲及粤东地区，合计占全省的79.0%；氨氮主要排放区域在珠江三角洲及粤西地区，合计占全省的75.0%。化学需氧量排放量较大的城市为广州、茂名、东莞、江门和湛江5市，合计排放占全省排放总量的35.1%；氨氮排放量较大的城市为广州、东莞、深圳、茂名和汕头5市，合计排放占全省排放总量的37.3%。化学需氧量排放量居前几位的行业依次为造纸和纸制品业，纺织业，农副食品加工业，计算机、通信和其他电子设备制造业，纺织服装，服饰业等，合计占化学需氧量排放量的69.8%，其余行业排放较少。氨氮排放量居前几位的行业依次为纺织业，造纸和纸制品业，计算机、通信和其他电子设备制造业，农副食品加工业，金属制品业等，合计占氨氮排放量的64.1%，其余行业排放较少。

## 四、土壤状况

广东省地貌类型复杂多样，山多平地少，素有“七山一水二分田”之称。山地、丘陵、台地和平原的面积分别占全省土地总面积的33.7%、24.9%、14.2%和21.7%，河流和湖泊等占全省土地总面积的5.5%。地势总体北高南低，北部多为山地和高丘陵。平原以珠江三角洲平原最大，潮汕平原次之。

广东省地形可分4个区：①粤北山地。主要包括大瘐岭及骑田岭的支脉，属南岭的一个组成部分，山脉走向与构造线有密切关系，呈弧形向南凸出，其中乳源西北与湖南接壤的石坑崆，海拔1 902 m，为全省之冠。地形复杂，平地少。②粤西山地台地。包括珠江三角洲以西及雷州半岛一带，为东北—西南走向的低山丘陵，一般海拔 1 000 m，东北方向狭长的河谷盆地穿插其间。③粤东北山地和粤东南丘陵。位于珠江三角洲的东北，主要有青云山、九连山、罗浮山、莲花山和海岸山，多为东北—西南方向的中低山。④珠江三角洲。它是西、北、东江汇集于下游后形成的三角洲的总称。平原上河网纵横，岗丘错落，土地肥沃，是著名的鱼米之乡。

## 第二节　广东省水环境质量状况

全省地级城市集中式饮用水水源水质达标率为 100%。79 个水源每月水质均达标。全省 61 个县级行政单位所在城镇与 2 个经济技术开发区集中式饮用水水源水质达标率均为 100%。84 个水源每季度水质均达标。163 个水源地中，5.5% 为Ⅰ类水质，52.8% 为Ⅱ类水质，水质为优；41.7% 为Ⅲ类水质，水质良好。

2017 年全省共监测 69 个省控江段的 124 个省控断面，其中珠江流域 49 个江段、89 个断面；韩江水系 8 个江段、9 个断面；粤东诸河 4 个江段、10 个断面；粤西诸河 8 个江段、16 个断面。全省主要江河有 76.6% 的断面水质优良，75.0% 的断面水质达到水环境功能区水质目标。

124 个省控断面中，54.0% 的断面为Ⅰ～Ⅱ类水，水质优；22.6% 为Ⅲ类水，水质良好；8.9% 为Ⅳ类水，属轻度污染；4.8% 为Ⅴ类水，属中度污染；9.7% 水质劣于Ⅴ类，属重度污染。69 个省控江段中，55.1% 的江段水质优，27.5% 水质良好，5.8% 属轻度污染，1.4% 属中度污染，10.2% 属重度污染。

西江、北江、东江干流及部分支流、韩江干流和部分支流、螺河陆丰段、黄江河、梅溪河、漠阳江、袂花江、鉴江（茂名段、湛江段）、九州江、南渡河和珠江三角洲的主要干流水道水质优良；龙岗河、坪山河、深圳河、石岐河、练江及东莞运河 6 个江段水质属重度污染，主要污染指标为氨氮、总磷和耗氧有机物。

韩江水系、珠江水系和粤西诸河水质相对较好，粤东诸河水质最差。以监测断面计，珠江水系Ⅰ～Ⅲ类水质占 77.5%，劣Ⅴ类水质占 10.1%；韩江水系Ⅰ～Ⅲ类水质占 100%，无劣Ⅴ类水质；粤西诸河Ⅰ～Ⅲ类水质占 87.5%，无劣Ⅴ类水质；粤东诸河Ⅰ～Ⅲ类水质占 40.0%，劣Ⅴ类水质占 30.0%。见图 32-1。

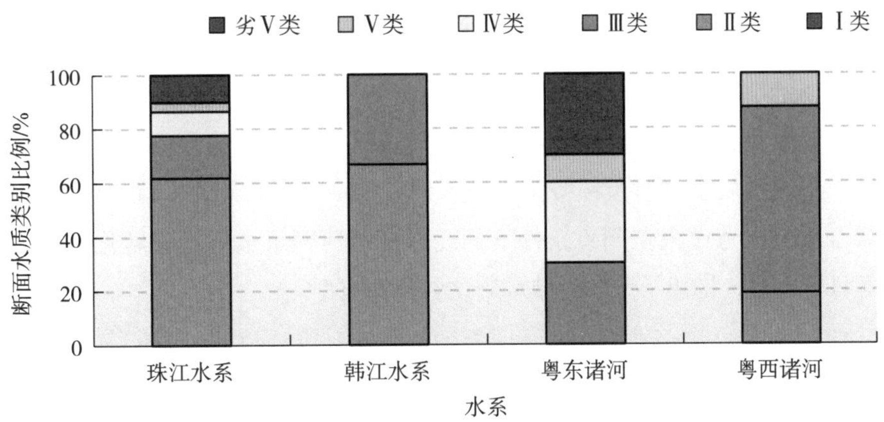


图 32-1 2017 年广东省四大水系断面水质类别比例

省控断面年均值出现超标的水质指标有溶解氧、总磷、氨氮、化学需氧量、生化需氧量、高锰酸盐指数、阴离子表面活性剂，共 7 项。其中，超标断面数、超标倍数和超标率较大的项目依次为溶解氧、总磷和氨氮，出现超标的断面数占监测断面数比例均为 16.1%，为江河水质主要污染指标。

与上年相比，全省主要江河水质优良断面数占总断面数的比例下降 1.6 个百分点，达到环境功能区目标的断面数占总断面数的比例下降 2.4 个百分点，劣Ⅴ类断面比例上升 0.8 个百分点，总体来讲，江河水质略有波动。水质明显好转的有佛山水道 1 个江段，水质好转的有寻乌水、黄杨河、梅江、韩江梅州段、潖河和南渡河 6 个江段；水质明显下降的有南山河和石岐河，水质下降的有定南水、新丰江、东江北干流和小东江茂名段 4 个江段。

2017 年省控湖泊为：湛江湖光岩湖、肇庆星湖、惠州西湖，省控八大水库为：流溪河水库、杨寮水库、鹤地水库、高州水库、白盘珠水库、新丰江水库、枫树坝水库和飞来峡水库。8 个省控大型水库中，新丰江水库、枫树坝水库、白盘珠水库和流溪河水库水质为Ⅰ类，杨寮水库和高州水库水质为Ⅱ类，水质均优；鹤地水库和飞来峡水库水质为Ⅲ类，水质良好。8 个水库的营养状态以贫营养和中营养为主。

与上年相比，白盘珠水库因溶解氧浓度升高、氨氮和总磷浓度降低，水质由Ⅱ类变为Ⅰ类；高州水库因总磷浓度降低，水质由Ⅲ类变为Ⅱ类，水质好转。其他水库水质类别无明显变化。

# 第三节　广东省水环境质量预测预警案例分析

广东省依托2011年中央重金属专项、广东省环保专项资金重点项目“北江流域饮用水水源水质安全监控预警关键技术研究与系统平台建设”和2014年广东省省长基金项目“考虑人工调蓄条件下的北江梯级河网重金属迁移转化数学模型研究”等科研项目，构建了北江流域水质预测预警模型。

## 一、工作背景

北江是广东重要的饮用水水源，现共划有27个饮用水水源保护区，服务人口359万，年取水量达4亿$m^3$。然而由于北江流域上游集水和地表径流形成区矿山资源丰富，矿山开采及加工冶炼产业较密集。由于企业违法开采和排污，加上多年排污积累，存在极大的重金属污染及潜在事故风险，威胁着北江及下游珠江三角洲河网区近千万人的饮水安全。如2005年、2010年由于韶关冶炼厂排污已引发两起严重的重金属污染事故，2011年因湖南来水问题引发北江主要支流武江锑污染事件等。

北江流域多次发生水质重金属污染事故，已引起生态环境部、省委和省政府的高度重视。总结历史污染事故发现，由于缺乏必要的基础性理论研究及相关配套硬件设施，广东省对流域水质预测预警能力依然薄弱，抵御水环境污染事故风险能力仍显不足。此项目意在通过全面系统地分析水质现状，对主要水质风险水平较高的北江流域进行水文水质分析，通过研发多维、多要素水质预测预警模式，提高广东省应对突发水污染事故的应急处置能力及对常态水质状况的综合分析与预测预警能力。同时，构建和开发北江流域水质预测预警模型对有效监控北江流域水质变化情况，保护北江水质、保障区域饮水安全具有重要的现实意义，对广东省水质预警监控工作的开展具有典型示范意义。

## 二、研究目标

在系统地分析和充分掌握北江流域水污染源、风险源和水质现状的基础上，围绕北江流域水质管理需求，运用系统科学、系统工程和系统管理的理念，构建基于人工调蓄条件下的梯级河网水动力水质数学模型，实现对北江流域长时间尺度下水环境质量演变、突发事故条件下短期水质突变过程的模拟预测。研究建立突发事故条件下，应急处置优化模型，为事故应急处置提供决策支持。为流域常规水质管理及突发水污染事故应急处理提供高效的应用平台和有力的技术支撑，并提升水环境管理以及水环境公共突发事件应急决策和处置水平。

研究具体可分为以下 3 个子目标。

（一）构建基于人工调蓄条件下的梯级河网水动力模型

通过系统分析北江流域水文径流特点，结合梯级闸坝管理与水文调度方案，构建基于人工调蓄条件下的梯级河网水动力模型，模拟各河段水位、流速及流量在闸坝运行过程中的响应过程，为水质模拟提供准确可靠的动力基础。

（二）构建北江重金属数学模型

基于北江流域重金属迁移转化规律研究，构建北江重金属数学模型，重点模拟流域特征涉重污染物在水环境中的分配过程、吸附沉降及再悬浮解吸过程，预测重金属在底泥环境中的长时间尺度累积过程及短时间内突发污染事故造成的水质恶化过程。

（三）构建北江突发水污染事故的应急处置最优化模型

基于应急调水与群库联调数学模型、运筹学及最优化决策理论，研究构建北江突发水污染事故的应急处置最优化模型；同时，研究建立事故应急目标函数与约束条件方程，利用运筹学相关理论方法进行最优化求解，进而全盘优化应急设备人员、应急监测及应急调水等资源调配，为科学决策提供技术支撑。

## 三、关键技术

（一）构建北江梯级河网数字高程模型

获取北江干流及主要支流河网地形图（含纸质或电子地形图），统一数字化并加以配准后，提取河底高程，采用克里格法插值获取北江河网水下地形或河网数字高程模型（DEM）；采用 GEFDC 模型划分北江流域曲线贴体网格，为下一步数值技术提供较为精准的网格体系和水下地形。

（二）开发基于人工调蓄条件下的梯级河网水动力模型

考虑到北江流域范围广、流域内河道特征差异大且水流复杂的特点，本研究采用美国 EPA 推荐使用的 EFDC（Environmental Fluid Dynamic Codes）构建北江梯级河网水动力—水质数学模型。

### （三）构建北江流域重金属数学模型

收集北江流域河道地形、水工建筑及主要水利工程等相关资料，构建建模使用的河网数字高程模型。依靠污染源普查和现有点源在线监控系统，即时获取点源污染负荷；集成流域面源产流产污成果，估算非点源污染强度。

构建北江流域大河网整体数学模型，结合北江流域水库、电站相对密集等特点，水流运动及物质输移在很大程度上受到人为水利调蓄影响，有针对性地完善梯级河道水动力模型；研究建立北江流域重金属迁移转化数学模型，模拟污染物随流推移、扩散、吸附解吸与自然降解等过程，预测常态排污条件下累积性污染的浓度时空分布，见图 32-2。

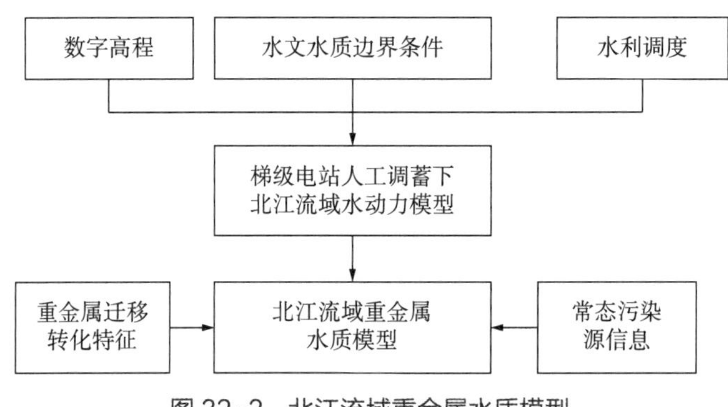


图 32-2　北江流域重金属水质模型

## 四、系统建设

北江流域饮用水水源水质安全监控预警平台是广东省环保专项资金重点项目。系统集成北江流域水环境基础信息，研发了北江流域水环境风险评估技术和水环境风险源解析技术，构建了北江流域水环境预警监控和应急辅助决策支持系统，建设流域饮用水水源水质预警监控集成平台。

项目以建立完善的全流域水环境风险评估与预警监控体系为目标，集成北江流域监控网络技术体系、预警监控指标体系、预测预警系统、风险管理决策支持系统，采用面向对象与面向服务设计相结合的方法，充分利用 GIS 技术、数据库技术、系统集成技术等信息化手段，设计、定制北江流域水环境 GIS 信息管理、饮用水水源风险评估、预警、应急辅助决策等多个业务系统，通过平台架构设计与标准规范、数据集成与共享技术、模型集成与管理技术、业务化应用系统集成技术等，建立北江流域饮用水水源水质预警监控业务化应用通用平台，实现流域污染源监控、总量监控、质量监控、预警监控和控制决策等功能的空间化、可视化和信息化管理，提高北江流域水环境监管能力。见图 32-3。

图 32-3 北江流域水质安全预警监控系统基础界面

集成“北江流域应急辅助决策支持系统”，为饮用水水源污染事故应急的科学决策提供便捷、高效、直观的分析、解决问题的途径和手段，满足应急指挥高效、快速的管理需求，为应急指挥科学决策提供支撑平台。基于 EFDC 模型，开发了在线水动力—水质模拟预测数学模型，用户可在线设计污染事故发生点位、污染源强、污染指标及性质，进而模拟预测不同水文条件下污染带迁移、扩散过程，为下游水质风险预警提供决策依据。见图 32-4。

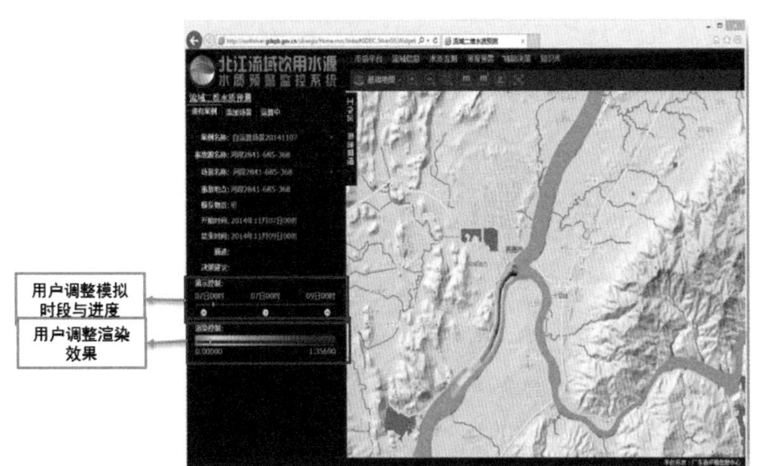


图 32-4 北江流域水质在线预测功能

在北江流域水环境 GIS 基础信息系统的基础上，整合北江水环境专题空间信息和基础水环境信息，建立北江流域汇水区分析模型，结合流域污染源信息，实现水体污染物的反向追溯，为事故排查、污染物追踪提供手段，集成 GIS 系统实现北江流域任意水域的污染汇集范围的分析查询，并提供相应的数据分析服务接口，为其他系统提供集成服务。见图 32-5。

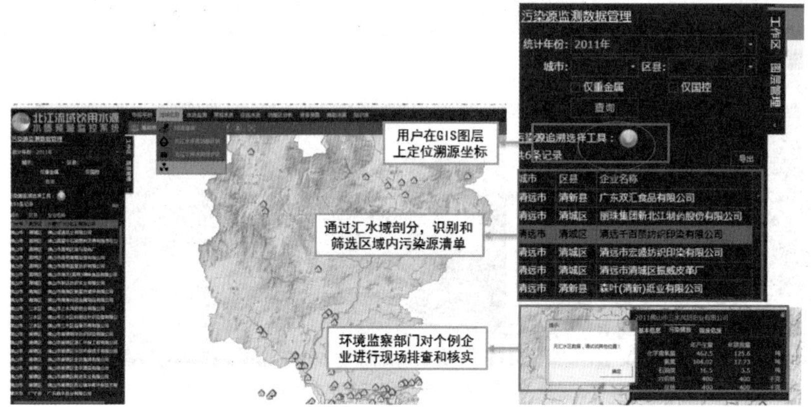


图 32-5 北江流域水污染在线溯源

## 第四节 未来工作规划或展望

### 一、粤港澳大湾区水生态环境质量模拟预测系统

建设涵盖粤港澳大湾区的珠江口河网河口一体化水生态环境质量模拟预测系统，初步形成大湾区水环境质量预测预警体系，充分应用物联网等技术，提升动态信息获取的及时性和准确性。见图 32-6。

图 32-6 粤港澳大湾区珠江口水生态预警预报模型范围（珠江口）

珠江口海域90%的污染物均来自由八大口门注入的陆源污染源，且目前污染物种类和数量未得到有效控制，污染物来源以工业和生活污染为主，也包括农业和面源污染，具有显著的区域污染、复合污染特性，无机氮、活性磷酸盐、石油类等主要污染物的污染趋势仍未得到根本扭转，致使珠江口海域水环境监测难度加大。同时，河网与河口区受潮汐影响显著，污染物在口门随潮汐往返流动，其浓度变化明显且呈现不规则状态。污染物在河网中的输送与迁移转化十分复杂，其所经历的一系列物理和生物地球化学过程，采用传统的水文水质观测并不能完全客观、科学地反映珠江口水环境问题，实现陆海统筹的管理目标。此时，引入和应用水生态环境数值模拟技术成为破解难题的重要技术手段。见图32-7。

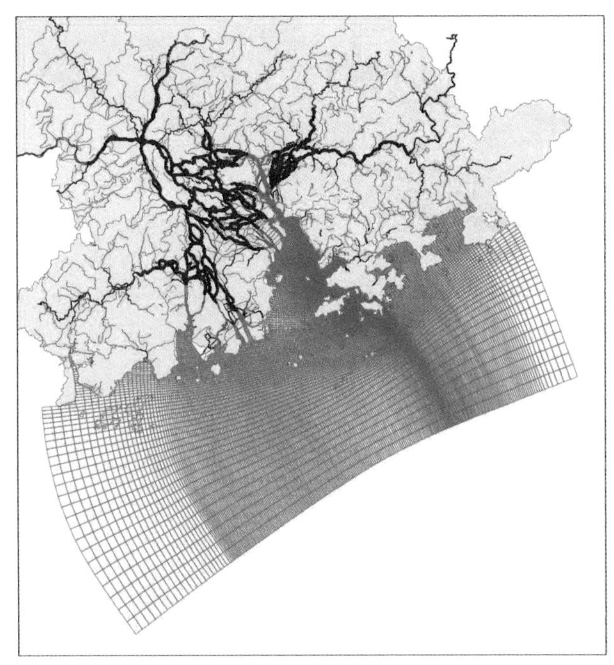

图32-7　粤港澳大湾区“河网—河口”一体化模拟预测范围

项目计划在“十一五”粤港合作研发的珠江口河网河口区一维、三维连接模型的基础上，采用非结构化网格技术和有限体积法，构建计算域一体化的网格计算体系；采用高效的隐式解法和大规模并行计算，快速模拟和预测珠江口河网河口区水质及水生态环境质量演变过程，分析潜在水生态风险，并实现大湾区水质监测、信息共享的一体化，为粤港澳大湾区水生态环境综合管理提供决策支撑。

## 二、广东省陆海一体化水生态环境质量模拟预测系统

广东是海洋资源大省，也是河口污染相对严重的地区，项目意在构建一个东至潮州，西至雷州半岛，南至南海 120 m 等深线的浅海陆架区域。模拟涵盖了珠江口八大口门、惠州大亚湾、汕头港、湛江港等广东沿海所有主要河口与港口码头区，为未来构建广东全省陆海统筹水生态环境预测预警系统提供研究基础。见图 32-8。

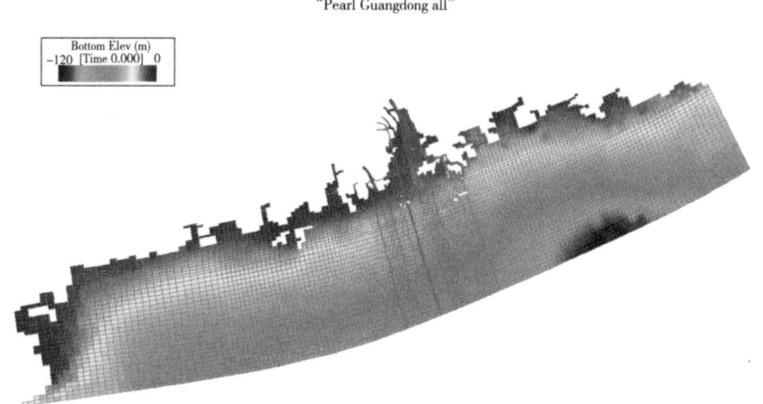


图 32-8 广东省陆海一体化模拟预测范围

（李彤 陈斐 杨戈）

# 第三十三章
# 上海市水环境质量监测预警技术发展

## 第一节　上海市背景概况

### 一、地理位置及人口经济状况

上海别称沪或申，地处东经 120°51′～122°12′、北纬 30°40′～31°53′，位于中国南北海岸线中部、长江三角洲东缘、太湖流域下游。东濒东海，南临杭州湾，北依长江口，西接江苏、浙江两省。南北长约 120 km，东西宽约 100 km。属东亚副热带季风性气候，全年四季分明，日照充分，雨量充沛。冬季盛行西北风，寒冷干燥；夏季多东南风，温暖湿润。多年平均气温 15.2～15.7℃，多年平均降水量 1 097.3 mm。上海境内除西南少数丘陵山脉外，整体地势为坦荡低平的平原，是长江三角洲冲积平原的一部分，平均海拔高度 4 m 左右。陆地地势总体呈现由东向西低微倾斜，一般分为东部滨海平原、西部湖沼平原、长江河口及水下三角洲、杭州湾北部河口湾 4 个地貌区。

根据《2016 年上海市国民经济和社会发展统计公报》统计结果，截至 2016 年年末，上海市常住人口总数为 2 419.70 万人。其中，户籍常住人口 1 439.50 万人，外来常住人口 980.20 万人。全年常住人口出生 21.84 万人，出生率为 9.0‰；死亡 12.08 万人，死亡率为 5.0‰；常住人口自然增长率为 4.0‰。全年户籍常住人口出生 12.92 万人，出生率为 9.0‰；死亡 11.4 万人，死亡率为 7.9‰；户籍常住人口自然增长率为 1.1‰。

根据《2018 年上海市行政区划》，截至 2018 年 6 月 30 日，上海市总面积 6 340.50 $km^2$。辖黄浦、徐汇、长宁、静安、普陀、虹口、杨浦、闵行、宝山、嘉定、浦东新区、金山、松江、青浦、奉贤、崇明 16 个市辖区，105 个街道、107 个镇、2 个乡。《2017 年上海市国民经济和社会发展统计公报》统计显示，截至 2017 年年末，上海市全年实现生产总值（GDP）30 133.86 亿元，比上年增长

6.9%，增速与上年持平。其中，第一产业增加值 98.99 亿元，下降 9.5%；第二产业增加值 9 251.40 亿元，增长 5.8%；第三产业增加值 20 783.47 亿元，增长 7.5%。第三产业增加值占上海市生产总值的比重为 69.0%。按常住人口计算的上海市人均生产总值为 12.46 万元。

## 二、流域水系分布及特点

上海地处长江、太湖流域下游，属平原感潮河网地区，大陆片河流属于黄浦江水系，纵横交错，水量充沛。黄浦江上连太湖、下通长江口，干流贯穿全市陆域，干流、支流及人工河道组成了上海河网；位于长江流域的"湖口以下干流"水资源二级区的崇明、长兴、横沙 3 个岛屿的河流自成系统。根据《上海市第一次水利普查暨第二次水资源普查公报》普查结果，上海市各类河流共计 26 603 条，长度 25 348.48 km（不含长江干流上海段），河道面积 527.84 $km^2$，河网密度 4 $km/km^2$。各类湖泊共计 692 个，湖泊面积 91.36 $km^2$；天然湖泊主要分布在江苏、浙江交界的青浦区西部，淀山湖是上海最大的天然湖泊。为了对水系进行整治，通过对 14 个综合治理水利控制片内河流水情进行人工控制，形成了引水、供水、排水、蓄水、通航等功能的河网体系。

上海的水系由沿江海水域和陆域水系构成。长江河口段、杭州湾北侧和东海临岸组成了宽阔的沿江沿海水域，崇明、长兴、横沙岛 3 岛为长江河口岛，分别独立成系。上海的陆域水系属太湖流域水系，以黄浦江为主干贯穿全市，形成干流、支流交叉纵横的河网水系。按照流域和上海市水利总体规划，全市以长江口、黄浦江、苏州河、蕰藻浜等骨干河道为界，划分为嘉宝北片、蕰南片、淀北片、淀南片、青松大控制片、浦东片、太北片、太南片、浦南西片、浦南东片、商塌片，以及长江口崇明、长兴、横沙 3 岛 14 个水利控制片区。商塌片及浦南西片为流域行洪通道。长江徐六泾断面平均径流量约为 2.6 万 $m^3/s$，折合年来水量约为 8 480 亿 $m^3$。黄浦江干流全长 82.5 km，河宽 300 ~ 700 m，其上游在松江区米市渡处承接太湖、阳澄淀泖地区和杭嘉湖平原来水，贯穿上海市，至吴淞口汇入长江。黄浦江松浦大桥断面的年均径流约为 460 $m^3/s$，年来水量约为 144 亿 $m^3$。

## 三、土壤状况

上海市根据全国的统一部署，开展第一次土壤普查工作，于 1959 年完成。这次调查采用科技人员同基层干部、农民群众相结合的方法进行，重点摸清土壤"底细"，总结群众识土、改土经验，然后进行系统归纳，提出土壤分类和命名。当时按照不同区域和不同土壤类型的特征，区分为9个土壤系列：西部淀泖低地的青紫泥，约占耕地面积的13%；中部高平原的沟干泥，约占13%；黄浦江东部、南部及长江口沙洲的黄泥头，约占16%；沿江沿海的夹沙泥，约占22%；江河两岸的潮沙泥，约占14%；西部碟缘斜坡等地的黄潮泥，约占4%；零星分布的沙土，约占8%；沿江沿海的盐土，约占10%；西部低地中零星山丘的黄棕壤，为数甚微。通过土壤普查及其分类命名，明确低产田改良和高产田培育的途径。在西部低洼地区，20世纪60年代至70年代，逐步建设圩区配套工程，降低农田地下水位，并采取实行水旱轮作、改善土体渍害、增加有机肥投入等措施，使洼地土壤性状得到有效改良。在东部沿海地区，自1959年开始组织大规模围垦，采取水利先行、引淡洗盐等改良利用措施，加速土壤的脱盐，为建立市属15个国营农场奠定了基础。

1979年，上海市开展第二次土壤普查工作。根据上海市第二次土壤普查工作结果，上海郊区的土壤归纳为水稻土、潮土、滨海盐土、黄棕壤4个土类、7个亚类、25个土属和95个土种的上海土壤分类系统。见表33-1。

表33-1　上海市郊区土壤类型面积及分布

| 土类、亚类、土属 | 面积/$hm^2$ | 占耕地面积/% | 分布地域 |
|---|---|---|---|
| 一、水稻土 | 281 600 | 81.57 | 上海市郊区的大部分地区 |
| （一）潜育水稻土 | 1 960 | 0.57 | 青浦、金山、松江3县湖荡洼地 |
| 1. 青泥土 | 1 960 | 0.57 | 青浦、金山、松江3县湖荡洼地 |
| （二）脱潜水稻土 | 42 940 | 12.44 | 淀泖洼地的低田和低平田 |
| 2. 青紫泥 | 34 000 | 9.85 | 松江、青浦、金山3县及嘉定县望新乡 |
| 3 青紫土 | 5 893 | 1.71 | 松江、金山、青浦3县的湖沼平原 |
| 4. 青紫头 | 3 047 | 0.88 | 淀泖洼地向碟缘延伸地带 |
| （三）潴育水稻土 | 181 919 | 52.72 | 上海郊区钦公塘以西地区 |
| 5. 青黄泥 | 26 060 | 7.56 | 青浦、金山、松江3县及嘉定县望新乡 |
| 6. 青黄土 | 30 107 | 8.72 | 青浦、松江、金山3县及其边缘 |
| 7. 黄潮泥 | 8 093 | 2.34 | 青浦、松江、金山、宝山4县 |
| 8. 沟干泥 | 16 215 | 4.70 | 奉贤、上海、嘉定、宝山4县 |
| 9. 沟干潮泥 | 10 620 | 3.08 | 奉贤、上海、嘉定、宝山4县 |
| 10. 黄泥头 | 16 300 | 4.72 | 松江、金山、奉贤、上海、宝山5县 |

续表

| 土类、亚类、土属 | 面积 /hm² | 占耕地面积 /% | 分布地域 |
|---|---|---|---|
| 11. 黄泥 | 44 933 | 13.03 | 黄浦江以东、钦公塘以西及崇明岛 |
| 12. 潮砂泥 | 29 593 | 8.57 | 除崇明以外的 9 个县 |
| （四）渗育水稻土 | 54 693 | 15.84 | 钦公塘以东及长兴、横沙两岛 |
| 13. 黄夹砂 | 32 187 | 9.32 | 钦公塘以东及长兴、横沙两岛 |
| 14. 砂夹黄 | 17 140 | 4.97 | 人民塘内侧，长兴、横沙两岛，崇明岛东、西部 |
| 15 小粉土 | 2 700 | 0.78 | 青浦、松江 2 县泖河两侧及嘉定县朱桥乡 |
| 16. 并煞砂 | 2 673 | 0.77 | 南汇县沿海、金山县漕泾乡、崇明、长兴、横沙 3 岛沙带 |
| 二、潮土 | 45 507 | 11.63 | 崇明县、南汇县滨海及近郊菜区 |
| 17. 灰潮土 | 24 893 | 7.21 | 崇明县及南汇县滨海 |
| 18. 菜园灰潮土 | 13 000 | 3.77 | 近郊上海、嘉定、宝山、川沙 4 县菜区 |
| 19. 园林灰潮土 | 2 247 | — | 南汇县果园乡、宝山县长兴乡等 |
| 20. 挖垫灰潮土 | 5 367 | — | 黄浦江沿岸吹泥地带及开挖河道两侧 |
| 三、滨海盐土 | 61 000 | 6.80 | 崇明、奉贤、南汇 3 县沿江沿海及松江县新五乡 |
| 21. 滨海盐土 | 28 427 | — | 崇明岛北支岸段及芦潮港以西南侧 |
| 22. 盐化土 | 32 547 | 6.79 | 崇明、奉贤、南汇 3 县堤内已垦地区 |
| 23. 残余盐化土 | 25 | 0.01 | 松江县新五乡黄桥村西部圩区 |
| 四、黄棕壤 | 438 | — | 上海郊区西部山丘等 |
| 24. 山黄泥 | 410 | — | 大小山丘 |
| 25. 堆山泥 | 28 | — | 山丘岩石裸露地带及寺庙废墟 |

## 四、污染源状况

2017 年上海市废水排放量为 211 008 万 t，其中，工业废水排放量为 30 644 万 t，占总量的 14.52%；生活污水排放量为 179 910 万 t，占总量的 85.26%；集中式污染治理设施废水排放量较小，仅占 0.22%（污水厂废水统计在各工业企业和生活源中，不单独核算废水排放量）。

2017 年上海市化学需氧量排放量为 14.14 万 t，包括工业源排放量、农业源排放量、生活源排放量、集中式污染治理设施排放量。其中，生活源化学需氧量排放量最高，占总量的88.97%；工业源与农业源化学需氧量排放量分别占8.84%和1.25%；集中式污染治理设施化学需氧量排放量相对较少，仅占0.94%。

2017年上海市氨氮排放量为3.69万t，包括工业源排放量、农业源排放量、生活源排放量、集中式污染治理设施排放量。其中，城镇生活源氨氮排放量最高，占总量的97.06%；工业源、农业源、集中式氨氮排放量分别占2.29%、0.32%、0.33%。

农业面源污染方面，2016年粮食播种面积210.2万亩，比上年减少32.9万亩，粮食总产99.5万t，比上年减少12.6万t。“夏淡”期间绿叶菜种植面积保持在21万亩以上；地产蔬菜日均上市数量7 700 t，绿叶菜日均上市数量4 100 t。落实养殖业布局规划，郊区畜禽养殖业减量提质，生猪、家禽出栏量总体有所下降，生猪累计出栏250.9万头，家禽累计出栏1 746.2万羽，鲜蛋累计产量4.15万t，鲜奶累计产量36.37万t。全市水产品总产量29.69万t。

## 第二节　上海市水环境质量状况

### 一、水环境质量监测网络情况

#### （一）手工监测网络

2017年，上海市市控以上地表水常规监测断面/测点共计356个（含27个国控断面和239个市考断面），包括黄浦江、苏州河、长江口、淀山湖、蕴藻浜、淀浦河、大治河、川杨河、饮用水水源地、省界来水断面、第六轮环保三年行动计划监测断面等。

地表水水质常规监测项目共24项，其中重点监测项目11项，包括水温、pH、溶解氧、高锰酸盐指数、化学需氧量、五日生化需氧量、氨氮、挥发酚、石油类、总磷和总氮，淀山湖的必测项目还包括透明度和叶绿素a；一般监测项目13项，包括氟化物、硒、氰化物、砷、汞、铜、六价铬、镉、铅、锌、硫化物、阴离子表面活性剂和粪大肠菌群。其他监测项目3项，包括电导率、铁和锰。国控断面每次监测常规24项和电导率，市控断面7月监测常规24项和电导率（淀山湖为常规24项加电导率、铁和锰），其余月份监测11个重点项目加电导率（淀山湖为13个项目加电导率），部分断面增测粪大肠菌群、硫酸盐、氯化物、硝酸盐、透明度、叶绿素 a、汞、铅、铁、锰等。

地表水常规监测断面 / 测点每月监测 1 次，每个采样日分别在低平、高平采集 2 个样品（淀山湖每个采样日采集 1 个水样）；长江口吴淞口、竹园 2 个断面分别在枯水期、丰水期、平水期各监测 1 次，徐六泾、白茆口、浏河、白龙港、朝阳农场（5 个监测点）每月监测 1 次，每个采样日分别在低平、高平采集 2 个样品；市考断面每月监测 1 次，市区河流每个采样日分别在低平、高平采集 2 个样品，郊区河流每次只在落平时采集 1 个水样；市级和区级饮用水水源地每月监测 1 次，每次采集低平、高平 2 个样品，监测项目包括《地表水环境质量标准》（GB 3838—2002）24 项基本项目、5 项补充项目和特定项目 36 项，每年监测 1 ~ 3 次 80 项特定项目。

（二）自动监测网络

随着国家《水污染防治行动计划》的出台，以及《上海市清洁水行动计划》的制定，进一步明确了水污染防治的目标和重点。在此背景下，如何说清饮用水水源地水质现状，并及时预警；如何说清跨区域污染，实时监测省界来水水质；如何全面评价全市地表水环境质量状况；如何反映区县水环境治理与保护工作的成效等，成为摆在环境管理部门面前最重要的任务之一。

围绕全市饮用水水源地，省界来水，地表水水环境、区县水环境综合整治效果考核以及特定功能区监测等四大方面，已构建以 165 个水质自动站为基础的上海市地表水环境预警监测与评估体系，实时为水源地预警、上游来水监控、全市评估及区考核和特定功能评价服务。为了满足水环境管理的新需求，迫切需要根据上海感潮河网、河湖密布、滨江临海的水系分布实际及特大城市、人口密集、经济高度发达、流域下游等特征，建立覆盖全市、能实时监测、实验室分析、自动在线、流动监测等多种手段相结合的水环境预警监测与评估体系，全面、客观、真实、系统地反映水环境现状及其动态变化规律。围绕水环境管理的重点和热点，在现有水环境监测站网的基础上，逐步构建布局合理、功能完善、技术先进的水环境预警监测与评估体系。

## 二、地表水环境质量状况

2017 年，上海市地表水环境质量总体较 2016 年有所改善（图 33-1）。断面水环境目标达标率为 80.3%，较 2016 年上升 17.0 个百分点。水环境功能区达标率为 59.1%，较 2016 年上升 16.2 个百分点。Ⅱ ~ Ⅲ类水质断面占 23.2%，较 2016 年上升 7.0 个百分点；Ⅳ ~ Ⅴ类断面占 58.7%，较 2016 年上升 8.9 个百分点；劣Ⅴ类断面占 18.1%，较 2016 年下降 15.9 个百分点。高锰酸盐指数平均值为 4.5 mg/L，较 2016 年下降 6.1%；总磷平均浓度为 0.21 mg/L，较 2016 年下降 22.0%；氨氮平均浓度为 1.37 mg/L，较 2016 年下降 28.0%。

2017 年，20 个国考断面均达到水质目标要求；239 个市考断面中，188 个断面达到水质目标要求，部分断面水质有所下降。

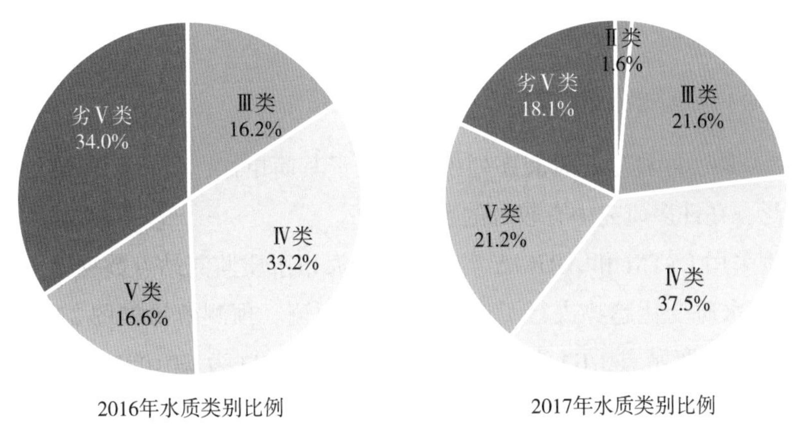

图 33-1　上海市水环境水质类别比较

## 第三节　典型水系 / 湖库的水环境质量监测预警案例分析

水质变化趋势预测是维护和管理当前水质状况的重要依据，通过预测可以了解当地水域环境质量演变趋势，从而及时发现水质恶化的原因并制定相应的治理措施。目前我国水质污染事故由于缺乏前期的信息和技术支持，无法预测水质的变化及避免污染事故的发生。因此，积极开展水质预测工作，建立可靠的水质预测模型是近年来水环境科学领域的研究热点之一。

本案例基于水质模型或数学模型，实现水质变化趋势预测，水质预测方法采用自回归移动平均模型（ARIMA）和长短期记忆人工神经网络（LSTM），将未来 24 小时的预测结果代入制定的预警和报警规则中，实现水质污染的实时报警及预警，并在系统平台中结合 GIS 进行直观展示。

案例采用一维、二维动态水质模型，实现对于河流内部水动力学与水质动态过程的数值再现，模拟常规、有毒污染物在河流、水库和湖泊中的动态迁移过程，并对污染物进入河流之后进行迁移扩散跟踪，结合 GIS 进行动态跟踪展示。

## 一、水质预测

### （一）长短期记忆人工神经网络（LSTM）

LSTM 作为新型的机器学习算法，在人工智能应用领域发展迅速，常被用在语音识别、文本识别等研究中。在时间序列的应用中采用 LSTM 方法可考虑历史信息的影响，因此是在水质预测研究中值得探索的一种算法。

### （二）自回归移动平均模型（ARIMA）

ARIMA 是一种典型的时间序列模型，由于其简单性、可行性和灵活性，应用已非常广泛，在许多研究中有较好的预测效果。

本案例采用 LSTM 和 ARIMA 实现了对上海市水质监测站点数据完整性较高的 16 个站点的水质变化趋势进行了未来 24 小时预测。预测效果如图 33-2、图 33-3 所示，以杨厦物业站点（ID 为 65）的溶解氧因子（ID 为 w01009）为例，图 33-2 为 LSTM 预测结果，图 33-3 为 ARIMA 预测结果（黑线为真实值，红线为预测值）。从图中可以看到，两种方法可以准确地预测出溶解氧因子的变化趋势，一致性较高。

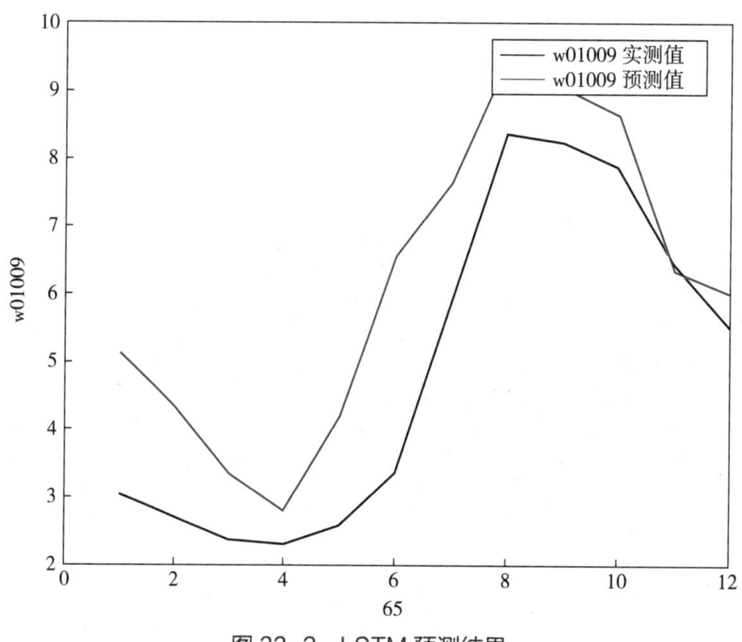


图 33-2　LSTM 预测结果

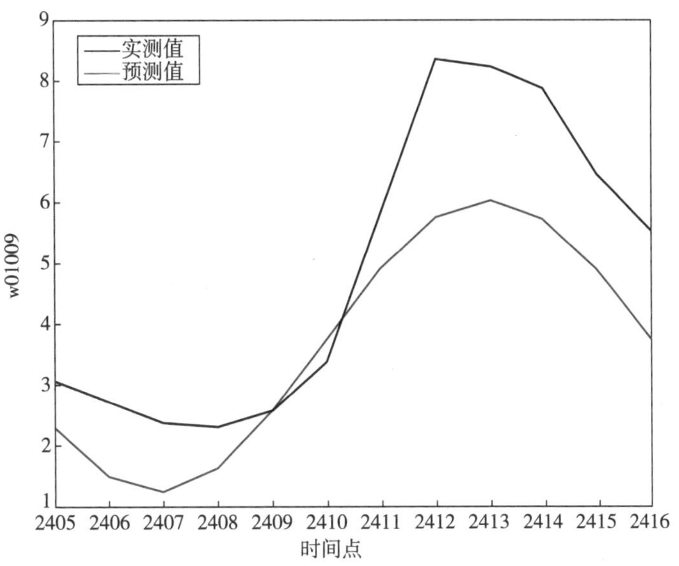


图 33-3　ARIMA 预测结果

## 二、水质预警与报警

根据水质预测中的水质预测结果，结合相关规则，案例分别对断面和河段进行了水质预警和报警。

### （一）断面预警、报警

针对断面，设置预警规则：采用同期 3 年均值的 3 倍来计算；报警规则：采用最近 7 天均值的 3 倍来计算；根据水质预测的结果代入上述报警、预警的规则中，对断面水质超标情况进行报警和预警。见图 33-4。

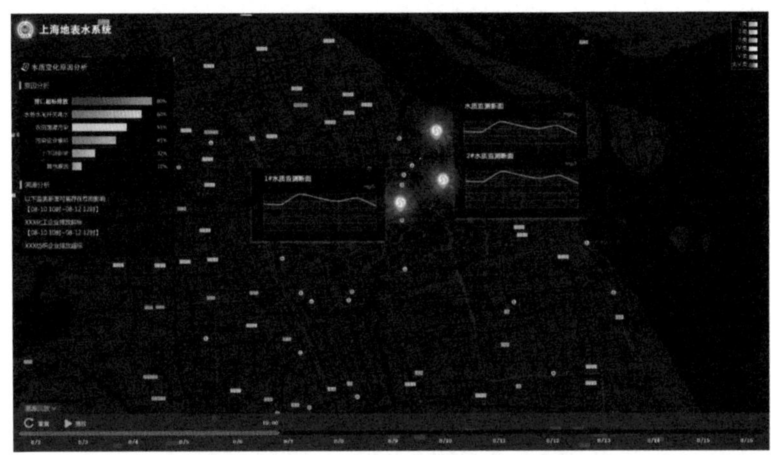


图 33-4　断面水质预警、报警结果

（二）河段预警、报警

针对河段，根据水质预测结果计算水质综合污染指数，据此将水体分为合格、基本合格、污染和重污染四类进行预警和报警。见图 33-5。

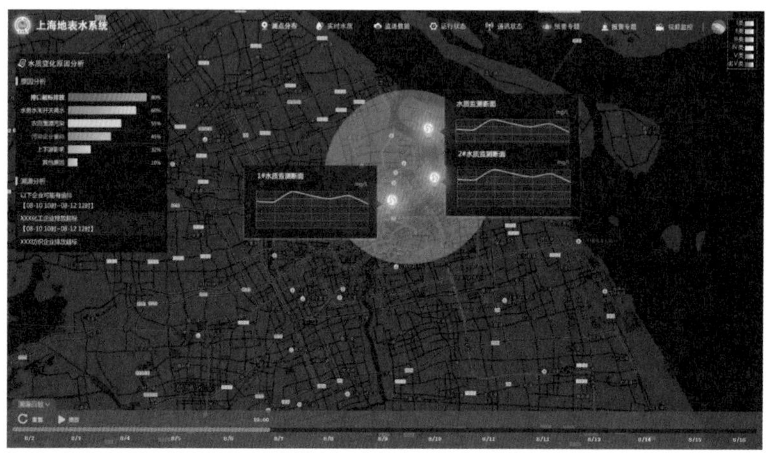


图 33-5　河段水质预警、报警结果

（三）水质扩散模型

1. 一维、二维水质模型

在实际应用中，以黄浦江、苏州河、淀山湖、上海市为主要研究对象，对其进行概化，并分别采用一维（针对河流）、二维水质模型（针对湖泊）进行模拟，实现对河流内部水动力学与水质动态过程的数值模拟，对污染物进入河流之后进行迁移扩散动态跟踪。模拟结果结合 GIS 技术，进行空间上的动态展示。

图 33-6 展示了上海市范围内氨氮因子在 7 月 24 日的扩散模拟结果，图 33-7 为吴淞江上海市段区域，图例由蓝到红表示污染程度由轻到重。

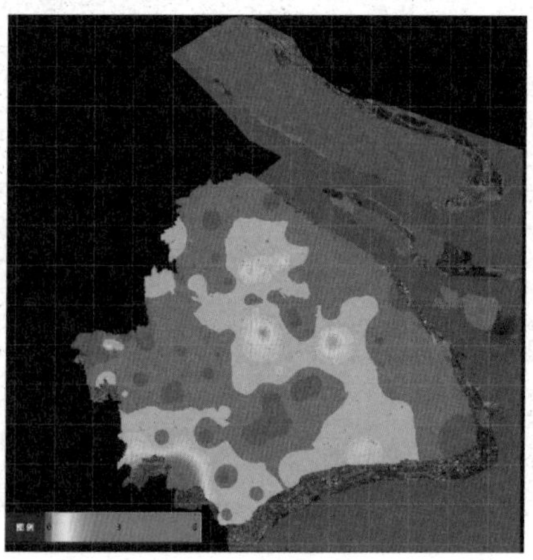

图 33-6　上海市区域氨氮因子扩散模拟结果

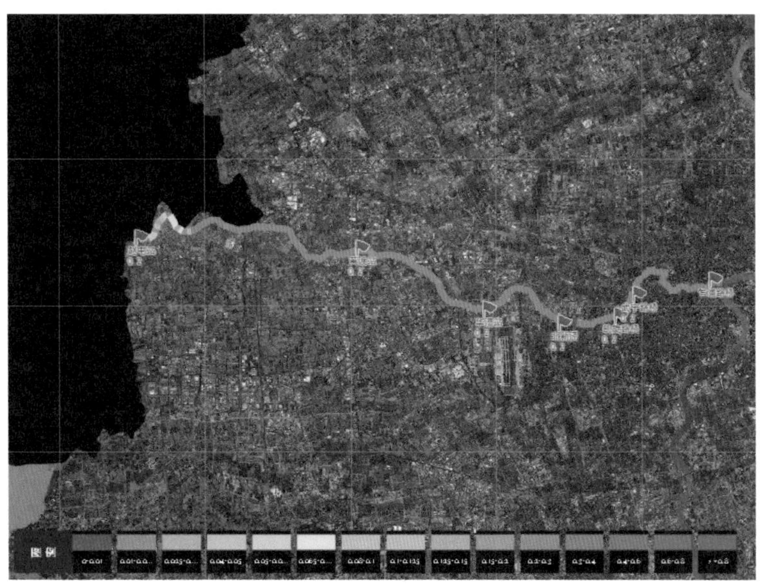

图 33-7　吴淞江上海市段氨氮因子扩散模拟结果

## 第四节　未来工作规划或展望

### 一、提高水源地预测预警能力，及时为管理提供水质预判

以“水源保障，安全预警”为重点，全市饮用水水源地监测网络聚焦于长江口和黄浦江上游的“四大水源地”、五个取水口，即长江口—青草沙水库、长江口—陈行水库、长江口—东风西沙水库、黄浦江上游—金泽水源湖以及黄浦江上游—松浦大桥备用取水口等，以常规因子为基础，进一步拓展水源地特征因子，逐步提高水源地监测预警能力，及时为管理提供水质预判。

### 二、完善省界来水监控，实时监测省界来水水质现状

以“量质同步，监控预警”为目标，全面覆盖上海接壤太湖流域省界来水的主要来水河道，包括沪苏边界、沪浙边界，考虑来水全面覆盖要求，在现有站网的基础上，在主要来水河道上均布设监测断面进行连续水质水量同步连续监测，根据近年来上游来水的污染特征，有所侧重地扩大监测因子。实时监测省界来水的水量水质，同时可以为环保跨界断面考核提供一手数据。

## 三、加强水环境整体预警及评估，实现区县水环境科学考核

上海水环境整体预警及评估要以“完善布局，科学评估”为原则，以《上海市第一次全国水利普查暨第二次水资源普查》（2013 年）、《上海市水环境功能区划》（2011 年修订版）全市主干河道为核心（兼顾杭州湾、长江口等水域），全面表征全市水环境质量状况为基本目标。区县水环境考核，以区县水质现状、进出水改善率等为评价重点。全市水环境整体预警及评估和区县水环境科学考核点位上互为补充，参数上有所侧重。这种基于主干河道监测评估的形式既能全面评估全市水环境质量状况，又能兼顾区县水环境质量考核要求，实现“反映状况，治理成效”。在实现全面预警、评估的同时，促进区县水环境质量改善的动力。

## 四、拓展特定功能区试点监测工作，为深层次环境管理提供技术支持

以“功能拓展，强化服务”为指导，根据近期水环境管理需要和管理难点，针对特定监测对象，满足特殊管理需求，开展特定功能区监测。在现有淀山湖蓝藻“水华”预警监测和苏州河自动监测工作经验的基础上，进一步拓展如泵站放江、工业区周边水质、长江口生态敏感区、边滩等特定功能区监测预警，在提高为环境管理深层次服务能力的同时，更为应对不同新环保问题预留监测手段、拓展监测技术。

## 五、建设能满足水环境预警决策、预测、应急响应和信息发布等综合平台

以全市水环境预警监测数据为基础，将预警监测体系与管理平台系统等技术有机结合，构建基于 GIS 技术的全市水环境预警监控信息平台。建立统一的数据采集标准和规范，将各类水环境预警监测数据进行存储和统一管理，形成满足水环境预警需求的可视化、可共享的信息平台，实现综合信息管理和跨部门数据实时共享、模拟预测、预警决策、应急响应和信息发布等，为区域水环境管理提供支撑。

（汤琳）

# 第三十四章 湖北省水环境质量预测预警技术发展

## 第一节 湖北省背景概况

### 一、地形地貌

湖北省位于我国中部，长江中游，全境位于东经108°21′42″～116°07′50″、北纬29°01′53″～33°16′47″，东邻安徽，南界江西、湖南，西连重庆，西北与陕西接壤，北与河南毗邻。全省国土总面积18.59万$km^2$，占全国总面积的1.94%。东西长约740 km，南北宽约470 km。

湖北省地势西高东低，鄂西南为盆地，跨我国自东海向青藏高原逐级抬升的第二、第三阶梯之间，地貌类型多样，山地、丘陵和平原湖区兼备。山地、丘陵和平原湖区面积分别占全省面积的56%、24%和20%。地势高低相差悬殊，西部号称“华中屋脊”的神农架最高峰神农顶，海拔达3 105.4 m；东部平原的监利县谭家渊附近，地面高程为零。全省西、北、东三面被武陵山、巫山、大巴山、武当山、桐柏山、大别山、幕阜山、大洪山等山地环绕。山前丘陵岗地广布，中南部为由长江及其支流汉江冲积而成的江汉平原及分布于嘉鱼至黄梅沿长江一带的鄂东沿江平原，均为较典型的河积—湖积平原。与湖南省洞庭湖平原连成一片，地势平坦，土壤肥沃，除平原边缘岗地外，海拔多在35 m以下，略呈由西北向东南倾斜的趋势（图34-1）。

### 二、流域水系

湖北省地处亚热带季风气候区，降水充沛，属于湿润区，局部地区甚至属于多雨地带，因而河流水源补给充足。境内河流以长江、汉江为骨干，接纳了省内千余条中小河流，形成以长江、汉江为轴线的向心水系。省内河长在5 km以上的中小河流共有4 228条，总长度达59 204 km，河网密度0.32 $km/km^2$，通航里程1万余km。

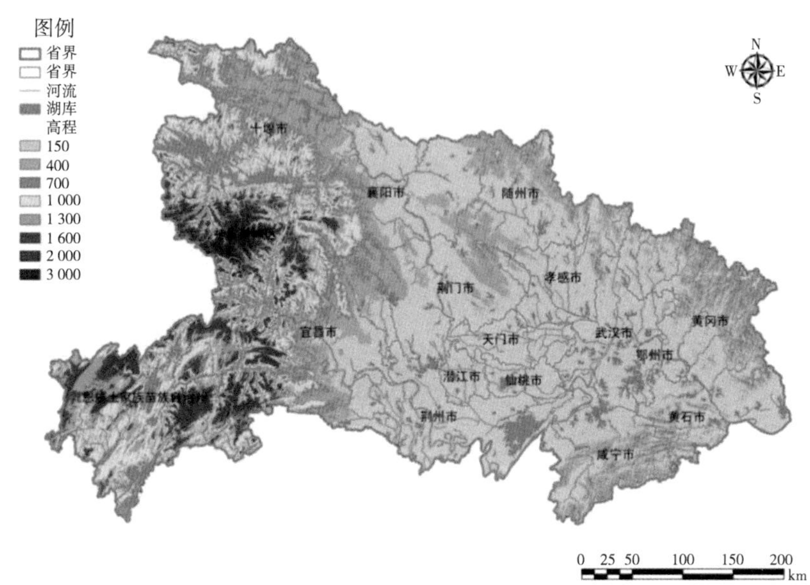


图 34-1 湖北省地形图

其中属长江流域的 4 190 条，属淮河流域的 38 条。长江从重庆市巫山县入境，浩荡东流，横贯全省，至黄梅县出境，长达 1 041 km；汉江自陕西蜀河口入境，由西北向东南斜贯省内，于汉口汇入长江，省境长 858 km，是湖北省第二大河流。除长江、汉江外，按河长大小排名前 10 的河流为：清江、府澴河、堵河、沮漳河、南河、汉北河、富水、举水、陆水和巴水。

湖北省湖泊众多，素有“千湖之省”的美称。古书有“鄂渚上千，湖泊成群”的说法，可与世界闻名的“千湖之国”芬兰媲美。面积 6.67 $hm^2$ 以上的湖泊 755 个，湖泊总面积 2 706.851 $km^2$，大中型水库 335 座，库容 370.48 亿 $m^3$。众多的湖泊集中分布于江汉平原和鄂东沿江平原地区，包括洪湖、梁子湖、长湖、斧头湖、龙感湖、汈汊湖、大冶湖、西凉湖、网湖和张渡湖等，东湖是全国最大的城市内湖。众多湖泊起着调蓄、养殖、灌溉、航运、生物多样性保护等巨大作用。省内水库主要分布于山区，较大的水库包括著名的三峡水库、丹江口水库，以及漳河水库、陆水水库、浮桥河水库、白莲河水库、徐家河水库、黄龙滩水库等。

## 三、气候与气象条件

湖北省处于我国东部中纬度季风气候区、湿润多雨带，具有典型的亚热带季风性湿润气候特点，光照充足，热量丰富，无霜期长，降水充沛，雨热同季。因境内地形复杂，资源的地域分布不均，从日照、气温、降水的分布来看，不仅南北差异明显，东西差异和垂直差异也很显著。气候复杂多样，且独具特色。

全省大部分地区太阳年辐射总量为 85 ~ 114 kcal/cm$^2$（1 kcal=4.186 kJ）。全省无霜期在 230 ~ 300 天。多年平均实际日照时数为 1 100 ~ 2 150 个小时。由鄂东北向鄂西南递减，鄂北、鄂东北最多，为 2 000 ~ 2 150 个小时；鄂西南最少，为 1 100 ~ 1 400 个小时。日照时数的季节分配是夏季最多，冬季最少，春、秋两季因地而异，鄂东南和江汉平原因春多阴雨，日照时数春少于秋，鄂西则因秋多阴雨，日照时数春多于秋。全省年平均气温 15 ~ 17℃，大部分地区冬冷夏热，春季温度多变，秋季温度下降迅速。一年之中，1 月最冷，平均气温 2 ~ 4℃；7 月最热，除高山地区外，平均气温 27 ~ 29℃，极端最高气温可达 40 ℃以上。

大部分地区年降水量在 800 ~ 1 600 mm，地域分布呈由南向北递减趋势，鄂西南最多达 1 400 ~ 1 600 mm，鄂西北最少为 800 ~ 1 000 mm。降水量分布有明显的季节变化，一般是夏季最多，冬季最少，全省夏季雨量在 300 ~ 700 mm，冬季雨量在 30 ~ 190 mm。其中 6 月中旬至 7 月中旬雨量最多，强度最大，是湖北省的梅雨期。“十二五”期间，2015 年湖北省平均降水量 1 177.0 mm，比常年平均偏少 0.2%（表 34-1）。

表 34-1 “十二五”期间湖北省年降水量

| | 2011 年 | 2012 年 | 2013 年 | 2014 年 | 2015 年 |
|---|---|---|---|---|---|
| 降水量 /mm | 988.2 | 1 045.1 | 1 088 | 1 130.7 | 1 177.0 |

因受地形等多方面因素影响，多地逆温、不利于污染物稀释扩散天气比例较高；北方沙尘天气偶尔也影响江汉平原大部。

## 四、水资源现状与变化

湖北得长江、汉水之利，素称“千湖之省”，曾有方圆九百里的云梦大泽，湖泊密布，河流众多，水资源丰富。

全省多年平均径流总量为 986 亿 m$^3$，相当于全国河川径流总量的 3.6%；全省多年平均径流深 509 mm，为全国平均值的 1.84 倍，在全国各省（区、市）中，仅次于台湾、广东、福建、浙江、江西、广西、贵州、四川、云南 9 省（区），居第十位，属中等水平。

湖北省过境客水资源丰富，但自产水资源十分有限，总体上属于水资源丰富的省份。2015 年全省入境客水总量为 6 158 亿 m$^3$，相当于省内地表径流量的 6.2 倍。省内河流多发源于山地丘陵地带，受湖北省地形影响，迂回曲折向中部平原汇集，最后汇入长江，构成向心水系；在山地丘陵与平原交接处往往形成比较大的落差，蕴藏着极为丰富的水能资源，其中 90% 以上集中分布于鄂西山区。湖北省可开发的水能资源为 3 310 万 kW，占全国可装机总容量的 8.7%，居第四位。见表 34-2。

表 34-2 “十二五”期间湖北省年水资源量

| | 2011 年 | 2012 年 | 2013 年 | 2014 年 | 2015 年 |
|---|---|---|---|---|---|
| 水资源量 /$10^6m^3$ | 75 753 | 81 388 | 103 395 | 91 430 | 101 563 |

## 五、土地资源与利用

湖北省土地总面积为 18.59 万 $km^2$，占全国土地总面积的 1.94%，居全国各省（区、市）第 16 位。湖北省土壤类型丰富多样，全省土地资源自南向北分属中亚热带红壤、黄壤地带和北亚热带黄棕壤地带，丰富的土壤类型为湖北省发展多样化农业经营提供了良好的基础。在不同地貌类型与土壤类型条件下，土地利用呈现多样化与区域分异特点：鄂西山区用地方式以林地居多，耕地发展受到限制；鄂东低山丘陵地区多发展林特产品；江汉平原、鄂东沿江平原、鄂北岗地、鄂中丘陵，自然条件良好，是全省粮、棉、油的主要产区，水产品也十分突出；耕地主要分布在江汉平原、鄂东沿江平原和鄂北岗地。

## 六、植被情况

湖北地处亚热带，适宜林木生产。全省有乔木树种 1 300 多种，其中用材林约占一半，主要品种有马尾松、油松、杉树、栎树、华山松、柏树、冷杉、川杨等；经济林以油桐、乌桕、生漆、油茶、核桃、板栗为主。还有可资利用的 1 000 多种野生植物。1 亿多年前遗留下来的水杉、银杏、珙桐等“活化石”林，残存于鄂西山区。有“绿色宝库”之称的神农架林区，是我国中部地区唯一的原始森林。据湖北省林业资源连续调查第六次复查（一类调查）报告，2010 年全省森林面积 713.86 万 $hm^2$，森林覆盖率为 38.40%。全省森林面积以防护林所占比例最大，为 43.79%，其次是用材林，所占比例为 40.61%，经济林、特用林和薪炭林面积之和占森林总面积的 15.6%。湖北林地分布不均，全省约 56% 的林地分布在鄂西山区，主要集中在神农架大巴山北坡，以及清江流域南侧，而汉江两岸林地稀疏，广大鄂北岗地森林覆盖较少。湖北省 2009 年国土资源公报，公布 2008 年湖北省有牧草地 6.535 万亩，占土地总面积的 0.24%，牧草地也是良好的天然植被。

## 七、污染源状况

### （一）废水

全省 133 家国控废水污染源在全省的分布情况见图 34-2。2016 年参与评价的企业有 124 家，主要分布在化学原料及化学制品制造业、造纸及纸制品业、医药制造业等 24 个行业。化学原料及化学制品制造业、造纸及纸制品业、医药制造业等三个行业参与评价企业数量所占比重较高，分别为 20.5%、12.2%、9.6%。

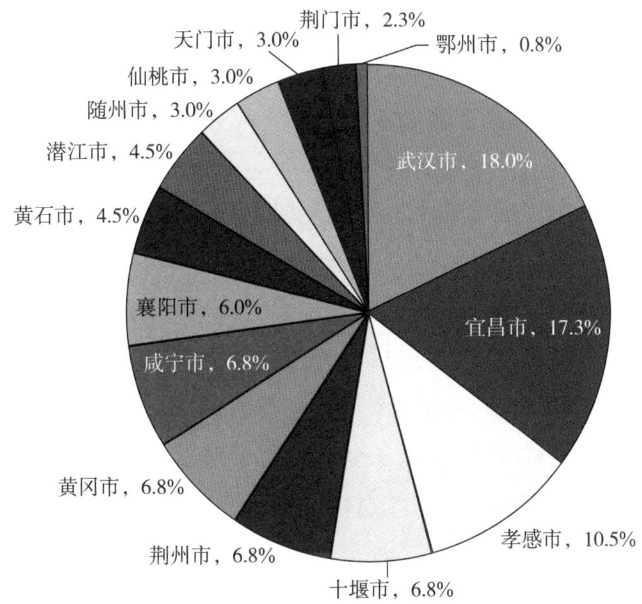


图 34-2　2016 年湖北省国控废水企业分布情况

从行业来看，2016 年全省废水国控企业化学需氧量排放总量前三位的行业分别是医药制造业、造纸及纸制品业和化学纤维制造业，排放总量分别为 1 701 t、1 339.1 t 和 1 116.6 t；氨氮排放总量前三位的行业分别是化学原料及化学制品制造业、黑色金属冶炼及压延加工业和造纸及纸制品业，排放总量分别为 168.3 t、77.5 t 和 44.2 t。

### （二）污水处理厂

全省 140 家国控污水处理厂出水受纳水体主要分布在长江中下游干流、汉江（汉水）水系、洞庭湖及其他水系。全省约有 71.2% 的污水处理厂出水排入长江中下游干流；排入汉江（汉水）水系的占 23%，另外还有少数污水处理厂受纳水体为洞庭湖或其他水体，共约占 5.8%。

# 第二节　湖北省水环境质量状况

## 一、地表水监测断面（点位）设置情况

目前，湖北省在长江、汉江、清江等主要河流的干支流以及梁子湖、洪湖、丹江口水库、三峡水库等重要湖库共布设有省控地表水环境质量监测断面（点位）272 个，其中跨省界断面 19 个［涉及重庆、陕西、河南、江西、湖南、安徽 6 省（市）］，跨市界断面 47 个，河口断面 24 个，其他类型断面（控制、对照）172 个。

272 个省控断面（点位）中，国控断面（点位）有 168 个，其中国家“水十条”考核断面（点位）130 个，趋势科研断面 38 个。非国控的省控断面有 104 个，其中跨界断面 8 个，河口断面 2 个，其他类型断面（控制、对照）94 个。

全省境内 130 个国家“水十条”考核断面（点位）中，有 124 个断面（点位）考核湖北省，6 个省界断面（点位）考核外省（羊尾、玉皇滩、界牌沟、巫峡口、埠口、翟湾）。国家考核湖北省的 114 个考核单元中，实际包括 103 个河流断面和 11 个湖库水域（斧头湖武汉水域 1 个点位，斧头湖咸宁水域 1 个点位，梁子湖武汉水域 4 个点位，梁子湖鄂州水域 4 个点位，十堰黄龙滩水库 2 个点位，丹江口水库 4 个点位，宜昌隔河岩水库 1 个点位，荆州洪湖 4 个点位，荆门漳河水库 2 个点位，黄冈白莲河水库 1 个点位，咸宁富水水库 1 个点位，共计 25 个湖库点位，考核湖库时按照水域点位均值统计），共计 128 个断面（点位），其中湖北省监测 124 个（即 130 个国考断面中考核湖北省的 124 个断面），外省监测 4 个（河南五龙泉、江西姚港、湖南荆江口和马坡湖）。

湖北省长江流域跨界断面水质考核涉及的 70 个断面中（63 个考核断面、7 个对照断面），国控断面 53 个，非国控断面 17 个。

## 二、2017 年湖北省地表水环境质量状况

2017 年，湖北省水环境监测网的各级环境监测站对全省 74 条主要河流的 179 个监测断面，17 个湖泊、11 座水库、8 个城市内湖进行了监测。

主要河流断面中，水质优良符合Ⅰ～Ⅲ类标准的断面占 86.6%（Ⅰ类占 5.0%、Ⅱ类占 50.8%、Ⅲ类占 30.7%），水质较差符合Ⅳ类、Ⅴ类标准的断面分别占 8.4%、1.1%，水质污染严重为劣Ⅴ类的断面占 3.9%；主要污染指标为化学需氧量、氨氮

和总磷。与 2016 年相比，水质Ⅰ～Ⅲ类比例和劣Ⅴ类比例均持平，主要河流总体水质稳定在良好。

主要湖泊、水库的 32 个监测水域中，水质优良符合Ⅰ～Ⅲ类标准的水域占 62.5%（Ⅰ类占 3.1%、Ⅱ类占 31.3%、Ⅲ类占 28.1%）；水质较差符合Ⅳ类、Ⅴ类标准的水域分别占 25.0%、9.4%；水质污染严重为劣Ⅴ类标准的水域占 3.1%；主要污染指标为总磷、化学需氧量和五日生化需氧量。与 2016 年相比，水质Ⅰ～Ⅲ类水域比例上升 3.1 个百分点，劣Ⅴ类水域比例上升 3.1 个百分点，主要湖库总体水质稳定在轻度污染。

长江干流总体水质为优，18 个监测断面的水质均为Ⅱ～Ⅲ类；汉江干流总体水质为优，20 个监测断面水质均为Ⅰ～Ⅱ类；长江支流总体水质为良好，94 个监测断面中，Ⅰ～Ⅲ类水质断面占 86.2%、Ⅳ类占 9.6%、Ⅴ类占 2.1%、劣Ⅴ类占 2.1%，主要污染指标为化学需氧量、氨氮和总磷；汉江支流总体水质为良好。47 个监测断面中，Ⅰ～Ⅲ 类水质断面占 76.6%、Ⅳ类占 12.8%、劣Ⅴ类占 10.6%，主要污染指标为总磷、化学需氧量和氨氮。

## 第三节　典型水系 / 湖库的水环境质量监测预警案例分析

自 2017 年起，湖北省环境监测中心站通过对通顺河流域水文水质、气象、污染源等基础数据的收集与调查，构建了二维 EFDC 模型（环境流体动力学模型），提供未来 3 天逐小时的水文和水质预测模拟，以及突发水污染事故的应急模拟，水环境质量预测预警系统实现自动化运行。

通顺河为长江支流，汉江下游分水河道。河流西起潜江市泽口闸，流经潜江市、仙桃市和武汉市蔡甸区、汉南区，至武汉市经济技术开发区沌口街办，经黄陵矶闸入长江，全长 195 km。流域面积 3 266 $km^2$，流经湖北潜江、仙桃、武汉三地，涉及 4 个县级行政区、38 个乡镇级行政区。通顺河上连汉江，下通长江，是汉江下游和长江中游防洪体系的重要组成部分。作为典型的闸控河流，流域内分布有流量大于 5 $m^3/s$ 的水闸 509 座，流量大于 1 $m^3/s$ 的泵站 381 座，水资源主要受河流沿线涵闸泵站调度影响。

通顺河水环境质量预测预警系统由实时在线监测库、边界数据自动采集、二维 EFDC 模型和产品输出四大部分组成，构架如图 34-3 所示。

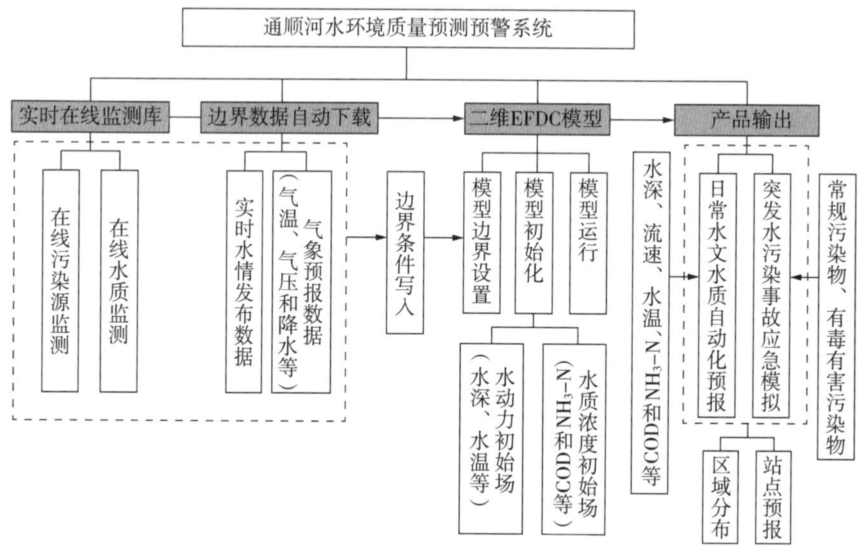


图 34-3 通顺河水环境质量预测预警系统构架

## 一、预测模型简介

EFDC（Environmental Fluid Dynamics Code）模型是由美国国家环境保护局资助、John M Hamrick 等研发的三维水动力水质模型，可用于河流、湖库、湿地和近岸海域等多种水体的流场、泥沙以及不同水质指标的模拟计算。EFDC 模型因其较为成熟、耦合水动力—水质过程以及源代码公开等优点被国内外广泛用于研究污染源—水质响应关系。

通顺河水环境质量预测预警系统基于 EFDC 模型进行研发，接入污染源在线监测数据及调查排放数据、水文监测和天气预测数据，模拟今、明、后 3 天的水动力及水质变化情况，对未来 3 天的水环境质量进行预测和预警。

## 二、预测区域网格制作

网格划分和生成是环境流体数值模拟重要的前期处理工作，其质量优劣将直接影响后期的流场和污染物浓度计算。通顺河水岸线几何形状不规则，水系较复杂，预测采用贴体坐标网格，将荷兰 Delft Hydraulic 公司开发的 Delft3D 3.23.02 作为贴体网格生成工具。

基于 ArcGIS 提取得到通顺河水岸线坐标（WGS_1984_UTM_Zone_49N），由于通顺河较浅，水深方向上各物质变化不大，故在垂向上不分层。预测区域划分为 3 988 个网格，$X$ 方向和 $Y$ 方向网格分辨率分别在 8.1 ~ 383.6 m 和 3.5 ~ 186.8 m。

## 三、预测初始条件设置

通顺河河底地形采用概化方式：入流（汉江—通顺河）泽口闸闸底高程为 28 m，结合坡降系数，经过模型内插算法得到其他网格的高程。

根据 CFL 条件，为保证模型运行稳定将时间步长设为 0.2 s，模型起始构建时，初始水深全场为 5 m，温度初始场为 20℃，水质初始场采用郑场游潭村水质站 2016 年全年监测均值。日常预测采用热启动方式，将前一天预测的 24 时（当天 0 时）结果作为下一次预测的起始条件，以此消除或减少模型的起转时间。

## 四、预测边界条件设置

预测模型边界条件分为流量边界、水工建筑物边界、水位边界（开边界）、水质边界、水温边界和气象边界 6 类。

流量边界主要包括 1 个入流、1 个支流、1 家污水处理厂、10 个工业源、其余为农村生活源、畜禽养殖源、种植业源等面源，面源按照支流口、雨水口、排污口或明渠的位置进行输入，面源产生的径流与降雨相关联。

水工建筑物边界设置 6 个水闸（深江闸、同兴沟闸、毛嘴闸、秦家湾闸、纯良岭闸、黄陵矶闸），使用水头查询表来描述网格上水头与流量之间的对应关系，通过上游深度来推算流量。

水位边界（开边界）设在出口（通顺河—长江）处，水位数据来源于长江汉口站（距离通顺河口 18 km）逐日水位。

水质边界同流量边界，包括入流、支流、工业源、污水处理厂和面源等，以污染源监测和调查数据处理为模型输入的水质边界。

水温边界采用郑场游潭村水质自动站监测数据，并分配给入流。

气象边界通过定点收集气象部门发布的气象站观测和预测数据（气温、降水、相对湿度和气压等）获取。

系统通过 C# 语言编程写的后台采集程序，获取通顺河水质监测数据，抓取并解析互联网发布的气象和水文数据，通过操作系统的任务计划功能，每天多时段更新至模型 INPUT 文件中，保证模型边界条件数据一直处于最新状态。数据采集流程如下：水质边界数据通过操作系统后台采集程序自动获取水质在线监测数据，同步到模型对应的点源边界配置文件；气象边界数据通过采集每天监测数据和预测数据，同步到气象边界和风场边界配置文件；水位及流量数据通过采集每天的水情监测信息，同步到水文配置文件。

## 五、预测时间设置

预测系统考虑业务化管理需要，每天 00：00 模型自动开始进行未来 72 小时水文和水质计算，模型结果输出的时间频率为每小时。因在线监测的水质数据为 4 小时一次，故系统前端将每 4 小时提取一次水文和水质预测结果，具体时间设置见图 34-4。

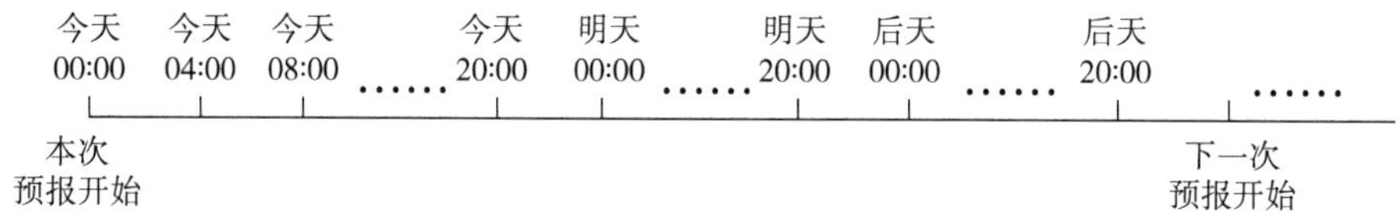


图 34-4　预测时间设置

## 六、运行环境

硬件环境采用了高性能刀片式服务器，主要由 Xeon（R）CPU E5 16 核处理器，16G 内存组成；软件环境配有 Windows Server 2008 R2 Standard 操作系统、IIS8、Tomcat 2.2、Visual Studio.Net Framework4.5、ArcGIS for DeskTop 10.3、Delft3D 3.23.02、SDS、GDAL、ImageMagick 等环境，自动模拟程序采用多线程并行计算，系统每天从 00：00 开始自动运行，未来 3 天水动力水质模拟的计算、解析和可视化出图时间大致在 3 小时左右，根据服务器性能仍有优化空间。

## 七、预测成果展示

采用实测的流量、水位和水质数据来率定和验证模型，经验证后的水动力和水质参数作为该河流的本地化参数，为预测预警系统提供参数库。

日常预测：预测未来 3 天逐小时水位、流量、流速、水温等水文结果及其空间分布，以及水体中氨氮、化学需氧量、总氮、总磷和溶解氧的小时浓度及其空间分布，见图 34-5。

突发水污染事故预警：出现突发事故，鼠标点击发生事故的位置，前端输入事故泄漏的污染物量，即可模拟事故对下游的水质影响，点击跨界（市界、乡 / 镇界）断面、环境敏感断面（取水口），查看污染物到达该位置的时间，以及到达的最大浓度及时间，见图 34-6。

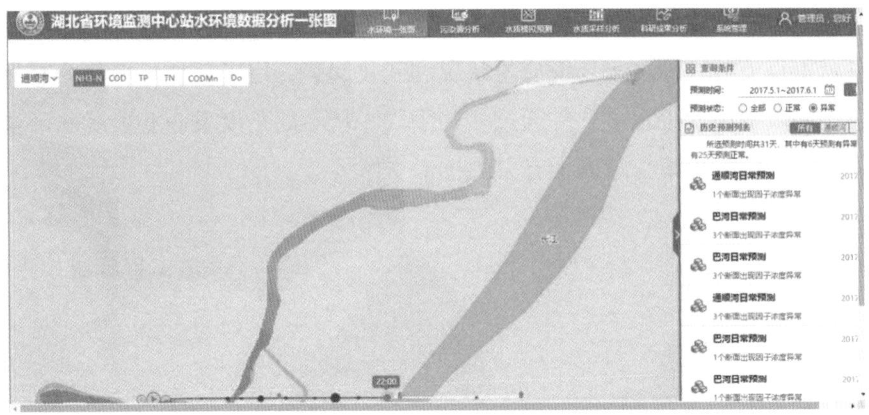


图 34-5 通顺河日常水质预测结果展示

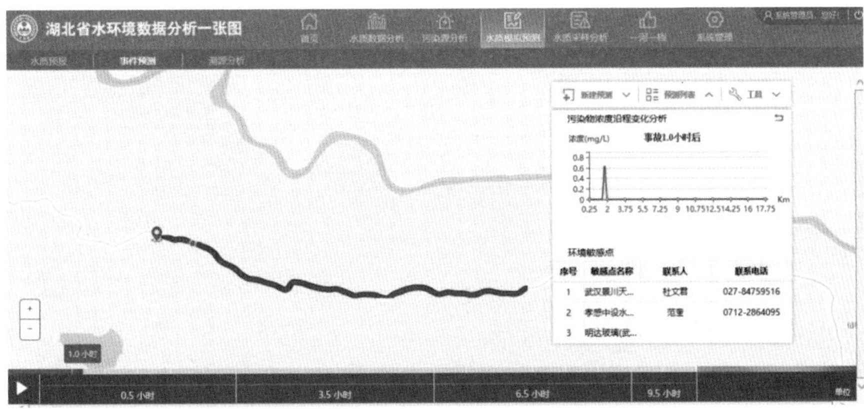


图 34-6 通顺河突发事件预警结果展示

## 第四节 未来工作规划或展望

针对流域水环境质量改善和饮用水安全保障的需求，基于已有监测数据资源及优化性研究，综合运用数据库、网络、GIS、模型等技术手段，建立集监测、模拟、预警、展示、分析、信息公开为一体的流域水环境预警管理系统，全方位地实现流域水环境质量监测与预警，为流域管理机构和政府部门水环境管理和宏观决策提供有力的技术支撑，并使公众能及时得到水环境信息资讯。

湖北省将建成布局合理、功能完善的水环境监测网络，以自动监测为主、手工监测为辅，实现县级以上（含县级）集中式饮用水水源地、省控地表水监测断面、重点湖泊、跨界断面和主要河流源头区自动监测全覆盖，及时、全面、准确地反映湖北省及重点流域、地区水环境质量状况和变化趋势，以强化质量控制为目标，通过信息化手段提高质控水平，并通过多种手段、从不同角度发布和展示水环境质量信息，为环境保护决策部门提供有力的技术支撑。

（程继雄　张晓彤）

# 第三十五章
# 安徽省水环境质量监测预警技术发展

## 第一节　安徽省背景概况

### 一、水文特点

安徽省位于我国中东部，全省南北长约 570 km，东西宽约 450 千米，位于东经 114°54′～119°37′，北纬 29°41′～34°38′，总面积 14.01 万 $km^2$，约占中国国土面积的 1.46%。

安徽省兼跨我国大陆南北方，南北差异明显。地貌类型比较齐全，山地、丘陵、台地、平原面积分别占全省土地总面积的 15.3%、14.0%、13.0%、49.6%，其余 8.1% 为大水面。长江、淮河横贯安徽东西，形成平原、丘陵、山地相间排列的格局。北部平原坦荡，中间丘陵起伏，黄山、九华山逶迤于南缘，大别山脉雄峙于西部，形成安徽省地势西高东低、南高北低的特点。全省大致可分为 5 个自然区域：①淮北平原。黄淮海平原的一部分，地面由西北向东南略有倾斜，海拔 20～40 m，为全省重要的粮、油、棉生产基地。②江淮丘陵。地面主要由丘陵、台地和镶嵌其间的河谷平原组成，主要山岭呈东北—西南走向。东部为江、淮水系的分水岭，海拔 100～300 m；西北部略低，河谷平原宽阔。③大别山区。位于安徽省与鄂、豫两省交界处，为大别山的主体部分，地势险要，有多座海拔 1 700 m 以上的山峰。④沿江平原。长江中下游平原的一部分，包括巢湖流域的湖积平原和长江沿岸的冲积平原，海拔多在 20 m 左右，河网密集，土地肥沃。⑤皖南山区。位于安徽省辖长江以南，大部分海拔 200～400 m，山形圆浑、秀气。黄山屹立在该区中部，主峰海拔 1 873 m，为省内最高点。

安徽省境内有长江、淮河、新安江三大水系，其中淮河流域面积 6.7 万 $km^2$，长江流域面积 6.6 万 $km^2$（包含巢湖水系），新安江流域面积为 0.65 万 $km^2$。流域面积在 100 $km^2$ 以上的河流共 300 余条，总长度约 1.5 万 km。淮河干流和长江干流自西向东横穿全省，新安江发源于安徽南部山区。在安徽省境内，淮河干流属中游河段，长江干流属下游河段，新安江属上游河段。大小湖泊有 580 多个，总面积 35 万 $hm^2$。湖泊主要分布于长江、淮河沿岸，其中长江水系湖泊面积 25.3 万 $hm^2$，占安徽省湖泊总面积的 70% 左右，巢湖位于皖中，属长江水系，东西长 55 km，南北宽 22 km，常年水域面积约 760 $km^2$，是我国五大淡水湖之一；淮河水系湖泊面积 9.7 万 $hm^2$，占安徽全省湖泊总面积的 30% 左右。

安徽省的水文既带有季风气候特征，又受到地貌形态的强烈影响，水量季节和年际变化大，空间差异显著。南部 5—8 月、北部 6—9 月的径流量占全年径流量的 55% ~ 70% 以上，丰水年与枯水年的径流量比值相差 14 ~ 22 倍。径流量的年际差异，江南为 4 ~ 7 倍，江淮之间为 5 ~ 15 倍，淮北达 14 ~ 30 倍。洪水年江河常泛滥成灾，枯水年多处河道断流。径流量的地区差异，与降水量的地区差异相一致，皖南和皖西山区，平均年径流深达 600 ~ 1 000 mm，局部达 1 400 mm 以上，淮北则仅 200 mm 左右。

安徽省多年平均水资源总量 716.17 亿 $m^3$，其中地表水资源总量 652.20 亿 $m^3$，地下水资源总量 191.35 亿 $m^3$。过境水在全省水资源总量中占有重要地位。长江流经安徽境内全程长 416 km，入境水量 8 891.84 亿 $m^3$，出境水量 9 171.88 亿 $m^3$，两岸圩区水利设施比较完备，可以开闸放水进入圩内灌溉农田。淮河流经安徽境内全程长 430 km。入境水量 276.60 亿 $m^3$，出境水量 537.32 亿 $m^3$。枯水年份基本无水可供，洪水年份又超出蓄洪能力，泛滥成灾。由于上游灌溉用水逐年增多，过境水利用率不高。新安江流经安徽境内全程长 240 km，出境水量 33.01 亿 $m^3$。见图 35-1。

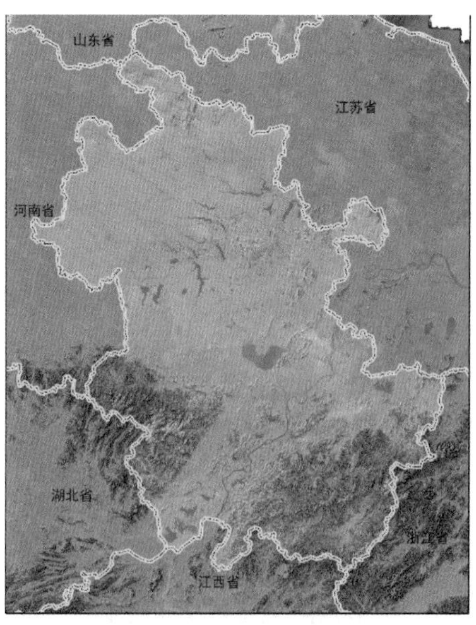


图 35-1 安徽省地形地貌

### 二、下垫面状况

2018年，安徽省土地调查总面积为1 401.40万$hm^2$，其中农用地1 112.89万$hm^2$，建设用地201.23万$hm^2$，未利用地87.29万$hm^2$。农用地中，耕地588.60万$hm^2$，园地34.55万$hm^2$，林地372.67万$hm^2$，牧草地440 $hm^2$，其他农用地117.04万$hm^2$。建设用地中，居民点及独立工矿用地165.46万$hm^2$，交通运输用地15.34万$hm^2$，水利设施用地20.43万$hm^2$。

全省土壤机械组成砂粒和粉粒偏高，有机质含量不高，以酸性和中性为主，氮、磷、钾全量多为稍缺。

全省土壤砂粒和粉粒相对含量较多，黏粒较少。皖西和皖南的山区土壤砂粒含量最高，皖中丘岗地的土壤粉粒含量最高；从土地利用类型来看，林地土壤砂粒含量高于耕地，耕地土壤砂粒与粉粒含量接近；从全省参与统计的9个土壤类型来看，黄壤砂粒含量最高，黄褐土粉粒含量最高，棕壤黏粒含量最高。

全省土壤以酸性和中性为主，自南向北，由酸性逐渐向中性和偏碱性过渡。耕地土壤的pH总体上高于林地。

全省土壤有机质含量不高，皖南和皖东北部土壤有机质含量稍高，皖西南和皖东南部分地区土壤有机质含量较低。从不同土地利用类型来看，耕地土壤有机质含量总体上大于林地。

全省土壤氮、磷、钾全量多为稍缺，皖南地区土壤全氮含量相对稍高，皖北平原土壤全磷含量稍高，皖西和皖南部分地区土壤全钾含量稍高；耕地土壤氮、磷、钾全量总体上大于林地；从不同土壤类型来看，砂姜黑土、棕壤和石灰（岩）土全氮含量相对较高，潮土全磷含量较高，黄壤全钾含量较高。

## 第二节　安徽省水环境质量状况

### 一、水环境监测网络

“十三五”期间，安徽省地表水共设置322个省控以上手工监测断面（点位），其中河流断面239个、覆盖136条河流，湖库点位83个、覆盖37座湖库。长江流域共设置84个断面、监控47条河流，淮河流域共设置114个断面、监控63条河流，新安江流域共设置8个断面、监控5条河流，巢湖湖区设置8个测点、21条环湖河流设置 33 个断面，其他主要湖泊、水库共设置 75 个点位、监控 36 座湖库。

水质断面（点位）监测频次为每月一次。河流监测《地表水环境质量标准》（GB 3838—2002）表 1 的基本项目（23 项，总氮除外），以及流量、电导率。湖库增测透明度、总氮、叶绿素 a 和水位等指标。

## 二、地表水水质状况

按照《地表水环境质量标准》（GB 3838—2002）评价，2018 年，安徽省 136 条河流、37 座湖泊水库总体水质状况为轻度污染。监测的 321 个地表水监测断面（点位）中，Ⅰ～Ⅲ类水质断面（点位）占 69.5%，水质状况为优良；劣Ⅴ类水质断面（点位）占 3.7%，水质状况为重度污染。

安徽省地表水主要污染指标为总磷、化学需氧量和高锰酸盐指数。

安徽省地表水中，巢湖流域污染程度相对较重，劣Ⅴ类水质断面比例为 15.2%，总体水质状况为轻度污染；长江流域总体水质状况为良好；新安江流域总体水质状况为优。

### （一）长江流域（安徽省段）

总体水质状况为良好，监测的 47 条河流 84 个断面中，Ⅰ～Ⅲ类水质断面占 89.3%；劣Ⅴ类水质断面占 2.4%。

长江干流安徽段总体水质状况为优，支流总体水质状况为良好。监测的 46 条支流中，28 条支流水质为优、12 条为良好、4 条为轻度污染、2 条为重度污染。见表 35-1。

表 35-1　2018 年长江干流（安徽省段）水质状况

| 水质状况 | 支流名称 | |
|---|---|---|
| | 境内 | 出境 |
| 优 | 姑溪河、青山河、黄浒河、漳河、青弋江、水阳江、西津河、秋浦河、白洋河、东津河、桐汭河、九华河、黄湓河、尧渡河、七星河、鹭鸶河、潜水、皖水、凉亭河、二郎河、清溪河、舒溪河、秧溪河、浦溪河、麻川河 | 泗安河、阊江、龙泉河 |
| 良好 | 清流河、襄河、徽河、顺安河、长河（枞阳）、采石河、青通河、皖河、华阳河、长河（太湖）、陵阳河 | 滁河 |
| 轻度污染 | 来河、得胜河、无量溪河 | 梅溧河 |
| 重度污染 | 雨山河、慈湖河 | — |

（二）淮河流域（安徽省段）

总体水质状况为轻度污染，监测的 63 条河流 114 个断面中，Ⅰ～Ⅲ类水质断面占 57.0%；劣Ⅴ类水质断面占 3.5%。

淮河干流安徽段总体水质状况为优，支流总体水质状况为轻度污染，监测的 62 条支流中，13 条水质为优、18 条为良好、21 条为轻度污染、7 条为中度污染、3 条为重度污染（均为入境河流），见表 35-2。

表 35-2　2018 年淮河干流（安徽省段）水质状况

| 水质状况 | 支流名称 | | |
|---|---|---|---|
| | 入境 | 境内 | 出境 |
| 优 | — | 淠河总干渠、淠河、东淠河、西淠河、漫水河、黄尾河、竹根河、胡家河、东流河、扫帚河、辉阳河、马槽河 | 史河 |
| 良好 | 颍河、泉河 | 北淝河、济河、丁家沟、怀洪新河、茨淮新河、西淝河、谷河、池河、陡涧河、庄墓河、东淝河、淠东干渠、南沙河、汲河、沣河、白塔河 | |
| 轻度污染 | 涡河、惠济河、沱河、浍河、黄河故道、运料河、赵王河、灌沟河、黑茨河、油河 | 阜蒙新河、茨河、澥河、濉河、枣林涵、木台沟、中心沟、濠河 | 老濉河、新濉河、新汴河 |
| 中度污染 | 洪河、王引河、奎河、闫河、郎溪河 | 石梁河、龙河 | — |
| 重度污染 | 小洪河、包河、武家河 | — | — |

（三）新安江流域（安徽省段）

总体水质状况为优。新安江干流安徽段水质状况为优；4 条支流中，扬之河、率水和横江水质为优，练江水质为良好。

（四）巢湖流域（安徽省段）

1. 巢湖湖体

全湖平均水质为Ⅴ类、中度污染，呈轻度富营养状态。其中，东半湖水质为Ⅳ类、轻度污染，呈轻度富营养状态；西半湖水质为Ⅴ类、中度污染，呈轻度富营养状态。

### 2. 环湖河流

总体水质状况为轻度污染，监测的 21 条河流 33 个断面中，Ⅰ～Ⅲ类水质断面占 69.7%；劣Ⅴ类水质断面占 15.2%。21 条环湖河流中，3 条河流水质为优、10 条为良好、2 条为轻度污染、2 条为中度污染、4 条为重度污染。见表 35-3。

表 35-3　2018 年安徽省巢湖环湖河流水质状况

| 水质状况 | 河流名称 |
| --- | --- |
| 优 | 杭埠河、姚家河、河棚河 |
| 良好 | 丰乐河、兆河、裕溪河、柘皋河、白石天河、双桥河、清溪河、小南河、汤河、西河 |
| 轻度污染 | 神灵沟、肖小河 |
| 中度污染 | 派河、朱槽沟 |
| 重度污染 | 南淝河、店埠河、十五里河、民主河 |

## （五）安徽省其他主要湖泊、水库（不含巢湖）

2018 年，安徽省主要 36 个湖（库）中，水质为优的湖（库）有 13 个，占 36.1%；良好的有 10 个，占 27.8%；轻度污染的有 10 个，占 27.8%；中度污染的有 2 个，占 5.6%；重度污染的有 1 个（石龙湖），占 2.8%。

水库水质优于湖泊水质，17 座水库中，港口湾水库、响洪甸水库、丰乐湖、城西水库、磨子潭水库、佛子岭水库、梅山水库、龙河口水库、白莲崖水库、牯牛背水库、花亭湖和太平湖等 12 座水库水质为优；大房郢水库、董铺水库、凤阳山水库、沙河水库和奇墅湖等 5 座水库水质为良好。19 个湖泊中，泊湖水质为优；女山湖、石臼湖、城东湖、白荡湖和武昌湖等 5 个水质为良好，沱湖、瓦埠湖、焦岗湖、高邮湖、南漪湖、菜子湖、黄大湖、升金湖、城西湖和龙感湖等 10 个水质为轻度污染；高塘湖和芡河湖水质为中度污染，石龙湖水质为重度污染。

石龙湖呈重度富营养状态，芡河湖、瓦埠湖、高塘湖、焦岗湖、城西湖、南漪湖、石臼湖、菜子湖、高邮湖和龙感湖等 10 座湖泊呈轻度富营养状态，其他 25 个湖库均未出现富营养化。见图 35-2。

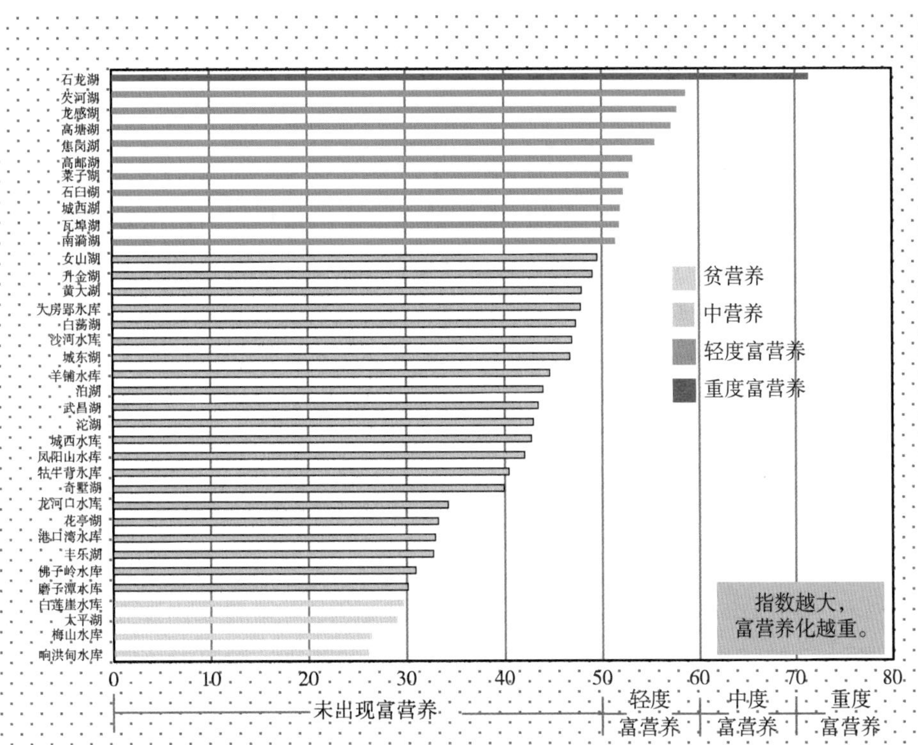

图 35-2 2018 年安徽省主要湖泊、水库水体营养状态

## 三、水质变化趋势

“十二五”以来，安徽省地表水总体水质状况均为轻度污染，呈好转趋势。Ⅰ～Ⅲ类水质断面（点位）的比例由 2011 年的 61.1% 上升到 2018 年的 69.4%，劣Ⅴ类断面（点位）的比例由 12.6% 下降到 3.7%，见表 35-4。

表 35-4 2011—2018 年安徽省地表水类别比例年际变化

| 年份 | 监测断面 / 个 | 断面比例 /% | | | | | |
|---|---|---|---|---|---|---|---|
| | | Ⅰ类 | Ⅱ类 | Ⅲ类 | Ⅳ类 | Ⅴ类 | 劣Ⅴ类 |
| 2011 | 237 | 0.0 | 27.8 | 33.3 | 19.4 | 6.8 | 12.6 |
| 2012 | 237 | 0.0 | 34.6 | 32.1 | 16.4 | 5.5 | 11.4 |
| 2013 | 247 | 1.6 | 35.2 | 30.8 | 16.6 | 6.1 | 9.7 |
| 2014 | 246 | 1.2 | 39.4 | 27.3 | 16.2 | 6.1 | 9.8 |
| 2015 | 246 | 1.2 | 38.2 | 28.9 | 13.9 | 8.9 | 8.9 |
| 2016 | 253 | 0.8 | 37.2 | 31.6 | 14.2 | 9.5 | 6.7 |
| 2017 | 322 | 2.5 | 40.4 | 30.7 | 14.6 | 6.8 | 5.0 |
| 2018 | 321 | 3.1 | 38.6 | 27.7 | 21.2 | 5.6 | 3.7 |

分流域来看，安徽省新安江流域总体水质保持优，所有监测断面水质类别均好于Ⅲ类；长江流域总体水质保持良好且呈好转趋势，Ⅰ～Ⅲ类水质断面比例由85.7%上升到89.3%；淮河流域总体水质由中度污染好转为轻度污染，Ⅰ～Ⅲ类水质断面比例由34.1%上升到57.0%，劣Ⅴ类水质断面比例由28.0%下降到3.5%；巢湖湖区水质在Ⅳ～Ⅴ类之间波动，营养状态基本保持稳定，均为轻度富营养状态，环湖河流水质由中度污染好转为轻度污染，Ⅰ～Ⅲ类水质断面比例由26.4%上升到69.7%，劣Ⅴ类水质断面比例由31.6%下降到15.2%；其他湖泊、水库总体水质基本保持稳定。

## 第三节　巢湖湖区的水环境质量监测预警案例分析

巢湖受地质原因和城市排污影响，近年来在每年4—10月易出现大面积蓝藻水华，安徽省环保部门自2007年开始，每年在巢湖蓝藻易发期间对巢湖开展蓝藻水华预警监测，根据近年来巢湖蓝藻水华预警监测期间的水质监测结果、大面积水华发生情况和MODIS蓝藻影像图，2015年制定了《巢湖蓝藻应急监测工作方案（试行）》，全面监控巢湖蓝藻水华发生情况，及时提供和发布巢湖蓝藻监测预警信息，有效支撑应急响应措施启动，保障饮用水水源地水质安全。

### 一、监测手段

#### 1. 手工监测

对湖区12个监测点位开展水质监测，目的是监控湖区水质和富营养状态并界定蓝藻水华程度。监测项目为水温、pH、溶解氧、透明度、氨氮、高锰酸盐指数、总氮、总磷、叶绿素a、藻类密度（鉴别优势种）等10项。

#### 2. 湖区巡查

对湖区开展现场巡查，目的是监控湖区蓝藻水华区域、面积和现场监控饮用水水源地及蓝藻水水华区域水质。

#### 3. 卫星遥感监测

根据当天巢湖卫星遥感监测数据，解译获取蓝藻水华区域及面积，并界定蓝藻水华规模。

## 二、监测预警等级

根据近年来巢湖蓝藻应急监测期间的水质监测结果、卫星遥感监测结果和蓝藻暴发情况，将巢湖蓝藻应急监测分为三个等级，由轻到重顺序依次为Ⅲ级（蓝色）监测预警、Ⅱ级（黄色）监测预警、Ⅰ级（红色）监测预警。

### （一）Ⅲ级（蓝色）监测预警：常规应急监测

#### 1. 监测时间

4 月 1 日—10 月 31 日。

#### 2. 监测频次及项目

（1）手工采样：12 个湖体监测点位 1 次 / 周（周一至周三，原则上周二监测），监测项目为蓝藻应急监测 10 个项目。

（2）湖区巡查：巢湖坝口、巢湖船厂、东半湖湖心、南淝河入湖区、十五里河入湖区和派河入湖区 6 个点位 2 次 / 周（原则上周二、周五监测），监测项目为水温、pH、溶解氧、透明度、叶绿素 a、藻类密度。

（3）卫星遥感监测：1 次 / 日。

（4）水质自动监测站：6 次 / 日，监测项目为蓝藻应急监测 7 个项目。

### （二）Ⅱ级（黄色）监测预警：应急加密监测

#### 1. 启动条件

以下条件具备一项，即启动Ⅱ级（黄色）监测预警：

（1）东半湖藻类密度平均值大于等于 500 万个 /L。

（2）西半湖藻类密度平均值大于等于 1 000 万个 /L。

（3）卫星遥感监测到的水华面积达到 50 $km^2$ 以上（含 50 $km^2$）。

（4）气象预测显示巢湖区域将连续 3 天日最高气温在 30℃以上、风力小于 2 级（含 2 级）且卫星遥感监测到有水华。

（5）水质监测结果显示有 2 个点位出现 pH 大于 8.8、DO 大于 10.0 且藻类密度大于等于 1 000 万个 /L。

#### 2. 监测频次及项目

（1）手工采样：12 个湖体监测点位 2 次 / 周（原则上周二、周五监测），监测项目为蓝藻应急监测 10 个项目。

（2）湖区巡查：巢湖坝口、巢湖船厂点位 1 次 / 日，其余 10 个湖区点位 1 次 / 2 天（原则上周二、周四、周六监测），监测项目为水温、pH、溶解氧、透明度、叶绿素 a、藻类密度。

（3）卫星遥感监测：1 次 / 日。

（4）水质自动监测站：6 次 / 日，监测项目为蓝藻应急监测 7 个项目。

### （三）Ⅰ级（红色）监测预警：应急保障加密监测

#### 1. 启动条件

以下条件具备一项，即启动Ⅰ级（红色）监测预警：

（1）湖区藻类密度平均值大于等于 1 000 万个 /L。

（2）3 个测点藻类密度大于等于 5 000 万个 /L。

（3）1 个测点藻类密度大于等于 1 亿个 /L。

（4）卫星遥感监测到的水华面积达到 100 $km^2$ 以上（含 100 $km^2$）。

（5）巢湖坝口、巢湖船厂藻类密度平均值大于等于 1 000 万个 /L，或出现大面积蓝藻集聚。

（6）水质监测结果显示有 3 个以上（含 3 个）点位出现 pH 大于 8.8、DO 大于 10.0 且藻类密度大于等于 1 000 万个 /L。

（7）气象预测显示巢湖区域将连续 3 天日最高气温在 30℃以上、风力小于 2 级（含 2 级）且卫星遥感监测到的水华面积占湖区面积的比例大于等于 5%。

#### 2. 监测频次及项目

（1）手工采样：巢湖坝口、巢湖船厂点位 1 次 / 日，其余 10 个湖区点位 1 次 / 2 日（原则上周二、周四、周六监测），监测项目为蓝藻应急监测 10 个项目。

（2）湖区巡查：巢湖坝口、巢湖船厂点位 2 次 / 日，其余 10 个湖区点位 1 次 / 天，监测项目为水温、pH、溶解氧、透明度、叶绿素 a、藻类密度。

（3）卫星遥感监测：1 次 / 日。

（4）水质自动监测站：6 次 / 日，监测项目为蓝藻应急监测 7 个项目。

#### 3. 监测预警会商

安徽省环境监测中心站组织开展巢湖蓝藻应急监测预警会商，参加单位有省水环境保护办公室（以下简称水办）、省气象科学研究所、巢湖管理局环境保护监测站、合肥市环境监测中心站。

## 三、监测预警工作组织

安徽省环境监测中心站负责巢湖蓝藻应急监测工作组织、蓝藻应急监测结果综合分析、蓝藻应急监测预警报告编制和监测预警会商工作。

巢湖管理局环境保护监测站负责巢湖湖区 12 个点位的手工采样分析、水质自动监测站的稳定运行、12 个点位湖区巡查工作。

在出现Ⅰ级（红色）监测预警时，安徽省环境监测中心站调度巢湖流域相关市环境监测站联合开展巢湖蓝藻应急监测预警工作。

## 四、监测预警信息报送

巢湖管理局环境保护监测站在监测次日 8：00 以前向省环境监测中心站报送巢湖湖体水质监测数据、湖区巡测数据，以及巢湖湖体监测 GPS 航迹（如 2015 年 4 月 1 日监测的航迹，其文件命名为 0401.gpx）。

省环境监测中心站根据湖体水质监测结果、湖区巡测结果、环保部卫星中心提供的卫星遥感监测结果，编写巢湖蓝藻应急监测预警信息报告，并根据蓝藻水华情势，及时启动Ⅱ级（黄色）监测预警或Ⅰ级（红色）监测预警。

Ⅲ级（蓝色）监测预警时，编写《巢湖蓝藻应急监测预警信息快报》，报送至中国环境监测总站、环境厅领导、水办及相关处室。

Ⅱ级（黄色）监测预警时，编写《巢湖蓝藻应急监测预警信息专报》，报送至中国环境监测总站、环境厅领导、水办及相关处室和合肥市政府、合肥市环境局。

Ⅰ级（红色）监测预警时，编写安徽环境监测要情简报，报送至省政府、中国环境监测总站、环境厅领导、水办及相关处室和合肥市政府、合肥市环境局。

## 五、取得的成效

2015 年方案实施以来，共启动了 23 次黄色预警，24 次红色预警，其中 2018 年启动了 12 次黄色预警、10 次红色预警。由于在出现大面积蓝藻水华时能够做到信息的及时报送，合肥市根据预警信息及时启动湖面蓝藻打捞工作，保障了饮用水水源地安全，至今未发生蓝藻水华影响水源地供水事件，同时由于打捞及时，在最短时间内消除了藻类大量死亡后出现的恶臭现象，使蓝藻水华造成的社会负面影响降到最低。

# 第四节　未来工作规划或展望

## 一、全面优化地表水环境监测网络

建立覆盖省辖淮河、长江、新安江流域全部一级支流、70% 的二级支流和 50%

的三级支流的水环境质量监测网络，增设约 500 个监测断面，确保能监控重点敏感水体及跨省界、市界、县界重要水体。

## 二、全面拓展监测领域

在地表水环境监测网络优化调整的基础上，增加入河排污口的监测，进一步说清入河污染物总量，为水质预测预警提供技术支撑。

## 三、全面升级地表水监测手段

在全省地表水手工监测断面中选择条件适合的点位建设水质自动监测站，目前全省 106 个国考断面均已建成水质自动监测站，下一步首先在沿江 5 市建设 40 个水质自动监测站，然后进一步向淮河流域和新安江流域扩展，最终实现地表水水质自动监测全覆盖。

## 四、针对不同流域特点建立水质预测预警模型

根据流域水文、水质不同特点，结合水质、水量、入河排污口监测数据等建立相应的水质预测预警模型，建成全省水环境质量预测预警体系。

（王欢）

# 第三十六章
# 重庆市水环境质量监测预警技术发展

## 第一节　重庆市背景概况

### 一、水文特点

重庆市位于我国西南部、长江上游，地处东经 105°17′～110°11′、北纬 28°10′～32°13′，位于青藏高原与长江中下游平原的过渡地带。境内水系发达，长江自西南向东北横穿全境，在境内与南北向的嘉陵江、乌江、大宁河等主要支流及上百条中小次级河流构成近似向心状的网状水系，如图 36-1 所示，流域面积大于 1 000 km$^2$ 的水系有 42 条。

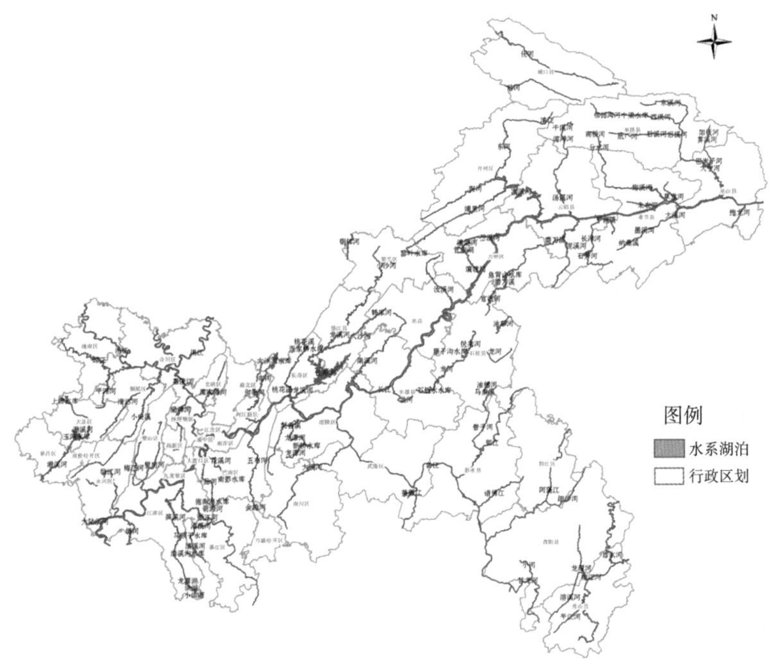


图 36-1　重庆市河流水系图

长江在重庆境内从江津青羊石入境，从巫山县培石出境，长600余km，河宽250～1 500 m。在寸滩水文站，最大流量85 700 $m^3/s$，多年平均流量11 308 $m^3/s$，主航道平均流速2～3 m/s，最小流量2 270 $m^3/s$，涪陵水文站最小平均流量3 290 $m^3/s$。

嘉陵江全长1 120 km，流域面积15.79万$km^2$，是重庆境内长江第一大支流，在合川县鼓楼乡进入重庆境内，在渝中区朝天门汇入长江，重庆境内全长153.8 km，最大流量达44 800 $m^3/s$，最小流量242 $m^3/s$，多年平均流量2 120 $m^3/s$。江面宽150～200 m，主航道流速0.6～2.5 m/s。渠江和涪江是嘉陵江左右岸最大的两条支流，流域面积分别占嘉陵江全流域面积的24%和22.3%。

乌江是重庆市境内长江第二大支流，在涪陵城区注入长江。南川的凤嘴江、黔江的唐岩河（又名阿蓬江），均为乌江支流。乌江多平平均流量为315 $m^3/s$，最枯流量208 $m^3/s$。凤嘴江多年平均流量18.35 $m^3/s$，唐岩河最大流量为1 600 $m^3/s$，最小流量0.036 $m^3/s$，多年平均流量6 $m^3/s$。

次级河流多发源于山区，是重庆广大乡镇、农村的主要水源，也是长江、嘉陵江水量的补给源，河流平均坡降在10%以上。长江干流两侧支流极不对称，北支河流多且长，主要有临江河、御临河、桃花溪、龙溪河等。南支河流少且短，主要有綦江河、花溪河、五步河等。

## 二、下垫面状况

全市生态环境状况空间差异表现为渝东北、渝东南地区整体优于主城区和渝西地区。渝东北、渝东南地区林地、草地、湿地等生态类型所占面积比例较大，地势多为山区，森林覆盖率高，同时也是全市自然保护区集聚区，属于生态保护和生态涵养发展的重点区域；主城区和渝西地区经济水平相对发达，建设用地需求量更大，人口分布集中，工业企业密集，是全市污染排放高强度区域，建设用地的扩张和污染物的排放，对该区域生态环境状况的影响十分重要。

2017年，全市共监测的398个土壤点位有342个点位无污染，占85.9%。56个超标点位中按最大单项污染指数统计，轻微污染的点位有44个，占78.6%；轻度污染点位10个，占17.9%；中度污染点位2个，占3.5%；没有重度污染点位。土壤超标点位主要污染物为重金属，超标原因主要为土壤本底值高，其次是化肥、农药污染。

## 三、污染源状况

主要污染源包括工业污染源、农业污染源、生活污染源及集中式处理设施（污水处理厂），工业污染源、农业污染源、生活污染源及集中式处理设施化学需氧量分别占污染物排放总量的 7.2%、92.5%、0.1% 及 0.2%；工业污染源、农业污染源、生活污染源及集中式处理设施氨氮分别占污染物排放总量的 3.2%、96.3%、0.1% 及 0.4%。由污染源统计结果可知，重庆市水环境主要以农业面源污染为主，点源污染为辅。

## 第二节　重庆市水环境质量状况

### 一、水环境质量监测网络布设情况

全市设置地表水例行监测断面 211 个，其中长江干流 15 个，114 条长江支流 196 个，监测频次为每月监测 1 次；在 104 座大中型湖库布设 108 个水质监测点位，监测频次为每年 2 次；在主城区 57 座综合整治湖库布设 57 个监测点位，监测频次为每年 3 次。“十三五”期间全市地表水环境监测概况见图 36-2。

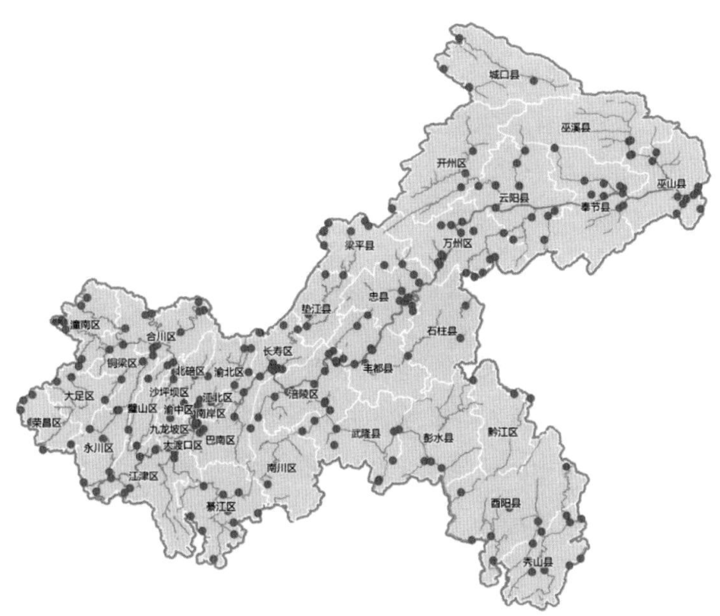


图 36-2　重庆市地表水环境质量监测点分布

### 二、水环境质量现状

2017 年，全市地表水总体水质为良好。监测的 211 个断面中，水质为 Ⅰ ~ Ⅲ

类的断面占 83.9%（其中Ⅰ类、Ⅱ类、Ⅲ类的比例分别为 0.5%、49.8%、33.6%），Ⅳ类、Ⅴ类和劣Ⅴ类的断面比例分别为 9.0%、3.3% 和 3.8%（图 36-3），满足水域功能要求的断面占 87.7%；104 座大中型水库水质为Ⅰ～Ⅲ类的占 78.8%。其中，42 个国控考核断面总体水质为优，水质为Ⅰ～Ⅲ类的断面占 90.5%。

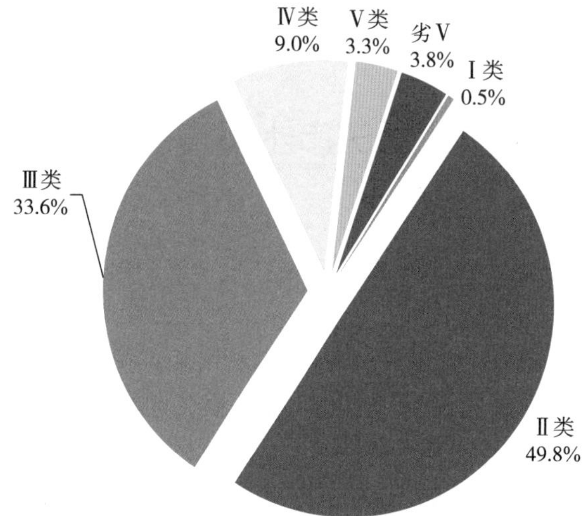


图 36-3　2017 年全市河流地表水水质类别比例

2017 年，全市河流地表水年均值出现超标的项目有总磷、化学需氧量、高锰酸盐指数、氨氮、五日生化需氧量、石油类、溶解氧、挥发酚和阴离子表面活性剂等 9 项；主要污染指标为总磷、化学需氧量和高锰酸盐指数，断面超标率分别为 14.2%、13.3% 和 5.7%。

## 三、水环境质量时空变化分布规律

2017 年，211 个监测断面中，水质优良比例为 83.9%，较 2013 年的 76.0% 提高了 7.9 个百分点。其中，纳入国家考核的 42 个断面水质优良比例为 90.5%，较国务院“水十条”实施前的 80.9% 提高了 9.6 个百分点。

### （一）长江干流水质时空变化规律

2017 年，长江干流 15 个断面主要污染物平均浓度月变化见图 36-4。由图 36-4 可见，氨氮浓度 4 月、7 月、9—12 月高于其他月份；高锰酸盐指数浓度 5 月、6 月、8—10 月总体高于其他月份；总磷浓度 10 月出现明显降低。长江干流主要污染物浓度沿程变化见图 36-5，由图可见，氨氮浓度变化较大，寸滩至大桥段逐步升高，大桥断面出现峰值，白帝城至巫峡口段浓度下降；高锰酸盐指数浓度总体变化不大；总磷浓度总体平稳。

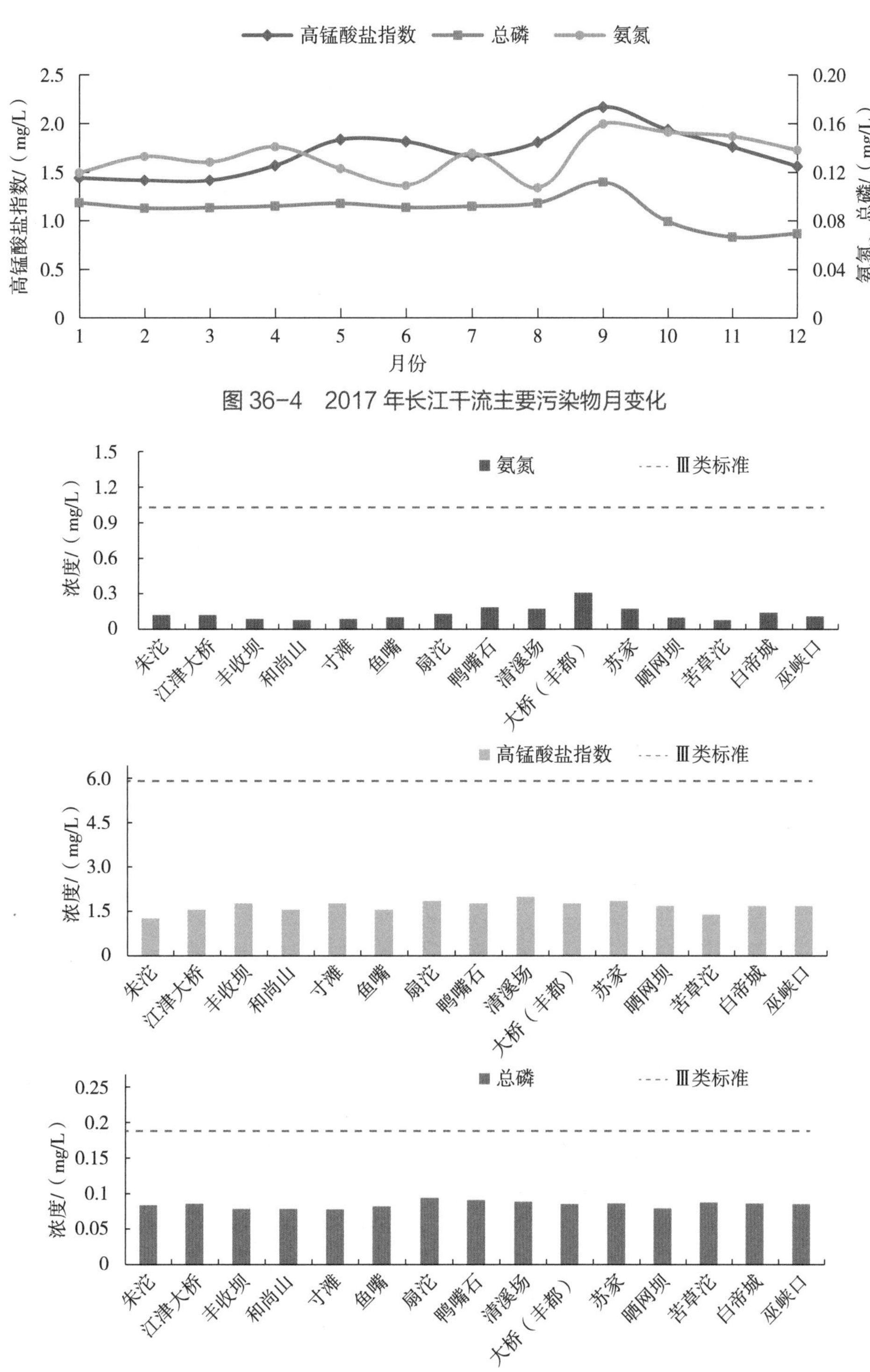


图 36-4　2017 年长江干流主要污染物月变化

图 36-5　2017 年长江干流主要污染物沿程变化

### （二）长江支流水质时空变化规律

2017 年，长江支流水质月变化见图 36-6。由图可知，长江支流水质为良好；水质为Ⅰ～Ⅲ类的断面比例 11 月最高，为 87.8%，9 月最低，为 74.5%。

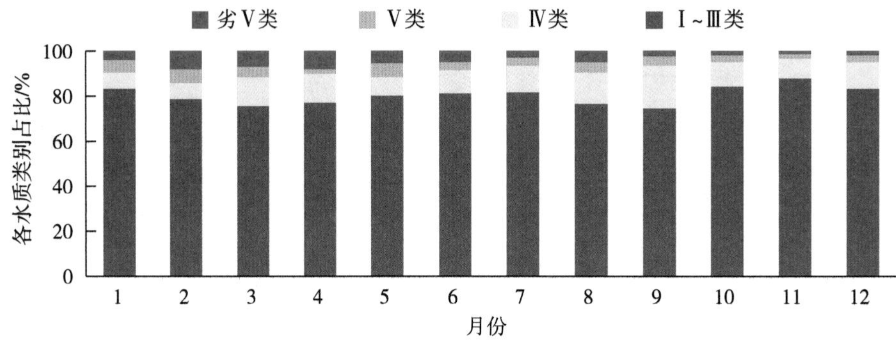


图 36-6　2017 年长江支流水质类别月变化

从长江支流水质空间变化来看（图 36-7），水质较差的河流主要集中在主城区和渝西片区，渝东南片区较好，渝东北片区水质最好。

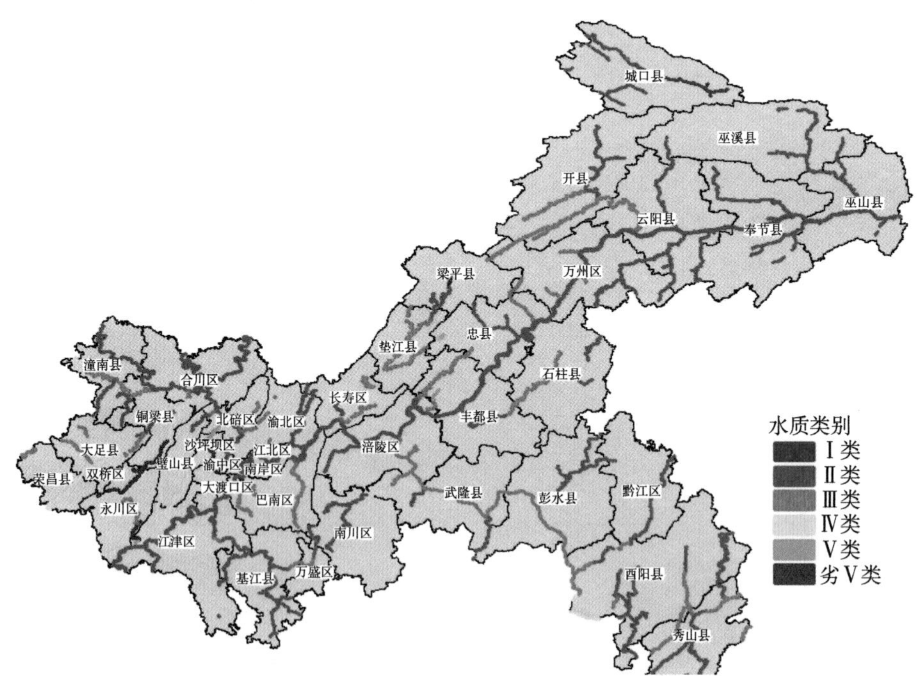


图 36-7　2017 年全市主要河流水质状况

## 第三节 三峡库区典型水环境预警案例分析

三峡库区地处我国中西接合部的长江咽喉地带，是实施西部大开发战略的枢纽和西部经济对外开放的前沿，是全国极为重要的敏感生态经济区，库区的水环境安全问题受到国内外的广泛关注。随着三峡库区经济的跨越式发展，以及三峡水库竣工后库区水文状态的改变，水环境安全面临越来越大的压力，水污染事件逐年增多。自三峡水库2003年6月开始蓄水135 $m^3$ 以来，每年3—5月或9—10月，库区的大宁河、神女溪、大溪河、抱龙河、梅溪河、草堂河、澎溪河等支流回水区都出现了藻类异常增殖的水华现象，水华的频繁暴发给库区经济及城镇饮用水水源带来不同程度的危害。此外，工业生产或交通运输事故造成的污染物泄漏事件也时有发生，突发性水污染事件也会严重威胁到库区人民的生命财产安全和社会安定。

本章选取三峡库区一个典型的水污染事件作为示范，采用二维水质模型模拟长江干流河段固定源排污口污染带扩散。三峡水库建成投运后，其不同调度水位分为145 m（6—10月）、156 m（11—2月）和175 m（3—5月），回水区长度分别为533 km（三峡大坝—长寿黄草峡）、573 km（三峡大坝—江北郭家沱）和667 km（三峡大坝—江津红花碛）。本次二维水质模型运算考虑了污染物最不利情况，忽略其沿程降解作用，并按三峡工程的3种不同调度水位分别假定了处理后排放、未处理直接排放和污染事故排放3种工况，进行了水流、水质模拟预测（模拟指标 $COD_{Mn}$）。

在对水质模拟结果进行分析时，将污染带区分为超水质标准污染带和超水质背景污染带。超水质标准污染带是指排污口周围水体中 $COD_{Mn}$ 浓度高于该水体环境功能所要求的Ⅲ类水质标准［《地表水环境质量标准》，（GB 3838—2002）］的区域；超水质背景污染带是指排污口周围水体中 $COD_{Mn}$ 浓度高出排污口上游背景断面浓度5%及以上的区域。

### 一、计算域

本次计算域上起四川维尼纶厂总排污口上游850 m，下至长寿污水处理厂排污口下游620 m，总长度约6 km。模型采用形状不规则的直边四边形网格离散平面上的计算域，为准确模拟排污口附近的流场和浓度场，按照不同水位条件适当加密了排污口附近的计算网格。三峡水库的调度水位为145 m时，其回水末端尚未到达该模拟江段，该区域仍处于天然河流状态。

## 二、条件

进口条件。根据模型计算的需要，假定 145 m、156 m 和 175 m 水位时模拟区域的进口流量分别为 22 260 $m^3/s$、7 944 $m^3/s$ 和 3 332 $m^3/s$，流速分别为 1.5 m/s、0.3 m/s 和 0.2 m/s。来流背景浓度不同将会影响排污口污染带的浓度场，为便于不同水位条件下进行比较，假定 $COD_{Mn}$ 背景浓度恒定为 2.66 mg/L，紊动能和紊动耗散率由经验公式计算确定。

固壁条件。根据以往的计算经验，本次模拟采用的固壁条件为 $\frac{\partial k}{\partial n}=0,\frac{\partial \xi}{\partial n}=0$。

出口条件。按照三峡水库调度方案给定水位条件。

排污口条件。模拟江段主要有四川维尼纶厂和长寿污水处理厂两个排污口，其污水流量占长江干流流量的比例非常小，排污口尺寸也很小，所以在流场计算时不考虑排污口流量的影响。两个排污口均为岸边排放。

河道地形条件。模拟江段的河道地形采用 1∶50 000 的 GIS 地图生成一定数量的散点数据，各计算网格中心点的水深数据通过 TECPLOT 软件进行水深 Kriging 插值得到。

## 三、计算参数的选择

糙率 $n$ 是三峡库区二维水质模型中的主要参数，它包括砂粒糙率 $n_0$ 和形状糙率 $n'$ 的综合作用。砂粒糙率与河床表面泥沙的几何尺度和级配有关，而形状糙率与河床相对于水深的起伏程度相关。通常认为，主流区的糙率 $n$ 较小，而岸边附近的糙率较大。根据糙率计算公式 $n=n_0+n'=n_0+k_n/h$，其中 $h$ 为水深，$n_0$ 和 $k_n$ 是根据相关水力学手册和观测数据确定。采用前期研究率定的糙率参数，$n_0$=0.04，$k_n$=0.005。

## 四、145 m 水位条件下不同污染负荷的污染带模拟

河流设计流量为 22 260 $m^3/s$，$COD_{Mn}$ 背景浓度为 2.66 mg/L，江段平均流速取 1.5 m/s，四川维尼纶厂排污口和长寿污水处理厂排污口的污染物排放指标详见表 36-1，其余参数的选择见“水流条件”部分。

表 36-1　河段 145 m 水位时不同污染负荷的污染带模拟初始条件

| 排污口名称 | 流量/($m^3$/s) | 流速/(m/s) | 背景浓度/(mg/L) | 污染负荷/(g/s) |
|---|---|---|---|---|
| 四川维尼纶厂（汇入网格号：16182） | 22 260 | 1.5 | 2.66 | 24.18（处理后排放） |
| | | | | 60.45（未处理直排） |
| | | | | 200（污染事故排放） |
| 长寿污水处理厂（汇入网格号：50286） | 22 260 | 1.5 | 2.66 | 3.65（处理后排放） |
| | | | | 20.44（未处理直排） |
| | | | | — |

（一）计算网格

本次模拟采用形状不规则的直角四边形网格离散平面上的计算域，为准确模拟排污口附近的流场和浓度场，按照 145 m 水位条件适当加密了排污口附近的计算网格。145 m 水位时排污口附近网格尺寸约为 3 m×4 m，网格最大尺寸为 11 m×5 m。

（二）流场分布模拟

水位 145 m 预警区域流场分布图见 36-8。从流速矢量图中可以看出，江心主流区水流速度较大，而近岸水域水流速度较小。受河道地形的影响，在四川维尼纶厂排污口附近及其上游形成一个明显的回水区域，其排污口汇入的网格中心点的纵向流速为 -0.2 m/s，横向流速为 -0.53 m/s，水深为 5.23 m。长寿污水处理厂排污口汇入的网格中心点的纵向流速为 0.73 m/s，横向流速为 2.06 m/s，水深为 1.23 m。

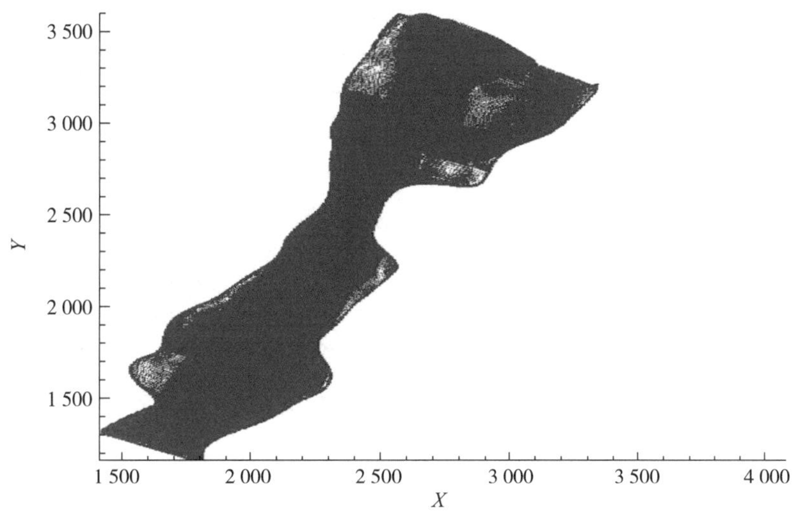


图 36-8　模拟河段 145 m 水位预警区域流场图

（三）浓度场分布模拟

在污水处理后排放的条件下，水位 145 m 时预警区域在不同污染负荷（四川维尼纶厂 24.18 g/s，长寿污水处理厂 3.65 g/s）的浓度场分布见图 36-9、图 36-10 和图 36-11。

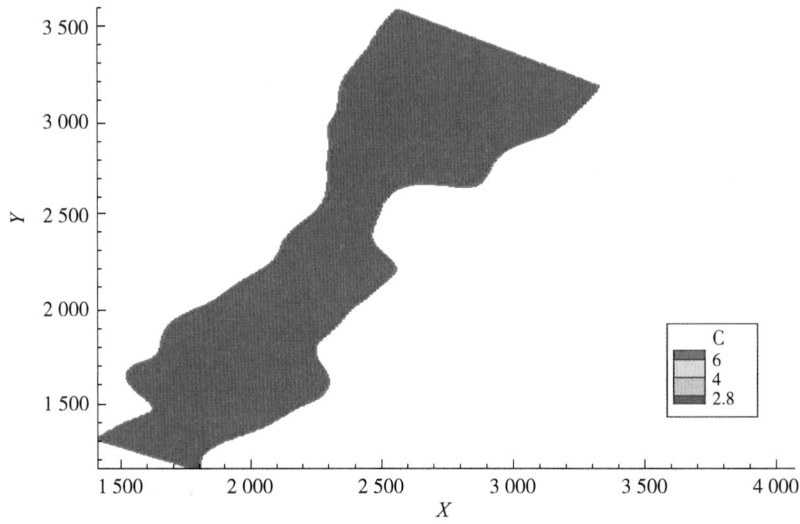


图 36-9　水位 145m 预警区域污染带全图（处理后排放）

在四川维尼纶厂排污口附近及其上游形成了一条长约 42 m、平均宽约 4 m，面积约 168 m² 的超背景污染带；在长寿污水处理厂排污口附近及其下游形成了一条长约 54 m、平均宽约 4 m，面积约 216 m² 的超背景污染带。

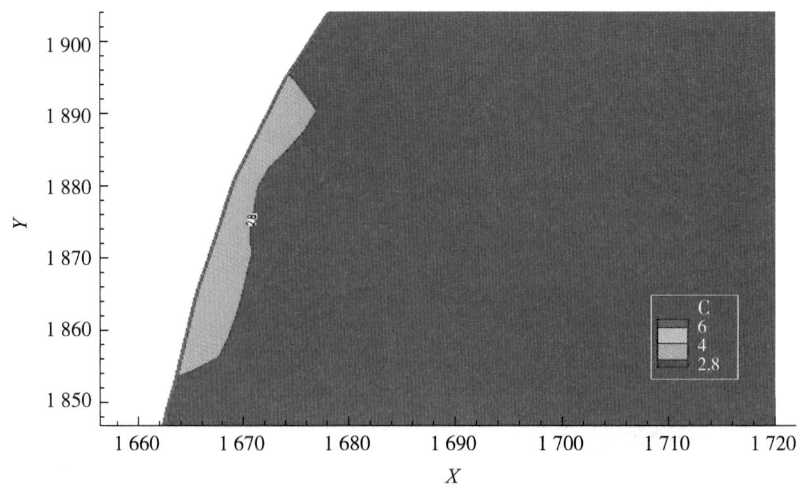


图 36-10　水位 145 m 预警区域污染带全图（处理后排放）

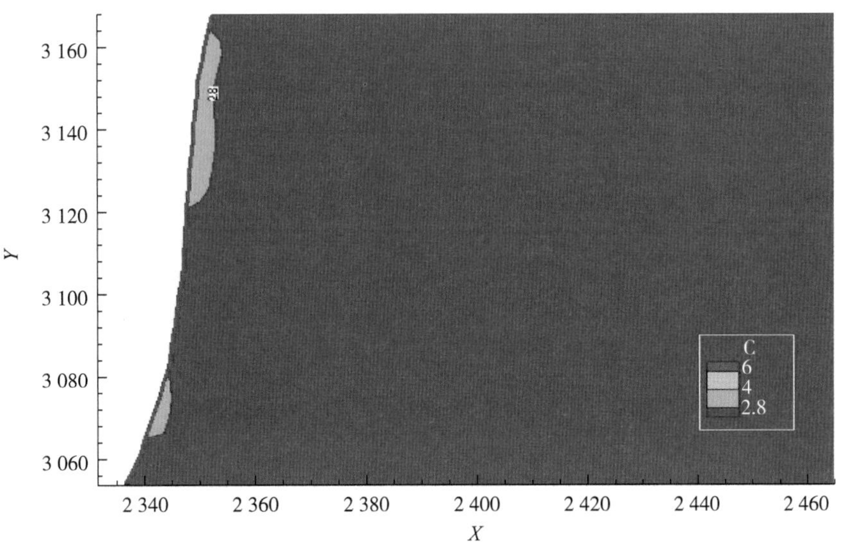


图 36-11　长寿污水处理厂 145 m 水位排污口污染带云图（处理后排放）

在污水直排的条件下，145 m 水位预警区域不同污染负荷（四川维尼纶厂 60.45 g/s，长寿污水处理厂 20.44 g/s）的浓度场分布见图 36-12、图 36-13 和图 36-14。在四川维尼纶厂排污口附近及其上游形成了一条长约 448 m、平均宽约 112 m，面积约 50 176 m$^2$ 的超背景污染带；在长寿污水处理厂排污口附近及其下游形成了一条长约 300 m、平均宽约 24 m，面积约 7 200 m$^2$ 的超背景污染带。

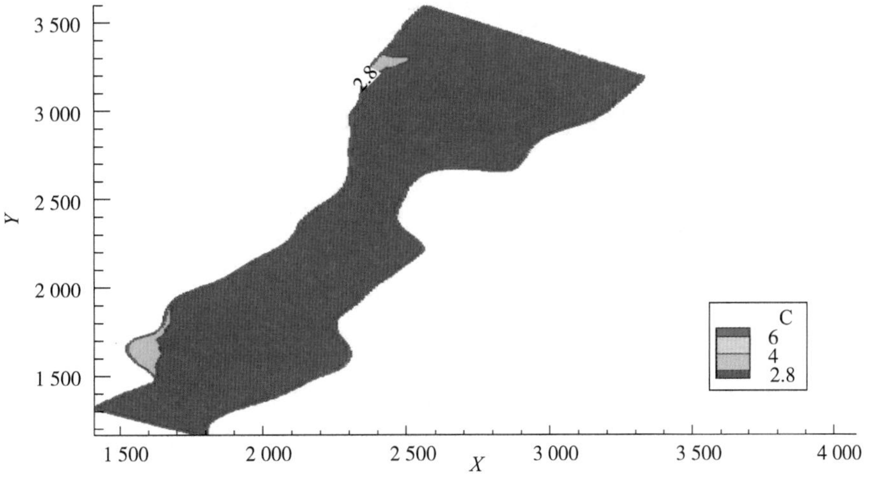


图 36-12　145 m 水位预警区域污染带全图（直排）

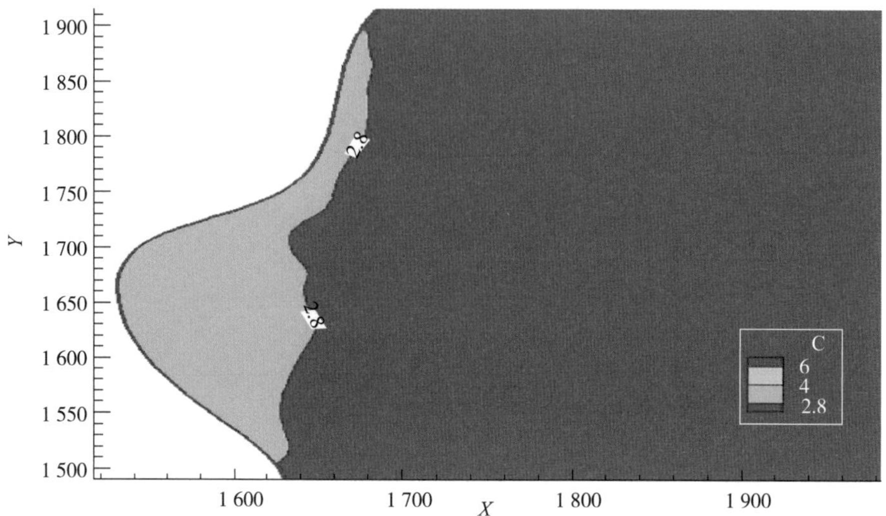

图 36-13 四川维尼纶厂 145 m 水位排污口污染带云图（直排）

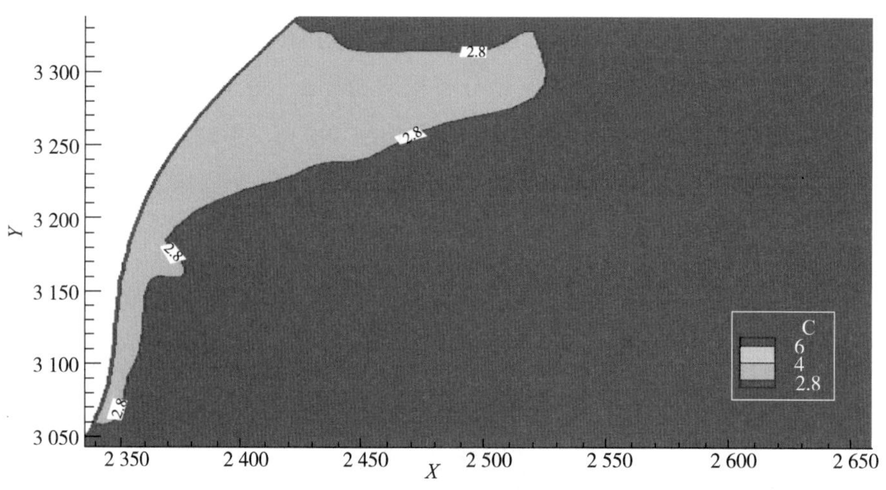

图 36-14 长寿污水处理厂 145 m 水位排污口污染带云图（直排）

在发生污染事故排放的条件下（四川维尼纶厂污染负荷 200 g/s），145 m 水位时预警区域的浓度场分布见图 36-15 和图 36-16。事故排放在四川维尼纶厂排污口附近及其上下游形成了一条长约 678 m、平均宽约 120 m，面积约 81 360 $m^2$ 的超背景污染带，并在排污口附近及其上游形成了一条长约 10 m、平均宽约 1.5 m，面积约 15 $m^2$ 的超标污染带。

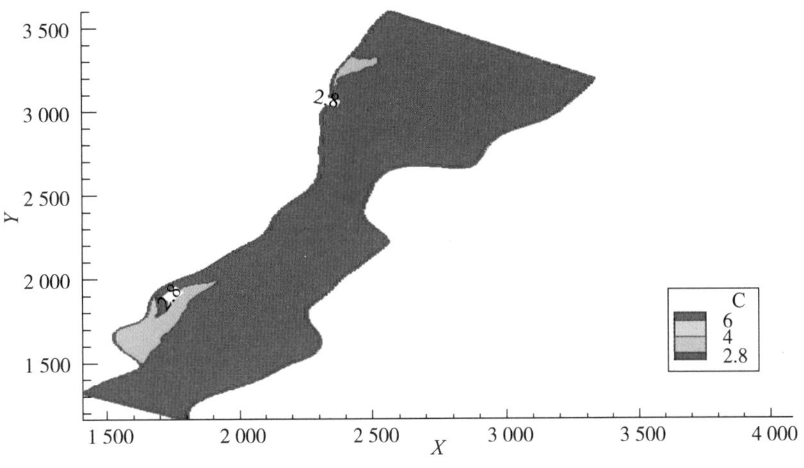

图 36-15 145 m 水位预警区域污染带全图（事故排放）

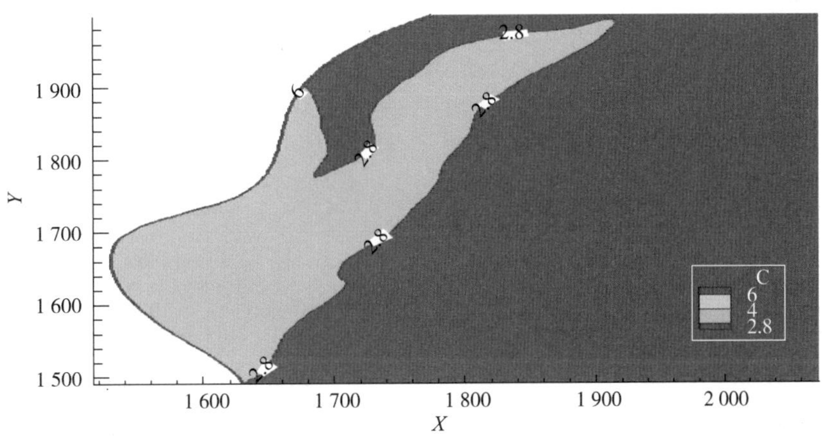

图 36-16 四川维尼纶厂 145 m 水位排污口污染带云图（事故排放）

### （四）污染带模拟结果汇总

从上述模拟运算结果可以得到四川维尼纶厂和长寿污水处理厂的排污口超背景污染带和超标污染带的长度、宽度和面积，其汇总情况见表 36-2。

表 36-2 145 m 水位不同污染负荷的排污口污染带特征

| 排污口名称 | 污染负荷 /（g/s） | 超背景污染带 | | | 超标污染带 | | |
|---|---|---|---|---|---|---|---|
| | | 长度 /m | 宽度 /m | 面积 /m² | 长度 /m | 宽度 /m | 面积 /m² |
| 四川维尼纶厂（汇入网格号：16182） | 24.18 | 42 | 4 | 168 | — | — | — |
| | 60.45 | 448 | 112 | 50 176 | — | — | — |
| | 200 | 678 | 120 | 81 360 | 10 | 1.5 | 15 |

续表

| 排污口名称 | 污染负荷/(g/s) | 超背景污染带 | | | 超标污染带 | | |
|---|---|---|---|---|---|---|---|
| | | 长度/m | 宽度/m | 面积/$m^2$ | 长度/m | 宽度/m | 面积/$m^2$ |
| 长寿污水处理厂（汇入网格号：50286） | 3.65 | 54 | 4 | 216 | — | — | — |
| | 20.44 | 300 | 24 | 7 200 | — | — | — |

（五）156 m 水位条件下不同污染负荷的污染带模拟

本次模拟运算的设计流量为 7 944 $m^3$/s，$COD_{Mn}$ 背景浓度为 2.66 mg/L，江段平均流速取 0.3 m/s，四川维尼纶厂排污口和长寿污水处理厂排污口的污染负荷详见表 36-3，其余参数的选择见本章第三节。

表 36-3 156 m 水位条件下不同污染负荷的污染带模拟初始条件

| 排污口名称 | 流量/($m^3$/s) | 流速/(m/s) | 背景浓度/(mg/L) | 污染负荷/(g/s) |
|---|---|---|---|---|
| 四川维尼纶厂（汇入网格号：22944） | 7 944 | 0.3 | 2.66 | 24.18（处理后排放） |
| | | | | 60.45（未处理直排） |
| | | | | 200（污染事故排放） |
| 长寿污水处理厂（汇入网格号：96317） | 7 944 | 0.3 | 2.66 | 3.65（处理后排放） |
| | | | | 20.44（未处理直排） |
| | | | | — |

1. 计算网格

本次模拟采用形状不规则的直角四边形网格离散平面上的计算域，为准确模拟排污口附近的流场和浓度场，按照 156 m 水位条件适当加密了排污口附近的计算网格。156 m 水位时排污口附近网格尺寸约为 3 m×3.4 m，网格最大尺寸为 11.6 m×4.5 m。

2. 流场分布模拟

156 m 水位预警区域流场分布如图 36-17 所示。从流速矢量图可以看出，江心主流区水流速度较大，而近岸水域流速较小。受河道地形影响，在四川维尼纶厂排污口附近及其上游形成了明显的回水区域，其汇入的网格中心点的纵向流速为 -0.02 m/s，横向流速为 -0.02 m/s，水深为 5.98 m。长寿污水处理厂汇入的网格中心点的纵向流速为 0.01 m/s，横向流速为 0.02 m/s，水深为 1.19 m。

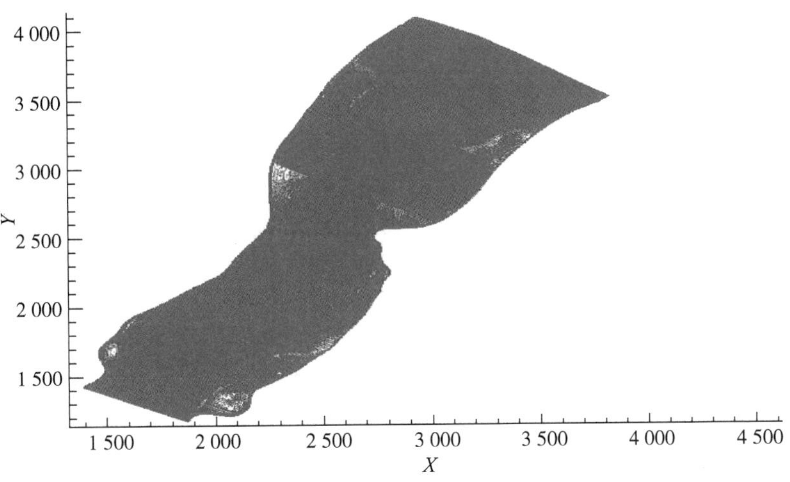


图 36-17　模拟河段 156 m 水位预警区域流场图

### 3. 浓度场分布模拟

在污水处理后排放的条件下，156 m 水位预警区域在不同污染负荷（四川维尼纶厂 24.18 g/s，长寿污水处理厂 3.65 g/s）的浓度场分布见图 3-18、图 36-19 和图 36-20。在四川维尼纶厂排污口附近及其上下游形成了一条长约 947 m、平均宽约 46 m，面积约 43 562 m$^2$ 的超背景污染带，并在排污口附近及其上下游形成了一条长约 379 m、平均宽约 18 m，面积约 6 822 m$^2$ 的超标污染带。在长寿污水处理厂排污口附近及其上下游形成了一条长约 38 m、平均宽约 12 m，面积约 456 m$^2$ 的超背景污染带，并在排污口附近及其上下游形成了一条长约 24 m、平均宽约 7 m，面积约 168 m$^2$ 的超标污染带。

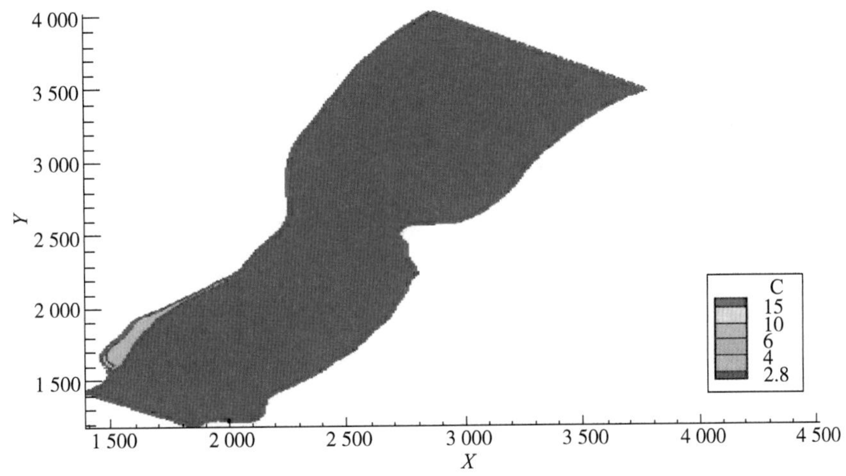


图 36-18　156 m 水位预警区域污染带全图（处理后排放）

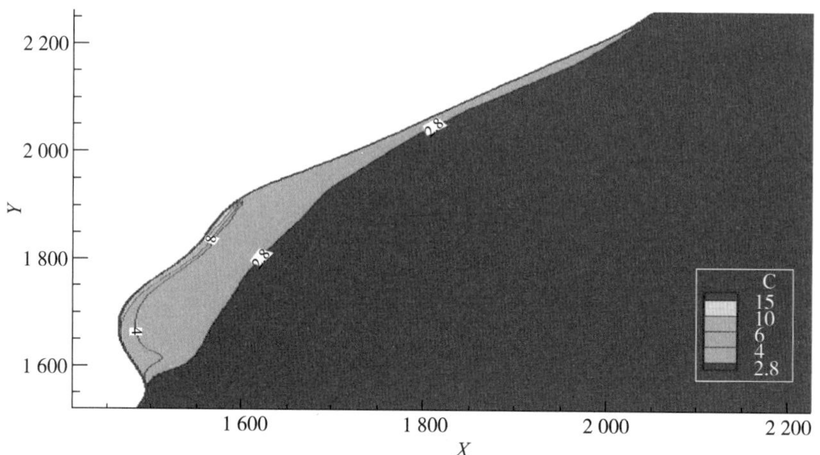


图 36-19　四川维尼纶厂 156 m 水位排污口污染带云图（处理后排放）

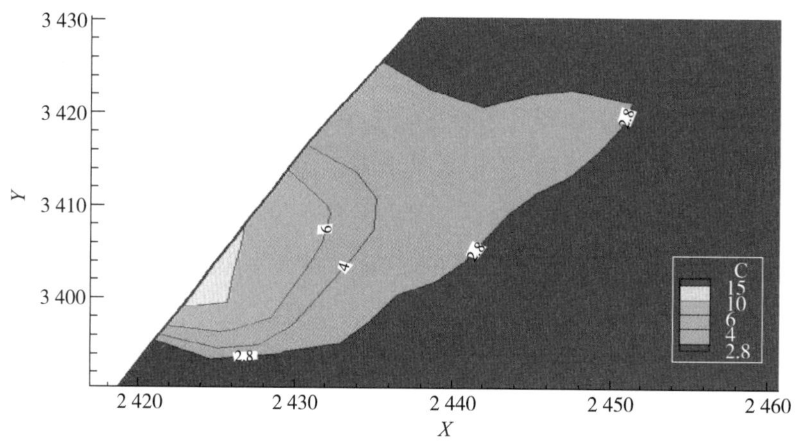


图 36-20　长寿污水处理厂 156 m 水位排污口污染带云图（处理后排放）

在污水直接排放的条件下，156 m 水位预警区域在不同污染负荷（四川维尼纶厂 60.45 g/s，长寿污水处理厂 20.44 g/s）的浓度场分布见图 36-21、图 36-22 和图 36-23。结果表明，四川维尼纶厂污水直排将在排污口附近及其上下游形成了一条长约 1 221 m、平均宽约 50 m，面积约 61 050 $m^2$ 的超背景污染带，并在排污口附近及其上下游形成了一条长约 381 m、平均宽约 50 m，面积约 19 050 $m^2$ 的超标污染带。

在长寿污水处理厂排污口附近及其上下游形成了一条长约 375 m、平均宽约 15 m，面积约 5 625 $m^2$ 的超背景污染带，并在排污口附近及其上下游形成了一条长约 30 m、平均宽约 9 m，面积约 270 $m^2$ 的超标污染带。

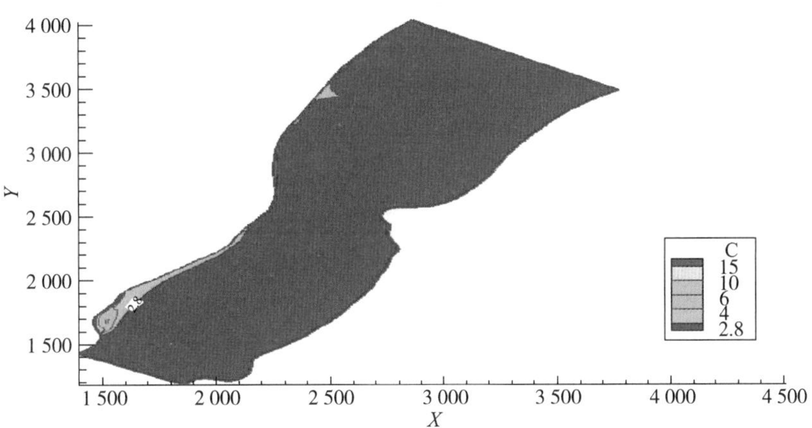


图 36-21 156 m 水位预警区域污染带全图（直排）

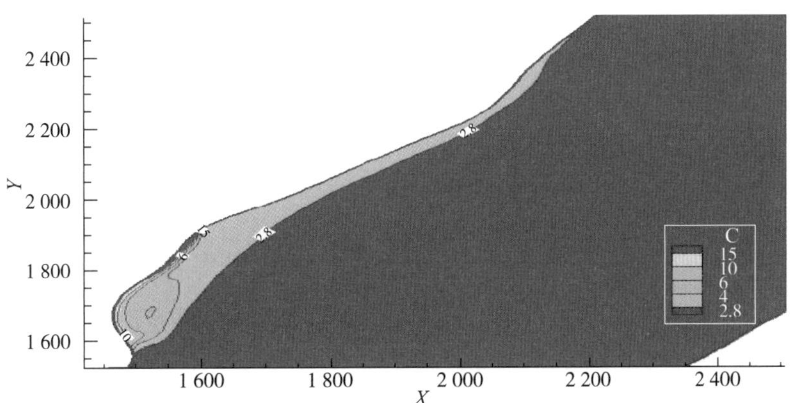


图 36-22 四川维尼纶厂 156 m 水位排污口污染带云图（直排）

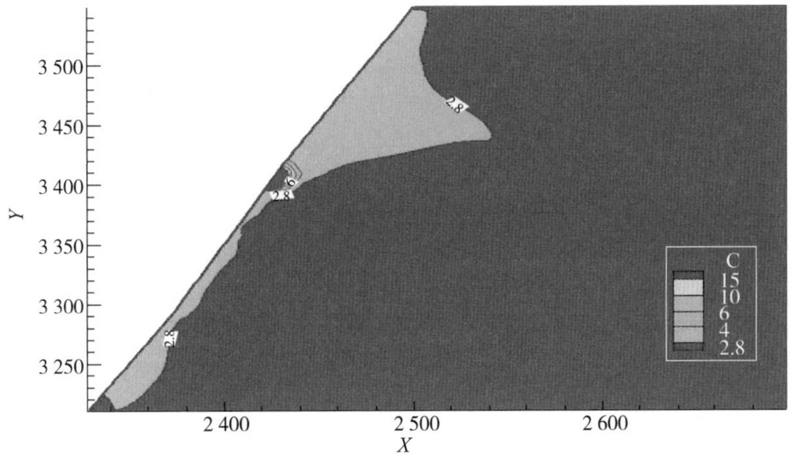


图 36-23 长寿污水处理厂 156 m 水位排污口污染带云图（直排）

在发生污染事故排放的情况下（四川维尼纶厂污染负荷 200 g/s），156 m 水位时预警区域的浓度场分布见图 36-24 和图 36-25。此时，在四川维尼纶厂排污口附近及其上下游形成了一条长约 2 047 m、平均宽约 60 m，面积约 122 820 $m^2$ 的超背景污染带，并在排污口附近及其上下游形成了一条长约 918 m、平均宽约 42 m，面积约 38 556 $m^2$ 的超标污染带。受四川维尼纶厂排污口污染带叠加效应的影响，在长寿污水处理厂排污口附近及其上下游形成的超背景污染带和超标污染带的长、宽、面积都将略有增大。

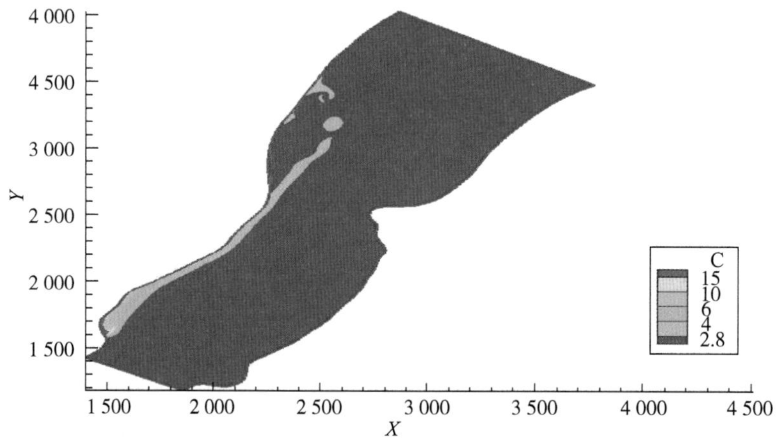


图 36-24　156 m 水位预警区域污染带全图（污染事故排放）

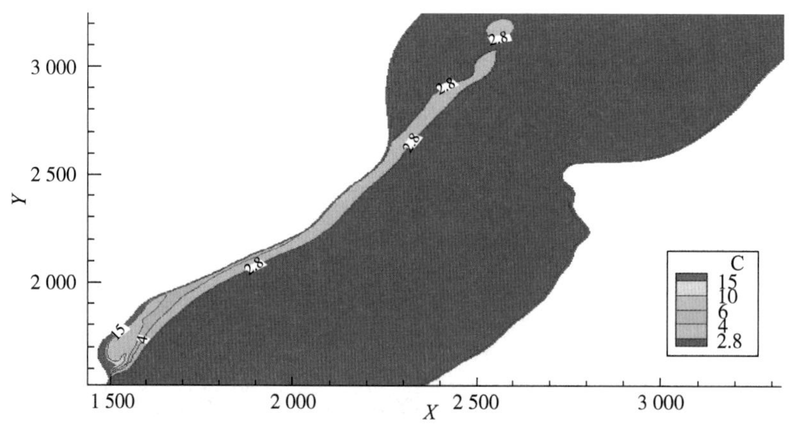


图 36-25　四川维尼纶厂 156 m 水位排污口污染带云图（污染事故排放）

### 4. 污染带模拟结果汇总

从以上模拟运算结果，可以得到四川维尼纶厂和长寿污水处理厂的排污口超背景污染带和超标污染带的长度、宽度和面积，其汇总情况见表 36-4。

表 36-4　156 m 水位条件下不同污染负荷的排污口污染带特征

| 排污口名称 | 污染负荷 / (g/s) | 超背景污染带 | | | 超标污染带 | | |
|---|---|---|---|---|---|---|---|
| | | 长度 /m | 宽度 /m | 面积 /m² | 长度 /m | 宽度 /m | 面积 /m² |
| 四川维尼纶厂（汇入网格号：22944） | 24.18 | 947 | 46 | 43 562 | 379 | 18 | 6 822 |
| | 60.45 | 1 221 | 50 | 61 050 | 381 | 50 | 19 050 |
| | 200 | 2 047 | 60 | 122 820 | 918 | 42 | 38 556 |
| 长寿污水处理厂（汇入网格号：96317） | 3.65 | 38 | 12 | 456 | 24 | 7 | 168 |
| | 20.44 | 375 | 15 | 5 625 | 30 | 9 | 270 |

（六）175 m 水位条件下不同污染负荷的污染带模拟

本次模拟运算的河段设计流量为 3 332 $m^3/s$，河段平均流速取 0.2 m/s，$COD_{Mn}$ 背景浓度为 2.66 mg/L。四川维尼纶厂排污口和长寿污水处理厂排污口的污染负荷详见表 36-5，其余参数的选择见本章第三节。

表 36-5　175 m 水位条件下不同污染负荷的污染带模拟初始条件

| 排污口名称 | 流量 / ($m^3/s$) | 流速 / (m/s) | 背景浓度 / (mg/L) | 污染负荷 / (g/s) |
|---|---|---|---|---|
| 四川维尼纶厂（汇入网格号：39468） | 3 332 | 0.2 | 2.66 | 24.18（处理后排放） |
| | | | | 60.45（未处理直排） |
| | | | | 200（污染事故排放） |
| 长寿污水处理厂（汇入网格号：113321） | 3 332 | 0.2 | 2.66 | 3.65（处理后排放） |
| | | | | 20.44（未处理直排） |
| | | | | — |

### 1. 计算网格

本算例采用形状不规则的直角四边形网格离散平面上的计算域，为准确模拟排污口附近的流场和浓度场，本算例按 175 m 水位条件适当加密了排污口附近的计算网格。175 m 水位时排污口附近网格尺寸约为 3 m×3.4 m，网格最大尺寸为 10.2 m ×4.1 m。

### 2. 流场分布模拟

水位 175 m 时预警区域流场分布模拟结果见图 36-26。从流速矢量图可以看出，江心主流区水流速度较大。受河道地形的影响，在四川维尼纶厂排污口附近及其上游形成一个明显的回水区域，其排污口汇入的网格中心点的纵向流速为 -0.26 m/s，横向流速为 0.03 m/s，水深为 3.79 m。长寿污水处理厂排污口外侧形成了一个回水区域，汇入的网格中心点的纵向流速为 -0.02 m/s，横向流速为 0.03 m/s，水深为 1.01 m。

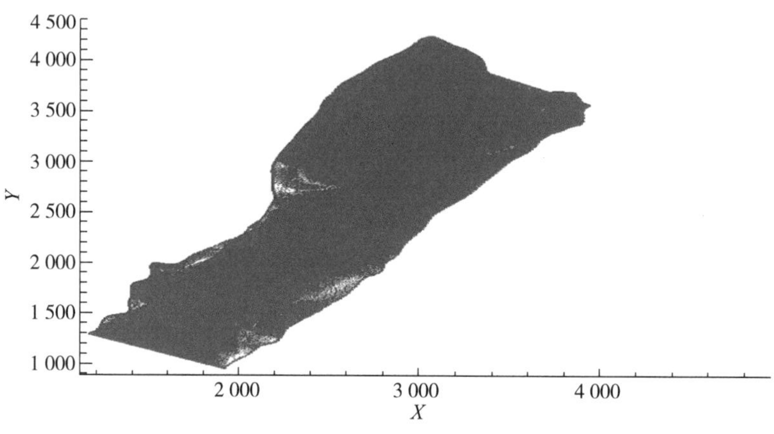


图 36-26　175 m 水位预警区域流场图

3. 浓度场分布模拟

在污水处理之后排放的条件下，水位 175 m 时预警区域在不同污染负荷（四川维尼纶厂 24.18 g/s，长寿污水处理厂 3.65 g/s）的浓度场分布见图 36-27。

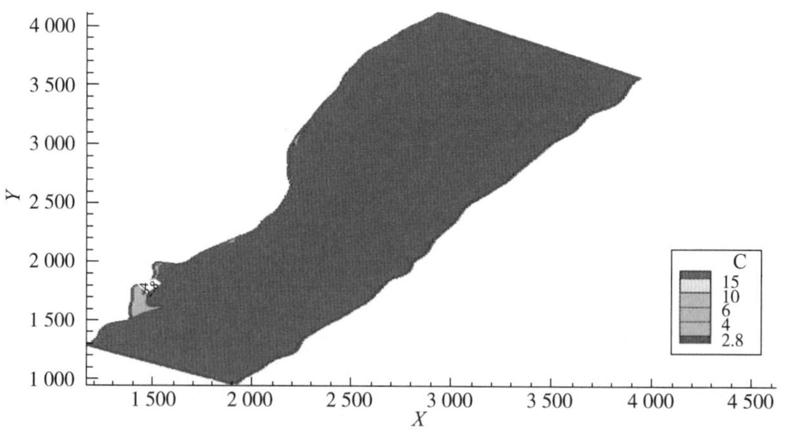


图 36-27　175 m 水位预警区域污染带全图（处理后排放）

在四川维尼纶厂排污口附近及其上下游形成了一条长约 820 m、平均宽度约 38 m，面积约 31 160 m$^2$ 的超背景污染带，并在排污口附近及其上下游形成了一条长约 232 m、平均宽度约 15 m，面积约 3 480 m$^2$ 的超标污染带（图 36-28）。在长寿污水处理厂排污口附近及其上游形成了一条长约 185 m、平均宽约 12 m，面积约 2 220 m$^2$ 的超背景污染带（图 36-29）。

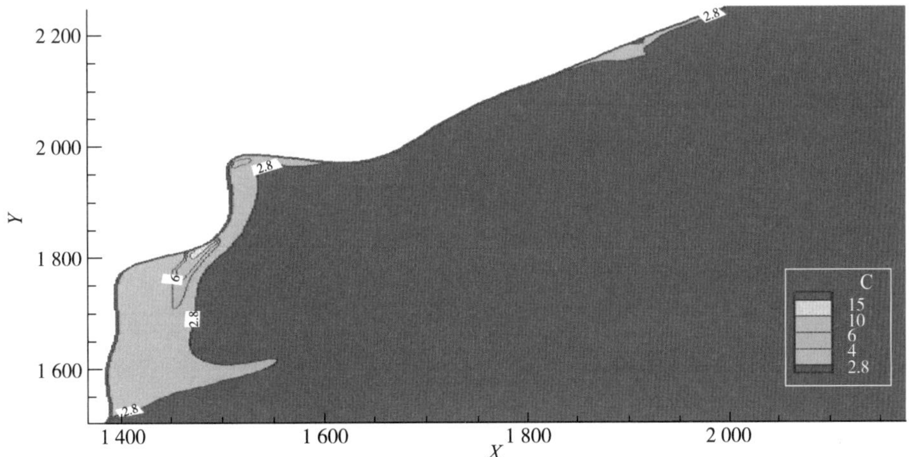


图 36-28　四川维尼纶厂 175 m 水位排污口污染带云图（处理后排放）

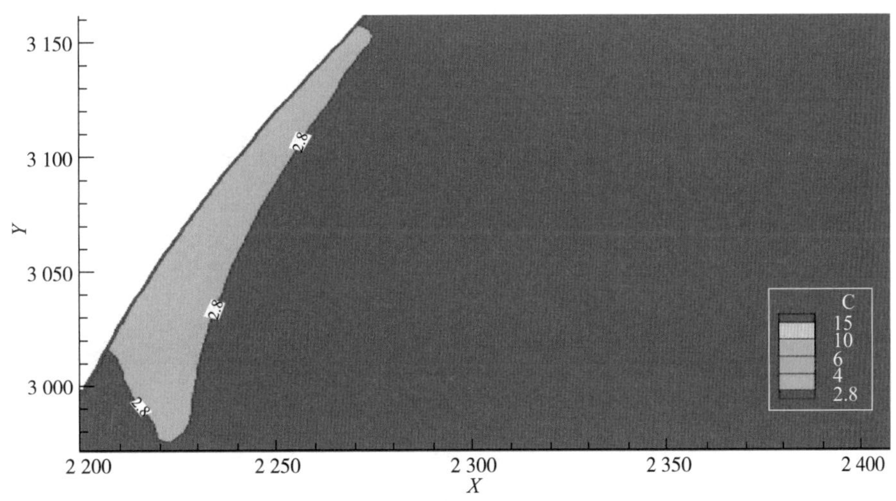


图 36-29　长寿污水处理厂 175 m 水位排污口污染带云图（处理后排放）

在污水直排条件下，水位 175 m 时预警区域在不同污染负荷（四川维尼纶厂 60.45 g/s，长寿污水处理厂 20.44 g/s）的浓度场分布见图 36-30 和图 36-31。

在四川维尼纶厂排污口附近及其上下游形成了一条长约 883 m、平均宽约 70 m，面积约 61 810 m$^2$ 的超背景污染带，并在排污口附近及其上下游形成了一条长约 517 m、平均宽约 38 m、面积约 19 646 m$^2$ 的超标污染带。

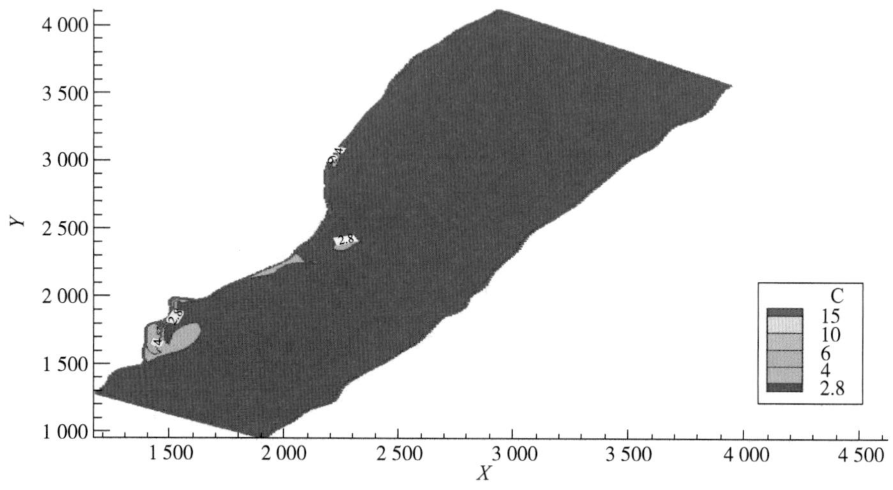

图 36-30　175 m 水位预警区域污染带全图（直排）

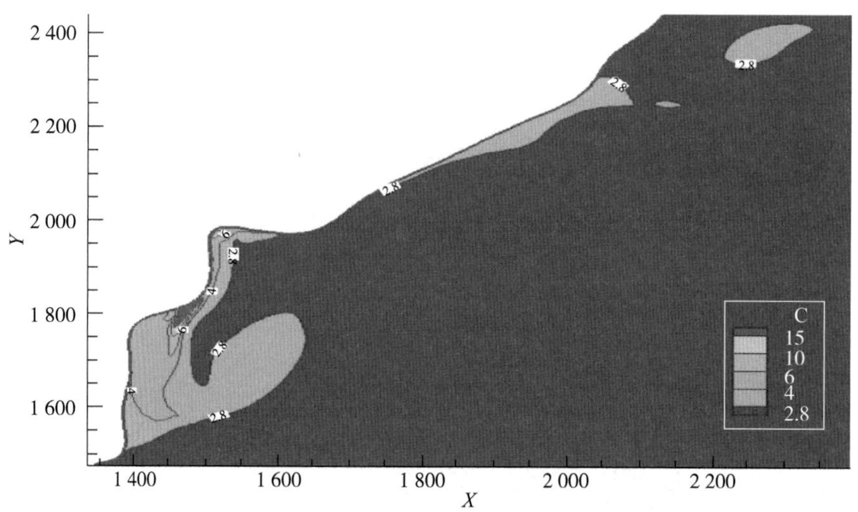

图 36-31　四川维尼纶厂 175 m 水位排污口污染带云图（直排）

污染物直排在长寿污水处理厂排污口附近及其上下游形成了一条长约 402 m、平均宽约 10 m，面积约 4 020 $m^2$ 的超背景污染带，并在排污口附近及其上下游形成了一条长约 178 m、平均宽约 10 m，面积约 1 780 $m^2$ 的超标污染带（图 36-32）。

在发生污染事故的排污条件下（四川维尼纶厂污染负荷 200 g/s），水位 175 m 时预警区域的浓度场分布见图 36-33 和图 36-34。

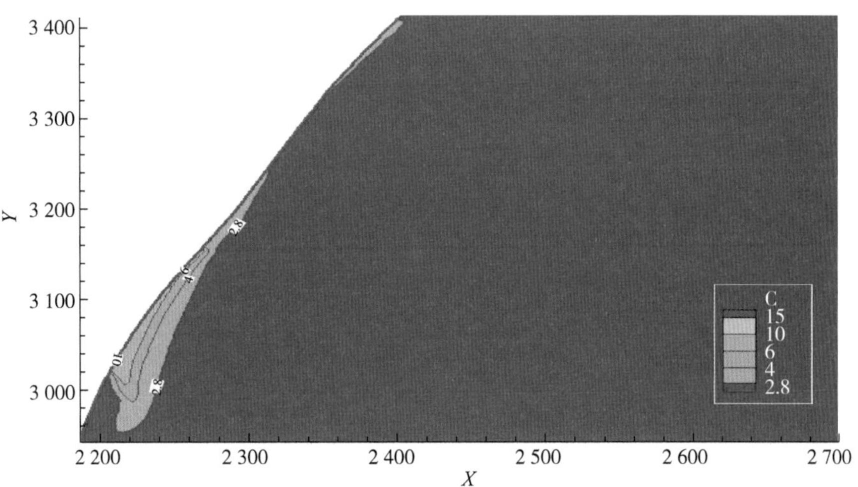


图 36-32　长寿污水处理厂 175 m 水位排污口污染带云图（直排）

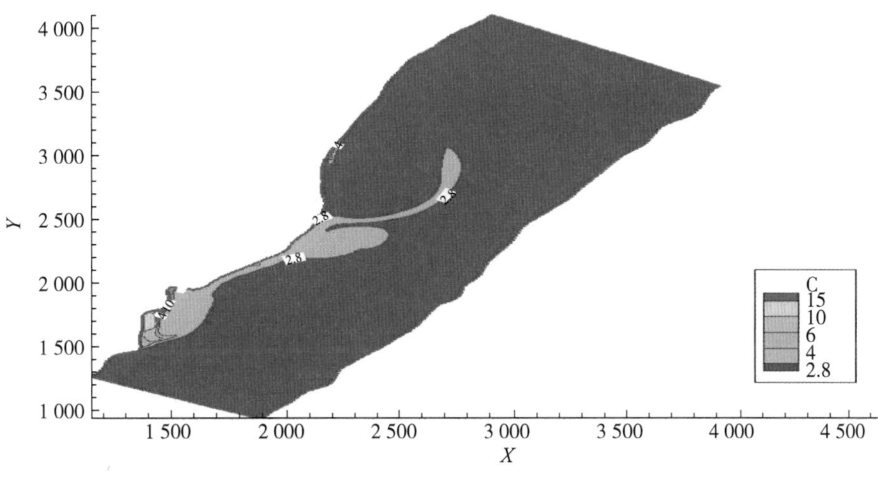


图 36-33　175 m 水位预警区域污染带全图（污染事故排放）

模拟结果表明，污染事故排放在四川维尼纶厂排污口附近及其上下游形成了一条长约 1 670 m、平均宽约 198 m，面积约 330 660 $m^2$ 的超背景污染带，并在排污口附近及其上下游形成了一条长约 350 m、平均宽约 132 m，面积约 46 200 $m^2$ 的超标污染带。受四川维尼纶厂排污口污染带叠加效应的影响，在长寿污水处理厂排污口附近及其上下游形成的超背景污染带和超标污染带的面积将会略有增大。

## 4. 污染带模拟结果汇总

从上述模拟计算的结果可以得到 175 m 水位时四川维尼纶厂和长寿污水处理厂的排污口超背景污染带和超标污染带的长度、宽度和面积，其汇总情况见表 36-6。

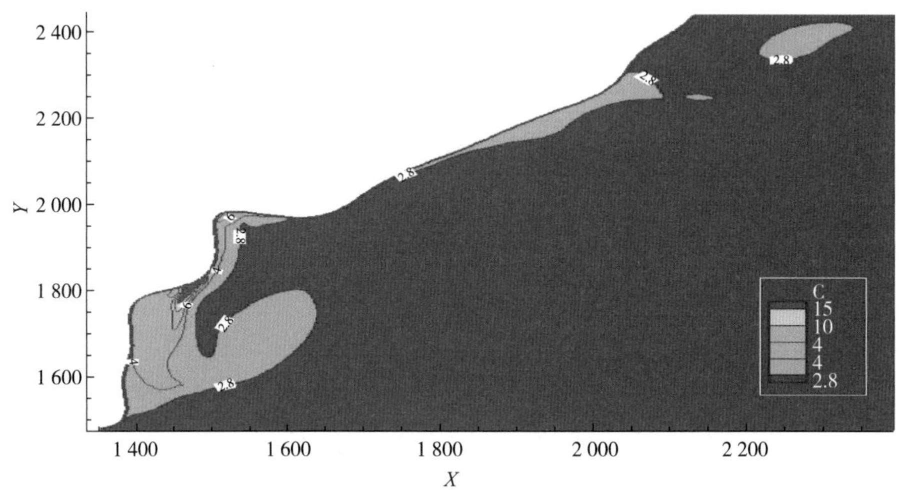


图 36-34 四川维尼纶厂 175 m 水位排污口污染带云图（污染事故排放）

表 36-6 175 m 水位条件下不同污染负荷的排污口污染带汇总结果

| 排污口名称 | 污染负荷 /（g/s） | 超背景污染带 | | | 超标污染带 | | |
|---|---|---|---|---|---|---|---|
| | | 长度 /m | 宽度 /m | 面积 /m² | 长度 /m | 宽度 /m | 面积 /m² |
| 四川维尼纶厂（汇入网格号：39468） | 24.18 | 820 | 38 | 31 160 | 232 | 15 | 3 480 |
| | 60.45 | 883 | 70 | 61 810 | 517 | 38 | 19 646 |
| | 200 | 1 670 | 198 | 330 660 | 350 | 132 | 46 200 |
| 长寿污水处理厂（汇入网格号：113321） | 3.65 | 185 | 12 | 2 220 | — | — | — |
| | 20.44 | 402 | 10 | 4 020 | 178 | 10 | 1 780 |

# 第四节 未来工作规划或展望

## 一、依托水环境自动监测网络开展自动监控预警工作

重庆市已建有 53 个水质自动监测站，构成了重庆市的水质自动监测系统，其中包括 50 个国控水站，3 个市控水站，分布在 26 个区县，覆盖重庆市长江、嘉陵江、乌江三江干流及其重要支流。2019 年还将建成 49 个市控水站。水质自动监测站目前监测项目主要包括水温、pH、溶解氧、电导率、浊度、总磷、高锰酸盐指数、氨氮和总氮等，五参数为每小时监测一次，总磷、高锰酸盐指数、氨氮和总氮每 4 小时监测一次。水站的高频次监测可以实现对水体的不间断测定，捕捉到水质

的细微变化，在水质预警监测中优势明显。依托自动监测为主的重庆市水质监测体系，实现污染物追因溯源模拟、水环境风险评估、河流突发水污染事故应急模拟、水质管理决策支持能力，为重庆市水质管理提供有力支撑。后续将注重在水站运行过程中对五参数数据与其他污染项目的相关性研究，特别是当地潜在污染风险源的污染物与五参数的相关性，在五参数数据有显著变化时及时启动人工排查监测，更及时有效地发挥水站预警监测的作用。充分发挥五参数自动分析仪设备价格低、技术成熟、维护量小、运行维护成本低的优势。

## 二、依托三峡库区现有监测体系开展三峡库区水质预警工作

依靠三峡库区现有污染源动态监控体系、水质动态监控体系和水文监控体系，集成重点污染源在线监控、地表水水质自动监测和水文监控，污染源动态监控可实时反映区内重点排污企业的排放状况；地表水水质自动监测可动态把握三峡库区内各断面的水质情况，水文监控可动态把握在三峡水库影响下河流特有的水动力学条件。将三种监控手段进行有机整合，实现单点监控与流域预警、数据采集与数据分析的结合，为环境综合管理以及预测预警重大或流域性污染事故提供重要依据。

## 三、依托大数据、“互联网 +”等智能技术手段开展水质预警工作

以大数据、“互联网 +”等智能技术为手段，基于水环境监测、水文、气象以及其他跨部门、跨行业数据，选用成熟的水动力模型与水质生态模型等机理模型，集成 GIS、RS 等“3S”技术，建设“能发现、能说清、能决策”的水环境综合分析系统。为水质监测预警、水污染溯源分析、小流域污染整治达标效能考核等的制定提供数据分析及模拟服务，同时为水环境管理提供全面、及时、科学的管理和决策依据。

（邓力　杨兵　秦成　黄程）

# 参考文献


[ 1 ] Ackermann C.Pflanzen aus agrobacterium rhizogenes-tumoren an nicotiana tabacum [ J ] .Plant Science Letters, 1977, 8 ( 1 ): 23-30.

[ 2 ] Arnold J G, Srinivasan R, Muttiah R S, et al. Large-area hydrologic modeling and assessment: Part I.Model development [ J ] .Journal of the American Water Resources Association, 1998, 34: 73–89.

[ 3 ] Barnthouse L W, Suter G W II, Bartell S M, et al..User's Manual for Ecological Risk Assessment ( Oak Ridge, TN: Environmental Sciences Division, Oak Ridge National Laborabory, 1986 ) [ M ] .New York: Publication No.2679, ORNL-6251 Press, 1986: 57-69.

[ 4 ] Battin A, Kinerson R, Lahlou M.EPA's Better Assessment Science Integrating Point and Nonpoint Sources ( BASINS ) -a powerful tool for managing watersheds [ C ] .Proc.GISHydro98, Environmental Systems Research, Inc.Users Conference, July.1998: 27-31.

[ 5 ] Benjamin J R, Cornell C A.Probability: Statistics and decision for civil engineers [ M ] .New York: Mograw-Hill, 1970: 70- 92.

[ 6 ] Beven, K., Binley, A. The future of distributed models: Model calibration and uncertainty prediction [ J ] .Hydrological Processes, 1992, 6 ( 3 ) .

[ 7 ] Bicheron P, Defoumy P, Brockmaim C, et al. 2008.GlobCover: Products Description and Validation Report 18 avenue E.Belin, bpi, 2102: 31401.

[ 8 ] Blumberg A F, Khan L A, St.John J P.Three-dimensional hydrodynamic model of New York Harbor region [ J ] .Journal of Hydraulic Engineering, 1999, 125 ( 8 ): 799-816.

[ 9 ] Buat-Menard P, R Chesselet.Variable influence of the atmospheric flux on the trace metal chemistry of oceanic suspended matter [ J ] .Earth Planet Sci.Lett, 1979 ( 42 ): 0-411.

[ 10 ] Cardwell H, Ellis H.Stochastic dynamic programming models for water quality management [ J ] .Water Resources Research, 1993, 29 ( 4 ): 803-813.

[ 11 ] Carpenter T M, and Georgakakos K P. Intercomparison of lumped versus distributed hydrologic model ensemble simulations on operational forecast scales [ J ] .Journal of Hydrology, 2006, 329 ( 1 ): 174-185.

[ 12 ] Chabukdhara M, A K Nema.Assessment of heavy metal contamination in Hindon River sediments: A chemometric and geochemical approach [ J ] .Chemosphere, 2012, 87 ( 8 ): 945-953.

[ 13 ] Chadderton R A, Miller A C, Mcdonnell A J.ANALYSIS OF WASTE LOAD ALLOCATION PROCEDURES [ J ] .JAWRA Journal of the American Water Resources Association, 1981, 17 ( 5 ) .

[ 14 ] Collier C G.Applications of Weather RADAR System [ M ] .Praxis Publishing Ltd, England,

1996.

[ 15 ] Delft.SOBEK-Rural Manual [ Z ] .2004.

[ 16 ] DrageB.E，J.E.Upton，M.Purvis.On-line monitoring of micropollutants in the river Trent（U.K.）with Respect to Drinking Water Abstraetion [ J ] .Water Science Technology，1998，38（11）：123-130.

[ 17 ] Duan Q，Sorooshian S，Gupta V K. Optimal use of the SCE-UA global optimization method for calibrating watershed models [ J ] .Journal of Hydrology，1994，158（3）：265-284.

[ 18 ] Elbelrhiti H，Dewitt O.Satellite remote sensing for soil mapping in Africa [ J ] .Progress in Physical Geography，2012，36（36）：514-538.

[ 19 ] Farrell J A，Pang S，Li W.Chemical PlumeTracingvia all Autonomous Underwater Vehicle [ J ] . IEEE Joumal of Oceanic Engineering，2005，30（2）：428-442.

[ 20 ] Friedl M A，Mciver D K，Hodges J C F，et al.Global land cover mapping from MODIS：algorithms and early results [ J ] .Remote Sensing of Environment，2002，83（1-2）：287-302.

[ 21 ] Fujiwara O，Gnanendran S K，Ohgaki S.River Quality Management under Stochastic Streamflow [ J ] .Journal of Environmental Engineering，1986，112（2）：185-198.

[ 22 ] Graham D N，Butts M B. Flexible integrated watershed modeling with MIKESHE watershed models [ C ] .Boca Raton，USA：CRC Press，2005：245-272.

[ 23 ] Grimaud A，T.Vandevelde，J.P.Morvan. “Automatic stations for the monitoring of Pollutants in rivers” in Proceedings of the AWWA AnnualConference，AWWA，Denver，CO，1990.

[ 24 ] Groshong R H.3-D Structural Geology：A Practical Guide Io Quantitative Surface and Subsurface Map Interpretation [ M ] . Berlin：Springer，2006.

[ 25 ] Gyorgy G Pinter.The danube accident emergency warning system [ J ] .Wat.Sci.Tech，1999，40（10）：27-33.

[ 26 ] Gyorgy G.Pinter，Hans J.G.Hartong.The Danube Accident Emergency Warning System in operation [ J ] .Water Science and Technology，1999，10（40）.

[ 27 ] Hakanson L.An ecology risk index for aquatic pollution control：a sedimentological approach [ J ] .Water Research，1980，14（8）：975-1001.

[ 28 ] Han Y，Guoxu S.Multi-variable grey model（MGM（1，n，q））based on genetic algorithm and its application in urban water consumption [ J ] .Agricultural Science & Technology，2007，8（1）：14-20

[ 29 ] Hardaker P J.Estimations of Probable Maximum Precipitation（PMP）for the Evinos catchment in Greece using a Storm Model approach [ J ] .Meteorological Applications，2010，3（2）：137-145.

[ 30 ] Hoshyargar V，Ashrafizadeh S N.Optimization of Flow Parameters of Heavy Crude Oil-in-Water Emulsions through Pipelines [ J ] .Industrial & Engineering Chemistry Research，2013，52（4）：1600-1611.

[ 31 ] Isaacson E，Stoker J J，Troesch A.Numerical solution of flood prediction and river regulation problems（Ohio-Mississippi floods）[ R ] .Report II，Inst.Math.Sci.Rept.IMM-NYU-205，

New York University，1954.

[32] Jhun，M.，and Jeong，H.C. Applications of bootstrap methods for categorical data analysis [J]. Computational Statistics & Data Analysis，2000，35（1）：83-91.

[33] Jin K R，Hamrick J H，Tisdale T.Application of three-dimensional hydrodynamic model for Lake Okeechobee [J] .Journal of Hydraulic Engineering，2000，126（10）：758-771.

[34] Jin X，Wang Y，Jin W，et al.Ecological risk of nonylphenol in China surface waters based on reproductive fitness. [J] .Environmental Science & Technology，2014，48（2）：1256.

[35] Johnson B H，Kim K W，Heath R E，et al.Validation of three-dimensional hydrodynamic model of Chesapeake Bay [J] .Journal of Hydraulic Engineering，1993，119（1）：2-20.

[36] Kubik M M，Bowers E，Underwood P N.Longterm experience of the routine use of bumetanide. [J] .British Journal of Clinical Practice，1976，30（1）：11-4.

[37] Kvamme K L.The Digital Elevation Model.www.cast.uark.edu/～k-kvamme/ Class-raster/ Kvamme-DEM.pdf，2006.

[38] Leendertse J J，Alexander R C，Liu D S K.A three-dimensional model for estuaries and coastal seas [M] .Santa Manica：The Rord Corporation，1973.

[39] Lepot M，Makris K F，Fhlr C.Detection and quantification of lateral，illicit connections and infiltration in sewers with Infra-Red camera：Conclusions after a wide experimental plan [J]. Water Research，2017，122：678.

[40] Li C，Frolking S，Frolking T A. A model of nitrous oxide evolution from soil driven by rainfall events：1.Model structure and sensitivity [J] .Journal of Geophysical Research，1992，97（D9）：9759-9776.

[41] Liang X，Lettenmaier D P，Wood E F ，et al. A Simple hydrologically based model of land surface water and energy fluxes for GSMs [J] .Journal of Geophysical Research，1994，99：41415–14428.

[42] Liebman J C，Lynn W R.The optimal allocation of stream dissolved oxygen [J] .Water Resources Research，1966，2（3）：581-591.

[43] Liu D，Zou Z.Water quality evaluation based on improved fuzzy matter-element method [J]. Journal of Environmental Sciences，2012，24（7）.

[44] Liu L，Zhou J，An X ，et al.Using fuzzy theory and information entropy for water quality assessment in Three Gorges region，China [J] .Expert Systems with Applications，2010，37（3）：2517-2521.

[45] Makarovič B.Information transfer in reconstruction of data from sampled points [J]. Photogrammetria，1972，28（4）：111-130.

[46] Mayaux P，Eva H，Gallego J，et al. Validation of the global land cover 2000 map [J] .IEEE Transactions on Geoscience and Remote Sensing，2006，44（7）：1728-1739.

[47] Zhao R J.The Xinanjiang model applied in China [J] .Journal of Hydrology，1992.，135（1）：371-381.

[48] Morris M D. Factorial Sampling Plans for Preliminary Computational Experiments [J].

Technometrics，1991，33（2）：161-174.

［49］Nash J，Sutcliffe J V. River Flow Forecasting through Conceptual Models Part I-A Discussion of Principles［J］. Journal of Hydrology，1970，10：282-290.

［50］Orlob G T，Selna L G.Temperature variations in deep reservoirs［J］.Journal of the Hydraulics Division，1970，96（2）：391-410.

［51］Puzicha H.Evaluation and avodance of false alarm by controlling Rhine water with continuously working biotests［J］.Wat.Sci.Tech，1994，29（3）：207-209.

［52］Ritter A.，Muñoz-Carpena R. Performance evaluation of hydrological models：Statistical significance for reducing subjectivity in goodness-of-fit assessments［J］.Journal of Hydrology，2013，480：33-45.

［53］Scepan J，Menz G，Hansen M C.The DISCover validation image interpretation process［J］. Phtgrammetric Engineering and Remote Sensing，65（9）：1075-1081.

［54］Smith A H，Biggs M L，Moore L，et al.Cancer Risks from Arsenic in Drinking Water［M］// Arsenic Exposure and Health Effects III.1999.

［55］Swietlik B，Taft J，Rommy J，et al.Technical support document for water quality-based toxics control［J］.1991.

［56］Tsihrintzis V A，Hamid R.Runoff quality prediction from small urban catchments using SWMM［J］.Hydrological Processes，1998，12（2）：311-329.

［57］Twito R H，Mifflin R W，Mcgaughey R J.The MAP Program：Building the Digital Terrain Model［J］. Portland：Pacific Northwest Research Station，2000.

［58］US Environment Protection Agency. Superfund Public Health Evaluation Manual［R］. Washington DC：US EPA，1986：427.

［59］White B Y，Frederiksen J R.Progressions of Qualitative Models as a Foundation for Intelligent Learning Environments［J］.Artificial Intelligence，1986，42（12）：99–157.

［60］Xia J，Wang G S，Tan G，et al. Development of distributed time-variant gain model for nonlinear hydrological systems［J］.Science China-Earth Sciences，2005，48（6）：713-723.

［61］Yanenko N N.The method of fractional steps［M］.Springer-Verlag，New York，1971.

［62］Zhang Y Y，Gao Y，Yu Q. Diffuse nitrogen loss simulation and impact assessment of stereoscopic agriculture pattern by integrated water system model and consideration of multiple existence forms［J］.Journal of Hydrology，2017，552：660-673.

［63］Zhang Y Y，Shao Q X，Taylor John A. A balanced calibration of water quantity and quality by multi-objective optimization for integrated water system model［J］.Journal of Hydrology，2016，538：802-816.

［64］Zhang Y Y，Shao Q X，Ye A.Z.，et al. Integrated water system simulation by considering hydrological and biogeochemical processes：model development，with parameter sensitivity and autocalibration［J］.Hydrology and Earth System Sciences，2016，20：529–553.

［65］Zhang Y Y，Shao Q X，Zhang S F，et al. Multi-metric calibration of hydrological model to capture overall flow regimes［J］.Journal of Hydrology，2016，539：525-538.

[ 66 ] Zhang Y Y, Zhou Y J, Shao Q X, et al. Diffuse nutrient losses and the impact factors determining their regional differences in four catchments from North to South China [ J ] .Journal of Hydrology, 2016, 543: 577-594.

[ 67 ] Zhang Y Y, Xia, J, Shao Q X, et al. Water quantity and quality simulation by improved SWAT in highly regulated Huai River Basin of China [ J ] .Stochastic Environmental Research & Risk Assessment, 2013, 27 ( 1 ): 11-27.

[ 68 ] Arnold J G, Srinivasan R, Muttiah R S, et al. Large-area hydrologic modeling and assessment: Part I.Model development, J.Am [ J ] .Water Resour.Assoc., 1998, 34: 73–89.

[ 69 ] Beven K J, Binley A. Future of distributed models: model calibration and uncertainty prediction [ J ] .Hydrol.Process, 1992, 6 ( 3 ): 279–298.

[ 70 ] Beven K J, Freer J. Equifinality, data assimilation, and uncertainty estimation in mechanistic modelling of complex environmental systems using the GLUE methodology [ J ] .Hydrol, 2001, 249 ( 1–4 ): 11–29.

[ 71 ] Bicknell B R, Imhoff J C, Kittle J L, et al.HSPF version 12.2 user's manual [ R ] .2005.

[ 72 ] Campolongo F , Cariboni J , Saltelli A .An effective screening design for sensitivity analysis of large models [ J ] .Environmental Modelling & Software, 2007, 22 ( 10 ): 1509-1518.

[ 73 ] Duan Q, Sorooshian S, Gupta V. Effective and efficient global optimization for conceptual rainfall-runoff models [ J ] .Water Resour.Res, 1992, 28 ( 4 ): 1015–1031.

[ 74 ] Efron, B.Bootstrap methods: another look at the jackknife [ J ] .Ann.Statist, 1979, 7: 1–26.

[ 75 ] Engeland K, Gottschalk L.Bayesian estimation of parameters in a regional hydrological model [ J ] .Hydrol.Earth Syst, Sci 2002, 6 ( 5 ): 883–898.

[ 76 ] Goldberg D E. Genetic algorithms in search, optimization, and machine learning, Reading Menlo Park: Addison-Wesley, Massachusetts, USA, 1989.

[ 77 ] Kennedy J. Particle swarm optimization [ J ] . Encyclopedia of Machine Learning, Springer USA, 2010: 760–766.

[ 78 ] Liang Xu, Xie Zenghu.A new surface runoff parameterization with subgrid-scale soil heterogeneity for land surface models [ J ] .Advances in Water Resources, 2001, 24 ( 9-10 ): 1173-1192.

[ 79 ] Moriasi D N, Arnold J G, Van Liew M W, et al. Model evaluation guidelines for systematic quantification of accuracy in watershed simulations.Trans [ J ] .ASABE 2007, 50 ( 3 ): 885–900.

[ 80 ] Morris M D, Factorial sampling plans for preliminary computational experiments [ J ] . Technometrics, 33 ( 2 ): 161-174.

[ 81 ] Refsgaard J C, Storm B, Clausen T.Système hydrologique Européen ( SHE ): review and perspectives after 30 years development in distributed physically-based hydrological modeling [ J ] .Hydrol.Res., 2010, 41 ( 4 ): 355–377.

[ 82 ] Santhi C, Arnold J G, Williams J R, et al. Validation of the SWAT model on a large river basin with point and nonpoint sources [ J ] .Am.Water Resour.Assoc, 2001, 37 ( 5 ): 1169–1188.

[83] Shao Q X，Lerat J，Brink H，et al. Gauge based precipitation estimation and associated model and product uncertainties [J] .J. Hydrol，2012：444–445，100–112.

[84] Shao，Q.X.，Lerat，J.，Podger，G.，Dutta，D..Uncertainty estimation with bias-correction for flow series based on rating curve [J] .J. Hydrol，2014，510 (3)：137–152.

[85] van Griensven A.，Meixner T，Grunwald S，et al. A global sensitivity analysis tool for the parameters of multi-variable catchment models [J] .J. Hydrol，2006，324 (1)：10–23.

[86] WL Delft Hydraulics.SOBEK Online Help [EB/OL] . [2007-04-19].

[87] Xu J，Ye A，Duan Q，et al.Improvement of rank histograms for verifying reliability of extreme events ensemble forecasts [J] .Environmental Modelling & Software，2017 (92)：152-162.

[88] Zhang YY，Shao QX.Uncertainty and its propagation estimation for an integrated water system model：an experiment from water quantity to quality simulations [J] .Journal of Hydrology，2018，565：623-635.

[89] Carlson，R E.A trophic state index for lakes [J] .Limnology and Oceanography，1977，2 (22)：361-369.

[90] 高艳妮，郭艳芳，王维，等 . 不同土地利用 / 覆盖数据在中国北方草地的精度评价 [J] . 生态学杂志，2019，38 (1)：289-299.

[91] 谷朝君，潘颖，潘明杰 . 内梅罗指数法在地下水水质评价中的应用及存在问题 [J] . 环境保护科学，2002，28 (1)：45-47.

[92] 谷黄河，余钟波，杨传国，等 . 卫星雷达测雨在长江流域的精度分析 [J] . 水电能源科学，2010，28 (8)：3-6.

[93] 关伯仁 . 水污染指数的综合问题 [J] . 环境污染与防治，1980 (2) .

[94] 郝芳华，程红光，杨胜天 . 非点源污染模型——理论方法与应用 [M] . 北京：中国环境科学出版社，2006.

[95] 胡鹏，吴艳兰，胡海 . 数字高程模型精度评定的基本理论 [J] . 地球信息科学学报，2003，5 (3)：64-70.

[96] 黄晶晶，于银霞，于东升，等 . 利用景观指数定量化评估历史土壤图制图精度 [J] . 土壤学报，2019 (1) .

[97] 黄晶晶 . 数字高程模型 TIN 和等高线建模 [D] . 长沙：中南大学，2007.

[98] 黄向青，梁开，刘雄 . 珠江口表层沉积物有害重金属分布及评价 [J] . 海洋湖沼通报，2006 (3)：27-36.

[99] 黄晓容 . 重庆三峡库区水环境污染事故预警指标体系研究 [D] . 重庆：西南大学，2009.

[100] 黄亚博，廖顺宝 . 首套全球 30 m 分辨率土地覆被产品区域尺度精度评价——以河南省为例 [J] . 地理研究，2016，35 (8) .

[101] 王良杰 . 基于 GIS 的中比例尺数字土壤制图研究——以广东省 1：20 万土壤图为例 [D] . 南京：南京农业大学，2009.

[102] 纪晓亮 . 长乐江流域非点源氮污染定量溯源与控制模拟 [D] . 杭州：浙江大学，2018.

[103] 贾慧聪，王静爱，潘东华，等 . 基于 EPIC 模型的黄淮海夏玉米旱灾风险评价 [J] . 地理

学报，2011，66（5）：643-652.

［104］贾倩，曹国志，於方，等．基于环境风险系统理论的长江流域突发水污染事件风险评估研究［J］．安全与环境工程，2017，24（4）．

［105］姜倩妮，李占玲，张永勇．GLUE 框架下似然函数对水文模型不确定性的影响［J］．水资源与水工程学报，2018，29（1）：25-30.

［106］靳国旺．InSAR 获取高精度 DEM 关键处理技术研究［D］．北京：解放军信息工程大学，2007.

［107］柯正谊，何建邦，池天河．数字地面模型［M］．北京：中国科学技术出版社，1993.

［108］孔辉，孙增慧，石磊．在 ArcGIS 软件下利用 DEM 数据提取流域水系［J］．数字技术与应用，2018，9（36）：76-78.

［109］寇怀忠．法国水资源水环境信息共享管理模式及启示［J］．水利信息化，2015（3）：1-4.

［110］李蓓蓓，方修琦，叶瑜，等．全球土地利用数据集精度的区域评估——以中国东北地区为例［J］．中国科学：地球科学，2010（8）：1048-1059.

［111］李秉文，刘明，冯明祥．辽河流域水质预警预测系统的探讨［J］．东北水利水电，2000，18（194）：39-42.

［112］李二平．跨界突发性水污染事故预警系统研究与应用［D］．哈尔滨：哈尔滨工业大学，2012.

［113］李晶，周浩，王凤鹭．水环境质量监测预警体系研究进展［J］．科技创新与应用，2017（1）：184-185.

［114］李如忠．盲信息下城市水源水环境健康风险评价［J］．武汉理工大学学报，2007，29（12）：75-79.

［115］李旭文，温香彩，沈红军，等．基于数据物流服务思想的流域水环境监测数据交换与集成技术［J］．环境监控与预警，2011，3（5）：26-30.

［116］李兆富，刘红玉，李燕．HSPF 水文水质模型应用研究综述［J］．环境科学，2012，33（7）：2217-2223.

［117］李正最，谢悦波．基于支持向量机的洞庭湖区域水沙模拟［J］．水文，2010，30（2）：44-49.

［118］李志林，朱庆．数字高程模型（第二版）［M］．武汉：武汉大学出版社，2003.

［119］李志林．海外大学的地理信息系统（GIS）专业课程设置［J］．地理信息世界，2003，1（4）：35-40.

［120］廖振良，徐祖信，高廷耀．苏州河环境综合整治一期工程水质模型分析［J］．同济大学学报（自然科学版），2004，32（4）：499-502.

［121］林楠，冯玉杰，吴舜泽，等．我国跨区域水环境信息共享机制［J］．哈尔滨工业大学学报，2012，44（12）：41-46.

［122］刘承志．等标污染负荷法在苏州市污染源普查评价中的应用［J］．环境科学与管理，2012，37（6）：141-144.

［123］刘飞．基于双极化 RADARSAT-2 数据的土壤水分遥感反演［D］．西安：长安大学，2018.

［124］刘恒，涂敏．莱茵河流域行动计划及其对我国维护河流健康的启示［J］．人民黄河，2005，

11：60-61.

［125］刘玲花，吴雷祥，吴佳鹏，等 . 国外地表水水质指数评价法综述［J］. 水资源保护，2016，32（1）：86-90.

［126］刘念林，李明东，张自权 . 嘉陵江水污染预警与控制系统研究初探［J］. 四川理工学院学报（自然科学版），2008，21（1）：111-113.

［127］刘妍 . 基于 Hymap 数据的土壤 As 含量反演研究［D］. 北京：中国地质大学，2018.

［128］雒文生，李怀恩 . 水环境保护［M］. 北京：中国水利电力出版社，2009.

［129］马京振，孙群，肖强，等 . 河南省 GlobeLand30 数据精度评价及对比分析［J］. 地球信息科学学报，2016，18（11）：1563-1572.

［130］毛光君 . 河流污染物总量分配方法研究［D］. 北京：中国环境科学研究院，2013.

［131］倪彬，王洪波，李旭东，等 . 湖泊饮用水水源地水环境健康风险评价［J］. 环境科学研究，2010，23（1）：74-79.

［132］逄勇，韩涛，李一平，等 . 太湖底泥营养要素动态释放模拟和模型计算［J］. 环境科学，2007，28（9）：1960-1964.

［133］彭希珑，朱百鸣，何宗健 . 河流水质预警预测模型的进展［J］. 江西化工，2004（3）：38-42.

［134］沈红军 . 太湖流域水环境监测数据资源目录体系构建研究［J］. 环境科学与管理，2014，39（3）：121-124.

［135］史杨 . 基于可见光近红外光谱的土壤成分预测模型研究［D］. 北京：中国科学技术大学，2018.

［136］宋国浩，张云怀 . 水质模型研究进展及发展趋势［J］. 装备环境工程，2008（2）：32-36.

［137］宋国君，马中，陈婧，等 . 论环境风险及其管理制度建设［J］. 环境污染与防治，2006，28（2）：100-103.

［138］宋巧娜，唐德善 . 防洪系统与社会经济系统和谐预警模型研究［J］. 安徽农业科学，2007，35（38）：2504-2505.

［139］宋晓猛，张建云，占车生，等 . 水文模型参数敏感性分析方法评述［J］. 水利水电科技进展，2015，35（6）：105-112.

［140］宋中海 . 白洋淀流域水文特性分析［J］. 河北水利，2005（9）：10-11.

［141］苏维词，李久林 . 乌江流域生态环境预警评价初探［J］. 贵州科学，1997，15（3）：207-214.

［142］苏伟，刘景双，李方 . 第二松花江干流重金属污染物健康风险评价［J］. 农业环境科学学报，2006，25（6）：221-225.

［143］孙滔滔，赵鑫，尹魁浩，等 . 水环境风险源识别和评估研究进展综述［J］. 中国水利，2018，849（15）：55-58.

［144］汤国安，刘学军，闾国年 . 数字高程模型及地学分析的原理与方法［M］. 北京：科学出版社，2005.

［145］万荣荣，杨桂山 . 流域土地利用 / 覆被变化的水文效应及洪水影响［J］. 湖泊科学，2004，16（3）：258-264.

[146] 汪晶，阎雷生．健康风险评价的基本程序与方法[J]．环境科学研究，1993，6(5)：52-56.

[147] 王炳忠．太阳辐射测量仪器的分级[J]．太阳能，2011(15)：20-23.

[148] 王晨晨．再生水中化学污染物的人体健康风险评价方法研究[D]．天津：天津大学，2010.

[149] 王丹．河网水环境预警技术体系研究——以嘉善县为例[D]．杭州：浙江大学，2011.

[150] 王建平，程声通，贾海峰．基于MCMC法的水质模型参数不确定性研究[J]．环境科学，2006，27(1)：24-30.

[151] 王先良，王春晖，江艳，等．中国环境风险管理制度创新策略研究[J]．环境科学与管理，2010，35(11)：12-16.

[152] 王阳．苯职业健康风险评价方法及应用研究[D]．天津：南开大学，2009.

[153] 王永桂，张万顺，夏晶晶，等．基于大数据的水环境风险业务化评估与预警研究[C]//2016全国环境信息技术与应用交流大会暨中国环境科学学会环境信息化分会年会论文集，2016.

[154] 温香彩，李旭文，文小明，等．水环境监测信息集成、共享与决策支持平台构建[J]．环境监控与预警，2012，4(1)：27-33.

[155] 吴丹，闫艳芳，夏广锋，等．流域水环境风险评估与预警技术研究进展[J]．辽宁大学学报(自然科学版)，2017(1).

[156] 吴文斌，杨鹏，张莉，等．四类全球土地覆盖数据在中国区域的精度评价[J]．农业工程学报，2009，25(12)：167-173.

[157] 夏军，翟晓燕，张永勇．水环境非点源污染模型研究进展[J]．地理科学进展，2012，31(7)：941-952.

[158] 谢润婷．非点源污染河流的水环境容量动态分析与定量研究[D]．杭州：浙江大学，2017.

[159] 熊立华，郭生练．分布式流域水文模型[M]．北京：水利水电出版社，2004.

[160] 徐爱兰，陈敏，孙克遥．长江口南通地区饮用水水源地健康风险评价[J]．中国环境监测，2012，28(6)：9-14.

[161] 徐宗学，邓永录．洪水风险率HSPPB模型及其应用[J]．水力发电学报，1989(1)：46-55.

[162] 许劲．基于传质原理的二维随机水质模型研究与应用[D]．重庆：重庆大学，2007.

[163] 杨家宽，肖波，等．预测南北水调后襄樊段的水质[J]．中国给水排水，2005，21(9)：103-104.

[164] 杨菁媛．鄱阳湖水环境监测信息共享研究[D]．南昌：江西师范大学，2011.

[165] 杨文杰，马乐宽，孙运海，等．新安江—钱塘江流域水环境健康风险评价研究[J]．中国环境管理，2018，10(1)：25-31.

[166] 叶爱中．变化环境下流域水循环模拟研究[D]．武汉：武汉大学，2007.

[167] 叶常明．水环境数学模型的研究进展[J]．环境科学进展，1993，1(1)：74-80.

[168] 尤永祥，曹贯中，肖仲凯，等．模糊综合评价法在长江下游贵池河段水质评价中的应用

[J].水利科技与经济，2012，18（4）：54-56.

[169] 于云江，向明灯，孙朋.健康风险评价中的不确定性[J].环境与健康杂志，2011，28（9）：835-838.

[170] 虞志坚，朱志龙.湖北省水环境现状分析及有关建议[J].水文，2006（2）：81-83.

[171] 岳艳琳.MODIS-NDVI时序图谱库的构建及应用研究[D].郑州：河南大学，2017.

[172] 翟晓燕.变化环境下流域环境水文过程及其数值模拟[D].武汉：武汉大学，2015.

[173] 张春弟.模糊土壤制图的研究和应用[D].武汉：华中农业大学，2014.

[174] 张大永.河南省水环境地理信息系统设计与开发[D].南京：南京理工大学，2011.

[175] 张迪，嵇晓燕，宫正宇，等.滇池流域水环境综合管理技术支撑平台构建研究[J].中国环境监测，2016，32（6）：118-122.

[176] 张风宝，杨明义，赵晓光，等.磁性示踪在土壤侵蚀研究中的应用进展[J].地球科学进展，2005（7）：751-756.

[177] 张红丽.HSPF模型径流参数优化及不确定性研究[D].杭州：浙江大学，2016.

[178] 张萌，倪乐意，谢平，等.基于聚类和多重评价法的河流质量评价研究[J].环境科学与技术，2009，32（12）：178-185.

[179] 张平，夏军，邹磊，等.基于物理水文模型的不确定性分析[J].武汉大学学报（工学版），2016，49（4）：481-486.

[180] 张先富.基于HSPF半分布式水文模型的新立城水库流域水环境模拟及预测研究[D].长春：吉林大学，2015.

[181] 张小伟.河口流域生态环境管理与预测评价系统的构建与实现[D].青岛：中国海洋大学，2014.

[182] 张亚南，贺青，陈金民，等.珠江口及其邻近海域重金属的河口过程和沉积物污染风险评价[J].海洋学报，2013，35（2）：178-186.

[183] 张颖，刘凌，燕文明.水环境安全评价指标体系与研究方法[J].水电能源科学，2009，27（1）：54-57.

[184] 张应华，刘志全，李广贺，等.基于不确定性分析的健康环境风险评价[J].环境科学，2007，28（7）：1409-1415.

[185] 张永勇.闸坝工程对河流水量水质影响量化研究[D].武汉：武汉大学，2008.

[186] 张玉斌，郑粉莉，贾媛媛.WEPP模型概述[J].水土保持研究，2004，11（4）：146-149.

[187] 张玉斌，郑粉莉.AGNPS模型及其应用[J].水土保持研究，2004，11（4）：124-127.

[188] 张智，李灿，曾晓岚，等.模型在长江重庆段水质模拟中的应用研究[J].环境科学与技术，2006，29（1）：1-3.

[189] 赵人俊.流域水文模拟——新安江模型与陕北模型[M].北京：水利电力出版社，1984.

[190] 中国环境规划院.全国水环境容量核定技术指南.2003.

[191] 中国环境监测总站.环境空气质量预测信息交换指南[M].北京：中国环境出版集团，2018.

［192］中华人民共和国国家环境保护总局．城镇污水处理厂污染物排放标准 GB 18918—2002.

［193］中华人民共和国国家环境保护总局．畜禽养殖业污染物排放标准 GB 18596—2001.

［194］中华人民共和国国家质量监督检验检疫总局中国国家标准化管理委员会．中国土壤分类与代码表 GB 17296—2009［S］．中国标准出版社．

［195］中华人民共和国国土资源部．第二次全国土地调查技术规程 TD/T1014—2016［S］．

［196］周华，王浩．河流综合水质模型 QUAL2K 研究综述［J］．水电能源科学，2010，28（6）：22-24.

［197］朱灿，李兰，董红，等．基于 GIS 的数字西江水质预警预测系统设计和应用［J］．中国农村水力水电，2006，10：9-11.

［198］朱平．区域水资源预警方法研究［D］．扬州：扬州大学，2007.

［199］朱星明，章树安，陈蓓玉，等．可持续发展水文水资源信息共享探索及实践［J］．水利学报，2006（1）：109-114.

［200］朱瑶，梁志伟，李伟，等．流域水环境污染模型及其应用研究综述［J］．应用生态学报，2013，24（10）：3012-3018.

［201］祝慧娜．基于不确定性理论的河流环境风险模型及其预警指标体系［D］．长沙：湖南大学，2012.

［202］邹滨，曾永年，Benjamin F.Zhan，等．城市水环境健康风险评价［J］．地理与地理信息科学，2009，25（2）：94-98.

［203］邹长新．内陆河流域生态安全研究——以黑河为例［D］．南京：南京气象学院，2003.

［204］李兆富，刘红玉，李燕 .HSPF 水文水质模型应用研究综述［J］．环境科学，2012（7）：75-81.

［205］王中根，刘昌明，黄友波 .SWAT 模型的原理、结构及应用研究［J］．地理科学进展，2003，22（1）：79-86.

［206］熊立华，郭生练．分布式流域水文模型［M］．北京：中国水利水电出版社，2004.

［207］徐宗学，等．水文模型［M］．北京：科学出版社，2009.

［208］［日］菅原正巳．水箱模型参考手册［M］．日本国立防灾减灾科学技术研究中心，2000：120.

［209］袁作新．流域水文模型［M］．北京：中国水利水电出版社，1990.

［210］赵人俊．流域水文模型［M］．北京：中国水利水电出版社，1983：3-10.

［211］Meyer K. 具有相等设计矩阵的多元混合模型的方差分量最大似然估计［J］．生物测定学，1985，41（1）：153-165.

［212］白云飞，谢超颖，余璐，等．清潩河流域水环境预测预警平台的设计与构建［J］．中州大学学报，2017，34（4）：125-128.

［213］曹晓慧．牡丹江段动态水环境容量及污染源总量控制对策［D］．哈尔滨：哈尔滨工业大学，2014.

［214］曾畅云，李贵宝，傅桦．水环境安全及其指标体系研究——以北京市为例［J］．南水北调及水利科技，2004，4（2）：31-35.

［215］曾光明，钟政林．环境风险评价中的不确定性问题［J］．中国环境科学，1998，18（3）：252-255.

［216］曾红伟，李丽娟，柳玉梅．Arc Hydro Tools 及多源 DEM 提取河网与精度分析——以洮儿河流域为例［J］．地球信息科学学报，2011，2（13）：22-31.

［217］陈蓓青，谭德宝，宋丽．技术在突发性水污染事件应急响应系统中的应用研究［J］．长江科学院院报，2010，27（1）：29-32.

［218］陈海峰．环境质量指数的计算［J］．能源环境保护，1989（1）：58-62.

［219］陈惠君，唐允吉，吴贵彬．广西桂江水质预警预测信息系统的研究［J］．陕西水力发电，1997，13（2）：50-52.

［220］陈敬周．数字高程模型的生成与应用［D］．太原：太原理工大学，2007.

［221］陈藜藜，金腊华．湖库富营养化的改进型模糊综合评价方法研究［J］．中国环境科学，2014，34（12）：3223-3229.

［222］陈青．土地利用数据多尺度表达模型构建及实现［D］．北京：中国石油大学，2015.

［223］陈天华，唐海涛．基于 ARM 和 GPRS 的远程土壤墒情监测预测系统［J］．农业工程学报，2012，28（3）：162-166.

［224］陈晓宏，江涛，陈俊合．水环境规划与评价［M］．北京：中国水利电力出版社，2007.

［225］陈新学，王万宾，陈海涛，等．污染当量数在区域现状污染源评价中的应用［J］．环境监测管理与技术，2005，17（3）：41-43.

［226］陈正侠，丁一，毛旭辉，等．基于水环境模型和数据库的潮汐河网突发水污染事件溯源［J］．清华大学学报（自然科学版），2017（11）：53-61.

［227］程声通．环境系统分析教程［M］．北京：化学工业出版社，2006.

［228］邓绍云，文俊．区域水资源可持续利用预警指标体系构建的探讨［J］．云南农业大学学报，2004，19（5）：607-609.

［229］丁会请．大连经济技术开发区空气中挥发性有机物的检测与健康风险评估［D］．大连：大连理工大学，2006.

［230］董文平，马涛，刘强，等．流域水环境风险评估进展及其调控研究［J］．环境工程，2015，33（12）：111-115.

［231］窦明，李重荣，王陶．汉江水质预警系统研究［J］．人民长江，2002，33（11）：38-40.

［232］段华平．农业非点源污染控制区划方法及其应用研究［D］．南京：南京农业大学，2010.

［233］傅国斌，刘昌明．遥感技术在水文学中的应用与研究进展［J］．水科学进展，2001，12（4）：547-559.

［234］高洁．基于 TRMM 卫星数据的降雨测量精度评价［J］．水力发电，2015，6（41）：28-31.

［235］2011—2015 年湖北省环境质量报告书．

［236］湖北河流图集．

［237］湖北省水文志．

［238］市域污水工程规划（修编）（2015—2030）．